Triboelectric Nanogenerators: Theory and Technology

摩擦纳米发电机理论与技术

王中林　杨亚　翟俊宜　王杰　等　著

第①卷：理论与技术基础

科学出版社

北京

内 容 简 介

摩擦纳米发电机由王中林小组于 2012 年在国际上首先发明，目的是利用摩擦起电效应和静电感应效应的耦合把微小的机械能转换为电能。这是一项颠覆性的技术并具有史无前例的输出性能和优点，近些年来，其理论体系和应用技术都发展迅速。《摩擦纳米发电机理论与技术》系列全面涵盖了摩擦纳米发电机的系统理论及其带来的快速发展的各个领域的技术应用总结。全书共 4 卷、53 章。第 1 卷主要介绍其理论与技术基础，第 2 卷展现了其在微纳能源领域的尖端应用，第 3 卷主要介绍其在收集蓝色能量、环境能量方面的前沿应用，第 4 卷主要介绍其作为传感器与高压电源的前沿应用。这些应用领域涉及能源、环境、医疗植入、人工智能、可穿戴电子设备及物联网等众多方向。本分册涵盖第 1 卷内容。

本系列书由该领域国际上最活跃的研究人员撰写，为应用物理学家和化学家以及材料科学家和工程师提供了丰富的科研信息。在能源回收、电源和传感器相关应用及开发领域工作的机械和电子工程师也将从这项开创性工作提供的技术信息中受益匪浅。

图书在版编目（CIP）数据

摩擦纳米发电机理论与技术. 第 1 卷, 理论与技术基础 / 王中林等著.
北京：科学出版社, 2025. 6. -- ISBN 978-7-03-081011-3

Ⅰ. TM31

中国国家版本馆 CIP 数据核字第 2025BC6534 号

责任编辑：李明楠 罗　娟 / 责任校对：杨　赛
责任印制：徐晓晨 / 封面设计：润一文化

科学出版社 出版

北京东黄城根北街 16 号
邮政编码：100717
http://www.sciencep.com

北京中科印刷有限公司印刷
科学出版社发行　各地新华书店经销

*

2025 年 6 月第 一 版　开本：787×1092　1/16
2025 年 6 月第一次印刷　印张：33
字数：778 000

定价：238.00 元

（如有印装质量问题，我社负责调换）

前 言
Preface

摩擦纳米发电机由王中林院士团队于 2012 年在世界范围内首创，标志着能量收集和自供电传感器这一全新领域的开启。

基于摩擦起电效应和静电感应效应，摩擦纳米发电机提供了一个非常高效的方式，利用日常生活中随处可见的机械能来实现微纳能源的收集。在此之前，2006 年王中林团队最早提出了压电纳米发电机，这基于利用单根压电纳米线把机械能转为皮瓦级能量的原创研究；到目前为止，摩擦纳米发电机的物理概念已经大大提升了，它是一种利用介质相对运动而产生的位移电流把机械能有效转换为电能的崭新的能源与传感技术。这种收集环境中机械能的能力为自供电系统和未来能源提供了可用技术的范式转变。摩擦纳米发电机的发明不仅引发了接触起电基础科学的研究以及麦克斯韦方程组的拓展，还提供了广泛的新能源技术与传感技术。摩擦纳米发电机自发明以来，全球超过 83 个国家和地区的 12000 多名科学家对摩擦纳米发电机的基础科学和技术进行过探索。探索的应用领域也同样广泛，包括医学、可穿戴电子、基础设施监控、安全、环境科学、物联网和机器人等。摩擦纳米发电机也为有效利用生活环境中的各种能量奠定了坚实的基础，而这些能量被称为"高熵能"。

2017 年，王中林团队结合当时摩擦纳米发电机的科研发展进程策划出版了首部学术专著《摩擦纳米发电机》（科学出版社）。近些年，随着这一领域成为国际科研界非常活跃、发展极为迅速的方向之一，以及呈现出的重要影响，有必要归纳整理其在基础理论与应用技术两方面的最新前沿创新成果，为科学家、教育工作者和学生提供关于摩擦纳米发电机领域最新进展的详细论述。为此，撰写了本系列书，共 4 卷（四分册），每卷侧重于特定的主题或领域，涵盖的内容有基础科学、技术应用、材料研究和潜在的商业机会。全书共 53 章，由来自 10 个国家和地区的世界知名科学家撰写。第 1 卷包含摩擦纳米发电机的基本原理，并介绍固-固接触起电的原理、液-固接触起电、位移电流理论、定量计算和摩擦纳米发电机的基本特性等。第 2 卷介绍摩擦纳米发电机作为微纳能源的应用，包括在医疗、可穿戴电子产品和物联网等重要领域的应用。第 3 卷介绍摩擦纳米发电机在收集蓝色能源和环境能源的应用，包括水滴能、风能、声能，这一卷也包括有关"蓝色能源"的想法和概念以及应用。第 4 卷介绍摩擦纳米发电机作为传感器和高压电源的具体应用，如触觉传感、人工智能、智能家居传感、交互神经和电子皮肤，重点介绍先进智能的最新发展。

本系列书的每一章都由摩擦纳米发电机研究领域的专家撰写，具有很高的学术水平。这些章节的作者信息列在每章的结尾处。衷心感谢所有参与撰写的作者和对本学科发展做出贡献的全世界的科学家！

本系列书全面而系统地介绍摩擦纳米发电机的基础理论和技术应用，将成为该领域的重要参考书目。它可以作为教材和参考书来促进摩擦纳米发电机的基础研究和实际应用及其产业推广。强烈将这本书推荐给对摩擦纳米发电机研究感兴趣的科学家、教育工作者和学生，也希望本书能对摩擦纳米发电机的发展和应用有全面而长远的贡献。

王中林

杨亚

翟俊宜

王杰

中国科学院北京纳米能源与系统研究所

北京，2025年1月

目 录

Contents

第1章

摩擦纳米发电机简介

摘　　要

摩擦纳米发电机（triboelectric nanogenerator，TENG）由王中林院士团队于 2012 年首次发明，通过摩擦起电和静电感应的耦合将小规模机械能转化为电能。TENG 是一项划时代的技术，具有前所未有的性能。TENG 既不使用磁铁也不使用线圈，具有轻质、低密度、低成本的特点，并且可以使用大多数有机材料进行制造。最重要的是，与传统的电磁发电机（electro magetic generator，EMG）相比，TENG 在低频率（<5～10Hz）下使用效果最好。因此，TENG 成为从人体运动和海洋波浪（蓝色能源）中收集低频能量的独特选择。TENG 还可以作为自驱动传感器，分别通过电压和电流输出信号主动检测由机械激励引起的静态和动态过程，应用包括机械传感器、生理检测、运动感应、触控板和电子皮肤等技术。

1.1　引　　言

能够从环境中收集能量作为可持续的自给微/纳功率源的新技术是纳米能源的新兴领域，主要涉及利用纳米材料和纳米技术收集能量为微/纳系统供电。在过去的十多年中，我们一直在开发纳米发电机用于构建自驱动系统和有源传感器。主要利用两种物理效应来收集小规模的机械能：压电效应和摩擦起电效应。本章旨在系统全面地介绍 TENG，从理论到实验，从基本操作到技术应用，从单个装置到系统集成，作为新能源技术和自驱动的有源传感器。

1.2　压电纳米发电机的发明

随着世界进入物联网（internet of things，IOT）和人工智能时代，向智能社会迈进最重要的发展是数以万亿传感系统的阵列，它构成了第四次工业革命迈入功能化和智能化世界的基础。鉴于这些传感器需要具备移动性，物联网的发展需要分布式能源，可以通过太阳能、热能、风能和机械触发/振动能来提供。这些电源可能尚未为主要电网提供稳定的电力，但它们非常适合为移动传感器和自驱动系统提供电能[1]。基于这样的初衷，王中林院士团队在2006年首次发明了压电纳米发电机（piezoelectric nanogenerator，PENG）[2]：使用垂直排列的氧化锌纳米线并利用原子力显微镜（atomic force microscope，AFM）将微小的机械能转换为电能。使用AFM探针和直径约为50nm、长度为几微米的单个氧化锌纳米线将机械能转换为电能，制造了世界上最小的发电机。因此，这个发电机称为压电纳米发电机[3]。

压电效应是一些晶体的独特特性，它们要么属于钙钛矿结构（如 $Pb(Zr, Ti)O_3$），要么结构缺乏中心对称性，如纤锌矿结构的 ZnO 和 GaN。对于一个压电材料，一旦它受到机械应变，晶体结构中的阳离子和阴离子就会发生相对位移，使得沿着应变方向存在宏观极化，并且晶体的两端分别有极化电荷。如果将电极连接到晶体的两端，并通过金属导线相互连接，那么极化电荷产生的电势将由从一个电极到另一个电极的电子流来平衡，从而产生沿金属导线的脉冲输出电流。这就是 PENG 的原理。

1.3　摩擦纳米发电机的发现

摩擦起电效应在日常生活中无处不在，它是两种不同材料接触时产生的效应。在工业界，它通常被视为负面效应，因为由此产生的静电荷会导致火花、粉尘爆炸、介电击穿、电子器件损坏等问题。从能源的角度来看，当两个摩擦起电材料表面分离时，这些静电荷构成了一个电容式能量装置，这也促使早期静电发电机（如"摩擦机"和范德格拉夫起电机）的发明[4]。摩擦起电为数不多的工业应用可能只有空气过滤和复印。

一般来说，对摩擦起电效应的理解是"静电充电"，但并没有太多的应用。然而，由于2012年王中林院士团队发明了TENG，这种理解已经转变为"发电"，从而开辟了一个新的能量收集和自驱动传感器的领域。通过将摩擦起电效应与静电感应耦合，TENG能够有效地利用环境中普遍存在但通常浪费的机械能（图1.1）[5]。摩擦起电/接触起电

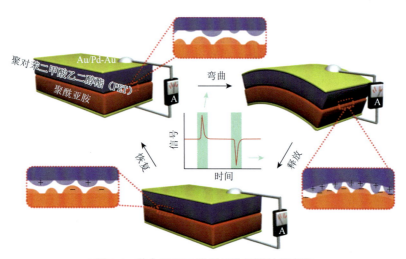

图 1.1　首个 TENG 及其工作周期的示意图

在接触材料表面产生静电极化电荷，而由机械分离产生的麦克斯韦位移电流，以及电极之间的静电感应导致机械能转化为电能。

1.4　摩擦起电机理

摩擦起电（triboelectrification，TE）是工程术语，用于描述接触起电（contact-electrification，CE）的一般现象。尽管 2600 年前摩擦起电就已经被人们所知，但关于接触起电是由电子转移、离子转移还是材料种类转移引起的还存在争议。这可能是测量技术的限制以及摩擦过程中接触起电的复杂性所致。接触起电发生在各个相之间，包括固体、液体和气体，它是界面上最基本的现象。接触起电发生在固-固、固-液、液-液、气-液、气-气和气-固之间，在物理、化学和生物学中发挥着基础性的作用。直到最近，电子转移被确立为在接触起电中的主导角色。

1.4.1　固-固情况

在两个固体之间的接触起电主要是电子转移所主导的，甚至可以说是完全由电子转移所主导的[6]。金属-介质之间的接触起电可以很好地用金属费米能级模型和介质表面态模型来描述。介质-介质之间的接触起电可以通过表面态模型来理解。实验证明，只有当两种材料的距离小于键合长度时接触起电才会发生，如在两个原子的相互作用势能中的斥力区域（图 1.2（a）和（b）。对于一般情况，首次提出了用一个重叠的电子云模型来解释电子跃迁，即在受应力的两个原子之间的电子云强烈重叠导致两者之间的势垒降低，从而允许电子从一个原子跃迁到另一个原子[7]。为了使原子足够靠近，需要施加机械应力以实现电子云的最大重叠。这个模型被认为是理解任意两种材料之间接触起电的通用模型，可以扩展到液-固、液-液、气-固和气-液的接触起电情况。为了简化描述和引用，图 1.2（a2）和（b2）中呈现的电子跃迁模型称为接触起电的王氏跃迁。此外，预计在这个过程中会发生光子发射，这已经通过实验证实，可能会产生一个由接触起电引发的界面光子发射光谱（CE-induced interface photon emission spectroscopy，CEIIPES）[8]。

1.4.2　液-固情况

液-固之间的接触起电是由于双电层（electric double layer，EDL）的形成。关于 EDL 的经典模型是固体表面上吸附一层离子，倾向于吸引溶液中电荷相反的离子，同时排斥带有相同电荷符号的离子，形成一个靠近液体-固体界面的电势分布。最近，Wang 等提出 EDL 的形成可能包括两个步骤[9, 10]。第一步是液体和固体表面之间的电子交换过程，类似于接触起电的提出，使得固体表面上的原子转变为离子。第二步是离子与液体中的离子之间的相互作用，导致界面附近出现阳离子和阴离子的梯度分布。传统模型忽略第一步，只考虑第二步。实际上，电子交换和离子吸附在液体-固体相互作用中同时发生并共存，这在实验中得到了验证[9, 11]。这种关于 EDL 模型的修订可能进一步影响与界面化学、电化学甚至细胞水平相互作用相关的一些理解。

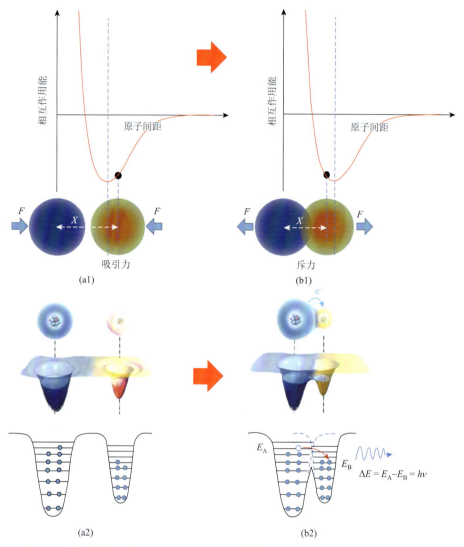

图 1.2　用于解释一般情况下两个原子之间的接触起电和电荷转移的重叠电子云模型

（a1）（b1）当施加外部压缩力时，两个原子之间存在相互作用势能，分别对应两者之间的引力和斥力。实验证明，只有在两个原子之间的相互作用是斥力，即两个原子的电子云重叠程度较强时，电子转移才会发生。（a2）（b2）当两种材料 A 和 B 的两个原子分别处于分离和紧密接触状态时，电子云和势阱模型的示意图。由于外力降低了潜在屏障，从 A 原子向 B 原子的电子跃迁变得可能，会导致接触电荷转移的发生。这种现象简称为接触起电的王氏跃迁

　　使用开尔文（Kelvin）探针，通过蒸发水后滴加一滴溶液来测量固体表面传递的电荷。图 1.3（a）～（f）显示了与去离子水滴接触后固体表面上剩余接触起电电荷的时间衰减曲线[9]。发现所有电荷的衰减曲线都遵循电子热发射模型，因此可移动的电荷是电子，而"黏性"的电荷是离子。固体表面可以获得或失去电子，而吸附在表面上的离子可以是阳离子和阴离子，表明可能是物理吸附或化学吸附。图 1.3（a）～（f）标明了电子转移和离子转移，可以看到电子转移与离子转移的比例（E/I）高度依赖固体的类型。对于 AlN 和去离子水之间的接触起电，超过 88% 的转移电荷是电子。但是在 Si_3N_4 和去离子水之间的接触起电中，电子转移仅占总电荷转移的 31%。在液体-固体接触起电中，转移的电子和离子的极性不一

定相同。如图 1.3（a）所示，MgO 在与去离子水之间的接触起电中同时获得电子并吸附正离子，表明离子的化学吸附是有可能的。对于 AlN 和去离子水之间的接触起电，AlN 失去电子并获得负离子（图 1.3（f））。这些结果表明液体-固体接触起电中的电子转移和离子转移是相互独立的，取决于固体表面的固有特性。

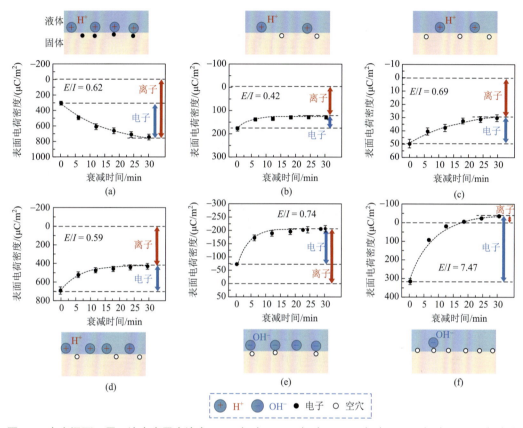

图 1.3　在室温下，用一滴去离子水滴在 MgO（a）、Si₃N₄（b）、Ta₂O₅（c）、HfO₂（d）、Al₂O₃（e）和 AlN（f）表面上接触后，对无机非金属固体材料表面电荷密度衰减的开尔文探针测量结果，以及去离子水与不同绝缘体之间电子转移（E）和离子转移（I）的数量

在水分干燥后，测量 433K 下的电荷密度。图中顶部和底部的示意图显示了电子/空穴和离子在固体表面上通过化学或物理吸附的分布情况

1.5　摩擦纳米发电机的基本理论

对 PENG 来说，由于晶体表面上的应变使离子产生了表面极化电荷。在 TENG 的情况下，两种不同材料的物理接触产生了摩擦电荷。为了考虑由接触起电引起的静电荷和机械激励期间介质的相对运动和/或形状变化对发电的贡献，位移矢量 D[12,13]中添加了一个额外项 P_S。

$$D = \varepsilon_0 E + P + P_S \tag{1.1}$$

式中，ε_0 表示真空介电常数；E 表示电场；第一项极化矢量 P 是由外部电场的感应效应引起的，而添加的项 $\boldsymbol{P}_\mathrm{S}$ 主要是表面电荷和介质运动引起的机械驱动产生的极化效应（图 1.4）。将式（1.1）代入麦克斯韦方程，并定义

$$\boldsymbol{D}' = \varepsilon_0 \boldsymbol{E} + \boldsymbol{P} \tag{1.2}$$

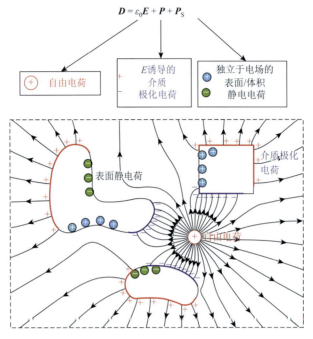

图 1.4　新定义的位移矢量 $\boldsymbol{D}$ 中的三个项，以及它们在图中表示的空间电荷

$\boldsymbol{P}_\mathrm{S}$ 对应的电荷密度是来自 TENG 中表面接触起电效应的电荷密度

麦克斯韦方程可以扩展为一个新的相一致方程组[13]：

$$\nabla \cdot \boldsymbol{D}' = \rho - \nabla \cdot \boldsymbol{P}_\mathrm{S} \tag{1.3a}$$

$$\nabla \cdot \boldsymbol{B} = 0 \tag{1.3b}$$

$$\nabla \times \boldsymbol{E} = -\frac{\partial \boldsymbol{B}}{\partial t} \tag{1.3c}$$

$$\nabla \times \boldsymbol{H} = \boldsymbol{J} + \frac{\partial \boldsymbol{P}_\mathrm{S}}{\partial t} + \frac{\partial \boldsymbol{D}'}{\partial t} \tag{1.3d}$$

根据式（1.3d），传导电流是 $\boldsymbol{J}$，而总位移电流是

$$\boldsymbol{J}_\mathrm{D} = \frac{\partial \boldsymbol{D}'}{\partial t} + \frac{\partial \boldsymbol{P}_\mathrm{S}}{\partial t} \tag{1.4}$$

式中，$\dfrac{\partial \boldsymbol{D}'}{\partial t}$ 表示由于电场随时间变化而产生的位移电流；$\dfrac{\partial \boldsymbol{P}_\mathrm{S}}{\partial t}$ 表示由于介质边界变化而引起的电流，称为 Wang term。这些方程是推导纳米发电机（nanogenerator，NG）输出特性的基础。

纳米发电机中电流的空间分布由式（1.4）给出，其中第一项是负载上观察到的传导电流，第二项是纳米发电机内部的位移电流，它是发电的驱动力。

纳米发电机由产生表面应变引起的静电荷的介质、具有自由电荷分布 ρ 的电极，以及横跨外部负载的互连导电线组成，该导电线携带着自由流动的电流（J）。一旦对介质（如纳米发电机）施加机械激励，静电荷和介质形状的分布和/或构型会随时间变化，因此为了考虑这种介质极化，必须在位移矢量 D 中引入一个额外的极化项 P_S，其推导如下。如果介质表面上的表面电荷密度函数 $\sigma_s(r, t)$ 由形状函数 $f(r, t) = 0$ 定义，引入时间以表示考虑外部触发的介质瞬时形状，则定义 P_S 的方程可以表达为[13]

$$P_S = -\nabla \varphi_s(r,t) = \frac{1}{4\pi}\nabla\int\frac{\sigma_s(r',t)}{|r-r'|}\mathrm{d}s' = \frac{1}{4\pi}\int\sigma_s(r',t')\frac{r-r'}{|r-r'|^3}\mathrm{d}s'$$
$$+ \frac{1}{4\pi c}\int\frac{\partial\sigma_s(r'',t')}{\partial t'}\frac{r-r'}{|r-r'|^2}\mathrm{d}s' \tag{1.5a}$$

$$\frac{\partial P_S}{\partial t} = \frac{1}{4\pi}\frac{\partial}{\partial t}\left[\int\sigma_s(r',t)\frac{r-r'}{|r-r'|^3}\mathrm{d}s'(t) + \frac{1}{c}\int\frac{\partial\sigma_s(r'',t')}{\partial t'}\frac{r-r'}{|r-r'|^2}\mathrm{d}s'(t)\right] \tag{1.5b}$$

式中，r 通常代表空间坐标变量；t 通常代表时间变量，此函数是与空间位置和时间相关的标量势函数。

值得注意的是，由于受到外力（如纳米发电机）的触发，介质边界/表面 $S(t)$ 的形状是时间的函数，时间微分也适用于在外部机械触发下改变的介质边界。

1.6　麦克斯韦方程组机械驱动系统

传统的麦克斯韦方程适用于边界和体积固定且处于静止状态的介质。但对于涉及运动介质和时间依赖构型的情况（如 TENG），方程必须进行扩展。从四个物理定律的积分形式出发，Wang 推导出了扩展的麦克斯韦方程的微分形式。如果忽略相对论效应，对于运动介质和物体内的空间，机械驱动缓慢运动的介质系统的麦克斯韦方程可以表示为[14-16]

$$\nabla \cdot D = \rho_f \tag{1.6a}$$

$$\nabla \cdot B = 0 \tag{1.6b}$$

$$\nabla \times (E + v_r \times B) = -\frac{\partial}{\partial t}B \tag{1.6c}$$

$$\nabla \times [H - v_r \times D] = J_f + \rho_f v + \frac{\partial}{\partial t}D \tag{1.6d}$$

式中，D 为电位移矢量；J_f 为自由电流密度。单位电荷的运动速度可以分为两个分量：运动参考系的运动速度（v）和介质内点电荷相对于运动参考系的相对运动速度（v_r）。方程（1.6a）～方程（1.6d）是描述运动物体和由运动介质产生的相关电磁波的完全电动力学方程，它们是处理机械-电-磁多场耦合和相互作用的基础。这些扩展方程是最全面的控制方程，包括电磁相互作用和发电及其耦合方法，都适用于 TENG。

自由空间中的电磁波由常规麦克斯韦方程给出：

$$\nabla \cdot \boldsymbol{D} = \rho_f \tag{1.7a}$$

$$\nabla \cdot \boldsymbol{B} = 0 \tag{1.7b}$$

$$\nabla \times \boldsymbol{E} = -\frac{\partial}{\partial t}\boldsymbol{B} \tag{1.7c}$$

$$\nabla \times \boldsymbol{H} = \boldsymbol{J}_f + \frac{\partial}{\partial t}\boldsymbol{D} \tag{1.7d}$$

式中，$\boldsymbol{D}$ 为电位移矢量；$\boldsymbol{B}$ 为磁感应强度；$\boldsymbol{E}$ 为电场强度；$\boldsymbol{H}$ 为磁场强度；$\boldsymbol{J}_f$ 为自由电流密度。

方程（1.6a）～方程（1.6d）和方程（1.7a）～方程（1.7d）的解需要满足物体表面的边界条件[16]：

$$(\boldsymbol{D}_2 - \boldsymbol{D}_1) \cdot \boldsymbol{n} = \sigma \tag{1.8a}$$

$$(\boldsymbol{B}_2 - \boldsymbol{B}_1) \cdot \boldsymbol{n} = 0 \tag{1.8b}$$

$$\boldsymbol{n} \times (\boldsymbol{E}_2 - \boldsymbol{E}_1 + \boldsymbol{v}_{r2} \times \boldsymbol{B}_2 - \boldsymbol{v}_{r1} \times \boldsymbol{B}_1) = 0 \tag{1.8c}$$

$$\boldsymbol{n} \times (\boldsymbol{H}_2 - \boldsymbol{H}_1 - \boldsymbol{v}_{r2} \times \boldsymbol{D}_2 + \boldsymbol{v}_{r1} \times \boldsymbol{D}_1) = \boldsymbol{K}_s + \sigma\boldsymbol{v}_s \tag{1.8d}$$

式中，下标 1 和 2 分别表示在介质 1 和介质 2 中对应的电磁场的量；$\boldsymbol{B}_1$ 和 $\boldsymbol{B}_2$ 分别是介质 1 和介质 2 中靠近交界面处的磁感应强度矢量；$\boldsymbol{E}_1$ 和 $\boldsymbol{E}_2$ 分别是介质 1 和介质 2 中靠近交界面处的电场强度矢量；$\boldsymbol{n}$ 是交界面的单位法向量，方向从介质 1 指向介质 2，用于定义面的方向；$\boldsymbol{H}_1$ 和 $\boldsymbol{H}_2$ 分别是介质 1 和介质 2 中靠近交界面处的磁场强度矢量；$\boldsymbol{K}_s$ 是表面电流密度矢量。

图 1.5 展示了 PENG、TENG 的实验发现以及对于缓慢运动介质系统扩展麦克斯韦方程的主要进展的时间线。扩展的麦克斯韦方程的微分形式不仅可用于计算 TENG 的输出功率，还可以量化 TENG 的电磁辐射。

图 1.5　2006 年压电纳米发电机的实验发现和 2012 年摩擦纳米发电机的实验发现，以及机械驱动引起的极化项 $\boldsymbol{P}_s$ 的理论介绍和针对机械驱动缓慢运动介质系统的麦克斯韦方程的发展（忽略相对论效应），基于这一理论的未来发现和技术创新仍有待探索

1.7　摩擦纳米发电机输出的计算

总的位移电流是通过接收电极表面上的电流密度进行积分得到的（图 1.6 右侧所示）：

$$I_D(t) = \int \left[\frac{\partial \boldsymbol{D}'(\boldsymbol{r},t)}{\partial t} + \frac{\partial \boldsymbol{P}_S(\boldsymbol{r},t)}{\partial t} \right] \cdot \mathrm{d}\boldsymbol{s} \tag{1.9}$$

TENG 上的电压是电动势的路径积分：

$$V(t) = \int \left[\boldsymbol{E}(\boldsymbol{r},t) + \boldsymbol{v}(t) \times \boldsymbol{B}(\boldsymbol{r},t) \right] \mathrm{d}\boldsymbol{L} \tag{1.10a}$$

对一个完全封闭的表面进行积分，并利用电荷守恒定律：

$$I_D(t) = \frac{\partial}{\partial t} \int \nabla \cdot [\boldsymbol{D}'(\boldsymbol{r},t) + \boldsymbol{P}_S(\boldsymbol{r},t)] \mathrm{d}\boldsymbol{r} = \frac{\partial}{\partial t} \int \rho \mathrm{d}\boldsymbol{r} = \frac{\partial Q(t)}{\partial t} \tag{1.10b}$$

式中，Q 是电极上的总自由电荷。方程（1.10）是建立 TENG 传输方程的基本方程。

　　自然界中有两种类型的电流：传导电流是自由电子流动的结果，位移电流是由时间变化的电场产生的。EMG 基于洛伦兹力驱动的导线中的电子流动，是发电机的主要原理。而对于压电、热释电、摩擦电、静电和电介质效应等发电机，其内部的电流则是由位移电流驱动的。这种发电机称为纳米发电机，它实际上代表了一个领域，该领域利用位移电流作为驱动力来有效地将机械能转换成电能/信号。内部电路和外部电路在两个电极处相遇，形成一个完整的回路。因此，位移电流是电流产生的内在物理核心，是内部的驱动力，而外部电路中的电容传导电流是位移电流的外部表现。

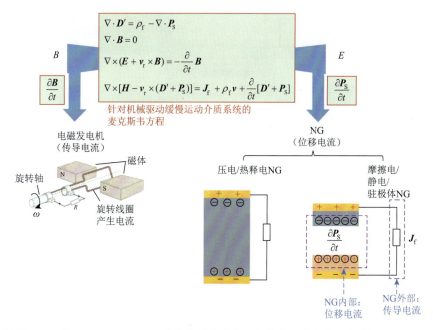

图 1.6　传统 EMG 与 TENG、PENG、热释电纳米发电机和静电纳米发电机在遵循的物理定律、电流类型和在机械驱动缓慢运动介质系统的麦克斯韦方程中所代表的物理量方面的比较

　　通过计算从 B 电极到 A 电极的电压降（图 1.6），通过负载 R 的传输方程为

$$\phi_{BA} = \int_A^B \boldsymbol{E}(\boldsymbol{r},t) \cdot \mathrm{d}\boldsymbol{L} = R\frac{\partial Q(\boldsymbol{r},t)}{\partial t} \tag{1.11}$$

这是 TENG 的传输方程，需要使用边界条件 $Q(t=0)=0$ 进行求解。传递到负载的功率为

$$p=\left[\frac{\partial Q}{\partial t}\right]^2 R \qquad (1.12)$$

1.8　摩擦纳米发电机的工作模式

1.8.1　接触-分离模式

接触-分离模式 TENG 是基于两个具有不同电子亲和力的介电薄膜（至少一个是绝缘体）之间的物理接触（图 1.7（a））[17]。两者的接触分别在其表面产生相反的摩擦电荷。一旦两个表面被间隙隔开，沉积在两个介电膜的顶部和底部表面上的电极之间就会产生电压降。如果通过负载将两个电极电连接在一起，一个电极中的自由电子会流动到另一个电极，以平衡静电场。一旦间隙缩小，摩擦电荷产生的电压降消失，感应的电子会流回。两种材料之间的周期性接触和分离驱动感应的电子在两个电极之间来回流动，在外部电路中产生交流输出。

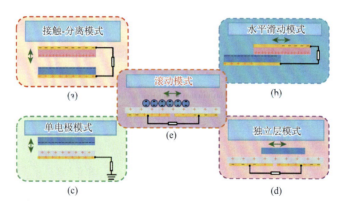

图 1.7　分别描述接触-分离模式（a）、水平滑动模式（b）、单电极模式（c）、独立层模式（d）和滚动模式（e）TENG 的坐标系和数学参数

1.8.2　水平滑动模式

水平滑动模式 TENG 是基于两个介电表面之间的接触滑动（图 1.7（b））[17]。当具有相反摩擦电极性的两种材料接触时，由于 CE 效应而发生表面电荷转移。当两个表面完全接触时，没有电流流动，因为一侧的正电荷被负电荷完全补偿。一旦外部施加的力使两者发生相对位移并且方向与界面平行，位移/不匹配区域的摩擦电荷不被完全补偿，导致在与位移方向平行的方向上产生有效的偶极极化。因此，在两个电极之间产生电势差。

1.8.3　单电极模式

单电极模式的 TENG 最适用于检测自由未附着物体的运动。如图 1.7（c）所示，对于一个介电体和金属板[17]，如果带电的介电体靠近金属板以平衡电场，那么金属板中会产生感应电流。一旦介电体远离金属板，电流会回流到地面。这种模式最适用于利用移动物体的能量而无需连接电线，如人行走、汽车行驶、手指打字等。

1.8.4　独立层模式

独立层模式的 TENG 旨在最小化两个介电体之间的摩擦[17]。如果在一个介电层下面制作一对对称电极，并且电极的尺寸与移动物体的尺寸相同，物体与电极之间有一个小间隙，那么物体接近和/或离开电极会通过介质感应产生非对称的电荷分布，前提是物体在之前的摩擦起电过程中已经带电，这会引起电子在两个电极之间流动，以平衡局部电势分布（图 1.7（d））。电子在响应物体的前后运动中在配对电极之间的振荡产生交流电流输出。这种模式具有从运动物体中收集能量的优点，但整个系统无需接地即可移动。

1.8.5　滚动模式

滚动模式（图 1.7（e））是通过组合上述四种模式而成的复合模式[18]。它主要利用球体与固体表面之间的滚动接触起电效应。通过合理设计位于滚动球体下方的电极，滚动球体可以打破电荷平衡而产生电能输出。这可以有效减少摩擦产生的材料磨损，同时仍然保持高输出效果。

1.9　决定性品质因数

TENG 的四种工作模式及广泛适用的材料需要制定一个共同的标准，以便比较和评估不同 TENG 的性能。2015 年，Zi 等报道了一项关于 TENG 的里程碑式的研究，提出了一个由结构品质系数（figure-of-merit，FOM）（FOM_S）和材料 FOM（FOM_M）组成的 TENG 性能指标（FOM_P）[19]。FOM_P 用于表征 TENG 的性能，就像太阳能电池的效率和热电材料的品质因子（ZT）一样。

研究了水平滑动（lateral sliding，LS）模式 TENG 的输出行为，其示意图如图 1.8（a）所示。使用有限元法（finite element method，FEM）模拟了在不同负载电阻下的传递电荷 Q 与累积电压 V 的关系曲线，图 1.8（b）为 $100MΩ$ 时的结果。V-Q 图中的封闭区域代表每个周期的输出能量，因此 V-Q 循环称为能量输出循环（cycles for energy output，CEO）。已知 TENG 在一定数量的工作周期后会达到稳态，即封闭的 V-Q 回路，并且不同的外部负载电阻会导致不同的稳态 CEO。总循环电荷 Q_C 被定义为在稳态 CEO 中最大传递电荷和最小传递电荷之间的差值，并且注意到它小于短路条件下的最大传递电荷 $Q_{SC,max}$（图 1.8（b）），因此在 TENG 工作过程中应用瞬态短路条件提出了用于最大化能量输出的新循环（cycles for maximized energy output，CMEO），以便实现 $Q_C = Q_{SC,max}$（图 1.8（c））。TENG 在步骤 1 和步骤 3（图 1.8（c））期间连接到外部负载电阻，同时摩擦纳米材料之间的位移从 $x = 0$ 变为 $x = x_{max}$，反之亦然。在步骤 2 和步骤 4（图 1.8（c））中，与外部负载并联的开关被打开，使传递电荷 Q 分别达到 $Q_{SC,max}$ 和 0。图 1.8（d）显示了不同负载电阻下的 CMEO，表明在 $R = +\infty$ 时每个周期的能量输出 E_m 最大。还提出了一个无量纲的结构 FOM，其定义为

$$\text{FOM}_S = \frac{2\varepsilon_0}{\sigma^2 A} \frac{E_m}{x_{max}} \tag{1.13}$$

其中，ε_0 是真空的介电常数；A 是 TENG 的摩擦起电面积；σ 是电导率。分母中引入了 $\sigma^2 A$ 这一项，以排除材料特性和器件尺寸对 FOM_S 的影响。因此，性能 FOM 定义为

$$\text{FOM}_P = \text{FOM}_S \cdot \sigma^2 = \frac{2\varepsilon_0}{A} \frac{E_m}{x_{max}} \tag{1.14}$$

其中，σ^2 可以定义为 FOM_M。从式（1.13）可以看出，FOM_S 取决于最大位移 x_{max}，并且可以通过调整 x_{max} 的值来进行优化（图 1.8（e））。图 1.8（f）总结了 TENG 在不同工作模式下的 $\text{FOM}_{S,max}$，给出了 CFT>CS>SFT>LS>SEC 的关系，其中 CFT 代表接触独立层模式，SFT 代表滑动独立层模式，SEC 代表单电极接触模式，CS 代表接触-分离模式，LS 代表水平滑动模式。

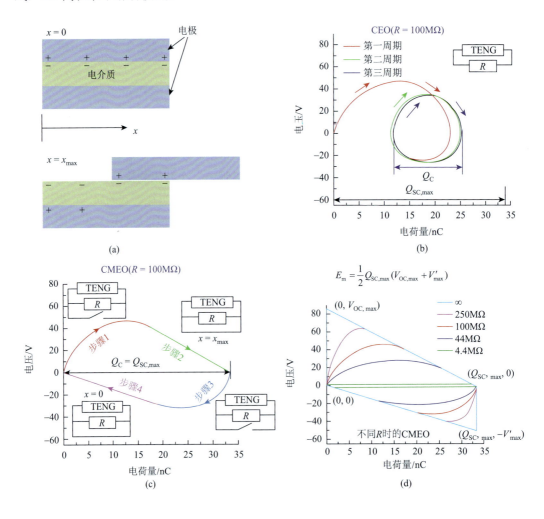

(a)　(b)　(c)　(d)

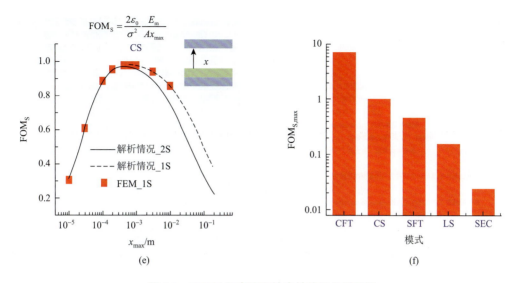

(e)　　　　　　　　　　　(f)

图 1.8　TENG 示意图和输出性能及品质因数

（a）LS-TENG 的示意图；（b）LS-TENG 在 100MΩ 负载电阻下的 CEO；（c）LS-TENG 在 100MΩ 负载电阻下的 CMEO；（d）LS-TENG 在不同负载电阻下的 CMEO；（e）垂直接触分离模式 TENG 的 FOM_S 与 x_{max} 的关系（1S 和 2S 表示考虑非理想平行板电容器单侧和双侧效应的计算模拟）；（f）通过有限元方法模拟计算得出的不同工作模式的最大 FOM_S（$FOM_{S, max}$）

1.10　定量化摩擦电序列

　　尽管摩擦起电是一种普遍存在的现象，但在教科书中常见的唯一可用来源是一个摩擦静电序列（简称摩擦电序列），它以定性的方式给出了一些常见材料的摩擦极化的排名，但缺乏定量的数据，因此结果不够准确。接触起电效应的量化很困难，主要有以下几个方面。首先，由于接触起电效应是两种材料之间的问题，其中一个材料的性能取决于其配对材料的性能。哪种材料可以作为所有标准测量的参考合作材料？其次，接触起电效应是一种表面特性，受到两个表面粗糙度、真实接触面积、表面污染物和大气条件以及湿度的强烈影响。必须建立一种标准方法来统一测量所有材料。

　　引入一种通用的标准方法来量化广泛范围的聚合物摩擦电序列，建立了定量 TE 的基本材料属性[20]。为了最大化材料与参考材料的接触，选择液态金属作为对接接触，这可能具有最大的原子级接触，形状适应性和柔软性良好。该方法标准化了实验设置，以统一量化一般材料的表面摩擦起电。标准化的摩擦电荷密度（triboelectric charge density，TECD）被定义和推导出来，揭示了聚合物在获取或失去电子方面的内在倾向。提供了一个关于多种有机材料 TECD 的表格（图 1.9）和多个功能氧化物薄膜的 TECD（图 1.10）[21]。氧化物的测量结果与材料的功函数密切相关，第一个定量的摩擦电序列将成为实施摩擦起电能量收集和自驱动传感应用的教科书标准。

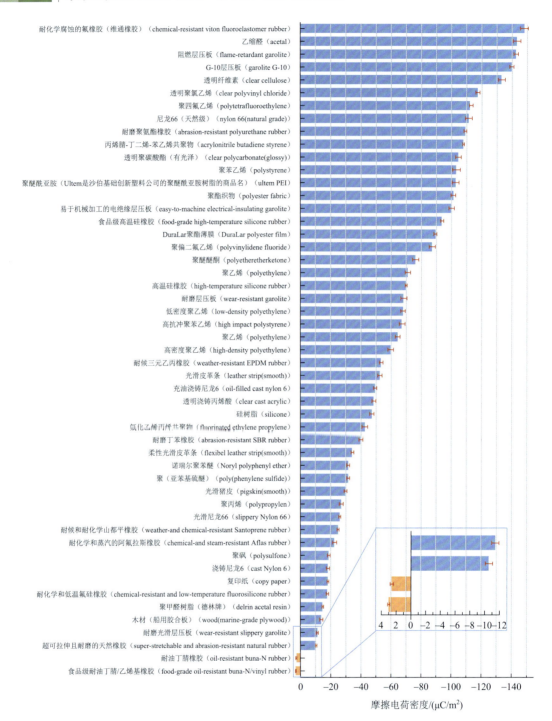

图 1.9　对多种不同聚合物材料进行量化的摩擦电序列[20]

误差条表示标准差范围

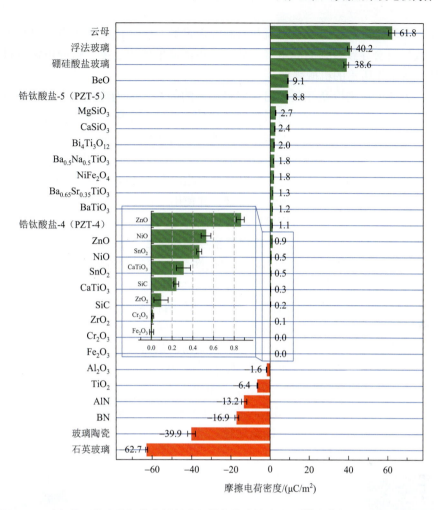

图 1.10 对多种不同功能氧化物材料进行量化的摩擦电序列[21]（获得了 *Nature* 的许可）

1.11 增强表面电荷密度

1.11.1 材料选择

由于接触起电是一种普遍存在于几乎所有材料及相关相的现象，TENG 的材料选择范围非常广泛且没有限制。在这种情况下，可以选择最适合工作环境的材料，如聚合物、可生物降解材料、多孔材料等。一般来说，材料选择需要满足四个要求（图 1.11）。

首先，材料表面的合理设计非常重要。平坦的表面可能不能提供最高的 TENG 输出，因为两个平坦表面之间的接触可能不会达到原子级别，特别是在存在一些表面微尺寸灰尘颗粒的情况下。过于粗糙的表面会降低原子级别的有效接触面积，因此需要进行优化，以最大化两个表面的三维接触，特别是在发生电荷转移的原子级接触时。

其次，在理论分析中，位移电流与材料介电常数有关，因此输出电压也与之相关。高介电常数材料会导致较强的静电屏蔽效应，可能降低输出功率。低介电常数材料可能无法保持设备工作所需的机械强度。

再次，表面电荷密度是控制输出功率最重要的因素，因为输出功率与表面电荷密度的平方成正比。一般来说，每种材料都有自己的电荷容量上限，大多数情况下这个上限由在空气中放电的强度限制。已经做了很大努力来发展提高表面电荷密度的方法，包括表面纹理化[22]、电荷注入、倾斜纳米结构构建[23]以及电介质材料中电荷的输送和储存[24]。表面电荷密度通常受到表面击穿电压的限制，因此通常在 $250\mu C/m^2$ 左右。最近，一种在浮动导电层中束缚电荷的新策略被开发出来，并使用可以作为正常 TENG 的电荷泵设计产生束缚电荷[25, 26]。有效电荷密度可以在环境条件下大幅提升到 $250\mu C/m^2$。改进的泵送方案的设计进一步通过优化接触状态将电荷密度提高到 $2.38mC/m^2$[27]。

最后，降低材料磨损并增强 TENG 的耐久性是一个关键挑战。考虑到在常规条件下摩擦电荷会在绝缘体表面停留数小时，两个表面之间的连续摩擦是不必要的。因此，通过机械设计使 TENG 能够根据旋转速度/频率自动在两种模式之间切换，可以大大提高其耐久性[28, 29]。第二种方法是通过结构设计放大工作频率。来自水波的触发能量可以使用摆线结构储存为势能，以便以高频率进行延长振荡，从而大大提高能量转换效率[30]。这种设计已经被扩展用于收集水波能量，实现了超过 28% 的能量转换效率[31]。最后，选择具有最小介电常数的油，如角鲨烯和石蜡油，可以大大保留甚至提高侧向滑动模式 TENG 的性能。润滑的 TENG 能够提供比未润滑的 TENG 高 10 倍的输出功率[32]。这项研究开辟了一种延长 TENG 寿命和稳定性的新途径。

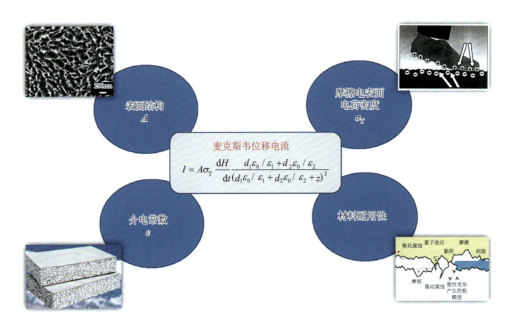

图 1.11　TENG 材料的选择和基本挑战，以最大限度地提高其输出功率

1.11.2　电荷泵

由于材料的 FOM 为 σ^2，所以为了提高 TENG 的性能，需要增强表面电荷密度。然而，表面电荷密度通常受到表面击穿电压的限制，因此通常在大约 $250\mu C/m^2$ 的量级。最近，通过将电荷结合在浮动导电层中的新策略被开发出来，并且使用电荷泵设计来生成束缚电荷，这可以是一个常规的 TENG，如图 1.12 所示[33,34]。在此类装置中，电荷通过泵送的 TENG 注入主 TENG 的浮动层。注入的电荷被限制在浮动层中，其功能类似于常规 TENG 的静电荷，从而诱导电荷在电极之间转移。浮动层中的束缚电荷可以逐渐积累，直到达到绝缘层的介电强度。因此，泵送 TENG 由于其低输出而不需要过于用力（或压力），从而解决了磨损和热量产生的问题。通过这种方式，有效电荷密度可以在环境条件下大幅提高到 $1.02mC/m^2$。这种机制随后扩展到旋转和滑动模式的 TENG。基于同步旋转结构，低频激发可实现平均功率提高，其中包括一个旋转的电荷泵 TENG[33]改进的设计进一步增加了电荷密度，最高可达 $2.38mC/m^2$，基于优化接触状态并减少整流二极管的电压降[34]。这种方法对于 TENG 的发展具有类似于 EMG 中使用的电磁铁的重要性，EMG 利用供应的电流来产生强磁场，而不是使用永磁体。电荷泵机制为超越 TENG 的限制提供了极大的可能性。

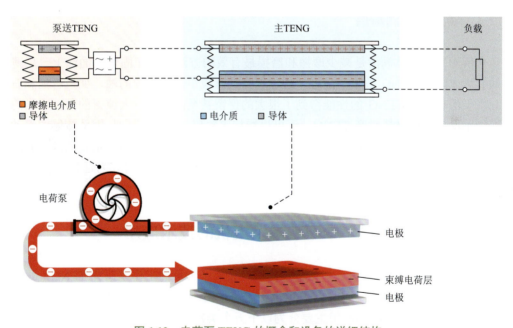

图 1.12　电荷泵 TENG 的概念和设备的详细结构

1.12　提高耐久性

1.12.1　工作模式下的自动切换

对 TENG 来说，最严重的问题是直接摩擦导致的表面坚固性问题，这不仅引起热量产生，还会造成表面损伤。实际上，TENG 的不同工作模式具有不同程度的表面摩擦。最少的摩擦是接触-分离模式，而水平滑动模式会产生较多的热量和严重的磨损。考虑到在常规条件下静电荷会在绝缘体表面停留数小时，两个表面之间的持续摩擦是不必要的。因此，通过一种机械设计，可以根据旋转速度/频率自动切换 TENG 的两种模式，从而极大地延长其耐用性。这样的研究已由 Li 等[28]以及 Lin 等[29]展示。通过离心力和弹性弹簧的结合，设计了一种自动切换 TENG 工作模式的方法，以实现可靠运行[29]。

1.12.2　工作频率的放大

TENG 在收集不规则和低频能量（如水波能）方面效果最明显。但能量的振动频率低，所以以整体转换效率较低，已经采取了两个步骤来提高能量转换效率。首先，在设计中使用弹簧，机械触发可以有效地在弹簧之间的机械共振状态下触发系统，从而后续在弹簧控制频率下的能量转换可以更有效[35]。其次，从水波中触发的能量可以使用摆锤结构存储为势能，从而在高频率下进行延迟振荡，可以大幅提高能量转换效率[30]。这种设计已扩展到收集水波能，并已实现超过 28% 的能量转换效率[31]。

1.12.3　使用液体润滑层

众所周知，液体润滑是减少摩擦和磨损最有效的方法，但在固体表面涂上一层薄薄的油会大大降低 TENG 效果。最近，通过选择具有最小介电常数的油，如鱼肝油和石蜡油，水平滑动模式 TENG 的性能得到了很大的保留甚至改善。令人惊讶的是，适当的液体润滑不仅可以提供超耐磨 TENG，还可以增加电输出。与具有固体-固体接触的滑动模式 TENG 相比，润滑 TENG 的使用寿命可以通过液体润滑大大提高。重要的是，润滑的 TENG 能够提供比未润滑的 TENG 高 10 倍的输出功率[32]。这项研究为延长 TENG 的使用寿命和稳定性提供了一种新途径。

1.13　摩擦纳米发电机的技术应用

自 2012 年首次发明以来，全球范围内已经采取了大量的工作来研究 TENG，并展示其在医学科学、环境科学、可穿戴电子设备、基于纺织品的传感器和系统、物联网、安全等领域的应用。TENG 的应用主要分为以下五个类别（图 1.13）。

1.13.1　作为纳米和微电源

TENG 可以作为小型、可佩戴、分布式甚至是柔性电子设备、物联网和传感器网络的可持续电源。随着物联网和传感器网络的快速发展，所有的小型电子设备都需要供电。考虑到它们的高度移动性，从环境中收集能量对于这些分布式电子设备的可持续运行至

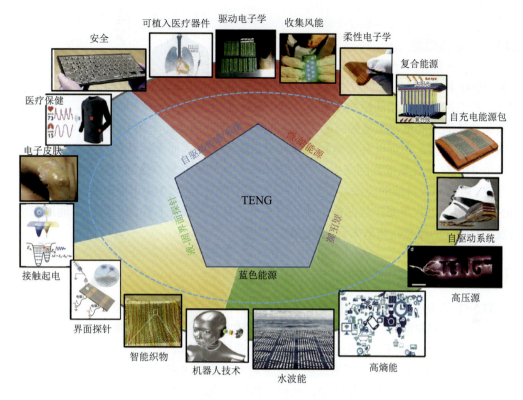

图 1.13 TENG 的五个主要应用领域,涵盖灵活电子、人机界面、机器人技术、可穿戴电子、医学科学、环境科学、国防和蓝色能源

关重要。考虑到 TENG 的高输出电压和低输出电流,为了有效利用收集到的能量给能量存储单元充电,需要使用功率管理电路,也就是自驱动系统中的自充电电源装置[36]。根据 TENG 的工作模式,已经证明了其具有 50%～85%的能量转换效率。此外,TENG 的功率密度取决于设备结构和材料,据报道可高达 500W/m^2[37]。使用 TENG 收集的能量足以驱动许多小型电子设备,并使自驱动电子设备网络成为可能。

1.13.2 作为自驱动传感器

TENG 作为一种自驱动传感器,在物联网和传感器网络中有广泛的应用。人工智能和大数据的发展依赖于传感器网络提供的大量数据。但是大多数传感器需要外部电源来工作。因此,不需要外部电源就能对环境变化做出反应的传感器非常重要,如主动传感器。对运动、振动和触发传感器来说,TENG 可以是一个理想的选择,它可以在被机械触发时产生输出信号。这些信号甚至可以无线传输,而不需要外部电源。

由于 TENG 能够直接将机械激励转化为电信号而不需要额外的传感器,所以在主动感知和自供能传感器领域具有巨大的潜力,与传统的被动传感器相比,它需要较少甚至零待机功耗和更简单的控制电路。

1.13.3　蓝色能源

TENG 具有一个突出的特点，即其输出电压与工作频率无关，但输出电流与之相关。因此，在低冲击频率和低触发幅度下，它对输出能量的有效利用相对较高。因此，它对水波和微风能的能量收集是独特的。重要的是，TENG 的工作不像 EMG 那样需要定期的单向水流或风力，它可以有效地利用任何机械湍流能量，而不管其触发方向如何。通过将多个 TENG 单元集成到网络中，可以收集海洋水波的能量，这称为蓝色能源，被认为是稳定、可靠和可持续的能源。这个想法是由王中林院士在 2014 年提出的[17, 38, 39]。现在，TENG 正被视为收集海洋能源的主要方法之一，具有替代化石能源的潜力。通过在水中触发，TENG 的能量收集效率已达到 28%[30, 31, 40]。

1.13.4　作为高压源

TENG 高电压和低电流的固有特性使其成为传统高压电源的新型替代品，具有前所未有的便携性和安全性。基于 TENG 的高压源通常不需要复杂的功率转换器，通过轻松获得 1～10kV 的高电压，极大地降低了系统复杂性和成本。考虑到每个工作周期的有限电荷传输，TENG 在高压应用的理想情况下对电流的要求应该很小，这样与传统电源相比，可以达到相当甚至更好的性能。此外，较低的电流对人员和仪器的安全威胁要小得多，因为一旦有限的电荷传输完毕，高电压将无法维持。TENG 可以在许多需要高电压的场合使用，如驱动静电马达和激发等离子体[41, 42]。

该领域一个很好的例子是使用 TENG 产生纳米电喷雾电离，用于高灵敏度的纳米库仑分子质谱（mass spectrometry，MS）[43]。这不仅利用了 TENG 的高压输出，还将电荷传输的局限性转化为在离子生成方面具有前所未有的控制优势。通过 TENG 的即时激活，可以调节离子生成的持续时间、频率和极性，而 TENG 提供的高压（5～9kV）能够在低浓度下增强纳米静电喷雾电离的灵敏度。例如，在分析可卡因溶液（质荷比 $m/z = 182.118$）时，仅在 SF-TENG 驱动的纳米静电喷雾质谱中才能观察到特征碎片离子（10pg/mL）[43]。

1.13.5　作为研究液-固界面电荷转移的探针

通过利用单电极模式 TENG 的原理，开发了一种具有两个空间排列电极的滴液 TENG，用于探测液-固界面的电荷传输[44, 45]。这种方法依赖于分析液滴在介电聚合物表面上滑动一定距离，在铜电极上产生的感应电荷。总体上，这些发现是迄今为止最有说服力的证据，证明介电聚合物中液-固界面之间的电荷传输是电子。根据有机金属化合物（二茂铁）浓度与接触电荷转移之间的关系建立了一种基于滴液 TENG 的高效化学传感器，用于探测溶剂中有机杂质的痕迹。最近，这种方法已经扩展到一系列固定 TENG 的阵列，从而可以对整个液滴的电荷传输进行原位映射，为研究液体-固体界面上的电荷交换提供了一种新技术[46]。

1.14　摩擦纳米发电机与电磁发电机的比较

在各种机械能量收集技术中，EMG 是最广泛使用且对人类文明影响最大的。因此，对新兴的 TENG 技术与成熟的 EMG 进行特性和性能的比较，可揭示出 TENG 的独特优势和应用。2014 年，Zhang 等首次进行了以工作机制、控制方程和等效电路模型为重点的系统比较研究[47]。首先，他们注意到 EMG 的基本机制和电磁感应类似于 TENG 的 LS 模式。在电磁感应中，导体棒切割磁感线运动以产生电动势，而摩擦电材料在另一个材料上滑动以在 LS-TENG 中引起电荷分离（图 1.14（a））。产生的电动势与 TENG 机制中电荷分离引起的电流流动具有类似的表达式，前者取决于磁通密度，后者取决于摩擦电荷密度。当将这两种基本模式分别扩展到由两个磁铁和一组线圈组成的旋转 EMG 和由两个分段图案的圆盘组成的旋转 TENG 时，它们的控制方程仍然具有相同的类比。对两种发电机在不同外部负载电阻下的输出功率也进行了研究，表明 TENG 具有比 EMG 更大的匹配阻抗（图 1.14（b））。这些结果表明，从等效电路的角度来看，EMG 可以视为具有较小内阻的电压源，而 TENG 是具有较大内阻的电流源。考虑到它们具有类似的最大输出功率，当设备的体积和质量至关重要时，TENG 比 EMG 具有一些优势。作者还验证了将这两种电源通过连接 EMG 串联和 TENG 并联到一定电阻上，可以等效地转换为外部负载。两种串联或并联连接的电源成功地进行了联合工作，其最大输出功率约为单个 EMG 或 TENG 的两倍（图 1.14（c））。这项工作是理解 EMG 和 TENG 之间关系的里程碑，并为包含 TENG 和 EMG 的混合发电机奠定了理论基础[48]。

Zi 等对 EMG 和 TENG 在低频机械能收集性能方面的特性进行了更全面的研究[49]。TENG 的 CS 模式和 SFT 模式具有比其他模式更高的 FOM$_S$，并且它们的类似模式在 EMG 的实际应用中也已经得到了很好的发展，因此选择了这两种模式进行比较，其结构如图 1.14（d）所示。对于 EMG，磁铁在 CS 模式下垂直移动在一组铜线圈上方，而在 SFT 模式下，磁铁在两组铜线圈之间水平移动。对于 TENG，在 CS 模式下，铜薄膜在背面涂有铜的氟化乙烯丙烯共聚物（fluorinated ethylene propylene，FEP）薄膜上方垂直移动，而在 SFT 模式下，FEP 薄膜在两个相邻的铜薄膜之间滑动。图 1.14（e）和（f）中的结果表明，无论是哪种工作模式，EMG 的输出功率密度与工作频率的平方（f^2）成正比，而 TENG 的输出功率密度与工作频率本身（f）成正比。这可以归因于 EMG 的开路电压与工作频率成正比，而 TENG 的开路电压在不同频率下保持恒定。它们输出的不同频率依赖性表明，在某个阈值频率以下，TENG 可能具有更好的能量收集性能。特别是在为具有一定阈值电压的电子设备（如 LED）供电时，EMG 在低频（通常为 0.1～3Hz）下的输出电压不足，而 TENG 独立于频率的输出电压（>10～100V）足以同时驱动多个单元。这项研究表明，从小规模的生物力学能量（如人类行走）到大规模的蓝色能源，在低频机械能收集领域，TENG 有望迎来极具潜力的关键应用场景。

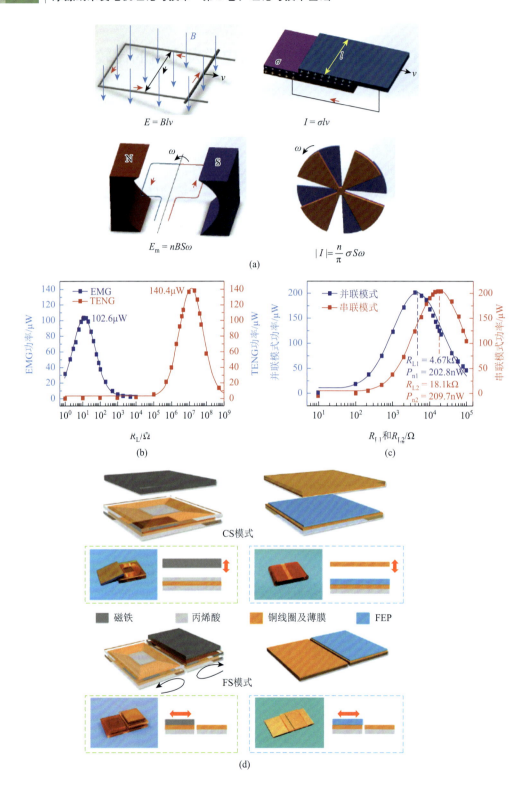

(a)

(b)

(c)

(d)

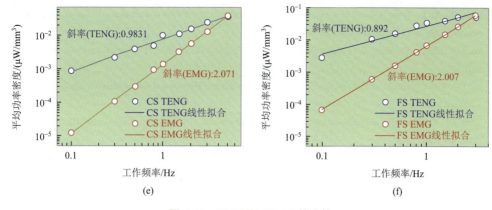

图 1.14　EMG 和 TENG 的比较

（a）转动 EMG 和 TENG 的示意图、基本原理和控制方程；（b）转动 EMG 和 TENG 的输出功率比较；（c）旋转 EMG 和
TENG 串联或并联的联合工作（经许可复制）；（d）CS/FS 模式 EMG 和 TENG 的示意图和照片；（e）（f）低频 CS 模式（e）
和 FS 模式（f）设备的平均功率密度（经许可复制）

1.15　结　　论

从法拉第 1831 年发现电磁感应以来，电磁发电机一直是推动世界发展的机械能收集器。电磁发电机对于将高频、规律且质量好的能量转换为电能最为高效。电磁发电机的输出电流是传导电流，所以电磁发电机的输出电压是其电流乘以负载电阻。电磁发电机的内部电阻是金属线圈的电阻，所以电磁发电机的匹配电阻通常较低，因此其输出电压也较低。相反，TENG 受位移电流的主导，其输出电流是一个电容性传导电流。TENG 的输出电压在工作频率不同的情况下是固定的。因此，在相对较低的频率下，很容易实现良好的工作电压。对于分布在生活环境中的缓慢、随机和低效的能量，TENG 是将这种能量转化为有用输出功率最有效的方法，而这正是物联网时代所需要的。本章旨在介绍 TENG 的基本工作原理、基本理论和主要应用领域，更详细的报道可以在参考文献[50]和[51]中找到。

参 考 文 献

[1]　Wang Z L. Self-powered nanotech[J]. Scientific American，2008，298（1）：82-87.

[2]　Wang Z L，Song J H. Piezoelectric nanogenerators based on zinc oxide nanowire arrays[J]. Science，2006，312（5771）：242-246.

[3]　Wang Z L. Nanogenerators for Self-powered Devices and Systems[M]. Atlanta：Georgia Institute of Technology，2011（first book for free online down load）.

[4]　Furfari F A. A history of the van de Graaff generator[J]. IEEE Industry Applications Magazine，2005，11（1）：10-14.

[5]　Fan F R，Tian Z Q，Wang Z L. Flexible triboelectric generator[J]. Nano Energy，2012，1：328-334.

[6]　Wang Z L，Wang A C. On the origin of contact-electrification[J]. Materials Today，2019，30：34-51.

[7]　Xu C，Zi Y L，Wang A C，et al. On the electron-transfer mechanism in the contact-electrification effect[J]. Advanced Materials，2018，30（15）：e1706790.

[8]　Li D，Xu C，Liao Y J，et al. Interface inter-atomic electron-transition induced photon emission in contact-electrification[J]. Science Advances，2021，7（39）：eabj0349.

[9] Lin S Q，Xu L，Wang A C，et al. Quantifying electron-transfer in liquid-solid contact electrification and the formation of electric double-layer[J]. Nature Communications，2020，11（1）：399.

[10] Lin S Q，Chen X Y，Wang Z L. Contact electrification at the liquid-solid interface[J]. Chemical Reviews，2022，122（5）：5209-5232.

[11] Nie J H，Ren Z W，Xu L，et al. Probing contact-electrification-induced electron and ion transfers at a liquid-solid interface[J]. Advanced Materials，2019，32：1905696.

[12] Wang Z L. On Maxwell's displacement current for energy and sensors：The origin of nanogenerators[J]. Materials Today，2017，20（2）：74-82.

[13] Wang Z L. On the first principle theory of nanogenerators from Maxwell's equations[J]. Nano Energy，2020，68：104272.

[14] Wang Z L. On the expanded Maxwell's equations for moving charged media system—General theory，mathematical solutions and applications in TENG[J]. Materials Today，2022，52：348-363.

[15] Wang Z L. Maxwell's equations for a mechano-driven，shape-deformable，charged-media system，slowly moving at an arbitrary velocity field $v(r, t)$ [J]. Journal of Physics Communications，2022，6（8）：085013.

[16] Wang Z L. The expanded Maxwell's equations for a mechano-driven media system that moves with acceleration[J]. International Journal of Mordern Physics，2022，2350159.

[17] Wang Z L. Triboelectric nanogenerators as new energy technology and self-powered sensors—Principles，problems and perspectives[J]. Faraday Discussions，2014，176：447-458.

[18] Lin L，Xie Y N，Niu S M，et al. Robust triboelectric nanogenerator based on rolling electrification and electrostatic induction at an instantaneous energy conversion efficiency of ～55%[J]. ACS Nano，2015，9：922-930.

[19] Zi Y L，Niu S M，Wang J，et al. Standards and figure-of-merits for quantifying the performance of triboelectric nanogenerators[J]. Nature Communications，2015，6：1-8.

[20] Zou H Y，Zhang Y，Guo L T，et al. Quantifying the triboelectric series[J]. Nature Communications，2019，10（1）：1427.

[21] Zou H Y，Guo L T，Xue H，et al. Quantifying and understanding the triboelectric series of inorganic non-metallic materials[J]. Nature Communications，2020，11（1）：2093.

[22] Zheng Y B，Cheng L，Yuan M M，et al. An electrospun nanowire-based triboelectric nanogenerator and its application in a fully self-powered UV detector[J]. Nanoscale，2014，6（14）：7842-7846.

[23] Zhang L，Su C，Cheng L，et al. Enhancing the performance of textile triboelectric nanogenerators with oblique microrod arrays for wearable energy harvesting[J]. ACS Applied Materials & Interfaces，2019，11（30）：26824-26829.

[24] Cui N Y，Liu J M，Lei Y M，et al. High-performance triboelectric nanogenerator with a rationally designed friction layer structure[J]. ACS Applied Energy Materials，2018，1（6）：2891-2897.

[25] Xu L，Bu T Z，Yang X D，et al. Ultrahigh charge density realized by charge pumping at ambient conditions for triboelectric nanogenerators[J]. Nano Energy，2018，49：625-633.

[26] Cheng L，Xu Q，Zheng Y B，et al. A self-improving triboelectric nanogenerator with improved charge density and increased charge accumulation speed[J]. Nature Communications，2018，9（1）：3773.

[27] Liu W L，Wang Z，Wang G，et al. Integrated charge excitation triboelectric nanogenerator[J]. Nature Communications，2019，10：1426.

[28] Li S M，Wang S H，Zi Y L，et al. Largely improving the robustness and lifetime of triboelectric nanogenerators through automatic transition between contact and noncontact working states[J]. ACS Nano，2015，9（7）：7479-7487.

[29] Lin Z M，Zhang B B，Zou H Y，et al. Rationally designed rotation triboelectric nanogenerators with much extended lifetime and durability[J]. Nano Energy，2020，68：104378.

[30] Lin Z M，Zhang B B，Guo H Y，et al. Super-robust and frequency-multiplied triboelectric nanogenerator for efficient harvesting water and wind energy[J]. Nano Energy，2019，64：103908.

[31] Jiang T，Pang H，An J，et al. Robust swing-structured triboelectric nanogenerator for efficient blue energy harvesting[J]. Advanced Energy Materials，2020，10（23）：2000064.

[32]　Wu J，Xi Y H，Shi Y J. Toward wear-resistive，highly durable and high performance triboelectric nanogenerator through interface liquid lubrication[J]. Nano Energy，2020，72：104659.

[33]　Bai Y，Xu L，Lin S Q，et al. Charge pumping strategy for rotation and sliding type triboelectric nanogenerators[J]. Advanced Energy Materials，2020，10（21）：2000605.

[34]　Liu Y K，Liu W L，Wang Z，et al. Quantifying contact status and the air-breakdown model of charge-excitation triboelectric nanogenerators to maximize charge density[J]. Nature Communications，2020，11（1）：1599.

[35]　Wu C S，Liu R Y，Wang J，et al. A spring-based resonance coupling for hugely enhancing the performance of triboelectric nanogenerators for harvesting low-frequency vibration energy[J]. Nano Energy，2017，32：287-293.

[36]　He T，Wen F，Wang H，et al. Self-powered wireless IoT sensor based on triboelectric textile[C]//2020 IEEE 33rd International Conference on Micro Electro Mechanical Systems（MEMS），Vancouver，2020：267-270.

[37]　Zhu G，Zhou Y S，Bai P，et al. A shape-adaptive thin-film-based approach for 50% high-efficiency energy generation through micro-grating sliding electrification[J]. Advanced Materials，2014，26（23）：3788-3796.

[38]　Wang Z L，Jiang T，Xu L. Toward the blue energy dream by triboelectric nanogenerator networks[J]. Nano Energy，2017，39：9-23.

[39]　Wang Z L. New wave power[J]. Nature，2017，542：159-160.

[40]　Yang X D，Xu L，Lin P，et al. Macroscopic self-assembly network of encapsulated high-performance triboelectric nanogenerators for water wave energy harvesting[J]. Nano Energy，2019，60：404-412.

[41]　Cheng J，Ding W B，Zi Y L，et al. Triboelectric microplasma powered by mechanical stimuli[J]. Nature Communications，2018，9（1）：3733.

[42]　Yang H，Pang Y K，Bu T Z，et al. Triboelectric micromotors actuated by ultralow frequency mechanical stimuli[J]. Nature Communications，2019，10（1）：2309.

[43]　Li A Y，Zi Y L，Guo H Y，et al. Triboelectric nanogenerators for sensitive nano-coulomb molecular mass spectrometry[J]. Nature Nanotechnology，2017，12（5）：481-487.

[44]　Zhan F，Wang A C，Xu L，et al. Electron transfer as a liquid droplet contacting a polymer surface[J]. ACS Nano，2020，14：17565-17573.

[45]　Zhang J Y，Lin S Q，Zheng M L，et al. Triboelectric nanogenerator as a probe for measuring the charge transfer between liquid and solid surfaces[J]. ACS Nano，2021，15（9）：14830-14837.

[46]　Zhang J Y，Lin S Q，Wang Z L. Pixeled triboelectric nanogenerator array as a probe for in-situ dynamic mapping of interface charge transfer at a liquid-solid contacting[J]，ACS Nano，2023，17：1646-1652.

[47]　Zhang C，Tang W，Han C B，et al. Theoretical comparison，equivalent transformation，and conjunction operations of electromagnetic induction generator and triboelectric nanogenerator for harvesting mechanical energy[J]. Advanced Materials，2014，26（22）：3580-3591.

[48]　Xu S H，Fu X P，Liu G X，et al. Comparison of applied torque and energy conversion efficiency between rotational triboelectric nanogenerator and electromagnetic generator[J]. iScience，2021，24：102318.

[49]　Zi Y L，Guo H Y，Wen Z，et al. Harvesting low-frequency（＜5 Hz）irregular mechanical energy: A possible killer application of triboelectric nanogenerator[J]. ACS Nano，2016，10（4）：4797-4805.

[50]　Wang Z L. From contact electrification to triboelectric nanogenerators[J]. Reports on Progress in Physics，2021，84（9）：096502.

[51]　Wang Z L，Lin L，Chen J，et al. Triboelectric Nanogenerators[M]. Cham：Springer，2016：91-107.

本章作者：王中林

中国科学院北京纳米能源与系统研究所（中国北京）

第 2 章

固-固接触起电的起源

摘　　要

固-固接触起电是摩擦起电的基本过程，描述了固体接触材料之间的电荷转移现象。尽管摩擦起电效应已经被观察和研究了几个世纪，接触起电的起源仍然是科学界最具争议的话题之一。本章回顾和总结对固-固接触起电起源的机理研究史。首先从最成熟的金属-金属接触系统开始讨论，详尽地介绍了经典电子转移模型。之后，对绝缘体接触系统中的电子和表面化学双应进行了综合讨论。同时，还对近年来研究固-固接触起电的基本理论、新兴实验技术（扫描探针显微镜、光子发射光谱等）和理论方法（密度泛函理论、原子模型、量子动力学）进行总结。最后，还介绍涉及半导体体系的新兴固-固接触起电效应。

2.1　引　　言

物体表面在接触、分离后产生静电荷的自然现象称为接触起电（CE）[1]。具体来说，动态摩擦条件下的接触起电也称为摩擦起电（TE）[2]。带电物体最显著的现象学特征是彼此之间的吸引作用或排斥作用：从夹克中抽出一张纸巾就可能使其带电。这个带电物体可以克服其自身重力而被强烈地吸附在干燥的墙体上长达 10min。这张纸最初"无力"执行如此显著的行为（对抗自身重力），因此它在起电过程中一定以某种方式接收了能量。这种从机械能到电能的能量转移是 TENG 的核心[2]。尽管关于摩擦电的性质和起源的争论仍在继续，接触起电是目前蓬勃发展的 TENG 的主要机理[3]。我们相信，TENG 的诞生是科学界加深了解关于接触起电及其相关基础科学的一个重要契机。在此，认为有必要首先概括接触起电的历史，并讨论导电和不导电物体最初如何在接触时带电。

图 2.1 总结了固-固接触起电研究的发展简史。生活在公元前 600 年左右米利都的泰勒斯告诉我们，古希腊人意识到用琥珀摩擦"带电"的兔毛或鸡毛会与其产生吸引。电

图 2.1　固-固接触起电研究的发展简史

子一词源自希腊语 "elektra"，意为琥珀，后来拉丁化为 "electra"。但直到 17 世纪，人们才发现琥珀以外的材料，如玻璃和硫黄，也能够产生静电。在本杰明·富兰克林（Benjamin Franklin）和迈克尔·法拉第（Michael Faraday）等学者在 18、19 世纪开始对该现象进行系统研究之前，接触起电的起源仍然是一个科学界的神秘谜团。在此后近两个世纪，它逐渐演变成一个严谨的物理问题。随着复印机和激光打印机的发展，接触起电终于在 20 世纪 70 年代引起了工程师和科学家的广泛关注：为了解塑料聚合物摩擦起电的起源而引发的系统科学研究为人们全面了解该现象带来了第一个真正的动力[4]。1938 年，切斯特·卡尔森（Chester Carlson）发展了静电复印表面科学。直到 20 世纪 70 年代，印刷品的质量才由于化学在电子照相术中的运用而显著提高。事实上，日常生活、自然现象或工业的各个方面都离不开摩擦电，其中包括静电打火机、沙尘暴、照明、爆炸危险、粉末涂料和粉末药物的团聚、电子产品的损坏，甚至益生菌化学。例如，1953 年米勒开创性地展示了由电火花触发的蛋白质氨基酸（益生菌的合成）[5]。可以看到，从有趣的科学现象、生命起源、爆炸放电，到拥有 2500 亿美元市场的办公碳粉、复印机和激光打印机[6]，静电现象都具有极其深远的影响。有趣的是，当人们越发相信对接触起电本质已达成一些明确的见解，它就越发让人不解和惊讶。事实上，固态接触起电不仅限于聚合物和宽带隙氧化物等绝缘体，金属和半导体在接触时也会交换电荷，这对现代半导体工业（如集成电路中的肖特基结和太阳能光伏中的 p-n 结）、电化学（如电偶腐蚀、合金电催化剂）以及诸多新兴产业都具有重大影响。近年来最新发现的摩擦伏特直流（DC）发电现象也得益于此。

本章将综合讨论理解接触起电现象的实验和理论。将首先介绍相对成熟的、基于电子转移模型的金属间接触起电的原理。然后介绍绝缘体的接触起电，并对其中有争议的现象和机理进行讨论。最后，还将讨论半导体中接触起电的最新发现。也将介绍相同材料、二维（2D）材料和生物材料等特殊系统的接触起电最新进展。

2.2　金属间接触起电

2.2.1　电子转移模型

金属表面之间的接触起电通常认为是由两个接触体之间的功函数差异驱动的电子转

移过程。当两个导体接触时，电子将从功函数较低的一个导体流向另一个导体，直到它们的费米能级达到对准（即费米能级平衡）。在此，定义金属的功函数（Φ）为将费米能级（E_F）上的电子激发到金属外部（真空能级）所需的能量，而电化学势（ξ）则是将电子从费米能级带到无穷远处所需的能量。因此，E_F 与 ξ 之间的关系为

$$\xi = \Phi + eV_s \qquad (2.1)$$

其中，V_s 定义为表面电势。eV_s 相当于将电子从金属表面外侧移至无穷远所需做的功（忽略镜像电荷所做的功）。由于费米能级对准，两种金属的真空能级相对于彼此偏移 eV_c，其中 V_c 是两种金属之间的表面电势差或接触电势差（contact potential differ，CPD）（图 2.2）：

$$V_c = \frac{\Phi_B - \Phi_A}{e} \qquad (2.2)$$

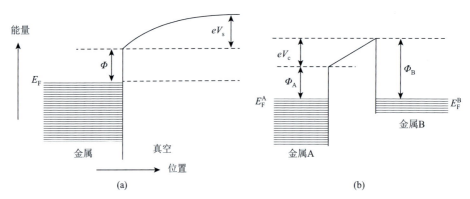

图 2.2 真空中的金属（a）和两种相互接触的金属（b）的能带图

图经参考文献[1]许可转载

当两个金属接触时，具有较低功函数和较高功函数的金属上将分别产生正电荷和负电荷。紧密接触时的电荷量（$Q_{contact}$）由 V_c 和它们之间的有效电容 C 决定：

$$Q_{contact} = V_c C \qquad (2.3)$$

这里值得注意的是，金属上的摩擦电荷和由此产生的偶极子被限制在表面上，而不会引入穿透金属的电场。相反，绝缘体或半导体上的表面电荷会在表面带电区域中引起表面能带弯曲。

当两种金属分开一小段距离 z 时，电荷可发生反向隧穿效应以维持热力学平衡。随着量子隧穿概率作为距离函数呈指数下降，两种金属之间的电阻（R）迅速上升，而电容下降相对较慢（与 z^{-1} 成比例）。这种趋势如图 2.3 所示。

还可以定义一个临界分离距离 z_0（约为 1nm）。小于该距离时，电荷隧穿的热力学平衡总是可以瞬时发生（高于 z_0 时，Q 值将保持恒定）。因此，可以得出当两个金属分离后，金属上的剩余电荷可以近似为

$$Q = V_c C_0 \qquad (2.4)$$

其中，C_0 是 z_0 处的等效电容。实验中，临界值 z_0 常被计算发现为 100nm 量级而不是 1nm，这归因于金属的表面粗糙度。电子转移模型在解释金属-金属接触系统中的接触起电中取

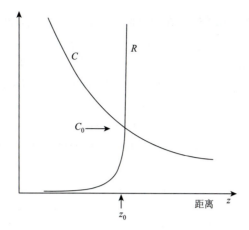

图 2.3　两个金属表面之间的电容（C）和电阻（R）作为距离 z 的函数

图经参考文献[1]许可转载

得了巨大成功：正如式（2.4）所预测，实验中测量到的 Q 值与 V_c 成正比。图 2.4 显示了通过测量铬（Cr）球与另一种金属球，如钴（Co）、镍（Ni）、钢、铜（Cu）、银（Ag）、铂（Pt）、金（Au），接触后产生的电荷量，可将 Q 绘制为关于两种金属之间 CPD 的函数。从图 2.4 可以看出，铬与不同金属接触后的电荷量遵循 CPD 的总体趋势，而与理论线的轻微偏差可能归因于表面粗糙度、表面氧化物和吸附[1]。

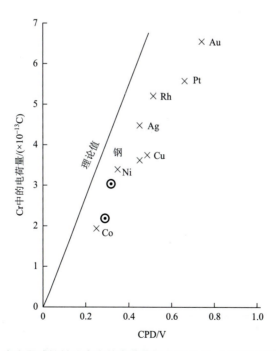

图 2.4　Cr 球与另一个金属球接触后产生的电荷量与金属和 Cr 之间接触电势差（CPD）的关系

图经参考文献[1]许可转载

尽管接触起电中的接触速度影响在绝缘体和半导体系统中很常见，但 Harper 和 Lowell 都认为金属-金属接触系统中的 Q 值并不受金属-金属接触-分离速度的影响。换言之，人们一直认为金属-金属中的接触起电应该瞬间完成。这一结论受到 Kapoing 等[7]的挑战：他们开发了一种实验方法，可以在短至 1μs 的时间尺度观测金制微球在接地平板电极上撞击和反弹过程中产生的电荷。他们的研究结果表明，金制球体在接触瞬间放电并持续 6～8μs。然而，在电接触中断的那一刻，球体上的电荷在 1μs 内建立了高达 3V 的电势，这表明 Q 值比根据 V_c 预测的预期值（数百毫伏）高得多。在更慢的时间尺度上，随着球体和板之间的距离增加，电势进一步增加。在撞击速度消失的极限下（极慢），电荷和电势减小到 Harper 和 Lowell 预测的理论值。这种现象归因于与撞击速度相关的接触面积的增大，这将导致电容的增加和电荷转移的增强。这种现象在金属-金属系统中可能不太明显，但在绝缘体系统中非常重要，因为电荷会因绝缘体的低导电性而在其表面积聚。

还注意到，有效电容 C 值也与接触体的几何形状相关，并能导致两个接触体上的电荷密度产生极大差异。如图 2.5 所示，银球（$\varPhi_{Ag}$ 约为 4.3eV）与具有相同半径的金球（$\varPhi_{Au}$ 约为 5.3eV）接触将产生系统的新费米能级，该费米能级是两个接触前费米能级的平均值（即 4.80eV）[8]。在比 Au 球半径大得多的 Ag 球体组成的接触系统中，即使 Au 球和 Ag 球上的净电荷量相同（符号相反），小 Au 球体仍可获得高表面电荷（负）密度，使得费米能

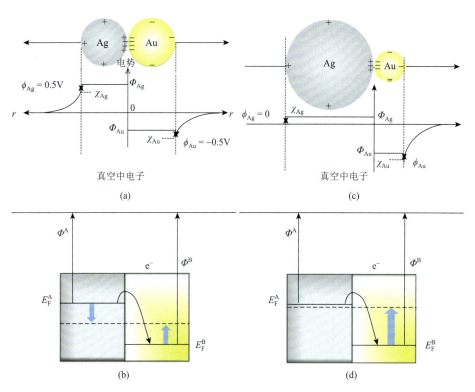

图 2.5　相同直径的 **Ag** 球和 **Au** 球的电势分布（**a**）及费米能级平衡（**b**），以及大 **Ag** 球和小 **Au** 球的电势分布（**c**）及费米能级平衡（**d**）

级将接近 4.3eV 水平。如果将这些球体分开，会期望得到一个带电的 Au 球体（富含电子）和一个带电相对可忽略不计的 Ag 球体。该现象在等离子体应用中有非常重要的意义[9]。

2.2.2　金属-金属接触体系电子转移模型的理论研究

迄今为止，伏特-亥姆霍兹-蒙哥马利（Volta-Helmholtz-Montgomery）假说提供的接触起电定性示意图（图 2.6）似乎仍然是固-固接触起电的普遍"心理图景"。该理论指出，带电需要接触并因此形成双电层，从而导致两种材料之间产生接触（伏特）电势差。近年来，量子力学模型和分析方法都用来解决电荷转移问题。这种流行的伏特-亥姆霍兹-蒙哥马利理论已被扩展用以解释电子能级的差异（材料能带结构的差异）。例如，假设金属/金属接触处的电荷转移是由于费米能级上的电子态密度（density of states，DOS）的连续性而导致费米能级能量的差异而产生的。

为了统一理论、现象学和密度泛函（density of functional theory，DFT）模型，Willatzen 等[10-12]开发了对称和非对称一维链模型来定量预测接触起电现象。虽然其严谨的数学解决方案为未来的研究提供了起点，但仍然缺乏解释特定材料接触起电行为的能力。尽管如此，通过考虑原子位点上的跳跃参数、介电常数和电子布居数，他们开发出一个量化的电子云重叠模型，用于研究金属-金属、金属-绝缘体、绝缘体-绝缘体系统的接触起电机制。该模型还能够预测飞秒到皮秒时间尺度上可能存在的电荷振荡。称该模型还可用于区分电子隧穿机制与其他电荷转移机制（如离子或材料转移）。

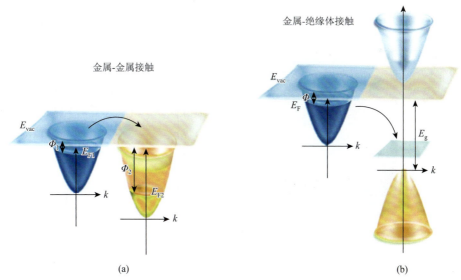

图 2.6　固-固接触起电的伏特-亥姆霍兹-蒙哥马利假说的定性示意图

图经参考文献[10]许可转载

使用有限元法，可以通过求解二维轴对称真空中静电势的拉普拉斯方程（$\nabla^2\phi = 0$）来模拟双金属接触系统的接触起电[8]。图 2.7 显示了半径为 1.2nm 的 Janus Ag-Au 纳米合金颗粒的模拟电势分布，其中正负电荷分布取决于 Ag 和 Au 组分之间的比例。

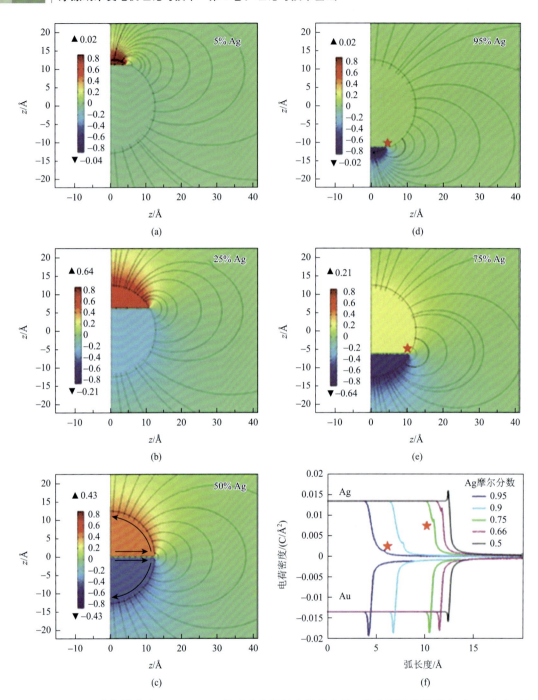

图 2.7　不同 Ag 成分的球形 Janus Ag-Au 纳米合金颗粒电势分布的二维有限元法模拟（a）～（e），以及图（c）所示中表面电荷密度与弧长的关系（f）

图经参考文献[8]许可转载

　　然而，为了更加准确地描述金属-真空界面处的原子级电荷转移，并解析金属-金属界面处转移电荷的精细细节，需要进行密度泛函理论计算。Holmberg 等[13]使用 Ag(111)衬底表面研究 Ag 表面和表面上的小 Au 团簇之间的电荷转移。图 2.8（a）的计算结果表明，Ag/Au 界面附近的 Ag 原子积累了由 Au 纳米岛或平板层转移的负电荷。结果还表明，直接接触的原子（图 2.8（a）中的第 7 层和第 8 层）是主要负责转移电荷的原子。作者认为这是两种金属之间费米能级平衡所致。他们研究的一个主要发现是，与中心或边缘原子相比，纳米岛的角原子能够失去更多电荷（图 2.8（b））[13]。

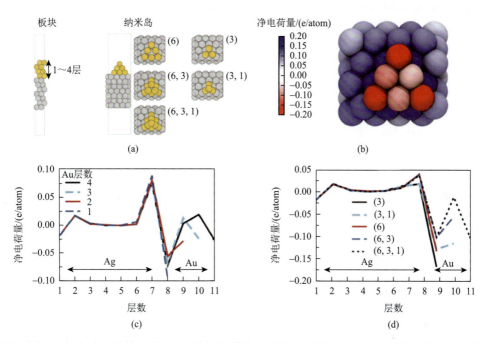

图 2.8　根据图（a）中所示的异质 Au/Ag 板和纳米岛结构（括号中数字分别表示不同层的原子数量）、密度泛函理论模型中 Ag 层和 Au 层上的净电荷（c）（d），以及 Au(111)表面顶部 Au(3)纳米岛电荷分布的净变化（b）

图经参考文献[13]许可转载

2.3　涉及电绝缘体的接触带电

在日常生活中，导电性差的绝缘体材料也可以获得电荷。其中，介电材料间在接触-分离过程中的接触起电是一个经典情形。尽管对这种现象很熟悉，但仍然对其起源没有完整的了解。因此，希望在这部分内容中总结对该现象已知的理解和未知的疑惑。当存在相反的观点时，将强调产生这些观点差异所依据的前提假设。

2.3.1　摩擦电序列概述

摩擦电序列是根据材料获得或失去电子的倾向而列出的材料序列。在摩擦电序列中，材料按如下顺序排列：当与序列中相对靠前的任何材料摩擦时，该材料皆带负电；而当与序列中相对靠后的任何材料摩擦时，该种材料皆带正电。根据这些材料在摩擦电序列中的相对位置，既可以选择接触材料来抑制摩擦起电以防止静电放电/静电吸引，也可以增强摩擦起电从而提高 TENG 的发电性能。需要强调的是，虽然介电材料的接触起电及其在摩擦电序列中的位置不是随机的，但其重现性也并不是很好[14]。正如稍后将讨论的，电子转移、离子效应和材料转移等多种因素都可能对绝缘体体系的接触起电产生重要影响。因此，给定材料在系列中的位置可能不是固定的，而是取决于其特定的表面物理条件和化学条件（表面缺陷、吸附剂、表面粗糙度、局部应变、温度等）。因此，摩擦电序列往往是经验性的，并且经常被重新检验[15, 16]。

虽然绝缘体之间可以轻松获得超过 30kV/cm 的表面电场，但带电位点的宏观表面密度实际上很低：通常在约 10^5 个表面原子中才能找到一个电荷。例如，在开尔文探针下研究聚甲基丙烯酸甲酯（polymethylmethacrylate，PMMA，即有机玻璃）与聚四氟乙烯（polyterafluoroethylene，PTFE 或 Teflon）摩擦体系，当样品-针尖分离距离约为 2mm，检测到绝缘体表面约 3kV 电压时，相当于每平方微米能找到约 250 个电荷，这是非常低的表面电荷密度[17]。这里需要注意的是：虽然聚合物样品的总体净电荷可以在法拉第桶中准确测量，但这里测量的宏观电荷量是局部表面域电荷的算术和（净正或净负）[18]。换句话说，净电荷为−1nC（相当于 6.24×10^9 个电子的电荷）的带电样品很可能同时携带大量带正电荷和负电荷的物质，但总电荷量呈现较低的负值，将在相同介电材料的接触起电部分进行更多讨论。最近对亚微米横向分辨率的摩擦电测量表明，摩擦带电塑料每单位面积可以容纳比从前认为多得多的电荷[19]。这一结论开辟了使用介电材料接触起电进行催化化学反应和对其观测的可能性。

通过在温度、压力和湿度控制的氮气气氛中测量液态金属（汞）的 TECD，可以定量研究各种聚合物的摩擦电序列[16]。液态金属较软且形状适应性强，可避免表面粗糙度的潜在影响。通过与液态金属的接触和分离，接触压力保持不变，接触紧密度大大增强，从而能够获得可靠的 TECD。解释摩擦电序列中聚合物排序的模型除电子转移模型外，也涉及重复单体单元的路易斯碱度：良好的路易斯（Lewis）酸位于顶部（负电）位置，而良好的路易斯碱位于正电端。有趣的是，尽管水是一种弱还原剂，但它是一种强路易斯碱。应当注意的是，现存的摩擦电序列中材料位置与其关键性质（如电离能、偶极矩和介电常数）之间还没有明确和确定性的联系[20]。同时，注意到两件事：①化学家通常标记为非极性的材料，如 PTFE 和聚乙烯，位于该系列的顶部；②路易斯酸或路易斯碱特性是与电子转移模型中电子受体和供体不同的概念，这再次凸显了表面水的重要作用。

Lowell 的开创性工作[21]对玻璃等无机绝缘体的接触起电进行了详细研究，并得到了学术界和工业界研究小组的传承[22]。在金属/二氧化硅体系的接触起电体系中，虽然基于扫描开尔文探针显微镜（scanning Kelvin probe microscope，SKPM）的研究提出了表面态控制电子转移模型，但其他研究表明二氧化硅和钠钙玻璃具有不同的充电响应，可能与两者的化学成分差异有关。美国康宁公司（苹果手机屏幕大猩猩玻璃 Gorilla Glass 材料供应商）的研究人员甚至发现，带有碱土改性剂的、高度工程化的硼铝硅酸盐玻璃实际上与钠钙玻璃在摩擦电序列中的位置不同[22]。玻璃表面带负电的这种行为（与通常在钠钙玻璃上积聚的正电荷相反）已成为其他几项研究的焦点。这些研究试图将玻璃充电行为与铝硅酸钙表面的原子尺度特征相关联，如可能在玻璃表面形成的非桥氧基团或非典型环结构的数量[23-25]。尽管这些努力为多组分玻璃表面的接触起电提供了更多见解，但是不同玻璃成分的完整摩擦电序列还有待完善。

过渡金属二硫属化物（transition metal dichalcogenides，TMD）和石墨烯（graphene，GR）等二维材料因其与块状材料不同的电子、光学、力学和热性能而受到极大的关注。它们被认为是下一代纳米电子学和光电子学的构建模块。二维材料的摩擦电序列非常重要，因为它与范德瓦耳斯异质结的内置电场以及与金属电极的接触特性有关[26]。图 2.9（b）显示了在氮气保护环境中根据聚合物参考材料测量 TECD 来量化的最新二维材料摩擦电序列。因为缺乏悬挂键和相对较小的表面化学效应，二维材料的摩擦电序列可以通过电子转移模型很好地解释。在生物传感和自供电领域，人体皮肤和头发等生物材料的摩擦电序列也得到了系统研究（图 2.9（c））[26]。

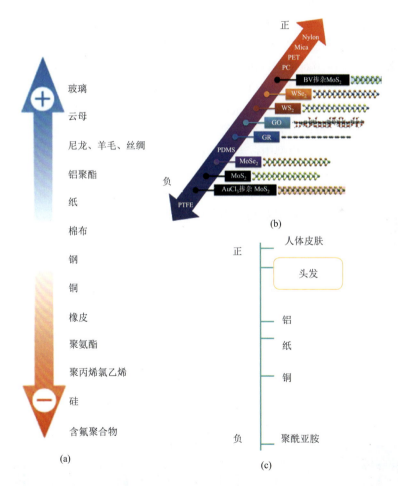

图 2.9　常见材料的经验摩擦电序列（a），以及二维材料（b）[26]、生物材料（c）[27]的摩擦起电序列

图经参考文献[26]和[27]许可转载

2.3.2 绝缘体接触体系中的电子转移模型

电子转移模型将电荷转移归因于两种接触材料费米能级的热力学平衡对准，这可以很好地预测金属系统中的接触起电。从不同的现象可以看到，电子转移机制在具有绝缘体（金属-绝缘体和绝缘体-绝缘体接触）的接触起电中普遍存在。机械能将电子激发到未占据能级是摩擦过程中众所周知的能量耗散途径。这种电子激发可通过弗兰克-康登过程（Franck-Condon processes）耦合到原子核运动，并通过非谐相互作用耦合到低频声子，最终表现为热能[28]。足够高的机械能输入甚至可以从材料表面发射电子，即产生外电子[28]。电子激发也可能通过光子发射衰减，在此期间高能电子回落到较低能级并在此过程中发射光子[28]。例如，剥离胶带已被证明能够发射纳秒 X 射线脉冲[29]。从下面的研究中将看到，电子转移机制在许多绝缘体接触起电中发挥着重要作用。

根据电子转移模型，金属-电介质或电介质-电介质中的接触起电可以用能带理论来解释。其中，金属以其费米能级（$E_{F,m}$）为特征，低于该能级的所有能级都被电子占据；在 $E_{F,m}$ 之上，所有能级在绝对零度（0K）的情况下均未被占据。在较高温度下，电子在各能级的分布概率遵循费米-狄拉克（Fermi-Dirac，F-D）分布函数。在介电材料中，导带（conduction band，CB）和价带（valence band，VB）之间的带隙存在离散的表面能态。与金属费米能级类似，可以引入特征能级 E_0：低于该能级的能级被电子占据，高于该能级的能级则为空。在准静态模型中，当金属和电介质接触时，由 $E_{F,m}$ 和 E_0 之间的能量差 ΔE_s 驱动发生电子转移（在电介质-电介质接触的情况下，ΔE_s 近似于两个接触介电材料中 E_0 的差值）。例如，若金属 $E_{F,m}$ 高于绝缘体 E_0，电子将从金属转移到电介质，并分别在金属和电介质表面态中留下正电荷和负电荷。据此，电荷密度 σ 可表示为[30]

$$\sigma = -e\int_{E_0}^{E_0+\Delta E_s} N_s(E)\mathrm{d}E \tag{2.5}$$

$$N_s(E)_{avg} = \frac{\int_{E_0}^{E_0+\Delta E_s} N_s(E)\mathrm{d}E}{\Delta E_s} \tag{2.6}$$

其中，$N_s(E)$ 是表面态密度。稍后将看到，实际过程中电子转移必须克服两个重叠电子云之间的能垒，而不是像瀑布一样从一端传输到另一端。尽管如此，准静态模型足以描述许多现象学观察（图 2.10）。

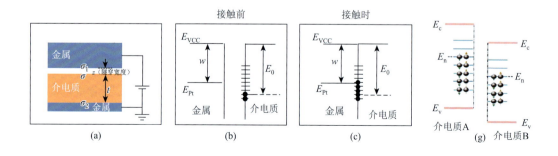

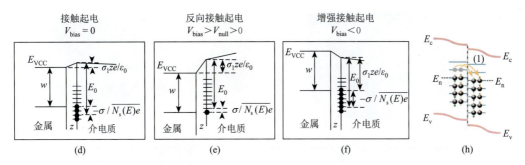

图 2.10 金属和介电材料之间的接触起电过程示意图（a）。其中，隧穿宽度为 z，电荷转移到介电表面的密度为 σ，感应电荷密度为 σ_1 和 σ_2。（b）~（f）金属和介电材料接触前（b）、无偏压接触（c）、无偏压分离（d）、正偏压（e）和负偏压（f）情况下的能带图，以及摩擦电荷转移（g）接触前，两个不同绝缘体之间接触（h）时的情况

E_0 表示真空能级；E_c 表示导带底能级；E_v 表示价带顶能级；V_{bias} 表示偏压
图经参考文献[30]和[31]许可转载

电子转移模型得到了 KPFM 结果的支持。在 KPFM 研究中，可以使用原子力显微镜（atomic force microscope，AFM）探针摩擦 SiO_2 样品的选定表面积，然后放大扫描范围绘制 CPD 图[32]。CPD 与 AFM 针尖和样品之间的功函数差相关：

$$CPD = V_c = \frac{(\Phi_{sample} - \Phi_{tip})}{e} \tag{2.7}$$

其中，SiO_2 表面摩擦电荷密度和极性可以通过扫描、未扫描区域 KPFM 信号中的 CPD 差值（$\Delta V = V_{c, scanned} - V_{c, unscanned}$）来反映，可以表示为[32]

$$\sigma = \frac{\Delta V \varepsilon_0 \varepsilon_{SiO_2}}{t_{SiO_2}} \tag{2.8}$$

式中，ε_0 是真空介电常数；ε_{SiO_2} 和 t_{SiO_2} 分别是 SiO_2 的相对介电常数和厚度。通过使用镀铂（Pt）和 N 型硅 AFM 探针在 SiO_2 上摩擦分别观察到的负值和正值 ΔV，表明沉积在 SiO_2 表面上的电荷分别为负电荷和正电荷（图 2.11（a）~（f））。注意到铂具有相对较大的功函数（5.12~5.93eV），而本节中使用的 n 型硅的费米能级位置接近其导带，因此可以合理地预测表面费米能级序：$E_{F, Pt} < E_{0, SiO_2} < E_{F, n-Si}$，这很好地解释了 KPFM 结果。KPFM 结果还表明，单次扫描后摩擦起电并未完全完成。不同摩擦循环后的 CPD 分布演变如图 2.11（g）所示，提取的电势分布如图 2.11（h）所示。可以看出，在八个充电周期内，电势的大小从 0.1V 增加到 0.7V。

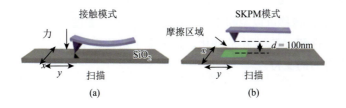

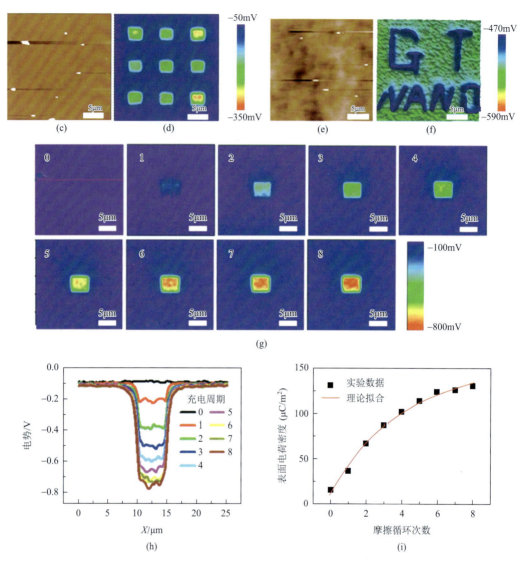

图 2.11   AFM 探针在接触模式下对 SiO₂ 进行摩擦起电（a）、KPFM 表征表面电势（b）、表面电势表征示意图（c）和使用镀 Pt AFM 探针图案化后的 KPFM CPD 信号（d），形貌图像（e）和使用 n 型硅 AFM 探针图案化后的 KPFM CPD 信号（f），第 8 个充电周期的 CPD 分布演变（g）以及相应的 CPD 横截面值（h），导出的表面电荷密度与摩擦循环次数的关系（i）

图经参考文献[32]许可转载

　　电子转移模型的另一个证据是可以用电场操纵绝缘体的摩擦起电。实验证明，当针尖偏压从–5V 调整到 + 5V 时，沉积在 SiO₂ 表面上的静电荷从负变为正，而当施加的偏压为 3~4V 时，电荷转移可以忽略不计（图 2.12（a））。如图 2.12（b）所示，这种观察结果归因于电荷极性和 ΔE_{s} 大小的变化，这为电子转移模型对绝缘体接触起电过程的决定作用提供了强有力的支持。

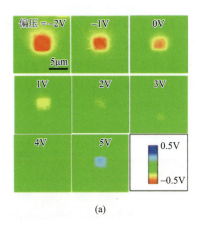
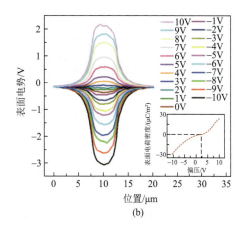

(a)　　　　　　　　　　　　　(b)

图 2.12　（a）聚对二甲苯薄膜的 **KFPM CPD** 分布，中心区域由 **Pt** 涂层 **AFM** 尖端在–2～5V 的不同针尖偏压下摩擦；（b）聚对二甲苯薄膜 **CPD** 的横截面分析（偏压为–10～10V，插图是估算的表面电荷密度与偏压的关系）

图经参考文献[30]许可转载

　　然而，上述简化的电子转移模型忽略了金属和电介质（或两个电介质）之间存在界面能垒的事实。虽然该能垒在欧姆接触的金属-金属接触起电系统中可以忽略不计，但对于绝缘体和半导体接触系统则至关重要。Wang 等提出了涉及电子跨界面能垒转移的动态电子转移模型[31]，认为仅当两个原子的电子云在排斥区域重叠，即当两种材料之间的原子间分离被迫达到比平衡键合长度更短的距离时，电子转移才会发生。当它们通过摩擦能量耗散获得足够的能量以跨越降低的能垒时，就会发生电子转移（图 2.13）。[31]

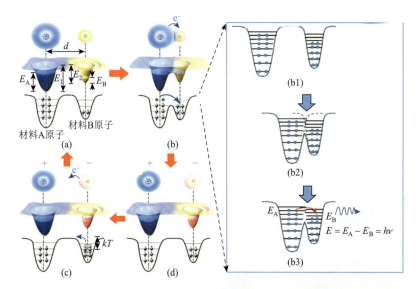

图 2.13　为解释两个绝缘体之摩擦起电而提出的电子云势阱模型

（a）接触前；（b）接触中（电子转移）；（c）接触后；（d）通过热能 kT 反向转移电子注意到原子间电子跃迁也可能导致光子发射（b1～b3）

图经参考文献[31]许可转载

值得注意的是，绝缘体中的摩擦电荷往往被表面态（禁带中的不连续能级）捕获，而不像金属或半导体中的电子那样具有移动性。然而，在热能波动或总体温度升高的情况下，这些电荷可能扩散到其周围区域或通过热电子发射从表面态释放。图 2.14 显示了 AFM 探针沉积的表面电荷扩散随时间的变化[32]。该工作通过解析模型提取了表面电荷的各向同性扩散系数（D），能够与有限元法的模拟结果良好吻合[32]。

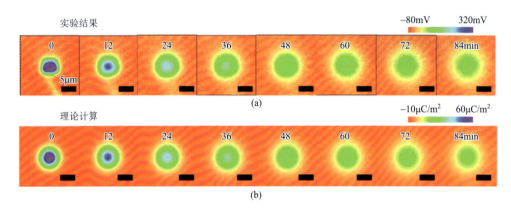

图 2.14　KPFM 结果（a）和摩擦电荷耗散随时间变化的理论模拟（b）

SiO$_2$ 样品的中心部分由镀铂 AFM 针尖预充电

图经参考文献[32]许可转载

在 Ti-SiO$_2$ 接触系统中（图 2.15），两个接触体首先接触和分离，同时不同温度下 SiO$_2$ 表面上随时间变化的摩擦电荷被记录[33]。虽然总表面电荷 Q_{SC} 在 353K 保持恒定，但它作为时间的函数呈指数下降，这暗示摩擦电电子从 SiO$_2$ 表面到 Ti 表面的热电子发射。根据数据拟合，认为表面电荷密度 σ 可表示为[33]

$$\sigma = \mathrm{e}^{-at}\sigma_e + \sigma_p \tag{2.9}$$

其中，常数 a 是取决于温度、理查森常数、玻尔兹曼常数等的指数衰减系数；σ_e 表示浅表面上有助于热电子发射的摩擦电荷；σ_p 归因于保留在表面上的"永久"摩擦电荷。研究还发现，随着温度的升高，衰减率 a 增大，而 σ_p 减小，这与热电子发射模型预测的结果非常吻合。

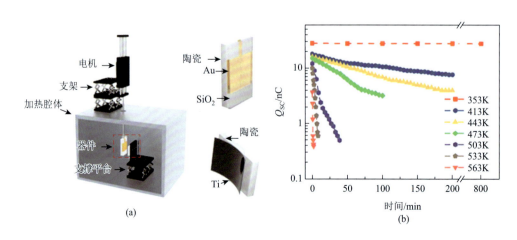

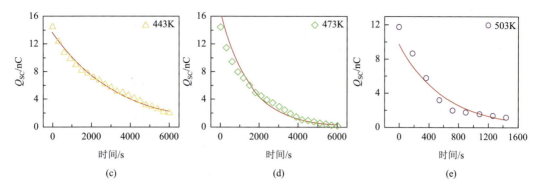

图 2.15　使用 Ti-SiO₂ 接触系统和温度控制进行热电子发射研究的装置示意图（a）、不同温度下随时间变化的总表面电荷与时间的关系（b），以及总表面电荷与时间的指数数据拟合（c）～（e）

图经参考文献[33]许可转载

Lin 等[34]在一项更复杂的纳米级实验中通过单独控制 AFM 针尖和样品温度来测量 KPFM 电势，进一步证明了热电子发射机制。在图 2.16（a）中，镀金 AFM 针尖和 SiO₂ 样品同时被加热至相同温度。与之前 KPFM 研究的程序类似，作者首先用 AFM 针尖摩擦选定区域，然后放大扫描区域对 CPD 分布进行 KPFM 扫描。首先可以看出，摩擦起电 60min 后，摩擦电荷在 313K 下相当稳定。当温度从 313K 升高到 513K 时，可观察到两个关键特征：①温度越高，摩擦电荷密度越低（以 1min 时的第一行数据为例）；②温度越高，摩擦电荷消散得越快。此外，发现电荷密度变化随时间呈指数衰减，这与上面讨论的宏观研究非常一致（图 2.16（b））[33]。通过将氮化硅（Si₃N₄）样品的温度保持在 313K 并将 AFM 针尖温度从 313K 上升到 433K（图 2.16（c）），电荷密度变化与针尖温度呈线性关系，这为表面电荷热电子发射的存在提供了证据。此外，在 433K 时，作者观察到表面电荷的极性发生反转，这表明在高温下从 AFM 针尖到样品的热电子发射更强，并足以抵消由于尖端而产生的相反方向的电子流。如图 2.16（d）所示，摩擦电荷的数量和极性也可以通过针尖偏压来控制，这进一步支持了金属和无机电介质之间接触起电的电子转移模型。

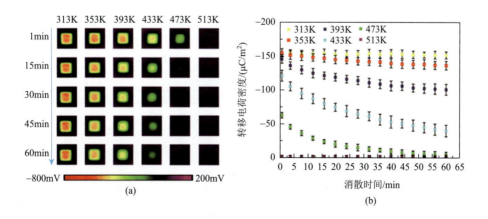

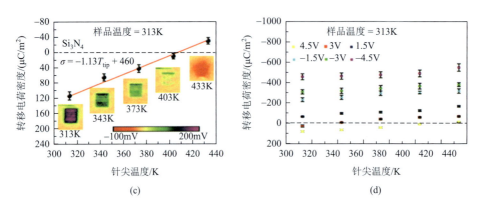

(c)　　　　　　　　　　　　　　　(d)

图 2.16　（a）镀金 AFM 探针摩擦的 SiO₂ 样品上摩擦电荷的 KPFM 电势随时间的变化（在该实验中，样品和针尖被加热到相同的温度）；（b）不同温度下电荷密度随时间的变化；（c）Si₃N₄ 样品的转移电荷密度随针尖温度的变化，样品温度保持恒定；（d）当施加不同的针尖偏压时，转移电荷密度随尖端温度的变化

图经参考文献[34]许可转载

　　研究表明，激发的摩擦电电子也可能衰变成光子发射，并可通过接触起电诱导界面光子发射光谱（CE-induced interface photon emission spectroscopy，CEIIIPES）捕获[35]。CEIIPES 结果包含有关摩擦电界面能量结构的丰富信息，如通过原子间和原子内电子跃迁发射的光子信息。在受控环境下研究了 FEP-丙烯酸和 FEP-石英接触系统，确定了特征光子线的基本过程。例如，从 CEIIIPES 实验结果中发现了来自石英界面的波长为 486nm 和 656nm 的氢（H）原子线、波长为 715nm、799nm 和 844nm 的氧（O）原子线以及氟（F）-FEP 界面的原子线（782nm 和 760nm）。这些光子发射归因于接触作用期间不同材料的两个原子之间通过能量共振转移而产生的电子跃迁（图 2.17）[35]。

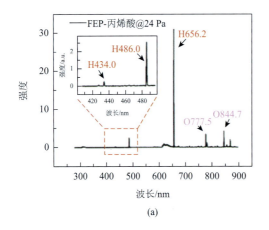

(a)

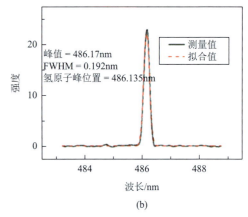

(b)

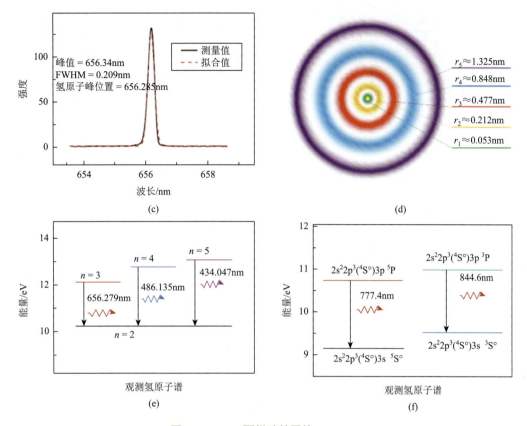

图 2.17 FEP-丙烯酸基团的 CEIIPES

（a）具有已识别的氢和氧原子光谱的光谱；（b）（c）氢谱；（d）氢原子玻尔模型上的电子能量半径；（e）（f）图（a）中确定的原子线的能级

图经参考文献[35]许可转载

　　同时，建立了包括 MoS_2、$MoSe_2$、WS_2、WSe_2、石墨烯和氧化石墨烯在内的二维层状材料的摩擦电序列，并且可以用电子转移机制很好地解释[26]。二维材料是具有强面内共价键和相对弱的范德瓦耳斯层间吸引力的晶体材料。单层二维材料被认为是下一代纳米电子学和光电子学的构建模块。二维材料没有表面悬挂键，因此与块体材料相比，表面缺陷效应的影响相对较弱。如图 2.18 所示，典型二维材料的摩擦序列能够很好地遵循其费米能级的相对排序。

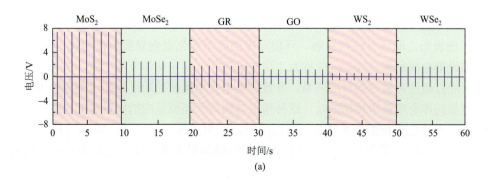

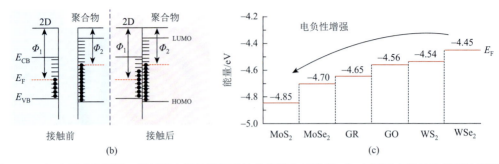

图 2.18 （a）尼龙和不同二维材料之间的接触系统的摩擦电压输出；（b）基于电子转移模型的摩擦起电过程示意图；（c）通过 KPFM 结构估算的不同二维材料的费米能级位置

LUMO 表示最低未占据分子轨道；HOMO 表示最高占据分子轨道；GO 表示氧化石墨烯
图经参考文献[26]许可转载

2.3.3　绝缘体接触体系中的表面化学效应

　　自由电子接触时是否会移动？离子物质是在机械断裂键后形成，然后不对称转移么？反应性官能团的氧化还原化学是否发挥了作用[36, 37]？水源离子能够转移么[38]？注意到这些关于表面化学在摩擦电中的影响目前仍然不清楚[39]。此外，PTFE 和聚乙烯等非极性塑料会变得带电较多，然而根据其化学性质这是很难预料的。目前，几种材料已被证明形成环状而不是线性摩擦电序列，这表明摩擦起电过程并不能简单地归因于单一物理特性。同时发现，接触物体的形状以及它的柔软度都很重要[39, 40]。因此，摩擦的作用过程中可能导致更紧密的接触，而不是对化学键的机械效应。

　　接触物体的表面水是否对摩擦起电有贡献？也许是的，但这是违反直觉的：就像本节开头所介绍的实验（试图用一张纸和墙的静电力对抗重力）在干燥的日子里效果会更好，而在潮湿的日子里可能会完全失败（注：水分子为高极性分子，可能屏蔽固-固界面静电荷）。然而，表面水是带电荷的[41]，虽然体相水在 pH 为 7 时呈中性，但体相水在 pH 约为 3 时才可能会达到悬浮在空中的水珠表面的零电荷点。换句话说，水所在的基质具有表面电荷并使水的表面存在很大的电场[42]。特别是考虑到聚合物的酸/碱特性，静电无疑会对水的表面电荷产生影响。然而，这方面的影响还没有充分探索。更令人困惑的是，表面水可能会对表面带电的倾向产生完全相反的影响。例如，Pence 等[43]发现表面电荷随湿度增加而增加的证据。另一些研究也发现接触电荷增随着湿度增加而增加[44]。因此，表面水除引入电荷之外，很可能还将提供一个导电桥来移动电荷载流子。除此之外，它还可能影响表面摩擦、黏附、散热，并最终影响电荷迁移率。更复杂的是，Ducati 等[45]表明，即使表面之间没有任何接触，环境湿度的简单变化也会导致电荷变化。

　　如果说带电荷的聚合物片段（称为"隐电子"[46]）是电化学反应中做功的关键因素，那么就可能打破这种常规的对应关系，导致带电电介质所做的功远远超过根据静电计或法拉第桶测量的库仑电量所预期的功。这种情况与银离子还原反应的定量数据相符，试验研究测试了带有净正电荷的尼龙样品上的银沉积。X 射线光电子能谱（X-ray photoelectron spectroscopy，XPS）数据显示，即使初始法拉第桶测量表明总体净电荷为正电，也有银金属被还原而沉积在聚酰胺表面的证据。尼龙功函数的量子计算值约为 4.4eV，接近实验值 4.2～4.4eV[47]。尼龙的功函数相对较小，因此静电计的读数为正。硝酸银放电实验后金属沉积物的存在进一步强化了表面正电域和表面负电域的同时存在。

通过在带静电的聚二甲基硅氧烷（polydimethylsiloxane，PDMS）、PTFE、聚氯乙烯（polyvinglchloride，PVC）和尼龙样品上沉积金属，可以对非电中性电介质中电化学功的利用程度进行定量了解（净正库仑值或净负库仑值）。XPS、AFM、透射电子显微镜（transmission electron microscope，TEM）以及电子衍射和量子化学方法都可用于测量接触起电对聚合物碎片"马赛克"（负电荷微区和正电荷微区在空间中的随机分布）的实际电化学影响[19]。

通过由聚合物衍生的阴离子直接还原银离子来形成银纳米粒子在热力学上是可行的：阴离子/中性聚合物氧化还原电势都足够负（Ag^+/Ag；$E_0 = -1.8V$ vs SHE（标准氢电极））[48]。对于 PVC、PDMS、PTFE 和尼龙，所用聚合物在水中的计算还原电势分别为 $-4.05V$ vs SHE、$-3.95V$ vs SHE、$-4.48V$ vs SHE 和$-3.93V$ vs SHE。这表明，绝缘体摩擦起电触发非均相氧化还原催化的能力更可能由材料的功函数和电子亲和力的组合决定，而不是单独由表面粗糙度或还原能力决定[37]。从图 2.19 中的数据可以推断，当电介质的电离能相对较小且源自聚合物的阴离子相对不稳定时，摩擦带电电介质表面会产生最大的电化学功。PVC 因同时满足"低电离能"和"阴离子不稳定"这两个条件，如图 2.19（a）所示，对于塑料携带的任何给定净负电荷过剩值（x 轴），在引导还原性非均相氧化还原过程中，聚二甲基硅氧烷（PDMS）和聚四氟乙烯（PTFE）的效果均不如 PVC。对于这三种不同的基材，银纳米粒子的覆盖率几乎随着接触起电产生的净电荷线性增加，但图 2.19（a）中的三条曲线并不彼此平行并沿垂直方向偏移，这预示着诱发金属离子还原的关键因素仅与材料的电子亲和能（electron affinity，EA）或电离能（ionization energy，IE）有关。相反，作者观察到了三种不同材料的数据点皆由原点出发并呈现不同斜率。

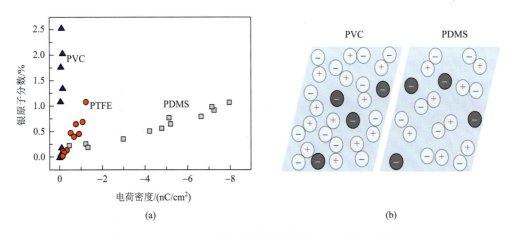

(a)   (b)

图 2.19 氧化还原功和电介质接触起电之间的材料特定关系

（a）XPS 测定的沉积在塑料样品上的金属银含量与摩擦电荷密度之间的关系，摩擦起电由玻璃与塑料样品摩擦引起；
（b）摩擦电荷"马赛克"示意图（负电荷微区和正电荷微区在空间中的随机分布），由于电离能存在显著差异，净电荷相等（灰色符号）的 PVC 和 PDMS 样品可具有明显不同的负电荷域总量
图经参考文献[37]许可转载

关于静电充电和电化学功之间的材料特定关系的直接证据在此前从未报道过。并且至少对非支化聚合物（PVC 和 PTFE）来说，有人提出不同斜率的根本原因是聚合物的 EA 或 IE 之间的此消彼长。PVC 的电子亲和能负值最大，使负电荷不稳定，但同时更容易电离成阳离子碎片。这解释了 PVC 通过接触起电获得净负电荷的程度有限（图 2.19（a）中蓝色三角形符号），并表明对于任何负值的电荷密度，需要大量阴离子来抵消阳离子。这些阴离子很可能是氧化还原功（如银的还原反应）的效应因子，因此解释了图 2.19（a）中 PVC 对应的银原子分数（y 轴）拥有最高值。另外，PTFE 在电化学功-静电荷充电曲线中表现出较低的灵敏度（图 2.19（a）红色圆形符号）。这也可以从聚合物 IE 与 EA 的平衡角度来解释：PTFE 形成的阴离子更稳定，与玻璃的少量接触-分离循环便能立即获得过量负电荷（明显大于 PVC 中可实现的负电荷）。源自 PTFE 的阴离子相对稳定，且在给定电荷密度下，其绝对丰度低于 PVC，这是因为 PTFE 电离生成的正电荷物质不如前者多。PDMS 的情况（图 2.19（a）中灰色正方形符号曲线）的小斜率显得更为复杂：PDMS 的 EA 与 PTFE 相当，因此预计两种材料中的阴离子稳定性相似。基于 IE 计算值，PDMS 的正电荷碎片本应比 PVC 更为丰富，但令人意外的是，图 2.19（a）中的 PTFE 曲线位于 PVC 和 PDMS 曲线之间[37]。

2.3.4 绝缘体接触体系中的材料转移效应

接触起电的机制也可能涉及材料的转移[19]，但这是否意味着材料转移和电子转移机制非此即彼呢？事实上，这两种机制很可能并不相互排斥。目前，有充足的实验证据表明摩擦起电过程中的材料转移，意味着接触起电过程中的化学键断裂。实际上，有光谱证据将材料上的机械应力与离子[49]、自由基[50]和电子的产生联系起来[51]。例如，Baytekin 等[19]利用傅里叶变换红外光谱（Fourier transform infared spectrometer，FTIR）和 XPS 数据证明，PDMS 和 PTFE 之间存在带电材料转移。其中，PDMS 和 PTFE 的材料选择是关键。在这对材料组合中，一个含有 Si 但不含 F，另一个含有 F 但不含 Si[19]。此外，实验发现，电荷积累量与接触分离循环的数量和转移的材料量相关[52]。同样，支持材料转移假说的是溶剂选择性去除静电荷的能力[53]。令人惊讶的是，摩擦电荷具有一定的移动性，这使得系统研究变得更加复杂。实验发现，电荷（电子或离子）可以在绝缘体表面横向扩散。例如，实验表明电荷在聚酰胺分子链上扩散最有可能通过一层表面水[54]，并且电子可以在电子束照射的绝缘体上移动长达 10μm[55]。

Burgo 等[53]证明了 PTFE-聚乙烯（polyethylene，PE）对的正电荷种类是烃正离子，而负电荷种类是氟碳负离子。然而，这些离子是通过均匀裂解产生的，这意味着电子从烃基转移到电负性更强的氟碳基。因此可以得出结论，材料和电子转移在该体系中同时发生。

电荷渗透的深度问题仍悬而未决，因为许多聚合物是多孔的，并且电荷可以从产生它们的位置移动[53]。同时，考虑到聚合物链间纠缠的作用，接触界面局部温度升高可能导致聚合物熔化和塑化。接触时电荷的产生似乎涉及多种机制：所涉及表面的确切化学细节至关重要，水离子的参与似乎也相关。同时，摩擦力的起伏、材料开裂和摩擦起电之间也有相互关系[29]。因此，整个情况变得极其复杂。综上所述，多学科合作、TENG 的发展将能提供更加充足的研究机会，从而进一步推动相关基础科学和应用科学的发展。

2.3.5 相同绝缘体材料之间接触起电

实验研究发现，相同绝缘体材料之间也可以发生接触起电[56]。这一观察结果并不能用任何上述理论进行充分解释，似乎给先前理解摩擦起电过程的努力都蒙上了一层沮丧的阴影。然而，人们相信真实的物体性质都是存在波动的，其相应的可测量物理量是这种波动的平均结果。因此，摩擦电荷往往以非常低的净密度出现在表面上。化学（体积）相同的物体中相反电荷的分离在物理上并非不可能。例如，异质表面温度可能有利于"单向"电荷转移，或者更有可能的是，局部带电的微区被困在高能态中。Lowell 和 Truscott[57]的模型提出，A 表面上被困在高能态的物质的非平衡电子（或离子）会转移到 B 表面上的低能态。需要注意的是，A 和 B 指的是化学上不同的实体，但这并不意味着它们只能位于不同的样品上。事实上，静电在微观表面上的分布更像是一种"马赛克"，即正电域和负电域的集合。该结论由 Terris 等[18]在 20 世纪 80 年代通过 AFM 在微米尺度上发现，又由 Baytekin 等[19]在纳米尺度上发现（图 2.20）。

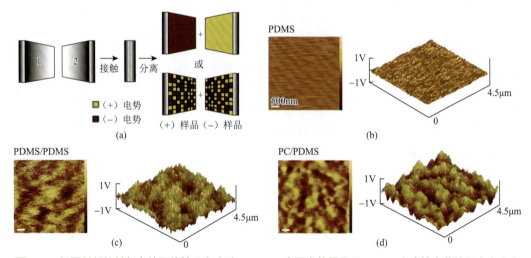

图 2.20 相同材料接触起电的可能情况和实验：KPFM 表面电势图显示 PDMS 上摩擦电荷的马赛克分布

传统观点（（a），右上角）假设在接触和分离时，一个表面均匀地分布正电荷，另一个表面均匀地分布负电荷。相比之下，马赛克图案（（a），右下角）假设每个表面是由具有接受或提供电荷倾向的区域组成的联合体。在接触充电后，这些区域预计将发展出不同的电荷极性。接触电化的马赛克图案通过图（b）～图（d）所示的电势图得到验证。图（b）对应于接触电化前的 PDMS，其他测试的天然材料也观察到了这种大致均匀的轮廓。相比之下，图（c）和图（d）中的接触充电表面具有（+）和（−）区域的马赛克。图（c）中 PDMS 对另一 PDMS 部件充电为负。图（d）中 PC 对 PDMS 充电为正。左侧列显示地图的二维投影；右侧显示相应的三维地图。所有图像中的颜色刻度调整为−1～1V。接触充电件净表面电荷密度（在 KPFM 测量前由法拉第杯测量）为（b）0.005nC/cm^2、（c）−0.20nC/cm^2 和（d）0.16nC/cm^2。所有图像扫描区域为 4.5μm×4.5μm。刻度尺为 500nm

图经参考文献[19]许可转载

2.3.6 绝缘体接触体系中的尺寸效应

接触起电涉及的长度和程度具有尺寸效应。从几微米到几毫米的颗粒尺寸都可能影响接触时电荷转移的方向，而纳米到微米的特征则定义了接触起电的性质[19]。在时间尺度上，虽然应变或磨损的电介质发射带电粒子是一种瞬态现象，且在接触后迅速衰减[58]，但已知大部分摩擦电荷、电子或离子会在缺陷位置存活相对较长的时间[59]。

同时，还有研究假设纳米级凹凸不平的不均匀应变引起的挠曲电势差可能为摩擦电荷分离提供驱动力[60]。对单个粗糙体弹性接触进行建模表明，在压痕和拉断过程中会出现±（1～10）V 或更大的纳米级挠曲电势差。该假设与一些实验观察结果一致，包括黏滑过程中的双极充电、不均匀摩擦充电模式、相似材料之间的充电以及表面电荷密度测量[60]。有研究还建立了摩擦电的挠曲电模型，其中接触变形引起的纳米级能带弯曲被认为是电荷转移的驱动力[61]。该理论框架与第一原理和有限元计算相结合，探索不同接触几何形状和材料组合的电荷转移影响。事实证明，从头计算（*ab initio*）的理论公式能得到与现有的经验模型和实验观察兼容的结论，其中包括相似材料之间的电荷转移以及与摩擦电相关的尺寸/压力依赖性[61]。

2.3.7　绝缘体系统中接触起电的理论计算研究方法

电荷转移机制可以在不同的长度尺度上发生，因此在尝试深入了解固-固接触起电时通常需要采用多尺度建模方法。目前，基态密度泛函理论（density functional theory，DFT）通常用于深入了解固体界面之间的平衡电荷转移，而瞬态密度泛函理论（time-dependent DFT，TD-DFT）的最新进展和实现也为研究人员提供了一种新的研究工具。使用与时间无关的 DFT 计算来研究接触起电时的一个主要挑战是在 0K 的电子基态下计算电子密度分布——代表两种接触无限长时间的材料的平衡电荷转移。从头计算分子动力学（*ab initio* molecular dynamics，AIMD）模拟则是通过计算特定材料接触系统的原子/分子构型集合上的平衡电荷转移，将温度效应纳入接触起电模型的一种方法。

另一个挑战是在 DFT 计算的电荷密度的后处理过程中原子电荷的分配方式。通常，赫什菲尔德布居分析（Hirshfeld population analysis）[62]或巴德电荷（Bader charges）[63]是根据电荷密度网格计算的。注意到将电荷分配给两种材料的原子的方法是一个正在进行的研究领域。然而，即使是平衡原子电荷也可以为异质固体界面处的接触起电机理研究提供有用的见解，甚至可以用作更大规模模型的输入。在该情况下，考虑其中原子电荷对于描述粒子之间的库仑相互作用是必需的。

在更大的时间和长度尺度上，经典分子动力学（molecular dynamics，MD）模拟的分支可用于对异质材料相互作用进行计算建模。从接触起电现象的角度来看，用于 MD 模拟的原子间势已得到改进。其中包括动态电荷方案，如基于电负性均衡原理的电荷平衡（QEq）[64]。该原理指出，每个 MD 时间步长的化学势的导数、系统中所有原子位点的电荷必须相等。

反应原子间势，如电荷优化多体（charge-optimized many body，COMB）[65]和 ReaxFF[66]，已经实现了这种计算方法。它在 MD 模拟过程中将每个单独的原子电荷视为动态变量。此外，键序概念允许在模拟过程中发生键断裂和重新形成，这可运用于模拟固-固接触起电期间产生带电材料碎片或离子。因此，这些反应模拟对于研究特定材料界面的材料或离子转移机制是理想的。Islam 等[67]甚至开发了 ReaxFF 力场的扩展，其中包括以伪经典方法对电子进行显式处理，并恰当地命名为 eReaxFF。在这种情况下，有可能在一个动态模拟中同时捕获所有三种电荷转移机制（电子、离子和材料转移），这将构成理论研究人员研究接触起电的一个突破性飞跃。尽管取得了这些进展，目前使用这些工具来专门解决接触起电问题的研究小组仍然很少（通常，这些研究更侧重于摩擦学、磨损和材料降解）。可以认为这仍然是一个充满机遇的研究领域，是通过在原子尺度上研究接触和分离事件来提供更全面的固-固接触起电物理视图的潜在途径。

虽然金属的电子表面特性可以由功函数很好地定义，但绝缘表面更复杂的电子结构导致其接触起电过程更加复杂。毫无疑问，DFT 等第一性原理方法非常适合预测材料的电子结构和定性电子特性（即绝缘体与金属的接触）。Shen 等[68]开创了接触起电 DFT 研究，他们计算了作为 SiO_2-Al_2O_3 材料分离距离函数的非线性平衡电荷转移。后来对金属-绝缘体接触的研究表明，金属-PTFE[67, 69]和金属-SiO_2 界面[72]具有类似的电荷-距离关系。人们对石墨烯、过渡金属二硫属化物（transition metal dichalcogenides，TMD）和 MXene 等二维材料的兴趣激发了对其接触起电特性的理论研究。通过使用 DFT 计算研究原子薄层的褶皱波纹和"波纹度"的影响，作者再次发现非线性充电行为是波纹长度的函数。

然而，DFT 计算的平衡电荷转移量为 $0.01\sim0.1C/m^2$，而实验测量的接触分离后的电荷转移量为 $1\sim20\mu C/m^2$。认为这种数量级的差异是由前面提到的 DFT 计算中遇到的平衡电荷转移问题造成的。此外，无法在 DFT 中以实际速度模拟分离事件。因此，所有与距离相关的电荷转移计算仅代表离散间隔距离处的平衡电荷转移，并且不能准确捕获绝缘体介电击穿或任何离子/材料转移的物理原理（图 2.21）。

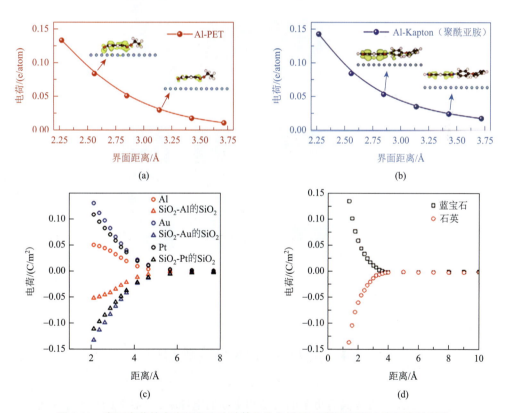

图 2.21　表面电荷的密度泛函理论计算作为各种固-固界面材料分离距离的函数

（a）（b）铝-聚合物[69]；（c）SiO_2-金属[70]；（d）SiO_2-Al_2O_3[68]

图经参考文献[68]～[70]许可转载

研究绝缘体接触起电的替代计算方法还包括原子场论（atomistic field theory，AFT）[71]，该方法是基于接触引起的表面偶极子的形成。该偶极子的形成是由接触表面附近的原子极化引起的。组合的库仑-白金汉（Coulomb-Buckingham）原子间势用于在数学上描述 MgO-BaTiO$_3$ 界面处的原子力，并且每个晶胞的极化密度 $P(\boldsymbol{x}, t)$ 由下式给出：

$$P(\boldsymbol{x}, t) = \sum_{k=1}^{N_{uc}} \sum_{\alpha=1}^{N_a} q^\alpha \boldsymbol{d}^{k\alpha} \delta(\boldsymbol{R}^k - \boldsymbol{x}) \tag{2.10}$$

其中，q^α 是原子 α 的电荷；$\boldsymbol{d}^{k\alpha}$ 是相对于第 k 个晶胞中第 α 个原子的晶格中心的位移。

尽管这种计算策略仅限于晶体材料，但仍然为其他绝缘体接触起电的研究提供了信息。例如，计算出界面处的电势差为 104V/cm^2，作者称该电势差与铁电聚偏二氟乙烯（polyvinylidene fluoride，PVDF）和金的摩擦电对相当，后者显示出高达 370V/cm^2 的输出电压。然而，在模拟过程中，BaTiO$_3$ 和 MgO 之间的电势差在最终平衡步骤中发生波动，电势差平均为–4.4mV（图 2.22）。

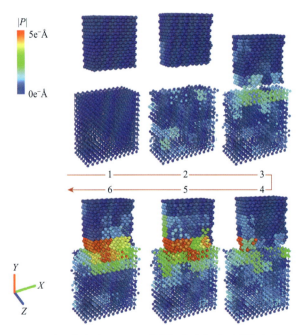

图 2.22　MgO（顶部）和 BaTiO$_3$（底部）之间表面偶极矩的时间演化

1-初始状态；2-平衡后；3-接近；4-由于 MgO 基底的吸引力而导致的边缘倾斜；5-紧密的原子级接触；6-最终平衡
图经参考文献[71]许可转载

2.4　涉及半导体的接触起电

与绝缘体相比，半导体具有更窄的带隙和更高的电导率。半导体的总电子密度 n_e（或空穴密度 n_h）由费米-狄拉克分布函数 $F(E)$ 和态密度 $D(E)$ 的乘积确定，并远高于绝缘体中的电子密度。因此，半导体系统中的接触起电可能涉及高能电子-空穴对的激发和传导，而绝缘体系统中的接触起电通常会引起表面态上的静电荷捕获。静态接触时，半导体的费米能级（E_F）将在热力学上与金属的费米能级对齐，形成具有表面能带弯曲、内置电场和整流电流-电压（I-V）特性的肖特基结（注：金属-重掺杂半导体也可以通过隧穿机制形成欧姆接触）。Liu 等[72]首先在导电原子力显微镜（conductive AFM，C-AFM）下观测到了金属-MoS$_2$滑动纳米接触可以产生直流电流输出。后来，这种现象被不同研究组在金属-硅和 p 型硅-n 型硅滑动接触系统、Ⅲ-Ⅴ族化合物、氧化物半导体、碳材料、二维材料和钙钛矿中独立证明[73]。实验发现，典型的宏观摩擦直流输出电流密度可高达 10～100A/m^2，这相比基于电介质的 TENG 高出 3～4 个数量级[74]。由于该过程与光伏直流发电中的电子激发过程类似，Zheng 等[75]和 Zhang 等[76]将该物理现象定义为"摩擦伏特效应"。此外，基于摩擦伏特效应的新的多物理现象，如摩擦光伏效应、摩擦伏特-热电耦合效应也相继被发现[77, 78]。

有研究提出，半导体表面摩擦引起的电子激发可能会导致电子和空穴的准费米能级分裂，最终在开路条件下的接触界面处产生了电势差（图 2.23）[74]。因此，摩擦电压与静电荷产生的电容电压可能有本质的不同。值得注意的是，半导体禁带中的表面电荷也可能被摩擦能激发（类似于表面光电压）[79]。因此，在摩擦伏特效应中，多个电荷激发过程，如带间跃迁（价带到导带）和表面态到价带或导带可能同时发生。在短路条件下，激发的热载流子可能经由热电子发射或量子隧穿机制穿过肖特基能垒，从而产生持续的直流输出而不是被捕获在接触材料表面（图 2.23）[74, 80]。

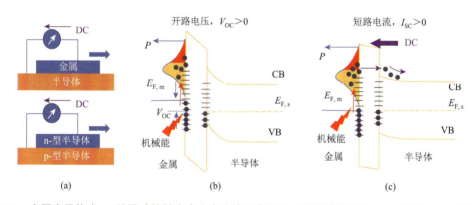

图 2.23　金属半导体或 pn 结滑动接触中产生直流的示意图（a）及其在开路（b）和短路（c）条件下的相应能带图[77]

$E_{F, m}$-金属的费米能级；$E_{F, s}$-半导体的费米能级；VB-价带；CB-导带[74]

图经参考文献[74]和[77]许可转载

实验发现，摩擦伏特直流电压和电流的极性取决于半导体掺杂类型/浓度以及金属功函数。然而，由于表面状态的存在以及由此产生的表面钉扎效应，直流输出的极性和幅度可能不会随着功函数差异而放大。最近的研究还表明，在金属和半导体之间插入界面介电层可以通过电容效应放大摩擦电压信号[80]。

尽管摩擦伏特效应的研究和发展取得了令人兴奋的进展，但考虑到多尺度、多物理相互作用，对宏观摩擦能如何转化为电子动能这一终极问题的基本理解仍然具有挑战性。

Liu 等的一项研究[81]利用量子动力学方法研究了这一过程。电子-声子耦合可能通过非绝热能量耗散在滑动材料界面发生，并由于玻恩-奥本海默（Born-Oppenheimer，BO）近似假设的失效而引起强电子激发（图 2.24（a））：在 BO 近似中，原子核运动比电子运动慢得多，因此原子核在绝热势能表面上移动。在动态摩擦/振动下，加速的原子核运动可能在交叉点附近的不同势能表面之间诱发非绝热电子跃迁，从而导致 BO 近似失效。量子动力学模拟结果表明，受激电子数量（N_e）和空穴数量（N_h）随着输入声子能量的增加而增加，并且随着半导体带隙（E_g）的增加而减少（图 2.24（b）和（c））。总体而言，动态界面处的本征电势差 $\bar{V}$ 相对于半导体带隙 E_g 首先增加然后下降（图 2.24（d）），这是由 E_g 和总载流子浓度（$N_c + N_h$）的竞争贡献造成的[83]。该理论与金属-金属和金属-绝缘体滑动接触中忽略不计的摩擦伏特直流输出，而在金属-半导体接触中观测到最佳直流输出的实验结果是一致的。

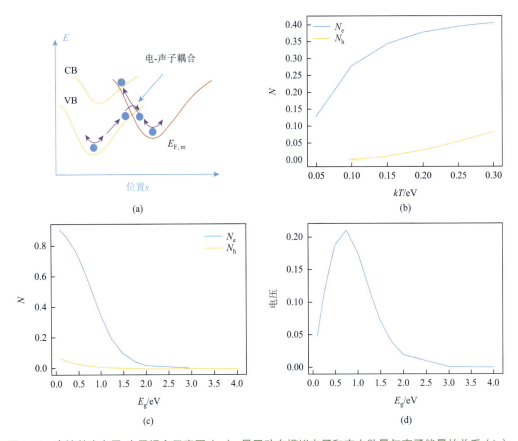

图 2.24   摩擦效应电子-声子耦合示意图（a）、量子动态模拟电子和空穴数量与声子能量的关系（b）、与带隙相关的热电子和空穴密度（c），以及与带隙相关的摩擦伏特电压（d）

图经参考文献[81]许可转载

最近，Zhang 等[82]在具有掺杂的氮化镓/硅（GaN/Si）的动态接触中证明了开路电压（V_{OC}）高达 130V 的巨摩擦伏特效应，这在实际自供电应用中具有重大前景。该系统的超高直流输出表现出独有的特征，可能归因于界面电子激励。据推测，具有压电性质的氮化镓中的掺杂梯度也可能导致偶极子增强垂直方向上的热载流子分离，而直流传输则发生在高导电表面的水平方向上。这种假设将来可能可以通过在不同掺杂浓度、均匀性和电极配置（水平和垂直）条件下的电子和功率表征得到证实。

此外，研究者在金属/导电聚合物滑动肖特基结中也观察到了直流产生的现象，并努力开发用于可穿戴电子应用的柔性摩擦伏特器件[83]。与无机体系中的摩擦伏特效应类似，导电聚合物体系在与金属处于压缩/滑动接触状态时表现出高直流输出。该体系中的摩擦伏特效应归因于界面电荷的机电耦合激发和热电子发射，以及在整个导电聚合物材料中的跳跃传输。然而，应该强调的是，考虑不同金属电极和导电聚合物可能形成电化学电池，潜在的电化学效应可能会在整体的功率输出信号中产生贡献。未来，需要进一步研究来阐明机电耦合和电化学机制之间的根本差异。

2.5　结论与展望

固-固接触起电是人类发现最早、研究最悠久的基础科学之一。众所周知，固-固接触起电对摩擦纳米发电机具有重大影响。然而，接触起电最基本的机制仍然存在争议。我们所了解的是，接触起电是电荷分布对称性的破坏过程，它可能受到接触材料多尺度不同物理和化学性质的影响。凭借最先进的实验和理论方法，固-固接触起电现象中的许多新细节已经被揭示。预计在不久的将来仍会有更多关于该物理现象的新发现。在此背景下，我们想以盲人摸象的著名故事来结束本章：

一群盲人被要求说出大象的形状。其中一人摸了摸它的腿，说："这是一根柱子"。第二个人将手放在大象身上，将大象描述为"厚墙"。另一个摸了摸它的尾巴说："这是一根绳子"。

我们相信，大象的秘密只有通过我们所有人的共同合作才能揭开。

参 考 文 献

[1] Lowell J，Rose-Innes A C. Contact electrification[J]. Advances in Physics，1980，29（6）：947-1023.

[2] Wu C S，Wang A C，Ding W B，et al. Triboelectric nanogenerator：A foundation of the energy for the new era[J]. Advanced Energy Materials，2019，9（1）：1802906.

[3] Lacks D J，Shinbrot T. Long-standing and unresolved issues in triboelectric charging[J]. Nature Reviews Chemistry，2019，3（8）：465-476.

[4] Duke C B，Noolandi J，Thieret T. The surface science of xerography[J]. Surface Science，2002，500（1-3）：1005-1023.

[5] Saitta A M，Saija F. Miller experiments in atomistic computer simulations[J]. Proceedings of the National Academy of Sciences of the United States of America，2014，111（38）：13768-13773.

[6] Childress C O，Kabell L J. Electrostatic printing system：US，US 3081698A[P]. 1963.

[7] Kaponig M，Mölleken A，Nienhaus H，et al. Dynamics of contact electrification[J]. Science Advances，2021，7（22）：eabg7595.

[8] Peljo P，Manzanares J A，Girault H H. Contact potentials，Fermi level equilibration，and surface charging[J]. Langmuir，2016，32（23）：5765-5775.

[9]　Zhang K，Zhao J J，Xu H Y，et al. Multifunctional paper strip based on self-assembled interfacial plasmonic nanoparticle arrays for sensitive SERS detection[J]. ACS Applied Materials & Interfaces，2015，7（30）：16767-16774.

[10]　Willatzen M，Lew Yan Voon L C，Wang Z L. Quantum theory of contact electrification for fluids and solids[J]. Advanced Functional Materials，2020，30（17）：1910461.

[11]　Hasbun J E，Lew Yan Voon L C，Willatzen M. On chain models for contact electrification[J]. Journal of Physics：Condensed Matter，2022，34（13）：135501.

[12]　Willatzen M，Wang Z L. Contact electrification by quantum-mechanical tunneling[J]. Research，2019.

[13]　Holmberg N，Laasonen K，Peljo P. Charge distribution and Fermi level in bimetallic nanoparticles[J]. Physical Chemistry Chemical Physics，2016，18（4）：2924-2931.

[14]　Zhang J Y，Darwish N，Coote M L，et al. Static electrification of plastics under friction：The position of engineering-grade polyethylene terephthalate in the triboelectric series[J]. Advanced Engineering Materials. 2020，22（3）：1901201.

[15]　Diaz A F，Felix-Navarro R M. A semi-quantitative tribo-electric series for polymeric materials：The influence of chemical structure and properties[J]. Journal of Electrostatics，2004，62（4）：277-290.

[16]　Zou H Y，Zhang Y，Guo L T，et al. Quantifying the triboelectric series[J]. Nature Communications，2019，10（1）：1427.

[17]　Burgo T A，Ducati T R，Francisco K R，et al. Triboelectricity：Macroscopic charge patterns formed by self-arraying ions on polymer surfaces[J]. Langmuir. 2012，28（19）：7407-7416.

[18]　Terris B D，Stern J E，Rugar D，et al. Contact electrification using force microscopy[J]. Physical Review Letters，1989，63（24）：2669-2672.

[19]　Baytekin H T，Patashinski A Z，Branicki M，et al. The mosaic of surface charge in contact electrification[J]. Science，2011，333（6040）：308-312.

[20]　Zhang X，Chen L F，Jiang Y，et al. Rationalizing the triboelectric series of polymers[J]. Chemistry of Materials，2019，31（5）：1473-1478.

[21]　Lowell J. Contact electrification of silica and soda glass[J]. Journal of Physics D：Applied Physics，1990，23（8）：1082-1091.

[22]　Gooding D M，Kaufman G K. Tribocharging and the triboelectric series[J]. Encyclopedia of Inorganic and Bioinorganic Chemistry，2011：1-14.

[23]　Agnello G，Hamilton J，Manley R，et al. Investigation of contact-induced charging kinetics on variably modified glass surfaces[J]. Applied Surface Science，2015，356：1189-1199.

[24]　Agnello G，Manley R，Smith N，et al. Triboelectric properties of calcium aluminosilicate glass surfaces[J]. International Journal of Applied Glass Science，2018，9（1）：3-15.

[25]　Agnello G，Wang L Y，Smith N，et al. Structure of CAS glass surfaces and electrostatic contact charging behavior：A joint simulation and experimental investigation[J]. International Journal of Applied Glass Science，2021，12（1）：111-123.

[26]　Seol M，Kim S，Cho Y，et al. Triboelectric series of 2D layered materials[J]. Advanced Materials，2018，30（39）：1801210.

[27]　Jayaweera E N，Wijewardhana K R，Ekanayaka T K，et al. Triboelectric nanogenerator based on human hair[J]. ACS Sustainable Chemistry & Engineering，2018，6（5）：6321-6327.

[28]　Park J Y，Salmeron M. Fundamental aspects of energy dissipation in friction[J]. Chemical Reviews，2014，114（1）：677-711.

[29]　Camara C G，Escobar J V，Hird J R，et al. Correlation between nanosecond X-ray flashes and stick-slip friction in peeling tape[J]. Nature，2008，455（7216）：1089-1092.

[30]　Zhou Y S，Wang S H，Yang Y，et al. Manipulating nanoscale contact electrification by an applied electric field[J]. Nano Letters，2014，14（3）：1567-1572.

[31]　Wang Z L，Wang A C. On the origin of contact-electrification[J]. Materials Today，2019，30：34-51.

[32]　Zhou Y S，Liu Y，Zhu G，et al. In situ quantitative study of nanoscale triboelectrification and patterning[J]. Nano Letters，2013，13（6）：2771-2776.

[33]　Wang A C，Zhang B B，Xu C，et al. Unraveling temperature-dependent contact electrification between sliding-mode triboelectric pairs[J]. Advanced Functional Materials，2020，30（12）：1909384.

[34]　Lin S Q，Xu L，Xu C，et al. Electron transfer in nanoscale contact electrification：Effect of temperature in the metal-dielectric case[J]. Advanced Materials，2019，31（17）：e1808197.

[35]　Li D，Xu C，Liao Y J，et al. Interface inter-atomic electron-transition induced photon emission in contact-electrification[J]. Science Advances，2021，7（39）：eabj0349.

[36]　Zhang L，Laborda E，Darwish N，et al. Electrochemical and electrostatic cleavage of alkoxyamines[J]. Journal of the American Chemical Society，2018，140（2）：766-774.

[37]　Zhang J Y，Rogers F J M，Darwish N，et al. Electrochemistry on tribocharged polymers is governed by the stability of surface charges rather than charging magnitude[J]. Journal of the American Chemical Society，2019，141（14）：5863-5870.

[38]　Chaplin M. Theory vs experiment：What is the surface charge of water[J]. Water，2009，1（1）：1-28.

[39]　Lin S Q，Xu L，Chi Wang A，et al. Quantifying electron-transfer in liquid-solid contact electrification and the formation of electric double-layer[J]. Nature Communications，2020，11：399.

[40]　Zhang J Y，Ciampi S. Shape and charge：Faraday's ice pail experiment revisited[J]. ACS Central Science，2020，6（5）：611-612.

[41]　Ciampi S，Iyer K S. Bubbles pinned on electrodes：Friends or foes of aqueous electrochemistry？[J]. Current Opinion in Electrochemistry，2022，34：100992.

[42]　Xiong H Q，Lee J K，Zare R N，et al. Strong electric field observed at the interface of aqueous microdroplets[J]. The Journal of Physical Chemistry Letters，2020，11（17）：7423-7428.

[43]　Pence S，Novotny V J，Diaz A F. Effect of surface moisture on contact charge of polymers containing ions[J]. Langmuir，1994，10（2）：592-596.

[44]　Wiles J A，Fialkowski M，Radowski M R，et al. Effects of surface modification and moisture on the rates of charge transfer between metals and organic materials[J]. The Journal of Physical Chemistry B，2004，108（52）：20296-20302.

[45]　Ducati T R D，Simões L H，Galembeck F. Charge partitioning at gas-solid interfaces：Humidity causes electricity buildup on metals[J]. Langmuir，2010，26（17）：13763-13766.

[46]　Liu C Y，Bard A J. Chemical redox reactions induced by cryptoelectrons on a PMMA surface[J]. Journal of the American Chemical Society，2009，131（18）：6397-6401.

[47]　Arridge R C. The static electrification of nylon 66[J]. British Journal of Applied Physics，1967，18（9）：1311-1316.

[48]　Gentry S T，Fredericks S J，Krchnavek R. Controlled particle growth of silver sols through the use of hydroquinone as a selective reducing agent[J]. Langmuir，2009，25（5）：2613-2621.

[49]　Kaalund C J，Haneman D. Positive ion and electron emission from cleaved Si and Ge[J]. Physical Review Letters，1998，80（16）：3642-3645.

[50]　Sakaguchi M，Shimada S，Kashiwabara H. Mechanoions produced by mechanical fracture of solid polymer. 6. A generation mechanism of triboelectricity due to the reaction of mechanoradicals with mechanoanions on the friction surface[J]. Macromolecules，1990，23（23）：5038-5040.

[51]　Zimmerman K A，Langford S C，Dickinson J T，et al. Electron and photon emission accompanying deformation and fracture of polycarbonate[J]. Journal of Polymer Science Part B：Polymer Physics，1993，31（9）：1229-1243.

[52]　Zhang J Y，Coote M L，Ciampi S. Electrostatics and electrochemistry：Mechanism and scope of charge-transfer reactions on the surface of tribocharged insulators[J]. Journal of the American Chemical Society，2021，143（8）：3019-3032.

[53]　Burgo T A L，Ducati T R D，Francisco K R，et al. Triboelectricity：Macroscopic charge patterns formed by self-arraying ions on polymer surfaces[J]. Langmuir，2012，28（19）：7407-7416.

[54]　Pandey P C，Shukla S，Pandey Y. 3-aminopropyltrimethoxysilane and graphene oxide/reduced graphene oxide-induced generation of gold nanoparticles and their nanocomposites：Electrocatalytic and kinetic activity[J]. RSC Advances，2016，6（84）：80549-80556.

[55]　Sessler G M，Figueiredo M T，Ferreira G F L. Models of charge transport in electron-beam irradiated insulators[J]. IEEE Transactions on Dielectrics and Electrical Insulation，2004，11（2）：192-202.

[56]   Apodaca M M，Wesson P J，Bishop K J M，et al. Contact electrification between identical materials[J]. Angewandte Chemie International Edition，2010，49（5）：946-949.

[57]   Lowell J，Truscott W S. Triboelectrification of identical insulators. II. Theory and further experiments[J]. Journal of Physics D：Applied Physics，1986，19（7）：1281-1298.

[58]   Rosenblum B，Bräunlich P，Himmel L. Spontaneous emission of charged particles and photons during tensile deformation of oxide-covered metals under ultrahigh-vacuum conditions[J]. Journal of Applied Physics，1977，48（12）：5262-5273. 2016，176（1）：251-256.

[59]   Kim S，Ha J，Kim J B. The effect of dielectric constant and work function on triboelectric nanogenerators：Analytical and numerical study[J]. Integrated Ferroelectrics，2016，176（1）：251-256.

[60]   Mizzi C A，Lin A Y W，Marks L D. Does flexoelectricity drive triboelectricity？[J]. Physical Review Letters，2019，123（11）：116103.

[61]   Mizzi C A，Marks L D. When flexoelectricity drives triboelectricity[J]. Nano Letters，2022，22（10）：3939-3945.

[62]   Bultinck P，Van Alsenoy C，Ayers P W，et al. Critical analysis and extension of the Hirshfeld atoms in molecules[J]. The Journal of Chemical Physics，2007，126（14）：144111.

[63]   Sanville E，Kenny S D，Smith R，et al. Improved grid-based algorithm for Bader charge allocation[J]. Journal of Computational Chemistry，2007，28（5）：899-908.

[64]   Rappe A K，Goddard W A Ⅲ. Charge equilibration for molecular dynamics simulations[J]. The Journal of Physical Chemistry，1991，95（8）：3358-3363.

[65]   Liang T，Shan T R，Cheng Y T，et al. Classical atomistic simulations of surfaces and heterogeneous interfaces with the charge-optimized many body（COMB）potentials[J]. Materials Science and Engineering：R：Reports，2013，74（9）：255-279.

[66]   van Duin A C T，Dasgupta S，Lorant F，et al. ReaxFF：A reactive force field for hydrocarbons[J]. The Journal of Physical Chemistry A，2001，105（41）：9396-9409.

[67]   Islam M M，Kolesov G，Verstraelen T，et al. eReaxFF：A pseudoclassical treatment of explicit electrons within reactive force field simulations[J]. Journal of Chemical Theory and Computation，2016，12（8）：3463-3472.

[68]   Shen X Z，Wang A E，Sankaran R M，et al. First-principles calculation of contact electrification and validation by experiment[J]. Journal of Electrostatics，2016，82：11-16.

[69]   Wu J，Wang X L，Li H Q，et al. First-principles investigations on the contact electrification mechanism between metal and amorphous polymers for triboelectric nanogenerators[J]. Nano Energy. 2019，63：103864.

[70]   Antony A C，Thelen D，Zhelev N，et al. Electronic charge transfer during metal/SiO$_2$ contact：Insight from density functional theory[J]. Journal of Applied Physics. 2021，129（6）：065304.

[71]   Abdelaziz K M，Chen J，Hieber T J，et al. Atomistic field theory for contact electrification of dielectrics[J]. Journal of Electrostatics，2018，96：10-15.

[72]   Liu J，Goswami A，Jiang K R，et al. Direct-current triboelectricity generation by a sliding Schottky nanocontact on MoS$_2$ multilayers[J]. Nature Nanotechnology，2018，13（2）：112-116.

[73]   Yang R Z，Xu R，Dou W J，et al. Semiconductor-based dynamic heterojunctions as an emerging strategy for high direct-current mechanical energy harvesting[J]. Nano Energy，2021，83：105849.

[74]   Liu J，Liu F F，Bao R M，et al. Scaled-up direct-current generation in MoS$_2$ multilayer-based moving heterojunctions[J]. ACS Applied Materials & Interfaces，2019，11（38）：35404-35409.

[75]   Zheng M L，Lin S Q，Xu L，et al. Scanning probing of the tribovoltaic effect at the sliding interface of two semiconductors[J]. Advanced Materials，2020，32（21）：e2000928.

[76]   Zhang Z，Jiang D D，Zhao J Q，et al. Tribovoltaic effect on metal-semiconductor interface for direct-current low-impedance triboelectric nanogenerators[J]. Advanced Energy Materials，2020，10（9）：1903713.

[77]   Liu J，Zhang Y Q，Chen J，et al. Separation and quantum tunneling of photo-generated carriers using a tribo-induced field[J]. Matter，2019，1（3）：650-660.

[78] Hao Z Z，Jiang T M，Lu Y H，et al. Co-harvesting light and mechanical energy based on dynamic metal/perovskite Schottky junction[J]. Matter，2019，1（3）：639-649.

[79] Kronik L，Shapira Y. Surface photovoltage phenomena：Theory，experiment，and applications[J]. Surface Science Reports，1999，37（1-5）：1-206.

[80] Benner M，Yang R Z，Lin L Q，et al. Mechanism of in-plane and out-of-plane tribovoltaic direct-current transport with a metal/oxide/metal dynamic heterojunction[J]. ACS Applied Materials & Interfaces，2022，14（2）：2968-2978.

[81] Liu G M，Liu J，Dou W J. Non-adiabatic quantum dynamics of tribovoltaic effects at sliding metal-semiconductor interfaces[J]. Nano Energy，2022，96：107034.

[82] Zhang Z，Wang Z Z，Chen Y K，et al. Semiconductor contact-electrification-dominated tribovoltaic effect for ultrahigh power generation[J]. Advanced Materials，2022，34（20）：e2200146.

[83] Yang R Z，Benner M，Guo Z P，et al. High-performance flexible Schottky DC generator via metal/conducting polymer sliding contacts[J]. Advanced Functional Materials，2021，31（43）：2103132.

本章作者：刘骏[1]，Simone Ciampi[2]，Andrew Antony[3]

1. 美国纽约州立大学水牛城分校机械与航空航天系
2. 澳大利亚科廷大学化学系
3. 美国康宁公司

第 3 章

液-固接触起电机理

摘　　要

　　液-固界面是化学、催化、能源以及生物学研究中最重要的科学问题之一。在以往的研究中，液-固界面双电层的形成归因于离子在固体表面的吸附所导致的液-固界面离子重新排布。在这一观点中，人们总是假定在固体表面上存在一层电荷，但对电荷的来源却没有进行广泛的探讨。本章将回顾液-固接触起电（摩擦起电）的研究方法，并综述关于液-固摩擦起电中电子转移的研究工作，包括液体-绝缘体、液体-半导体和液体-金属摩擦起电等。此外，考虑到液-固界面上电子转移的存在，重新讨论液-固界面双电层的形成。

3.1　引　　言

　　接触摩擦起电是一个能够发生在几乎所有材料之间的普遍现象。固体材料摩擦起电中转移电荷的本质已经争论了几十年，主要围绕其载流子是电子[1]、离子[2]还是材料碎屑[3]展开，但一直没有确凿的结果。最近，基于 KPFM 的纳米尺度研究表明，固-固摩擦起电的电荷转移主要以电子转移为主。在这些研究中，摩擦电荷被证明可以通过光子激发和热激发从固体表面去除[4,5]。对于绝缘体-绝缘体和金属-绝缘体等情况，目前学界已有相关的物理模型。实际上，当两种材料相互接触然后分离时，电荷将从一个表面转移到另一个表面。接触起电可以发生在所有的固-固[6]、液-固[7]和液-液[8]界面，并且也可能发生在固-气和液-气界面[9]。

　　液-固界面上的电荷转移是化学领域，特别是电化学、催化等领域广泛关注的重要课题，其中大多数化学反应都发生在液-固界面上。许多物理和生物现象也与液-固界面处的电荷转移有关，如电润湿、胶体悬浮、光伏效应、光合作用等。与上述领域的研究相关的基础科学已经发展了几十年，但主要集中在一些特定的液-固界面体系上。从液-固摩擦起电的角度来理解液-固界面的电荷转移具有普遍意义。

　　本章综述液-固摩擦起电电荷转移的最新研究进展。除几十年来认为的液-固界面上的离子转移外，研究发现电子转移在某些情况下起着主导作用。首先，综述液-固摩擦起电的研究方法。其次，系统地介绍了一系列实验，阐明了液-固界面电子转移的机理。再次，在现有研究的基础上，重新考虑液-固摩擦起电中电子转移的作用，重新研究了双电层（EDL）的形成过程，提出考虑电子转移和离子吸附的混合 EDL 模型。最后，进一步讨论电子转移和混合 EDL 模型对电化学存储、界面反应、电子学以及与液-固电荷转移相关的许多研究领域应用的影响。

3.2　液-固摩擦研究背景

固体-固体界面摩擦起电研究已经有 2600 多年的历史了，但直到现在[10]，它的机理仍在争论中。当谈到液-固摩擦起电时，有两个基本问题。液-固摩擦起电中的一个核心问题是载流子的类型，另一个核心问题是 EDL 的形成。在电化学[11]、催化[12]和胶体悬浮液[13]的研究中，载流子的性质和 EDL 的形成过程对研究具有重要意义。有人提出，液-固界面处的电荷转移可能是由于液体中的离子吸附在固体表面[14]，或者是电子从液体一侧转移到固体一侧，并伴随化学反应[15]。传统观点认为，当固体是导体或半导体时，一般会考虑电子转移，而当固体是绝缘体时，离子的吸附是导致液-固界面电荷转移产生的原因。对于 EDL，传统的研究主要集中在离子在液体一侧[16]的分布和水分子的结构上，关于 EDL 固体表面载流子类型的基础研究则是普通化学中被遗忘的一个角落。

在摩擦起电的研究历史上，大多数的研究都集中在固体-固体的情况下，而对液-固摩擦起电的研究较少[17]。因此，液-固摩擦起电的机理比固-固摩擦起电更为神秘。20 世纪 80 年代，El-Kazzaz 等[18]研究了液态金属与固体绝缘体之间的摩擦起电，这是关于液-固摩擦起电的早期工作之一。采用液态金属作为接触副的目的是利用液态金属的流动性在界面处形成更好的接触，进一步理解固-固摩擦起电，因此在液-固摩擦起电研究中不具有代表性。在大多数情况下，水溶液和固体之间的摩擦起电是非常重要的。20 世纪 90 年代，Yatsuzuka 等研究了水滴与绝缘体表面[19]之间的起电现象。结果证明，当水滴在绝缘体表面（如 PTFE 和树脂）上滑动时，总是带正电。此外，Burgo 等[20]在 2016 年对水在摩擦电序列中的位置进行了量化。在上述研究中，负离子从水中吸附到绝缘体表面被认为是水与绝缘体接触起电的原因。事实上，一旦水参与摩擦起电，即使在固-固摩擦起电中，离子转移也总是被认为是摩擦起电[21]的原因，但没有确凿的证据。

与固-固摩擦起电不同，液-固摩擦起电中载流子的类型仅是因为溶液的参与而被假设为离子，但这一基本假设在液-固摩擦起电中并没有得到实验验证。由于液-固摩擦纳米发电机（L-S TENG）的发明，针对这一问题有了详细的研究。L-S TENG 利用液-固摩擦起电效应将机械能转化为电能，重新激发了研究人员对液-固摩擦起电的兴趣。最近，对液-固摩擦起电中载流子的特性进行了重新研究[22-24]。在纳米尺度和宏观尺度上对液-固摩擦起电进行了研究。数据表明，在液-固摩擦起电中，电子转移和离子转移同时发生，在某些情况下，电子转移甚至可能起主导作用。区分被转移的电荷是离子还是电子可以通过两种方法来完成：一种是温度诱导的电子热离子发射[25]和紫外光诱导的电子发射[5]。实验发现，液-固摩擦起电在固体表面产生的电荷可以通过热激发发射出去，这表明在液-固摩擦起电[22]中确实存在电子转移。并且计算出去离子水中的离子数量不足以产生液-固摩擦起电[23]中观察到的电荷密度。基于液-固摩擦起电中的电子转移，Wang 等首先提出了 EDL 形成的两步模型，其中电子转移在第一步[10]中起主导作用。

综上所述，早期的研究对液-固摩擦起电没有充分的讨论，直接假设液-固摩擦起电中的载流子是离子，没有考虑电子转移。由于 L-S TENG 的发明，人们对液-固摩擦起电的机理进行了重新研究。结果表明，液-固摩擦起电中存在电子转移。此外，研究人员提出了两步模型，其中液体分子和固体表面原子之间的电子转移是初始步骤，随后是由于电荷相互[10]作用而产生的离子转移。两步模型为理解 EDL 的形成提供了一种新的方法，可能对基础化学甚至生物学产生影响。

3.3 实验技术和理论方法

与固-固接触起电相比，液-固接触起电中的液体为流体，增加了接触电荷转移测量的难度。这也是液-固接触起电研究进展相对缓慢的原因之一。近年来，由于 L-S TENG 的发明，研究人员逐渐认识到液-固接触起电的重要性，并建立了许多研究液-固接触起电的方法。

3.3.1 开尔文探针力显微镜

AFM 是研究材料[26]微观性质的有力工具，随着 AFM 技术的发展，在其基础上出现了静电力显微镜（electrostatic force microscope，EFM）、导电原子力显微镜（conductive atomic force microscope，CAFM）和 KPFM 等测量材料电性能的方法。其中，KPFM 是测量探针与样品 CPD 的高分辨装置。如图 3.1 所示，图（a）表示不同费米能级的两个物体（针尖和样品）不接触时，它们具有不同的功函数；图（b）表示当这两个物体接触时，电子在费米能级差的驱动下运动，直到费米能级达到平衡，并且由于功函数差，两个物体的真空能级出现差异，图（c）表示这种差异的 CPD，可以通过增加直流偏压来补偿，并有[27]

$$V_{CPD} = \frac{\Phi_{tip} - \Phi_{sample}}{-e} \tag{3.1}$$

式中，Φ_{tip}，Φ_{sample} 分别为针尖和样品的功函数；e 为电子电荷。

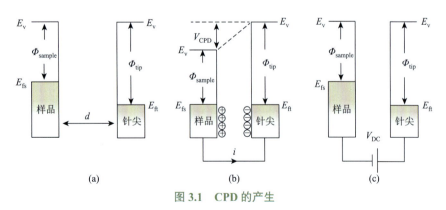

(a)　　　　　　　(b)　　　　　　　(c)

图 3.1 CPD 的产生

Φ_{sample} 表示样品功函数；Φ_{tip} 表示探针功函数；E_v 表示价带顶；E_{ft} 表示针尖费米能级

KPFM 的工作原理是在探针和样品之间施加交流偏压（$V_{AC}\sin(\omega t)$）和直流偏压（V_{DC}），通过探针和样品之间的静电相互作用获得接触电位差。此时，探头与样品之间形成电容，电容器的电场能量（U）如下所示：

$$U = \frac{1}{2}\Delta V^2 \frac{\mathrm{d}C}{\mathrm{d}z} \tag{3.2}$$

式中，ΔV 为尖端与样品之间的电势差；C 为尖端与样品之间的电容，z 为尖端与样品之间的距离。

对电场能量求导得到静电力（F）：

$$F = -\frac{1}{2}\Delta V^2 \frac{\mathrm{d}C}{\mathrm{d}z} \tag{3.3}$$

式中，

$$\Delta V = V_{DC} - V_{CPD} + V_{AC}\sin(\omega t) \tag{3.4}$$

结合式（3.3）和式（3.4），有

$$F = -\frac{1}{2}\left(V_{DC} - V_{CPD} + V_{AC}\sin(\omega t)\right)^2 \frac{\mathrm{d}C}{\mathrm{d}z} = F_{DC} + F_{\omega} + F_{2\omega} \tag{3.5}$$

式中，

$$F_{DC} = -\frac{1}{2}\left[(V_{DC} - V_{CPD})^2 + \frac{V_{AC}^2}{4}\right]\frac{\mathrm{d}C}{\mathrm{d}z} \tag{3.6}$$

$$F_{\omega} = -\frac{1}{2}(V_{DC} - V_{CPD})V_{AC}\sin(\omega t)\frac{\mathrm{d}C}{\mathrm{d}z} \tag{3.7}$$

$$F_{2\omega} = \frac{1}{4}V_{AC}^2\cos(2\omega t)\frac{\mathrm{d}C}{\mathrm{d}z} \tag{3.8}$$

如图 3.2 所示，可以通过锁相放大器提取尖端振动的 F_{ω} 分量，并施加直流偏压来补偿 CPD，在这种情况下，CPD 等于施加的直流偏压。

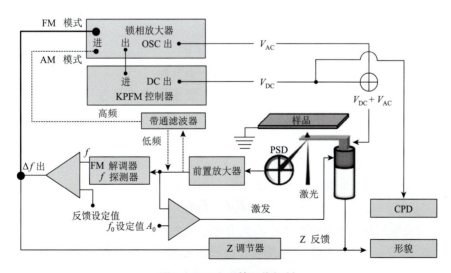

图 3.2　KPFM 的工作机制

以上计算适用于样品为金属导体的情况。若样品是绝缘膜，则表面电荷对 KPFM 信号有贡献，如图 3.3 所示[22]。当导电探针扫描导电衬底表面的绝缘层时，可以将其视为平行板电容器系统。假设绝缘体表面的电荷密度为 σ，针尖表面的感应电荷密度为 σ_1，导电硅表面的感应电荷密度为 σ_2。针尖与介电表面间隙处的电场为 E_1，绝缘体表面处的电场为 E_2。

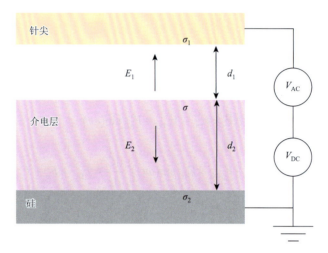

图 3.3 **KPFM 模式并联板电容模型**

根据高斯定理，电场与表面密度的关系可以用以下方程表示：

$$E_1 = \frac{\sigma_1}{\varepsilon_0} \tag{3.9}$$

$$E_2 = \frac{\sigma_2}{\varepsilon_0 \varepsilon_d} \tag{3.10}$$

$$\sigma_1 + \sigma_2 + \sigma = 0 \tag{3.11}$$

式中，ε_0 为真空介电常数；ε_d 为介电层的相对介电常数。

在 KPFM 模式下，在针尖和导电衬底之间施加直流偏压（V_{DC}）和交流偏压（$V_{AC}\sin(\omega t)$），因此，针尖和导电基板之间的电势差可以写成

$$V = V_{DC} + V_{AC}\sin(\omega t) + V_{CPD} \tag{3.12}$$

式中，V 为尖端与导电衬底之间的电势差；V_{CPD} 为尖端与导电衬底之间的接触电势差。

同样，尖端与导电基板之间的电势差可以描述为

$$V = E_1 d_1 - E_2 d_2 \tag{3.13}$$

式中，d_1 为尖端到介电表面的距离；d_2 为介电层的厚度，如图 3.3 所示。

结合式（3.9）～式（3.13），尖端与介质表面之间的电场可表示为

$$E_1 = \frac{V\varepsilon_0\varepsilon_d - \sigma d_2}{\varepsilon_0 d_2 + \varepsilon_0\varepsilon_d d_1} \tag{3.14}$$

尖端上的电场力为

$$F_{\text{tip}} = E_1\sigma_1 M = E_1^2\varepsilon_0 M \tag{3.15}$$

式中，M 为尖端有效面积。

结合式（3.12）、式（3.14）和式（3.15），尖端上的电场力可表示为

$$F_{\text{tip}} = F_{\text{c}} + F_{\omega} + F_{2\omega} \tag{3.16}$$

式中，

$$F_{\text{c}} = \left[-2(V_{\text{DC}} + V_{\text{CPD}})\sigma d_2\varepsilon_0\varepsilon_{\text{d}} + (\sigma d_2)^2 + (V_{\text{DC}} + V_{\text{CPD}})^2(\varepsilon_0\varepsilon_{\text{d}})^2\right] \cdot \frac{\varepsilon_0 M}{(\varepsilon_0 d_2 + \varepsilon_0\varepsilon_{\text{d}} d_1)^2} \tag{3.17}$$

$$F_{\omega} = 2V_{\text{AC}}\sin(\omega t)\left(V_{\text{DC}} + V_{\text{CPD}} - \frac{\sigma d_2}{\varepsilon_0\varepsilon_{\text{d}}}\right)(\varepsilon_0\varepsilon_{\text{d}})^2\frac{\varepsilon_0 M}{(\varepsilon_0 d_2 + \varepsilon_0\varepsilon_{\text{d}} d_1)^2} \tag{3.18}$$

$$F_{2\omega} = V_{\text{AC}}^2\sin^2(\omega t)(\varepsilon_0\varepsilon_{\text{d}})^2\frac{\varepsilon_0 M}{(\varepsilon_0 d_2 + \varepsilon_0\varepsilon_{\text{d}} d_1)^2} \tag{3.19}$$

在 KPFM 模式下，F_{ω} 由锁相放大器提取出来，并通过调节直流偏压（V_{DC}）控制 F_{ω} 为零。根据式（3.18），可得

$$V_{\text{DC}} + V_{\text{CPD}} - \frac{\sigma d_2}{\varepsilon_0\varepsilon_{\text{d}}} = 0 \tag{3.20}$$

因此

$$\sigma = \frac{(V_{\text{DC}} + V_{\text{CPD}})\varepsilon_0\varepsilon_{\text{d}}}{d_2} \tag{3.21}$$

在式（3.21）中，在衬底被绝缘体覆盖之前，通过在 KPFM 模式下直接扫描衬底来测量尖端与导电衬底之间的电势差 V_{CPD}，d_2、ε_0、ε_{d} 是已知的。V_{DC} 是在 KPFM 测量中得到的，可以称为"表面电势"。它是由开尔文控制器施加的，因此它也可以称为开尔文势。

过去，KPFM 通常用于研究固-固接触起电，但现在也用于液-固接触起电研究，甚至可以在液体环境下直接测量固体表面电荷，如双谐波开尔文探针力显微镜（dual harmonic Kelvin probe force microscope，DH KPFM）[28]。

3.3.2　声悬浮

物理学史上一个非常著名的实验为量子化液滴的电荷提供了灵感。密立根（Millikan）使带电的油滴悬浮在电场中，确定了单个电子的电荷量[29]。研究人员又提出了一种基于电场和声场[30]组合的原位测量液滴上电荷量的非接触式方法。在这种方法中，利用超声波换能器形成固定频率的驻波，并在波节点处自由捕获微小液滴。可以精确计算液滴上的声场力并进行实验校准。如果液滴带电，通过对声场力施加电场，可以在液滴上产生一个力。通过计算声场力，可以根据力的平衡得到液滴上的电场力，并进一步计算液滴上的电荷量。

　　如图 3.4 所示，声悬浮装置产生驻波，液滴被困在声场的波节点处，使其在不与环境物体接触的情况下自由悬浮，可以计算出声场中声压的分布[31]，如图 3.4（b）所示。进一步可得声场中的 Gorkov 势（U）[32]，声场力为 Gorkov 势的负梯度，如下所示：

$$F_a = -\nabla U \tag{3.22}$$

　　在液滴的左右两侧放置一对平行的平板电极，以产生近似均匀的电场。若液滴带电，则会在液滴上产生电场力（F_e）。根据力的平衡，液滴上的电场力和声场力应该大小相等，方向相反，如下所示：

$$F_e = -F_a \tag{3.23}$$

式中，F_a 为电场方向上作用在液滴上的声场力分量，利用开源软件计算不同直径液滴在声场中的 F_a 与 X 位置的关系，结果如图 3.4（c）所示。

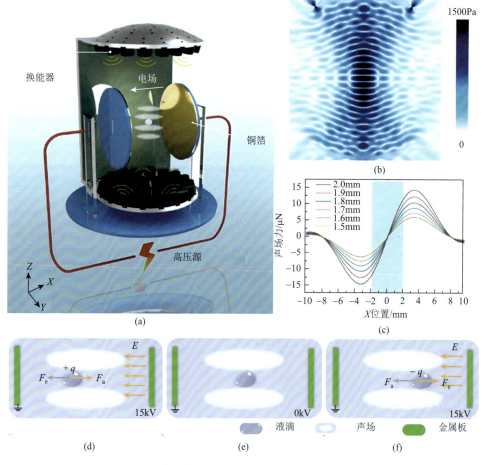

图 3.4　关于自由悬浮液滴电荷测量方法的示意图

（a）直接测量液滴携带电荷量的实验装置示意图；（b）模拟声场中声压的分布；（c）液滴在 X 方向上的声场力；（d）～（f）工作原理示意图（（e）电场关闭时，带电液滴由于环境声力稳定悬浮在位置上；（d）在静电力的吸引下，带负电荷的液滴向正极板移动；（f）当电场打开时，带有正电荷的液滴在电场开启时被推向负极板）

图 3.4（d）～（f）给出了液滴电荷测量的示意图。如图 3.4（e）所示，液滴将被困在声场的中心位置，当对右侧电极施加电压，另一个电极接地时，将建立电场，如图 3.4（d）所示。在这种情况下，如果液滴带正电，液滴将在电场力的牵引下向左侧移动，直到到达一个位置，在这个位置上，电场力和声场力达到平衡。正电荷越多，液滴受到的电场力就越大，液滴向左侧移动的距离也就越远。如果液滴带负电荷，液滴会向右侧移动，最终达到平衡位置，如图 3.4（f）所示。根据图 3.4（c）和式（3.23），可以通过测量液滴的运动距离得到声场力和电场力。然后，液滴的电荷可以用下面的公式计算出来：

$$Q = \frac{F_e}{E} = \frac{dF_e}{V} \tag{3.24}$$

式中，Q 为液滴上的电荷量；V 为施加在右侧电极上的电压；dE 为两个电极之间的距离，表示电压感应的电场。

考虑到该方法的优越性，该方法有望成为测量液体或固体材料摩擦电性能的新工具。

3.3.3　法拉第杯

如图 3.5 所示，法拉第杯是一种由金属制成的杯状测量仪器，一般由内外两层金属壁组成，内外壁之间形成电容[33]。当将带电物体置于法拉第杯中时，内外金属壁上产生感应电荷，内外金属壁之间产生电场，形成电势差。通过测量金属内外壁之间的电位差，可以得到法拉第杯中的电荷量。在接触起电实验中，通常在两种材料相互摩擦后，将其中一种材料放入法拉第杯中，得到起电摩擦总量；或者在法拉第杯中进行接触通电，随后从法拉第杯中取出参与摩擦的一种材料，以获得杯子中剩余材料携带的总电荷，从而实现接触通电的测量。法拉第杯是目前测量电荷最精确的方法之一，现在用来测量液体和固体之间的电荷转移。

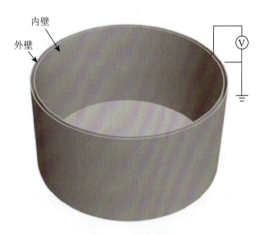

内壁

外壁

图 3.5　法拉第杯

如图 3.6 所示，液滴被声场抬升，与固体接触后，声场关闭，液滴落入法拉第杯中，可以测量固体与液滴之间的电荷转移。

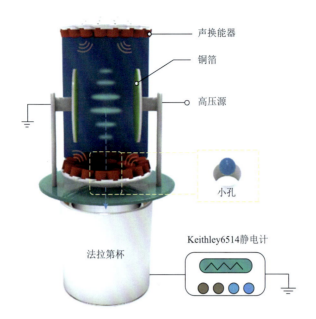

声换能器

铜箔

高压源

小孔

法拉第杯

Keithley6514静电计

图 3.6　用法拉第杯测量液固电荷转移

3.3.4　第一性原理计算

　　除实验研究方法外，理论研究对于揭示液-固接触起电机理尤为重要。目前，第一性原理计算是从理论角度研究液-固接触起电的重要工具。理论计算和模拟在固-固接触起电研究的发展中发挥了重要作用。早期的理论计算受到技术发展的限制，研究人员只能在基于量子力学[35]的简单一维模型上预测两种材料之间的电荷转移。第一性原理计算是一种利用量子力学原理，经过一些近似，直接从给定的原子模型解出系统薛定谔方程的方法，能够模拟三维空间[36]中近百个原子的相互作用。在计算机飞速发展的基础上，第一性原理计算在科学研究中发挥着越来越重要的作用。通过第一性原理计算方法模拟两种材料的接触，可以获得系统的电子结构信息，包括电子密度分布、电子差分密度分布、电子能态分布等，进而获得电子转移的量和方向。在第一性原理计算电荷转移的研究中，研究人员主要关注的是两种固体材料直接接触的计算模型。例如，Yoshida 等[37]模拟了 Al 和 PTFE 之间的接触，计算了 Al 和 PTFE 之间的电荷转移，发现电荷转移在很大程度上取决于 PTFE 的表面悬浮键。Zhang 等[38]计算了不同应力条件下 Ag 和 Fe 的电荷转移规律。

3.4　液-固界面处的接触起电

3.4.1　液体-绝缘体界面

　　在固-固摩擦起电[25]中，由热离子发射引起的绝缘体表面摩擦电荷的衰减可以用来区分电子转移和离子转移。基于热离子发射理论，Lin 等利用 KPFM 在纳米尺度上设计了温度相关的电荷衰减实验，量化了摩擦起电水溶液与绝缘体[22]之间的电子转移和离子转移。在实验中，用 KPFM 测量了 SiO_2、Si_3N_4、MgO 等绝缘体样品的初始表面电荷密度。然后，一个含水液体液滴滑过绝缘子表面，在这个过程中，电荷会从液体转移到绝缘体表面。如图 3.7（a）所示，液-固摩擦起电在绝缘体表面产生的电荷可以是电子也可以是离子。这些离子是由氧化物和氮化物表面上的电离反应产生的[39]。摩擦起电后，将绝缘体样品加热到一定温度（如 513K），根据摩擦起电中的热离子发射理论，电子将被热激发并从绝缘子表面发射出去，如图 3.7（b）所示。但对离子来说，它们与绝缘体表面的原子形成共价键，这对应的是化学吸附而不是物理吸附。因此，对于离子在固体表面的化学吸附，如在 SiO_2 表面上的 OH^- 和 H^+，去除来自 SiO_2 表面的 OH^- 能量阈值（约为 8.5eV）[40]，并且用于去除 H^+ 的能量阈值需要约 20eV[41]。当温度不太高时，化学吸附在表面的离子很难去除。

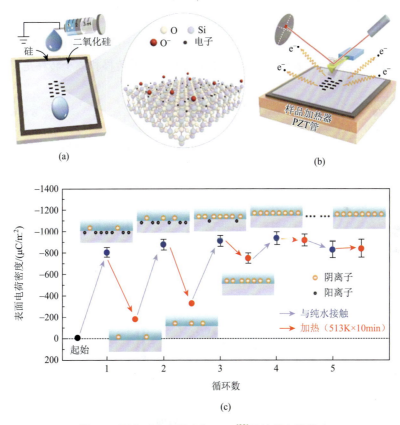

图 3.7　**温度对去离子水与 SiO_2[22]接触起电的影响**

（a）接触电荷实验的设置；　（b）热离子发射实验 AFM 平台的搭建；　（c）起电和加热循环试验中 SiO_2 表面的电荷密度
文献[22]许可转载，版权所有 2020 Nature Spring

图 3.7（c）给出了起电和加热循环测试的结果。SiO_2 的初始表面电荷密度接近零。当它与去离子水接触时，负电荷从去离子水转移到 SiO_2 表面。在加热过程中（在 513K 下并保持 10min），由于电子的热离子发射，表面电荷密度下降。在第一个循环中，注意到一些电荷不能从表面去除（"黏性"电荷），这可以识别为液-固摩擦起电中在表面产生的离子。在循环

中，"黏性"电荷密度增加，最终达到饱和。当一个离子附着在表面上时，一个可用的电荷位置将被永久占用。在与去离子水接触起电的下一个循环中，电子和离子都会转移到表面，但由于可用电荷位置减少，转移的电子数量会减少。因此，绝缘体表面的可移动电荷会随着测试循环次数的增加而减少。虽然离子在表面积累，但在原始 SiO_2 表面与去离子水第一次接触时，电子转移在摩擦起电中起主导作用，电子转移与离子转移的比值大于 3.4。

图 3.8 显示了去离子水与不同绝缘体之间的温度对摩擦起电的影响。发现绝缘体表面的电荷密度呈指数衰减，这与热离子发射理论一致。对于某些材料，表面正电荷的数量相对增多，这意味着固体在摩擦起电中接收电子（图 3.8（a）和（c）），而一些固体接收空穴，如 Si_3N_4、HfO_2、Al_2O_3 和 AlN。很容易理解，在高温下，负电荷密度（SiO_2）或正电荷密度（Si_3N_4，HfO_2）随时间的延长而降低。这是因为固体表面的负电荷是电子和负离子，正电荷是空穴和正离子。电子和空穴在高温下发射，导致表面电荷密度衰减。一些材料的电荷密度随着衰变时间的延长而增加，如 MgO 和 Al_2O_3，这意味着固体与去离子水接触时既可以接收电子又可以接收正离子（MgO），或者既可以接收空穴又可以接收负离子（AlO）。这些结果表明，液-固摩擦起电中的电子转移和离子转移是相互独立的。

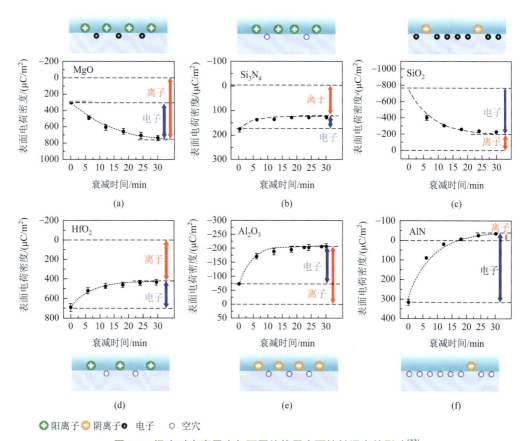

图 3.8　温度对去离子水与不同绝缘子表面接触通电的影响[22]

离子吸附、物理吸附和化学吸附都是可能的，并且可以使用 Lin 等介绍的方法进行量化除 KPFM 之外，许多其他的实验方法已经应用于研究液-固界面上的摩擦起电，而 TENG 是其中一种强有力的实验方法。Nie 等[23]设计了一个挤压系统来阐明液体和固体之间的起电性能。PTFE 薄膜用作固体材料，因为它在酸或碱溶液中非常稳定。液滴位于两个 FTO-PTFE 基板之间，基板的挤压运动由线性电机精确控制。图 3.9（a）是去离子水

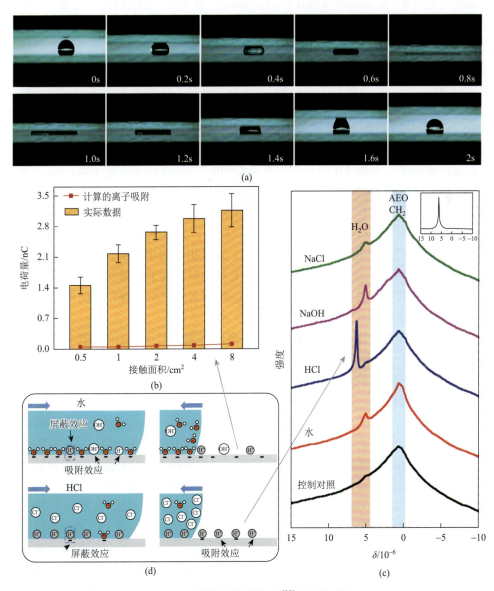

图 3.9　研究液-固接触起电[23]的挤压系统

（a）液滴的挤压-回收过程；（b）去离子水（50μL）与 PTFE 膜接触后的电荷量及基于离子转移模型的理论计算。这里，实验结果比计算值大 10 倍。（c）PTFE 的 1H 核磁共振谱。插图为 HCl 溶液（5mol/L）的 1H 核磁共振谱。（d）水及 HCl 和 PTFE 膜之间产生的摩擦起电感应电荷

经文献[23]许可转载。版权所有 2020Wiley

滴的详细挤压过程，水均匀扩散，最终形成一层薄薄的液膜，导致液膜与 PTFE 膜接触面积较大。经过接触分离过程后，可以用电表测量去离子水滴（50μL）上的电荷量，如图 3.9（b）所示。随着接触面积的增大，液滴上的诱导电荷量增加。为了确定电子转移和离子吸附的贡献，基于纯离子吸附模型进行了简单的计算，如图 3.9（b）所示。液-固界面处液体侧离子扩散的厚度估计约为 20nm。一般来说，氢氧根离子的这个扩散区域一般在几埃到几十埃[42,43]。此外，PTFE 与液滴的接触时间控制在 2s 以内，这对于自由离子在深层区域的扩散是不够的。在理想情况下，20nm 的值是使离子吸附可能性最大化的理想值。图 3.9（b）中实验结果与计算结果的对比表明，离子转移过程可能只提供总电荷的 10%。因此，在水和 PTFE 之间的摩擦起电过程中，必须考虑电子转移过程。

为了验证 PTFE 表面可能的离子吸附，使用固态 1H 核磁共振（nuclear magnetic resonance，NMR）光谱仪测量摩擦起电后 H 元素的变化，如图 3.9（c）所示。在所有 5 个光谱中在同一位置（约 0.7×10^{-6}）出现相同的峰值信号，这与 PTFE 分散体中的叔乙基醇酯有关。水的 1H 信号出现在 4.8×10^{-6}[44]附近，与去离子水、NaCl 溶液、NaOH 溶液接触后的 1H NMR 谱信号具有相似的峰值。然而，与去离子水接触后的电荷转移量远大于与 NaCl 溶液和 NaOH 溶液[23]接触后的电荷转移量，表明离子吸附模型不能完全解释水与 PTFE 之间的摩擦起电。同时，来自 PTFE 的信号在与 HCl 溶液接触后在 6.2×10^{-6} 附近出现一个较大的峰值，这是由相对于水的化学位移引起的，这也与表面大量吸附 H^+有关。当酸溶液与 PTFE 接触时，电子转移和氢离子吸附同时发生，但高浓度的氢离子被吸附在 PTFE 表面，抑制水分子与 PTFE 之间的电子转移。这些 NMR 谱与图 3.9（d）中提出的模型非常吻合。

Zhan 等设计了一个滑动式 TENG 来研究聚合物-液体界面上的电子转移，如图 3.10（a）所示，可以进一步揭示液滴与固体表面[24]之间的动态相互作用。在这里，PTFE 薄膜也用于接触起电，水滴可以很容易地从倾斜的 PTFE 薄膜表面滑落。如图 3.10（a）所示，液滴首先扩散成圆锥形，然后在表面向下滑动，直到从末端分离。连续记录了去离子水滴与新鲜 PTFE 聚合物相互作用产生的诱导电荷，如图 3.10（b）所示。基于 TENG 的工作机理[24]，液滴在带电表面的静电屏蔽效应可以中和重叠区域的电荷，从而导致外电路中产生电流。因此，液滴上的诱导摩擦电荷量可以由两种电荷转移过程（接触和分离）的差异来确定。通过检查每个液滴上的电荷量可以揭示 PTFE 表面的电荷饱和效应，对于第一个液滴，当液滴首次接触聚合物表面时，由于液滴的屏蔽效应，观察到 0.2nC 的电荷量（图 3.10（b））。然后，当液滴滑出表面时，记录 2.6nC（负电荷）的电荷量。这表明，由于摩擦起电效应，在 PTFE 表面上诱导了 2.4nC（两个信号之差）的负电荷量。另外，随着液滴数量的增加，聚合物表面积累的负电荷达到饱和状态。如图 3.10（b）所示，在饱和阶段，液滴上的诱导电荷保持不变，约 80 个液滴后，诱导电荷约为 1nC。还需要指出的是，尽管液滴上产生的摩擦电荷相当小，但在饱和状态下，液滴的筛选作用相当强，如图 3.10（b）所示，可以产生显著的电流进行能量收集。因此，图 3.10（b）中的电荷曲线呈方波状，表面的总电荷约为–51nC。

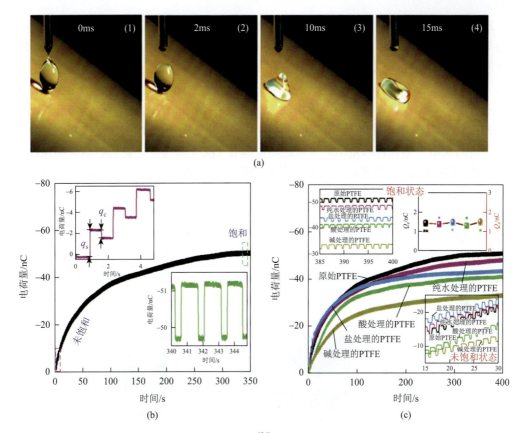

图 3.10 用于研究液体和固体表面[24]之间连续带电过程的滑动式 TENG

（a）液滴在 PTFE 表面的滑动运动；（b）PTFE 表面和插片上的电荷饱和过程是初始状态和饱和状态下电荷转移的详细过程；（c）浸泡实验，在通电实验之前，PTFE 表面预先浸泡在不同的液体中

为了明确电子转移的贡献，进行了一系列的"浸泡-滴"实验，将 PTFE 薄膜浸泡在不同的溶液中以充分吸附离子，然后再施加水滴。在这种情况下，由于离子吸附过程的最大化，PTFE 表面的初始状态可能会发生变化。如图 3.10（c）所示，处理 PTFE 的饱和电荷（250 滴）约为原始 PTFE（未处理样品）的 70%，这意味着水和处理的聚合物薄膜之间仍然会发生摩擦起电。若离子吸附是液体和固体之间摩擦起电的主要作用，则这种浸泡处理应大大降低 PTFE 表面的饱和电荷量。然而，图 3.10（c）的结果表明，浸泡处理对本实验的影响有限。因此，本实验中的摩擦起电可能与离子吸附和电子转移的共同作用有关。

通过这些实验，发现 TENG 的工作机制非常适合研究液-固界面的物理过程，TENG 装置可以作为探测电荷产生和迁移的探针（图 3.11）。Tang 等首先报道了一种基于液态金属的 TENG，其目标是通过金属与电介质之间的完全接触来实现高功率发电[45]。通常依靠固体材料的 TENG，考虑到表面的粗糙度，无法达到 100% 的接触。因此，液态金属的应用可以解决这一问题，利用这类器件可以实现 $430\mu C/m^2$ 的高输出电荷密度和 $6.7W/m^2$ 的功率密度。这一思路随后发展成为一种探测方法，用于测定不同介电材料的电气化级数。Zou 等[46]介绍了一种量化各种聚合物材料摩擦电序列的标准方法，该方法基于被测材料与液态金属之间的摩擦电。该方法采用 TENG 作为电荷探针，对一般材料的表面电荷密度进行均匀量化，从而揭示聚合物获得或失去电子的内在性质。除了液态金属，类似的 TENG 系统也可以用于研究不同液体的通电能力，正如文献[24]所介绍的。图 3.11 还展示了用于检测液滴在固体表面上滑动运动时动态输出的 TENG 阵列，这种设计可以显示液滴与大型固体表面之间详细的相互作用。这种单电极型 TENG 对液-固界面感应电荷的检测灵敏度很高，标定电荷量可达到皮库仑（pC）尺度[47]。此外，结合高速视频，TENG 在可变冲击条件下的动态电输出使我们能够定量地描述电响应，而无需任何拟合参数[48]。通过将流体动力扩散过程的演变与外部电信号的时间尺度相匹配，可以推导出液-固起电的许多规律。TENG 作为电荷探针的类似应用也可以使用不同模式的 TENG 来完成，如独立式 TENG[49]或液膜式 TENG[8]。其中，TENG 可以作为传感器或静电电荷过滤器来精确测量目标物体上的表面电荷。因此，由于其高灵敏度和多样化的结构设计，TENG 是研究液体与其他物体之间接触起电的有力技术，在不久的将来可以取得许多新的进展。

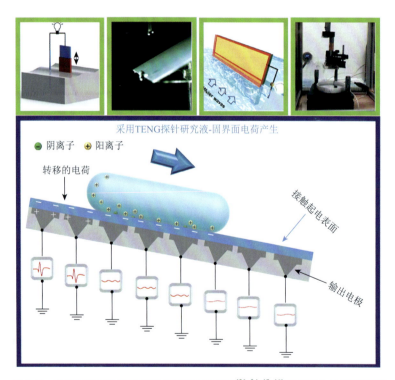

图 3.11 利用 TENG 作为探针研究液-固界面[21, 24, 45, 46]电荷产生的研究策略

Zhang 等[50]开发了一种自供电的液滴 TENG，以空间排列的电极作为探针来测量液-固界面之间的电荷转移过程，成功验证了液体液滴 TENG 可以作为电荷探针来测量液-固

电荷转移的假设。如图 3.12 所示，TENG 探针由三层组成：底层为 PMMA 板，作为背板，顶层为与液滴接触通电的介电聚合物膜，如 FEP、PTFE、PE 等。空间排列的铜电极连接在聚合物薄膜和 PMMA 板之间，用于静电感应。液滴通过注射泵在聚合物表面上方的固定高度以倾斜角度从接地的不锈钢针中释放出来。而两个电极则是用于电荷转移的探针。水滴从针头上分离后，立即与聚合物表面接触。在滴下的过程中，水滴一直与聚合物表面保持接触。两个空间排列的铜电极连接到接地静电计上，测量液滴与新鲜聚合物表面相互作用产生的感应电流。当第一滴水开始接触 FEP 薄膜时，测量感应电流，对电流峰值进行积分，计算相应的转移电荷。同样，当液滴从其下方铜电极所在的聚合物表面分离时，相应的转移电荷也可以计算出来。

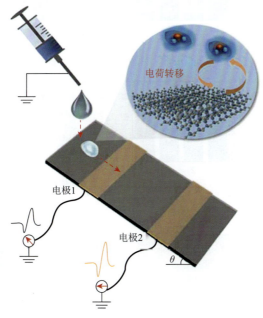

图 3.12　TENG 探针的工作机理[50]

转载已获文献[50]许可，版权所有 2021 美国化学会

除了实验研究，一些理论计算也支持电子转移可以发生在液体-绝缘体界面。Willatzen 等[51]开发了一个量子力学模型，用于预测不同材料系统（包括液-固情况）中电子在摩擦起电中的转移。在量子力学模型中，没有考虑离子转移，但电子转移似乎足以支持液-固摩擦起电之间的摩擦起电。Li 等[52]利用第一性原理方法研究了界面存在水层时金属与非晶态聚合物之间的摩擦起电。结果表明，电子会在金属-水层界面和聚合物-水层界面处发生转移。最近，Sun 等[53]基于 DFT 量化了不同氧化物中液-固体系的电子转移，建立了不同的液-固体系。其中，固体分别为金刚石碳、介电绝缘体（SiO_2）和金属氧化物（TiO_2 和 HfO_2），液体为水，如图 3.13（a）～（d）所示。利用液-固界面的总态密度（total density states，TDOS）来评价电荷转移行为。并在液-固界面引入 Na 离子，考察离子溶液浓度对液-固摩擦起电的影响。采用两种不同的计算方法来揭示固体价带（VB）中的电子转移。

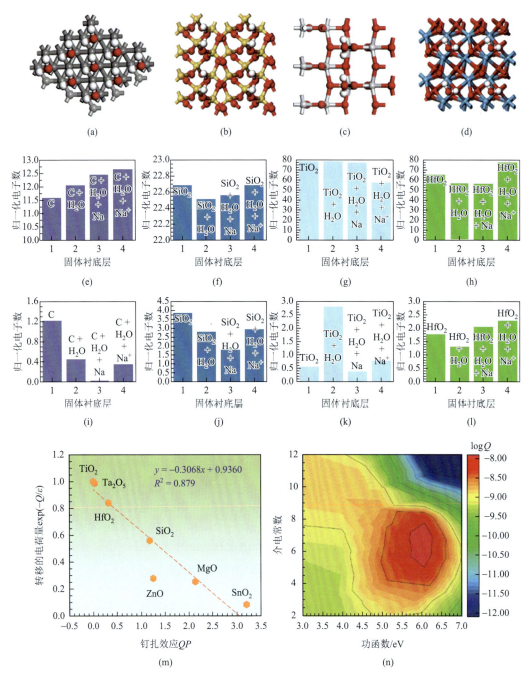

图 3.13 液固摩擦起电的 DFT 研究[53]

不同的计算模型：金刚石碳-水（a）、硅-水（b）、二氧化钛-水（c）、氟化氢-水（d）；金刚石碳（e）、SiO₂（f）、TiO₂（g）和 HfO₂（h）与水和溶液接触时的价带归一化电子数；金刚石碳（i）、SiO₂（j）、TiO₂（k）和 HfO₂（l）与水和溶液接触时在费米能级附近的归一化电子数；（m）电荷转移与介电函数之间的线性相关性；（n）介电常数和功函数对液-固界面电荷传递的影响

一个是固体整个 VB 的电子数变化，另一个是在费米能级附近小范围内的电子数变化。

图 3.13（e）～（1）显示了固体与水或离子溶液接触时，整个 VB 和费米能级附近小范围内归一化电子数的变化。水溶液与不同固体之间的电荷转移、固体与水溶液接触时表面的真空度和费米能级的变化密切相关，并证明 Na 离子使能带偏移，导致了液-固电子转移的变化。此外，还发现液-固电子转移与介电常数之间存在线性关系（图 3.13（m））。而固体表面的介电常数和功函数对电荷转移的影响如图 3.13（n）所示。DFT 研究证明了液-固摩擦起电是一个复杂的现象，它会受到接触角、介电常数、温度和离子浓度等因素的影响。需要指出的是，这些第一性原理计算都是基于电子转移的，这与摩擦起电中电子转移的实验工作是一致的。

3.4.2　液体-半导体界面

人们发现涉及半导体的固-固摩擦起电可以产生具有高电流密度的直流电[54]。Wang 等指出，半导体界面处直流电的产生与光伏效应中发生的直流电类似[10]。当 p 型半导体在 n 型半导体上滑动时，由于形成新的化学键，释放的能量"量子"将在界面上释放。释放的能量可以激发界面处的电子-空穴对，在半导体界面处的内置电场作用下，电子-空穴对进一步分离并从一侧移动到另一侧，在外电路中产生直流电。这种现象类似于光伏效应，被命名为摩擦伏特效应。

光伏效应不仅可以发生在固-固界面，还可以发生在水溶液和固体半导体界面。其中，水溶液被认为是液体半导体[54]。这意味着摩擦伏特效应也可能发生在水溶液和固体半导体界面，这是因为摩擦伏特效应与光伏效应相似。如图 3.14（a）所示，Lin 等[55]使用注射器导电针拖动去离子水滴在硅表面上滑动。图 3.14（b）为导电针与 p 型硅片之间的短路电流。当去离子水滴在 p 型硅表面上滑动时产生正电流，这意味着电子在界面处从 p 型硅侧移动到去离子水侧。当去离子水水滴在 n 型硅表面滑动时，会产生负摩擦电流，电子在界面处从 n 型硅侧移动到去离子水侧。研究发现，摩擦电流的方向与水-硅界面处内置电场的方向一致。这些研究证明，摩擦伏特效应可以在液-固界面处发生。

在液体半导体的摩擦伏特效应中，激发电子-空穴对的能量也被认为来自界面处化学键的形成。如图 3.14（c）所示，当水滴在半导体表面上滑动时，一些水分子会接触到新鲜的表面，形成化学键并释放能量，释放的能量量子被命名为键合子。图 3.14（d）给出了液-固界面处摩擦伏特效应的全过程。当液体和固体半导体相互接触时，由于费米能级的差异，会在界面处存在内置电场。如果液体开始在固体半导体表面滑动，键合子就会被释放，电子-空穴对就会在界面处被激发。在内置电场的驱动下，电子-空穴对被分离并从一侧移动到另一侧，在外部负载中产生连续的直流电。

为了进一步验证液-固界面摩擦伏特效应，讨论了温度和光照对液-固界面摩擦电流的影响[56, 57]。如图 3.15（a）和（b）所示，Zheng 等研究了温度对去离子水和硅晶片界面处摩擦电流和摩擦电压的影响[57]。将硅晶片放置在固定的加热平台上，将带有铜电极的石英管安装在移动支架上。记录不同温度下水与硅之间的摩擦电流和摩擦电压。结果表明，温度升高会导致滑动过程中水-硅界面和水-金属界面的摩擦电压和摩擦电流增大，这与摩擦伏特效应一致。当一个水分子与属于硅表面的原子碰撞时，由于在界面上形成键，能量将被释放。然后，电子-空穴对将被激发，并在去离子水和硅界面处被内置电场分离。电子和空穴分别转移到硅侧和水侧。在低温下，被键合子激发的电子-空穴对被内置电场分离，随着温度的升高，摩擦电流的增大表明被激发载流子浓度显著增加，暗示被激发载流子浓度的变化与键合子的生成速率密切相关。在去离子水-硅界面处，随着温度的升高，水分子的动量和碰撞次数显著增加。属于去离子水和硅原子的电子云在

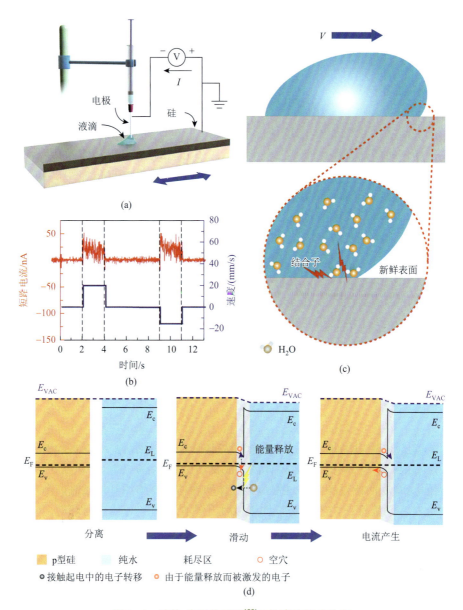

图 3.14 液体-半导体界面[55]处的摩擦伏特效应

（a）摩擦伏特实验和外电路的设置；（b）去离子水滴在 p 型硅片上滑动时的摩擦电流波形图；（c）滑动水与半导体界面处"能量子"的产生；（d）液-固界面处摩擦伏特效应的能带图
经文献[55]许可转载。版权所有 2021 Elsevier

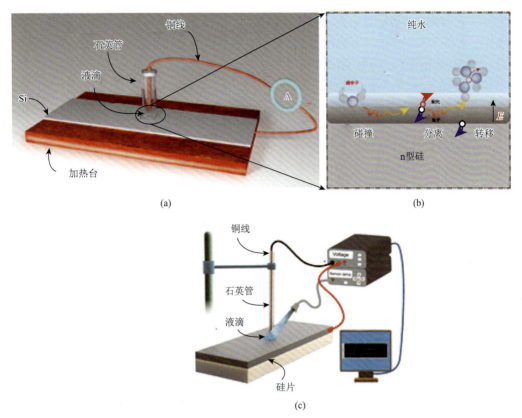

图 3.15　液固界面摩擦伏特效应中的温度和光照效应[56, 57]

（a）去离子水与 Si 界面处的摩擦电效应的实验装置；（b）摩擦电流产生的示意图；（c）去离子水与 Si 晶圆界面处光伏效应
与摩擦伏打效应的耦合实验装置
转载经文献[56]和[57]许可，版权所有 2021 Elsevier，2022 Wiley

较高的温度下更容易相互重叠，导致键合子生成速率增加。因此，大量被激发的电子-空穴对被内置电场分隔开，形成较大的开路电压。

摩擦伏特效应与光伏效应相似，因此摩擦电流和光伏电流应该能够相互叠加。Zheng 等做了一个实验，在有和没有照明的情况下，测量了水和硅之间的摩擦电流。结果表明，界面处光激发的电子-空穴对会促进摩擦电流的产生，并且增强的摩擦电流随着光强的增加或光波长的减小而增大。光照效应也支持了所提出的摩擦伏特效应机制。

虽然液体-半导体摩擦伏特效应的机理不同于液体-绝缘体表面的摩擦起电，但在摩擦伏特效应中携带的电荷也是电子，这意味着液-固界面处的摩擦伏特效应也支持 EDL 形成的"两步"模型，其中液-固之间的电子转移是第一步。

3.4.3　液体-金属界面

在去离子水和硅界面处的摩擦伏特效应中，去离子水被认为是半导体。这意味着去离子水和硅之间的结对应于 pn 异质结。在固-固情况下，摩擦伏特效应被证明不仅存在于 pn 结中，还存在于半导体-金属界面[58]的肖特基结中。因此，在与肖特基结对应的去离子水和金属界面处也应该存在摩擦伏特效应。如图 3.16（a）所示，金属的费米能级低于去离子水。当它们接触时，将建立一个内置电场来补偿费米能级的差异（图 3.16（b））。在固-固情况下，肖特基结的耗尽区总是在半导体侧。在金属-金属界面中，耗尽区应该在去离子水侧，这意味着在液态金属情况下，金属和去离子水界面处的 EDL 可以被认为是耗尽区。最近的实验工作证明，摩擦伏特效应也存在于金属和去离子水界面处。

除摩擦伏特效应（转移的电子来自激发的电子-空穴对）之外，传统意义上的电荷转移也可能发生在金属和液体之间。如图 3.16（c）所示，第一性原理计算表明，当水与金属表面（如 Pt）接触时，电子会在界面处直接从一侧转移到另一侧[59]。水-金属界面上的电荷转移不但在液-固摩擦起电研究中具有重要意义，而且在电荷转移是基本问题的腐蚀和催化等研究中也具有重要意义。无论如何，在摩擦伏特效应和液体-金属界面处的直接电荷转移中，当涉及金属时，电荷载流子可以认为是电子。

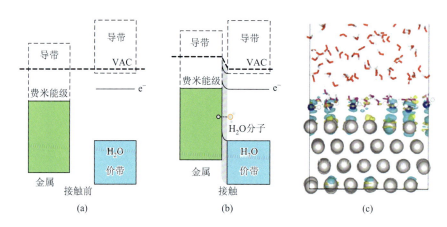

图 3.16　液-金属界面处的摩擦伏特效应

（a）接触前液-固交界处的能带图；（b）接触后液-固交界处的能带图；（c）水与 Pt 界面[59]电子传递的第一性原理计算
经许可转载自文献[59]，版权所有 2018 英国皇家化学学会

3.5　接触起电的王氏模型

上述工作表明，电子转移在液-固摩擦起电中起主导作用，这就引出了一个问题：摩擦起电中电子转移的条件是什么？接触起电的王氏模型为这一问题提供了答案[25]。如图 3.17（a）所示，原子 a 和原子 b 之间存在一段距离，使两个原子保持平衡。当两个原子之间的距离大于平衡距离时，它们就会相互吸引（图 3.17（b））。相反，若两个原子之间的距离小于平衡成键距离，则两个原子的电子云会重叠，它们会相互排斥（图 3.17（c））。Xu 等[25]根据实验数据指出，摩擦起电中的电子转移只有在两个原子的电子云重叠时才会发生。如图 3.17（d）所示，材料原子 a 的最高已占能级高于材料原子 b 的最高已占能级。如果两个表面不密切接触，则两个表面原子的电子云不重叠。在这种情况下，由于它们之间的高势垒，电子不会从原子 a 转移到原子 b。当两个表面

紧密接触时，原子 a 和原子 b 的电子云重叠，降低了势垒，电子会从原子 a 迁移到原子 b，这可以简单地称为"王氏跃迁"（图 3.17（e））。在这里，电子可以跃迁到原子 b 的任何能级，这些能级低于原子 a 的最高已占能级，电子还会进一步跃迁到原子 b 的最低未占能级，并释放光子。电子云的重叠为摩擦起电中的电子转移提供了途径，可以认为形成了比传统化学键长的化学键。当两个表面接触后分离时，失去电子的原子 a 会被材料 a 表面上的其他原子拖动，两个原子（原子 a 和原子 b）之间的键长延长并最终断裂，原子 a 会与原子 b 分离，产生摩擦起电。但在某些情况下，原子 a 和原子 b 之间的引力比原子 a 和材料 a 表面之间的引力更强，两个原子（原子 a 和原子 b）之间的键会变得更强，而原子 a 会留在材料 b 表面，形成新的真正的化学键，化学反应就发生了。在这些情况下，无法检测到摩擦起电，因为整个中性原子从表面 a 转移到表面 b。王氏跃迁

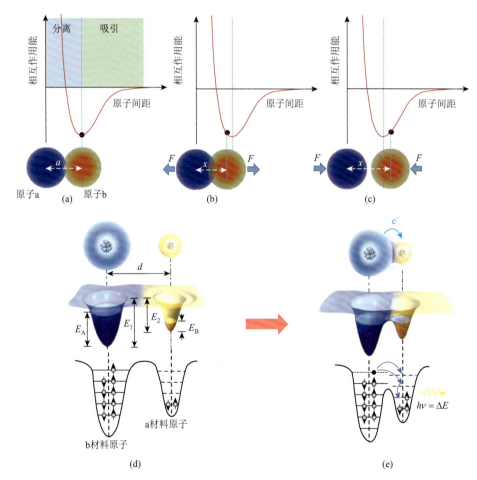

图 3.17　接触起电的王氏模型[10, 25]

两个原子在平衡位置（a）、吸引位置（b）、排斥位置（c）的相互作用，实验观察到两个原子接触前（d）、接触时（e）的能量示意图，以及由于电子跳变而产生的光子发射

经参考文献[10]许可转载，版权所有 2019 Elsevier；经参考文献[25]许可转载，版权所有 2019 Wiley

模型得到了实验和理论研究的验证。Lin 等[60]利用轻敲模式原子力显微镜，在尖端-样品相互作用力（排斥或吸引）的不同相互作用区域研究了 Pt 涂层与 Si_3N_4/AlN 之间的摩擦起电。研究发现，尖端与样品之间的摩擦起电只有在斥力区相互作用时才会发生，这与王氏跃迁模型一致。Willatzen 等[61]首次提供了两个不同原子之间电子转移的量子力学计算。结果还表明，属于两个接触原子的电子云的重叠是电子跃迁的必要条件。

王氏模型可以解释任何情况下的摩擦起电，包括液-固情况。由于液体压力，液体分子会在液-固界面处与固体表面的原子发生碰撞。液体分子与固体表面原子的碰撞可能导致电子云重叠，导致电子转移。在某些情况下，从固体表面接收或失去电子的原子，会被液体中的其他分子从固体表面拖走。转移的电子留在固体表面，产生传统的液-固摩擦起电。但在某些时候，属于液体分子的原子可能会与属于固体表面的原子形成新的键。在这些情况下，"键合子"就会被释放出来，如果固体是金属或半导体，就会产生摩擦伏特电流。

3.6　双电层模型的讨论

3.6.1　传统双电层模型

EDL 模型是电化学中的一个核心问题，通常用来讨论液-固界面上的电荷和电位分布。EDL 的概念最早是由亥姆霍兹（Helmholtz）[62]提出的，他发现在电极-电解质界面处形成了两层距离较小的相反电荷。该 EDL 模型随后被 Chapman[63]修正，提出离子不是紧密附着在固体表面，而是分布在一个薄层区域。1924 年，Stern[64]将亥姆霍兹模型与 Gouy-Chapman 模型相结合，引入了斯特恩层和弥散层两个不同电荷区域的概念，如图 3.18（a）所示。斯特恩层（Stern layer，SL）由强吸附在带电电极表面的离子（通常为水合离子）形成，而扩散层（diffuse layer，DL）则与离子（电荷极性与电极相反的）浓度相关——该浓度随与电极表面的距离增加而降低。Gouy-Chapman-Stern EDL 模型已广泛应用于电解质电容器[65]、电化学反应[66]、电容去离子[67]、双电层晶体管[68]、电润湿[69, 70]等领域。在图 3.18（a）中，在电极上施加外场诱导 EDL，预充电绝缘体表面 EDL 的形成与外加电场的电极情况类似。同时，在进入双层时，具有较弱溶剂化壳的离子通常会让出部分溶剂化壳，只有部分具有强溶剂化壳的溶剂化离子（如氟化物）能够被纯静电力保持在原位（图 3.18（a））。根据传统的 EDL 理论[70]，半溶剂化阴离子与电极表面之间的化学相互作用可以在电极上诱导更多的电荷，然后将反电荷吸引到双层上进行电荷补偿。在这种情况下，对于具有丰富化学基团的固体材料，也可以通过固体表面与液体之间的电离或解离反应形成 EDL。例如，具有羧基（—COOH）的碳材料可以吸引反离子，反离子被丰富的离子化基团（如—COO—）修饰，如图 3.18（b）所示。这种 EDL 图通常用于胶体科学[71]、细胞生物学和电容混合[72, 73]。

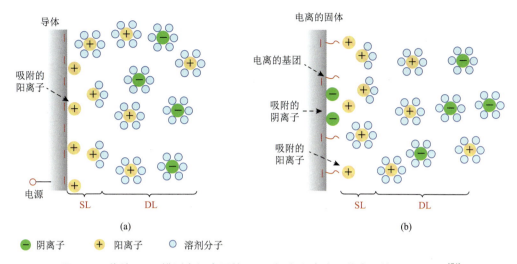

图 3.18 传统 EDL 模型电极表面的 EDL（a）和电离固体表面的 EDL（b）[74]

表面附近的离子分布可以用斯特恩层和扩散层来表示
转载经参考文献[74]许可，版权所有 2022 年美国化学会

3.6.2 王氏混合双电层模型和"两步"形成模型

如上所述，电子转移过程是液体和固体之间的摩擦起电过程中不可忽视的强大效应，因此在 EDL 的形成过程中也应考虑电子转移。如图 3.19 所示，Wang 等[10]于 2019 年首次提出的混合 EDL 模型（简称王氏杂化层），同时考虑电子转移和离子吸附（化学相互作用），阐述了其形成的"两步"过程。即在第一步中，液体中的分子和离子由于热运动和来自液体的压力而撞击固体表面，而固体原子和水分子的电子云重叠导致它们之间发生电子转移（图 3.19（a））。例如，具有强电子捕获能力的固体材料（如具有大量氟基团的聚合物）可以直接从液体中的水分子甚至离子中获得电子。然后，由于液体流动或湍流，靠近固体表面的液体分子可以被推离界面。电子转移过程与电子从高能态跳到低能态有关。因此，分离后，若电子的能量波动（kT，其中 k 为玻尔兹曼常数，T 为温度）低于能势阱（E_p），则可以保持转移到表面的大部分电子，因此在分离之后，转移到表面的大部分电子能够被保持。第二步，液体中的自由离子由于静电相互作用而被吸引到带电表面，形成 EDL，这与传统的 EDL 模型类似（图 3.19（b））。同时，在固体表面上也会同时发生电离反应，在表面上产生电子和离子。另外，当一个水分子失去一个电子时，它就变成了一个 H_3O^+ 阳离子。根据 $H_2O + H_2O^+ \longrightarrow OH + H_3O^+$ 的化学反应，证明 H_2O^+ 的寿命小于 50s[75]，并与邻近的水分子结合生成 OH 自由基和 H_3O^+[76]。因此，被推离固体表面的断裂分子在液体中成为自由迁移的离子，这些离子也可以参与 EDL 的形成。

这种混合 EDL 模型有几个关键点。首先，电离反应产生的离子和转移的电子都可以改变表面附近的电势分布，而斯特恩层和扩散层的形成在混合 EDL 模型中没有本质的区别。在传统的 EDL 模型中，液-固界面上的电离相互作用在表面诱导出更多的电荷，从而导致扩散层中的电荷分布和补偿。在王氏混合 EDL 模型中，固体和液体分子之间的电荷传递导致在表面积聚更多的电荷。这种电子转移过程与离子吸附过程并行，在某些情况下，电子

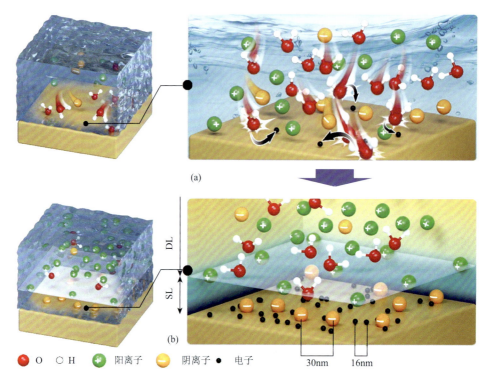

(a)

(b)

● O ○ H ● 阳离子 ● 阴离子 ● 电子   30nm 16nm

图 3.19 王氏混合 EDL 模型及其形成的"两步"过程

（a）在第一步中，液体中的分子和离子由于热运动和来自液体的压力而撞击固体表面，导致它们之间的电子转移，同时离子也可能附着在固体表面；（b）第二步，由于静电相互作用，液体中的自由离子被吸引到带电表面，形成 EDL

转移在表面电荷的产生中起主导作用，如 SiO_2-水和 PTFE-水之间的摩擦起电[22, 23]。同时，王氏混合 EDL 模型的不同部分与固体表面状况有关。转移的电子通常被困在表面状态，而电离反应中产生的额外电荷则被困在原子的原子轨道中。相应地，表面态的势垒应该比原子轨道的势垒低，表面态的转移电子是可移动的，相对不稳定，这一点通过加热处理的实验得到了证明[22]。此外，固体材料的供/吸电子能力可以决定固体间的摩擦起电，该规律也适用于液-固间的摩擦起电[7, 77]。例如，具有强电子战能力的聚合物（PTFE 和 FEP）在与液体的摩擦起电过程中会产生明显的电子转移效应，通过在表面有意增加一些不饱和基团可以进一步提高其电气化性能。因此，EDL 的形成，包括电荷密度和表面附近的电位分布，也可能受到固体材料供/吸电子能力的影响。此外，液-固摩擦起电中电子转移的概率通常小于 2500 个表面原子中的 1 个[22]。对于 SiO_2 和去离子水之间的摩擦起电，SiO_2 表面两个相邻电子之间的距离约为 16nm，两个相邻 O 离子之间的距离约为 30nm。这些距离远远大于斯特恩层的厚度，EDL 的图示[78]还应考虑相邻两个电荷的距离，如图 3.19 所示。

3.6.3 回顾双电层模型及其相关领域

EDL 模型已广泛应用于储能、电化学反应、水凝胶离子电子学、电泳、胶体黏附等领域。然而，液-固接触过程中的电子转移效应可能为液-固界面上 EDL 的形成带来另一种来源，如图 3.19 所示。基于液-固界面上的这种混合起电过程（电子转移和离子吸附），建议重新审视与 EDL 相关的研究和应用，如图 3.20 所示。EDL 电容器[65]依靠 EDL 中的电荷积累来储存能量（图 3.20（a）），电极表面的 EDL 行为通常由外加电场、电解质离子类型和离子吸附过程决定。如果考虑电极表面和液体分子之间的电子转移，需要进一步考虑表面附近的电荷积累和分布。先前的研究表明，通过在电解质中引入电流变液晶分子，可以抑制 EDL 电容器的自放电，其中表面电势可以诱导流体黏度来减缓离子的扩散[79]。这一结果也表明，在一些特殊情况下，电子转移效应可以做出一些独特的贡献。同样，EDL 的容性和伪容性过程已被证明对电催化反应有显著影响（图 3.20（b））[80]，其中由于化学相修饰，观察到连续的 EDL 重构。EDL 和带电界面的存在可以用来解释阳离子对各种实验性能的影响[81]，催化局部环境的定义还需要包括离子种类与带电金属表面的静电相互作用。在这种情况下，包含电子转移过程的混合 EDL 模型也有助于澄清一些基于实验观察的物理假设。

　　另外，机械化学研究机械力对力响应材料化学键的影响，这可能会产生一些其他方法无法获得的新材料。例如，Boswell 等[82]利用超声波产生力活化，合成了一种金色的半导体含氟聚合物（氟化聚乙炔）（图 3.20（c）），这表明聚合物机械化学是一种有价值的获取独特材料的合成工具。在这种情况下，如果选择合适的材料来触发界面上的电子转移，液-固之间的摩擦起电效应也可能对这一过程有所贡献。而且，基于 DLVO（Derjaguin，Landau，Verwey，Overbeek）理论，双电层的相互作用对胶体粒子[83]的黏附有显著的影响，而这种黏附效应也可以用于细菌细胞[84]的操纵。细菌细胞表面的电荷密度取决于局部电势（图 3.20（d）），由于 EDL 与另一个表面的相互作用，这种电荷密度会发生变化，最终导致细菌细胞的不同黏附行为。如前所述，由于颗粒之间的 EDL 相互作用，稀电解质可以增加吸附通量[85]。同时，在之前的研究中，对于粒子-液体界面 EDL 的计算，考虑了粒子表面在初始状态时具有固定的电荷密度，而对于这些初始电荷的来源并没有深入的讨论。那么，如果采用图 3.19 中的混合 EDL 模型，这些初始电荷可能来自接触过程中的电子转移过程，而表面电势的计算可能还需要考虑颗粒与液体之间的摩擦起电效应。在胶体悬浮现象中也可以发现类似的情况，如图 3.20（e）所示[86]。此外，EDL 可以作为具有巨大电容的纳米间隙电容器，导致液-固界面的电荷积累达到非常高的水平，因此使用离子液体或电解质作为栅极介质[9]的 EDL 晶体管因其宽的电化学窗口、低的蒸气压及高的化学和物理稳定性[87]而受到广泛关注。EDL 晶体管可以通过摩擦电位有效地门控，而不是施加门电压（图 3.20（f）），这可以作为机械敏感电子器件工作[88]。通常，离子凝胶被用作栅极介质和人-电子相互作用的通电层，而离子凝胶表面的接触通电可以触发电压信号来控制晶体管[89]。在这种情况下，需要在混合 EDL 模型的基础上进一步阐明离子凝胶表面发生的物理过程。

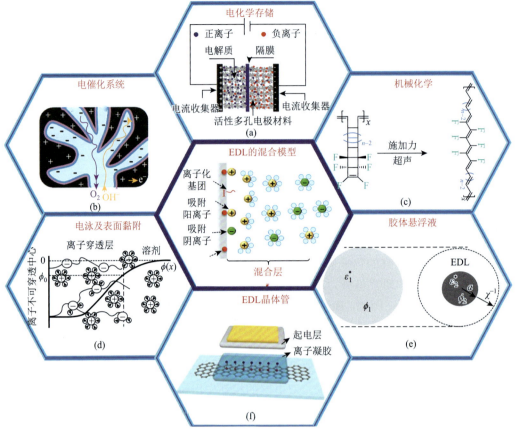

图 3.20　EDL 及其相关领域的回顾

（a）电化学存储[65]；（b）电催化系统[77]；（c）机械化学[82]；（d）电泳和表面黏附[85]；（e）胶体悬浮液[86]；（f）EDL 晶体管[88]
经文献[83]许可转载，版权所有 2002 Elsevier；转载自参考文献[89]，版权所有 2018 美国化学会；转载许可来自参考文献[74]，版权所有 2022 美国化学会

3.7　总　　结

　　本章综述了近年来关于液-固摩擦起电机理和应用的相关研究进展。虽然液-固界面电荷转移是许多领域的关键问题之一，人们对摩擦起电也进行了长期的研究，但在历史上，液-固摩擦起电并没有得到应有的重视。由于 L-S TENG 的发明，液-固摩擦起电成为人们关注的焦点。近年来，对液-固摩擦起电中载流子的识别和 EDL 的形成这两个关键问题进行了系统的研究。

　　介绍了几种研究液-固接触起电的方法，如 KPFM、声悬浮、法拉第杯和第一性原理计算。此外，还总结了在微观和大尺度上采用多种方法证明液-固界面存在电子转移的最新研究成果。在某些情况下，电子转移在液-固摩擦起电中起着主导作用。液体-半导体摩擦起电的机理与液体-绝缘体摩擦起电有很大的不同。在液体-半导体摩擦起电中，电子-空穴对首先被界面上形成键所释放的能量激发。然后，电子-空穴对被分离，在界面处内置电场的驱动下，从一个表面向另一个表面定向移动，产生直接摩擦电流。这一过程与光伏效应相似，因此被命名为摩擦伏特效应。经验证，摩擦伏特效应也存在于液体-金属界面，其中的液体，通常是水溶液，被认为是半导体。无论固体侧是绝缘体、半导体还是金属，电子转移都起着重要的作用。

本章还介绍了一个新提出的王氏模型。在王氏跃迁模型中，两个原子彼此靠近，属于两个原子的电子云相互重叠，减少了势垒和由此产生的电子转移。当它们分离时，属于一个原子的电子被留在另一个原子上，摩擦起电就发生了。

基于电子转移，Wang 等提出了一种混合 EDL 模型和两步形成过程，本章对这一概念进行了深入的解释。在 Wang 等的混合 EDL 模型中，由电子云的重叠导致的电子转移发生在第一步。进一步地，液体分子被推离固体表面，而电子仍然存在。在第二步中，液体中的自由反离子被吸引，形成 EDL。混合 EDL 模型与传统 EDL 模型的一个关键区别是带电固体表面载流子的类型。混合 EDL 模型考虑了电子转移，而传统的 EDL 模型没有考虑电子转移。电子和离子有很大的不同，如它们的大小、质量、迁移率和扩散范围都不同，离开表面需要的能量也不同。更重要的是，与电子和离子相关的动力学是非常不同的，因为电子很容易通过提高温度和/或光子激发而被激发，从而很容易从表面/界面发射出去，这可能会影响电荷存储能力。到目前为止，EDL 相关领域，如电化学存储、机械化学、电催化、电泳等，都是基于传统的 EDL 模型，这可能会导致无法解释的现象。这意味着混合 EDL 模型可能会对 EDL 相关领域产生重大影响，但仍有待进一步的实验发展。

本章主要介绍液-固摩擦起电方面的工作。事实上，液体分子会在液-液界面上相互碰撞，也会导致电子转移。因此，本章介绍的液-固摩擦起电概念和模型，如王氏传统模型和 Wang 等的混合 EDL 模型，也可能适用于液-液摩擦起电，受到越来越多的关注。对这些模型在液-液摩擦起电中的正确性进行实验验证将是今后摩擦起电研究的重点之一。

参 考 文 献

[1]　Terris B D，Stern J E，Rugar D，et al. Contact electrification using force microscopy[J]. Physical Review Letters，1989，63（24）：2669-2672.

[2]　McCarty L S，Whitesides G M. Electrostatic charging due to separation of ions at interfaces：Contact electrification of ionic electrets[J]. Angewandte Chemie International Edition，2008，47（12）：2188-2207.

[3]　Šutka A，Mālnieks K，Lapčinskis L，et al. The role of intermolecular forces in contact electrification on polymer surfaces and triboelectric nanogenerators[J]. Energy & Environmental Science，2019，12（8）：2417-2421.

[4]　Lin S Q，Shao T M. Bipolar charge transfer induced by water：Experimental and first-principles studies[J]. Physical Chemistry Chemical Physics，2017，19（43）：29418-29423.

[5]　Lin S Q，Xu L，Zhu L P，et al. Electron transfer in nanoscale contact electrification：Photon excitation effect[J]. Advanced Materials，2019，31（27）：e1901418.

[6]　Elsdon R，Mitchell F R G. Contact electrification of polymers[J]. Journal of Physics D：Applied Physics，1976，9（10）：1445-1460.

[7]　Li S Y，Nie J H，Shi Y X，et al. Contributions of different functional groups to contact electrification of polymers[J]. Advanced Materials，2020，32（25）：e2001307.

[8]　Nie J H，Wang Z M，Ren Z W，et al. Power generation from the interaction of a liquid droplet and a liquid membrane[J].

Nature Communications，2019，10（1）：2264.

[9] Yuan H T，Shimotani H，Ye J T，et al. Electrostatic and electrochemical nature of liquid-gated electric-double-layer transistors based on oxide semiconductors[J]. Journal of the American Chemical Society，2010，132（51）：18402-18407.

[10] Wang Z L，Wang A C. On the origin of contact-electrification[J]. Materials Today，2019，30：34-51.

[11] Schmickler W. Electronic effects in the electric double layer[J]. Chemical Reviews，1996，96（8）：3177-3200.

[12] Liu H T，Steigerwald M L，Nuckolls C. Electrical double layer catalyzed wet-etching of silicon dioxide[J]. Journal of the American Chemical Society，2009，131（47）：17034-17035.

[13] Dijkstra M，Hansen J P，Madden P A. Gelation of a clay colloid suspension[J]. Physical Review Letters，1995，75（11）：2236-2239.

[14] Simon P，Gogotsi Y. Materials for electrochemical capacitors[J]. Nature Materials，2008，7，845-854.

[15] Liu H，Vecitis C D. Reactive transport mechanism for organic oxidation during electrochemical filtration：Mass-transfer，physical adsorption，and electron-transfer[J]. The Journal of Physical Chemistry C，2012，116（1）：374-383.

[16] Předota M，Bandura A V，Cummings P T，et al. Electric double layer at the rutile (110) surface. 1. Structure of surfaces and interfacial water from molecular dynamics by use of *ab initio* potentials[J]. The Journal of Physical Chemistry B，2004，108（32）：12049-12060.

[17] Lowell J. Surface states and the contact electrification of polymers[J]. Journal of Physics D：Applied Physics，1977，10（1）：65-71.

[18] El-Kazzaz A，Rose-Innes A C. Contact charging of insulators by liquid metals[J]. Journal of Electrostatics，1985，16（2-3）：157-163.

[19] Yatsuzuka K，Higashiyama Y，Asano K. Electrification of polymer surface caused by sliding ultrapure water[C]//Proceedings of 1994 IEEE Industry Applications Society Annual Meeting，Denver，1994.

[20] Burgo T A L，Galembeck F，Pollack G H. Where is water in the triboelectric series？[J]. Journal of Electrostatics，2016，80：30-33.

[21] Zhu G，Su Y J，Bai P，et al. Harvesting water wave energy by asymmetric screening of electrostatic charges on a nanostructured hydrophobic thin-film surface[J]. ACS Nano，2014，8（6）：6031-6037.

[22] Lin S Q，Xu L，Wang A C，et al. Quantifying electron-transfer in liquid-solid contact electrification and the formation of electric double-layer[J]. Nature Communications，2020，11（1）：399.

[23] Nie J H，Ren Z W，Xu L，et al. Probing contact-electrification-induced electron and ion transfers at a liquid-solid interface[J]. Advanced Materials，2020，32（2）：e1905696.

[24] Zhan F，Wang A C，Xu L，et al. Electron transfer as a liquid droplet contacting a polymer surface[J]. ACS Nano，2020，14（12）：17565-17573.

[25] Xu C，Zi Y L，Wang A C，et al. On the electron-transfer mechanism in the contact-electrification effect[J]. Advanced Materials，2018，30（15）：e1706790.

[26] Rugar D，Mamin H J，Erlandsson R，et al. Force microscope using a fiber-optic displacement sensor[J]. Review of Scientific Instruments，1988，59（11）：2337-2340.

[27] Melitz W，Shen J，Kummel A C，et al. Kelvin probe force microscopy and its application[J]. Surface Science Reports，2011，66（1）：1-27.

[28] Lin S Q，Zheng M L，Wang Z L. Detecting the liquid-solid contact electrification charges in a liquid environment[J]. The Journal of Physical Chemistry C，2021，125（25）：14098-14104.

[29] Millikan R A. The isolation of an ion，a precision measurement of its charge，and the correction of Stokes's law[J]. Science，1910，32（822）：436-448.

[30] Tang Z，Lin S Q，Wang Z L. Quantifying contact-electrification induced charge transfer on a liquid droplet after contacting with a liquid or solid[J]. Advanced Materials，2021，33（42）：e2102886.

[31] Marzo A，Seah S A，Drinkwater B W，et al. Holographic acoustic elements for manipulation of levitated objects[J]. Nature

Communications，2015，6：8661.

[32] Bruus H. Acoustofluidics 7：The acoustic radiation force on small particles[J]. Lab on a Chip，2012，12（6）：1014.

[33] Greason W D. Investigation of a test methodology for triboelectrification[J]. Journal of Electrostatics，2000，49（3/4）：245-256.

[34] Tang Z，Lin S Q，Wang Z L. Effect of surface pre-charging and electric field on the contact electrification between liquid and solid[J]. The Journal of Physical Chemistry C，2022，126（20）：8897-8905.

[35] Harper W R. Contact electrification of semiconductors[J]. British Journal of Applied Physics，1960，11（8）：324-331.

[36] Meng R S，Cai M，Jiang J K，et al. First principles investigation of small molecules adsorption on antimonene[J]. IEEE Electron Device Letters，2017，38（1）：134-137.

[37] Yoshida M，Ii N，Shimosaka A，et al. Experimental and theoretical approaches to charing behavior of polymer particles[J]. Chemical Engineering Science，2006，61（7）：2239-2248.

[38] Zhang Y Y，Shao T M. Effect of contact deformation on contact electrification：A first-principles calculation[J]. Journal of Physics D：Applied Physics，2013，46（23）：235304.

[39] Gmür T A，Goel A，Brown M A. Quantifying specific ion effects on the surface potential and charge density at silica nanoparticle-aqueous electrolyte interfaces[J]. The Journal of Physical Chemistry C，2016，（30）：16617-16625.

[40] von Burg K，Delahay P. Photoelectron emission spectroscopy of inorganic anions in aqueous solution[J]. Chemical Physics Letters，1981，78（2）：287-290.

[41] Takakuwa Y，Niwano M，Nogawa M，et al. Photon-stimulated desorption of H^+ ions from oxidized Si（111）surfaces[J]. Japanese Journal of Applied Physics，1989，28（12R）：2581.

[42] Vácha R，Zangi R，Engberts J B F N，et al. Water structuring and hydroxide ion binding at the interface between water and hydrophobic walls of varying rigidity and van der waals interactions[J]. The Journal of Physical Chemistry C，2008，112（20）：7689-7692.

[43] Dicke C，Hähner G. Interaction between a hydrophobic probe and tri（ethylene glycol）-containing self-assembled monolayers on gold studied with force spectroscopy in aqueous electrolyte solution[J]. The Journal of Physical Chemistry B，2002，106（17）：4450-4456.

[44] Dreher W，Leibfritz D. New method for the simultaneous detection of metabolites and water in localized *in vivo* 1H nuclear magnetic resonance spectroscopy[J]. Magnetic Resonance in Medicine，2005，54（1）：190-195.

[45] Tang W，Jiang T，Fan F R，et al. Liquid-metal electrode for high-performance triboelectric nanogenerator at an instantaneous energy conversion efficiency of 70.6%[J]. Advanced Functional Materials，2015，25（24）：3718-3725.

[46] Zou H Y，Zhang Y，Guo L T，et al. Quantifying the triboelectric series[J]. Nature Communications，2019，10（1）：1427.

[47] Niu S M，Liu Y，Wang S H，et al. Theoretical investigation and structural optimization of single-electrode triboelectric nanogenerators[J]. Advanced Functional Materials，2014，24（22）：3332-3340.

[48] Wu H，Mendel N，van den Ende D，et al. Energy harvesting from drops impacting onto charged surfaces[J]. Physical Review Letters，2020，125（7）：078301.

[49] Niu S M，Liu Y，Chen X Y，et al. Theory of freestanding triboelectric-layer-based nanogenerators[J]. Nano Energy，2015，12：760-774.

[50] Zhang J Y，Lin S Q，Zheng M L，et al. Triboelectric nanogenerator as a probe for measuring the charge transfer between liquid and solid surfaces[J]. ACS Nano，2021，15（9）：14830-14837.

[51] Willatzen M，Lew Yan Voon L C，Wang Z L. Quantum theory of contact electrification for fluids and solids[J]. Advanced Functional Materials，2020，30（17）：1910461.

[52] Li L Z，Wang X L，Zhu P Z，et al. The electron transfer mechanism between metal and amorphous polymers in humidity environment for triboelectric nanogenerator[J]. Nano Energy，2020，70：104476.

[53] Sun M Z，Lu Q Y，Wang Z L，et al. Understanding contact electrification at liquid-solid interfaces from surface electronic structure[J]. Nature Communications，2021，12（1）：1752.

[54] Williams F, Varma S P, Hillenius S. Liquid water as a lone-pair amorphous semiconductor[J]. The Journal of Chemical Physics, 1976, 64 (4): 1549-1554.

[55] Lin S Q, Chen X Y, Wang Z L. The tribovoltaic effect and electron transfer at a liquid-semiconductor interface[J]. Nano Energy, 2020, 76: 105070.

[56] Zheng M L, Lin S Q, Tang Z, et al. Photovoltaic effect and tribovoltaic effect at liquid-semiconductor interface[J]. Nano Energy, 2021, 83: 105810.

[57] Zheng M L, Lin S Q, Zhu L P, et al. Effects of temperature on the tribovoltaic effect at liquid-solid interfaces[J]. Advanced Materials Interfaces, 2022, 9 (3): 2101757.

[58] Zheng M L, Lin S Q, Xu L, et al. Scanning probing of the tribovoltaic effect at the sliding interface of two semiconductors[J]. Advanced Materials, 2020, 32 (21): e2000928.

[59] Le J B, Fan Q Y, Perez-Martinez L, et al. Theoretical insight into the vibrational spectra of metal-water interfaces from density functional theory based molecular dynamics[J]. Physical Chemistry Chemical Physics, 2018, 20 (17): 11554-11558.

[60] Lin S Q, Xu C, Xu L, et al. The overlapped electron-cloud model for electron transfer in contact electrification[J]. Advanced Functional Materials, 2020, 30 (11): 1909724.

[61] Willatzen M, Wang Z L. Theory of contact electrification: Optical transitions in two-level systems[J]. Nano Energy, 2018, 52: 517-523.

[62] Helmholtz H. Ueber einige gesetze der vertheilung elektrischer ströme in körperlichen leitern mit anwendung auf die thierisch-elektrischen versuche[J]. Annalen Der Physik, 1853, 165 (6): 211-233.

[63] Chapman D L. LI. A contribution to the theory of electrocapillarity[J]. The London, Edinburgh, and Dublin Philosophical Magazine and Journal of Science, 1913, 25 (148): 475-481.

[64] Stern O. The theory of the electric double layer[J]. Electrochem, 1924, 30: 508.

[65] Zhang L L, Zhao X S. Carbon-based materials as supercapacitor electrodes[J]. Chemical Society Reviews, 2009, 38 (9): 2520-2531.

[66] Stamenkovic V R, Strmcnik D, Lopes P P, et al. Energy and fuels from electrochemical interfaces[J]. Nature Materials, 2016, 16 (1): 57-69.

[67] Srimuk P, Su X, Yoon J, et al. Charge-transfer materials for electrochemical water desalination, ion separation and the recovery of elements[J]. Nature Reviews Materials, 2020, 5: 517-538.

[68] Du H W, Lin X, Xu Z M, et al. Electric double-layer transistors: A review of recent progress[J]. Journal of Materials Science, 2015, 50 (17): 5641-5673.

[69] Mark D, Haeberle S, Roth G, et al. Microfluidic lab-on-a-chip platforms: Requirements, characteristics and applications[J]. Chemical Society Reviews, 2010, 39 (3): 1153-1182.

[70] Quinn A, Sedev R, Ralston J. Influence of the electrical double layer in electrowetting[J]. The Journal of Physical Chemistry B, 2003, 107 (5): 1163-1169.

[71] Liang Y C, Hilal N, Langston P, et al. Interaction forces between colloidal particles in liquid: Theory and experiment[J]. Advances in Colloid and Interface Science, 2007, 134: 151-166.

[72] Zhan F, Wang G, Wu T T, et al. High performance asymmetric capacitive mixing with oppositely charged carbon electrodes for energy production from salinity differences[J]. Journal of Materials Chemistry A, 2017, 5 (38): 20374-20380.

[73] Zhan F, Wang Z J, Wu T T, et al. High performance concentration capacitors with graphene hydrogel electrodes for harvesting salinity gradient energy[J]. Journal of Materials Chemistry A, 2018, 6 (12): 4981-4987.

[74] Lin S Q, Chen X Y, Wang Z L. Contact electrification at the liquid-solid interface[J]. Chemical Reviews, 2022, 122 (5): 5209-5232.

[75] Loh Z H, Doumy G, Arnold C, et al. Observation of the fastest chemical processes in the radiolysis of water[J]. Science, 2020, 367 (6474): 179-182.

[76] Gauduel Y, Pommeret S, Migus A, et al. Some evidence of ultrafast H_2O^+-water molecule reaction in femtosecond

photoionization of pure liquid water：Influence on geminate pair recombination dynamics[J]. Chemical Physics，1990，149（1-2）：1-10.

[77] Lin S Q，Zheng M L，Luo J J，et al. Effects of surface functional groups on electron transfer at liquid-solid interfacial contact electrification[J]. ACS Nano，2020，14（8）：10733-10741.

[78] Israelachvili J. Intermolecular and surface forces[D]. Santa Barbara：University of California，2011.

[79] Xia M Y，Nie J H，Zhang Z L，et al. Suppressing self-discharge of supercapacitors via electrorheological effect of liquid crystals[J]. Nano Energy，2018，47：43-50.

[80] Bohra D，Chaudhry J H，Burdyny T，et al. Modeling the electrical double layer to understand the reaction environment in a CO_2 electrocatalytic system[J]. Energy & Environmental Science，2019，12（11）：3380-3389.

[81] Ringe S，Clark E L，Resasco J，et al. Understanding cation effects in electrochemical CO_2 reduction[J]. Energy & Environmental Science，2019，12（10）：3001-3014.

[82] Boswell B R，Mansson C M F，Cox J M，et al. Mechanochemical synthesis of an elusive fluorinated polyacetylene[J]. Nature Chemistry，2021，13（1）：41-46.

[83] Poortinga A T，Bos R，Norde W，et al. Electric double layer interactions in bacterial adhesion to surfaces[J]. Surface Science Reports，2002，47（1）：1-32.

[84] Otto K，Elwing H，Hermansson M. The role of type 1 fimbriae in adhesion of *Escherichia coli* to hydrophilic and hydrophobic surfaces[J]. Colloids and Surfaces B：Biointerfaces，1999，15（1）：99-111.

[85] Adamczyk Z，Warszyński P. Role of electrostatic interactions in particle adsorption[J]. Advances in Colloid and Interface Science，1996，63：41-149.

[86] Zhao K S，He K J. Dielectric relaxation of suspensions of nanoscale particles surrounded by a thick electric double layer[J]. Physical Review B，2006，74（20）：205319.

[87] Fujimoto T，Awaga K. Electric-double-layer field-effect transistors with ionic liquids[J]. Physical Chemistry Chemical Physics，2013，15（23）：8983-9006.

[88] Gao G Y，Wan B S，Liu X Q，et al. Tunable tribotronic dual-gate logic devices based on 2D MoS_2 and black phosphorus[J]. Advanced Materials，2018，30（13）：e1705088.

[89] Meng Y F，Zhao J Q，Yang X X，et al. Mechanosensation-active matrix based on direct-contact tribotronic planar graphene transistor array[J]. ACS Nano，2018，12（9）：9381-9389.

本章作者：林世权，王中林
中国科学院北京纳米能源与纳米系统研究所（中国北京）

第4章

动态半导体结机械能-电能转换

摘　　要

本章的介绍基于动态半导体结的机械能-电能转换方案。该方案的核心器件是一对拥有不同化学势的半导体-半导体电极对或者金属-半导体电极对。在电极对接触-分离工作模式下，位移电流和传导电流将会同时产生。当两个电极相接触时，由于漂移-扩散作用的影响，在半导体电极的接触面附近形成耗尽层。一旦两个电极在外力的作用下彼此分离，耗尽层中捕获的电子将会在电极间化学势差的作用下从化学势高的电极沿着外电路转移至化学势低的电极。因此，这一类发电机称为化学势差发电机。它的电学输出性能则主要取决于耗尽层中捕获的电子在不同外电路负载作用下的输运过程，该过程受负载电阻大小和接触-分离频率的影响。而在电极对接触滑动工作模式下，此时电极间相互滑动产生的摩擦能激发摩擦面处的电子-空穴对产生，这些电子-空穴对在电极间内建电场或者界面电场的作用下彼此分离，并且在外电路中形成直流电输出。该型发电机的工作原理与光伏器件极为类似，因此将它称为摩擦伏特发电机。本章主要从化学势差发电机和摩擦伏特发电机的原型机结构入手，对动态半导体结的机械能-电能转换过程的物理机制展开讨论。

4.1　引　　言

随着电子器件向高度集成化和多功能化发展，对电子器件的供能成为影响器件工作寿命的一个关键问题[1, 2]。为了解决这个问题，摩擦纳米发电机应运而生[3-5]。该器件通过接触起电和静电感应这两个过程实现机械能向电能的转化[6, 7]。传统的摩擦纳米发电机是由一对绝缘体-绝缘体电极或者一对绝缘体-金属电极组成的。当两个电极相接触时，接触起电效应使得两个电极的接触面产生等量且极性相反的电荷。在外界应力作用下两电极发生周期性的接触—分离或者相互滑动时，静电感应效应使得电子在外电路中往复传输从而形成交流电。但是，正是绝缘电极的存在阻碍了电子在电极对接触面的传输过程，使得传统摩擦纳米发电机只能产生位移电流。

本章介绍两种新的摩擦纳米发电机类型：化学势差发电机[8]和摩擦伏特发电机[9]。这两种发电机均通过一对半导体结作为电极对，因此既能够产生位移电流又能够产生传导电流。由于半导体材料中的载流子输运行为对光场、温度场和静电场非常敏感，在多物理场与摩擦起电过程的耦合作用下，化学势差发电机和摩擦伏特发电机表现出许多不同于传统 TENG 的输出特征。本章将从工作原理、物理机制以及器件结构这三个角度入手对动态半导体结机械能-电能转换技术展开详细讨论。

4.2　化学势差发电机的工作原理

化学势差发电机的工作原理如图 4.1 所示。电极分别由 p 型半导体材料（较低的化学势）和 n 型半导体材料（较高的化学势）组成，在彼此分离的情况下 p 型半导体电极的费米能级要低于 n 型半导体（图 4.1（a））。当两个电极彼此接触时（图 4.1（b）），假设接触面没有任何的表面态以及缺陷的存在，此时 n 型半导体电极中的电子（p 型半导体中的空穴）将会在电极间化学势差的作用下从 n 型（p 型）半导体电极扩散至 p 型（n 型）半导体电极当中，并在接触面附近形成厚度为 W_n（W_p）的耗尽层。在热平衡状态下，pn 结内部漂移电流和扩散电流均为 0。当两个电极在外界应力作用下彼此分离时（图 4.1（c）），耗尽层宽度迅速减小，耗尽层中的电子和空穴将被化学势差泵浦至外电路当中，形成从 n 型半导体穿过负载电阻转移至 p 型半导体的电流。随着电极间距逐渐增大并达到最大分离距离 d_f，耗尽层中所捕获的大部分电子和空穴已被泵浦至外电路当中，此时化学势差发电机达到了一个新的热平衡状态。当两个电极再一次靠近直至彼此接触时，半导体电极接触面附近的耗尽层将被重新构建，并随之产生从 p 型半导体穿过负载电阻转移至 n 型半导体的电流。当两个电极接触时，部分电子和空穴将直接通过电极接触面的漂移-扩散作用进行转移并在接触面附近形成耗尽层。此时，外电路中无法测量出这部分传导电流大小。

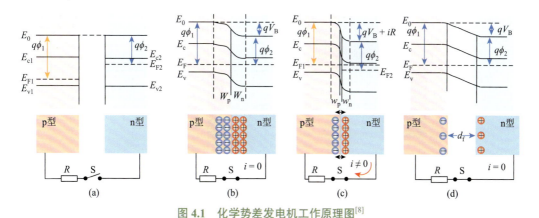

图 4.1　化学势差发电机工作原理图[8]

（a）电极不接触状态；（b）电极接触状态；（c）电极分离状态；（d）电极分离至最大间距状态
$q\phi$ 为电极功函数；V_B 为电极间化学势差
本图已获得 Elsevier 许可

4.3 化学势差发电机的基本理论

当 p 型半导体电极和 n 型半导体电极相接触时，p 型半导体中的空穴浓度为 N_A，n 型半导体中的电子浓度为 N_D。在理想接触时，pn 结接触面附近的空间电荷分布可以表示为

$$\rho(x) = \begin{cases} +qN_D, & 0 \leqslant x \leqslant W_n \\ -qN_A, & -W_p \leqslant x \leqslant 0 \end{cases} \tag{4.1}$$

式中，W_n 和 W_p 分别是 n 型和 p 型半导体中耗尽层的宽度。根据泊松方程，pn 结中电场强度 $E(x)$ 和电势 $\psi(x)$ 的关系可以表示为

$$\frac{\mathrm{d}^2\psi}{\mathrm{d}x^2} = -\frac{\rho(x)}{\varepsilon_0\varepsilon_r} \tag{4.2}$$

式（4.2）满足边界条件：$\psi(x=0^-) = \psi(x=0^+)$ 并且 $E(x=W_n) = E(x=-W_p) = 0$。当两电极间化学势差 $V_B = \psi(x=W_n) - \psi(x=-W_p)$ 时，V_B 可以表示为

$$V_B = \frac{qN_DW_n^2}{2\varepsilon_0\varepsilon_r} + \frac{qN_AW_p^2}{2\varepsilon_0\varepsilon_r} \tag{4.3}$$

此时，V_B 完全降落在 p 型和 n 型半导体电极的耗尽层中。由于耗尽层中总的空间电荷数 $Q_s = qN_DW_n = qN_AW_p$，式（4.3）可以表示为

$$V_B = \frac{Q_s(W_n + W_p)}{2\varepsilon_0\varepsilon_2} \tag{4.4}$$

当 n 型和 p 型半导体电极对被分开一个小的间距 d 以后，由于一部分化学势差降落在分离间隙当中，此时 n 型和 p 型半导体电极内耗尽层区域的宽度减小为 w_n 和 w_p。接触状态和分离状态下半导体电极内空间电荷密度分布如图 4.2 所示。

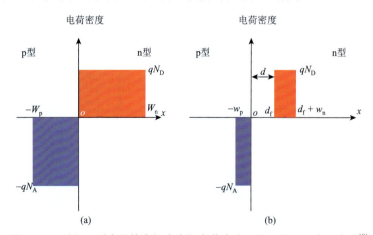

图 4.2 p 型和 n 型半导体电极内空间电荷密度以及耗尽层分布示意图[8]

（a）接触状态；（b）分离状态
本图已获得 Elsevier 许可

当分离距离 d 达到最大值 d_f 时，两电极间的相对运动停止，一个新的热平衡状态形

成。此时，化学势差发电机的空间电荷密度分布可以表示为

$$
\begin{cases}
+qN_D, & d_f \leq x \leq d_f + w_n \\
0, & 0 \leq x \leq d_f \\
-qN_A, & -w_p \leq x \leq 0
\end{cases}
\tag{4.5}
$$

根据泊松方程以及边界条件：$\psi\left(x=0^-\right)=\psi\left(x=0^+\right)$，$\psi\left(x=d_f^-\right)=\psi\left(x=d_f^+\right)$ 和 $E\left(x=d_f+w_n\right)=E\left(x=-w_p\right)=0$，可以推导出 $V_B=\psi\left(x=d_f+w_n\right)-\psi\left(x=-w_p\right)$。此时，化学势差 V_B 可以表示为

$$
V_B = \frac{qN_D w_n^2}{2\varepsilon_0 \varepsilon_r} + \frac{qN_A w_p^2}{2\varepsilon_0 \varepsilon_r} + \frac{qN_D w_n d_f}{\varepsilon_0}
\tag{4.6}
$$

式（4.6）的前两项代表 V_B 降落在半导体电极的耗尽层区域，最后一项代表 V_B 降落在分离间隙当中。由于外电路中转移的最大电荷量即为耗尽层中所储存的电荷量，即 $Q_s'=qN_D w_n=qN_A w_p$，因此式（4.6）可以改写为

$$
V_B = \frac{Q_s'\left(w_n+w_p\right)}{2\varepsilon_0 \varepsilon_r} + \frac{Q_s' d_f}{\varepsilon_0}
\tag{4.7}
$$

因此，在两电极彼此分离的过程中，被泵浦到外电路当中的电荷量为

$$
\Delta Q = Q_S - Q_s' = Q_s \left(1 - \frac{W_n+W_p}{w_n+w_p+2\varepsilon_r d_f}\right) = Q_s \left(1 - \frac{W}{w+2\varepsilon_r d_f}\right)
\tag{4.8}
$$

式中，$W=W_n+W_p$ 并且 $w=w_n+w_p$。对于大多数的半导体材料来说 $\varepsilon_r=10\sim20$，因此当电极间分离距离约等于耗尽层宽度（$d_f \approx W$）时，泵浦至外电路中的电荷量 $\Delta Q \approx Q_s\left(1-\dfrac{1}{2\varepsilon_r}\right)=(95\%\sim98\%)Q_s$。此时耗尽层中 95% 以上的电荷被泵浦至外电路当中。从以上结果不难发现，在化学势差发电机中当电极间分离距离大于或等于接触时电极耗尽层的宽度时，大部分的空间电荷将能够泵浦至外电路当中。

4.4　化学势差发电机的基本器件结构

4.4.1　半导体-半导体电极对

在半导体-半导体电极对化学势差发电机中，一个高掺杂的 p 型硅电极（$N_A \approx 5\times10^{19}\,\text{cm}^{-3}$）和一个低掺杂的 n 型硅电极（$N_D \approx 2\times10^{15}\,\text{cm}^{-3}$）共同组成了一个动态 pn 结。如图 4.3(a) 所示，当两个电极之间连入了一个 50MΩ 的外加电阻时，在分离状态下 85ms 内两个电极对分开了 2.5mm，此时一个负向电压和电流信号产生（图 4.3（b）和（c））。然而，在接触状态下外电路中仅测量得到了一个输出较小的正向电压和电流信号。当两个电极对相接触时，电流-电压曲线（图 4.3（c））表现出显著的整流特性，证明此时 pn 结已形成。通过可调电容方法，p 型硅电极和 n 型硅电极间的表面电势差如图 4.3（d）所示，此时电极间表面电势差 $V_B'=0.28\text{V}$。

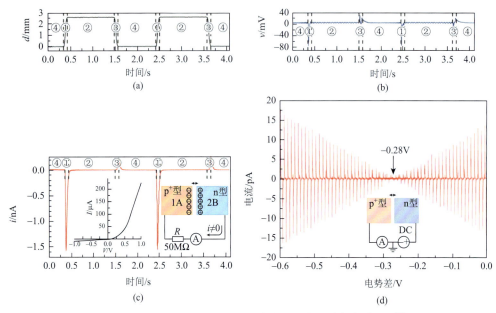

图 4.3　半导体-半导体电极对化学势差发电机输出电学特征[8]

（a）电极位置随时间的变化；（b）输出电压；（c）输出电流；（d）电极表面电势差

本图已获得 Elsevier 许可

4.4.2　金属-半导体电极对

在金属-半导体电极对化学势差发电机中，一个金电极和一个高掺杂的 n 型硅电极（$N_D \approx 2 \times 10^{19} \, \text{cm}^{-3}$）共同组成了一个动态肖特基结。如图 4.4（a）所示，当两个电极之

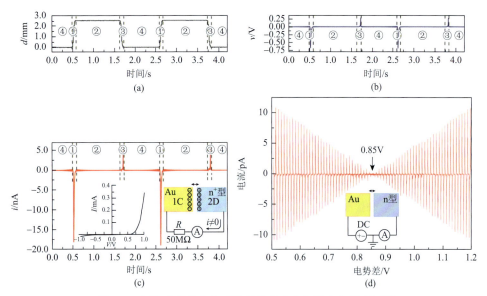

图 4.4　金属-半导体电极对化学势差发电机输出电学特征[8]

（a）电极位置随时间变化结果；（b）输出电压；（c）输出电流；（d）电极表面电势差

本图已获得 Elsevier 许可

间连入了一个 50MΩ 的外加电阻时在电极分离状态下 85ms 内两个电极对分开了 2.5mm，此时产生了一个负向电压和电流信号（图 4.4（b）和（c））。然而，在接触状态下仅测量得到了一个输出较小的正向电压和电流信号。当两个电极对相接触时，电流-电压曲线表现出显著的整流特性，证明此时肖特基结已形成。通过可调电容方法，金电极和 n 型硅电极间的表面电势差如图 4.4（d）所示，此时电极间表面电势差 $V_B' = 0.85\text{V}$。

4.4.3　电极表面态的影响

在之前的实验结果中，发现在半导体-半导体电极对化学势差发电机的输出电荷量为 $1.4\times10^{-10}\text{C}$ [8]，比理想接触下耗尽层内所储存的总电荷量 $Q_s \approx qN_D A\sqrt{2\varepsilon_0\varepsilon_r V_B/(qN_D)} = 1\times10^{-7}\text{C}$ 低 3 个数量级。因此，讨论表面态对半导体-半导体电极对化学势差发电机电荷泵浦效率的影响。

从理想的硅(100)面入手进行分析。如图 4.5（a）所示，在硅晶胞结构模型中先对硅晶体沿着[100]方向切割从而获得硅(100)面。为了分析实际的硅表面，对切割后的硅晶体表面进行结构弛豫。如图 4.5（b）所示，不难发现结构弛豫后只有表面的几层硅原子结构发生了变化。当硅原子大于 4 层时，硅原子结构不再发生明显改变，这说明结构弛豫主要影响表层的硅原子。图 4.5（c）和（d）给出了结构弛豫前后硅(100)面态密度计算结果。不难发现，在导带最低点和价带最高点附近结构弛豫之前硅(100)面 1、2 层原子的态密度分布与 6、7 层原子的态密度分布非常相似，这说明硅晶体表面和内部的相互作用很弱，几乎可以忽略。然而，当进行了结构弛豫之后，硅(100)面的带隙减少了

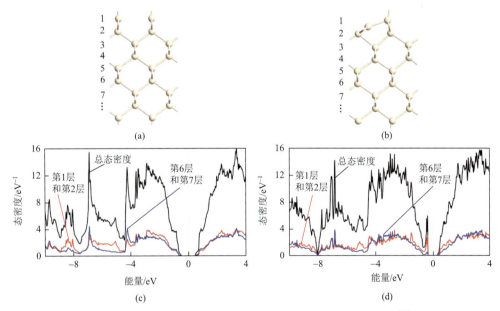

图 4.5　结构弛豫前后硅（100）面的原子结构与态密度分布[10]

（a）结构弛豫前硅(100)面原子结构；（b）结构弛豫后硅(100)面原子结构；（c）结构弛豫前硅(100)面态密度分布；（d）结构弛豫前后硅(100)面态密度分布

本图已获得 Elsevier 许可

0.3eV 并且此时价带最高点附近的态密度主要由第 1 层和第 2 层硅原子决定,这证明表面弛豫过程对硅（100）面的电子态产生了显著的影响。不仅如此,弛豫后第 6 层和第 7 层硅原子的态密度相较于弛豫之前变化很小,这证明表面弛豫过程主要影响硅(100)面表层的原子结构。

理想接触 pn 结可以认为是在硅材料内部通过离子注入的方式所构造出的 pn 结,因此在 p 型和 n 型半导体接触界面处没有悬挂键和缺陷的存在。然而,非理想接触 pn 结则是通过将结构弛豫后的 p 型和 n 型硅电极表面连接到一起所组成的 pn 结。因此,对非理想接触 pn 结来说电极接触面上的表面悬挂键将会被氢氧根离子钝化。假设 n 型硅和 p 型硅的掺杂浓度分别为 $5 \times 10^{18} \text{cm}^{-3}$ 和 $1 \times 10^{20} \text{cm}^{-3}$。理想接触和非理想接触下 pn 结的电流-电压曲线如图 4.6（a）所示。尽管这两种接触下 pn 结的电流-电压曲线都表现出良好的整流特征,但在同一偏压下非理想接触 pn 结的电流密度要明显小于理想接触 pn 结,这说明电极表面弛豫和非理想接触阻碍了电子在两个电极间的传输过程。如图 4.6（b）所示,在理想接触 pn 结中 n 型硅的耗尽层宽度 W_n 为 195Å,明显大于非理想接触下 n 型硅的耗尽层宽度 $W_n' = 170$Å。由于表面钝化层所引入的氢原子将会从键合的硅原子上获得电子,因此在 pn 结的接触界面处形成了一个带负电的表面电荷层。在热平衡状态下,pn 结内的电子密度分布可以通过电势分布与玻尔兹曼近似求解出来。在 n 型硅电极中由于电子浓度远高于空穴浓度,因此 n 型硅电极耗尽层中的空间电荷浓度 $N_c(x)$ 约等于电子浓度,即 $5 \times 10^{18} \text{cm}^{-3}$,而在耗尽层的边界处 $N_c(x)$ 减小至 0。假设 pn 结的横截面面积 $A = 4\text{cm}^2$,此时耗尽层中总的空间电荷量 $Q_s = eA \int_0^{W_n} N_c(x)\mathrm{d}x = 3.8 \times 10^{-6} \text{C}$。在理想接触 pn 结中耗尽层宽度要明显大于非理想接触 pn 结,因此在理想接触 pn 结耗尽层中所包含的电荷量为非理想接触 pn 结的 1.2 倍（约 $4.4 \times 10^{-6} \text{C}$）。这些结果说明,由于表面弛豫和氢原子钝化的影响,在硅电极表面形成较高的表面电荷密度,这些表面电荷不仅阻碍了电子在两个电极间的传输过程,还降低了耗尽层中所存储的总电荷量。

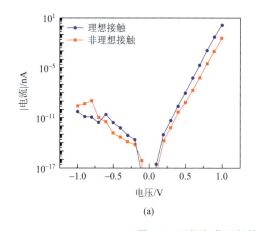

(a)

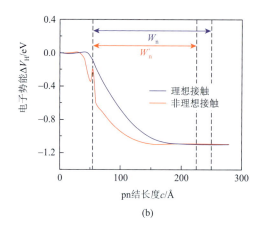

(b)

图 4.6 理想和非理想接触 pn 结的电子输运特征[10]

（a）电流-电压曲线；（b）电子势能分布
本图已获得 Elsevier 许可

4.4.4　接触间隙的影响

如图 4.7（a）和（b）所示，当 n 型硅和 p 型硅电极的间距由 0Å 增加至 30Å 时，n 型硅电极的耗尽层宽度由 170Å 减小至 51Å。当分离距离大于 30Å 以后，随着分离距离的增大耗尽层宽度的减小幅度降低。此时，泵浦到外电路中的电荷总量可以表示为

$$\Delta Q = Ae \int_{w_n'}^{w_n'} N_c(x)\mathrm{d}x \qquad (4.9)$$

泵浦电荷量随接触间隙的变化如图 4.7（c）所示，不难发现主要的电荷泵浦过程发生在接触间隙 $d < 30$Å 范围内。当接触间隙 $d = 30$Å 时，泵浦出的电荷量为 2.6×10^{-6}C，比接触间隙从 150Å 增加到 180Å 时所泵浦出的电荷量（2.0×10^{-8}C）高 2 个数量级。当接触间隙大于 60Å 以后，$\Delta Q / Q_s \times 100\%$ 的值达到 70% 并随着接触间隙的增加趋于稳定。因此，在之前的实验中由于宏观接触面间存在由于表面粗糙和缺陷而引入的接触间隙，实验测量得到的电荷泵浦量远小于理想 pn 结耗尽层中所存储的电荷量。

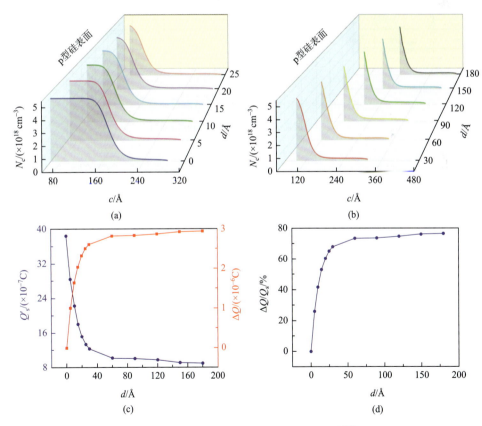

图 4.7　接触间隙对电荷泵浦性能的影响[10]

（a）接触间隙从 0Å 增加至 25Å 时空间电荷密度分布变化；（b）接触间隙从 30Å 增加至 180Å 时空间电荷密度分布变化；
（c）泵浦电荷量随接触间隙的变化；（d）泵浦效率随接触间隙的变化
本图已获得 Elsevier 许可

4.5　化学势差发电机的电学输出性能

本节主要讨论不同外加电阻 R，接触-分离频率 f 和最大分离距离 x_m 对化学势差发电机电学输出性能的影响。实验装置如图 4.8（a）所示，一个低掺杂的 n 型硅电极（$N_D \approx 6 \times 10^{14} \text{cm}^{-3}$）固定在振动平台的中央，另外一个金电极固定在硅电极正上方的悬臂处。硅电极和金电极间的接触面积为 $5\text{mm} \times 5\text{mm}$。在悬臂和振动平台之间采用一个螺旋微调升降架进行连接以保持电极间的水平接触。化学势差发电机的电学特征测量电路如图 4.8（b）所示，通过以上电路能够测量出接触-分离过程中的输出电流信号（$I_{\text{C-neg(C-pos)}}$），从而利用公式 $Q_{\text{C-neg(C-pos)}} = \int_0^{t_{\text{app}}} I_{\text{C-neg(C-p)}} \mathrm{d}t$ 计算出正负电流信号所转移的电量。

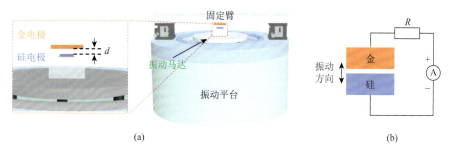

（a）　　　　　　　　　　　　　　　　　　　　　（b）

图 4.8　化学势差发电机电学特征测量装置[11]

（a）实验装置示意图；（b）电学特征测量电路
本图已获得美国化学学会的许可

4.5.1　负载电阻的影响

图 4.9 展示了接触-分离频率 $f = 100\text{Hz}$，最大电极分离距离 $x_m = 0.3\text{mm}$ 时化学势差发电机输出电流随负载电阻的变化结果。在图 4.9（a）中不难发现，当负载电阻 $R = 5\text{M}\Omega$ 时正向输出电流降低至 0，而负向输出电流仅相较于负载电阻 $R = 1\text{M}\Omega$ 时降低了 $0.3\mu\text{A}$。尽管随着外加电阻的增大负向电流强度也出现了减小，但在 $R > 5\text{M}\Omega$ 时化学势差发电机保持着稳定的直流输出。在 $R = 5\text{M}\Omega$、$f = 100\text{Hz}$ 和 $x_m = 0.3\text{mm}$ 时每个接触-分离运动周期下的平均电荷转移量为 0.3nC（图 4.9（b））。正向（$Q_{\text{C-pos}}$）和负向（$Q_{\text{C-neg}}$）电荷随负载电阻的变化如图 4.9（c）所示，随着负载电阻的增大负向电荷转移量维持在 0.1nC，然而正向电荷的转移量则从 $R = 1\text{M}\Omega$ 时的 0.1nC 降低至 $R = 100\text{M}\Omega$ 时的 0.002nC。由于硅-金电极对的电容 $C = 6.15 \times 10^{-10} \text{F}$，当 $R = 100\text{M}\Omega$ 时化学势差发电机的 $RC = 6 \times 10^{-2} \text{s}$。在 $f = 100\text{Hz}$ 时电极从最大分离距离到彼此接触的时间为 $5 \times 10^{-3} \text{s}$，比 RC 值小一个数量级。因此，n 型硅电极的耗尽层无法在电极靠近过程中完全通过位移电流所引入的电荷转移进行构建。当硅电极和金电极相接触时，在接触面传导电流的作用下硅电极中的耗尽层被完全构建，此时外电路中无法探测到传导电流信号，从而在外电路中表现出直流电输出。

以上结果说明，在大负载电阻条件下两电极相互靠近的过程中硅电极的耗尽层只能依靠电极接触时载流子的漂移-扩散作用所产生的传导电流进行构建。

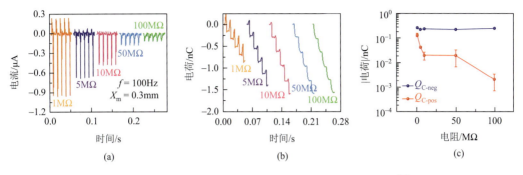

图 4.9 化学势差发电机电学输出性能随负载电阻的变化[11]

（a）输出电流；（b）转移电荷；（c）正向与负向电流所转移的电荷
本图已获得美国化学学会的许可

4.5.2 接触-分离频率的影响

图 4.10 展示了负载电阻 $R = 5\mathrm{M}\Omega$、最大电极分离距离 $x_m = 0.3\mathrm{mm}$ 时化学势差发电机输出电流随接触-分离频率的变化结果。如图 4.10（a）所示，随着接触-分离频率从 1Hz 增加到 200Hz，输出电流的峰值强度从 0.01μA 增加至 1.0μA。不仅如此，当接触-分离频率大于 100Hz 时，化学势差发电机保持直流电输出。图 4.10（b）给出了转移电荷量随接触-分离频率的变化，不难发现，当接触-分离频率大于 100Hz 后，转移电荷量随时间的变化表现出阶梯向下的趋势，证明产生了稳定的直流电输出。随着接触-分离频率的增大，负向电荷转移几乎不受影响，而正向电荷转移却被显著抑制。如图 4.10（c）所示，随着接触-分离频率的增大，正向电荷转移量从 $f = 1\mathrm{Hz}$ 时的 0.2nC 降低至 $f = 200\mathrm{Hz}$ 时的 0.03nC。由于硅-金电极对的电容 $C = 6.15 \times 10^{-10}\mathrm{F}$，当 $R = 100\mathrm{M}\Omega$ 时化学势差发电机的

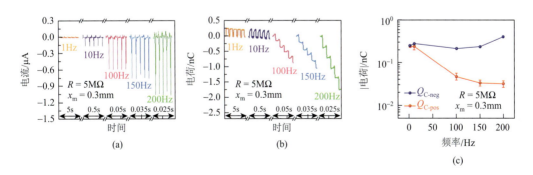

图 4.10 化学势差发电机电学输出性能随接触-分离频率的变化[11]

（a）输出电流；（b）转移电荷；（c）正向与负向电流所转移的电荷
本图已获得美国化学学会的许可

$RC = 6 \times 10^{-2}\,\mathrm{s}$。在 $f = 200\mathrm{Hz}$ 时电极从最大分离距离到接触时的时间为 $2.5 \times 10^{-3}\,\mathrm{s}$，比 RC 值小 1 个数量级，因此硅电极的耗尽层无法在电极靠近过程中完全通过位移电流所引入的电荷转移进行构建。在高频接触-分离运动下两电极靠近的过程中只能依靠最后电极相互接触时接触面上形成的传导电流实现耗尽层的构建以及空间电荷的储存。

4.5.3　最大分离距离的影响

图 4.11 展示了外电阻 $R = 5\mathrm{M\Omega}$、接触-分离频率 $f = 100\mathrm{Hz}$ 时化学势差发电机输出电流随外电阻的变化结果。如图 4.11（a）所示，随着最大分离距离从 0.3mm 增加到 1.0mm，输出电流的峰值强度从 $0.6\mu\mathrm{A}$ 增加至 $0.9\mu\mathrm{A}$。得益于输出电流的增大，随着最大分离距离的增大，转移电荷量也显著增加。当最大分离距离从 0.3mm 增加到 1.0mm 时，$Q_{\text{c-neg}}$ 维持在 0.2nC 附近（图 4.11（c））。实验选取的最大分离距离显著大于半导体电极中的耗尽层宽度，因此随着最大分离距离的增大，$Q_{\text{c-neg}}$ 和 $Q_{\text{C-neg}}/Q_{\text{C-pos}}$ 均不发生显著变化。这一结果再一次证明此时耗尽层区域中的空间电荷已完全被泵浦至外电路当中。

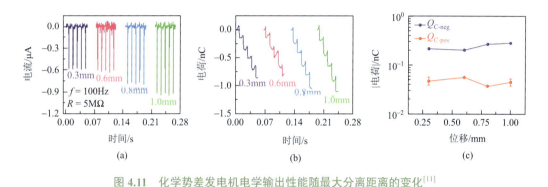

图 4.11　化学势差发电机电学输出性能随最大分离距离的变化[11]

（a）输出电流；（b）转移电荷；（c）正向与负向电流所转移的电荷
本图已获得美国化学学会的许可

4.6　摩擦伏特发电机的工作原理

摩擦伏特发电机的工作原理如图 4.12 所示，在两个电极接触之前 p 型半导体电极有较低的化学势，而 n 型半导体电极有较高的化学势。假设这两个电极的表面没有任何的表面缺陷和表面态的存在，此时电极的能带图如图 4.12（a）所示。当两个电极接触后电子从化学势更高的 n 型半导体电极转移至化学势更低的 p 型半导体电极，使得在 p 型半导体电极的接触面附近形成带负电的空间电荷区，而 n 型半导体电极的接触面形成带正电的空间电荷区，并且形成一个由 n 型半导体电极指向 p 型半导体电极的内建电场。当两个半导体电极在外界应力作用下相互滑动时，接触面摩擦能的激发作用使得在滑动界面附近产生自由电子-空穴对。紧接着，这些自由电子-空穴对在内建电场作用下分离并在外电路中形成直流电输出。摩擦伏特发电机的工作原理与太阳能电池类似，主要的不同在于摩擦伏特发电机依靠电极间相互滑动产生的摩擦能激发电子-空穴对，而太阳能电池则是依靠光子激发电子-空穴对产生的。

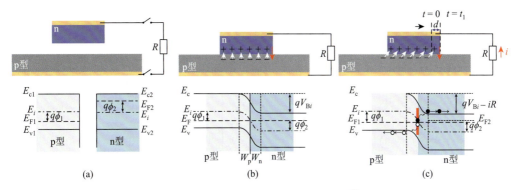

图 4.12　摩擦伏特发电机工作原理图[9]

（a）电极分离状态；（b）电极接触状态；（c）电极滑动状态
本图已获得 Elsevier 许可

4.7　摩擦伏特发电机的器件结构

4.7.1　平面接触

平面接触摩擦伏特发电机的基本结构如图 4.13（a）所示。一个 1cm×1cm 的 n 型硅电极（$N_A \approx 2 \times 10^{19} \mathrm{cm}^{-3}$）被放置在一个 4in（1in = 2.54cm）的 p 型硅片（$N_D \approx 1 \times 10^{15} \mathrm{cm}^{-3}$）上。n 型硅片的上端放置一个 100g 的砝码以确保上下两个硅电极能接触良好。当 p 型硅电极和 n 型硅电极相接触时，在接触面处形成了一个由 n 型硅电极指向 p 型硅电极的内建电场。当两个电极相互滑动时摩擦伏特发电机的电学输出特征如图 4.13（b）和（c）所示，一个 50nA 的直流电从 p 型硅电极穿过负载电阻最终回到 n 型硅电极当中。当滑动停止时，输出电流立刻减小至 0。摩擦伏特发电机的短路电流 I_{SC} 和开路电压 V_{OC} 测量结果如图 4.13（d）和（e）所示。不难发现，在滑动过程中短路电流和开路电压均未有明显下降。图 4.13（f）给出了不同接触应力下不滑动时摩擦伏特发电机的电流-电压曲线。随着两电极接触应力的增大，电流-电压曲线的整流因子 $\left| I_F(1V) / I_R(-1V) \right|$ 从 4.5 增加至 20。图 4.13（g）给出了不同接触应力下摩擦伏特发电机的短路电流，当接触应力增加至 2N 时短路电流趋于饱和。以上实验结果的原因在于，随着电极间接触应力的增大，电极间接触面积更大，使得有效滑动面积增加。不仅如此，一个大的接触应力在滑动时同样能够产生更多的摩擦能，从而在滑动界面处激发更多的自由电子-空穴对，从而产生更高的输出电流。

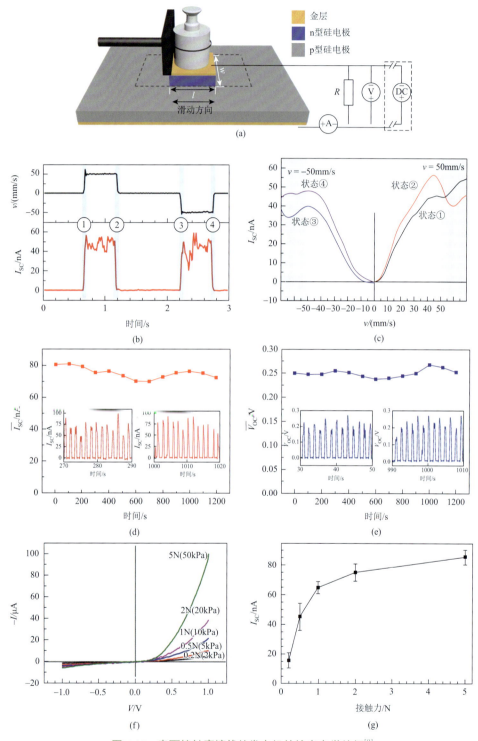

图 4.13 表面接触摩擦伏特发电机的输出电学特征[9]

（a）实验装置图；（b）滑动速度与短路电流随时间的变化曲线；（c）不同滑动状态下的短路电流；（d）20min 连续滑动下的短路电流；（e）20min 连续滑动下的开路电压；（f）不同接触应力下的电流-电压曲线；（g）不同接触应力下的短路电流

本图已获得 Elsevier 许可

　　表面接触摩擦伏特发电机在不同滑动速度和加速度下的输出电学特征如图 4.14 所示。当滑动速度从10mm／s 增加至 200mm／s 时，短路电流增加了 10 倍（图 4.14（a））。当滑动速度小于100mm／s 时随着滑动速度的增大开路电压上升，当滑动速度大于100mm／s 以后，开路电压保持在 0.31V 不再变化（图 4.14（b））。大的滑动速度会产生更高的摩擦能，从而在摩擦界面激发更多的电子-空穴对，从而诱导产生更高的短路电流。然而，随着滑动速度的增加开路电压逐渐上升直至等于两电极间化学势差（0.35V），此后开路电压则不再变化。图 4.14（c）和（d）显示了加速度对短路电流和开路电压的影响。当加速度由 0m／s² 增加至 1m／s² 时，短路电流从 0.23μA 增加至 0.58μA。这一结果也证明加速度的增加同样有助于在滑动面产生更多的电子-空穴对，从而提高摩擦伏特发电机的输出电流。

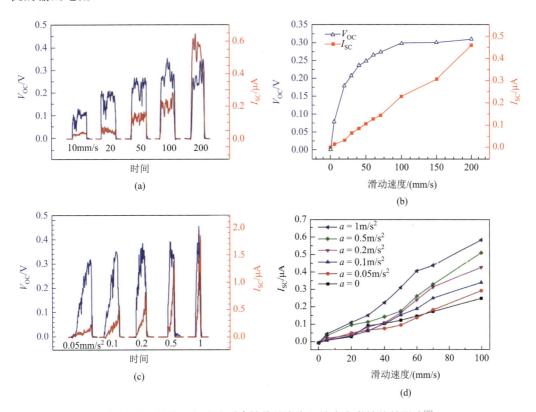

图 4.14　速度和加速度对摩擦伏特发电机输出电学性能的影响[9]

（a）（b）滑动速度对短路电流和开路电压的影响；（c）（d）加速度对短路电流和开路电压的影响
本图已获得 Elsevier 许可

4.7.2　尖端接触

　　尖端接触摩擦伏特发电机的基本结构如图 4.15（a）所示，一个表面镀铂的原子力探针在 p 型（$N_D \approx 1 \times 10^{15} \text{cm}^{-3}$）硅电极上滑动构成了一个摩擦伏特发电机的基本单元[12-14]。相较于平面接触摩擦伏特发电机，尖端接触摩擦伏特发电机电极间具有更小的接触面积以及更大的压强。当原子力探针在掺杂的硅电极表面滑动时，一个直流电从掺杂的硅电极沿着外电路流动至原子力探针电极上。电流方向与原子力探针和硅电极所组成的肖特基结的内建电场方向一致。图4.15（b）给出了硅电极摩擦面的表面形貌测试结果，电极表面的粗糙度为0.5nm。为了测量尖端接触摩擦伏特发电机的开路电压，在原子力探针扫描硅电极的过程中给电极两端施加了一个0～0.4V的偏置电压。如图4.15（c）所示，当偏置电压为0.2V时摩擦伏特发电机的输出电流减小为0，说明此时开路电压与偏置电压大小相等方向相反，此时摩擦伏特发电机的开路电压即为0.2V。

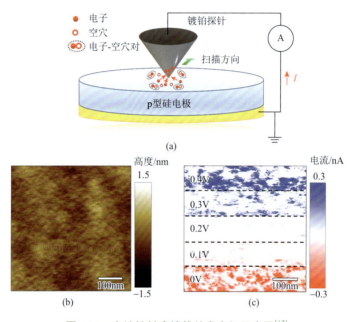

图 4.15 尖端接触摩擦伏特发电机示意图[12]

（a）实验装置图；（b）硅电极摩擦面形貌表征；（c）开路电压测试结果
本图已获得 Elsevier 许可

图 4.16（a）和（c）展示了接触压力和滑动速度对短路电流的影响，每一次扫描都在一个新的硅片表面上进行。如图4.16（a）所示，在滑动速度为 $v \approx 1\mu m / s$ 时，接触压力从100nN增加至500nN的情况下平均短路电流显著增加。原子力探针与硅电极间的接触面积可以用 Derjaguin-Muller-Toporov（DMT）模型进行计算[15]。此时，接触压强 $P = F / A$。当接触压强由 $P = 4.6Pa$ 增加至 $P = 7.8Pa$ 时，平均短路电流强度由0.03nA增加至0.33nA。在第一个滑动周期内，更高的接触压强诱导产生了更大的摩擦能从而在摩擦面激发更多的电子-空穴对，因此引起短路电流显著增加。不仅如此，图4.16（c）也证明随着滑动速度的增大短路电流同样显著上升。根据 Prandtl-Tomlinson 模型，滑动速度 v 和摩擦能 W_F 之间的关系可以表示为[16-18]

$$\left| W_F \right| = \int_0^x \left(a_1 + a_2 \ln \frac{v}{v_1} \right) dx \qquad (4.10)$$

式中，a_1 和 a_2 代表滑动特征系数；v_1 和 x 代表速度阈值和滑动距离。将式（4.10）对滑动时间 t 进行求导，有

$$|P_\mathrm{F}| = \frac{\mathrm{d}|W_\mathrm{F}|}{\mathrm{d}t} = \left(a_1 + a_2 \ln \frac{v}{v_1} \right) v \tag{4.11}$$

不难发现，电子-空穴对的产生速率正比于滑动速度。然而，当对同一滑动区域进行第二次滑动时，短路电流不但大幅减小，而且短路电流大小与接触压强和滑动速度不再具有相关性。图 4.16（d）为接触压力 $F \approx 500\mathrm{nN}$、滑动速度 $v \approx 1\mathrm{\mu m/s}$ 时所测量的短路电流映射谱。不难发现，在第一个周期滑动时输出的短路电流明显高于后续滑动时的情况。然而，当将同一原子力探针移动至另一新的滑动面时，再次出现了较高的短路电流输出。以上结果说明，短路电流的衰减并不是由原子力探针尖端的磨损引起的，而应该是滑动过程中引起了硅电极摩擦面物性变化。

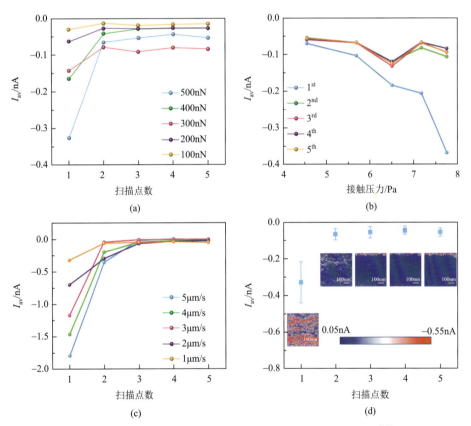

图 4.16　原子力探针在低掺杂硅电极表面滑动时的短路电流[12]

（a）同一滑动区域中不同接触压力下的平均短路电流；（b）同一滑动区域中不同接触压强下的平均短路电流；（c）同一滑动区域中不同滑动速度下的平均短路电流；（d）同一滑动区域同一滑动参数下连续 5 次短路电流映射谱

4.7.3　金属-绝缘体-半导体接触

图 4.17（a）显示了不同滑动周期下镀铂原子力探针与 p 型硅电极所构成静态肖特基

结的电流-电压曲线。每一条电流-电压曲线均通过选取 9 个点进行电流-电压曲线扫描后做平均获得。不难发现，在同一偏置电压下随着扫描周期的增加输出电流显著下降，证明原子力探针与硅电极间的接触电阻增加。图 4.17（b）给出了未滑动时的硅电极表面和滑动后的硅电极表面在 521cm^{-1} 处的拉曼光谱。在 5 个周期的滑动后滑动面处的拉曼光谱强度出现了显著下降，这证明在 5 个周期的滑动后滑动面处可能产生了一层薄绝缘层。随着滑动周期的增加，绝缘层厚度逐渐上升。之前的研究表面在潮湿的环境下，利用原子力探针在硅电极上施加电场的方式能够诱导硅电极表面生成一层氧化硅层[19, 20]。其中，氧化硅层厚度与所施加电压强度间的关系可以表示为[19]

$$h = \alpha_0 \Delta U \left(v_0 / v \right)^{1/4} \qquad (4.12)$$

式中，$\alpha_0 = 0.8\text{nm} / \text{V}$；$v_0 = 1\mu\text{m} / \text{s}$。在我们使用的铂原子力探针和 p 型硅电极组成的动态肖特基结中 ΔU 为该器件的开路电压，$V_{\text{OC}} \approx 0.2\text{V}$，在此条件下每个滑动周期所诱导产生的氧化硅层厚度为 0.2nm。在图 4.17（a）中，随着扫描周期的增加肖特基结的开启电压移动至更高的负向偏置电压处并且对应的前向电流下降。而肖特基结的击穿电压则移动到更高的正向偏置电压处并且反向饱和电流降低。不仅如此，电流-电压曲线的整流系数 $\left| I(-0.5\text{V}) / I(+0.5\text{V}) \right|$ 从滑动前的 13 增长至 5 次滑动后的 17。以上结果表明，滑动过程中原子力探针和硅电极表面间的电场在空气中水分子和氧气的共同作用下诱导生成了一层氧化硅层。随着滑动周期的延长，氧化硅层厚度增加，从而导致原子力探针与硅电极间接触电阻增大，最终使得电流-电压曲线出现一个更大的开启电压和更小的前向电流以及反向饱和电流。

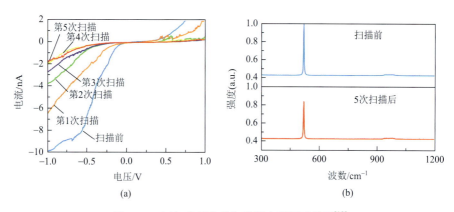

图 4.17　电流-电压曲线和拉曼光谱测试结果[12]

（a）五个滑动周期中的平均电流-电压曲线；（b）滑动前和 5 次滑动后摩擦面拉曼光谱

　　当金属电极和半导体电极之间出现一个薄绝缘层时，摩擦伏特效应将转变成摩擦隧穿效应。下面用能带图来解释摩擦隧穿效应的工作机制。如图 4.18 所示，在铂电极和 p 型硅电极彼此分离时，它们的功函数分别为 4.9eV 和 5.2eV（图 4.18（a））。因此，铂电极的费米面要高于硅电极。当铂原子力探针和硅电极相接触时，铂电极表面会形成一个带正电的超薄电荷层，而硅电极表面则会形成一个带负电的空间电荷层。此时，肖特基结的内建电场从铂探针指向 p 型硅电极（图 4.18（b））。当原子力探针在硅电极表面滑动时，由于摩擦伏特效应的影响，产生从硅电极沿着外电路流至铂探针的直流电输出（图 4.18（c））。但是，当硅电极表面形成一个极薄的氧化硅层时，在氧化硅层的作用下电流产生方式由摩擦伏特发电效应变为摩擦隧穿效应，使得穿过电极间接触界面的电子数目减少，导致摩擦伏特发电机的输出电流衰减。但是，在表面接触摩擦伏特发电机中却没有观察到类似的现象[9, 21, 22]。其主要原因在于在电极尖端可以增强滑动界面处的电场强度，诱导氧化硅层更快产生。不仅如此，尖端接触使得电极对接触面具有一个更高的接触压强，从而在滑动过程中产生更大的焦耳热，同样能够促进氧化硅层的生成。而在表面接触摩擦时接触面积较大，因此之前形成的氧化硅层很容易被打破，从而不具有显著的电流衰减效应。

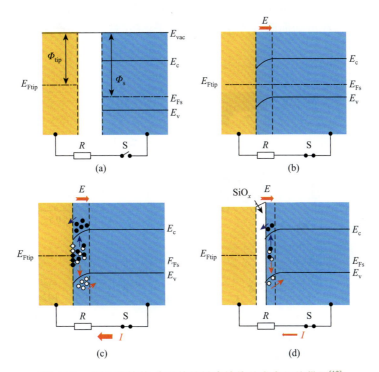

图 4.18 金属-绝缘体-半导体接触摩擦伏特发电机能带图[12]

（a）电极分离状态；（b）电极接触状态；（c）摩擦伏特效应状态；（d）摩擦隧穿效应状态
Φ_{tip}-铂电极功函数；Φ_s-硅电极功函数

4.8 摩擦伏特发电机的多物理场效应

光场[23-25]、温度场[26, 27]、静电场[28, 29]等物理场对半导体材料中的载流子输运过程均具有显著的影响，因此当这些物理场与摩擦伏特效应共同作用时必然会使得摩擦伏特发电机表现出新的电学输出特征，预示着摩擦伏特发电机在多物理场能量采集以及传感领域具有广阔的应用前景。

4.8.1　摩擦-光伏效应

　　摩擦-光伏效应的产生机理如图 4.19 所示。摩擦伏特发电机由一个 n 型氮化镓顶电极和一个 p 型硅底电极组成（图 4.19（a））。氮化镓的带隙为 3.4eV，因此将紫外光作为激发光源照射半导体结。当两个电极相接触时，由于化学势差的作用，空穴将会从 p 型硅电极转移至 n 型氮化镓电极中，从而形成一个由 n 型硅电极指向 p 型氮化镓电极的内建电场（图 4.19（c））。当 p 型硅电极在 n 型氮化镓电极上滑动时，电子-空穴对被激发出来并且在外电路中形成直流电输出（图 4.19（d））。当滑动停止时用紫外光照射半导体结，注入的光子同样在半导体结中激发电子-空穴对，并在外电路中形成光电流输出（图 4.19（e））。当电极间相互滑动和光照同时施加时，摩擦伏特效应和光伏效应同时激发电子-空穴对产生（图 4.19（f）），在滑动面附近产生更多的电子-空穴对，从而产生更高的直流电输出（图 4.19（b））。

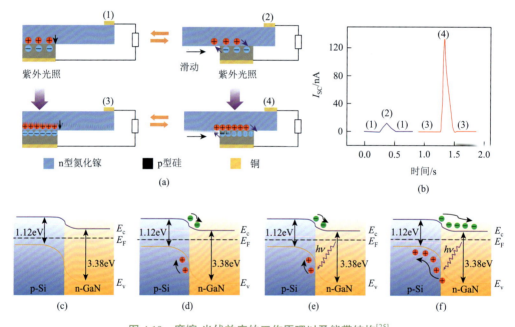

图 4.19　摩擦-光伏效应的工作原理以及能带结构[25]

（a）实验装置图；（b）摩擦伏特效应和摩擦光伏效应下的短路电流；（c）电极接触时的能带图；（d）电极滑动时的能带图；（e）光照时的能带图；（f）电极滑动和光照同时作用时的能带图

4.8.2　摩擦-热电效应

　　摩擦-热电效应的产生机理如图 4.20 所示。摩擦伏特发电机由一个铜顶电极和一个 n 型硅底电极组成（图 4.20（a））。由于 n 型硅底电极的功函数高于铜电极，当两个电极相接触时电子从 n 型硅电极转移至铜电极当中，并且在接触面形成肖特基结（图 4.20（a））。此时，内建电场方向由 n 型硅电极指向铜电极。当铜电极在 n 型硅电极上滑动时，电子-空穴对在滑动面被激发出来并且在外电路中形成直流电输出（图 4.20（b））。不仅如此，滑动所产生的焦耳热使得 n 型硅电极摩擦面的温度高于底面，从而在摩擦面和底面间产生了一个温度差。温度差的作用使得电子从温度高的摩擦面转移至温度低的底面导致摩擦面的电势高于底面，并形成热电场。如图 4.20（c）所示，热电场方向与肖特基结的内建电场方向相同，从而在外电路中产生了同方向的摩擦电流与热电电流。当电极间滑动停止时，摩擦电流立刻消失，而硅电极上下表面间的温度差不会立刻消失，因此此时外电路中只有热电电流通过，并随着时间推移热电电流渐减小至零（图 4.20（d））。

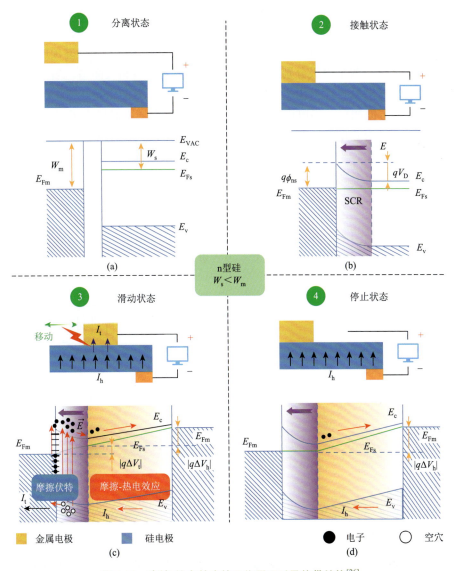

图 4.20　摩擦-热电效应的工作原理以及能带结构[26]

（a）电极分离时的能带图；（b）电极滑动时的能带图；（c）摩擦伏特效应与热电效应共同作用下的能带图；
（d）热电效应作用下的能带图

4.8.3　界面电场效应

　　图 4.21 展示了界面电场效应对摩擦伏特发电机电学输出的影响机制。摩擦伏特发电机由一个 p 型掺杂硅顶电极和一个 n 型氮化镓底电极组成，电流-电压曲线如图 4.21（a）所示。从电流-电压曲线结果不难发现，在接触状态下 p 型硅电极和 n 型氮化镓电极组成了一个异质结，并且内建电场方向由硅电极指向氮化镓电极。图 4.21（b）给出了电极间接触力 $F \approx 8N$，滑动速度 $v \approx 10cm/s$ 时摩擦伏特发电机的短路电流，不难发现在外电路中输出电流方向是由 n 型氮化镓电极流向 p 型硅电极，该方向与内建电场方向相反。此时，影响摩擦电流方向的主导因素已从内建电场转变为电极摩擦所产生的界面静电场。界面静电场对摩擦伏特效应的影响机制如图 4.21（c）～（f）所示，当 p 型硅顶电极和 n 型氮化镓底电极分离时，两个电极分别具有自己独立的费米能级和表面态。当两个电极接触并且相互滑动时在滑动界面处由于摩擦起电作用形成一个界面电场，该电场的方向与异质结内建电场的方向相反。当电极间相互滑动并在摩擦面周围激发电子-空穴对时，界面电场的强度远大于内建电场，从而使得载流子在界面电场的作用下在外电路中移动从而产生直流电输出。相较于内建电场主导下的摩擦伏特效应，界面静电场主导下的摩擦伏特效应更容易产生一个高输出电压。

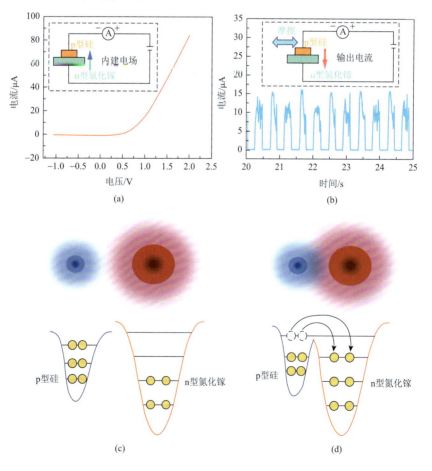

(a)　　　　　　　　　　　　(b)

(c)　　　　　　　　　　　　(d)

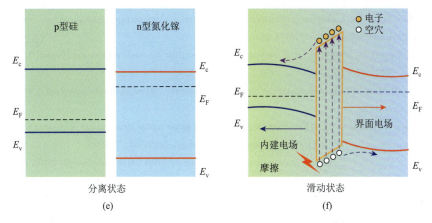

图 4.21 界面电场效应的工作原理以及能带结构[28]

（a）实验示意图与电流-电压曲线；（b）短路电流；（c）分离状态电子云示意图；（d）接触状态电子云示意图；
（e）分离状态能带图；（f）接触状态能带图

4.9 总 结

本章主要介绍了化学势差发电机和摩擦伏特发电机的理论基础、工作原理、器件结构以及多物理场耦合特性。在化学势差发电机中电极接触的情况下，电子从化学势更高的电极转移至化学势更低的电极中并在接触面附近形成耗尽层。当电极彼此分离时两电极间费米能级差将耗尽层中存储的空间电荷泵浦至外电路当中。之前的研究表明，电极接触程度、接触面表面态、负载电阻大小、接触分离频率和电极分离距离均会对化学势差发电机的电学输出性能产生显著影响。而在摩擦伏特发电机中，电极间相互滑动产生的摩擦能在电极滑动面上激发电子-空穴对。在半导体结的内建电场以及摩擦面间的界面静电场作用下使得电子和空穴分离，从而在外电路中形成直流电输出。在此过程中，光伏效应、热电效应和摩擦起电效应均能和摩擦伏特效应耦合在一起，显著影响摩擦伏特发电机的电学输出性能。

尽管到目前为止化学势差发电机和摩擦伏特发电机的研究还处于起步阶段，但之前的研究已经从摩擦电极界面工程、材料选择以及器件结构设计与优化这三个方面展开了广泛的研究，取得了许多瞩目的成果[30, 31]。随着未来对化学势差发电机和摩擦伏特发电机研究的进一步深入，相信动态半导体结摩擦纳米发电机在微纳能源和智能传感领域中定能展现广泛的应用前景。

参 考 文 献

[1] Alagumalai A，Mahian O，Aghbashlo M，et al. Towards smart cities powered by nanogenerators：Bibliometric and machine learning-based analysis[J]. Nano Energy，2021，83：105844.

[2] Gao W，Emaminejad S，Nyein H Y Y，et al. Fully integrated wearable sensor arrays for multiplexed in situ perspiration analysis[J]. Nature，2016，529（7587）：509-514.

[3] Wang Z L. Triboelectric nanogenerators as new energy technology for self-powered systems and as active mechanical and chemical sensors[J]. ACS Nano，2013，7（11）：9533-9557.

[4]   Wang Z L，Chen J，Lin L. Progress in triboelectric nanogenerators as a new energy technology and self-powered sensors[J]. Energy & Environmental Science，2015，8（8）：2250-2282.

[5]   Zheng Q，Tang Q Z，Wang Z L，et al. Self-powered cardiovascular electronic devices and systems[J]. Nature Reviews Cardiology，2021，18（1）：7-21.

[6]   Wang Z L. On Maxwell's displacement current for energy and sensors：The origin of nanogenerators[J]. Materials Today，2017，20（2）：74-82.

[7]   Wu J，Wang X L，Li H Q，et al. First-principles investigations on the contact electrification mechanism between metal and amorphous polymers for triboelectric nanogenerators[J]. Nano Energy，2019，63：103864.

[8]   Zhang Q，Xu R，Cai W F. Pumping electrons from chemical potential difference[J]. Nano Energy，2018，51：698-703.

[9]   Xu R，Zhang Q，Wang J Y，et al. Direct current triboelectric cell by sliding an n-type semiconductor on a p-type semiconductor[J]. Nano Energy，2019，66：104185.

[10]   Deng S，Xu R，Li M. et al. Influences of surface charges and gap width between p-type and n-type semiconductors on charge pumping[J]. Nano Energy，2020，78：105287.

[11]   Li S X，Deng S，Xu R，et al. High frequency mechanical energy harvester with direct current output from chemical potential difference[J]. ACS Energy Letters，2022，7：3080-3086.

[12]   Deng S，Xu R，Seh W B，et al. Current degradation mechanism of tip contact metal-silicon Schottky nanogenerator[J]. Nano Energy，2022，94：106888.

[13]   Song Y D，Wang N，Fadlallah M M，et al. Defect states contributed nanoscale contact electrification at ZnO nanowires packed film surfaces[J]. Nano Energy，2021，79：105406.

[14]   Liu J，Goswami A，Jiang K R，et al. Direct-current triboelectricity generation by a sliding Schottky nanocontact on MoS_2 multilayers[J]. Nature Nanotechnology，2018，13（2）：112-116.

[15]   Park J Y，Salmeron M. Fundamental aspects of energy dissipation in friction[J]. Chemical Reviews，2014，114（1）：677-711.

[16]   Fusco C，Fasolino A. Velocity dependence of atomic-scale friction：A comparative study of the one- and two-dimensional Tomlinson model[J]. Physical Review B，2005，71（4）：045413.

[17]   Riedo E，Gnecco E，Bennewitz R，et al. Interaction potential and hopping dynamics governing sliding friction[J]. Physical Review Letters，2003，91（8）：084502.

[18]   Tambe N S，Bhushan B. Friction model for the velocity dependence of nanoscale friction[J]. Nanotechnology，2005，16（10）：2309-2324.

[19]   Dubois E，Bubendorff J L. Kinetics of scanned probe oxidation：Space-charge limited growth[J]. Journal of Applied Physics，2000，87（11）：8148-8154.

[20]   Tello M，García R. Nano-oxidation of silicon surfaces：Comparison of noncontact and contact atomic-force microscopy methods[J]. Applied Physics Letters，2001，79（3）：424-426.

[21]   Huang X Y，Xiang X J，Nie J H，et al. Microscale Schottky superlubric generator with high direct-current density and ultralong life[J]. Nature Communications，2021，12（1）：2990.

[22]   Lu Y H，Hao Z Z，Feng S R，et al. Direct-current generator based on dynamic PN junctions with the designed voltage output[J]. iScience，2019，22：58-69.

[23]   Hao Z Z，Jiang T M，Lu Y H，et al. Co-harvesting light and mechanical energy based on dynamic metal/perovskite Schottky junction[J]. Matter，2019，1（3）：639-649.

[24]   Liu J，Zhang Y Q，Chen J，et al. Separation and quantum tunneling of photo-generated carriers using a tribo-induced field[J]. Matter，2019，1（3）：650-660.

[25]   Ren L L，Yu A F，Wang W，et al. P-n junction based direct-current triboelectric nanogenerator by conjunction of tribovoltaic effect and photovoltaic effect[J]. Nano Letters，2017，21（23）：10099-10106.

[26]   Zhang Z，He T，Zhao J，et al. Tribo-thermoelectric and tribovoltaic coupling effect at metal-semiconductor interface[J]. Materials Today Physics，2021，16：100295.

[27] Zheng M L，Lin S Q，Zhu L P，et al. Effects of temperature on the tribovoltaic effect at liquid-solid interfaces[J]. Advanced Materials Interfaces，2022，9（3）：202101757.

[28] Wang Z Z，Zhang Z，Chen Y K，et al. Achieving an ultrahigh direct-current voltage of 130 V by semiconductor heterojunction power generation based on the tribovoltaic effect[J]. Energy & Environmental Science，2022.

[29] Zhang Z，Wang Z Z，Chen Y K，et al. Semiconductor contact-electrification-dominated tribovoltaic effect for ultrahigh power generation[J]. Advanced Materials，2022，34（20）：e2200146.

[30] Lin S Q，Wang Z L. The tribovoltaic effect[J]. Materials Today，2023，62：111-128.

[31] Yang R Z，Xu R，Dou W J，et al. Semiconductor-based dynamic heterojunctions as an emerging strategy for high direct-current mechanical energy harvesting[J]. Nano Energy，2021，83：105849.

本章作者：邓硕[1]，张青[2]
1. 武汉理工大学物理与力学学院（中国武汉）
2. 南洋理工大学电子与电气工程学院（新加坡）

第 5 章

摩擦纳米发电机的位移电流理论

摘　要

　　摩擦纳米发电机（TENG）是一种以位移电流为驱动力的新型交流发电机，建立在由外力引起电介质的极化基础之上。极化项 P_S 的引入解释了 TENG 的能量转换过程，该物理量主要由于表面静电荷的存在或介质边界形状随时间的变化引起，是因多个物体相互运动而产生的动生极化。结合电位移矢量 D，证明位移电流是 TENG 的驱动力。为了透彻理解 TENG 的物理基础和输出特性，建立了一系列理论模型，包括数学物理模型、等效电路模型、机电耦合模型等；这些模型各具特点，侧重于不同的研究方面。通过上述模型，可以定量研究 TNEG 在外力作用下电荷的静止、运动以及重新分配过程。本章对动生极化项 P_S 和动生麦克斯韦方程组进行介绍，希望能够帮助读者系统理解 TENG 的物理基础和工作机制，为其在实际中的应用提供理论指导。

5.1　引　言

　　极化矢量 P 是对由外加电场引起的材料宏观结构变化的平均描述。根据 P 的定义，电位移矢量 $D = \varepsilon_0 E + P$。其中，ε_0 为真空介电常数，E 为介质内部的总电场[1-5]。加上磁场强度 H，原来适用于真空中的麦克斯韦（Maxwell）方程组可以用来描述物质中的电磁场[6-8]。因此，D 和 H 表示的本构关系对于阐明电磁波与物质之间的相互作用非常重要。Maxwell 通过时变电位移矢量 $\partial D/\partial t$（即位移电流，由于历史原因，真空介电常数与穿过曲面的电通量变化的乘积称为位移电流），发现了时变电场产生磁场，将安培定律扩展到时变场并消除了与连续性方程的不一致之处[4-6]。正是由于在方程组中添加了 $\partial D/\partial t$ 这一项，Maxwell 发现了光的电磁本质[1, 9]。

　　需要强调的是，Wang 定义了一个由外力作用引起的动生极化项 P_S，称为 Wang term，并将其引入电位移矢量 D 中[10-12]。该项与经典的极化矢量 P 不同，它是由表面存在的静电荷或物质边界形状随时间变化引起的，由多个物体相互运动而产生的极化，不是外加电场引起的极化[10-12]。此时，$\boldsymbol{D}$ 表示的介质本构关系也进行了扩展。基于 $\boldsymbol{P}_S$ 的概念和定义，TENG 的能量转换基础得到进一步明确。事实证明，具有任意几何结构和工作模式的 TENG，其驱动力均是麦克斯韦位移电流[10-15]。

此外，为了理解 TENG 的工作机制并定量描述各物理参数之间的关系，构建了数学物理模型、等效电路模型和机电耦合模型等理论模型[16-17]。每种模型建立的条件不同，各具特点。根据麦克斯韦方程组建立的数学物理模型主要用于定量研究 TENG 内部的时变场量，或"内部电路"中主要物理量的变化规律[13-21]，如电场、电位移矢量、极化矢量等随着时间和空间的变化。根据一阶集总参数电路理论建立的等效电路模型侧重于研究外电路的输出特性，这些电路参量包括基本的电压、电流、转移电荷等[22-31]。基于 TENG 能量收集系统建立的机电耦合模型包括机械系统、TENG 换能器和电系统（外部能量管理电路）三部分，该模型可以揭示能量的转换和流动过程[32-35]。

最后，总结 TENG 理论研究的阶段性进展和关键结论。本章目的是阐明 TENG 的物理基础和研究框架，为深入理解相关结论提供一个更清晰的视角。希望本章能够帮助读者系统理解 TENG 的理论模型、工作机制和基于 TENG 的能量转换系统。

5.2　一般极化矢量 $\boldsymbol{P}$ 和动生极化项 $\boldsymbol{P}_S$

5.2.1　外加电场引起的极化

极化矢量 $\boldsymbol{P}$ 最早由 Larmor、Larthem 和 Lorentz 定义[1-3]。当介质置于外部电场中时，大量电偶极子指向电场的方向，介质被极化（图 5.1）。极化矢量 $\boldsymbol{P}$ 等于单位体积的电偶极矩[4-5, 36]。换句话说，极化矢量 $\boldsymbol{P}$ 是对外电场作用下介质宏观结构的平均描述，在微观束缚电荷和电通量之间建立关联，使得探究它们之间的相互联系成为可能。另外，理想驻极体内可观测到能够保持很长时间的永久极化 $\boldsymbol{P}_b^i$[37, 38]。即使移去外部电场，产生的 $\boldsymbol{P}_b^i$ 也会长时间保持"冻结"状态。注意，永久极化 $\boldsymbol{P}_b^i$ 的物理本质与一般极化 $\boldsymbol{P}$ 相似，它们都源于产生的电偶极子。

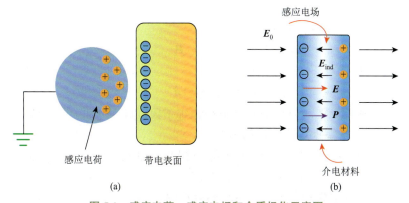

图 5.1　感应电荷、感应电场和介质极化示意图

（a）介质左侧带电表面在金属球面上感应出电荷，整个过程电荷守恒；（b）极化使介质的一个表面产生负电荷，在另外一个面产生等量的正电荷。正负电荷分离导致介质内部的净电场（$\boldsymbol{E}$）相对于外部电场（$\boldsymbol{E}_0$）有所减弱

5.2.2 物体相对运动引起的极化

与外加电场引起的极化矢量 P 不同，动生极化矢量 P_S（图 1.4），即 Wang term，描述了无外加电场作用时介质的极化程度[10-12]。以 TENG 为例，当有外部机械激励时，TENG 中电介质的边界随时间发生变化并重新分布，介质表面由于压电效应或摩擦效应产生静电荷[10-12]。引入的动生极化项 P_S 可以定量探究外部机械激励的作用[39-42]。因此，电位移矢量 D 变形为[10-12]

$$D = \varepsilon_0 E + P + P_S = \varepsilon_0(1+\chi)E + P_S \tag{5.1}$$

式中，E 代表介质内总电场；P 代表外加电场导致的介质极化，$P = \varepsilon_0\chi E$，χ 是介质的电极化率。

接下来介绍经典极化项 P、动生极化项 P_S 和永久极化项 P_b^i 之间的区别[37, 38]。如前所述，置于外电场的电介质会被极化，极化强度等于单位体积的电偶极矩。应注意，总极化 P 反映的是外电场和极化介质产生的电场在内的总电场效应。用术语表示即电偶极矩 p 等于 $Pd\tau'$，$d\tau'$ 指体积元[4, 5, 36]。已证明极化介质的电势与体电荷密度 $\rho_b = -\nabla \cdot P$ 和表面电荷密度 $\sigma_b = -P \cdot \hat{n}$ 所产生的电势相同。换句话说，如果要计算极化介质产生的电场，只需要考虑相应的体电荷密度和表面电荷密度。这里的体电荷和表面电荷都属于束缚电荷。如果介质被均匀极化，其电势等于分布于介质表面的电荷产生的电势；电场同理。然而，如果极化矢量 P 是非均匀的，那么意味着其散度不为零，将导致介质内部积累束缚电荷。这也是极化矢量 P 产生的场与相应束缚电荷产生的场相同的原因。与传统极化矢量 P 相比，永久极化 P_b^i 是一种"冻结"的极化，其通常出现在被极化的驻极体中；而移去外加电场后驻极体的极化仍能够维持相当长的时间[37, 38]。

动生极化项 P_S 主要源于介质表面的静电荷或时变的边界形状，适用于定量描述外界的机械激励作用。也可以从经典电动力学的角度理解该概念。当有外界机械激励时，介质表面或内部产生电荷（电场的源），进而产生电场。产生的电场导致介质极化，介质本身极化所产生的电场也将影响电荷分布甚至产生新的电荷，最终在综合作用下产生总电场。因此，可以将 P_S 视为机械激励作用的综合结果。假设极化非均匀，相应的体束缚电荷密度为

$$\rho_s = -\nabla \cdot P_S \tag{5.2}$$

面束缚电荷密度为

$$\sigma_s = -P_S \cdot \hat{n} \tag{5.3}$$

注意，式（5.2）和式（5.3）表示 P_S 产生的场等于体电荷密度加上面电荷密度所产生的场。此外，P_S 的时间导数为[39-42]

$$J_S = \frac{\partial P_S}{\partial t} \tag{5.4}$$

式中，J_S 是极化电流密度，其物理意义将在 5.3 节讨论。

基本结论如下：①产生 P 和 P_S 的原因不同，前者需要施加外部电场，在电介质表面或内部产生束缚电荷，两者可以同时存在；而后者通常由外界机械刺激产生的电荷引起，

如分布在接触表面上的摩擦电荷或者压电材料内部产生的电荷。注意，当无外界机械刺激时这类电荷不存在。②动生极化项 $\boldsymbol{P}_{S}$ 不仅是一个描述电介质极化程度的基础物理量，它还在材料科学和工程技术的基础概念之间建立了一座桥梁。

5.3　位　移　电　流

5.3.1　位移电流的定义

$$\nabla \cdot \boldsymbol{D} = \rho \tag{5.5a}$$

$$\nabla \cdot \boldsymbol{B} = 0 \tag{5.5b}$$

$$\nabla \times \boldsymbol{E} = -\frac{\partial \boldsymbol{B}}{\partial t} \tag{5.5c}$$

$$\nabla \times \boldsymbol{H} = \frac{\partial \boldsymbol{D}}{\partial t} \tag{5.5d}$$

$$\nabla \cdot \boldsymbol{J} + \frac{\partial \rho}{\partial t} = 0 \tag{5.5e}$$

式中，$\boldsymbol{D}$ 为电位移矢量；ρ 为电荷密度；$\boldsymbol{B}$ 为磁场强度；$\boldsymbol{E}$ 为电场强度；$\boldsymbol{H}$ 为磁位移矢量；$\boldsymbol{J}$ 为电流密度。

1861 年，麦克斯韦在他的重要论文 "On physical lines of force，part Ⅲ" 中提出了位移电流的概念，因为他发现传统的电磁方程中存在一个致命矛盾[43]，例如，任何矢量场旋度的散度为零。若对式（5.5d）取散度，则得到 $\nabla \cdot (\nabla \times \boldsymbol{H}) = 0 = \nabla \cdot \boldsymbol{J}$，这并不总是正确的。对于稳态电流，$\boldsymbol{J}$ 的散度为零；但在时变情况下，根据式（5.5e）可以明显看出，$\nabla \cdot \boldsymbol{J}$ 并不为零。为了使安培定律与电荷守恒方程一致，麦克斯韦在式（5.5d）右端增加了新的一项 $\partial \boldsymbol{D}/\partial t$，因而得到

$$\nabla \cdot (\nabla \times \boldsymbol{H}) = \nabla \cdot \left(\boldsymbol{J} + \frac{\partial \boldsymbol{D}}{\partial t} \right) \tag{5.6a}$$

进一步变形，有

$$\nabla \times \boldsymbol{H} = \boldsymbol{J} + \frac{\partial \boldsymbol{D}}{\partial t} \tag{5.6b}$$

修正后的方程意味着时变电场产生了磁场。新增加的项 $\partial \boldsymbol{D}/\partial t$ 称为位移电流密度，即

$$\boldsymbol{J}_{\mathrm{d}} = \frac{\partial \boldsymbol{D}}{\partial t} \tag{5.7}$$

注意，位移电流是一个容易误导的名称，其本身与由电子移动产生的传导电流无关，只是与传导电流的单位相同。结合电荷连续性方程和高斯定理可得

$$\nabla \cdot \boldsymbol{J} = -\frac{\partial \rho}{\partial t} = -\frac{\partial}{\partial t}(\varepsilon_0 \nabla \cdot \boldsymbol{E}) = -\nabla \cdot \left(\varepsilon_0 \frac{\partial \boldsymbol{E}}{\partial t} \right) \tag{5.8}$$

式中，$\nabla \cdot \boldsymbol{D} = \rho$，$\boldsymbol{D}$ 是麦克斯韦最初的定义 $\boldsymbol{D} = \varepsilon_0 \boldsymbol{E}$，而不是 $\boldsymbol{D} = \varepsilon_0 \boldsymbol{E} + \boldsymbol{P}$。根据法拉第的实验，麦克斯韦定义了电位移矢量 $\boldsymbol{D}$，但因为没有理解电极化的性质所以并没有引入极

化矢量 $\boldsymbol{P}$[6, 43, 44]。更直接的原因是，麦克斯韦假设磁极化是由磁偶极子产生的，但没有假设电偶极子产生电极化。因此，不存在极化电荷密度 $-\nabla \cdot \boldsymbol{P}$，无法得到电位移矢量的散度就是自由电荷密度的结论。事实上，在很多年之后，Larmor、Leathem 和 Lorentz 将电极化 $\boldsymbol{P}$ 引入电位移 $\boldsymbol{D}$ 中以定量研究电介质材料内部的微观电偶极子，最终得到包括体电荷密度和面电荷密度在内的束缚电荷密度。式（5.7）进一步变形得到

$$J_{\mathrm{d}} = \frac{\partial \boldsymbol{D}}{\partial t} = \varepsilon_0 \frac{\partial \boldsymbol{E}}{\partial t} + \frac{\partial \boldsymbol{P}}{\partial t} \tag{5.9}$$

式中，$J_{\mathrm{p}} = \dfrac{\partial \boldsymbol{P}}{\partial t}$ 称为极化电流密度。线性介质中，如果 $\boldsymbol{P}$ 随时间变化，那么极化电荷的线性运动就会产生极化电流。显然，$\nabla \cdot \boldsymbol{J}_{\mathrm{p}}$ 与连续性方程一致。

分析电容器的充电和放电过程也可以理解位移电流的本质（图 5.2 和图 5.3）。理解实际中的电磁现象时，一般需要处理具有特定形状和边界的物体。将微分形式的安培-麦克斯韦定律转换为积分形式[45]

$$\oint_C \boldsymbol{H} \cdot \mathrm{d}l = \oint_S \frac{\partial \boldsymbol{D}}{\partial t} \cdot \mathrm{d}s + I \tag{5.10a}$$

如果没有介质，安培-麦克斯韦定律变形为

$$\oint \boldsymbol{B} \cdot \mathrm{d}s = \mu_0 \varepsilon_0 \frac{\mathrm{d}\varPhi_{\mathrm{E}}}{\mathrm{d}t} + \mu_0 I \tag{5.10b}$$

式中，$\varPhi_{\mathrm{E}}$ 为通过环路的电通量；μ_0 为真空磁导率。变化的电通量引起的位移电流为

$$I_{\mathrm{D}} = \varepsilon_0 \frac{\mathrm{d}\varPhi_{\mathrm{E}}}{\mathrm{d}t} \tag{5.10c}$$

$\varepsilon_0 \mathrm{d}\varPhi_{\mathrm{E}}/\mathrm{d}t$ 具有电流的量纲。如果有传导电流但没有电通量的变化，式（5.10b）右端第一项等于零，公式简化为

$$\oint \boldsymbol{B} \cdot \mathrm{d}s = \mu_0 I \tag{5.10d}$$

即安培定律，表明闭合环路内的电流产生磁场。如果电通量变化但无传导电流，那么式（5.10b）的右端第二项等于零，公式简化为

$$\oint \boldsymbol{B} \cdot \mathrm{d}s = \mu_0 \varepsilon_0 \frac{\mathrm{d}\varPhi_{\mathrm{E}}}{\mathrm{d}t} \tag{5.10e}$$

表明变化的电通量产生磁场。

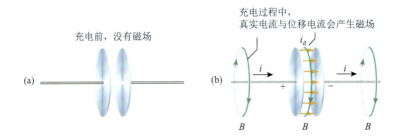

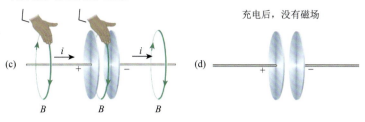

图 5.2　位移电流的定义

电容充电前（a）和充电后（d），无磁场产生；（b）充电过程中，传导电流和位移电流激发出磁场；（c）右手定则给出两种电流产生的磁场方向

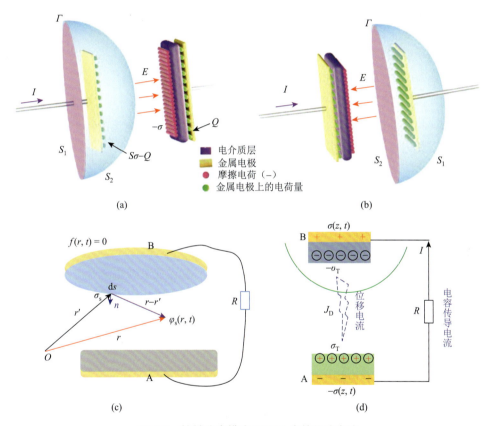

图 5.3　接触分离模式 TENG 中的位移电流

（a）（b）在 TNEG 电极附近定义两个由相同边界 Γ 约束的表面 S_1 和 S_2，传导电流穿过 S_1 但无法流过 S_2，但位移电流可以通过 S_2（S 为表面积，σ 为电荷密度）；（c）将纳米发电机等效为一个具有电势差 $\phi_{AB} = \int_A^B \boldsymbol{E} \cdot \mathrm{d}\boldsymbol{L} = \frac{\partial Q}{\partial t} R$ 的集总电路元件；（d）接触分离模式 TENG 示意图，位移电流存在于内电路，而传导电流在外电路流动（σ_T 为摩擦面电荷密度）

5.3.2　扩展位移电流

结合式（5.1）和式（5.9），重新定义电位移矢量 $\boldsymbol{D}$[11, 12, 39, 40]：

$$D' = \varepsilon_0 E + P \tag{5.11a}$$

则

$$J_D = \frac{\partial D'}{\partial t} + \frac{\partial P_S}{\partial t} = \varepsilon_0 \frac{\partial E}{\partial t} + \frac{\partial P}{\partial t} + \frac{\partial P_S}{\partial t} = \varepsilon \frac{\partial E}{\partial t} + \frac{\partial P_S}{\partial t} \tag{5.11b}$$

式中，$\partial E/\partial t$ 表示位移电流与电场强度随时间的变化率有关；$\partial P/\partial t$ 表示介质内电荷的线性运动产生的极化电流，其主要由外加时变电场引起；$\partial P_S/\partial t$ 表示由机械激励导致介质的运动和/或介质几何结构变形产生的极化电流。$\partial P/\partial t$ 和 $\partial P_S/\partial t$ 的关键区别在于，前者主要用于说明束缚电荷守恒，后者用于分析电介质对不同外界激励的响应。

另外，当磁性材料外界存在磁场时，磁偶极子定向排列，材料被磁化。矢量 M 表示单位体积内的磁偶极矩，用来量化磁化强度；该矢量与静电学中的极化矢量 P 类似[46]。注意，全面理解磁效应需要量子力学方面的知识。与静电学类似，磁性材料的磁势（以及相应的磁场）等于磁性材料体电流密度

$$J_b = \nabla \times M \tag{5.12a}$$

和边界上面电流密度

$$K_b = M \times n \tag{5.12b}$$

的磁势之和（相应的磁场之和）。事实上，J_b 和 K_b 均表示束缚电流的特定分布。磁化作用是在磁性材料内部形成体束缚电流，在表面形成面束缚电流。此外，如式（5.12a）和式（5.12b）所示，极化介质的场由体电荷密度和面电荷密度共同确定；确定磁性材料的磁通密度也可以采用同样的方法。磁化介质用"虚拟"的磁化体电荷密度[46]

$$\rho_b = -\nabla \cdot M \tag{5.13a}$$

加上"虚拟"的磁化面电荷密度

$$\sigma_b = -M \cdot \hat{n} \tag{5.13b}$$

来代替。尽管分析了磁化材料的等效处理方法，但不应忽视束缚电流是分布在磁化材料中的真实电流这一事实，它是许多定向排列的原子偶极矩相互作用的结果[46]。对于磁化材料，其磁场强度定义为

$$H = \frac{B}{\mu_0} - M \tag{5.14a}$$

H 在静磁学中的作用与静电场中的 D 相似。安培定律为

$$\nabla \times H = J_f \tag{5.14b}$$

式中，J_f 是通过安培环路的总电流密度。

基于式（5.5d）、式（5.11b）、式（5.14a）和式（5.14b），得到

$$\nabla \times B = \mu_0 \left(J_f + \rho_f v + \frac{\partial D'}{\partial t} + \frac{\partial P_S}{\partial t} + \nabla \times M \right) \tag{5.15}$$

磁性材料的总位移电流密度为[11, 12, 30-39]

$$J_D = \frac{\partial D'}{\partial t} + \frac{\partial P_S}{\partial t} + \nabla \times M = \varepsilon_0 \frac{\partial E}{\partial t} + \frac{\partial P}{\partial t} + \frac{\partial P_S}{\partial t} + \nabla \times M = \varepsilon \frac{\partial E}{\partial t} + \frac{\partial P_S}{\partial t} + \nabla \times M \tag{5.16}$$

式中，$\varepsilon_0 \partial E/\partial t$ 和 $\partial P/\partial t$ 两项由外部时变电场引起；$\partial P_S/\partial t$ 来源于机械激励，与施加的外部电场无关；$\nabla \times M$ 是边界电流，等于磁化强度矢量的旋度。

注意，J_p 或 J_S 与体电流密度 J_b 几乎没有任何关联。J_p 是由外电场作用下电荷的线性运动而产生的，J_S 因施加的机械激励导致；体电流本质上是由式（5.12a）定义的。若磁化矢量 M 在磁性材料中是均匀的，则表明相邻的原子偶极子的电流流向相反而处处抵消，导致材料内部无净电流。根据式（5.12a），常数 M 的空间导数为零。相反，若 M 非均匀则存在空间导数，磁性材料内产生净体电流。特别地，式（5.4）与连续性方程一致：

$$\nabla \cdot J_S = \nabla \cdot \frac{\partial P_S}{\partial t} = \frac{\partial}{\partial t}(\nabla \cdot P_S) = -\frac{\partial \rho_S}{\partial t} \tag{5.17}$$

非静态情况下，极化电流包括外电场导致的束缚电流和机械激励产生的极化电流，都必须包含在总电流内。如前所述，用 $D = D' + P$ 替代 D'，则高斯定律变形为

$$\nabla \cdot E = \frac{1}{\varepsilon_0}(\rho_f - \nabla \cdot P - \nabla \cdot P_S) \tag{5.18}$$

并且 $\nabla \cdot D = \rho_f$。式中，$D = \varepsilon_0 E + P + P_S$；参考文献[11]、[12]、[39]和[40]进行了详细证明。

5.3.3　动生极化项和位移电流的影响与意义

如式（5.10c）所示，电通量变化率和介电常数的乘积与电荷除以时间的单位相同，这就是位移电流，即使没有电子流动。位移电流的重要性表现在两个方面：一方面，麦克斯韦增加 $\partial D/\partial t$ 项作为磁场的来源，将安培定律的作用范围扩大到时变场，消除了与连续性方程的不一致性。另一方面，位移电流为麦克斯韦发现光的电磁本质创造了条件，为 20 世纪大部分物理学科的发展奠定了基础。需要注意的是，麦克斯韦没有假定电介质中感应电荷互相分离是由电偶极子引起的，因此没有定义本构关系 $D = \varepsilon_0 E + P$ 中的极化矢量 P。因此，麦克斯韦当时建立的方程只适用于自由空间的电场和磁场。如果处理物质内部的场，则需要同时考虑极化矢量 P、磁极化矢量 M 和本构方程。P 和 M 在相对论电动力学中也非常重要[47]。1908 年，闵可夫斯基（Minkowski）将爱因斯坦（Einstein）的相对论扩展到物质媒介[48]。通过极化矢量 P 和磁化矢量 M 定义的辅助场，真空电磁理论第一次拓展到可被极化、磁化和导电的物质，并在闵可夫斯基的电动力学理论中得到应用，这为预测这些物质以非相对论速度在外部电磁场中运动时产生的场提供了可靠的基础[48]。

这些基本概念和理论在工程技术中也有重要作用，如新型能量转换器件 TENG。建立 TENG 的理论模型包括数学模型和等效电路模型时的一个关键假设是：达到动态平衡状态时摩擦接触面上的电荷密度恒定不变。这一假设在介质材料被均匀极化的情况下是没有问题的。因此，束缚电荷只出现在电介质表面（式（5.3））。相反，若介质极化不均匀，则束缚电荷在介质内部积累，从而产生如式（5.2）所示的体电荷密度。另外，为了定量描述机械激励对介质极化的影响（机械激励会导致静电荷分布、介质体积、边界或形状随时间变化），材料本构方程中引入 Wang term P_S。该项不仅阐明了 TENG 的物理基础，对建立机电耦合转换理论也至关重要。

结合新增项 P_S 和 $\partial P_S/\partial t$，基于 TENG 能量收集系统的相关结论如下（图 5.3 和图 1.6）[18]：①分布在 TENG 内部的电流是位移电流，外电路中是由电子流动形成的传导电流；②当 TENG 处于稳态时，若忽略漏电流，则位移电流和传导电流大小相等；③位移电流和传导电流

在 TENG 的电极上聚合，形成闭合环路；④当$\partial \boldsymbol{D}/\partial t>0$ 时，位移电流与 $\boldsymbol{D}$ 的方向相同，若$\partial \boldsymbol{D}/\partial t<0$，则两者反向。

5.4　摩擦纳米发电机的理论基础与模型

TENG 是一种新型的能量转换器件，利用位移电流作为驱动力将机械能转换为电能。图 5.4 为一个典型的基于 TENG 的能量采集系统。该系统至少包括三部分：机械激励系统、TENG 换能器和电系统[16, 17, 33-35]。外部机械能被采集转换为静电能并存储在 TENG 换能器中，然后输出到外部电路。图中双向箭头表示能量收集系统中的每个相邻端口都会互相影响，而TENG 换能器将机械系统和电系统耦合在一起。注意，由于 TENG 的运动频率相对较低，可以将其转换并存储的能量（本质上是电能）当作准静电能进行处理。

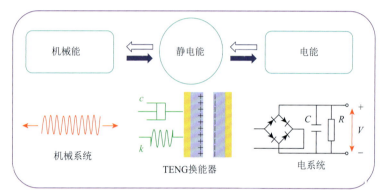

图 5.4　基于 TENG 的能量采集系统至少包括三个部分：机械系统、TENG 换能器和电系统

机械能转化为准静电能并存储在 TENG 换能器中，然后被输入外部电路；双向箭头表示该系统中的每个相邻系统都会互相影响，TENG 换能器将机械系统和电系统互相耦合在一起

为了满足自供电传感器、柔性可穿戴电子设备、蓝色能源和环境保护等方面的实际需求，已经设计和制造了许多不同类型的 TENG[49]。图 5.5 为典型的 TENG 模式，包括接触分离模式（contact-separation，CS）、接触分离型单电极模式（contact-separation single electrode，CSE）、接触分离型独立层模式（contact freestanding，CF）、水平滑动模式（lateral-sliding，LS）、滑动型单电极模式（lateral-sliding single-electrode，SSE）、滑动型独立层模式（lateral-sliding freestanding，SF）、柱形模式和球形模式。根据电荷分布和机械激励的不同，TENG 可以分为三类[49]：①相对运动方向与摩擦面垂直；②相对运动方向与摩擦面平行；③非平面电荷分布情形。从电动力学角度来讲，物理规律不随坐标系的改变而改变，但物理量之间的定量关系需要在坐标系中进行确定。因此，结合笛卡儿坐标系、柱坐标系、球坐标系等建立了关于 TENG 的数学物理模型。理论上，这些模型适用于具有任意复杂电荷分布和几何结构的 TENG 器件；另外，通过这些模型，可以定量证明 TENG 位移电流随时间和空间的变化关系。

另外，基于一阶集总电路理论建立了关于 TENG 的电容模型和诺顿等效电路模型（图 5.6）[50]。这些模型本质上依据麦克斯韦方程组建立，易于在工程技术中使用。此外，从整个能量采集系统角度来看，建立了机电耦合模型；该模型同时考虑了机械系统、TENG 能量转换器和电系统，可以用来定量研究各个系统之间的耦合情况。

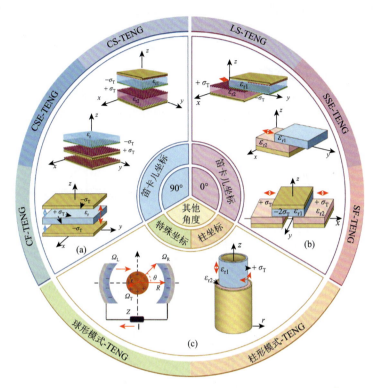

图 5.5　根据笛卡儿坐标系、柱坐标系和球坐标系构建 TENG 的数学物理模型

（a）相对运动方向与摩擦面垂直；（b）相对运动方向与摩擦面平行；（c）相对运动方向与非平面电荷分布

5.4.1　摩擦纳米发电机的数学物理模型

模型能够反映真实系统的一些关键特征，但不是全部特征。物理模型一般是某些概念的具化形式，而概念通常认为是物理模型的蓝图，物理模型结合基本概念进行构建。另一种类型的模型，通常称为数学模型，用数学的方法和知识来解决实际问题。虽然数学模型看起来比物理模型更抽象，但两者之间有许多相似之处[13-21]。一般来说，数学模型具有更强的普遍适用性，可以定量研究模型变量之间的相互作用，而不仅仅用来研究组成部分之间的关系。基于 TENG 的能量收集系统本质上是一个复杂的动态物理系统，涉及许多非线性变量和时间/空间变量。因此，构建一个反映实际能量采集和转换的动态模型是必要的。

注意，TENG 的工作频率一般比较低，运动电荷产生的磁场很小，可以忽略不计。到目前为止，结合直角坐标系、柱坐标系和球坐标系构建了 TENG 的三维数学模型、圆柱模型和球模型（图 5.6）[22-31]。上述模型各具特点，都属于正交坐标系。

CS-TENG 为例，假设摩擦面上分布有相反极性的摩擦电荷（图 5.5（a），CS-TENG），电极上的感应电荷可以在两电极之间自由流动。根据电动力学基本理论，麦克斯韦-泊松方程为

$$\nabla \cdot \boldsymbol{D} = \rho(\boldsymbol{r}) \qquad (5.19)$$

式中，ρ 为自由电荷密度，包括电极表面的自由电荷和摩擦面的电荷。求解该方程得到电介质（α）的电势（ϕ）表达式

$$\phi(\boldsymbol{r}) = \frac{1}{4\pi\varepsilon_\alpha} \int \frac{\rho(\boldsymbol{r'})}{|\boldsymbol{r} - \boldsymbol{r'}|} \mathrm{d}V \qquad (5.20)$$

其中，ε_α 为电介质 α 的介电常数。

图 5.6（a）为由单位矢量 $\boldsymbol{P}_x$、$\boldsymbol{P}_y$ 和 $\boldsymbol{P}_z$ 表示的笛卡儿直角坐标系。假设有 N 个相同的有限大带电平面，它们沿 x 方向和 y 方向的几何尺寸分别为 a 和 b。这些平面与 x-y 平面

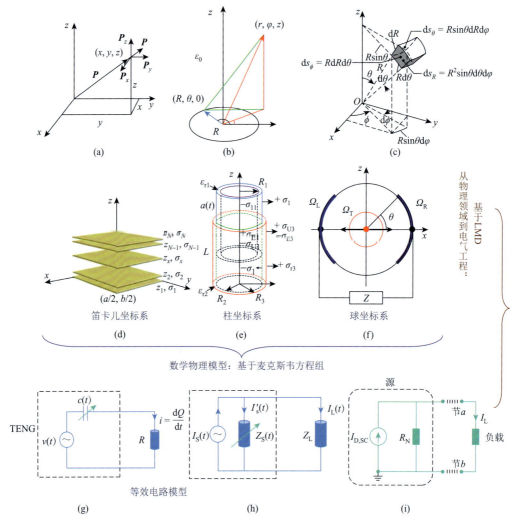

图 5.6 TENG 的数学物理模型和等效电路模型，这两个模型本质上相同

（a）直角坐标系示意图；（b）柱坐标系示意图；（c）球坐标系示意图；（d）直角坐标系中的一组有限大小的带电平面，它们都以（0, 0）为中心，z 方向的位置分别为 $z_1, z_2, \cdots, z_N$，电荷密度分别为 $\sigma_1, \sigma_2, \cdots, \sigma_N$；（e）柱坐标系中圆柱形 LS-TENG 的示意图；（f）球形 TENG 的示意图（Ω_L 和 Ω_R 分别表示左电极和右电极，Ω_T 表示球形介电体）；（g）TENG 的传统等效电路模型；（h）与 TENG 传统等效电路模型相应的诺顿等效电路模型；（i）TENG 的诺顿等效电路模型，与阻抗（$R_N(t)$）并联的时变位移电流（$I_D(t)$）表示 TENG 的电流源

平行，以坐标 $(x, y) = (0, 0)$ 为中心，沿 z 方向分别分布于 $z_1, z_2, \cdots, z_N$ 处，相应的面电荷密度为 $\sigma_1, \sigma_2, \cdots, \sigma_N$（图 5.6（d））。根据式（5.20），任意点 $\boldsymbol{r} = (x, y, z)$ 处的电势如下[13]:

$$
\begin{aligned}
\phi(x, y, z) &= \sum_{i=1}^{N} \int_{-a/2}^{a/2} \int_{-b/2}^{b/2} \frac{\sigma_i \mathrm{d}x'\mathrm{d}y'}{4\pi\varepsilon(\boldsymbol{r})\sqrt{(x-x')^2 + (y-y')^2 + (z-z_i')^2}} \\
&= \sum_{i=1}^{N} \frac{\sigma_i}{4\pi\varepsilon(\boldsymbol{r})} \int_{-a/2}^{a/2} \int_{-b/2}^{b/2} \frac{\mathrm{d}x'\mathrm{d}y'}{\sqrt{(x-x')^2 + (y-y')^2 + (z-z_i')^2}}
\end{aligned}
\tag{5.21a}
$$

在三维数学模型中可以利用该公式用来计算电势。

根据式（5.21a），相应的电场表达式为[13]

$$
\boldsymbol{E}(x, y, z) = -\nabla\phi
$$

$$
= \sum_{i=1}^{N} \frac{\sigma_i}{4\pi\varepsilon(\boldsymbol{r})} \int_{-a/2}^{a/2} \int_{-b/2}^{b/2} \frac{\mathrm{d}x'\mathrm{d}y'}{(x-x')^2 + (y-y')^2 + (z-z_i')^2} \frac{(x-x', y-y', z-z_i)}{\sqrt{(x-x')^2 + (y-y')^2 + (z-z_i')^2}}
\tag{5.21b}
$$

式中，$\varepsilon_a = \varepsilon(\boldsymbol{r})$。考虑对称性，$x'$ 和 y' 积分时可以消掉相应的 E_x 和 E_y，则 z 方向的电场分量为

$$
E_z(0, 0, z) = \sum_{i=1}^{N} \frac{\sigma_i(z-z_i')}{4\pi\varepsilon(\boldsymbol{r})} \int_{-a/2}^{a/2} \int_{-b/2}^{b/2} \frac{\mathrm{d}x'\mathrm{d}y'}{\left[x'^2 + y'^2 + (z-z_i')^2\right]^{3/2}}
\tag{5.21c}
$$

若这些带电平面固定在 $z_1, z_2, \cdots, z_N$ 的位置不动，电荷产生的电场将不随时间变化，三维空间中存在静电场。当带电平面以非常低的频率运动时，总静电场发生变化，该模型可以作为准静态处理。

除了带电平面，实际中还存在许多复杂的带电面，如电荷分布在曲面上。为了研究由带电曲面构成的 TENG，根据柱坐标系建立了相关的三维数学模型[30]。假设有一均匀带电的圆形导线，线电荷密度为 ρ，半径为 R，位于柱坐标系中 $z = 0$ 处（图 5.6（b）），则源点到场点的距离为[30]

$$
d = [r^2 + R^2 - 2rR\cos(\varphi-\theta) + z^2]^{\frac{1}{2}}
\tag{5.22a}
$$

根据库仑定律，带电导线在空间中任意点 $M(r, \varphi, z)$ 处的电势为

$$
\phi(r, \varphi, z) = \frac{1}{4\pi\varepsilon} \int_0^{2\pi} \frac{\rho R}{\left[r^2 + R^2 - 2rR\cos(\varphi-\theta) + z^2\right]^{\frac{1}{2}}} \mathrm{d}\theta
\tag{5.22b}
$$

相应的电场表达式为

$$
\boldsymbol{E} = -\nabla\phi = -\left(\hat{\boldsymbol{r}}\frac{\partial\phi}{\partial r} + \hat{\boldsymbol{\varphi}}\frac{1}{r}\frac{\partial\phi}{\partial\varphi} + \hat{\boldsymbol{z}}\frac{\partial\phi}{\partial z}\right)
\tag{5.22c}
$$

因为带电导线在 φ 方向上对称，设定 $\varphi = 0$ 以简化计算。电场的径向分量（$E_r(r, 0, z)$）和轴向分量（$E_z(r, 0, z)$）分别为

$$
E_r(r, 0, z) = -\frac{\partial\phi}{\partial r} = \frac{1}{4\pi\varepsilon} \int_0^{2\pi} \frac{\rho R(r - R\cos\theta)}{\left(r^2 + R^2 - 2rR\cos\theta + z^2\right)^{\frac{3}{2}}} \mathrm{d}\theta
$$

$$
E_z(r, 0, z) = -\frac{\partial\phi}{\partial z} = \frac{1}{4\pi\varepsilon} \int_0^{2\pi} \frac{\rho Rz}{\left(r^2 + R^2 - 2rR\cos\theta + z^2\right)^{\frac{3}{2}}} \mathrm{d}\theta
\tag{5.22d}
$$

对于均匀带电的圆柱壳（图 5.6（e）），假设其轴线与 z 轴重合，底部位于平面 $z = 0$ 上。根据式（5.22b），柱形分布电荷产生的电势为

$$\phi(r,0,z) = \frac{1}{4\pi\varepsilon}\int_0^{2\pi}\int_0^L \frac{\sigma R}{\left[r^2 + R^2 - 2rR\cos\theta + (z-z')^2\right]^{\frac{1}{2}}}\mathrm{d}\theta\mathrm{d}z' \quad (5.22\mathrm{e})$$

式中，L 表示圆柱壳的长度。电场的径向分量（$E_r(r, 0, z)$）和轴向分量（$E_z(r, 0, z)$）分别为

$$E_r(r,0,z) = \frac{1}{4\pi\varepsilon}\int_0^{2\pi}\int_0^L \frac{\sigma R(r - R\cos\theta)}{\left[r^2 + R^2 - 2rR\cos\theta + (z-z')^2\right]^{\frac{3}{2}}}\mathrm{d}\theta\mathrm{d}z'$$

$$E_z(r,0,z) = \frac{1}{4\pi\varepsilon}\int_0^{2\pi}\int_0^L \frac{\sigma R(z-z')}{\left[r^2 + R^2 - 2rR\cos\theta + (z-z')^2\right]^{\frac{3}{2}}}\mathrm{d}\theta\mathrm{d}z' \quad (5.22\mathrm{f})$$

假设有任意一个轴线与 z 轴重合的圆柱壳，其编号分别为 $i^1, i^2, \cdots, i^N$，表面电荷密度分别为 $\sigma_1, \sigma_2, \cdots, \sigma_N$，半径分别为 $R_1, R_2, \cdots, R_N$，长度分别为 $L_1, L_2, \cdots, L_N$。这些圆柱壳上分布的电荷在任意场点 $\boldsymbol{p}(r, \varphi, z)$ 产生的总电势为[30]

$$\phi(r,\varphi,z) = \sum_{i=1}^N \int_0^{2\pi}\int_{z_i}^{z_i+L_i} \frac{\sigma_i R_i \mathrm{d}\theta\mathrm{d}z'}{4\pi\varepsilon(\boldsymbol{p})\left[r^2 + R_i^2 - 2rR_i\cos(\varphi-\theta) + (z-z')^2\right]^{\frac{1}{2}}} \quad (5.23\mathrm{a})$$

相应地，电场的径向分量（$E_r(r, 0, z)$）和轴向分量（$E_z(r, 0, z)$）分别为

$$E_r(r,\varphi,z) = \sum_{i=1}^N \int_0^{2\pi}\int_{z_i}^{z_i+L_i} \frac{\sigma_i R_i\left[r - R_i\cos(\varphi-\theta)\right]}{4\pi\varepsilon(\boldsymbol{p})\left[r^2 + R_i^2 - 2rR_i\cos(\varphi-\theta) + (z-z')^2\right]^{\frac{3}{2}}}\mathrm{d}\theta\mathrm{d}z'$$

$$(5.23\mathrm{b})$$

$$E_z(r,\varphi,z) = \sum_{i=1}^N \int_0^{2\pi}\int_{z_i}^{z_i+L_i} \frac{\sigma_i R_i(z-z')}{4\pi\varepsilon(\boldsymbol{p})\left[r^2 + R_i^2 - 2rR_i\cos(\varphi-\theta) + (z-z')^2\right]^{\frac{3}{2}}}\mathrm{d}\theta\mathrm{d}z'$$

$$(5.23\mathrm{c})$$

通过上述表达式，可以构建柱坐标系下柱形 LS-TENG 的数学模型。同样的方法，也可以在球坐标系下建立球形独立层模式 TENG 的数学模型，参见参考文献[30]。

根据位移电流的定义，通过一个面 $\boldsymbol{S}$ 的位移电流为[12, 13]

$$I_\mathrm{D} = \int_s \frac{\partial \boldsymbol{D}}{\partial t}\cdot\boldsymbol{n}\mathrm{d}\boldsymbol{S} \quad (5.24\mathrm{a})$$

式中，$\boldsymbol{n}$ 为面元 $\mathrm{d}\boldsymbol{S}$ 的法向量。当面 $\boldsymbol{S}$ 扩展至整个 x-y 平面时，由式（5.24a）得到 z 方向的位移电流为

$$I_\mathrm{D} = \sum_{i=1}^N \int_s \mathrm{d}\boldsymbol{S}\frac{\partial}{\partial t}\left(\frac{\sigma_i}{4\pi}\int_{-a/2}^{a/2}\int_{-b/2}^{b/2}\mathrm{d}x'\mathrm{d}y'\frac{z - z_i}{\left[(x-x')^2 + (y-y')^2 + (z-z_i)^2\right]^{3/2}}\right) \quad (5.24\mathrm{b})$$

平面外部的区域也包含在这个积分内，容易看出 z 方向的位移电流是恒定的，其表达式为

$$I_{\mathrm{D}} = \sum_{i=1}^{N} \int_{-\infty}^{\infty} \mathrm{d}x \int_{-\infty}^{\infty} \mathrm{d}y \, \frac{\partial}{\partial t} \left(\frac{\sigma_i}{4\pi} \int_{-a/2}^{a/2} \int_{-b/2}^{b/2} \mathrm{d}x' \mathrm{d}y' \frac{z - z_i}{\left[(x - x')^2 + (y - y')^2 + (z - z_i')^2 \right]^{3/2}} \right)$$

$$= \sum_{i=1}^{N} \frac{\partial}{\partial t} \left(\frac{\sigma_i}{4\pi} \int_{-a/2}^{a/2} \int_{-b/2}^{b/2} \mathrm{d}x' \mathrm{d}y' \frac{z - z_i}{\left[(x - x')^2 + (y - y')^2 + (z - z_i')^2 \right]^{3/2}} \right)$$

$$= ab \sum_{i=1}^{N} \int_{-\infty}^{\infty} \mathrm{d}x_1 \int_{-\infty}^{\infty} \mathrm{d}y_1 \frac{\partial}{\partial t} \left(\frac{\sigma_i}{4\pi} \frac{z - z_i}{\left[x_1^2 + y_1^2 + (z - z_i')^2 \right]^{3/2}} \right) \tag{5.24c}$$

5.4.2　摩擦纳米发电机的等效电路模型

根据一阶集总参数电路理论建立了 TENG 的等效电路模型，包括电容模型和诺顿等效电路模型。在电容模型中，将 TENG 等效为理想电压源（V_{OC}）与可变电容（C_t）串联的形式（图 5.6）；V_{OC} 表示开路时两电极的电势差，C_t 表示 TENG 器件的总电容。以 CS-TENG 为例（图 5.5（a）），器件总电容包括两部分：由电介质材料的电容和其他任何与电介质电容串联的电容构成，即 C_{device}，其一般不随着时间发生变化；另一部分为空气隙的电容 C_{air}，一般随着时间发生变化，则得到 $1/C_t = 1/C_{\mathrm{device}} + 1/C_{\mathrm{air}}$。

基于电容模型，以及电压、电荷与相对运动距离（x）之间的关系（V-Q-x），建立 TENG 的控制方程：

$$V = -\frac{Q}{C(x)} + V_{\mathrm{OC}}(x) \tag{5.25a}$$

式中，$C(x)$ 为 TENG 的电容；Q 为输出电荷。当电阻连接在两电极之间时，结合欧姆定律和基尔霍夫定律，电阻两端的电压为

$$Z \frac{\mathrm{d}Q}{\mathrm{d}t} = -\frac{Q}{C(x)} + V_{\mathrm{OC}}(x) \tag{5.25b}$$

诺顿等效电路模型与电容模型本质上相同，前者通过诺顿等效定理得到。一般来说，诺顿等效电路模型由一个独立电流源和诺顿等效电阻并联组成。诺顿电流等于终端的短路电流，诺顿电阻与戴维南电阻相等。TENG 的诺顿等效电路模型为时变电流源 $I_{\mathrm{S}}(t)$ 并联 TENG 的内部阻抗 $Z_{\mathrm{S}}(t)$（图 5.6（g））[31]。具备多个介质层结构的 CS-TENG 的等效电容为[31]

$$K(t)_{\mathrm{eff}} = \frac{LW}{G(t)} = \left[\frac{1}{LW\pi} \left(\frac{1}{\varepsilon_{\mathrm{a}}} + \frac{1}{\varepsilon_{\mathrm{b}}} \right) \int_0^y f(x) \mathrm{d}x \right]^{-1} \tag{5.25c}$$

式中，$G(t)$ 可表示为

$$G(t) = \frac{1}{\pi} \left(\frac{1}{\varepsilon_{\mathrm{a}}} + \frac{1}{\varepsilon_{\mathrm{b}}} \right) \int_0^y f(x) \mathrm{d}x \tag{5.25d}$$

通过等效电容 $K(t)_{\mathrm{eff}}$，可以研究 TENG 的内部阻抗变化。例如，在相对较低频率 $n(n <$ 1000Hz)下，给定时刻 t 时的内部阻抗（$Z_{\mathrm{S}}(t)$）为

$$Z_S(t) = \frac{1}{2\pi n K(t)_{\text{eff}}} = \frac{1}{2\pi^2 LWn}\left(\frac{1}{\varepsilon_a} + \frac{1}{\varepsilon_b}\right)\int_0^y f(x)\mathrm{d}x \tag{5.25e}$$

注意，该方程本质上是 TENG 结构和工作频率的函数。如图 5.6（h）所示，当外部阻抗（Z）与 $I_S(t)$ 和 $Z_S(t)$ 并联时，TENG 的电流将分别流过 $Z_S(t)$ 和 Z。因此，通过外部阻抗的电流为

$$I_L(t) = I_S(t)\frac{Z_S(t)}{Z_S(t) + Z} \tag{5.25f}$$

式中，$I_L(t)$ 表示流经 Z 的电流；式（5.25f）称为 TENG 的功率传输方程。另外，对外输出功率为

$$P_{\text{out}}(t) = I_L(t)^2 Z \tag{5.25g}$$

注意，流经 Z 的电流 $I_L(t)$ 主要取决于等效阻抗和总阻抗之比$(Z_S(t)/(Z_S(t) + Z)$。根据诺顿等效电路理论，电流源 $I_S(t)$ 可以用 TENG 的短路电流来表示

$$I_S(t) = I_{SC}(t) = LW\frac{\mathrm{d}}{\mathrm{d}t}\frac{\sigma_T\left[\dfrac{1}{\varepsilon_1}\displaystyle\int_{x_1}^{x_1+x(t)} f(x)\mathrm{d}x \dfrac{1}{\varepsilon_2}\displaystyle\int_{x_2}^{x_2+x(t)} f(x)\mathrm{d}x\right]}{\left(\dfrac{1}{\varepsilon_1} + \dfrac{1}{\varepsilon_2}\right)\displaystyle\int_0^{x_1+x_2+x(t)} f(x)\mathrm{d}x} \tag{5.25h}$$

然而，由于上述分析将 TENG 的内部特性等效为阻抗形式，通过外部负载的传导电流与电流源 I_N 相位相同，这并不能反映 TENG 器件的真实输出特性[31]。根本原因在于 TENG 器件内部是电容结构，因此其诺顿等效电路模型应该由独立电流源与一个纯容抗并联构成[31]。当连接外部阻抗 Z 时，TENG 产生的电流将分为两部分（图 5.6（i））：一部分通过内部等效电容，另一部分则流入外部电路或外部阻抗。基于基尔霍夫电流定律和电路元件的电压-电流关系，电流源由以下微分方程确定[31]：

$$I_L + Z\frac{\mathrm{d}(I_L C_{\text{eff}})}{\mathrm{d}t} = I_N \tag{5.26a}$$

$$I_{D,C} = Z\frac{\mathrm{d}(I_L C_{\text{eff}})}{\mathrm{d}t} \tag{5.26b}$$

式中，C_{eff} 是 TENG 的等效电容，I_L 和 $I_{D,C}$ 分别表示流过负载电阻和内部等效电容的电流。短路（SC）时，电荷通过外电路全部转移，结合式（5.26b）得到

$$I_N(t) = I_{SC}(t) = -I_{D,SC}(t) \tag{5.26c}$$

表明短路时位移电流 $I_{D,SC}$ 大小与电流源 I_N 相等，方向相反。注意，此处位移电流和传导电流的流动方向相反与之前的结论并不矛盾，主要是由于对相应电场方向的定义不一样[16, 30, 31]。

TENG 的数学物理模型和等效电路模型本质上是相同的，可以通过集总事物原则进行理解。集总事物原则是系统科学和系统工程中的一个基本原则，也称为"整体-部分原则"或"综合原则"。它强调了系统中各个组成部分之间的相互关系和相互作用，以及它们共同构成了一个整体系统的概念；其本质上主要涉及一系列约束条件。集总事物原则能够使集总电路相关的电路分析和工作得到简化，构成了集总电路抽象的基础，也是从物理领域向电气工程领域迈进的基本机制[16, 17, 50]。集总电路抽象（the lumped circuit abstraction）主要指用理想导线连接一系列满足集总事物原则的集总元件而构成一个具

有特定功能的集合，这样就形成了集总电路抽象。简单来说，集总电路简化类似于牛顿定律中的质点简化。以 TENG 器件为例，根据电荷守恒定律，TENG 在任何时刻都保持电中性状态，TENG 中分布的总电荷为零，满足集总事物原则的条件。因此，TENG 器件可以视为集总元件。这是 TENG 的集总元件模型为由电压源与可变电容串联构成或者时变电流源（$I_S(t)$）与内部阻抗（$Z_S(t)$）并联构成的本质原因。

图 5.7 为 TENG 的物理模型、等效电路模型和基于 TENG 能量收集系统的场路耦合模型。物理模型依据麦克斯韦方程组建立，如基于正交坐标系的三维数学物理模型，其可以用来研究电势、电场、极化（Wang term，P_S）等 TENG 内部的物理变量。等效电路模型基于集总电路抽象理论而建立，为了促进对电磁现象的应用，电气工程在麦克斯韦方程之上创建的新的抽象层称为集总电路抽象。换句话说，这两种不同形式的模型本质上相同，但研究侧重点不同。前者主要用于研究 TENG 内部的物理变量，而后者是为了研究外部电路中 TENG 的输出变量，如转移电荷、电流、功率、输出能量等。特别地，物理模型由麦克斯韦方程描述，而动态电路通过微分方程进行分析。需注意，以上模型基于两个基本假设：①TENG 器件在任何时刻都是电中性的，可以抽象为由集总参数描述的集总元件；②TENG 器件的工作频率比较低，能够做准静态近似处理。

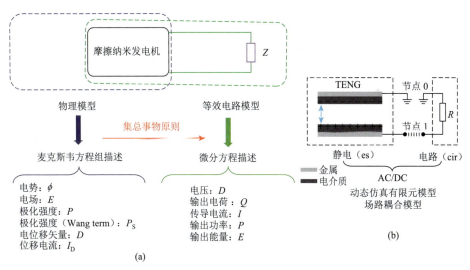

图 5.7　TENG 器件的物理模型和等效电路模型，以及基于 TENG 的能量收集系统的场路耦合模型示意图

（a）TENG 的物理模型和等效电路模型：物理模型用来研究 TENG 内部物理量，等效电路模型用于研究外部电路中的物理量；（b）基于 TENG 的能量收集系统的通用动态仿真模型，该仿真模型耦合了准静电场和电路

在 COMSOL Multiphysics 软件中，场路耦合模型由 AC/DC 模块下的静电接口、电路接口和数学模块下的动网格接口组成（图 5.7）。以图 5.7（b）为例，TENG 的一个电极（如上电极）设为"接地"，另一个电极设为"电路终端"连接到电路接口的外部 I vs. U（为 COMSOL 软件 AC/DC 模块下面的一个仿真接口）元件，从而将能量输出到外部电路。外部 I vs. U 元件充当电路中的电源，实际外部阻抗由一个等效电阻 R 表示。外部 I vs. U

元件和电阻都是双端口元件，连接在节点 0 和节点 1 之间。注意，需要在静电接口添加表示机械激励的运动方程。

5.4.3 摩擦纳米发电机的机电耦合模型

一般地讲，模型是由真实系统简化而来的，系统模型是通过简化和抽象得到的一种用来预测系统行为的结构。场路耦合模型结合数学模型和电路模型，将 TENG 转换器和电系统耦合在一起，用来研究具有不同几何结构和电荷分布的 TENG 的能量转换过程。通过将机械能部分加入耦合模型中，则能够完整描绘出系统中的能量流动过程。一般来说，TENG 能量采集系统（图 5.4）至少包括机械输入（如外部振动）、TENG 能量转换和电能输出三部分（能量管理系统）。因为 TENG 器件耦合机械能输入和电能输出部分，所以该能量收集系统需要同时考虑受力和电荷转移情况。建立力学平衡方程用于描述系统的机械动力学行为，一般用牛顿第二定律来连接机械接口和 TENG 换能器本身。注意 TENG 换能器和电系统的反向影响[16, 33-35]。连接 TENG 换能器本身和电学接口的电学方程一般依据基尔霍夫定律建立。

目前已经构建两种不同形式的 TENG 机械模型[16, 33-35]。图 5.8（a）～（c）是一个典型的以 CS-TENG 作为换能器的机械能采集系统，其机械模型用单自由度弹簧-质量-阻尼（single-degree-of-freedom spring-mass-damper，SDOF）系统表示。图 5.10（b）和（c）为碰撞前和碰撞时的系统几何示意图，将运动部分分为非接触和变形接触两种情况处理。对于后者，系统在受到机械弹簧（刚度 k_{eq}）的拉力之外，还会受到冲击弹性力（阻尼 k_i）。这意味着刚度和阻尼是分段函数，所以需要两个方程来描述系统运动过程。基于分段模型和等效电路模型，该机电耦合系统的控制方程为[33]

$$m\frac{d^2y}{dt^2} = -c_m\frac{dy}{dt} - k_{eq}y(t) + \frac{q^2(t)}{2\varepsilon_r\varepsilon_0 S} - ma, \quad y(t) < g_i \tag{5.27a}$$

$$m\frac{d^2y}{dt^2} = -c_i\frac{dy}{dt} - k_{eq}y(t) - k_i(y(t)-g_i) - ma, \quad y(t) \geqslant g_i \tag{5.27b}$$

$$\frac{dq(t)}{dt} = -\frac{q(t)}{\varepsilon_0 ZS}\left(\frac{T}{\varepsilon_r} + d_0 - y(t)\right) + \frac{\sigma}{\varepsilon_0 Z}(d_0 - y(t)) \tag{5.27c}$$

式中，m 为结构质量；c_i 为阻尼系数；k_i 为刚度系数；$y(t)$ 为从固定的初始参考值测量的上极板相对于底座的位移；c_m 为机械阻尼系数；k_{eq} 为固定梁的等效刚度，表达式为 $k_{eq} = m(2\pi f_n)^2$，其中 f_n 指结构共振频率；T 为介电层的厚度；a 为基础激励。

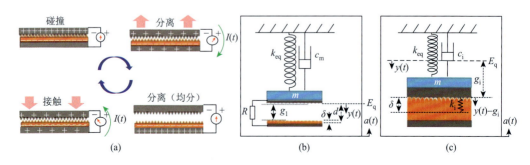

(a)　　　　　　　　　　(b)　　　　　　　　　　(c)

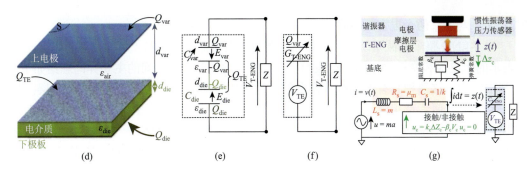

图 5.8　CS-TENG 的单自由度弹簧-质量-阻尼（single-degree-of-freedom spring-mass-damper，SDOF）模型及基本输出性能

（a）CE-TENG 的工作过程示意图；（b）碰撞前的等效 SDOF 模型；（c）碰撞时（放大图）的等效 SDOF 模型。基于摩擦电的驻极体纳米发电机（triboelectric-based electret nanogenerator，T-ENG）和基本输出：（d）垂直接触型 T-ENG 示意图；（e）T-ENG 的等效电路模型和参数；（f）T-ENG 的等效电路模型；（g）T-ENG 能量收集系统的机械模型，包括谐振器、摩擦层和基底

对于接触型独立层模式 CS-TENG，建立了基于三自由度的振动-冲击机械模型[34, 35]。无论是构建的 SDOF 系统还是三自由度的振动-冲击振荡器系统，选择何种自由度取决于研究系统的几何结构和系统输入情况。此外，应同时考虑系统的耦合效应，根据实际情况选择强耦合或者弱耦合[32]。事实证明，静电力在系统耦合和能量转换方面起着关键作用。通过上述模型，可以得到单个 TENG 在给定频率下得到最大输出功率的最佳条件。

另一种静电能收集器件（electrostatic kinetic energy harvesters，e-KEH）是 T-ENG，基于可变电容结构，其一般由两个或多个电极组成，电极被电介质隔开（通常为空气或真空）（图 5.8（d））。T-ENG 的电介质通常为驻极体材料，摩擦面的电压为[32]

$$V_{TE} \approx \sigma_{TE} d_{die} / \varepsilon_{die} = Q_{TE} / C_{die} \tag{5.28a}$$

式中，σ_{TE} 为驻极体表面的电荷密度；Q_{TE} 为总电荷；d_{die}、ε_{die} 和 C_{die} 分别为驻极体层的厚度、介电常数和电容。当空气隙远大于摩擦驻极体的厚度时，V_{TE} 主要取决于摩擦电荷和摩擦层的厚度而与空气隙无关。与 TENG 器件相似，T-ENG 器件也满足准静态-静电学基本规律。图 5.8（e）和（f）为 T-ENG 的等效电路模型。当连接外部阻抗 Z 时，根据基尔霍夫定律，阻抗上的电压为[32]

$$Z \frac{\mathrm{d}Q_{var}(t)}{\mathrm{d}t} + \frac{Q_{var}(t)}{C_{T\text{-}ENG}(t)} = V_{TE} \tag{5.28b}$$

其中，Q_{var} 为上电极电量；$C_{T\text{-}ENG}$ 为 T-ENG 的电容：

$$C_{T\text{-}ENG} = \frac{C_{var}C_{die}}{C_{var} + C_{die}} = S \frac{1}{\dfrac{d_{die}}{\varepsilon_{die}} + \dfrac{d_{var}}{\varepsilon_{air}}} \tag{5.28c}$$

C_{var} 为两层驻极体之间空气隙的电容；d_{var} 和 ε_{air} 分别为空气隙的厚度和介电常数。注意，式（5.28b）是变系数一阶微分方程，很难求得解析解。$Q_{var}(t)$ 的解析解可以用傅里叶级数表示，数值解可以使用如 SPICE 软件或 Simulink 软件进行求解[25, 32]。从式（5.28c）可以看出，T-ENG 由两个不同的电容组成：一个为介电体电容 C_{die}，与时间无关，取决于驻极体的厚度和介电常数；另一个为与上电极和驻极体之间的空气隙厚度相关的可变电容

C_{var}。C_{die} 与 C_{var} 两个电容是串联关系。

对 T-ENG 整个机械系统进行建模：主要包含谐振器、T-ENG、用弹簧 k 和阻尼元件 c 表示的上电极和摩擦层（图 5.8（g））[32]。TENG 和 T-ENG 之间的主要异同总结如下。①基本结构：这两种具有不同机械模型的能量收集器件都包括电极材料和电介质层；从这一点来看，两者是相似的。②材料选择：TENG 需要能够产生摩擦电荷的材料作为摩擦层，而 T-ENG 需要用驻极体材料（聚丙烯、PTFE）作为摩擦层。一般来说，驻极体材料是介电材料的一种，T-ENG 可以看作 TENG 的一个子分类。③建模和工作原理：TENG 和 T-ENG 有相同的等效电学模型，即等于开路电压与可变电容的串联形式。从经典电动力学理论来看，T-ENG 也是位移电流占主导，是一种利用位移电流为驱动力的能量转换器件。或者说，TENG 与 T-ENG 两者的工作原理非常接近。

5.5 摩擦纳米发电机的位移电流

5.5.1 接触分离模式摩擦纳米发电机的位移电流

接触分离模式 TENG（CS-TENG）示意图如图 5.9（a）所示，z_1、z_2、z_3 和 z_4 处的电荷密度分别为$-\sigma_u$、σ_T、$-\sigma_T$ 和 σ_u。介电材料 1 和介电材料 2 的介电常数分别为 ε_1 和 ε_2，两者所带电荷密度分别为 $+\sigma_T$ 和$-\sigma_T$。则 $z=z_4$ 和 $z=z_1$ 处的电势分别为[13]

$$\phi(0,0,z_4) = -\frac{\sigma_u}{\pi\varepsilon_2}\int_{z_4-z_1}^{\infty}f(z')dz' + \frac{\sigma_u}{\pi\varepsilon_2}\int_0^{\infty}f(z')dz' + \frac{\sigma_T}{\pi\varepsilon_2}\int_{z_4-z_2}^{\infty}f(z')dz' - \frac{\sigma_T}{\pi\varepsilon_2}\int_{z_4-z_3}^{\infty}f(z')dz'$$

（5.29a）

$$\phi(0,0,z_1) = -\frac{\sigma_u}{\pi\varepsilon_1}\int_0^{\infty}f(z')dz' + \frac{\sigma_u}{\pi\varepsilon_1}\int_{z_1-z_4}^{\infty}f(z')dz' + \frac{\sigma_T}{\pi\varepsilon_1}\int_{z_1-z_2}^{\infty}f(z')dz' - \frac{\sigma_T}{\pi\varepsilon_1}\int_{z_1-z_3}^{\infty}f(z')dz'$$

（5.29b）

式中，

$$f(z) = \arctan\left(\frac{ab}{4z\sqrt{\left(\frac{a}{2}\right)^2+\left(\frac{b}{2}\right)^2+z^2}}\right)$$

（5.29c）

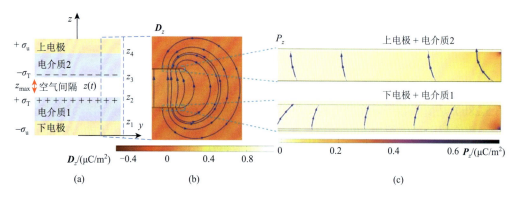

$D_z/(\mu C/m^2)$ -0.4   0   0.4   0.8   0   0.2   0.4   0.6 $P_z/(\mu C/m^2)$

(a)   (b)   (c)

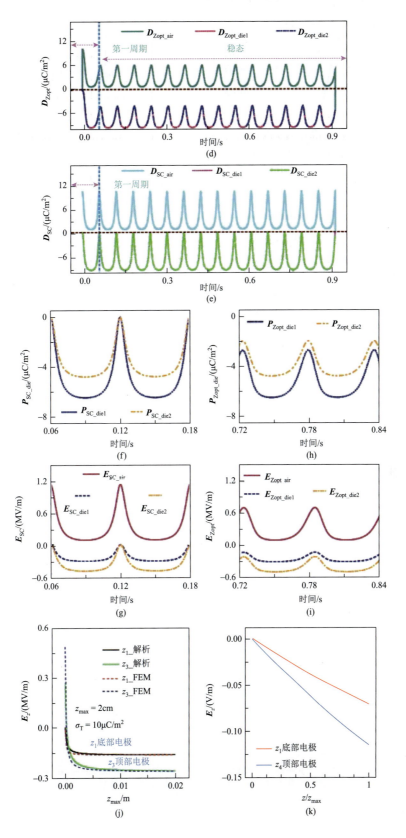

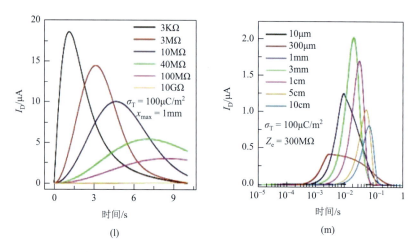

图 5.9　使用有限元模型计算 **CS-TENG** 的时变电场、极化和电位移

（a）CS 模式 TENG 有限元模型的结构；（b）CS-TENG 边缘处的电位移 z 方向分量（$\boldsymbol{D}_z$）；（c）CS-TENG 边缘处电极化的 z 方向分量（$\boldsymbol{P}_z$）；（d）匹配电阻（Z_{opt}）随时间的变化；（e）SC 状态下，空气隙、介质 1 和介质 2 中的电位移（$\boldsymbol{D}_{Zopt\_air}$、$\boldsymbol{D}_{Zopt\_die1}$、$\boldsymbol{D}_{Zopt\_die2}$）随时间的变化；（f）（g）SC 状态下，介质 1 和介质 2 的极化和电场（$\boldsymbol{P}_{SC\_die1}$、$\boldsymbol{P}_{SC\_die2}$、$\boldsymbol{E}_{SC\_die1}$、$\boldsymbol{E}_{SC\_die2}$）随时间的变化；（h）（i）匹配电阻状态下，介质 1 和介质 2 的极化和电场（$\boldsymbol{P}_{Zopt\_die1}$、$\boldsymbol{P}_{Zopt\_die2}$、$\boldsymbol{E}_{Zopt\_die1}$、$\boldsymbol{E}_{Zopt\_die2}$）随时间的变化；（j）SC 条件下，比较由有限元仿真和三维数学模型计算得到的 $\boldsymbol{E}_z$；（k）OC 条件下比较 z_1 和 z_4 位置的 $\boldsymbol{E}_z$；（l）不同 R 时，I_D 随时间的变化曲线；（m）不同 x_{max} 时，I_D 随时间的变化曲线

假设两电极间电阻为 Z，则电阻电压为

$$-ZA\frac{d\sigma_u}{dt} = \phi(0,0,z_4) - \phi(0,0,z_1) \tag{5.29d}$$

式中，A 为电极面积；σ_u 为转移电荷密度。相应的控制方程为

$$
\begin{aligned}
-ZA\frac{d\sigma_u}{dt} = {} & \frac{\sigma_u}{\pi\varepsilon_2}\int_0^{z_4-z_1} f(z')dz' + \frac{\sigma_T}{\pi\varepsilon_2}\int_{z_4-z_2}^{z_4-z_3} f(z')dz' \\
& + \frac{\sigma_T}{\pi\varepsilon_1}\int_{z_1-z_3}^{z_1-z_2} f(z')dz' + \frac{\sigma_u}{\pi\varepsilon_1}\int_0^{z_1-z_4} f(z')dz'
\end{aligned} \tag{5.29e}
$$

注意式（5.29c）是时变微分方程，求解出 σ_u 后可以计算外部电流、输出功率、输出能量和平均输出功率（P_{av}）。进一步，z 处的电场为[13]

$$
\begin{aligned}
E_z(0,0,z) = {} & -\frac{\sigma_u}{\pi\varepsilon(z)}\arctan\left(\frac{ab}{4(z-z_1)\sqrt{\left(\frac{a}{2}\right)^2 + \left(\frac{b}{2}\right)^2 + (z-z_1)^2}}\right) \\
& + \frac{\sigma_T}{\pi\varepsilon(z)}\arctan\left(\frac{ab}{4(z-z_2)\sqrt{\left(\frac{a}{2}\right)^2 + \left(\frac{b}{2}\right)^2 + (z-z_2)^2}}\right)
\end{aligned}
$$

$$- \frac{\sigma_T}{\pi\varepsilon(z)} \arctan\left(\frac{ab}{4(z-z_3)\sqrt{\left(\frac{a}{2}\right)^2 + \left(\frac{b}{2}\right)^2 + (z-z_3)^2}} \right)$$

$$+ \frac{\sigma_u}{\pi\varepsilon(z)} \arctan\left(\frac{ab}{4(z-z_4)\sqrt{\left(\frac{a}{2}\right)^2 + \left(\frac{b}{2}\right)^2 + (z-z_4)^2}} \right) \tag{5.29f}$$

式中，σ_T 和 σ_u 分别为摩擦电荷密度和转移电荷密度；$\varepsilon(z)$ 为 z 处的介电常数。注意，$\varepsilon(z)$ 是阶跃函数。利用上述方程可以计算出空气隙、介质 1 和介质 2 中的电场（$E_{z,\text{air}}(0,0,z_{\text{air}})$、$E_{z,\text{d1}}(0,0,z_{\text{d1}})$、$E_{z,\text{d2}}(0,0,z_{\text{d2}})$）。

结合式（5.24a），通过 z 平面的位移电流（$I_{d,z}$）为

$$I_{d,z} = \int_S \frac{\partial \boldsymbol{D}}{\partial t} \cdot \boldsymbol{n} \mathrm{d}S = \int_S \frac{\partial D_z}{\partial t} \mathrm{d}S$$

$$= -\frac{1}{4\pi}(z-z_1)\frac{\partial}{\partial t}\left\{ \sigma_u(t)\int_{-\infty}^{\infty}\mathrm{d}x\int_{-\infty}^{\infty}\mathrm{d}y\int_{-a/2}^{a/2}\mathrm{d}x'\int_{-b/2}^{b/2} \frac{\mathrm{d}y'}{\left[(x-x')^2 + (y-y')^2 + (z-z_1)^2\right]^{3/2}} \right\}$$

$$+ \frac{\sigma_T}{4\pi}(z-z_2)\frac{\partial}{\partial t}\left\{ \int_{-\infty}^{\infty}\mathrm{d}x\int_{-\infty}^{\infty}\mathrm{d}y\int_{-a/2}^{a/2}\mathrm{d}x'\int_{-b/2}^{b/2} \frac{\mathrm{d}y'}{\left[(x-x')^2 + (y-y')^2 + (z-z_2)^2\right]^{3/2}} \right\}$$

$$- \frac{\sigma_T}{4\pi}(z-z_3)\frac{\partial}{\partial t}\left\{ \int_{-\infty}^{\infty}\mathrm{d}x\int_{-\infty}^{\infty}\mathrm{d}y\int_{-a/2}^{a/2}\mathrm{d}x'\int_{-b/2}^{b/2} \frac{\mathrm{d}y'}{\left[(x-x')^2 + (y-y')^2 + (z-z_3)^2\right]^{3/2}} \right\}$$

$$+ \frac{1}{4\pi}(z-z_4)\frac{\partial}{\partial t}\left\{ \sigma_u(t)\int_{-\infty}^{\infty}\mathrm{d}x\int_{-\infty}^{\infty}\mathrm{d}y\int_{-a/2}^{a/2}\mathrm{d}x'\int_{-b/2}^{b/2} \frac{\mathrm{d}y'}{\left[(x-x')^2 + (y-y')^2 + (z-z_4)^2\right]^{3/2}} \right\}$$

$$\tag{5.29g}$$

式中，$\pm\sigma_u(t)$ 表示转移电荷密度。短路时，穿过整个 z 平面的位移电流（$I_{D,\text{SC}}$）可以用公式（5.29g）计算得到。

如果 $z = z_1$，则穿过这个平面的位移电流为

$$I_{D,\text{SC}} = ab\frac{\mathrm{d}\sigma(t)}{\mathrm{d}t} = \frac{\mathrm{d}Q_{\text{SC}}}{\mathrm{d}t} = I_{\text{SC}} \tag{5.29h}$$

同样的方法可计算出穿过 z_4 平面的位移电流。推导方程的数值结果和有限元仿真结果在图 5.9 中展示[13, 18]。从图中可以看出，不管是在空气隙中还是电介质内部，短路条件下的电位移矢量（$\boldsymbol{D}_{\text{SC\_air}}$、$\boldsymbol{D}_{\text{SC\_die}}$）均大于最佳匹配电阻条件下的电位移矢量（$\boldsymbol{D}_{\text{Zopt\_air}}$、$\boldsymbol{D}_{\text{Zopt\_die}}$）。这是由于与 SC 条件相比，负载情况下电场和电极化程度均比较小。当介电质

外部存在电场时，电介质内部产生偶极子，电介质被极化，其极化方向沿着所施加的电场方向。介电常数变大意味着宏观极化强度增强。因此，介质 1（$\varepsilon_1 = 3.4$）的极化强度大于介质 2（$\varepsilon_2 = 2.1$），而介质 1 内部的电场（$E_{\text{Zopt\_die1}}$）小于介质 2 材料的内部（$E_{\text{Zopt\_die2}}$）。图中 5.11（1）和（m）为不同条件下的位移电流时变情况。

5.5.2 单电极模式摩擦纳米发电机的位移电流

单电极模式 TENG（CSE-TENG）如图 5.5 所示，它由一个摩擦介质层和两个电极构成；两个电极中，一个电极为主电极，另一个为参考电极。当介质层上下运动时，电位差促使电子从一个电极流动到另一个电极，产生传导电流。结合三维数学模型，单电极模式中垂直于带电平面（沿 z 方向）的电场分量为[13]

$$E_z(0,0,z) = \frac{\sigma_u}{\pi\varepsilon_0}f(z-z_1) - \frac{\sigma_u}{\pi\varepsilon_0}f(z-z_2) + \frac{\sigma_T}{\pi\varepsilon_0}f(z-z_2) - \frac{\sigma_T}{\pi\varepsilon_0}f(z-z_3) \quad (5.30a)$$

用同样的方法，z_1 和 z_4 处的电势表达式为

$$\phi(0,0,z_1) = \frac{\sigma_u}{\pi\varepsilon_0}\int_0^\infty f(z')\mathrm{d}z' - \frac{\sigma_u}{\pi\varepsilon_0}\int_{z_1-z_2}^\infty f(z')\mathrm{d}z' + \frac{\sigma_T}{\pi\varepsilon_0}\int_{z_1-z_2}^\infty f(z')\mathrm{d}z' - \frac{\sigma_T}{\pi\varepsilon_0}\int_{z_1-z_3}^\infty f(z')\mathrm{d}z'$$

$$(5.30b)$$

$$\phi(0,0,z_2) = \frac{\sigma_u}{\pi\varepsilon_0}\int_{z_2-z_1}^\infty f(z')\mathrm{d}z' - \frac{\sigma_u}{\pi\varepsilon_0}\int_0^\infty f(z')\mathrm{d}z' + \frac{\sigma_T}{\pi\varepsilon_0}\int_0^\infty f(z')\mathrm{d}z' - \frac{\sigma_T}{\pi\varepsilon_0}\int_{z_2-z_3}^\infty f(z')\mathrm{d}z'$$

$$(5.30c)$$

得到两电极之间的电势差为

$$\Delta\phi = \phi(0,0,z_2) - \phi(0,0,z_1)$$
$$= \frac{\sigma_u}{\pi\varepsilon_0}\int_{z_2-z_1}^0 f(z')\mathrm{d}z' - \frac{\sigma_u}{\pi\varepsilon_0}\int_0^{z_1-z_2} f(z')\mathrm{d}z' + \frac{\sigma_T}{\pi\varepsilon_0}\int_0^{z_2-z_3} f(z')\mathrm{d}z' - \frac{\sigma_T}{\pi\varepsilon_0}\int_{z_1-z_2}^{z_1-z_3} f(z')\mathrm{d}z'$$

$$(5.30d)$$

根据基尔霍夫定律，可得

$$\Delta\phi = -ZA\frac{\mathrm{d}\sigma_u}{\mathrm{d}t} \quad (5.30e)$$

式中，$\Delta\phi$ 表示两电极的电势差。运用与 CS-TENG 相同的方法，可以计算出 SEC-TENG 的位移电流，详细结果可参考文献[13]。

5.5.3 水平滑动模式摩擦纳米发电机的位移电流

图 5.10（a）是一个由两个电介质层和电极构成的水平滑动模式 TENG（LS-TENG）。

当摩擦层在外力作用下相对运动时，接触面上产生摩擦电荷。在理想状态下，因为摩擦面完全接触，所以在摩擦层重叠区域电荷为零[15, 16]。结合三维数学模型和式（5.21a），开路时 LS-TENG 的电势表达式如下[15]：

$$
\begin{aligned}
\phi(x,y,z,t) = & -\frac{\sigma_{\mathrm{T}}}{4\pi\varepsilon(\boldsymbol{r})}\int_0^{a(t)}\mathrm{d}x'\int_{-b/2}^{b/2}\frac{\mathrm{d}y'}{\left[(x-x')^2+(y-y')^2+(z-z_{0^-})^2\right]^{1/2}} \\
& +\frac{\sigma_{\mathrm{T}}}{4\pi\varepsilon(\boldsymbol{r})}\int_L^{L+a(t)}\mathrm{d}x'\int_{-b/2}^{b/2}\frac{\mathrm{d}y'}{\left[(x-x')^2+(y-y')^2+(z-z_{0^+})^2\right]^{1/2}} \\
& +\frac{\sigma_{\mathrm{T}}}{4\pi\varepsilon(\boldsymbol{r})}\int_0^{a(t)}\mathrm{d}x'\int_{-b/2}^{b/2}\frac{\mathrm{d}y'}{\left[(x-x')^2+(y-y')^2+(z-z_1)^2\right]^{1/2}} \\
& -\frac{\sigma_{\mathrm{T}}}{4\pi\varepsilon(\boldsymbol{r})}\int_L^{L+a(t)}\mathrm{d}x'\int_{-b/2}^{b/2}\frac{\mathrm{d}y'}{\left[(x-x')^2+(y-y')^2+(z-z_2)^2\right]^{1/2}} \\
& +\frac{\sigma_{\mathrm{E}}}{4\pi\varepsilon(\boldsymbol{r})}\int_{a(t)}^L\mathrm{d}x'\int_{-b/2}^{b/2}\frac{\mathrm{d}y'}{\left[(x-x')^2+(y-y')^2+(z-z_3)^2\right]^{1/2}} \\
& -\frac{\sigma_{\mathrm{E}}}{4\pi\varepsilon(\boldsymbol{r})}\int_{a(t)}^L\mathrm{d}x'\int_{-b/2}^{b/2}\frac{\mathrm{d}y'}{\left[(x-x')^2+(y-y')^2+(z-z_4)^2\right]^{1/2}}
\end{aligned}
\tag{5.31a}
$$

式中，$a(t)$ 为相对滑动距离；L 为电极长度；σ_{E} 为重叠区域上下电极的电荷密度；符号 z_{0^-} 表示无限接近但小于 z_0 处的平面；z_{0^+} 表示无限接近但大于 z_0 处的平面。开路时，电场表达式为

$$
\begin{aligned}
E(x,y,z,t) = & -\frac{\sigma_{\mathrm{T}}}{4\pi\varepsilon(\boldsymbol{r})}\int_0^{a(t)}\mathrm{d}x'\int_{-b/2}^{b/2}\frac{(x-x',y-y',z-z_{0^-})}{\left[(x-x')^2+(y-y')^2+(z-z_{0^-})^2\right]^{3/2}}\mathrm{d}y' \\
& +\frac{\sigma_{\mathrm{T}}}{4\pi\varepsilon(\boldsymbol{r})}\int_L^{L+a(t)}\mathrm{d}x'\int_{-b/2}^{b/2}\frac{(x-x',y-y',z-z_{0^+})}{\left[(x-x')^2+(y-y')^2+(z-z_{0^+})^2\right]^{3/2}}\mathrm{d}y' \\
& +\frac{\sigma_{\mathrm{T}}}{4\pi\varepsilon(\boldsymbol{r})}\int_0^{a(t)}\mathrm{d}x'\int_{-b/2}^{b/2}\frac{(x-x',y-y',z-z_1)}{\left[(x-x')^2+(y-y')^2+(z-z_1)^2\right]^{3/2}}\mathrm{d}y' \\
& -\frac{\sigma_{\mathrm{T}}}{4\pi\varepsilon(\boldsymbol{r})}\int_L^{L+a(t)}\mathrm{d}x'\int_{-b/2}^{b/2}\frac{(x-x',y-y',z-z_2)}{\left[(x-x')^2+(y-y')^2+(z-z_2)^2\right]^{3/2}}\mathrm{d}y' \\
& +\frac{\sigma_{\mathrm{E}}}{4\pi\varepsilon(\boldsymbol{r})}\int_{a(t)}^L\mathrm{d}x'\int_{-b/2}^{b/2}\frac{(x-x',y-y',z-z_1)}{\left[(x-x')^2+(y-y')^2+(z-z_1)^2\right]^{3/2}}\mathrm{d}y' \\
& -\frac{\sigma_{\mathrm{E}}}{4\pi\varepsilon(\boldsymbol{r})}\int_{a(t)}^L\mathrm{d}x'\int_{-b/2}^{b/2}\frac{(x-x',y-y',z-z_2)}{\left[(x-x')^2+(y-y')^2+(z-z_2)^2\right]^{3/2}}\mathrm{d}y'
\end{aligned}
\tag{5.31b}
$$

根据位移电流的定义和式（5.24a），开路时穿过 LS-TENG 内部 z 平面处的位移电流（$I_{\mathrm{D,OC}}$）为

$$I_{\mathrm{D,OC}} = \int_s \frac{\partial \boldsymbol{D}}{\partial t} \cdot \boldsymbol{n}\,\mathrm{d}S = \int_S \frac{\partial D_z}{\partial t}\,\mathrm{d}S$$

$$= +\frac{\sigma_{\mathrm{T}}}{4\pi}(z+z_{0^-})\frac{\partial}{\partial t}\left\{\int_{-\infty}^{\infty}\mathrm{d}x\int_{-\infty}^{\infty}\mathrm{d}y\int_0^{a(t)}\mathrm{d}x'\int_{-b/2}^{b/2}\frac{\mathrm{d}y'}{\left[(x-x')^2+(y-y')^2+(z-z_{0^-})^2\right]^{3/2}}\right\}$$

$$-\frac{\sigma_{\mathrm{T}}}{4\pi}(z-z_{0^+})\frac{\partial}{\partial t}\left\{\int_{-\infty}^{\infty}\mathrm{d}x\int_{-\infty}^{\infty}\mathrm{d}y\int_L^{L+a(t)}\mathrm{d}x'\int_{-b/2}^{b/2}\frac{\mathrm{d}y'}{\left[(x-x')^2+(y-y')^2+(z-z_{0^+})^2\right]^{3/2}}\right\}$$

$$-\frac{\sigma_{\mathrm{T}}}{4\pi}(z-z_1)\frac{\partial}{\partial t}\left\{\int_{-\infty}^{\infty}\mathrm{d}x\int_{-\infty}^{\infty}\mathrm{d}y\int_0^{a(t)}\mathrm{d}x'\int_{-b/2}^{b/2}\frac{\mathrm{d}y'}{\left[(x-x')^2+(y-y')^2+(z-z_1)^2\right]^{3/2}}\right\}$$

$$+\frac{\sigma_{\mathrm{T}}}{4\pi}(z+z_2)\frac{\partial}{\partial t}\left\{\int_{-\infty}^{\infty}\mathrm{d}x\int_{-\infty}^{\infty}\mathrm{d}y\int_L^{L+a(t)}\mathrm{d}x'\int_{-b/2}^{b/2}\frac{\mathrm{d}y'}{\left[(x-x')^2+(y-y')^2+(z-z_2)^2\right]^{3/2}}\right\}$$

$$-\frac{1}{4\pi}(z-z_1)\frac{\partial}{\partial t}\left\{\sigma_{\mathrm{E}}(t)\int_{-\infty}^{\infty}\mathrm{d}x\int_{-\infty}^{\infty}\mathrm{d}y\int_{a(t)}^{L}\mathrm{d}x'\int_{-b/2}^{b/2}\frac{\mathrm{d}y'}{\left[(x-x')^2+(y-y')^2+(z-z_1)^2\right]^{3/2}}\right\}$$

$$+\frac{1}{4\pi}(z+z_2)\frac{\partial}{\partial t}\left\{\sigma_{\mathrm{E}}(t)\int_{-\infty}^{\infty}\mathrm{d}x\int_{-\infty}^{\infty}\mathrm{d}y\int_{a(t)}^{L}\mathrm{d}x'\int_{-b/2}^{b/2}\frac{\mathrm{d}y'}{\left[(x-x')^2+(y-y')^2+(z-z_2)^2\right]^{3/2}}\right\}$$

（5.31c）

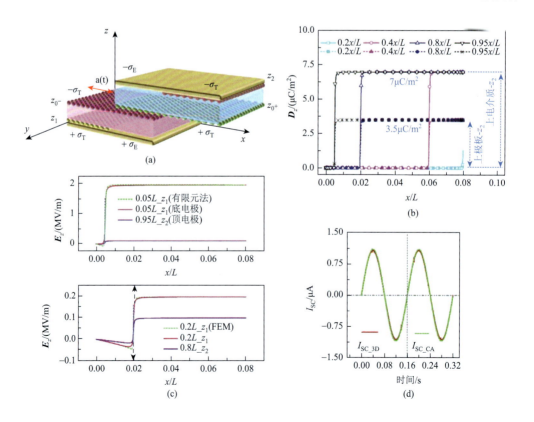

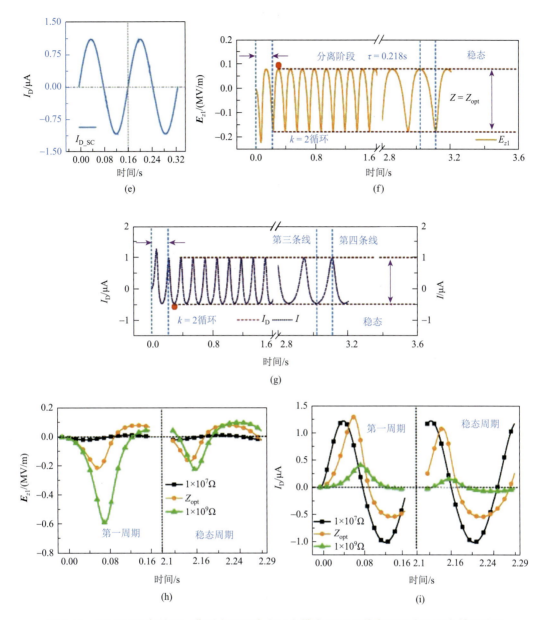

图 5.10　OC 和 SC 条件下，典型水平滑动（LS）模式 TENG 的有限元（FEM）模拟结果

（a）笛卡儿坐标中典型的介质-介质型 LS-TENG 的示意图；（b）电位移的 z 分量（D_z）；（c）比较有限元模拟和三维数学模型得到的在不同相对分离距离时的 E_z；（d）比较三维（3D）模型和电容（CA）模型的短路电流；（e）SC 条件下位移电流（I_D）随时间的变化；（f）最佳电阻条件下底部电极（$z = z_1$）的电场；（g）最佳电阻条件下相应的 I_D 随时间的变化；（h）（i）在不同的负载电阻条件下，第一个周期内和一个稳态周期内的 z_1 处的电场和 I_D

　　当电极之间连接电阻时，位于电极重叠区域的电荷密度 $\pm\sigma_E(t)$ 由基尔霍夫定律确定。同样，基尔霍夫定律也确定了短路时的电荷密度 $\pm\sigma_E(t)$，此时两电极电势相等。电极电势表达式如下：

$$
\begin{aligned}
\phi(x,y,z,t) = &-\frac{\sigma_{\mathrm{T}}}{4\pi\varepsilon(\boldsymbol{r})}\int_0^{a(t)}\mathrm{d}x'\int_{-b/2}^{b/2}\frac{\mathrm{d}y'}{\left[(x-x')^2+(y-y')^2+(z-z_{0^-})^2\right]^{1/2}} \\
&+\frac{\sigma_{\mathrm{T}}}{4\pi\varepsilon(\boldsymbol{r})}\int_L^{L+a(t)}\mathrm{d}x'\int_{-b/2}^{b/2}\frac{\mathrm{d}y'}{\left[(x-x')^2+(y-y')^2+(z-z_{0^+})^2\right]^{1/2}} \\
&+\frac{\sigma_{\mathrm{T}}}{4\pi\varepsilon(\boldsymbol{r})}\int_0^{a(t)}\mathrm{d}x'\int_{-b/2}^{b/2}\frac{\mathrm{d}y'}{\left[(x-x')^2+(y-y')^2+(z-z_1)^2\right]^{1/2}} \\
&-\frac{\sigma_{\mathrm{T}}}{4\pi\varepsilon(\boldsymbol{r})}\int_L^{L+a(t)}\mathrm{d}x'\int_{-b/2}^{b/2}\frac{\mathrm{d}y'}{\left[(x-x')^2+(y-y')^2+(z-z_2)^2\right]^{1/2}} \\
&+\frac{\sigma_{\mathrm{E}}}{4\pi\varepsilon(\boldsymbol{r})}\int_{a(t)}^{L}\mathrm{d}x'\int_{-b/2}^{b/2}\frac{\mathrm{d}y'}{\left[(x-x')^2+(y-y')^2+(z-z_1)^2\right]^{1/2}} \\
&-\frac{\sigma_{\mathrm{E}}}{4\pi\varepsilon(\boldsymbol{r})}\int_{a(t)}^{L}\mathrm{d}x'\int_{-b/2}^{b/2}\frac{\mathrm{d}y'}{\left[(x-x')^2+(y-y')^2+(z-z_2)^2\right]^{1/2}} \\
&+\frac{\sigma_{\mathrm{u}}}{4\pi\varepsilon(\boldsymbol{r})}\int_{a(t)}^{L}\mathrm{d}x'\int_{-b/2}^{b/2}\frac{\mathrm{d}y'}{\left[(x-x')^2+(y-y')^2+(z-z_1)^2\right]^{1/2}} \\
&-\frac{\sigma_{\mathrm{u}}}{4\pi\varepsilon(\boldsymbol{r})}\int_{a(t)}^{L}\mathrm{d}x'\int_{-b/2}^{b/2}\frac{\mathrm{d}y'}{\left[(x-x')^2+(y-y')^2+(z-z_2)^2\right]^{1/2}}
\end{aligned}
$$

（5.31d）

因为短路时两电极电势相等，得到 $\phi_1(x,y,z_1,t)=\phi_2(x,y,z_2,t)$，可解得转移电荷 $\sigma_{\mathrm{u}}(t)$。同样，短路时的电场强度为

$$
\begin{aligned}
\boldsymbol{E}(x,y,z,t) = &-\frac{\sigma_{\mathrm{T}}}{4\pi\varepsilon(\boldsymbol{r})}\int_0^{a(t)}\mathrm{d}x'\int_{-b/2}^{b/2}\mathrm{d}y'\frac{(x-x',y-y',z-z_{0^-})}{\left[(x-x')^2+(y-y')^2+(z-z_{0^-})^2\right]^{3/2}} \\
&+\frac{\sigma_{\mathrm{T}}}{4\pi\varepsilon(\boldsymbol{r})}\int_L^{L+a(t)}\mathrm{d}x'\int_{-b/2}^{b/2}\mathrm{d}y'\frac{(x-x',y-y',z-z_{0^+})}{\left[(x-x')^2+(y-y')^2+(z-z_{0^+})^2\right]^{3/2}} \\
&+\frac{\sigma_{\mathrm{T}}}{4\pi\varepsilon(\boldsymbol{r})}\int_0^{a(t)}\mathrm{d}x'\int_{-b/2}^{b/2}\mathrm{d}y'\frac{(x-x',y-y',z-z_1)}{\left[(x-x')^2+(y-y')^2+(z-z_1)^2\right]^{3/2}} \\
&-\frac{\sigma_{\mathrm{T}}}{4\pi\varepsilon(\boldsymbol{r})}\int_L^{L+a(t)}\mathrm{d}x'\int_{-b/2}^{b/2}\mathrm{d}y'\frac{(x-x',y-y',z-z_2)}{\left[(x-x')^2+(y-y')^2+(z-z_2)^2\right]^{3/2}} \\
&+\frac{\sigma_{\mathrm{E}}}{4\pi\varepsilon(\boldsymbol{r})}\int_{a(t)}^{L}\mathrm{d}x'\int_{-b/2}^{b/2}\mathrm{d}y'\frac{(x-x',y-y',z-z_1)}{\left[(x-x')^2+(y-y')^2+(z-z_1)^2\right]^{3/2}} \\
&-\frac{\sigma_{\mathrm{E}}}{4\pi\varepsilon(\boldsymbol{r})}\int_{a(t)}^{L}\mathrm{d}x'\int_{-b/2}^{b/2}\mathrm{d}y'\frac{(x-x',y-y',z-z_2)}{\left[(x-x')^2+(y-y')^2+(z-z_2)^2\right]^{3/2}} \\
&+\frac{\sigma_{\mathrm{u}}}{4\pi\varepsilon(\boldsymbol{r})}\int_{a(t)}^{L}\mathrm{d}x'\int_{-b/2}^{b/2}\mathrm{d}y'\frac{(x-x',y-y',z-z_1)}{\left[(x-x')^2+(y-y')^2+(z-z_1)^2\right]^{3/2}} \\
&-\frac{\sigma_{\mathrm{u}}}{4\pi\varepsilon(\boldsymbol{r})}\int_{a(t)}^{L}\mathrm{d}x'\int_{-b/2}^{b/2}\mathrm{d}y'\frac{(x-x',y-y',z-z_2)}{\left[(x-x')^2+(y-y')^2+(z-z_2)^2\right]^{3/2}}
\end{aligned}
$$

（5.31e）

注意，两电极之间的转移电荷为 $\pm\sigma_{\mathrm{u}}(t)$。相应地，可得到短路条件下穿过 TENG 内部 z 平面的位移电流（$I_{\mathrm{D,SC}}$）。z_1 和 z_2 处的电势 $\phi_1(x,y,z_1,t)$ 与 $\phi_2(x,y,z_2,t)$ 由式（5.31d）给出，若连接在两电极之间的外部阻抗为 Z，则 LS-TENG 的控制方程为[15]

$$-ZS\frac{\mathrm{d}\sigma_{\mathrm{u}}}{\mathrm{d}t} = \phi_1(x,y,z_1) - \phi_2(x,y,z_2) \tag{5.31f}$$

式中，S 为接触面积。同样，方程（5.31f）是一个一阶变系数微分方程，求解该方程可以得到转移电荷 $\sigma_{\mathrm{u}}(t)$。根据 $\sigma_{\mathrm{u}}(t)$，通过式（5.31e）和式（5.31f）计算外部阻抗 Z 时的电场和位移电流。无论是外接电阻还是短路情况，这些方程都有相同的形式。图 5.10 为 LS-TENG 在短路条件和外接不同电阻时的有限元仿真和数值计算结果。

5.5.4　接触式独立层模式摩擦纳米发电机的位移电流

图 5.11（a）是一个典型的介质型接触式独立层模式 TENG（dielectric contact-mode freestanding TENG，DCF-TENG），σ 和 Q_{u} 分别表示摩擦电荷密度和转移电荷密度，W、L 和 S 分别表示电极和电介质的宽度、长度和面积。参数 z_1、z_2、z_3 和 z_4 分别表示下层电极的上表面、电介质的下表面和上表面以及上层电极下表面的 z 坐标。其中，z_2 和 z_3 随时间变化。DCF-TENG 电极电势 $\phi(0,0,z,t)$ 表达式为[31]

$$
\begin{aligned}
\phi(0,0,z,t) = & -\frac{Q_{\mathrm{u}}}{4\pi\varepsilon_0 S}\int_{-\frac{W}{2}}^{\frac{W}{2}}\int_{-\frac{L}{2}}^{\frac{L}{2}}\frac{\mathrm{d}x'\mathrm{d}y'}{\left[x'^2+y'^2+(z-z_1)^2\right]^{1/2}} \\
& +\frac{\sigma}{4\pi\varepsilon_0}\int_{-\frac{W}{2}}^{\frac{W}{2}}\int_{-\frac{L}{2}}^{\frac{L}{2}}\frac{\mathrm{d}x'\mathrm{d}y'}{\left[x'^2+y'^2+(z-z_1)^2\right]^{1/2}} \\
& -\frac{\sigma}{4\pi\varepsilon_0}\int_{-\frac{W}{2}}^{\frac{W}{2}}\int_{-\frac{L}{2}}^{\frac{L}{2}}\frac{\mathrm{d}x'\mathrm{d}y'}{\left[x'^2+y'^2+(z-z_2)^2\right]^{1/2}} \\
& -\frac{\sigma}{4\pi\varepsilon_0}\int_{-\frac{W}{2}}^{\frac{W}{2}}\int_{-\frac{L}{2}}^{\frac{L}{2}}\frac{\mathrm{d}x'\mathrm{d}y'}{\left[x'^2+y'^2+(z-z_3)^2\right]^{1/2}} \\
& +\frac{\sigma}{4\pi\varepsilon_0}\int_{-\frac{W}{2}}^{\frac{W}{2}}\int_{-\frac{L}{2}}^{\frac{L}{2}}\frac{\mathrm{d}x'\mathrm{d}y'}{\left[x'^2+y'^2+(z-z_4)^2\right]^{1/2}} \\
& +\frac{Q_{\mathrm{u}}}{4\pi\varepsilon_0 S}\int_{-\frac{W}{2}}^{\frac{W}{2}}\int_{-\frac{L}{2}}^{\frac{L}{2}}\frac{\mathrm{d}x'\mathrm{d}y'}{\left[x'^2+y'^2+(z-z_4)^2\right]^{1/2}}
\end{aligned}
\tag{5.32a}
$$

根据式（5.21c），电场强度 $E_z(0,0,z,t)$ 的 z 方向分量为

$$
\begin{aligned}
E_z(0,0,z,t) = & -\frac{Q_{\mathrm{u}}(z-z_1)}{4\pi\varepsilon_0 S}\int_{-\frac{W}{2}}^{\frac{W}{2}}\int_{-\frac{L}{2}}^{\frac{L}{2}}\frac{\mathrm{d}x'\mathrm{d}y'}{\left[x'^2+y'^2+(z-z_1)^2\right]^{3/2}} \\
& +\frac{\sigma(z-z_1)}{4\pi\varepsilon_0}\int_{-\frac{W}{2}}^{\frac{W}{2}}\int_{-\frac{L}{2}}^{\frac{L}{2}}\frac{\mathrm{d}x'\mathrm{d}y'}{\left[x'^2+y'^2+(z-z_1)^2\right]^{3/2}}
\end{aligned}
$$

$$-\frac{\sigma(z-z_2)}{4\pi\varepsilon_0}\int_{-\frac{W}{2}}^{\frac{W}{2}}\int_{-\frac{L}{2}}^{\frac{L}{2}}\frac{\mathrm{d}x'\mathrm{d}y'}{\left[x'^2+y'^2+(z-z_2)^2\right]^{3/2}}$$

$$-\frac{\sigma(z-z_3)}{4\pi\varepsilon_0}\int_{-\frac{W}{2}}^{\frac{W}{2}}\int_{-\frac{L}{2}}^{\frac{L}{2}}\frac{\mathrm{d}x'\mathrm{d}y'}{\left[x'^2+y'^2+(z-z_3)^2\right]^{3/2}}$$

$$+\frac{\sigma(z-z_4)}{4\pi\varepsilon_0}\int_{-\frac{W}{2}}^{\frac{W}{2}}\int_{-\frac{L}{2}}^{\frac{L}{2}}\frac{\mathrm{d}x'\mathrm{d}y'}{\left[x'^2+y'^2+(z-z_4)^2\right]^{3/2}}$$

$$+\frac{Q_\mathrm{u}(z-z_4)}{4\pi\varepsilon_0 S}\int_{-\frac{W}{2}}^{\frac{W}{2}}\int_{-\frac{L}{2}}^{\frac{L}{2}}\frac{\mathrm{d}x'\mathrm{d}y'}{\left[x'^2+y'^2+(z-z_4)^2\right]^{3/2}} \tag{5.32b}$$

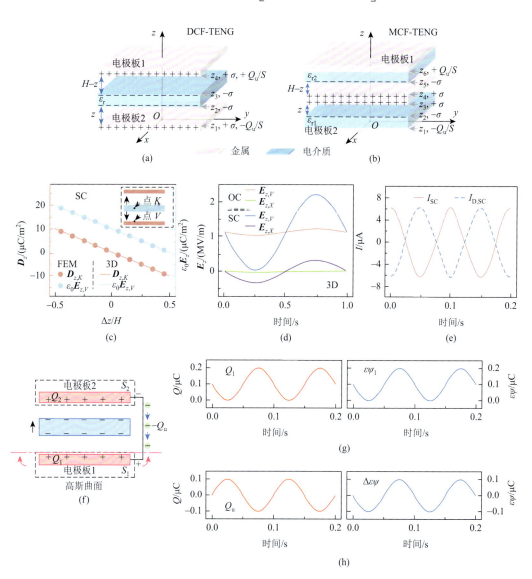

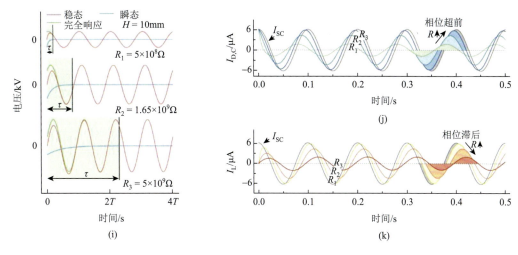

图 5.11　CF-TENG 的三维数学模型以及基本输出特性

（a）（b）典型介质型 CF-TENG（DCF-TENG）和金属型 CF-TENG（MCF-TENG）的三维数学模型；（c）SC 条件下，K 点的 D_z 和 V 点的 E_z 随 $\Delta z/H$ 的变化；（d）K 点和 V 点的 E_z；（e）SC 条件下，短路时的位移电流 $I_{D,SC}$ 和 I_{SC} 随时间的变化；（f）SC 条件下，DCF-TENG 中一个典型高斯面的示意图；（g）（h）由于转移电荷的重新分布，Q_1、$\varepsilon\psi_1$、Q_u 和 $\Delta\varepsilon\psi$ 随时间的变化；（i）气隙厚度为 10mm 时，CF-TENG 在不同负载条件下的稳态、瞬态和完全响应；（j）（k）在三种不同的负载条件下，通过 TENG 器件内部的电流（$I_{D,C}$）和外部阻抗的电流（I_L）

在开路状态时，两电极间没有电荷转移，开路电压表达式为 $V_{OC} = \phi_1(0,0,z_1,t) - \phi_2(0,0,z_4,t)$，可简化为以下形式：

$$V_{OC}(t) = \phi_1(0,0,z_1,t) - \phi_2(0,0,z_4,t)$$

$$= -\frac{\sigma}{4\pi\varepsilon_0}\int_{-\frac{W}{2}}^{\frac{W}{2}}\int_{-\frac{L}{2}}^{\frac{L}{2}}\frac{\mathrm{d}x'\mathrm{d}y'}{\left[x'^2 + y'^2 + (z_1 - z_2)^2\right]^{1/2}}$$

$$- \frac{\sigma}{4\pi\varepsilon_0}\int_{-\frac{W}{2}}^{\frac{W}{2}}\int_{-\frac{L}{2}}^{\frac{L}{2}}\frac{\mathrm{d}x'\mathrm{d}y'}{\left[x'^2 + y'^2 + (z_1 - z_3)^2\right]^{1/2}}$$

$$+ \frac{\sigma}{4\pi\varepsilon_0}\int_{-\frac{W}{2}}^{\frac{W}{2}}\int_{-\frac{L}{2}}^{\frac{L}{2}}\frac{\mathrm{d}x'\mathrm{d}y'}{\left[x'^2 + y'^2 + (z_4 - z_2)^2\right]^{1/2}}$$

$$+ \frac{\sigma}{4\pi\varepsilon_0}\int_{-\frac{W}{2}}^{\frac{W}{2}}\int_{-\frac{L}{2}}^{\frac{L}{2}}\frac{\mathrm{d}x'\mathrm{d}y'}{\left[x'^2 + y'^2 + (z_4 - z_3)^2\right]^{1/2}} \tag{5.32c}$$

当两电极之间外接电阻时，电阻上的电压为

$$-Z\frac{\mathrm{d}Q_u}{\mathrm{d}t} = \phi_1(0,0,z_1,t) - \phi_2(0,0,z_4,t) \tag{5.32d}$$

式中，$\phi_1(0,0,z_1,t)$ 和 $\phi_2(0,0,z_4,t)$ 分别表示两电极之间的电势。穿过 z 方向上的位移电流为

$$
I_{\mathrm{D},z}(z,t) = \int_s \frac{\partial \boldsymbol{D}}{\partial t} \cdot \boldsymbol{n} \mathrm{d}S
$$

$$
= -\frac{z-z_1}{4\pi S} \frac{\partial}{\partial t} \left\{ Q_{\mathrm{u}} \int_{-\infty}^{\infty} \int_{-\infty}^{\infty} \mathrm{d}x\mathrm{d}y \int_{-\frac{W}{2}}^{\frac{W}{2}} \int_{-\frac{L}{2}}^{\frac{L}{2}} \frac{\mathrm{d}x'\mathrm{d}y'}{\left[(x'-x)^2 + (y'-y)^2 + (z-z_1)^2 \right]^{3/2}} \right\}
$$

$$
+ \frac{\sigma(z-z_1)}{4\pi} \frac{\partial}{\partial t} \left\{ \int_{-\infty}^{\infty} \int_{-\infty}^{\infty} \mathrm{d}x\mathrm{d}y \int_{-\frac{W}{2}}^{\frac{W}{2}} \int_{-\frac{L}{2}}^{\frac{L}{2}} \frac{\mathrm{d}x'\mathrm{d}y'}{\left[(x'-x)^2 + (y'-y)^2 + (z-z_1)^2 \right]^{3/2}} \right\}
$$

$$
- \frac{\sigma}{4\pi} \frac{\partial}{\partial t} \left\{ (z-z_2) \int_{-\infty}^{\infty} \int_{-\infty}^{\infty} \mathrm{d}x\mathrm{d}y \int_{-\frac{W}{2}}^{\frac{W}{2}} \int_{-\frac{L}{2}}^{\frac{L}{2}} \frac{\mathrm{d}x'\mathrm{d}y'}{\left[(x'-x)^2 + (y'-y)^2 + (z-z_2)^2 \right]^{3/2}} \right\}
$$

$$
- \frac{\sigma}{4\pi} \frac{\partial}{\partial t} \left\{ (z-z_3) \int_{-\infty}^{\infty} \int_{-\infty}^{\infty} \mathrm{d}x\mathrm{d}y \int_{-\frac{W}{2}}^{\frac{W}{2}} \int_{-\frac{L}{2}}^{\frac{L}{2}} \frac{\mathrm{d}x'\mathrm{d}y'}{\left[(x'-x)^2 + (y'-y)^2 + (z-z_3)^2 \right]^{3/2}} \right\}
$$

$$
+ \frac{\sigma(z-z_4)}{4\pi} \frac{\partial}{\partial t} \left\{ \int_{-\infty}^{\infty} \int_{-\infty}^{\infty} \mathrm{d}x\mathrm{d}y \int_{-\frac{W}{2}}^{\frac{W}{2}} \int_{-\frac{L}{2}}^{\frac{L}{2}} \frac{\mathrm{d}x'\mathrm{d}y'}{\left[(x'-x)^2 + (y'-y)^2 + (z-z_4)^2 \right]^{3/2}} \right\}
$$

$$
+ \frac{z-z_4}{4\pi S} \frac{\partial}{\partial t} \left\{ Q_{\mathrm{u}} \int_{-\infty}^{\infty} \int_{-\infty}^{\infty} \mathrm{d}x\mathrm{d}y \int_{-\frac{W}{2}}^{\frac{W}{2}} \int_{-\frac{L}{2}}^{\frac{L}{2}} \frac{\mathrm{d}x'\mathrm{d}y'}{\left[(x'-x)^2 + (y'-y)^2 + (z-z_4)^2 \right]^{3/2}} \right\}
$$

$$
\text{(5.32e)}
$$

图 5.13 为 DCF-TENG 和 MCF-TENG 的三维数学模型以及根据 FEM 仿真和电容模型在不同条件下得到的计算结果。

5.5.5　滑动型独立层模式摩擦纳米发电机位移电流

图 5.12（a）和（b）分别为两个典型的金属型滑动型独立层模式 TENG（MSF-TENG）和介质型滑动型独立层模式 TENG（DSF-TENG）示意图。当滑块在机械作用下左右移动时，自由电荷在电极 1 和电极 2 之间流动以保持静电平衡；同时，系统输入的机械能转换成电能并输出到外电路。此时，在顶部金属电极中可观察到感应电荷重新分布。由于特殊的几何结构和两电极之间分布的空气间隙会引起发散电场，根据滑块位置 $x(t)$ 将电荷分布划分为三种状态进行处理（图 5.12）[49]。状态 I：$-(W+g)/2 < x(t) \leqslant -(W-g)/2$；状态 II：$-(W-g)/2 < x(t) < (W-g)/2$；状态 III：$(W-g)/2 \leqslant x(t) < (W+g)/2$。其中，$W$ 和 g 分别代表介质和气隙的宽度。电极的起点和终点分别设为 $x_2(t)$ 和 $x_5(t)$（图 5.12（a）～（e））。当滑块从左到右运动（或相反）时，$x_2(t)$ 和 $x_5(t)$ 的位置发生变化。注意，运用此方法进行处理时，假设条件如下：①任何时刻 SF-TENG 均是电中性的，且根据集总事物原则可以当作集总元件处理；②自由电荷均匀地分布在电极上，可以进行分段处理；③通过特殊点计算电极某一点的电势代表电极电势。

如上所述，电荷分布确定后，就可以计算电极电势。注意，选择带电面垂直平分线与电极交点处的电势作为电极电势。考虑以下三种情况：①在短路（SC）条件下，所有自由电荷

（Q_u）从一个电极转移到另一个电极；此时两个电极的电势相等，即 $\phi_1(t) = \phi_2(t)$，其中，$\phi_1(t)$ 和 $\phi_2(t)$ 分别代表电极 1 和电极 2 的电势。②在开路（OC）条件下，两电极之间没有电荷转移；此时 $-V_{OC} = \phi_1(t) - \phi_2(t)$，其中，$V_{OC}$ 代表 MSF-TENG 的开路电压。③当外部连接负载电阻 Z 时，控制方程表达式为 $-Z\dfrac{\mathrm{d}Q_u}{\mathrm{d}t} = \phi_1(t) - \phi_2(t)$，可以确定两电极之间的转移电荷。

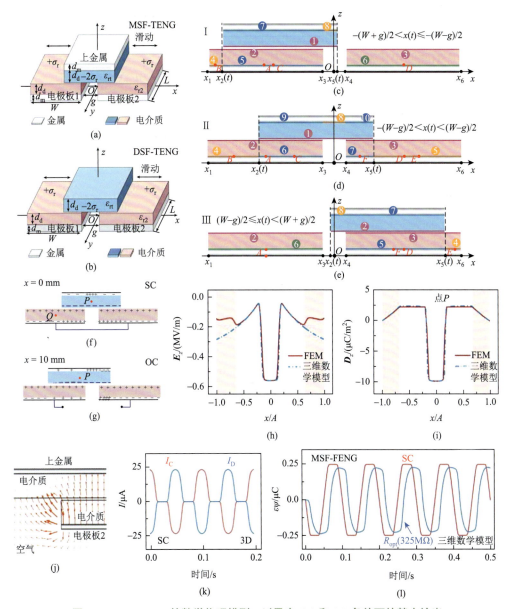

图 5.12　SF-TENG 的数学物理模型，以及在 OC 和 SC 条件下的基本输出

（a）MSF-TENG 的结构示意图；（b）DSF-TENG 的结构示意图；（c）～（e）MSF-TENG 分别处于状态Ⅰ、状态Ⅱ和状态Ⅲ时的电荷分布示意图；（f）SC 条件下，$x = 0$ 时的电荷分布示意图；（g）OC 条件下，$x = 0$mm 时的电荷分布示意图；（h）OC 条件下，P 点的 D_z 随 x/A（A 为介电体宽度与两电极间气隙宽度和的 1/2）的变化；（i）SC 条件下，P 点的 D_z 随 x/A 的变化；（j）介质边缘处的电场放大图，强边缘效应清晰可见；（k）随时间变化的传导电流 I_C 和位移电流 I_D；（l）MSF-TENG 连接最佳电阻（$R_{opt} = 3.25 \times 10^8\Omega$）时的位移电流电荷与 SC 电流电荷的对比设顶部滑动介质（介电常数 ε_{r1}）的下表面电荷密度为 $\sigma_1 = -2\sigma_T$，底部两个位置固定不变的介质（介电常数均为 ε_{r2}）上表面电荷密度均为 $\sigma_2 = \sigma_3 = \sigma_T$。滑块位置坐标满足方程式 $-(W+g)/2 < x(t) \leqslant -(W-g)/2$（状态 I）时[49]，有如下结论。

表面 4 的感应电荷密度：$\sigma_4 = -\sigma_T$。

表面 5 的电荷由两部分组成，感应电荷和转移电荷（Q_u），电荷密度 $\sigma_5 = -Q_u/W_{11} + \sigma_T W_{10}/W_{11}$。

表面 6 的转移电荷密度：$\sigma_6 = Q_u/W_{20}$。

表面 7 的感应电荷密度：$\sigma_7 = \sigma_T - \sigma_T W_{10}/W_{11} + Q_u/W_{11}$。

表面 8 的感应电荷密度：$\sigma_8 = -W_{11}(\sigma_T - \sigma_T W_{10}/W_{11} + Q_u/W_{11})/W_{10}$。

滑块位置坐标满足方程式 $-(W-g)/2 < x(t) < (W-g)/2$（状态 II）时，有如下结论。

表面 4 和表面 5 的感应电荷密度：$\sigma_4 = \sigma_5 = -\sigma_T$。

表面 6 的电荷由两部分组成，感应电荷和转移电荷 Q_u，$\sigma_6 = -Q_u/W_{11} + \sigma_T W_{10}/W_{11}$。

表面 7 的电荷由两部分组成，感应电荷和转移电荷 Q_u，$\sigma_7 = Q_u/W_{21} + \sigma_T W_{20}/W_{21}$。

表面 8 的感应电荷密度：$\sigma_8 = 2\sigma_T$。

表面 9 的感应电荷密度：$\sigma_9 = \sigma_T - \sigma_T W_{10}/W_{11} + Q_u/W_{11}$。

表面 10 的感应电荷密度：$\sigma_{10} = \sigma_T - \sigma_T W_{20}/W_{21} - Q_u/W_{21}$。

滑块位置坐标满足方程式 $(W-g)/2 \leqslant x(t) < (W+g)/2$（状态 III）时，有如下结论。

表面 4 的感应电荷密度：$\sigma_4 = -\sigma_T$。

表面 5 的电荷由两部分组成，感应电荷和转移电荷 Q_u，$\sigma_5 = Q_u/W_{21} + \sigma_T W_{20}/W_{21}$。

表面 6 的转移电荷密度：$\sigma_6 = -Q_u/W_{10}$。

表面 7 的感应电荷密度：$\sigma_7 = \sigma_T - \sigma_T W_{20}/W_{21} - Q_u/W_{21}$。

表面 8 的感应电荷密度：$\sigma_8 = -W_{21}(\sigma_T - \sigma_T W_{20}/W_{21} - Q_u/W_{21})/W_{20}$。

假设滑块位置位于阶段 I，电极 1 的电势可由式（5.33a）计算：

$$\phi_1(t) = \sum_{i=1}^{8} \phi_{i,1}(t) \tag{5.33a}$$

式中，

$$\phi_{1,1}(t) = \frac{-2\sigma_T}{4\pi\varepsilon_0} \left\{ \int_{x_3}^{x_5(t)} \int_{-\frac{L}{2}}^{\frac{L}{2}} \frac{dx'dy'}{\left[(x_A - x')^2 + (y_A - y')^2 + (z_A - z_1)^2 \right]^{1/2}} + \right.$$
$$\left. \int_{x_2(t)}^{x_3} \int_{-\frac{L}{2}}^{\frac{L}{2}} \frac{dx'dy'}{\left[(x_C - x')^2 + (y_C - y')^2 + (z_C - z_1)^2 \right]^{1/2}} \right\} \tag{5.33b}$$

$$\phi_{2,1}(t) = \frac{\sigma_T}{4\pi\varepsilon_0} \left\{ \int_{x_1}^{x_2(t)} \int_{-\frac{L}{2}}^{\frac{L}{2}} \frac{dx'dy'}{\left[(x_B - x')^2 + (y_B - y')^2 + (z_B - z_2)^2 \right]^{1/2}} \right.$$
$$\left. + \int_{x_2(t)}^{x_3} \int_{-\frac{L}{2}}^{\frac{L}{2}} \frac{dx'dy'}{\left[(x_C - x')^2 + (y_C - y')^2 + (z_C - z_2)^2 \right]^{1/2}} \right\} \tag{5.33c}$$

$$\phi_{3,1}(t) = \frac{\sigma_T}{4\pi\varepsilon_0} \int_{x_4}^{x_6} \int_{-\frac{L}{2}}^{\frac{L}{2}} \frac{dx'dy'}{\left[(x_A - x')^2 + (y_A - y')^2 + (z_A - z_3)^2\right]^{1/2}} \tag{5.33d}$$

$$\phi_{4,1}(t) = \frac{-\sigma_T}{4\pi\varepsilon_0} \int_{x_1}^{x_2(t)} \int_{-\frac{L}{2}}^{\frac{L}{2}} \frac{dx'dy'}{\left[(x_B - x')^2 + (y_B - y')^2 + (z_B - z_4)^2\right]^{1/2}} \tag{5.33e}$$

$$\phi_{5,1}(t) = \frac{1}{4\pi\varepsilon_0}\left(-\frac{Q_u}{W_{11}} + \frac{\sigma_T W_{10}}{W_{11}}\right) \int_{x_2(t)}^{x_3} \int_{-\frac{L}{2}}^{\frac{L}{2}} \frac{dx'dy'}{\left[(x_C - x')^2 + (y_C - y')^2 + (z_C - z_5)^2\right]^{1/2}} \tag{5.33f}$$

$$\phi_{6,1}(t) = \frac{Q_u}{4\pi\varepsilon_0 W_{20}} \int_{x_4}^{x_6} \int_{-\frac{L}{2}}^{\frac{L}{2}} \frac{dx'dy'}{\left[(x_A - x')^2 + (y_A - y')^2 + (z_A - z_6)^2\right]^{1/2}} \tag{5.33g}$$

$$\phi_{7,1}(t) = \frac{1}{4\pi\varepsilon_0}\left(\sigma_T - \frac{\sigma_T W_{10}}{W_{11}} + \frac{Q_u}{W_{11}}\right) \int_{x_2(t)}^{x_3} \int_{-\frac{L}{2}}^{\frac{L}{2}} \frac{dx'dy'}{\left[(x_C - x')^2 + (y_C - y')^2 + (z_C - z_7)^2\right]^{1/2}} \tag{5.33h}$$

$$\phi_{8,1}(t) = -\frac{W_{11}}{4\pi\varepsilon_0 W_{10}}\left(\sigma_T - \frac{\sigma_T W_{10}}{W_{11}} + \frac{Q_u}{W_{11}}\right) \int_{x_3}^{x_5(t)} \int_{-\frac{L}{2}}^{\frac{L}{2}} \frac{dx'dy'}{\left[(x_A - x')^2 + (y_A - y')^2 + (z_A - z_8)^2\right]^{1/2}} \tag{5.33i}$$

采用同样的方式，可得电极 2 的电势为

$$\phi_2(t) = \sum_{i=1}^{8} \phi_{i,2}(t) \tag{5.34a}$$

式中，

$$\phi_{1,2}(t) = \frac{-2\sigma_T}{4\pi\varepsilon_0} \int_{x_2(t)}^{x_5(t)} \int_{-\frac{L}{2}}^{\frac{L}{2}} \frac{dx'dy'}{\left[(x_D - x')^2 + (y_D - y')^2 + (z_D - z_1)^2\right]^{1/2}} \tag{5.34b}$$

$$\phi_{2,2}(t) = \frac{\sigma_T}{4\pi\varepsilon_0} \int_{x_1}^{x_3} \int_{-\frac{L}{2}}^{\frac{L}{2}} \frac{dx'dy'}{\left[(x_D - x')^2 + (y_D - y')^2 + (z_D - z_2)^2\right]^{1/2}} \tag{5.34c}$$

$$\phi_{3,2}(t) = \frac{\sigma_T}{4\pi\varepsilon_0} \int_{x_4}^{x_6} \int_{-\frac{L}{2}}^{\frac{L}{2}} \frac{dx'dy'}{\left[(x_D - x')^2 + (y_D - y')^2 + (z_D - z_3)^2\right]^{1/2}} \tag{5.34d}$$

$$\phi_{4,2}(t) = \frac{-\sigma_T}{4\pi\varepsilon_0} \int_{x_1}^{x_2(t)} \int_{-\frac{L}{2}}^{\frac{L}{2}} \frac{dx'dy'}{\left[(x_D - x')^2 + (y_D - y')^2 + (z_D - z_4)^2\right]^{1/2}} \tag{5.34e}$$

$$\phi_{5,2}(t) = \frac{1}{4\pi\varepsilon_0}\left(-\frac{Q_u}{W_{11}} + \frac{\sigma_T W_{10}}{W_{11}}\right) \int_{x_2(t)}^{x_3} \int_{-\frac{L}{2}}^{\frac{L}{2}} \frac{dx'dy'}{\left[(x_D - x')^2 + (y_D - y')^2 + (z_D - z_5)^2\right]^{1/2}} \tag{5.34f}$$

$$\phi_{6,2}(t) = \frac{Q_{\mathrm{u}}}{4\pi\varepsilon_0 W_{20}} \int_{x_4}^{x_6} \int_{-\frac{L}{2}}^{\frac{L}{2}} \frac{\mathrm{d}x'\mathrm{d}y'}{\left[\left(x_{\mathrm{D}}-x'\right)^2 + \left(y_{\mathrm{D}}-y'\right)^2 + \left(z_{\mathrm{D}}-z_6\right)^2\right]^{1/2}} \tag{5.34g}$$

$$\phi_{7,2}(t) = \frac{1}{4\pi\varepsilon_0}\left(\sigma_{\mathrm{T}} - \frac{\sigma_{\mathrm{T}}W_{10}}{W_{11}} + \frac{Q_{\mathrm{u}}}{W_{11}}\right)\int_{x_2(t)}^{x_3}\int_{-\frac{L}{2}}^{\frac{L}{2}}\frac{\mathrm{d}x'\mathrm{d}y'}{\left[\left(x_{\mathrm{D}}-x'\right)^2 + \left(y_{\mathrm{D}}-y'\right)^2 + \left(z_{\mathrm{D}}-z_7\right)^2\right]^{1/2}} \tag{5.34h}$$

$$\phi_{8,2}(t) = -\frac{W_{11}}{4\pi\varepsilon_0 W_{10}}\left(\sigma_{\mathrm{T}} - \frac{\sigma_{\mathrm{T}}W_{10}}{W_{11}} + \frac{Q_{\mathrm{u}}}{W_{11}}\right)\int_{x_3}^{x_5(t)}\int_{-\frac{L}{2}}^{\frac{L}{2}}\frac{\mathrm{d}x'\mathrm{d}y'}{\left[\left(x_{\mathrm{D}}-x'\right)^2 + \left(y_{\mathrm{D}}-y'\right)^2 + \left(z_{\mathrm{D}}-z_8\right)^2\right]^{1/2}} \tag{5.34i}$$

式（5.33b）～式（5.34i）中，点 A～D 的坐标表示为 $(x_\alpha, y_\alpha, z_\alpha)$，$\alpha$ 依次取大写字母 A～D。z_i（i 取数字 1～8）分别表示八个不同的带电平面；特别地，$z_2 = z_3$，$z_4 = z_5 = z_6$，$z_7 = z_8$。采用同样的方法可计算状态 Ⅱ 和状态 Ⅲ 时的电势，详细过程见参考文献[49]。此外，相应的电场 $\boldsymbol{E}(x, y, z, t)$ 为

$$\boldsymbol{E}\left(x, y, z, t\right) = \sum_{i=1}^{8} \boldsymbol{E}_i\left(x, y, z, t\right) \tag{5.35}$$

当滑块位于状态 Ⅰ 时，位移电流密度 $\boldsymbol{J}_{\mathrm{D}}(x, y, z, t)$ 为

$$\boldsymbol{J}_{\mathrm{D}}\left(x, y, z, t\right) = \sum_{i=1}^{8} \boldsymbol{J}_{\mathrm{D},i}\left(x, y, z, t\right) \tag{5.36a}$$

式中，

$$\boldsymbol{J}_{\mathrm{D},1}\left(x, y, z, t\right) = \frac{2\sigma_{\mathrm{T}}}{4\pi}\frac{\partial}{\partial t}\int_{x_2(t)}^{x_3(t)}\int_{-\frac{L}{2}}^{\frac{L}{2}}\frac{\left(x-x'\right)\hat{\boldsymbol{x}} + \left(y-y'\right)\hat{\boldsymbol{y}} + \left(z-z_1\right)\hat{\boldsymbol{z}}}{\left[\left(x-x'\right)^2 + \left(y-y'\right)^2 + \left(z-z_1\right)^2\right]^{3/2}}\mathrm{d}x'\mathrm{d}y' \tag{5.36b}$$

$$\boldsymbol{J}_{\mathrm{D},2}\left(x, y, z, t\right) = \frac{\sigma_{\mathrm{T}}}{4\pi}\frac{\partial}{\partial t}\int_{x_1}^{x_3}\int_{-\frac{L}{2}}^{\frac{L}{2}}\frac{\left(x-x'\right)\hat{\boldsymbol{x}} + \left(y-y'\right)\hat{\boldsymbol{y}} + \left(z-z_2\right)\hat{\boldsymbol{z}}}{\left[\left(x-x'\right)^2 + \left(y-y'\right)^2 + \left(z-z_2\right)^2\right]^{3/2}}\mathrm{d}x'\mathrm{d}y' \tag{5.36c}$$

$$\boldsymbol{J}_{\mathrm{D},3}\left(x, y, z, t\right) = \frac{\sigma_{\mathrm{T}}}{4\pi}\frac{\partial}{\partial t}\int_{x_4}^{x_6}\int_{-\frac{L}{2}}^{\frac{L}{2}}\frac{\left(x-x'\right)\hat{\boldsymbol{x}} + \left(y-y'\right)\hat{\boldsymbol{y}} + \left(z-z_3\right)\hat{\boldsymbol{z}}}{\left[\left(x-x'\right)^2 + \left(y-y'\right)^2 + \left(z-z_3\right)^2\right]^{3/2}}\mathrm{d}x'\mathrm{d}y' \tag{5.36d}$$

$$\boldsymbol{J}_{\mathrm{D},4}\left(x, y, z, t\right) = \frac{-\sigma_{\mathrm{T}}}{4\pi}\frac{\partial}{\partial t}\int_{x_1}^{x_2(t)}\int_{-\frac{L}{2}}^{\frac{L}{2}}\frac{\left(x-x'\right)\hat{\boldsymbol{x}} + \left(y-y'\right)\hat{\boldsymbol{y}} + \left(z-z_4\right)\hat{\boldsymbol{z}}}{\left[\left(x-x'\right)^2 + \left(y-y'\right)^2 + \left(z-z_4\right)^2\right]^{3/2}}\mathrm{d}x'\mathrm{d}y' \tag{5.36e}$$

$$\boldsymbol{J}_{\mathrm{D},5}\left(x, y, z, t\right) = \frac{1}{4\pi}\frac{\partial}{\partial t}\left\{\left(-\frac{Q_{\mathrm{u}}}{W_{11}} + \frac{\sigma_{\mathrm{T}}W_{10}}{W_{11}}\right)\int_{x_2(t)}^{x_3}\int_{-\frac{L}{2}}^{\frac{L}{2}}\frac{\left(x-x'\right)\hat{\boldsymbol{x}} + \left(y-y'\right)\hat{\boldsymbol{y}} + \left(z-z_5\right)\hat{\boldsymbol{z}}}{\left[\left(x-x'\right)^2 + \left(y-y'\right)^2 + \left(z-z_5\right)^2\right]^{3/2}}\mathrm{d}x'\mathrm{d}y'\right\} \tag{5.36f}$$

$$\boldsymbol{J}_{\mathrm{D},6}\left(x, y, z, t\right) = \frac{1}{4\pi}\frac{\partial}{\partial t}\left\{\frac{Q_{\mathrm{u}}}{W_{20}}\int_{x_4}^{x_6}\int_{-\frac{L}{2}}^{\frac{L}{2}}\frac{\left(x-x'\right)\hat{\boldsymbol{x}} + \left(y-y'\right)\hat{\boldsymbol{y}} + \left(z-z_6\right)\hat{\boldsymbol{z}}}{\left[\left(x-x'\right)^2 + \left(y-y'\right)^2 + \left(z-z_6\right)^2\right]^{3/2}}\mathrm{d}x'\mathrm{d}y'\right\} \tag{5.36g}$$

$$J_{D,7}\left(x,y,z,t\right)=\frac{1}{4\pi}\frac{\partial}{\partial t}\left\{\left(\sigma_T-\frac{\sigma_T W_{10}}{W_{11}}+\frac{Q_u}{W_{11}}\right)\int_{x_2(t)}^{x_3}\int_{-\frac{L}{2}}^{\frac{L}{2}}\frac{(x-x')\hat{x}+(y-y')\hat{y}+(z-z_7)\hat{z}}{\left[(x-x')^2+(y-y')^2+(z-z_7)^2\right]^{3/2}}\,\mathrm{d}x'\mathrm{d}y'\right\}$$

$$（5.36\text{h}）$$

$$J_{D,8}\left(x,y,z,t\right)=\frac{1}{4\pi}\frac{\partial}{\partial t}\left\{-\frac{W_{11}}{W_{10}}\left(\sigma_T-\frac{\sigma_T W_{10}}{W_{11}}+\frac{Q_u}{W_{11}}\right)\int_{x_3}^{x_5(t)}\int_{-\frac{L}{2}}^{\frac{L}{2}}\frac{(x-x')\hat{x}+(y-y')\hat{y}+(z-z_8)\hat{z}}{\left[(x-x')^2+(y-y')^2+(z-z_8)^2\right]^{3/2}}\,\mathrm{d}x'\mathrm{d}y'\right\}$$

$$（5.36\text{i}）$$

式（5.36b）～式（5.36i）中，$\hat{x}$，$\hat{y}$，$\hat{z}$ 分别表示 x,y,z 方向的单位矢量；z_i（$i=1\sim8$）分别表示 8 个不同的带电平面；特别地，$z_2=z_3$，$z_4=z_5=z_6$，$z_7=z_8$。采用同样的方法可计算状态 Ⅱ 和状态 Ⅲ 时的位移电流密度 $J_D(x,y,z,t)$。注意，计算通过特定平面 S 的位移电流用到如下积分：

$$I_D=\int_S J_D\cdot\mathrm{d}S \qquad (5.37)$$

图 5.12 为三维坐标系中滑动型独立层模式 TENG 的示意图，以及在不同条件下的有限元仿真结果。另外，可以用同样的方法分析 DSF-TENG 的电荷分布，并预测其基本输出特性（表 5.1）[49]。

表 5.1　MSF-TENG 处于三种不同状态时的电荷密度分布情况

表面	状态 Ⅰ（图 5.14（c））	状态 Ⅱ（图 5.14（d））	状态 Ⅲ（图 5.14（e））
1	$-2\sigma_T$	$-2\sigma_T$	$-2\sigma_T$
2	σ_T	σ_T	σ_T
3	σ_T	σ_T	σ_T
4	$-\sigma_T$	$-\sigma_T$	$-\sigma_T$
5	$-Q_u/W_{11}+\sigma_T W_{10}/W_{11}$	$-\sigma_T$	$Q_u/W_{21}+\sigma_T W_{20}/W_{21}$
6	Q_u/W_{20}	$-Q_u/W_{11}+\sigma_T W_{10}/W_{11}$	$-Q_u/W_{10}$
7	$\sigma_T-\sigma_T W_{10}/W_{11}+Q_u/W_{11}$	$Q_u/W_{21}+\sigma_T W_{20}/W_{21}$	$\sigma_T-\sigma_T W_{20}/W_{21}-Q_u/W_{21}$
8	$-W_{11}(\sigma_T-\sigma_T W_{10}/W_{11}+Q_u/W_{11})/W_{10}$	$2\sigma_T$	$-W_{21}(\sigma_T-\sigma_T W_{20}/W_{21}-Q_u/W_{21})/W_{20}$
9	—	$\sigma_T-\sigma_T W_{10}/W_{11}+Q_u/W_{11}$	—
10	—	$\sigma_T-\sigma_T W_{20}/W_{21}-Q_u/W_{21}$	—

注：W_{10} 和 W_{11} 分别代表电极 1 与滑块未重叠部分和重叠部分的宽度；W_{20} 和 W_{21} 分别代表电极 2 与滑块未重叠部分和重叠部分的宽度；Q_u 代表电极之间转移的电荷。状态 Ⅰ：$W_{10}=x_2(t)-x_1$，$W_{11}=x_3-x_2(t)$，$W_{20}=W$，$W_{21}=0$；状态 Ⅱ：$W_{10}=x_2(t)-x_1$，$W_{11}=x_3-x_2(t)$，$W_{20}=x_6-x_5(t)$，$W_{21}=x_5(t)-x_4$；状态 Ⅲ：$W_{10}=W$，$W_{11}=0$，$W_{20}=x_6-x_5(t)$，$W_{21}=x_5(t)-x_4$。

5.5.6　柱形摩擦纳米发电机的位移电流

典型的柱形 LS-TENG 示意图如图 5.13（b）所示，其中 σ_T、σ_E 和 σ_u 分别代表摩擦电

荷密度、感应电荷密度和转移电荷密度；R_1、R_2 和 R_3 分别代表内电介质圆柱壳的内半径、内电介质圆柱壳的外半径和外电介质圆柱壳的内半径。在该柱形 TENG 中，有 6 个不同的电荷分布区域，它们分别表示如下[30]。

内电介质外表面的非重叠区域：σ_T。

外电介质内表面的非重叠区域：$-\sigma_T$。

内电极的非重叠区域：$\sigma_{T1} = -\sigma_T \dfrac{R_2}{R_1}$。

外电极的非重叠区域：$\sigma_{T3} = \sigma_T \dfrac{R_2}{R_3}$。

内电极的重叠区域：$\sigma_{E1} = \sigma_T \dfrac{R_2 a(t)}{R_1(L - a(t))}$。

外电极的重叠区域：$\sigma_{E3} = -\sigma_T \dfrac{R_2 a(t)}{R_3(L - a(t))}$。

内电极重叠区域的转移电荷：$-\sigma_{u1}$。

外电极重叠区域的转移电荷：$-\sigma_{u3}$。

通过库仑定律并考虑电荷分布的对称性，柱形 TENG 的电势 $\phi(r, 0, z, t)$ 为[30]

$$
\begin{aligned}
\phi(r,0,z,t) = & +\frac{\sigma_T R_{2^-}}{4\pi\varepsilon} \int_0^{2\pi} \int_L^{L+a(t)} \frac{\mathrm{d}\theta \mathrm{d}z'}{[R_{2^-}^2 + r^2 - 2rR_{2^-}\cos\theta + (z-z')^2]^{\frac{1}{2}}} \\
& -\frac{\sigma_T R_{2^+}}{4\pi\varepsilon} \int_0^{2\pi} \int_0^{a(t)} \frac{\mathrm{d}\theta \mathrm{d}z'}{\left[R_{2^+}^2 + r^2 - 2rR_{2^+}\cos\theta + (z-z')^2\right]^{\frac{1}{2}}} \\
& +\frac{\sigma_{E1} R_1}{4\pi\varepsilon} \int_0^{2\pi} \int_{a(t)}^{L} \frac{\mathrm{d}\theta \mathrm{d}z'}{\left[R_1^2 + r^2 - 2rR_1\cos\theta + (z-z')^2\right]^{\frac{1}{2}}} \\
& -\frac{\sigma_{T1} R_1}{4\pi\varepsilon} \int_0^{2\pi} \int_L^{L+a(t)} \frac{\mathrm{d}\theta \mathrm{d}z'}{\left[R_1^2 + r^2 - 2rR\cos\theta + (z-z')^2\right]^{\frac{1}{2}}} \\
& +\frac{\sigma_{T3} R_3}{4\pi\varepsilon} \int_0^{2\pi} \int_0^{a(t)} \frac{\mathrm{d}\theta \mathrm{d}z'}{\left[R_3^2 + r^2 - 2rR_3\cos\theta + (z-z')^2\right]^{\frac{1}{2}}} \\
& -\frac{\sigma_{E3} R_3}{4\pi\varepsilon} \int_0^{2\pi} \int_{a(t)}^{L} \frac{\mathrm{d}\theta \mathrm{d}z'}{\left[R_3^2 + r^2 - 2rR_3\cos\theta + (z-z')^2\right]^{\frac{1}{2}}} \\
& +\frac{\sigma_{u3} R_3}{4\pi\varepsilon} \int_0^{2\pi} \int_{a(t)}^{L} \frac{\mathrm{d}\theta \mathrm{d}z'}{\left[R_3^2 + r^2 - 2rR_3\cos\theta + (z-z')^2\right]^{\frac{1}{2}}} \\
& -\frac{\sigma_{u1} R_1}{4\pi\varepsilon} \int_0^{2\pi} \int_{a(t)}^{L} \frac{\mathrm{d}\theta \mathrm{d}z'}{\left[R_1^2 + r^2 - 2rR_1\cos\theta + (z-z')^2\right]^{\frac{1}{2}}}
\end{aligned}
\tag{5.38a}
$$

电场的径向分量 $E_r(r, 0, z, t)$ 为

$$E_r(r,0,z,t) = -\frac{\sigma_T R_{2^+}}{4\pi\varepsilon}\int_0^{2\pi}\int_0^{a(t)}\frac{r - R_{2^+}\cos\theta}{\left[R_{2^+}^2 + r^2 - 2rR_{2^+}\cos\theta + (z-z')^2\right]^{\frac{3}{2}}}\mathrm{d}\theta\mathrm{d}z'$$

$$+\frac{\sigma_T R_{2^-}}{4\pi\varepsilon}\int_0^{2\pi}\int_L^{L+a(t)}\frac{r - R_{2^-}\cos\theta}{\left[R_{2^-}^2 + r^2 - 2rR_{2^-}\cos\theta + (z-z')^2\right]^{\frac{3}{2}}}\mathrm{d}\theta\mathrm{d}z'$$

$$+\frac{\sigma_{E1} R_1}{4\pi\varepsilon}\int_0^{2\pi}\int_{a(t)}^L\frac{r - R_1\cos\theta}{\left[R_1^2 + r^2 - 2rR_1\cos\theta + (z-z')^2\right]^{\frac{3}{2}}}\mathrm{d}\theta\mathrm{d}z'$$

$$-\frac{\sigma_{T1} R_1}{4\pi\varepsilon}\int_0^{2\pi}\int_L^{L+a(t)}\frac{r - R_1\cos\theta}{\left[R_1^2 + r^2 - 2rR_1\cos\theta + (z-z')^2\right]^{\frac{3}{2}}}\mathrm{d}\theta\mathrm{d}z'$$

$$+\frac{\sigma_{T3} R_3}{4\pi\varepsilon}\int_0^{2\pi}\int_0^{a(t)}\frac{r - R_3\cos\theta}{\left[R_3^2 + r^2 - 2rR_3\cos\theta + (z-z')^2\right]^{\frac{3}{2}}}\mathrm{d}\theta\mathrm{d}z'$$

$$-\frac{\sigma_{E3} R_3}{4\pi\varepsilon}\int_0^{2\pi}\int_0^L\frac{r - R_3\cos\theta}{\left[R_3^2 + r^2 - 2rR_3\cos\theta + (z-z')^2\right]^{\frac{3}{2}}}\mathrm{d}\theta\mathrm{d}z'$$

$$+\frac{\sigma_{u3} R_3}{4\pi\varepsilon}\int_0^{2\pi}\int_{a(t)}^L\frac{r - R_3\cos\theta}{\left[R_3^2 + r^2 - 2rR_3\cos\theta + (z-z')^2\right]^{\frac{3}{2}}}\mathrm{d}\theta\mathrm{d}z'$$

$$-\frac{\sigma_{u1} R_1}{4\pi\varepsilon}\int_0^{2\pi}\int_{a(t)}^L\frac{r - R_1\cos\theta}{\left[R_1^2 + r^2 - 2rR_1\cos\theta + (z-z')^2\right]^{\frac{3}{2}}}\mathrm{d}\theta\mathrm{d}z' \tag{5.38b}$$

根据定义，在 SC 条件下通过圆柱面 r 的位移电流（$I_{D,r}$）为

$$I_{D,r}(t) = \int_s \frac{\partial \boldsymbol{D}}{\partial t}\cdot\boldsymbol{n}\mathrm{d}S$$

$$= +\frac{\sigma_T R_{2^-}}{4\pi}\frac{\partial}{\partial t}\left\{\int_0^{2\pi}\int_{-\infty}^{+\infty}r\mathrm{d}\varphi\mathrm{d}z\int_0^{2\pi}\int_L^{L+a(t)}\frac{r - R_{2^-}\cos\theta}{\left[R_{2^-}^2 + r^2 - 2rR_{2^-}\cos\theta + (z-z')^2\right]^{\frac{3}{2}}}\mathrm{d}\theta\mathrm{d}z'\right\}$$

$$-\frac{\sigma_T R_{2^+}}{4\pi}\frac{\partial}{\partial t}\left\{\int_0^{2\pi}\int_{-\infty}^{+\infty}r\mathrm{d}\varphi\mathrm{d}z\int_0^{2\pi}\int_0^{a(t)}\frac{r - R_{2^+}\cos\theta}{\left[R_{2^+}^2 + r^2 - 2rR_{2^+}\cos\theta + (z-z')^2\right]^{\frac{3}{2}}}\mathrm{d}\theta\mathrm{d}z'\right\}$$

$$+\frac{R_1}{4\pi}\frac{\partial}{\partial t}\left\{\sigma_{E1}\int_0^{2\pi}\int_{-\infty}^{+\infty}r\mathrm{d}\varphi\mathrm{d}z\int_0^{2\pi}\int_{a(t)}^L\frac{r - R_1\cos\theta}{\left[R_1^2 + r^2 - 2rR_1\cos\theta + (z-z')^2\right]^{\frac{3}{2}}}\mathrm{d}\theta\mathrm{d}z'\right\}$$

$$-\frac{\sigma_{T1} R_1}{4\pi}\frac{\partial}{\partial t}\left\{\int_0^{2\pi}\int_{-\infty}^{+\infty}r\mathrm{d}\varphi\mathrm{d}z\int_0^{2\pi}\int_L^{L+a(t)}\frac{r - R_1\cos\theta}{\left[R_1^2 + r^2 - 2rR_1\cos\theta + (z-z')^2\right]^{\frac{3}{2}}}\mathrm{d}\theta\mathrm{d}z'\right\}$$

$$+ \frac{\sigma_{T3}R_3}{4\pi}\frac{\partial}{\partial t}\left\{\int_0^{2\pi}\int_{-\infty}^{+\infty}r\mathrm{d}\varphi\mathrm{d}z\int_0^{2\pi}\int_0^{a(t)}\frac{r - R_3\cos\theta}{\left[R_3^2 + r^2 - 2rR_3\cos\theta + (z - z')^2\right]^{\frac{3}{2}}}\mathrm{d}\theta\mathrm{d}z'\right\}$$

$$- \frac{R_3}{4\pi}\frac{\partial}{\partial t}\left\{\sigma_{E3}\int_0^{2\pi}\int_{-\infty}^{+\infty}r\mathrm{d}\varphi\mathrm{d}z\int_0^{2\pi}\int_0^{L}\frac{r - R_3\cos\theta}{\left[R_3^2 + r^2 - 2rR_3\cos\theta + (z - z')^2\right]^{\frac{3}{2}}}\mathrm{d}\theta\mathrm{d}z'\right\}$$

$$+ \frac{R_3}{4\pi}\frac{\partial}{\partial t}\left\{\sigma_{u3}\int_0^{2\pi}\int_{-\infty}^{+\infty}r\mathrm{d}\varphi\mathrm{d}z\int_0^{2\pi}\int_{a(t)}^{L}\frac{r - R_3\cos\theta}{\left[R_3^2 + r^2 - 2rR_3\cos\theta + (z - z')^2\right]^{\frac{3}{2}}}\mathrm{d}\theta\mathrm{d}z'\right\}$$

$$- \frac{R_1}{4\pi}\frac{\partial}{\partial t}\left\{\sigma_{u1}\int_0^{2\pi}\int_{-\infty}^{+\infty}r\mathrm{d}\varphi\mathrm{d}z\int_0^{2\pi}\int_{a(t)}^{L}\frac{r - R_1\cos\theta}{\left[R_1^2 + r^2 - 2rR_1\cos\theta + (z - z')^2\right]^{\frac{3}{2}}}\mathrm{d}\theta\mathrm{d}z'\right\}$$

$$\text{（5.38c）}$$

当电极之间外接电阻 Z 时，根据式（5.38a），外部负载上的电势差为

$$-ZA\frac{\mathrm{d}Q_u}{\mathrm{d}t} = \phi_1(R_1, 0, z, t) - \phi_2(R_3, 0, z, t) \tag{5.38d}$$

式中，$\phi_1(R_1, 0, z, t)$ 和 $\phi_2(R_3, 0, z, t)$ 分别表示两个电极的电势；A 是柱形 LS-TENG 的接触面积。

基于一阶集总参数电路理论可以得到柱形 LS-TENG 的等效电容模型。在 OC 条件下，两电极之间没有电荷转移。在重叠区域，穿过内电介质层和外电介质层的电场的径向分量（E_{r1} 和 E_{r2}）如下[30]：

$$E_{r1} = \frac{\sigma_{E1}R_1}{\varepsilon_{r1}\varepsilon_0 r_1} = \frac{\sigma_T R_2 a(t)}{\varepsilon_{r1}\varepsilon_0 (L - a(t))r_1}$$
$$E_{r2} = \frac{\sigma_{E3}R_3}{\varepsilon_{r2}\varepsilon_0 r_2} = \frac{\sigma_T R_2 a(t)}{\varepsilon_{r2}\varepsilon_0 (L - a(t))r_2} \tag{5.39a}$$

柱形 LS-TENG 的总电容 C 和 V_{OC} 分别为

$$C = \frac{1}{d_0}2\pi\varepsilon_0 (L - a(t)) \tag{5.39b}$$

$$V_{OC} = \int_{R_1}^{R_2} E_{r1}\mathrm{d}r_1 + \int_{R_2}^{R_3} E_{r2}\mathrm{d}r_2 = \frac{\sigma_T R_2 d_0 a(t)}{\varepsilon_0 (L - a(t))} \tag{5.39c}$$

式中，$d_0 = \ln(R_2/R_1)/\varepsilon_{r1} + \ln(R_3/R_2)/\varepsilon_{r2}$ 表示电介质的等效厚度。柱形 LS-TENG 的控制方程为

$$V(t) = -\frac{Q(t)}{C(t)} + V_{OC}(t) = -\frac{d_0 Q(t)}{2\pi\varepsilon_0 (L - a(t))} + \frac{\sigma_T R_2 d_0 a(t)}{\varepsilon_0 (L - a(t))} \tag{5.39d}$$

在 SC 条件下的转移电荷（Q_{SC}）和传导电流（I_{SC}）由以下公式计算：

$$Q_{SC} = V_{OC}C(t) = 2\pi\sigma_T R_2 a(t) \tag{5.39e}$$

$$I_{SC} = 2\pi\sigma_T R_2 v(t) \tag{5.39f}$$

式中，$v(t)$表示运动速度。如果在两电极间接入电阻 Z，则电阻上的电压表达式为

$$Z\frac{\mathrm{d}Q}{\mathrm{d}t} = \frac{d_0 Q(t)}{2\pi\varepsilon_0(l - a(t))} + \frac{\sigma_T R_2 d_0 a(t)}{\varepsilon_0(l - a(t))} \tag{5.39g}$$

图 5.13 是柱坐标系中柱形 LS-TENG 的示意图，以及不同条件下的有限元仿真模拟结果。

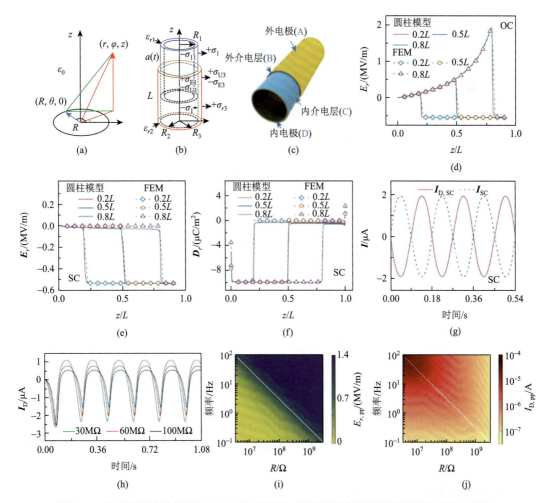

图 5.13 柱坐标系中的柱形 LS-TENG 示意图，以及不同条件下的有限元仿真模拟结果

（a）均匀带电的导体圆环示意图；（b）柱坐标系中的柱形 LS-TENG；（c）柱形 LS-TENG 的结构；（d）（e）OC 和 SC 条件下，分别比较根据有限元仿真和圆柱模型得到的三个特殊点处的 E_r；（f）比较根据有限元仿真和圆柱模型得到的外电介质内部三个特殊点处的电位移矢量 D_r；（g）SC 条件下，由圆柱模型计算得到的 $I_{D,SC}$ 和 I_{SC} 随时间的变化；（h）连接三种不同负载时，I_D 随时间的变化；（i）（j）在不同负载电阻和频率下，E_r 的峰值（$E_{r,pp}$）和 I_D 的峰值（$I_{D,pp}$）

5.6 结论与展望

5.6.1 结论

本章重点讨论了摩擦纳米发电机的基础科学问题和构建的理论模型。基于 TENG 的机械能采集系统涉及物理基础、结构设计、材料选择、建模与仿真、输出优化、实际应用等多个方面。通过对 TENG 的物理基础和理论模型的讨论，从一个全新的视角理解能量转换和流动过程，相关的理论可能对其他研究领域起到借鉴作用。本章主要结论如下。

1）电极化矢量 P 和动生极化项 P_S

经典电极化矢量 P 源于外加电场，产生分布于介质表面的电荷，密度为 $\sigma_b = -P \cdot \hat{n}$，以及介质内部的电荷，密度为 $\rho_b = -\nabla \cdot P$。P_S 源于介质的相对运动，用于定量描述介质在机械触发作用下的极化状态。注意，动生极化项 P_S 通常称为 Wang term。

2）TENG 的位移电流

位移电流的物理概念来源于电通量变化率与真空介电常数的乘积，其单位与电流单位相同。麦克斯韦在安培定律中增加了 $\partial D/\partial t$ 项，将安培定律的适用范围扩展到了时变场；这不仅表明变化的电场产生了变化的磁场，还消除了与连续性方程的不一致性。另外，动生极化项 P_S 进一步扩展了介质的本构关系，可以直接描述受外接机械触发的介质极化状态。特别地，$\partial P_S/\partial t$ 不但可以用来解释纳米发电机的物理基础，而且有助于揭示麦克斯韦方程组在能量收集和传感器中的理论指导作用。

3）TENG 的数学物理模型

一般来说，物理定律和定理反映的是基本规律或者事物的本质属性，与坐标系无关。然而，当分析特定的几何问题涉及各种矢量或标量时，才需要选择合适的坐标系。结合基本条件，建立数学模型，进而确定各物理量之间的数学关系。根据不同的几何结构选择合适的坐标系，基于麦克斯韦方程组，构建了 TENG 的数学物理模型。该模型可以用来研究 TENG 内部涉及的基本物理量，如电势、电场、动生极化项（Wang term）、位移电流等的变化规律。目前，结合笛卡儿坐标系、柱坐标系和球坐标系，分别建立了 TENG 的三维模型、柱形模型和球形模型。根据实际设计的 TENG 的几何结构和电荷分布情况选择合适的数学模型，解决具体问题。

4）TENG 的等效电路模型

根据集总电路抽象理论，可以将 TENG 器件视为集总元件。集总电路抽象是电气工程在麦克斯韦方程组之上创建的一个新的抽象层，满足集总事物原则需要的基本约束条件。TENG 的电容模型等效为一个电压源与可变电容串联的形式；或者基于诺顿定理，由一个时变电流源 $I_S(t)$ 与 TENG 内部阻抗 $Z_S(t)$ 并联而成。根据集总事物原则，可以证明摩擦纳米发电机的三维数学模型和等效电路模型在本质上是相同的。数学模型的理论基础是麦克斯韦方程组，而等效电路依据集总电路抽象理论建立；麦克斯韦方程组基于合理的简化假设直接得到集总电路抽象，在物理和电气工程间建立了清晰的联系，保证了不同学科间信息传递的准确性和完备性。

5）基于 TENG 能量采集系统的机电耦合模型

模型是物理学认识由唯象理论过渡到动力学理论的重要环节，在不同学科（如现代物理）的发展中起着不同寻常的作用，如牛顿的质点模型、爱因斯坦的光子和时空模型等，这些模型真实而直观地反映出客观事物的本质，代表着物理规律和科学认识上的重要飞跃。目前，关于 TENG 的理论模型主要有基于一阶集总参数电路理论建立的电容模型、电场模型、场路耦合模型和类比于热机的理想能量流模型等。然而，这些模型是针对 TENG 器件或子系统进行建模，无法全面描述动态物理系统的能量转换过程。

一个基于摩擦纳米发电机的能量采集系统（注：下文简称为能量采集系统）至少包括三部分（图 5.5）：机械系统（能量输入）、TENG 换能器（能量转换）和电系统（电源管理系统）（能量输出）。在外界激励作用下，系统输入机械能；摩擦纳米发电机作为换能单元把输入的机械能转换为电能；通过外围电路的辅助作用，系统采集的电能输出并存储在外电路中。最简单的机电耦合模型包含能量输入、换能器和能量输出部分。该模型可以揭示机械系统、换能器和电系统中的关键变量对输出性能的影响机理；甄别系统内的耦合物理量，阐明输出功率和机电转换效率的变化规律、关键影响因素以及与激励条件、几何结构和材料的关联性，厘清耦合机理，最终实现全局优化的目的。

6）理论基础和研究框架

接触起电效应和静电感应效应以及麦克斯韦方程组分别奠定了 TENG 的物理基础和理论基础，基于 TENG 的能量转换系统满足能量守恒定律。结合麦克斯韦方程和集总电路抽象理论，建立了 TENG 的数学物理模型和等效电路模型；机电耦合模型将机械部分和电气部分结合起来，为研究物理量之间的数学关系奠定了基础。通过上述理论模型，推导系统的控制方程；求解控制方程即可定量描述系统的能量流动过程。如图 5.14 所示，从电动力学角度来看，TNEG 主要是研究电荷的静止、运动和重新分配过程；电系统提供了电荷流动的通道和桥梁。

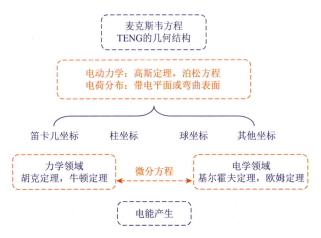

图 5.14　TENG 的研究框架和理论基础，旨在阐明机械激励下电荷静止、运动和在内部重新分布时的状态变化

5.6.2　展望

2017 年在经典麦克斯韦方程组中引入动生极化项 $\boldsymbol{P}_{\mathrm{S}}$（图 5.15），用于描述纳米发电机的能量转换特性。为描述低速/加速运动介质系统的电磁场演化规律，于 2021 年系统构建了动生麦克斯韦方程组。实验已证明构建动生麦克斯韦方程组的必要性，该方程组的科学意义和技术影响需要进一步的验证和探索。麦克斯韦方程组从建立到现在尽管已经有 150 多年的历史，由于其对现代科学技术的巨大影响，对麦克斯韦方程组的研究和探索仍然持续进行着。结合方程组的理论研究进展和实验启发，认为一些潜在的新兴领域非常值得重视，如无线通信与传播、天线、小型天线分析与设计、雷达、雷达散射截面（radar cross-section，RCS）分析与设计、电磁兼容性（electro magnetic compatibility，EMC）和电磁干扰（electro-magnetic interference，EMI）分析与设计、虚拟现实中的传感、光学成像与光电子学、量子光学、量子信息等。期待未来在这些方面取得更多进展和突破[51]。

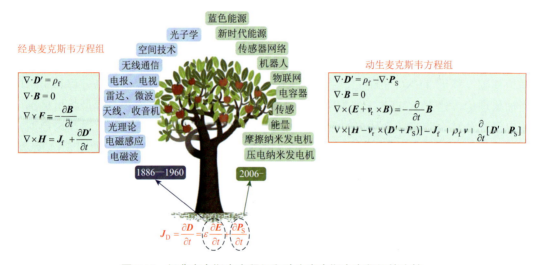

图 5.15　经典麦克斯韦方程组和动生麦克斯韦方程组的比较

示意图显示由麦克斯韦首次提出的位移电流作为电场时变项的贡献以及对电磁场理论发展的贡献，动生麦克斯韦方程中由 Wang 引入的项 $\partial \boldsymbol{P}_{\mathrm{S}}/\partial t$ 是 TENG 的基础，被称为 Wang term

参 考 文 献

[1]　Larmor J. A dynamical theory of the electric and luminiferous medium. —Part II. Theory of electrons[J]. Philosophical Transactions of the Royal Society of London A：Mathmatical，Physical and Engineering Sciences，1895，186：695-743.

[2]　Leathem J G. On the theory of the magneto-optic phenomena of iron，nickel，and cobalt[J]. Philosophical Transactions of the Royal Society of London A：Mathmatical，Physical and Engineering Sciences，1897，89-127.

[3]　Lorentz H A. The fundamental equations for electromagnetic phenomena in ponderable bodies deduced from the theory of electrons[J]. Koninklijke Nederlandsche Akademie van Wetenschappen Proceedings. 1902，5：254-266.

[4]　Feynman R P. The Feynman Lectures on Physics[M]. New York：Basic Books，2010.

[5]　Jackson J D. Classical Electrodynamics[M]. 3rd ed. New York：John Wiley & Sons，1999.

[6]　Maxwell J C. Treatise on Electricity and Magnetism[M]. 3rd ed. Dover，New York：Clarendon Press，1891.

[7]　Selvan K T. A revisiting of scientific and philosophical perspectives on Maxwell's displacement current[J]. IEEE Antennas and Propagation Magazine，2009，51：36-46.

[8]　Landini M. About the physical reality of "Maxwell's displacement current" in classical electrodynamics[J]. Progress in Electromagnetics Research，2014，144：329-343.

[9]　Maxwell J C. A dynamical theory of the electromagnetic field[J]. Philosophical Transactions of the Royal Society of London，1865，155，459-512.

[10]　Wang Z L. On Maxwell's displacement current for energy and sensors：The origin of nanogenerators[J]. Materials Today，2017，20：74-82.

[11]　Wang Z L. From contact electrification to triboelectric nanogenerators[J]. Reports on Progress in Physics，2021，84：096502.

[12]　Wang Z L. On the first principle theory of nanogenerators from Maxwell's equations[J]. Nano Energy，2020，68：104272.

[13]　Shao J J，Willatzen M，Shi Y J，et al. 3D mathematical model of contact-separation and single-electrode mode triboelectric nanogenerators[J]. Nano Energy，2019，60：630-640.

[14]　Shao J J，Willatzen M，Jiang T，et al. Quantifying the power output and structural figure-of-merits of triboelectric nanogenerators in a charging system starting from the Maxwell's displacement current[J]. Nano Energy，2019，59：380-389.

[15]　Shao J J，Liu D，Willatzen M，et al. Three-dimensional modeling of alternating current triboelectric nanogenerator in the linear sliding mode[J]. Applied Physics Reviews，2020，7（1）：011405.

[16]　Shao J J，Willatzen M，Wang Z L. Theoretical modeling of triboelectric nanogenerators（TENGs）[J]. Journal of Applied Physics，2020，128：111101.

[17]　Shao J J，Jiang T，Wang Z L. Theoretical foundations of triboelectric nanogenerators（TENGs）[J]. Science China Technological Sciences，2020，63：1087.

[18]　Shao J J，Yang Y，Yang O，et al. Designing rules and optimization of triboelectric nanogenerator arrays[J]. Advanced Energy Materials，2021，11（16）：2100065.

[19]　Dharmasena R D I G，Jayawardena K D G I，Mills C A，et al. Triboelectric nanogenerators：Providing a fundamental framework[J]. Energy & Environmental Science，2017，10（8）：1801-1811.

[20]　Dharmasena R D I G，Jayawardena K，Mills C A，et al. A unified theoretical model for Triboelectric Nanogenerators[J]. Nano Energy，2018，48：391-400.

[21]　Dharmasena R D I G，Silva S R P. Towards optimized triboelectric nanogenerators[J]. Nano Energy，2019，62：530-549.

[22]　Shao J J，Jiang T，Tang W，et al. Structural figure-of-merits of triboelectric nanogenerators at powering loads[J]. Nano Energy，2018，51：688-697.

[23]　Dharmasena R D I G，Deane J H B，Silva S R P. Nature of power generation and output optimization criteria for triboelectric nanogenerators[J]. Advanced Energy Materials，2018，8：1802190.

[24]　You J，Shao J J，He Y H，et al. High-electrification performance and mechanism of a water-solid mode triboelectric nanogenerator[J]. ACS Nano，2021，15（5）：8706-8714.

[25]　Niu S M，Wang Z L. Theoretical systems of triboelectric nanogenerators[J]. Nano Energy，2015，14：161-192.

[26]　Niu S M，Wang S H，Lin L，et al. Theoretical study of contact-mode triboelectric nanogenerators as an effective power source[J]. Energy & Environmental Science，2013，6（12）：3576-3583.

[27]　Niu S M，Liu Y，Wang S H，et al. Theoretical investigation and structural optimization of single-electrode triboelectric nanogenerators[J]. Advanced Functional Materials，2014，24（22）：3332-3340.

[28]　Niu S M，Liu Y，Chen X Y，et al. Theory of freestanding triboelectric-layer-based nanogenerators[J]. Nano Energy，2015，12：760-774.

[29]　Peng J，Kang S D，Snyder G J. Optimization principles and the figure of merit for triboelectric generators[J]. Science Advance，2017，3：eaap8576.

[30]　Guo X，Shao J J，Willatzen M，et al. Theoretical model and optimal output of a cylindrical triboelectric nanogenerator[J].

Nano Energy，2022，92：106762.

[31]　Guo X，Wang Z L. Three-dimensional mathematical modelling and dynamic analysis of freestanding triboelectric nanogenerators[J]. Journal of Physics D：Applied Physics，2022，55（34）：345501.

[32]　Hinchet R，Ghaffarinejad A，Lu Y X，et al. Understanding and modeling of triboelectric-electret nanogenerator[J]. Nano Energy，2018，47：401-409.

[33]　Ibrahim A，Ramini A，Towfighian S. Experimental and theoretical investigation of an impact vibration harvester with triboelectric transduction[J]. Journal of Sound and Vibration，2018，416：111.

[34]　Fu Y Q，Ouyang H J，Davis R B. Triboelectric energy harvesting from the vibro-impact of three cantilevered beams[J]. Mechanical Systems and Signal Processing，2019，121：509-531.

[35]　Fu Y Q，Ouyang H J，Davis R B. Nonlinear dynamics and triboelectric energy harvesting from a three-degree-of-freedom vibro-impact oscillator[J]. Nonlinear Dynamics，2018，92：1985-2004.

[36]　Griffiths D J. Introduction to Electrodynamics[M]. Upper Saddle River：Prentice-Hall，1999.

[37]　Tobar M E，McAllister B T，Goryachev M. Electrodynamics of free- and bound-charge electricity generators using impressed sources[J]. Physical Review Applied，2021，15：014007.

[38]　Tobar M E，Chiao R Y，Goryachev M. Active electric dipole energy sources：Transduction via electric scalar and vector potentials[J]. Sensors，2022，22：7029.

[39]　Wang Z L. On the expanded Maxwell's equations for moving charged media system—General theory，mathematical solutions and applications in TENG[J]. Materials Today，2022，52：348-363.

[40]　Wang Z L. Maxwell's equations for a mechano-driven，shapedeformable，charged-media system，slowly moving at an arbitrary velocity field $v(r, t)$[J]. Journal of Physics Communications，2022，6：085013.

[41]　Wang Z L，Shao J J. Maxwell's equations for a mechano-driven varying-speed motion media system under slow motion and nonrelativistic approximations（in Chinese）[J]. Science China Technological Sciences，2022，52：1198-1211.

[42]　Wang Z L，Shao J J. Maxwell's equations for a mechano-driven varying speed motion media system for engineering electrodynamics and their solutions（in Chinese）[J]. Science China Technological Sciences，2022，52. doi：10.1360/SST-2022-0226.

[43]　Maxwell J C. On physical lines of force，part Ⅲ [J]. The London，Edinburgh，and Dublin Philosophical Magazine and Journal of Science，1986，21：281-291.

[44]　Yaghjian A D. Reflections on Maxwell's treatise，Progress in Electromagnetics[J]. Research，2014，149：217-249.

[45]　Walker J，Halliday D，Resnick R. Fundamentals of Physics[M]. New York：John Wiley & Sons，2014.

[46]　Cheng D K. Field and Wave Electromagnetics[M]. Massachusetts：Addison-Wesley，1989.

[47]　Einstein A. Annalen der Physik，1905，17：891. http://einstein-annalen.mpiwg-berlin.mpg.de/home.

[48]　Minkowski H. Die grundgleichungen für die elektromagnetischen vorgänge in bewegten körpern[J]. Mathematische Annalen. 1910，68：472-525.

[49]　Guo X，Shao J J，Willatzen M，et al. Quantifying output power and dynamic charge distribution in sliding mode freestanding triboelectric nanogenerator[J]. Advanced Physics Research，2023，2（2）：2200039.

[50]　Agarwal A，Lang J. Foundations of Analog & Digital Electronic Circuits[M]. Amsterdam：Morgan Kaufmann Publishers，MA，2005.

[51]　Wang Z L，Shao J J. Theory of Maxwell's equations for a mechano-driven media system for a non-inertia medium movement system[J]. Scientia China Technological Sciences，2023，53：803-819.

本章作者：邵佳佳，王中林

中国科学院北京纳米能源与系统研究所（中国北京）

第 6 章

球形摩擦纳米发电机输出功率的定量计算

摘 要

本章介绍关于球形摩擦电纳米发电机（TENG）的最新研究进展；通过电荷密度均匀和电势均匀的假设，结合摩擦电纳米发电机参数优化达到提高输出性能的目的。研究不同电极的几何形状（如圆形、球形、矩形等），结合微分几何法确定了电极面积、TENG的电容和电势。本章给出一些特殊的积分计算技巧。同时，用不同的数值方法得到相同的精确结果，确定球形 TENG 的电容和输出电压。

6.1 引 言

目前机械能收集器件主要有四种：电磁发电机、压电纳米发电机、静电纳米发电机和摩擦纳米发电机（图 6.1）。其中，电磁发电机依靠传导电流收集能量，其他三种类型

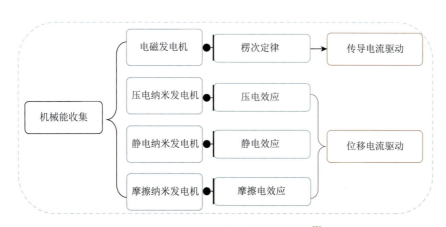

图 6.1 四种主要的机械能收集器件[2]

电磁发电机基于传导电流，其他三种发电机（压电、静电和摩擦电）的驱动力来源于位移电流

发电机的驱动力来源于位移电流。基于电磁感应、压电效应和静电效应的能量收集器件已经逐渐发展成熟。摩擦纳米发电机（TENG）在 2011 年由王中林课题组首次发明[1]，现在已是全球能源研究领域重点关注的研究对象。

收集环境中的低频振动能量时，传统电磁发电机的效率较低[1, 3-7]，此时摩擦纳米发电机是一个不错的选择。自然界中蕴含的低频振动能量（＜10Hz）非常丰富，如水波能、风能等[8, 9]，对现代社会以及 TENG 在能量领域的应用意义重大。TENG 的工作原理可简单概括为：在外力驱动下，TENG 利用两种不同材料接触产生表面静电荷，电荷的产生随时间变化的电场驱动电子在外电路流动，进而将机械能转换为电能。

TENG 的工作模式主要有四种：接触分离模式（CS）[10]，水平滑动模式（LS）[11]，单电极模式（接触分离型单电极（CSE）和滑动型单电极（SSE））[12]和独立层模式（接触分离型独立层（CF）和滑动型独立层（SF））[13]。结合四种基本模型，目前已建立各种各样的数学模型研究 TENG 的几何结构、材料选择、电荷分布、运动频率和振幅等参数[8]对输出电压、电流和功率的影响规律。由于四种基本模式的几何结构相对简单，对其基本输出特性理解较为深刻。对类似球形 TENG 这样特殊的结构而言，情况变得比较复杂，主要是因为它的运动体和电极的几何结构是非平面的。对此，考虑应用微分几何理论构建一个精确的三维数学模型来研究该结构的几何参数、材料参数和能量收集特性。

本章首先介绍近期发表的关于球形 TENG 的数学模型[14, 15]，重点描述电极电荷均匀分布和电势均匀分布对 TENG 输出性能和最佳参数的影响规律；同时给出当电极几何结构（圆形、球形和矩形）不同时，用微分几何法求解电极面积、TENG 电容和电势的方法；应用到一种特殊的解析积分技术。

6.2　摩擦纳米发电机的一般结构

根据参考文献[14]中的分析，假定一个面积为 A_T、面电荷密度为 σ_T、沿路径 $c(t)$ 运动的介电体 Ω_T；如图 6.2 所示，同时存在一个面积为 A_{fixed}、面电荷密度为 $-\dfrac{A_T}{A_{fixed}}\sigma_T$ 且固定不动的介电体 Ω_{fixed}；两个电极 Ω_L 和 Ω_R 的电荷密度分别为 σ_L 和 σ_R，则有：当运动路径 $c = 0$ 时 Ω_T 的电势记作 ϕ_T；Ω_{fixed} 的电势记作 ϕ_{fixed}；Ω_L 和 Ω_R 的电势分别记作 ϕ_L 和 ϕ_R。

点 x 处电势的值由以下公式给出：

$$\phi_T(x) = \frac{\sigma_T}{4\pi\varepsilon}\int_{y\in\Omega_T}\frac{\mathrm{d}A}{\|y - x\|} \tag{6.1}$$

$$\phi_{fixed}(x) = -\frac{A_T}{A_{fixed}}\frac{\sigma_T}{4\pi\varepsilon}\int_{y\in\Omega_{fixed}}\frac{\mathrm{d}A}{\|y - x\|} \tag{6.2}$$

$$\phi_L(x) = \frac{1}{4\pi\varepsilon}\int_{y\in\Omega_L}\frac{\sigma_L\,\mathrm{d}A}{\|y - x\|}, \quad \phi_R(x) = \frac{1}{4\pi\varepsilon}\int_{y\in\Omega_R}\frac{\sigma_R\,\mathrm{d}A}{\|y - x\|} \tag{6.3}$$

式中，$\|y - x\|$ 是点 x 与点 y 之间的距离；ε 是介电常数，是一个不变的值。

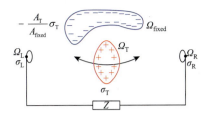

图 6.2　带正电的介电材料 Ω_T 在两个电极 Ω_L 和 Ω_R 之间以周期性的方式运动，电子在两电极之间移动，产生交流电

系统同时存在带负电荷的介电材料，TENG 总电荷为零，时刻保持中性状态

ϕ_T 和 ϕ_{fixed} 的计算相对简单。电极上的电荷密度未知，如果将其视为完美导体，则电荷密度可以由电极的等势条件确定。不过，可以将两个电极看作一个电容为 C 的电容器。在时间 t 时，设介电体 Ω_T 的平移距离为 $c(t)$，在电极上感应出电势 $\phi_T(x-c(t))$ 和电势差 $\phi_T(t)$。首先假设介电体相对于两个电极对称放置。在这种情况下，介电体不会在电极间引起电势差，同样也不会在电极上感应出电荷。如果介电体相对于电极位置不对称，参考文献[14]表明，其也不会影响系统的输出能量。

以上假设可以得出两个电势方程：

$$\phi_L = \frac{Q}{2C} + \phi_{T,L} + \phi_{ref} \tag{6.4}$$

$$\phi_R = -\frac{Q}{2C} + \phi_{T,R} + \phi_{ref} \tag{6.5}$$

式中，ϕ_L 和 ϕ_R 分别是左电极和右电极上的电势；$\phi_{T,L}$ 和 $\phi_{T,R}$ 分别是介电体上分布的电荷对左右电极电势的贡献；Q 和 $-Q$ 分别是左右电极电荷，ϕ_{ref} 是参考电势；C 是摩擦纳米发电机的电容。则两电极间的电势差为

$$\phi = \phi_L - \phi_R = \frac{Q}{C} + \phi_{T,L} - \phi_{T,R} = \frac{Q}{C} + \phi_T \tag{6.6}$$

式中，$\phi_T = \phi_{T,L} - \phi_{T,R}$ 是移动介电体上的摩擦电荷引起的电势差。

两个电极之间的电流$-I$ 是电极电荷 $\mathrm{d}Q$ 在无穷小时间间隔 $\mathrm{d}t$ 内的变化结果，根据欧姆定律和方程（6.6）得到：

$$\frac{\mathrm{d}Q}{\mathrm{d}t} = -I = -\frac{\phi}{Z} = -\frac{Q}{ZC} - \frac{\phi_T}{Z} \tag{6.7}$$

式中，Z 是电极间的阻抗。

式（6.7）电荷 Q 为时间 t 函数的一阶线性常微分方程。注意，ϕ_T 是时间的函数，仅由系统介电常数 ε、摩擦电荷密度 σ_T、介电体 Ω_T 的运动函数 $c(t)$ 和几何参数决定。因此，ϕ_T 与电极电荷无关。同样，C 与电极电荷 Q 也无关，仅取决于系统的介电常数和几何参数。TENG 的电容与带正电和负电介质材料的位置无关。注意，即使介电常数不是一个常数，若介电体材料的厚度很薄（固定介电体通常是这种情况），则其介电常数也不会影响 TENG 的物理特性。

6.2.1　Ω_{T} 的周期性运动

如果内部介电体 Ω_{T} 做周期性移动，即 $c(t)$ 是周期函数，那么 ϕ_{T} 也是周期性的，可以写成傅里叶级数：

$$\phi_{\mathrm{T}} = \sum_{n=-\infty}^{\infty} u_n \mathrm{e}^{\mathrm{i} n \omega t} \tag{6.8}$$

由式（6.7），稳态解的傅里叶展开式为

$$Q = \sum_{n=-\infty}^{\infty} \frac{-C u_n}{1 + \mathrm{i} n \omega C Z} \mathrm{e}^{\mathrm{i} n \omega t} \tag{6.9}$$

通过式（6.6）可得：

$$\phi = \sum_{n=-\infty}^{\infty} \left(1 - \frac{1}{1 + \mathrm{i} n \omega C Z}\right) u_n \mathrm{e}^{\mathrm{i} n \omega t} = \sum_{n=-\infty}^{\infty} \frac{\mathrm{i} n \omega C Z u_n}{1 + \mathrm{i} n \omega C Z} \mathrm{e}^{\mathrm{i} n \omega t} \tag{6.10}$$

功率 $\phi I = |\phi|^2 / Z$ 也是周期性的，平均功率可以通过一段时间内的积分得出，例如，在区间 $[0, 2\pi / \omega]$ 上，有

$$P = \frac{1}{Z} \frac{\omega}{2\pi} \int_0^{\frac{2\pi}{\omega}} |\phi(t)|^2 \, \mathrm{d}t = \frac{1}{Z} \|\phi\|_2^2$$

式中，$\|\phi\|_2$ 为 $2\pi / \omega$ 周期函数空间上的 2 范数。通过帕塞瓦尔定理和傅里叶系数来表示范数，即

$$P = \frac{1}{Z} \sum_{n=-\infty}^{\infty} \left|\frac{\mathrm{i} n \omega C Z u_n}{1 + \mathrm{i} n \omega C Z}\right|^2 = \frac{1}{Z} \sum_{n=-\infty}^{\infty} \frac{\omega^2 C^2 Z^2 n^2 |u_n|^2}{1 + \omega^2 C^2 Z^2 n^2} = \frac{1}{Z} \sum_{n=-\infty}^{\infty} \frac{n^2 |u_n|^2}{\omega^{-2} C^{-2} Z^{-2} + n^2} \tag{6.11}$$

6.2.2　无量纲数

为了强调控制 TENG 输出的基本物理量，使用无量纲数比较方便，设

$$r = R_0 \hat{r} \, (\text{长度}) \tag{6.12}$$

$$A = R_0^2 \hat{A} \, (\text{面积}) \tag{6.13}$$

$$C = \varepsilon R_0 \hat{C} \, (\text{电容}) \tag{6.14}$$

$$Q = \sigma_{\mathrm{T}} R_0^2 \hat{Q} \, (\text{电荷}) \tag{6.15}$$

$$\phi = \frac{Q}{Z} = \sigma_{\mathrm{T}} R_0^2 \times \frac{1}{\varepsilon R_0} \hat{\phi} = \frac{\sigma_{\mathrm{T}} R_0}{\varepsilon} \hat{\phi} \, (\text{电压}) \tag{6.16}$$

$$u_n = \frac{\sigma_{\mathrm{T}} R_0}{\varepsilon} \hat{u}_n \, (\text{电压}) \tag{6.17}$$

$$t = \frac{\hat{t}}{\omega} \, (\text{时间}) \tag{6.18}$$

$$Z = \frac{\sigma_{\mathrm{T}} R_0}{\varepsilon} \times \frac{1}{\sigma_{\mathrm{T}} R_0^2} \times \frac{1}{\omega} \hat{Z} = \frac{\hat{Z}}{\varepsilon R_0 \omega} \, (\text{电阻}) \tag{6.19}$$

$$P = \phi I = \frac{|\phi|^2}{Z} = \frac{R_0^3 \omega \sigma_T^2}{\varepsilon} \hat{P}(功率) \tag{6.20}$$

式中，R_0 为 TENG 的特征长度；ε 为介电常数。可以将式（6.11）简化为

$$\hat{P} = \frac{1}{\hat{Z}} \sum_{n=-\infty}^{\infty} \frac{n^2 |\hat{u}_n|^2}{\hat{C}^{-2} \hat{Z}^{-2} + n^2} \tag{6.21}$$

6.3　简　化　模　型

考虑以下简化情况：介电体 Ω_T 是一个半径为 r 的球体，其中心在 x 轴上，在半径为 R 且中心位于原点的更大的球体内运动（图 6.3）。取 R 作为单位长度，即 $R_0 = R$ 且 $r = R\hat{r}, 0 < \hat{r} < 1$。图 6.4 所示为电极电荷变化过程动力学示意图。

假设电极是较大球体上的球形盖，极角为 θ，中心在 x 轴上，则其几何结构如图 6.3 所示。

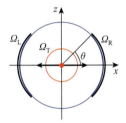

图 6.3　介电体 Ω_T 是一个半径为 r 的球体，其中心在 x 轴上，在半径为 R 且中心位于原点的更大的球体内运动。电极 Ω_L 和 Ω_R 是较大球体上的球形盖，极角为 θ，中心在 x 轴上

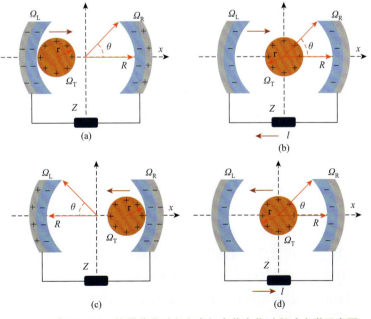

图 6.4　球形 TENG 能量收集过程和电极电荷变化过程动力学示意图

考虑介电体材料的简谐运动，有

$$c(t) = (a\sin\omega t, 0, 0), \quad 0 < a < R - r \tag{6.22}$$

注意，ϕ_{T} 是关于 t 的奇函数，实傅里叶级数只有正弦项。此外，$\sin\left(\dfrac{\pi}{2}+\hat{t}\right) = \sin\left(\dfrac{\pi}{2}-\hat{t}\right)$，有 $\hat{u}_{\mathrm{T}}\left(\dfrac{\pi}{2}+\hat{t}\right) = \hat{u}_{\mathrm{T}}\left(\dfrac{\pi}{2}-\hat{t}\right)$。由于 $\sin\left(2k\left(\dfrac{\pi}{2}+\hat{t}\right)\right) = \cos(k\pi)\sin(2k\hat{t}) = -\sin\left(2k\left(\dfrac{\pi}{2}-\hat{t}\right)\right)$ 所有偶数项傅里叶系数都会抵消。因此，有

$$\hat{u}_{\mathrm{T}}(\hat{t}) = \sum_{k=1}^{\infty} \hat{b}_{2k-1} \sin\left((2k-1)\hat{t}\right) \tag{6.23}$$

结合 $\hat{U}_{\mathrm{T}}$，傅里叶系数为

$$\hat{b}_{2k-1} = \frac{2}{\pi} \int_0^{\pi} \hat{u}_{\mathrm{T}}(\hat{t}) \sin\left((2k-1)\hat{t}\right) \mathrm{d}\hat{t} \tag{6.24}$$

$$= \frac{4}{\pi} \int_0^{\pi/2} \hat{u}_{\mathrm{T}}(\hat{t}) \sin\left((2k-1)\hat{t}\right) \mathrm{d}\hat{t} \tag{6.25}$$

通过帕塞瓦尔定理可以得到实傅里叶级数 $\|\hat{u}_{\mathrm{T}}\|_2^2 = \dfrac{1}{2}\sum_{k=1}^{\infty}\left|\hat{b}_{2k-1}\right|^2$，同理，有

$$\hat{P} = \frac{1}{2\hat{Z}} \sum_{k=1}^{\infty} \frac{(2k-1)^2 \left|\hat{b}_{2k-1}\right|^2}{\hat{C}^{-2}\hat{Z}^{-2} + (2k-1)^2} \tag{6.26}$$

6.4　案例 A：电极电荷密度均匀分布

在第一种研究案例中，假设左右电极上的电荷密度是均匀的。两个电极上的电荷密度相反，即 $\sigma_{\mathrm{R}} = \sigma_{\mathrm{L}}$。通过两个电极平均电势相减来计算电势差 ϕ_{T}，进而得到 TENG 电容，并根据式（6.26）计算输出功率。

6.4.1　电容

在 6.4 节中，将概述在不同电极几何形状的情况下使用微分几何和参数优化的方法来确定 TENG 的输出特性。球形 Ω_{L} 和 Ω_{R} 可以量化为

$$\boldsymbol{x}_{\mathrm{L}}(u, v) = R(-\cos u, \sin u \cos v, \sin u \sin v), \quad u \in [0, \theta], \quad v \in [0, 2\pi] \tag{6.27}$$

$$\boldsymbol{x}_{\mathrm{R}}(u, v) = R(\cos u, \sin u \cos v, \sin u \sin v), \quad u \in [0, \theta], \quad v \in [0, 2\pi] \tag{6.28}$$

则电极面积为 $A = 2\pi R^2(1 - \cos\theta)$。式中，$u$ 为极角；v 为弧度。

为了简化计算，考虑电极分布有随时间变化的均匀电荷密度 $\pm\sigma$。然而，均匀的电极电荷密度会导致电极电势分布不均匀。为了避免这一点，采用电极上的平均电势来估算电势差。将左电极电荷引起的左电极平均电势记作 $\overline{\hat{\phi}_{\mathrm{LL}}}$；同理，将左电极电荷引起的右电极平均电势记作 $\overline{\hat{\phi}_{\mathrm{LR}}}$。诸如此类，有

$$\overline{\hat{\phi}_{LL}} = \frac{\hat{\sigma}}{2\pi(1-\cos\theta)} \int_0^\theta \int_0^\theta K \left(1 - \frac{\sin^2\frac{u_0-u}{2}}{\sin^2\frac{u_0+u}{2}}\right)\left(1 - \frac{\sin^2\frac{u_0-u}{2}}{\sin^2\frac{u_0+u}{2}}\right)\sin\frac{u_0+u}{2} du du_0 \quad (6.29)$$

在右电极上，有

$$\overline{\hat{\phi}_{LR}} = \frac{\hat{\sigma}}{2\pi(1-\cos\theta)} \int_0^\theta \int_0^\theta K \left(1 - \frac{\cos^2\frac{u_0+u}{2}}{\cos^2\frac{u_0-u}{2}}\right)\left(1 - \frac{\cos^2\frac{u_0+u}{2}}{\cos^2\frac{u_0-u}{2}}\right)\cos\frac{u_0-u}{2} du du_0 \quad (6.30)$$

归一化电势见参考文献[14]和 6.5.2 节。

由于镜面对称，Ω_R 上的电荷密度 $-\sigma$ 引起的平均归一化电势在 Ω_L 上为 $\overline{\hat{\phi}_{RL}} = -\overline{\hat{\phi}_{LR}}$，在 Ω_R 上为 $\overline{\hat{\phi}_{RR}} = -\overline{\hat{\phi}_{LL}}$。由两个电极上的电荷引起的总平均电势在 Ω_L 上为 $\overline{\hat{\phi}_{LL}} + \overline{\hat{\phi}_{RL}} = \overline{\hat{\phi}_{LL}} - \overline{\hat{\phi}_{LR}}$，在 Ω_R 上则相反。因此，归一化电势差由式（6.31）给出：

$$\hat{\phi} = \left(\overline{\hat{\phi}_{LL}} + \overline{\hat{\phi}_{RL}}\right) - \left(\overline{\hat{\phi}_{LR}} + \overline{\hat{\phi}_{RR}}\right) = 2\left(\overline{\hat{\phi}_{LL}} - \overline{\hat{\phi}_{LR}}\right) \quad (6.31)$$

此外，Ω_L 上的归一化电荷为

$$\hat{Q} = \frac{Q}{R^2 \sigma_T} = \frac{1}{R^2 \sigma_T}\int_{\Omega_L}\sigma dA = \frac{1}{R^2}\int_0^\theta\int_0^{2\pi}\hat{\sigma}R^2\sin u dv du = 2\pi\hat{\sigma}(1-\cos\theta) \quad (6.32)$$

Ω_R 上的归一化电荷为 $-\hat{Q}$。电极归一化电容 $\hat{C}$ 的倒数可以写成

$$\frac{1}{\hat{C}} = \frac{\hat{\phi}}{\hat{Q}} = \frac{2\left(\overline{\hat{\phi}_{LL}} - \overline{\hat{\phi}_{LR}}\right)}{2\pi\hat{\sigma}(1-\cos\theta)}$$

$$= \frac{1}{2\pi^2(1-\cos\theta)^2}\left(\int_0^\theta\int_0^\theta K\left(1 - \frac{\sin^2\frac{u_0-u}{2}}{\sin^2\frac{u_0+u}{2}}\right)\left(1 - \frac{\sin^2\frac{u_0-u}{2}}{\sin^2\frac{u_0+u}{2}}\right)\sin\frac{u_0+u}{2} du du_0\right.$$

$$\left. -\int_0^\theta\int_0^\theta K\left(1 - \frac{\cos^2\frac{u_0+u}{2}}{\cos^2\frac{u_0-u}{2}}\right)\left(1 - \frac{\cos^2\frac{u_0+u}{2}}{\cos^2\frac{u_0-u}{2}}\right)\cos\frac{u_0-u}{2} du du_0\right) \quad (6.33)$$

在图 6.5 中，$\hat{C}$ 的曲线显示为极角 θ 的函数。作为比较，绘制了三个相同面积的平面圆形电容器的电容曲线，不同的极板间距分别为

$$\hat{d}_{min} = \frac{d_{min}}{R} = 2\cos\theta, \quad \hat{d}_{mid} = \frac{d_{mid}}{R} = 1+\cos\theta, \quad \hat{d}_{max} = \frac{d_{max}}{R} = 2$$

球帽的面积为 $A = 2\pi R^2(1-\cos\theta) = 4\pi R^2\sin^2\frac{\theta}{2}$。平面电容器的半径 r 由 $\pi r^2 = A = 4\pi R^2\sin^2\frac{\theta}{2}$ 确定，即 $r = 2R\sin\frac{\theta}{2}$。相应的归一化电容为

$$\hat{C}_{min} = \frac{\hat{r}\pi^2/4}{F(0) - F(\hat{d}_{min})}, \quad \hat{C}_{mid} = \frac{\hat{r}\pi^2/4}{F(0) - F(\hat{d}_{mid})}, \quad \hat{C}_{max} = \frac{\hat{r}\pi^2/4}{F(0) - F(\hat{d}_{max})}$$

式中，$\hat{r}=2\sin\dfrac{\theta}{2}$ 为平板电容器的归一化半径，并且

$$F(\hat{d})=\int_0^1\int_0^1\frac{\hat{u}\hat{u}_0}{\sqrt{\left(\hat{u}+\hat{u}_0\right)^2+\hat{d}^2}}K\left(\frac{\hat{u}\hat{u}_0}{\left(\hat{u}+\hat{u}_0\right)^2+\hat{d}^2}\right)\mathrm{d}\hat{u}\mathrm{d}\hat{u}_0$$

上述所有计算都是在假设电极电荷密度均匀的条件下进行的。可以发现，d_{mid} 将最小距离和最大距离二等分，d_{min}、d_{mid} 和 d_{max} 三者对应的电容也遵循相同的规律。5.1 节在均匀电势的假设下进行了相同的计算，并与现在的结果进行比较，参见图 6.8。其中，θ 为 $\pi/4$ 时，两种假设的偏差为 7%～9%。结果类似于平面圆盘电容器 8% 的偏差，参见图 6.14。

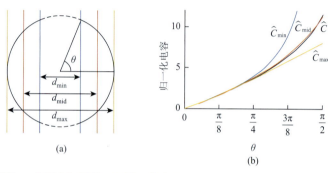

图 6.5　球形电容器和三个面积相同的平面圆形电容器（a），以及假设电极电荷密度均匀，球形电容器（电极）的归一化电容和三个圆形板电容器的归一化电容绘制随 θ 的变化趋势（b）

6.4.2　电势差

当介电体（带负电）（图 6.2 中的上面部分）相对于两个电极对称放置时，介电体上的摩擦电荷对两个电极上的电势贡献完全相同，因此电极电势差 ϕ_{D} 仅由运动介电体上的转移电荷贡献。在 $(x,y,0)=R(\pm\cos u,\sin u,0)$ 的坐标系中，中心为 $(a\sin\omega t,0,0)$ 的带电介电体引起的电势 ϕ_{T} 由下式给出：

$$\phi_{\text{T}}(x,y,0)=\frac{Q_{\text{T}}}{4\pi\varepsilon}\frac{1}{\sqrt{(\pm R\cos u-a\sin\omega t)^2+(R\sin u)^2}}$$

$$=\frac{R\sigma_{\text{T}}\hat{r}^2}{\varepsilon}\frac{1}{\sqrt{1\mp 2\hat{a}\cos u\sin\hat{t}+\hat{a}^2\sin^2\hat{t}}}$$

归一化电势为

$$\hat{\phi}_{\text{T}}(x,y,0)=\frac{\hat{r}^2}{\sqrt{1\mp 2\hat{a}\cos u\sin\hat{t}+\hat{a}^2\sin^2\hat{t}}}\tag{6.34}$$

与计算电容时的方法类似，左右电极上的电势分别取平均值，则电极电势差为

$$\hat{\phi}_{\text{D}}=\frac{\hat{r}^2\left(2-\sqrt{1-2\hat{a}\cos\theta\sin\hat{t}+\hat{a}^2\sin^2\hat{t}}-\sqrt{1+2\hat{a}\cos\theta\sin\hat{t}+\hat{a}^2\sin^2\hat{t}}\right)}{(1-\cos\theta)\hat{a}\sin\hat{t}}\tag{6.35}$$

6.4.3　参数优化

考虑内部球体以最大振幅 $\hat{a}=1-\hat{r}$ 振荡的情况，通过参数优化以获得最高的输出功率，假设

$$\text{maximize } \hat{P}$$
$$\text{s.t. } 0 \leqslant \hat{r} \leqslant 1, \quad \hat{Z} \geqslant 0, \quad 0 \leqslant \theta \leqslant \pi/2 \tag{6.36}$$

结果见表 6.1。进行了两种不同精度的计算，得到了相同的结果。

表 6.1　在 $\hat{a}=1-\hat{r}$ 的情况下，球面 TENG 简化模型的最优参数

N_F	N_ϕ	N_C	$\hat{\theta}_0$	$\hat{r}_0$	$\hat{Z}_0$	$\hat{P}_0$
5	19	5	1.072	0.6662	0.17966	0.0670
10	64	32	1.072	0.6662	0.17944	0.0671

注：前三列中给出了数值参数。N_F 表示计算 $\hat{P}$ 时使用的傅里叶系数的数量；N_ϕ 表示计算 $\hat{\phi}_T$ 的傅里叶系数时使用的正交点的数量；N_C 表示计算 $\hat{C}$ 时使用的正交点的数量；$\hat{\theta}$ 表示归一化电极的极角；$\hat{r}_0$ 表示归一化小球半径和大球半径之比；$\hat{Z}_0$ 表示归一化的最佳匹配电阻；$\hat{P}_0$ 表示归一化条件下的最佳输出功率。

图 6.6 为归一化平均功率与最佳匹配电阻的关系。结合表 6.2 中的值，作为最大半径 R 和角频率 ω 函数的最佳功率如图 6.7 所示。

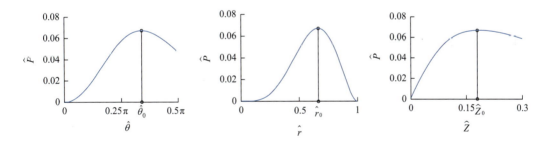

图 6.6　归一化平均功率关于 $\hat{\theta}$、$\hat{r}$ 和 $\hat{Z}$ 的函数。固定一个变量时，其他两个参数设定为最佳值；$\hat{\theta}_0$、$\hat{r}_0$、$\hat{Z}_0$ 表示匹配的最佳值

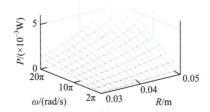

图 6.7　大圆球半径为 R、运动角频率为 ω 时的真实（未归一化的）功率 P

表 6.2 球形 TENG 使用的基础物理参数

$\sigma_T / (\text{C/m}^2)$	$\varepsilon / (\text{F/m})$
10×10^{-6}	8.8595×10^{-12}

6.5 案例 B：等电极电势

在第二种研究案例中，抛开电荷密度均匀的假设，转而考虑更符合物理实际的约束条件，即将电极视作良导体的等势条件。参考文献[15]中的计算方法。和之前一样，难点在于计算电容 $\hat{C}$、电势差 $\hat{\phi}_T(t)$、确定傅里叶系数 $\hat{b}_n$ 并通过式（6.26）计算输出功率。考虑以下两个步骤。

（1）假设 Ω_L 分布有单位电荷，Ω_R 分布等量异号电荷，忽略运动介电球 Ω_T；然后计算电势，且该电势在 Ω_L 和 Ω_R 上处处相等，紧接着计算出电容。

（2）在两电极上总电荷量为零的前提下，计算运动球体感应的电势；同样，它在 Ω_L 和 Ω_R 上须处处相等，然后计算电势差。

为了解决由此产生的边界问题，使用边界元法（boundary element method，BEM），即先确定 Ω_L 上的电荷密度 σ_L 和 Ω_R 上的 σ_R，总电势为

$$\phi(\boldsymbol{y}) = \frac{1}{4\pi\varepsilon} \left(\int_{\boldsymbol{x} \in \Omega_T} \frac{\sigma_T \mathrm{d}A}{\|\boldsymbol{y} - \boldsymbol{x} - \boldsymbol{c}\|} + \int_{\boldsymbol{x} \in \Omega_L} \frac{\sigma_L \mathrm{d}A}{\|\boldsymbol{y} - \boldsymbol{x}\|} + \int_{\boldsymbol{x} \in \Omega_R} \frac{\sigma_R \mathrm{d}A}{\|\boldsymbol{y} - \boldsymbol{x}\|} \right) \tag{6.37}$$

在电极 Ω_L 和 Ω_R 上是恒定的；Ω_L 上的总电荷量为 Q，Ω_R 上为 $-Q$。归一化电势 $\hat{\phi}$ 为

$$\hat{\phi}(\hat{\boldsymbol{y}}) = \frac{\hat{r}^2}{\|\hat{\boldsymbol{y}} - \hat{\boldsymbol{c}}\|} + \frac{1}{4\pi} \int_0^\theta \int_0^{2\pi} \frac{\hat{\sigma}_L(u) \sin u \, \mathrm{d}v \, \mathrm{d}u}{\|\hat{\boldsymbol{y}} - \hat{\boldsymbol{x}}_L(u,v)\|} + \frac{1}{4\pi} \int_0^\theta \int_0^{2\pi} \frac{\hat{\sigma}_R(u) \sin u \, \mathrm{d}v \, \mathrm{d}u}{\|\hat{\boldsymbol{y}} - \hat{\boldsymbol{x}}_R(u,v)\|} \tag{6.38}$$

6.5.1 电容

电容按照上述步骤（1）计算得到。假设 Ω_L 上的电荷密度 $\sigma_{0,L}(u)$ 和 Ω_R 上的电荷密度 $\sigma_{0,R}(u)$ 归一化后得到归一化电势：

$$\hat{\phi}_0(\hat{\boldsymbol{y}}) = \frac{1}{4\pi} \int_0^\theta \int_0^{2\pi} \frac{\hat{\sigma}_{0,L}(u) \sin u \, \mathrm{d}v \, \mathrm{d}u}{\|\hat{\boldsymbol{y}} - \hat{\boldsymbol{x}}_L(u,v)\|} + \frac{1}{4\pi} \int_0^\theta \int_0^{2\pi} \frac{\hat{\sigma}_{0,R}(u) \sin u \, \mathrm{d}v \, \mathrm{d}u}{\|\hat{\boldsymbol{y}} - \hat{\boldsymbol{x}}_R(u,v)\|} \tag{6.39}$$

满足边界条件

$$\hat{\phi}_0(\hat{\boldsymbol{y}}) = \begin{cases} 1, & \boldsymbol{y} \in \Omega_L \\ 0, & \boldsymbol{y} \in \Omega_R \end{cases} \tag{6.40}$$

电极上总的归一化电荷量为

$$\hat{Q}_{0,\mathrm{L}} = 2\pi\int_0^\theta \hat{\sigma}_{0,\mathrm{L}}(u)\sin u\,\mathrm{d}u, \quad \hat{Q}_{0,\mathrm{R}} = 2\pi\int_0^\theta \hat{\sigma}_{0,\mathrm{R}}(u)\sin u\,\mathrm{d}u \tag{6.41}$$

如果已确定 Ω_L 上的归一化电荷密度为 $\hat{\sigma}_{0,\mathrm{L}}(u) - \hat{\sigma}_{0,\mathrm{R}}(u)$，在 Ω_R 上有等量异号的电荷密度，那么由此产生的归一化电势在 Ω_L 上为 1，Ω_R 上为 −1，即 $\hat{\phi} = 2$。Ω_L 上总的归一化电荷为 $\hat{Q}_{0,\mathrm{L}} - \hat{Q}_{0,\mathrm{R}}$，归一化电容为

$$\hat{C} = \frac{\hat{Q}}{\hat{U}} = \frac{\hat{Q}_{0,\mathrm{L}} - \hat{Q}_{0,\mathrm{R}}}{2} \tag{6.42}$$

如案例 A 的图 6.5 所示，将 $\hat{C}$ 绘制为 θ 的函数，并将其与相同的三个平面圆盘电容器的电容进行比较（图 6.8（a））。图 6.8（b）为等电势和等均匀电荷密度之间的差异。

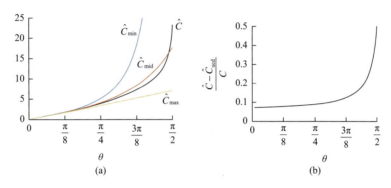

图 6.8　等电势条件下，球形（电极）电容和如图 6.6（a）所示的三个圆形板电容器的归一化电容随着 θ 的变化情况（a）；以及 $\hat{C}$（案例 B：等电势）和 $\hat{C}_{\mathrm{ucd}}$（案例 A：均匀电荷密度）之间的相对差异（b）

6.5.2　电势差

通过上述步骤（2）计算电势差。考虑内部球体 Ω_T 沿 x 轴平移距离为 x，即 $c = (x,0,0)(-R < x < R)$，并假设 Ω_L 上的归一化电荷密度为 $\hat{\sigma}_{1,\mathrm{L}}(u,x)$、$\Omega_\mathrm{R}$ 上的归一化电荷密度为 $\hat{\sigma}_{1,\mathrm{R}}(u,x)$，则归一化电势 $\hat{\phi}_1(y,x)$ 满足

$$\hat{\phi}_1(\boldsymbol{y},x) = \frac{1}{\|\hat{\boldsymbol{y}} - \hat{\boldsymbol{c}}\|}, \quad \boldsymbol{y} \in \Omega_\mathrm{L}\bigcup\Omega_\mathrm{R} \tag{6.43}$$

电极 Ω_L 和 Ω_R 上的归一化电荷分别为

$$\hat{Q}_{1,\mathrm{L}} = 2\pi\int_0^\theta \hat{\sigma}_{1,\mathrm{L}}(u)\sin u\,\mathrm{d}u, \quad \hat{Q}_{1,R} = 2\pi\int_0^\theta \hat{\sigma}_{1,R}(u)\sin u\,\mathrm{d}u \tag{6.44}$$

考虑以下形式的归一化电荷密度对：

$$\begin{pmatrix} \hat{\sigma}_L \\ \hat{\sigma}_R \end{pmatrix} = \hat{r}^2 \left(-\begin{pmatrix} \hat{\sigma}_{1,L} \\ \hat{\sigma}_{1,R} \end{pmatrix} + c_L \begin{pmatrix} \hat{\sigma}_{0,L} \\ \hat{\sigma}_{0,R} \end{pmatrix} + c_R \begin{pmatrix} \hat{\sigma}_{0,R} \\ \hat{\sigma}_{0,L} \end{pmatrix} \right)$$

式中，$\hat{\sigma}_L$ 和 $\hat{\sigma}_R$ 分别是 Ω_L 和 Ω_R 上总的电荷密度。考虑等式右侧的三项：根据式（6.43），与带电小球 Ω_T 相比，第一项表示电荷密度在电极上引起相反的电势；第二项表示在 Ω_L 上感应出的恒定电势 $\hat{r}^2 c_L$，而在 Ω_R 上感应出的恒定电势为 0。第三项表示在 Ω_R 上感应出恒定电势 $\hat{r}^2 c_R$，同样在 Ω_L 上感应出的恒定电势也为 0。结合带电小球 Ω_T 引起的电势，最终得到 Ω_L 上的电势 $\hat{r}^2 c_L$、Ω_R 上的电势 $\hat{r}^2 c_R$ 和电势差 $\hat{U}_T = \hat{r}^2 (c_L - c_R)$。电极 Ω_L 和 Ω_R 上总的归一化电荷分别为

$$\hat{r}^2 \left(-\hat{Q}_{1,L} + c_L \hat{Q}_{0,L} + c_R \hat{Q}_{0,R} \right), \quad \hat{r}^2 \left(-\hat{Q}_{1,R} + c_L \hat{Q}_{0,R} + c_R \hat{Q}_{0,L} \right)$$

由于它们的总和必须为零（步骤（2）的假设条件），则线性约束为

$$\begin{pmatrix} \hat{Q}_{0,L} & \hat{Q}_{0,R} \\ \hat{Q}_{0,R} & \hat{Q}_{0,L} \end{pmatrix} \begin{pmatrix} c_L \\ c_R \end{pmatrix} = \begin{pmatrix} \hat{Q}_{1,L} \\ \hat{Q}_{1,R} \end{pmatrix} \tag{6.45}$$

由此确定系数 c_L 和 c_R。则归一化电势差为

$$\hat{\phi}_T = \hat{r}^2 (c_L - c_R) = \hat{r}^2 \frac{\left(\hat{Q}_{0,L} + \hat{Q}_{0,R} \right)\left(\hat{Q}_{1,L} - \hat{Q}_{1,R} \right)}{\left(\hat{Q}_{0,L} \right)^2 - \left(\hat{Q}_{0,R} \right)^2} = \hat{r}^2 \frac{\hat{Q}_{1,L} - \hat{Q}_{1,R}}{\hat{Q}_{0,L} - \hat{Q}_{0,R}} \tag{6.46}$$

6.5.3 最优化

继续优化球形 TENG 的参数；假设最大振幅为 $\hat{a} = 1 - \hat{r}$，尝试解决此优化问题：

$$\begin{aligned} &\text{maximize } \hat{P} \\ &\text{s.t. } 0 \leqslant \hat{r} \leqslant 1, \quad \hat{Z} \geqslant 0, \quad 0 \leqslant \theta \leqslant \pi/2 \end{aligned} \tag{6.47}$$

表 6.3 为优化结果。为了进行比较，重新考虑案例 A 的结果。

请注意，表 6.3 中第二行 $\hat{P}$（假设电极等势计算的功率）和 $\hat{P}_{ccd}$（假设电极电荷密度均匀计算的功率）的值是使用同一行中的参数 θ，$\hat{r}$，$\hat{Z}$ 计算得到。类似地，表 6.3 中第三行 $\hat{P}_{ccd}$ 和 $\hat{P}$ 的值是使用第三行中的参数 θ、$\hat{r}$、$\hat{Z}$ 计算得到的。图 6.9 给出了归一化的平均功率与最佳匹配电阻之间的关系。

表 6.3　等电荷密度和等电势条件下的最佳参数

假设	θ	$\hat{r}$	$\hat{Z}$	$\hat{P}$	$\hat{P}_{ccd}$
情况 A：等电荷密度	1.072	0.666	0.179	0.057	0.067
情况 B：等电势	0.871	0.666	0.217	0.060	0.064

注：在最后两列中，这两组参数产生的功率以两种不同的方式计算，即分别使用等势假设和使用等电荷密度假设。

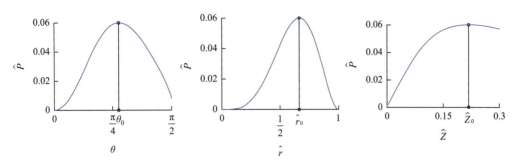

图 6.9　通过最优值点的参数变化，计算出的最佳匹配值用垂直线表示

当振幅与最大振幅 $\hat{a}_{\max} = 1 - \hat{r}$ 不同时会发生什么情况？给定振幅 $\hat{a}$，最佳半径显然是 $\hat{r} = 1 - \hat{a}$，而 θ 和 $\hat{Z}$ 的最佳匹配值可以通过类似于式（6.47）的优化过程得到（结果如图 6.10 所示）。注意，最优参数确实会发生变化，但采用值 $(\theta_0, \hat{Z}_0)$ 而不是最佳匹配值的损失小于 1%。因此，若半径 $\hat{r}$ 固定，且等于 $\hat{r}_0$，那么最大振幅 $\hat{a} = 1 - \hat{r}_0$ 的最佳参数 $(\theta_0, \hat{Z}_0)$ 对于较小的振幅 $\hat{a} \leqslant 1 - \hat{r}_0$ 也是最优的。

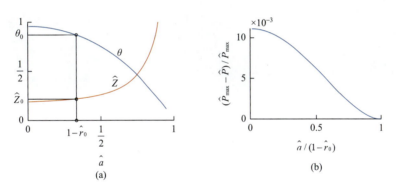

图 6.10　最优化参数关于振幅的函数（垂直线表示表 6.1 中的值）（a），以及 $\theta = \theta_0$ 和 $\hat{Z} = \hat{Z}_0$ $(\hat{r} = \hat{r}_0)$ 条件下的递减曲线（b）

6.6　参数化和积分

在对 TENG 的数学分析中，对指定电极进行参数分析。假设电极是无限薄的一个表面，依次分析三个不同的示例（图 6.11）。

（1）对于一个中心为 c、半径为 r 且正交于 n 的平面圆盘，如果 e_1 和 e_2 是一对正交于 n 的正交矢量，则有以下参数化坐标（极坐标）：

$$x(u,v) = c + u\cos v\, e_1 + u\sin v\, e_2, \quad (u,c) \in [0,r] \times [0,2\pi] \tag{6.48}$$

（2）对于一个中心为 c、半径为 $R = |c - C|$ 的球体上的中心，极角为 θ 的球形圆帽，若 $n = (c - C)/|c - C|$，e_1 和 e_2 是一对正交于 n 的正交矢量，则得到以下结果（极坐标）：

$$\boldsymbol{x}(u,v) = \boldsymbol{C} + R(\sin u \cos v\,\boldsymbol{e}_1 + \sin u \sin v\,\boldsymbol{e}_2 + \cos u\,\boldsymbol{n}) \qquad （6.49）$$

式中，$(u,v) \in [0,r] \times [0,2\pi]$。

（3）对于一个中心为 $\boldsymbol{c}$ 的球面"矩形"，位于球心为 $\boldsymbol{C}$、半径为 $\boldsymbol{R} = |\boldsymbol{c} - \boldsymbol{C}|$ 的球体上，其极角为 θ_1 和 θ_2。如果 $\boldsymbol{n} = (\boldsymbol{c} - \boldsymbol{C})/|\boldsymbol{c} - \boldsymbol{C}|$，$\boldsymbol{e}_1$ 和 $\boldsymbol{e}_2$ 是一对正交于 $\boldsymbol{n}$ 的正交矢量，则参数化表达式为

$$\boldsymbol{x}(u,v) = R(\sin u\,\boldsymbol{e}_1 + \cos u \sin v\,\boldsymbol{e}_2 + u \cos v\,\boldsymbol{n}) \qquad （6.50）$$

式中，$(u,v) \in \left[-\dfrac{\theta_1}{2}, \dfrac{\theta_1}{2}\right] \times \left[-\dfrac{\theta_2}{2}, \dfrac{\theta_2}{2}\right]$。

注意，对于该"矩形"，只认为两条边 $\left(v = \pm\dfrac{\theta_2}{2}\right)$ 是测地线，即大圆的弧，另外两条边 $\left(u = \pm\dfrac{\theta_1}{2}\right)$ 不考虑。

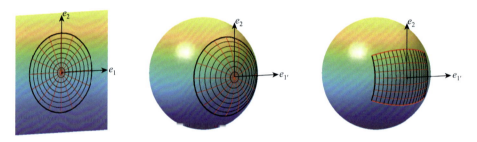

图 6.11　三种不同几何形状的电极

从左到右依次为：平面圆盘、球形帽和球形"矩形"。u 参数曲线为红色，v 参数曲线为黑色。

尝试求解这些不同几何形状电极的面积和电势，首先需要对这些表面进行积分。在以上三个案例中，可以将积分在参数域（$[0,r] \times [0,2\pi]$，$[0,\theta] \times [0,2\pi]$ 或 $\left[-\dfrac{\theta_1}{2}, \dfrac{\theta_1}{2}\right] \times \left[-\dfrac{\theta_2}{2}, \dfrac{\theta_2}{2}\right]$）进行，而不是直接在物理表面进行积分。如果 $\boldsymbol{x}:[a,b] \times [c,d] \to \Omega \subseteq \mathbb{R}^3$ 是某个物理表面 Ω 的参数，那么可以通过面元在 Ω 上对函数 f 进行积分。如果 $\boldsymbol{x}_u$ 和 $\boldsymbol{x}_v$ 是偏导数，则

$$\boldsymbol{x}_u = \frac{\partial \boldsymbol{x}}{\partial u}, \quad \boldsymbol{x}_v = \frac{\partial \boldsymbol{x}}{\partial v}$$

则面积元为

$$\mathrm{d}A = \|\boldsymbol{x}_u \times \boldsymbol{x}_v\|\,\mathrm{d}u\mathrm{d}v = \sqrt{\|\boldsymbol{x}_u\|^2 \|\boldsymbol{x}_v\|^2 - \langle \boldsymbol{x}_u, \boldsymbol{x}_v \rangle^2}\,\mathrm{d}u\mathrm{d}v \qquad （6.51）$$

在上面的三个例子中，有平面圆盘：

$$\boldsymbol{x}_u = \cos v\,\boldsymbol{e}_1 + \sin v\,\boldsymbol{e}_2$$
$$\boldsymbol{x}_v = -u \sin v\,\boldsymbol{e}_1 + u \cos v\,\boldsymbol{e}_2$$

$$\boldsymbol{x}_u \times \boldsymbol{x}_v = u\boldsymbol{n}$$
$$\mathrm{d}A = |u|\,\mathrm{d}u\mathrm{d}v \tag{6.52}$$

球形帽：

$$\boldsymbol{x}_u = R\left(\cos u \cos v\,\boldsymbol{e}_1 + \cos u \sin v\,\boldsymbol{e}_2 - \sin u\,\boldsymbol{n}\right)$$

$$\boldsymbol{x}_v = R\left(-\sin u \sin v\,\boldsymbol{e}_1 + \sin u \cos v\,\boldsymbol{e}_2\right)$$

$$\boldsymbol{x}_u \times \boldsymbol{x}_v = R^2\left(\sin^2 u \cos v\,\boldsymbol{e}_1 + \sin^2 u \sin v\,\boldsymbol{e}_2 + \cos u \sin u\,\boldsymbol{n}\right)$$

$$\mathrm{d}A = R^2 |\sin u|\,\mathrm{d}u\mathrm{d}v \tag{6.53}$$

球面"矩形"：

$$\boldsymbol{x}_u = R\left(\cos u\,\boldsymbol{e}_1 - \sin u \sin v\,\boldsymbol{e}_2 - \sin u \cos v\,\boldsymbol{n}\right)$$

$$\boldsymbol{x}_v = R\left(\cos u \cos v\,\boldsymbol{e}_2 - \cos u \sin v\,\boldsymbol{n}\right)$$

$$\boldsymbol{x}_u \times \boldsymbol{x}_v = -R^2\left(\sin u \cos u\,\boldsymbol{e}_1 + \cos^2 u \sin v\,\boldsymbol{e}_2 + \cos^2 u \cos v\,\boldsymbol{n}\right)$$

$$\mathrm{d}A = R^2 |\cos u|\,\mathrm{d}u\mathrm{d}v \tag{6.54}$$

因此，如果求解域 Ω 的面积，则对于平面盘，有

$$A = \int_\Omega 1\mathrm{d}A = \int_0^{2\pi}\int_0^r u\,\mathrm{d}u\mathrm{d}v = \pi r^2 \tag{6.55}$$

对于 $0 \leqslant \theta \leqslant \pi$ 的球形帽，有

$$A = \int_\Omega 1\mathrm{d}A = \int_0^{2\pi}\int_0^\theta R^2 \sin u\,\mathrm{d}u\,\mathrm{d}v = 2\pi R^2\left(1 - \cos\theta\right)$$

$$= 2\pi R^2\left[1 - \left(\cos^2\frac{\theta}{2} - \sin^2\frac{\theta}{2}\right)\right] = 4\pi R^2 \sin^2\frac{\theta}{2} \tag{6.56}$$

对于 $0 \leqslant \theta_1 \leqslant \pi$ 且 $0 \leqslant \theta_2 \leqslant 2\pi$ 的球面"矩形"，有

$$A = \int_\Omega 1\mathrm{d}A = \int_{-\theta_2/2}^{\theta_2/2}\int_{\theta_1/2}^{\theta_1/2} R^2 \cos u\,\mathrm{d}u\,\mathrm{d}v = 2R^2 \theta_2 \sin\frac{\theta_1}{2} \tag{6.57}$$

一般来说，如果在物理域 Ω 上对函数 f 积分，那么

$$\int_\Omega f\,\mathrm{d}A = \int_a^b\int_c^d f(u,v)\,\mathrm{d}v\,\mathrm{d}u \tag{6.58}$$

式中，通过参数化，可以将 f 视为参数域上的函数。

例如，若 σ 是物理域 Ω 上的电荷密度，则电势为

$$\phi(\boldsymbol{x}_0) = \frac{1}{4\pi\varepsilon}\int_{x\in\Omega}\frac{\sigma(\boldsymbol{x})}{\|\boldsymbol{x} - \boldsymbol{x}_0\|}\mathrm{d}A$$

$$= \frac{1}{4\pi\varepsilon}\int_a^b\int_c^d\frac{\sigma(\boldsymbol{x}(u,v))\|\boldsymbol{x}_u(u,v)\times\boldsymbol{x}_v(u,v)\|}{\|\boldsymbol{x}(u,v) - \boldsymbol{x}_0\|}\mathrm{d}u\mathrm{d}v \tag{6.59}$$

6.6.1　有限平面圆形电容器

考虑两个半径为 r 的平面圆盘，与 z 轴正交，中心在 z 轴上，它们之间的距离为 d。

若在两个圆盘上有恒定的电荷密度 $\pm\rho$，那么电荷 $\pm Q$ 和电势差 U 之间的关系是什么？或者电容 $C = Q/U$ 是多少？

显然，电荷由 $Q = \rho A = \pi r^2 \rho$ 给出，但圆盘的电势较难计算。我们意识到圆盘上的电势不是恒定的，那么电势差应该是多少？采用两个圆盘上平均电势之间的差值来计算电势差。

如果 ρ 是常数，并且 Ω 是 x-y 平面上中心为 $(0,0,0)$ 且半径为 r 的平面盘，则点 $\boldsymbol{x} = (x, y, z) = (u_0 \cos v_0, u_0 \sin v_0, z)$ 处的电势为

$$\phi(x, y, z) = \frac{\rho}{4\pi\varepsilon} \int_0^r \int_0^{2\pi} \frac{u \mathrm{d}v\mathrm{d}u}{\sqrt{(x - u\cos v)^2 + (y - u\sin v)^2 + z^2}}$$

$$= \frac{\rho}{4\pi\varepsilon} \int_0^r \int_0^{2\pi} \frac{u \mathrm{d}v\mathrm{d}u}{\sqrt{x^2 + y^2 + z^2 + u^2 - 2xu\cos v - 2uy\sin v}}$$

取 $x = u_0 \cos v_0$，$y = u_0 \sin v_0$，$x^2 + y^2 = u_0^2$，则有

$$\phi(x, y, z) = \frac{\rho}{4\pi\varepsilon} \int_0^r \int_0^{2\pi} \frac{u \mathrm{d}v\mathrm{d}u}{\sqrt{u_0^2 + z^2 + u^2 - 2uu_0\cos v_0 \cos v - 2uu_0 \sin v_0 \sin v}}$$

$$= \frac{\rho}{4\pi\varepsilon} \int_0^r \int_0^{2\pi} \frac{u \mathrm{d}v\mathrm{d}u}{\sqrt{u_0^2 + z^2 + u^2 - 2uu_0\cos(v - v_0)}}$$

代入 $v = \omega + v_0$，则有

$$\phi(x, y, z) = \frac{\rho}{4\pi\varepsilon} \int_0^r \int_0^{2\pi} \frac{u \mathrm{d}\omega\mathrm{d}u}{\sqrt{u_0^2 + z^2 + u^2 - 2uu_0\cos\omega}}$$

$$= \frac{\rho}{4\pi\varepsilon} \int_0^r \int_0^{2\pi} \frac{u \mathrm{d}\omega\mathrm{d}u}{\sqrt{u_0^2 + z^2 + u^2 - 2uu_0\left(2\cos\dfrac{\omega}{2} - 1\right)}}$$

$$= \frac{\rho}{4\pi\varepsilon} \int_0^r \int_0^{2\pi} \frac{u \mathrm{d}\omega\mathrm{d}u}{\sqrt{(u + u_0)^2 + z^2 - 4uu_0\cos\dfrac{\omega}{2}}}$$

代入 $\omega = 2v$，则有

$$\phi(x, y, z) = \frac{\rho}{4\pi\varepsilon} \int_0^r \int_0^{\pi} \frac{2u \mathrm{d}v\mathrm{d}u}{\sqrt{(u + u_0)^2 + z^2 - 4uu_0\cos v}}$$

$$= \frac{\rho}{2\pi\varepsilon} \int_0^r \int_0^{\pi} \frac{u \mathrm{d}v\mathrm{d}u}{\sqrt{\left[(u + u_0)^2 + z^2\right]\left(1 - \dfrac{4uu_0}{(u + u_0)^2 + z^2}\cos v\right)}}$$

$$= \frac{\rho}{2\pi\varepsilon} \int_0^r \frac{u}{\sqrt{(u + u_0)^2 + z^2}}\left(\int_0^{\pi} \frac{\mathrm{d}v}{\sqrt{1 - \dfrac{4uu_0}{(u + u_0)^2 + z^2}\cos v}}\right)\mathrm{d}u$$

若取 $K(m)=\int_0^{\pi/2}\dfrac{\mathrm{d}v}{\sqrt{1-m\sin^2 v}}=\int_0^{\pi/2}\dfrac{\mathrm{d}v}{\sqrt{1-m\cos^2 v}}=\int_{\pi/2}^{\pi}\dfrac{\mathrm{d}v}{\sqrt{1-m\cos^2 v}}$ （对第一种情况进行椭圆积分，参数为 m），则有

$$\phi(x,y,z)=\frac{\rho}{2\pi\varepsilon}\int_0^r\frac{u}{\sqrt{(u+u_0)^2+z^2}}2K\left(\frac{4uu_0}{(u+u_0)^2+z^2}\right)\mathrm{d}u$$

$$=\frac{\rho}{\pi\varepsilon}\int_0^r\frac{u}{\sqrt{(u+u_0)^2+z^2}}K\left(\frac{4uu_0}{(u+u_0)^2+z^2}\right)\mathrm{d}u$$

如果 $x_0\in\Omega$，即 $z=0$，求域 Ω 本身的电势，那么在 $u=u_0$ 处存在对数奇点。在计算积分时需要小心，参见 6.7.5 节。

注意，这里电势 ϕ 只是 u_0 和 z 的函数（ $u=\hat{u}r$ 旋转对称）。设 $u=\hat{u}r$，$u_0=\hat{u}_0 r$，$z=d=\hat{d}r$，则

$$\phi(u_0,d)=\frac{\rho}{\pi\varepsilon}\int_0^r\frac{u}{\sqrt{(u+u_0)^2+z^2}}K\left(\frac{4uu_0}{(u+u_0)^2+z^2}\right)\mathrm{d}u$$

$$=\frac{\rho}{\pi\varepsilon}\int_0^r\frac{\hat{u}}{\sqrt{(\hat{u}+\hat{u}_0)^2+\hat{d}^2}}K\left(\frac{4\hat{u}\hat{u}_0}{(\hat{u}+\hat{u}_0)^2+\hat{d}^2}\right)\mathrm{d}\hat{u}\qquad(6.60)$$

图 6.12 为带电圆盘的电势随着半径距离变化而变化。

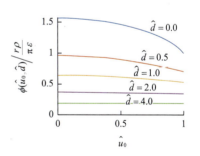

圆盘 Ω' 上距离带电圆盘为 d，其平均电势为

$$\overline{\phi}(d)=\frac{1}{A}\int_{\Omega'}\phi(x,y,d)\mathrm{d}A$$

令 $x=u_0\cos v_0$，$y=u_0\sin v_0$，则有

$$\overline{\phi}(d)=\frac{1}{\pi r^2}\int_0^r\int_0^{2\pi}\phi(u_0\cos v_0,u_0\sin v_0,d)u_0\mathrm{d}v_0\mathrm{d}u_0$$

$$=\frac{2\pi}{\pi r^2}\int_0^r\phi(u_0,d)u_0\mathrm{d}u_0$$

图 6.12　均匀电荷密度圆盘的电势

d 为到圆盘所在平面的距离，u_0 为到对称轴的距离

令 $u_0=\hat{u}_0 r$，$d=\hat{d}r$，则有

$$\overline{\phi}(d)=2\int_0^1\phi(\hat{u}_0 r,\hat{d}r)\hat{u}_0\mathrm{d}\hat{u}_0$$

$$=2\int_0^1\frac{r\rho}{\pi\varepsilon}\int_0^1\frac{\hat{u}}{\sqrt{(\hat{u}+\hat{u}_0)^2+\hat{d}^2}}K\left(\frac{4\hat{u}\hat{u}_0}{(\hat{u}+\hat{u}_0)^2+\hat{d}^2}\right)\hat{u}_0\mathrm{d}\hat{u}\mathrm{d}\hat{u}_0$$

$$=\frac{2r\rho}{\pi\varepsilon}\underbrace{\int_0^1\int_0^1\frac{\hat{u}\hat{u}_0}{\sqrt{(\hat{u}+\hat{u}_0)^2+\hat{d}^2}}K\left(\frac{4\hat{u}\hat{u}_0}{(\hat{u}+\hat{u}_0)^2+\hat{d}^2}\right)\mathrm{d}\hat{u}\mathrm{d}\hat{u}_0}_{F(\hat{d})}\qquad(6.61)$$

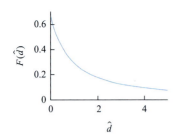

图 6.13　F 函数与 $\hat{d}$ 的曲线

如果 $x_0 \notin \Omega$，即 $\hat{d} > 0$ 或 $\hat{u}_0 > 1$，可以使用标准正交积分对一个平滑函数进行积分。如果 $x_0 \notin \Omega$，即 $\hat{d} = 0$ 或 $\hat{u}_0 \in [0,1]$，则在 $\hat{u} = \hat{u}_0$ 处存在对数奇点，须小心处理，请参阅 6.6.5 节。图 6.13 给出了 F 函数与 $\hat{d}$ 的关系曲线。

现在，开始计算电容 $C = Q/U$。设两个平行于 x-y 面、半径为 r 的圆盘 Ω_1 和 Ω_2，两者中心都在 z 轴上，相距为 d。此外，Ω_1 和 Ω_2 上分布有恒定的电荷密度 ρ 和 $-\rho$。则 Ω_1 上的总电荷为 $Q = \pi r^2 \rho$，Ω_2 上的总电荷为 $-Q$。带电圆盘 Ω_1 自身有一个平均电势 $\dfrac{2r\rho}{\pi \varepsilon} F(0)$，在 Ω_2 上产生了一个平均电势 $\dfrac{2r\rho}{\pi \varepsilon} F(d/r)$。同样，带电圆盘 Ω_2 在自身和 Ω_1 上分别产生平均电势 $-\dfrac{2r\rho}{\pi \varepsilon} F(0)$ 和 $-\dfrac{2r\rho}{\pi \varepsilon} F(d/r)$。因此，$\Omega_1$ 上总的平均电势为 $\dfrac{2r\rho}{\pi \varepsilon}\big(F(0) - F(d/r)\big)$，而 Ω_2 则相反。也就是说，电势差为 $\phi = \dfrac{2r\rho}{\pi \varepsilon}\big(F(0) - F(d/r)\big)$，则电容为

$$C_{\mathrm{ucd}} = \frac{Q}{\phi} = \frac{\pi r^2 \rho}{\dfrac{4r\rho}{\pi \varepsilon}\big(F(0) - F(d/r)\big)} = r\varepsilon \frac{\pi^2/4}{F(0) - F(\hat{d})} \tag{6.62}$$

当 $d \ll r$ 时，公式 $C_0^{-1} = \dfrac{d}{\varepsilon A} = \dfrac{d}{\varepsilon \pi r^2}$ 的结果和参考文献[16]中的准确值都在图 6.14 中。对于较大的 $\hat{d}$，计算出的电容与准确值存在约 8% 的误差，比理想化公式的结果要好得多。

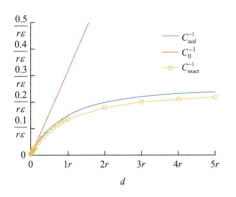

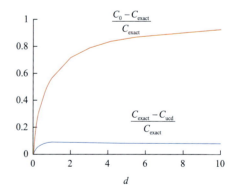

图 6.14　用本节的方法计算出的电容 $C_{\mathrm{ucd}} = r\varepsilon \hat{C}_{\mathrm{ucd}}$、理想化电容 $C_0 = \varepsilon \dfrac{A}{d} = r\varepsilon \hat{C}_0$ 和准确电容 $C_{\mathrm{exact}} = r\varepsilon \hat{C}_{\mathrm{exact}}$ 的倒数（a），以及准确电容值与两个近似值之间的比值（b）

6.6.2　球形电容器

同样，如果 ρ 是常数，并且 Ω 是中心为 $(0,0,0)$ 且半径为 R 的球面上一个极角为 θ 的球帽，则点 $\boldsymbol{x}=(x,y,z)=\left(R_0\sin u_0\cos v_0,\ R_0\sin u_0\sin v_0,\ R_0\cos u_0\right)$ 处的电势为

$$
\begin{aligned}
\phi(x,y,z)&=\frac{\rho}{4\pi\varepsilon}\int_0^\theta\int_0^{2\pi}\frac{R^2\sin u\,\mathrm{d}v\mathrm{d}u}{\sqrt{\left(x-R\sin u\cos v\right)^2+\left(y-R\sin u\sin v\right)^2+\left(z-R\cos u\right)^2}}\\
&=\frac{R^2\rho}{4\pi\varepsilon}\int_0^\theta\int_0^{2\pi}\frac{\sin u\,\mathrm{d}v\mathrm{d}u}{\sqrt{x^2+y^2+z^2+R^2-2xR\sin u\cos v-2yR\sin u\sin v-2zR\cos u}}\\
&=\frac{R^2\rho}{4\pi\varepsilon}\int_0^\theta\int_0^{2\pi}\frac{\sin u\,\mathrm{d}v\mathrm{d}u}{\sqrt{R_0^2+R^2-2R_0R\sin u_0\sin u\left(\cos v_0\cos v+\sin v_0\sin v\right)-2R_0R\cos u_0\cos u}}\\
&=\frac{R^2\rho}{4\pi\varepsilon}\int_0^\theta\int_0^{2\pi}\frac{\sin u\,\mathrm{d}v\mathrm{d}u}{\sqrt{R_0^2+R^2-2R_0R\sin u_0\sin u\cos\left(v-v_0\right)-2R_0R\cos u_0\cos u}}
\end{aligned}
$$

代入 $v=\omega+v_0$，有

$$
\begin{aligned}
\phi(x,y,z)&=\frac{R^2\rho}{4\pi\varepsilon}\int_0^\theta\int_0^{2\pi}\frac{\sin u\,\mathrm{d}\omega\mathrm{d}u}{\sqrt{R_0^2+R^2-2R_0R\sin u_0\sin u\cos\omega-2R_0R\cos u_0\cos u}}\\
&=\frac{R^2\rho}{4\pi\varepsilon}\int_0^\theta\int_0^{2\pi}\frac{\sin u\,\mathrm{d}\omega\mathrm{d}u}{\sqrt{R_0^2+R^2-2R_0R\sin u_0\sin u\left(2\cos^2\dfrac{\omega}{2}-1\right)-2R_0R\cos u_0\cos u}}\\
&=\frac{R^2\rho}{4\pi\varepsilon}\int_0^\theta\int_0^{2\pi}\frac{\sin u\,\mathrm{d}\omega\mathrm{d}u}{\sqrt{R_0^2+R^2+2R_0R\left(\sin u_0\sin u-\cos u_0\cos u\right)-4R_0R\sin u_0\sin u\cos^2\dfrac{\omega}{2}}}\\
&=\frac{R^2\rho}{4\pi\varepsilon}\int_0^\theta\int_0^{2\pi}\frac{\sin u\,\mathrm{d}\omega\mathrm{d}u}{\sqrt{R_0^2+R^2-2R_0R\cos\left(u+u_0\right)-4R_0R\sin u_0\sin u\cos^2\dfrac{\omega}{2}}}
\end{aligned}
$$

代入 $\omega=2v$，有

$$
\begin{aligned}
\phi(x,y,z)&=\frac{R^2\rho}{2\pi\varepsilon}\int_0^\theta\frac{\sin u}{\sqrt{R_0^2+R^2-2R_0R\cos\left(u+u_0\right)}}\int_0^{2\pi}\frac{\mathrm{d}v}{\sqrt{1-\dfrac{4R_0R\sin u_0\sin u}{R_0^2+R^2-2R_0R\cos\left(u+u_0\right)}\cos^2 v}}\,\mathrm{d}u\\
&=\frac{R^2\rho}{\pi\varepsilon}\int_0^\theta\frac{\sin u}{\sqrt{R_0^2+R^2-2R_0R\cos\left(u+u_0\right)}}K\left(\frac{4R_0R\sin u_0\sin u}{R_0^2+R^2-2R_0R\cos\left(u+u_0\right)}\right)\mathrm{d}u
\end{aligned}
$$

已知

$$1 - \cos(u + u_0) = 1 - \cos^2 \frac{u + u_0}{2} + \sin^2 \frac{u + u_0}{2} = 2\sin^2 \frac{u + u_0}{2}$$

$$\sin u_0 \sin u = \sin\left(\frac{u + u_0}{2} + \frac{u - u_0}{2}\right) \sin\left(\frac{u + u_0}{2} - \frac{u - u_0}{2}\right)$$

$$= \left(\sin \frac{u + u_0}{2} \cos \frac{u - u_0}{2} + \sin \frac{u - u_0}{2} \cos \frac{u + u_0}{2}\right)$$

$$\times \left(\sin \frac{u + u_0}{2} \cos \frac{u - u_0}{2} - \sin \frac{u - u_0}{2} \cos \frac{u + u_0}{2}\right)$$

$$= \sin^2 \frac{u + u_0}{2} \cos^2 \frac{u - u_0}{2} - \sin^2 \frac{u - u_0}{2} \cos^2 \frac{u + u_0}{2}$$

$$= \sin^2 \frac{u + u_0}{2}\left(1 - \sin^2 \frac{u - u_0}{2}\right) - \sin^2 \frac{u - u_0}{2}\left(1 - \sin^2 \frac{u + u_0}{2}\right)$$

$$= \sin^2 \frac{u + u_0}{2} - \sin^2 \frac{u - u_0}{2}$$

因此，在 $R_0 = R$ 和 $u, u_0 \in [0, \pi]$ 的条件下，可得

$$\phi(x, y, z) = \frac{R\rho}{\pi\varepsilon} \int_0^\theta \frac{\sin u}{\sqrt{2 - 2\cos(u + u_0)}} K\left(\frac{2\sin u_0 \sin u}{1 - \cos(u + u_0)}\right) du$$

$$= \frac{R\rho}{\pi\varepsilon} \int_0^\theta \frac{\sin u}{\sqrt{4\sin^2 \frac{u + u_0}{2}}} K\left(\frac{\sin^2 \frac{u + u_0}{2} - \sin^2 \frac{u - u_0}{2}}{\sin^2 \frac{u + u_0}{2}}\right) du$$

$$= \frac{R\rho}{2\pi\varepsilon} \int_0^\theta \frac{\sin u}{\sin \frac{u + u_0}{2}} K\left(1 - \frac{\sin^2 \frac{u - u_0}{2}}{\sin^2 \frac{u + u_0}{2}}\right) du \qquad (6.63)$$

同样，当 $u = u_0$ 时存在对数奇点，在积分时须小心。若 $R = R_0$ 并且用 $\pi - u_0$ 替换式中的 u_0，即

$$(x, y, z) = \left(R\sin(\pi - u_0)\cos v_0, R\sin(\pi - u_0)\sin v_0, R\cos(\pi - u_0)\right)$$

$$= \left(R\sin u_0 \cos v_0, R\sin u_0 \sin v_0, -R\cos u_0\right)$$

则

$$\phi(x, y, z) = \frac{R^2\rho}{\pi\varepsilon} \int_0^\theta \frac{\sin u}{\sqrt{2R^2 - 2R^2\cos(u + \pi - u_0)}} K\left(\frac{4R^2 \sin u_0 \sin u}{2R^2 - 2R^2\cos(u + \pi - u_0)}\right) du$$

$$= \frac{R\rho}{\pi\varepsilon} \int_0^\theta \frac{\sin u}{\sqrt{2 - 2\cos(u + \pi - u_0)}} K\left(\frac{2\sin u_0 \sin u}{1 + \cos(u - u_0)}\right) du$$

因为

$$1 + \cos\left(u - u_0\right) = 1 + 1 + \cos^2\frac{u - u_0}{2} - \sin^2\frac{u - u_0}{2} = 2\cos^2\frac{u + u_0}{2}$$

$$\sin u_0 \sin u = \sin^2\frac{u + u_0}{2}\cos^2\frac{u - u_0}{2} - \sin^2\frac{u - u_0}{2}\cos^2\frac{u + u_0}{2}$$

$$= \left(1 - \cos^2\frac{u + u_0}{2}\right)\cos^2\frac{u - u_0}{2} - \left(1 - \cos^2\frac{u - u_0}{2}\right)\cos^2\frac{u + u_0}{2}$$

$$= \cos^2\frac{u - u_0}{2} - \cos^2\frac{u + u_0}{2}$$

有 $\left(z = -R\cos u_0\right)$

$$\phi\left(x, y, z\right) = \frac{R\rho}{\pi\varepsilon}\int_0^\theta \frac{\sin u}{\sqrt{2 + 2\cos\left(u - u_0\right)}}K\left(\frac{2\sin u_0 \sin u}{1 + \cos\left(u - u_0\right)}\right)\mathrm{d}u$$

$$= \frac{R\rho}{\pi\varepsilon}\int_0^\theta \frac{\sin u}{\sqrt{4\cos^2\dfrac{u - u_0}{2}}}K\left(\frac{\cos^2\dfrac{u - u_0}{2} - \cos^2\dfrac{u + u_0}{2}}{\cos^2\dfrac{u - u_0}{2}}\right)\mathrm{d}u$$

$$= \frac{R\rho}{2\pi\varepsilon}\int_0^\theta \frac{\sin u}{\cos\dfrac{u - u_0}{2}}K\left(1 - \frac{\cos^2\dfrac{u + u_0}{2}}{\cos^2\dfrac{u - u_0}{2}}\right)\mathrm{d}u$$

该函数可以用标准数值积分的方法对其积分，细节参见 6.7.5 节。

　　类似处理平面电容器的方法，用平均电势来估算电势差。带电球帽本身的平均电势 $\left(z = R\cos u_0\right)$ 由式（6.64）给出：

$$\overline{\phi}_+ = \frac{1}{A}\int_\Omega \phi\left(x, y, z\right)\mathrm{d}A$$

$$= \frac{1}{4\pi R^2 \sin^2\dfrac{\theta}{2}}\int_0^\theta\int_0^{2\pi}\phi\left(R\sin u_0\cos v_0, R\sin u_0\sin v_0, R\cos u_0\right)R^2\sin u_0\,\mathrm{d}v_0\mathrm{d}u_0$$

$$= \frac{1}{2\sin^2\dfrac{\theta}{2}}\int_0^\theta \phi\left(R\sin u_0\cos v_0, R\sin u_0\sin v_0, R\cos u_0\right)\sin u_0\,\mathrm{d}u_0$$

$$= \frac{1}{2\sin^2\dfrac{\theta}{2}}\int_0^\theta \frac{R\rho}{2\pi\varepsilon}\int_0^\theta \frac{\sin u}{\sin\dfrac{u + u_0}{2}}K\left(1 - \frac{\sin^2\dfrac{u - u_0}{2}}{\sin^2\dfrac{u + u_0}{2}}\right)\mathrm{d}u\sin u_0\,\mathrm{d}u_0$$

$$= \underbrace{\frac{R\rho}{4\pi\varepsilon}\sin^{-2}\frac{\theta}{2}\int_0^\theta\int_0^\theta \frac{\sin u\sin u_0}{\sin\dfrac{u + u_0}{2}}K\left(1 - \frac{\sin^2\dfrac{u - u_0}{2}}{\sin^2\dfrac{u + u_0}{2}}\right)\mathrm{d}u\mathrm{d}u_0}_{F_+(\theta)} \qquad（6.64）$$

球帽 Ω' 上的平均电势 $\left(z = -R\cos u_0\right)$ 为

$$\overline{\phi}_- = \frac{1}{A}\int_{\Omega'}\phi(x,y,z)\,\mathrm{d}A$$

$$= \frac{1}{4\pi R^2 \sin^2\dfrac{\theta}{2}}\int_0^\theta\int_0^{2\pi}\phi\big(R\sin u_0\cos v_0, R\sin u_0\sin v_0, -R\cos u_0\big)R^2\sin u_0 \mathrm{d}v_0\mathrm{d}u_0$$

$$= \frac{1}{2\sin^2\dfrac{\theta}{2}}\int_0^\theta\phi\big(R\sin u_0\cos v_0, R\sin u_0\sin v_0, -R\cos u_0\big)\sin u_0\mathrm{d}u_0$$

$$= \frac{1}{2\sin^2\dfrac{\theta}{2}}\int_0^\theta\frac{R\rho}{2\pi\varepsilon}\int_0^\theta\frac{\sin u}{\cos\dfrac{u-u_0}{2}}K\left(1-\frac{\cos^2\dfrac{u+u_0}{2}}{\cos^2\dfrac{u-u_0}{2}}\right)\mathrm{d}u\,\sin u_0\mathrm{d}u_0$$

$$= \underbrace{\frac{R\rho}{4\pi\varepsilon}\sin^{-2}\frac{\theta}{2}\int_0^\theta\int_0^\theta\frac{\sin u\sin u_0}{\cos\dfrac{u-u_0}{2}}K\left(1-\frac{\cos^2\dfrac{u+u_0}{2}}{\cos^2\dfrac{u-u_0}{2}}\right)\mathrm{d}u\mathrm{d}u_0}_{F_-(\theta)} \qquad (6.65)$$

图 6.15 给出了函数 F_+ 和 F_- 的图像。

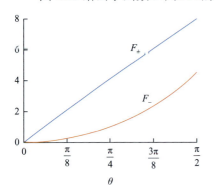

图 6.15　函数 F_+ 和 F_- 与极角 θ 的关系

设半径为 R 的球面上下两侧分别有极角为 θ 的球形帽 Ω_1 和 Ω_2；两者分布的恒定电荷密度分别为 ρ 和 $-\rho$。则在 Ω_1 和 Ω_2 上的总电荷量分别为 $Q = 4\pi R^2\rho\sin^2\dfrac{\theta}{2}$ 和 $-Q$。带电球帽 Ω_1 自身和 Ω_2 上产生的平均电势分别为 $\dfrac{R\rho}{4\pi\varepsilon}F_+(\theta)$ 和 $\dfrac{R\rho}{4\pi}F_-(\theta)$。同样，带电球帽 Ω_2 自身和 Ω_1 上产生的平均电势分别为 $-\dfrac{R\rho}{4\pi}F_+(\theta)$ 和 $-\dfrac{R\rho}{4\pi\varepsilon}F_-(\theta)$。则 Ω_1 上总的平均电势为 $\dfrac{R\rho}{4\pi\varepsilon}\big(F_+(\theta)-F_-(\theta)\big)$，而 Ω_2 则相反。电势差为 $\dfrac{R\rho}{2\pi}\big(F_+(\theta)-F_-(\theta)\big)$，电容表达式如下：

$$C = \frac{Q}{\phi} = \frac{4\pi R^2\rho\sin^2\dfrac{\theta}{2}}{\dfrac{R\rho}{2\pi\varepsilon}\big(F_+(\theta)-F_-(\theta)\big)} = R\varepsilon\underbrace{\frac{8\pi^2\sin^2\dfrac{\theta}{2}}{F_+(\theta)-F_-(\theta)}}_{\hat{C}} \qquad (6.66)$$

6.7　不同计算方法结果比较

本章对有限元法、MATLAB PDE 求解方法、边界元法和精确结果进行比较；已使用有限元法和边界元法解决了目前球形结构 TENG 的输出问题，两种方法的结果具有良好的一致性（结果见参考文献[17]）。下文将对有限元法和边界元法的计算结果与有限圆盘电容器的精确结果进行对比。

6.7.1　有限圆盘电容器

设有一个电极（圆盘）半径为 a、距离为 d 的圆形板电容器；如果 $R = d/2$，则 $x = \pm R$ 且 $y^2 + z^2 \leqslant a^2$。将通过三种不同的方法来计算电容，参考文献[16]中的精确方法，即边界元法（矩方法）和有限元法。定义归一化变量（用 ^ 表示）：

$$a = R\hat{a}(\text{长度})$$

$$C = \varepsilon_0 R\hat{C}(\text{电容})$$

$$Q = \sigma_T R^2 \hat{Q}(\text{电荷})$$

$$\sigma = \sigma_T \hat{\sigma}(\text{电荷密度})$$

$$\phi = \frac{\sigma_T R}{\varepsilon_0}\hat{\phi}\ (\text{电势（电压）})$$

因此，电极由 $\hat{x} = \pm 1$ 和 $\hat{y}^2 + \hat{z}^2 \leqslant \hat{a}^2$ 在归一化坐标中给出。

6.7.2　理想公式

对理想大平行板电容器，与距离相关的电容方程如下：

$$C = \frac{\varepsilon_0 \pi a^2}{d} = \varepsilon_0 R \frac{\pi a^2}{2R^2}, \quad \text{即} \quad \hat{C} = \frac{\pi \hat{a}}{2} \tag{6.67}$$

6.7.3　精确方法

根据参考文献[16]，针对一系列不同的电极几何形状计算了圆形板电容器的精确电容，结果见表 6.4。

表 6.4　针对一系列不同的电极形状计算的圆形板电容器的精确电容

符号	文献[16]	本节	转换
两电极之间的距离	L	$d = 2R$	$L = d = 2R$
电极半径	a	a	
归一化长度	$l = L/a$	$\hat{a} = a/R$	$\hat{a} = 2/l$
归一化电容	$b_0 = \dfrac{C}{4\varepsilon_0 a}$	$\hat{C} = \dfrac{C}{\varepsilon_0 R}$	$\hat{C} = 4\hat{a}b_0$

注：要从参考文献[16]的符号变换为本节的符号，表中的 l 和 b_0 需要进行 $\hat{a} = 2/l$ 和 $\hat{C} = 4\hat{a}b_0$ 的变换。

6.7.4 边界元法

设左电极上有归一化电荷密度 $\hat{\sigma}(y)$，则在点 $(\hat{x}, \hat{y}, 0)$ 处得到的归一化电势为

$$\hat{\phi}_L(\hat{x}, \hat{y}) = \frac{1}{4\pi}\int_0^{2\pi}\int_0^{\hat{a}} \frac{\hat{\sigma}(t)t\mathrm{d}t\mathrm{d}\theta}{\sqrt{(\hat{x}+1)^2 + (\hat{y}-t\cos\theta)^2 + t^2\sin^2\theta}}$$

$$= \frac{1}{4\pi}\int_0^{2\pi}\int_0^{\hat{a}} \frac{\hat{\sigma}(t)t\mathrm{d}t\mathrm{d}\theta}{\sqrt{(\hat{x}+1)^2 + \hat{y}^2 - 2\hat{y}t\cos\theta + t^2}}$$

令 $\theta = 2v$，则有

$$\hat{\phi}_L(\hat{x}, \hat{y}) = \frac{1}{4\pi}\int_0^{\hat{a}}\int_0^{\pi} \frac{\hat{\sigma}(t)t2\mathrm{d}v\mathrm{d}t}{\sqrt{(\hat{x}+1)^2 + \hat{y}^2 + t^2 - 2\hat{y}t\cos(2v)}}$$

$$= \frac{1}{2\pi}\int_0^{\hat{a}}\int_0^{\pi} \frac{\hat{\sigma}(t)t\mathrm{d}v\mathrm{d}t}{\sqrt{(\hat{x}+1)^2 + \hat{y}^2 + t^2 - 2\hat{y}t(2\cos^2 v - 1)}}$$

$$= \frac{1}{2\pi}\int_0^{\hat{a}}\int_0^{\pi} \frac{\hat{\sigma}(t)t\mathrm{d}v\mathrm{d}t}{\sqrt{(\hat{x}+1)^2 + (\hat{y}+t)^2 - 4\hat{y}t\cos^2 v}}$$

$$= \frac{1}{2\pi}\int_0^{\hat{a}} \frac{\hat{\sigma}(t)t}{\sqrt{(\hat{x}+1)^2 + (\hat{y}+t)^2}} \int_0^{\pi} \frac{\mathrm{d}\theta}{\sqrt{1 - \dfrac{\hat{x}\hat{y}t}{(\hat{x}+1)^2 + (\hat{y}+t)^2}\cos^2 v}}\mathrm{d}t$$

$$= \frac{1}{\pi}\int_0^{\hat{a}} \frac{\hat{\sigma}(t)t}{\sqrt{(\hat{x}+1)^2 + (\hat{y}+t)^2}} K\left(\frac{4\hat{y}t}{(\hat{x}+1)^2 + (\hat{y}+t)^2}\right)\mathrm{d}t \qquad (6.68)$$

式中，K 是第一类完全椭圆积分，参见参考文献[18]：

$$K(m) = \int_0^{\frac{\pi}{2}} \frac{\mathrm{d}v}{1 - m\sin^2 v} = \int_0^{\frac{\pi}{2}} \frac{\mathrm{d}v}{1 - m\cos^2 v}$$

当 $\hat{x} = -1$ 时，有

$$\hat{\phi}_L(-1, \hat{y}) = \frac{1}{\pi}\int_0^{\hat{a}} \frac{\hat{\sigma}(t)t}{\sqrt{(\hat{y}+t)^2}} K\left(\frac{4\hat{y}t}{(\hat{y}+t)^2}\right)\mathrm{d}t$$

$$= \frac{1}{\pi}\int_0^{\hat{a}} \frac{\hat{\sigma}(t)t}{\hat{y}+t} K\left(1 - \frac{(\hat{y}-t)^2}{(\hat{y}+t)^2}\right)\mathrm{d}t$$

由于 $K(1 - m_1) \approx -\dfrac{1}{2}\ln\left(\dfrac{1}{16}m_1\right)$，有

$$K\left(1 - \frac{(\hat{y}-t)^2}{(\hat{y}+t)^2}\right) \approx -\frac{1}{2}\ln\left(\frac{1}{16}\frac{(\hat{y}-t)^2}{(\hat{y}+t)^2}\right) = \ln\left(4\frac{\hat{y}+t}{|\hat{y}-t|}\right)$$

$$= \ln(4(\hat{y}+t)) - \ln(|\hat{y}-t|) \approx -\ln(|\hat{y}-t|)$$

则有

$$\hat{\phi}_L(-1,\hat{y}) = \frac{1}{\pi}\int_0^{\hat{a}} \frac{\hat{\sigma}(t)t}{\hat{y}+t} K\left(1 - \frac{(\hat{y}-t)^2}{(\hat{y}+t)^2}\right)dt$$

$$= \frac{1}{\pi}\int_0^{\hat{a}} \left(\frac{\hat{\sigma}(t)t}{\hat{y}+t} K\left(1 - \frac{(\hat{y}-t)^2}{(\hat{y}+t)^2}\right) + \frac{\hat{\sigma}(\hat{y})\hat{y}}{2\hat{y}}\ln|\hat{y}-t|\right)dt$$

$$\quad - \frac{1}{\pi}\int_0^{\hat{a}} \frac{\hat{\sigma}(\hat{y})\hat{y}}{2\hat{y}}\ln|\hat{y}-t|dt$$

$$= \frac{1}{\pi}\int_0^{\hat{a}} \left(\frac{\hat{\sigma}(t)t}{\hat{y}+t} K\left(1 - \frac{(\hat{y}-t)^2}{(\hat{y}+t)^2}\right) + \frac{\hat{\sigma}(\hat{y})}{2}\ln|\hat{y}-t|\right)dt - \frac{\hat{\sigma}(\hat{y})}{2\pi}\int_0^{\hat{a}}\ln|\hat{y}-t|dt$$

$$= \frac{1}{\pi}\int_0^{\hat{a}} \left(\frac{\hat{\sigma}(t)t}{\hat{y}+t} K\left(1 - \frac{(\hat{y}-t)^2}{(\hat{y}+t)^2}\right) + \frac{\hat{\sigma}(\hat{y})}{2}\ln|\hat{y}-t|\right)dt$$

$$\quad - \frac{\hat{\sigma}(\hat{y})}{2\pi}\left((\hat{a}-\hat{y})\ln(\hat{a}-\hat{y}) + \hat{y}\ln\hat{y} - \hat{a}\right) \tag{6.69}$$

上述计算已规避了积分中的对数奇点；$\hat{x}=-1$ 的情况更容易处理：

$$\hat{\phi}_L(1,\hat{y}) = \frac{1}{\pi}\int_0^{\hat{a}} \frac{\hat{\sigma}(t)t}{\sqrt{2^2 + (\hat{y}+t)^2}} K\left(\frac{4\hat{y}t}{2^2 + (\hat{y}+t)^2}\right)dt$$

$$= \frac{1}{\pi}\int_0^{\hat{a}} \frac{\hat{\sigma}(t)t}{\sqrt{4 + (\hat{y}+t)^2}} K\left(\frac{4\hat{y}t}{4 + (\hat{y}+t)^2}\right)dt \tag{6.70}$$

设右电极上有归一化电荷密度为 $-\hat{\sigma}(y)$，则根据对称性，右电极产生的归一化电势 $\hat{\phi}_R$ 满足 $\hat{\phi}_R(\hat{x},\hat{y}) = -\hat{\phi}_L(-\hat{x},\hat{y})$。则整体电势为

$$\hat{\phi}(\hat{x},\hat{y}) = \hat{\phi}_L(\hat{x},\hat{y}) + \hat{\phi}_R(\hat{x},\hat{y}) = \hat{\phi}_L(\hat{x},\hat{y}) - \hat{\phi}_L(-\hat{x},\hat{y})$$

注意，左右电极的电势分别为

$$\hat{\phi}(-1,\hat{y}) = \hat{\phi}_L(-1,\hat{y}) - \hat{\phi}_L(1,\hat{y})$$

$$\hat{\phi}(1,\hat{y}) = \hat{\phi}_L(1,\hat{y}) - \hat{\phi}_L(-1,\hat{y}) = -\hat{\phi}(-1,\hat{y})$$

因此，左电极电势恒为 1、右电极电势恒为 -1 的约束条件转化为以下积分方程来确定 $\hat{\sigma}$：

$$1 = \hat{\phi}(-1,\hat{y})$$

$$= \frac{1}{\pi}\int_0^{\hat{a}} \left(\frac{\hat{\sigma}(t)t}{\hat{y}+t} K\left(1 - \frac{(\hat{y}-t)^2}{(\hat{y}+t)^2}\right) + \frac{\hat{\sigma}(\hat{y})}{2}\ln|\hat{y}-t|\right)dt$$

$$\quad - \frac{\hat{\sigma}(\hat{y})}{2\pi}\left((\hat{a}-\hat{y})\ln(\hat{a}-\hat{y}) + \hat{y}\ln|\hat{y}-\hat{a}|\right)$$

$$\quad - \frac{1}{\pi}\int_0^{\hat{a}} \frac{\hat{\sigma}(t)t}{\sqrt{4 + (\hat{y}+t)^2}} K\left(\frac{4\hat{y}t}{4 + (\hat{y}+t)^2}\right)dt$$

将未知的电荷密度写作如下形式：

$$\hat{\sigma}(t) = \sum_{l=1}^{n} c_l B_l(t) \tag{6.71}$$

式中，B_l 是基函数。这个案例中，在节点密度较大的电极边缘附近（$t = \hat{a}$）对节点矢量使用三次 B 样条插值。在 $\hat{y}_k$ 上求解方程得到线性方程组：

$$Ac = b$$

其中，$c = (c_1\, c_2 \cdots c_n)^{\mathrm{T}}$；$b = (1\,1\cdots 1)^{\mathrm{T}}$；$A = (a_{k,l})$ 中的元素由以下形式给出：

$$
\begin{aligned}
a_{k,l} &= \frac{1}{\pi} \int_0^{\hat{a}} \left(\frac{B_l(t)t}{\hat{y}_k + t} K \left(1 - \frac{(\hat{y}_k - t)^2}{(\hat{y}_k + t)^2} \right) + \frac{B_l(\hat{y}_k)}{2} \ln |\hat{y}_k - t| \right) \mathrm{d}t \\
&\quad - \frac{B_l(\hat{y}_k)}{2\pi} \left[(\hat{a} - \hat{y}_k) \ln(\hat{a} - \hat{y}_k) + \hat{y}_k \ln |\hat{y}_k - \hat{a}| \right] \\
&\quad - \frac{1}{\pi} \int_0^{\hat{a}} \frac{B_l(t)t}{\sqrt{4 + (\hat{y}_k + t)^2}} K \left(\frac{4\hat{y}_k t}{4 + (\hat{y}_k + t)^2} \right) \mathrm{d}t, \quad k = 1, 2, \cdots, m, \ l = 1, 2, \cdots, n
\end{aligned} \tag{6.72}
$$

以最小二乘法解线性方程组。从解中可以得到电极上的归一化电荷密度 $\hat{\sigma}$ 和归一化电荷：

$$\hat{Q} = \int_0^{2\pi} \int_0^{\hat{a}} \hat{\sigma}(t) t \,\mathrm{d}t \,\mathrm{d}\theta = 2\pi \int_0^{\hat{a}} \hat{\sigma}(t)\, t \,\mathrm{d}t$$

当归一化电压为 2 时，归一化电容为

$$\hat{C} = \frac{\hat{Q}}{2}$$

6.7.5 奇点附近的积分

第一类完全椭圆积分定义在 $m \in [0,1]$ 上，并且 $m \to 1$ 处为它的对数奇点，见参考文献[18]。

$$K(1 - m_1) \approx -\frac{1}{2} \ln \left(\frac{m_1}{16} \right) \to \infty$$

结果如图 6.16 所示。

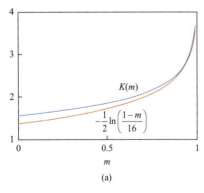

(a)

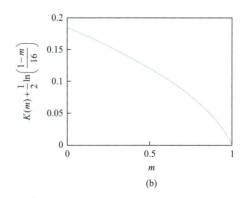

(b)

图 6.16 第一类完全椭圆积分 K 和 $-\dfrac{1}{2}\ln\left(\dfrac{1-m}{16}\right)$ 的曲线（a），以及两者的差值（b）

在平面圆盘的情形中，当 $\hat{d}=0$ 时，根据式（6.61）积分：

$$F(0)=\int_0^1\int_0^1\frac{\hat{u}\hat{u}_0}{\sqrt{\left(\hat{u}+\hat{u}_0\right)^2}}K\left(\frac{4\hat{u}\hat{u}_0}{\left(\hat{u}+\hat{u}_0\right)^2}\right)\mathrm{d}\hat{u}\mathrm{d}\hat{u}_0$$

易知，当 $u,u_0\geqslant 0$ 时，有

$$0<\frac{4uu_0}{(u+u_0)^2}=\frac{(u+u_0)^2-(u-u_0)^2}{(u+u_0)^2}=1-\left(\frac{u-u_0}{u+u_0}\right)^2<1$$

不包含 $u=u_0$ 的情况，此时 $\dfrac{4\hat{u}\hat{u}_0}{\left(\hat{u}+\hat{u}_0\right)^2}=1$ 出现一个对数奇点。为了完成积分，可以减去奇点，然后对奇点单独进行精确积分；$F(0)$ 重写为如下形式：

$$F(0)=\int_0^1\int_0^1\frac{\hat{u}\hat{u}_0}{\hat{u}+\hat{u}_0}K\left[1-\left(\frac{u-u_0}{u+u_0}\right)^2\right]\mathrm{d}\hat{u}\mathrm{d}\hat{u}_0$$

$$=\int_0^1\int_0^1\left\{\frac{\hat{u}\hat{u}_0}{\hat{u}+\hat{u}_0}K\left[1-\left(\frac{u-u_0}{u+u_0}\right)^2\right]+\frac{u_0}{2}\frac{1}{2}\ln\left[\frac{1}{16}\left(\frac{u-u_0}{2u_0}\right)^2\right]\right\}\mathrm{d}\hat{u}\mathrm{d}\hat{u}_0$$

$$-\int_0^1\int_0^1\frac{u_0}{2}\frac{1}{2}\ln\left[\frac{1}{16}\left(\frac{u-u_0}{2u_0}\right)^2\right]\mathrm{d}\hat{u}\mathrm{d}\hat{u}_0$$

$$=\int_0^1\int_0^1\left\{\frac{\hat{u}\hat{u}_0}{\hat{u}+\hat{u}_0}K\left[1-\left(\frac{u-u_0}{u+u_0}\right)^2\right]+\frac{u_0}{2}\ln\left(\frac{|u-u_0|}{8u_0}\right)\right\}\mathrm{d}\hat{u}\mathrm{d}\hat{u}_0$$

$$-\int_0^1\int_0^1\frac{u_0}{2}\ln\left(\frac{|u-u_0|}{8u_0}\right)\mathrm{d}\hat{u}\mathrm{d}\hat{u}_0$$

第一个积分中的被积函数有比较好的特性（图 6.17（a））。因此，该积分可以通过标准的数值积分来计算。第二个积分计算如下：

$$\int_0^1\int_0^1\frac{u_0}{2}\ln\left(\frac{|u-u_0|}{8u_0}\right)\mathrm{d}\hat{u}\mathrm{d}\hat{u}_0=\int_0^1\int_0^1\frac{u_0}{2}\ln|u-u_0|-\ln(8u_0)\,\mathrm{d}\hat{u}\mathrm{d}\hat{u}_0$$

$$=\int_0^1\frac{u_0}{2}\left(\int_0^{u_0}\ln|u-u_0|\mathrm{d}\hat{u}+\int_{u_0}^1\ln|u-u_0|\mathrm{d}\hat{u}-\ln(8u_0)\right)\mathrm{d}\hat{u}_0$$

$$=\int_0^1\frac{u_0}{2}\left(\int_0^{u_0}\ln(u_0-u)\,\mathrm{d}\hat{u}+\int_{u_0}^1\ln(u-u_0)\,\mathrm{d}\hat{u}-\ln(8u_0)\right)\mathrm{d}\hat{u}_0$$

$$=\int_0^1\frac{u_0}{2}\left(u_0\ln u_0-u_0+(1-u_0)\ln(1-u_0)-(1-u_0)-\ln(8u_0)\right)\mathrm{d}\hat{u}_0=-\frac{1+\ln 8}{4}$$

球形电容器的情况可以进行类似处理。

$$\sin^2\frac{\theta}{2}F_+(\theta) = \int_0^\theta\int_0^\theta \frac{\sin u\sin u_0}{\sin\frac{u+u_0}{2}}K\left(1-\frac{\sin^2\frac{u-u_0}{2}}{\sin^2\frac{u+u_0}{2}}\right)\mathrm{d}u\mathrm{d}u_0$$

$$= \int_0^\theta\int_0^\theta \frac{\sin u\sin u_0}{\sin\frac{u+u_0}{2}}K\left(1-\frac{\sin^2\frac{u-u_0}{2}}{\sin^2\frac{u+u_0}{2}}\right)+\frac{\sin^2 u_0}{2\sin u_0}\ln\left(\frac{(u-u_0)^2}{64\sin^2 u_0}\right)\mathrm{d}u\mathrm{d}u_0$$

$$-\int_0^\theta\int_0^\theta \frac{\sin^2 u_0}{2\sin u_0}\ln\left(\frac{(u-u_0)^2}{64\sin^2 u_0}\right)\mathrm{d}u\mathrm{d}u_0$$

$$= \int_0^\theta\int_0^\theta \frac{\sin u\sin u_0}{\sin\frac{u+u_0}{2}}K\left(1-\frac{\sin^2\frac{u-u_0}{2}}{\sin^2\frac{u+u_0}{2}}\right)+\sin u_0\ln\left(\frac{|u-u_0|}{8\sin u_0}\right)\mathrm{d}u\mathrm{d}u_0$$

$$-\int_0^\theta\int_0^\theta \sin u_0\ln\left(\frac{|u-u_0|}{8\sin u_0}\right)\mathrm{d}u\mathrm{d}u_0$$

同样，第一个积分的被积函数有很好的特性（图 6.17（b））。第二个积分中的第一重积分可以准确计算：

$$\int_0^\theta\int_0^\theta \sin u_0\ln\left(\frac{|u-u_0|}{8\sin u_0}\right)\mathrm{d}u\mathrm{d}u_0$$

$$= \int_0^\theta\left[\sin u_0\int_0^\theta\ln|u-u_0|\,\mathrm{d}u-\ln(8\sin u_0)\right]\mathrm{d}u_0$$

$$= \int_0^\theta\left[\sin u_0\int_0^{u_0}\ln(u_0-u)\,\mathrm{d}u+\int_{u_0}^\theta\ln(u-u_0)\,\mathrm{d}u-\ln(8\sin u_0)\right]\mathrm{d}u_0$$

$$= \int_0^\theta\left(\sin u_0\left\{u_0(\ln u_0-1)+(\theta-u_0)[\ln(\theta-u_0)-1]\right\}-\ln(8\sin u_0)\right)\mathrm{d}u_0$$

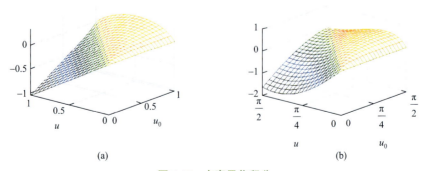

(a)   (b)

图 6.17 去奇异化积分

（a）平面情形；（b）球形情形

6.7.6 有限元法

如图 6.18 所示的几何形状,无限薄的电极被"增厚"为具有一个有限厚度 d_R（图中的比例经过了放大）的情况。使用 MATLAB 的 PDE 工具箱来解决这个问题。计算域由 10 条曲线（边界参数化的圆和线段）定义,在 MATLAB 中称为"边"。网格通过目标尺寸 H_{max}（网格目标的最大尺寸）控制。参数 H_{edge}（网格目标的精细尺寸）可以在域中的某些特定位置划分更精细的网格,如电极末端（E4 和 E8）,参见图 6.19。

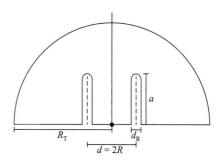

图 6.18 定义板电容器几何形状的参数

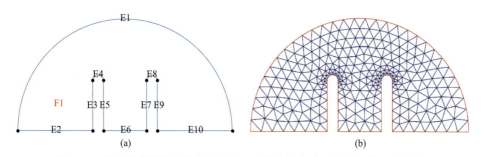

图 6.19 定义计算域的边和顶点（a）,以及电极末端附近更细的网格（b）

6.7.7 结果

在图 6.20 中,有限圆平板电容器的归一化电容与半径的函数关系通过不同的方法计算出来。准确的结果来自参考文献[16],标准平板电容标注为"理想"。通过边界元法和

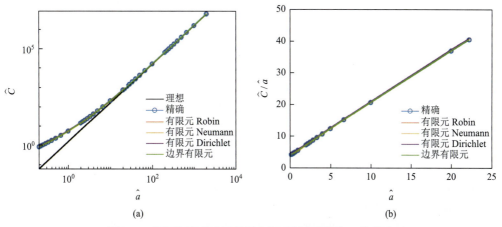

图 6.20 通过不同方法计算的有限平板电容器归一化电容

（a）对数-对数图；（b）除以 $\hat{a}$ 对自变量进行缩放
准确的结果来自参考文献[16],标准平板电容器的电容表达式标注为"理想"

三种不同边界条件的有限元法计算的结果也在图 6.20 中标出。在图 6.21 中，给出了数值方法与参考文献[16]的准确结果之间的差异。目前的边界元法非常准确，比标准的 FEM 计算方法更准确，也要快得多。因此，有理由相信，鉴于之前的物理假设，所有的数值结果都是准确的。

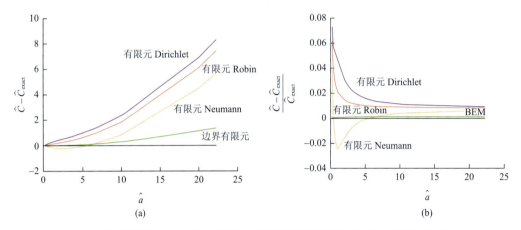

图 6.21　上述不同计算方法与参考文献[16]中精确结果的差值（a），以及相对差值（b）

6.8　结　论

本章讨论了 TENG 的一般工作原理，并将该理论应用于球形 TENG，分析球形 TENG 相关物理参数和几何参数对输出性能的影响。进而分析了均匀带电表面与电极电势均匀对最佳输出功率的影响规律，并比较了两种情况的区别。针对上述问题，采用边界元法来优化计算。通过将边界元法和有限元法的数值结果与圆板电容器的精确结果进行比较，发现本章提出的边界元法具有更高的计算精度和计算速度。

参 考 文 献

[1]　Fan F R，Tian Z Q，Wang Z L. Flexible triboelectric generator[J]. Nano Energy，2012，1（2）：328-334.

[2]　Shao J J，Willatzen M，Wang Z L. Theoretical modeling of triboelectric nanogenerators（TENGs）[J]. Journal of Applied Physics，2020，128（11）：111101.

[3]　Harper W R. Contact and Frictional Electrification[M]. Oxford，UK：Clarendon Press，1967.

[4]　Horn R G，Smith D T，Grabbe A. Contact electrification induced by monolayer modification of a surface and relation to acid-base interactions[J]. Nature，1993，366（6454）：442-443.

[5]　Lowell J，Rose-Innes A C. Contact electrification[J]. Advances in Physics，1980，29（6）：947-1023.

[6]　Wang Z L. Triboelectric nanogenerators as new energy technology for self-powered systems and as active mechanical and chemical sensors[J]. ACS Nano，2013，7（11）：9533-9557.

[7]　Hinchet R，Yoon H J，Ryu H，et al. Transcutaneous ultrasound energy harvesting using capacitive triboelectric technology[J]. Science，2019，365（6452）：491-494.

[8]　Wang Z L，Lin L，Chen J，et al. Triboelectric Nanogenerator[M]. Cham：Springer Cham，2016.

[9]　Wang Z L. New wave power[J]. Nature，2017，542（7640）：159-160.

[10]　Zhu G，Pan C F，Guo W X，et al. Triboelectric-generator-driven pulse electrodeposition for micropatterning[J]. Nano Letters，2012，12（9）：4960-4965.

[11]　Zhu G，Chen J，Liu Y，et al. Linear-grating triboelectric generator based on sliding electrification[J]. Nano Letters，2013，13（5）：2282-2289.

[12]　Yang Y，Zhou Y S，Zhang H L，et al. A single-electrode based triboelectric nanogenerator as self-powered tracking system[J]. Advanced Materials，2013，25（45）：6594-6601.

[13]　Wang S H，Xie Y N，Niu S M，et al. Freestanding triboelectric-layer-based nanogenerators for harvesting energy from a moving object or human motion in contact and non-contact modes[J]. Advanced Materials，2014，26（18）：2818-2824.

[14]　Gravesen J，Willatzen M，Shao J，et al. Energy optimization of a mirror-symmetric spherical triboelectric nanogenerator[J]. Advanced Functional Materials，2022，32（18）：2110516.

[15]　Gravesen J，Willatzen M，Shao J J，et al. Modeling and optimization of a rotational symmetric spherical triboelectric generator[J]. Nano Energy，2022，100：107491.

[16]　Carlson G T，Illman B L. The circular disk parallel plate capacitor[J]. American Journal of Physics，1994，62（12）：1099-1105.

[17]　Zhang C G，Hao Y J，Yang J Y，et al. Recent advances in triboelectric nanogenerators for marine exploitation[J]. Advanced Energy Materials，2023，13（19）：2300387.

[18]　Abramowitz M，Stegun I A. Handbook of Mathematical Functions with Formulas，Graphs，and Mathematical Tables[M]. Washington，DC：National Bureau of Standards，1968.

本章作者：Jens Gravesen [1]，Morten Willatzen [2,3]，邵佳佳 [2]，王中林 [2]

本章翻译：邵佳佳 [2]

1. 丹麦技术大学计算机学院（丹麦孔恩斯-灵比）

2. 中国科学院北京纳米能源与系统研究所（中国北京）

3. 丹麦技术大学光子学系（丹麦孔恩斯-灵比）

第7章

固体材料摩擦电荷密度的量化

摘　要

　　摩擦起电是在自然界和生活中随时随地普遍发生的一种广为人知的现象。作为固体材料的一种特性，建立定量化的摩擦起电效应，可以揭示固体材料在接触起电过程中获得或失去电子的内在特性。定量化的材料数据库是系统理解摩擦起电效应与材料性质之间关系的一种实用工具。人们提出了许多方法来定性和定量表征材料的摩擦起电特性。本章讨论各种材料的摩擦电荷密度的表征方法，并利用数据库分析材料的物理性质对摩擦电荷产生的影响。定量化的摩擦电荷密度可以作为一种教科书式的标准，用于推动摩擦起电效应在能量收集和自供电传感方面的应用。

7.1　引　言

　　摩擦起电效应是指当一种材料与其他不同的材料接触带电后，在两者分离时，其中一种材料带正电荷，另一种带负电荷的效应[1]。摩擦起电是一种在自然界和生活中随时随地普遍发生的现象，并且每种材料都会发生。在物理学中，定义橡胶棒与毛皮摩擦后携带的电荷为负电荷（图7.1（a）），而玻璃棒与丝绸摩擦后携带的电荷为正电荷（图7.1（b））。大多数日常的静电现象都是摩擦起电的结果，例如，雷电（图7.1（c））就是由风暴云内部的静电积聚引起的。微小的水分子在云层周围和内部移动并相互撞击，产生静电荷。正电荷聚集在云顶，而负电荷转移到云底，这些负电荷会吸引建在地面上的大多数较高物体中的正电粒子，如树木、建筑物，甚至人类。当积聚了足够多的电荷时，正电粒子会选择最小电阻的路径移动到负电粒子处。美国国家海洋和大气管理局（National Oceanic and Atmospheric Administration，NOAA）称，一次闪电释放的能量足以点亮一个100W的灯泡超过3个月。

在寒冷而干燥的冬天，当一个人穿着毛衣或走过地毯时，他（她）的手触摸金属门把手就会发生触电，如图 7.1（d）所示。气球在与毛衣接触和分离后会带电，并会被带正电的毛衣所吸引，如图 7.1（e）所示。图 7.1（f）展示了一个简单的静电实验：梳子在梳理头发后将带有摩擦电荷，带电的梳子可以轻松吸引小纸片。

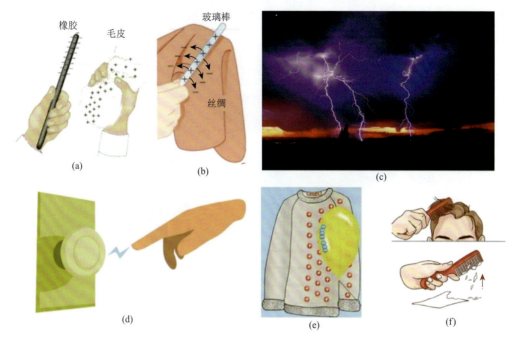

图 7.1　自然界中摩擦起电的例子

（a）橡胶棒与动物毛皮；（b）玻璃棒与丝绸布摩擦后的摩擦电荷；（c）雷电；（d）带电手与金属门把手之间的触电；
（e）毛衣与气球摩擦后的吸引；（f）梳子与头发摩擦后的吸引

近年来，摩擦起电效应重新引起了人们相当大的兴趣（图 7.2），因为它被用于构建摩擦纳米发电机（TENG），可用作能量收集器[2-5]、自供电传感器[6-8]和柔性电子设备[9-11]。一个由日常材料制成的小型 TENG 设备可以生成足够的电力来点亮数百个 LED 灯[12]。各种不同的材料都可以被选择作为摩擦材料，并且与其他电源和能量存储器相比，TENG还具有良好的电容特性、高柔韧性和轻质性[13-18]。

对材料和摩擦电荷之间的关系进行表征是非常重要的，因为这项工作有助于确定哪些材料之间摩擦可以产生大量静电，从而提高 TENG 的性能。有时，静电的积聚又是要尽可能避免的，因为它可能导致由静电放电和（或）吸引引起的产品故障或严重的安全隐患。通过选择合适的材料可以最小化静电积聚，以防止静电放电或静电吸引。研究人员发现，通过选择摩擦材料，可以改变并影响摩擦电荷的极性和强度，但同时它们还受到表面粗糙度、温度、应变和其他性质的影响。这些因素使摩擦起电效应看起来非常不可预测，难以量化。因此，许多研究者尝试提出了一些表征方法来获得材料的摩擦静电序列，以展示材料如何能够在特定的不同应用中产生更多或更少的静电。然而，这些在不同测量条件下获得的静电序列结果并不一致。本章将介绍在不同测试条件下的不同测

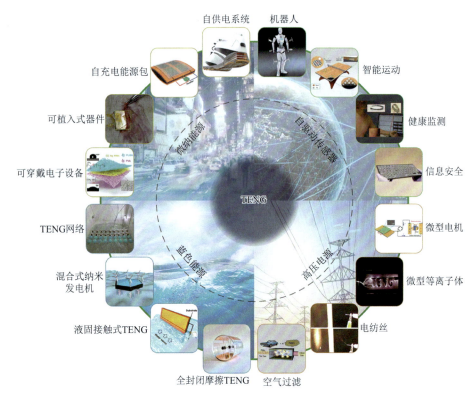

图 7.2 TENG 的主要应用领域

经 Wang 等 2020[13] 许可转载

量系统，结合其他重要研究和解释，发展静电起电的原理和完善基础数据，并基于当前对表面相互作用和原子结构的认识进行解释。本章讨论与摩擦电表面电荷相关的因素，并展示对摩擦电表面电荷的多种定量和定性测量方法。基于摩擦电序列的数据矩阵，本章阐释摩擦电效应的机制。此外，还介绍一些可能改变摩擦电表面电荷的方法，从而实现对摩擦电序列的调控。

7.2 摩擦电荷密度分析

摩擦电荷密度受到环境（湿度、气压和温度）、施加的力或压强以及使用材料的性质（功函数、官能团、表面形态和厚度）的影响。本节将分析一些影响摩擦电荷密度的主要因素。

7.2.1 力

基于垂直的接触分离模式下的导体-电解质 TENG，以铜片和聚对苯二甲酸乙二酯（polyethyleneterephthalate，PET）片作为摩擦接触层，研究了 TENG 的性能与接触力的相关性[20]。通过对开路电压信号的表征，在 20～930N 的接触力范围内，对应的接触压力为

32～1488kPa，开路电压和短路电流与接触压力和接触力的关系如图 7.3 所示。最大开路电压随着接触压力的增加而增加，直到达到 1176kPa 后，最大开路电压达到饱和，短路电流也表现出相同的趋势。

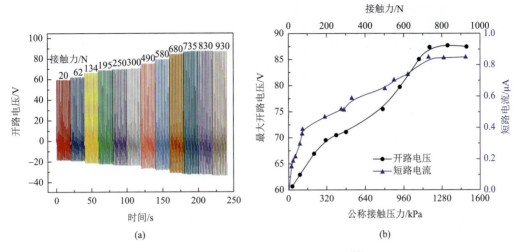

图 7.3　摩擦纳米发电机的接触力响应[20]

（a）TENG 的开路电压信号随接触力增加而变化的数据样本；（b）最大开路电压和短路电流与公称接触压力（和接触力）的关系
经 Min 等 2021[20]许可转载

目前尚未明确阐明的是电输出会随着接触压力的增加而增加的原因。为了回答这个问题，对在不同力下界面的实际接触面积进行研究。图 7.4（a）展示了在 32～1488kPa 接触压力范围内 TENG 接触面积的测量值。左边的图像是扫描后的图像，粉红色的点表示在界面上呈现的实际接触点。右边的二值图像用白色表示实际接触。接触相对均匀地分布在标称区域上，在微小的接触面积上均匀分布，表明在精心测量摩擦接触面积中有良好的一致性。当接触压力较低（如 32kPa）时，它在极小的接触面积上分布有几个点。随着压力的提高，实体接触的面积增大，其接触面积比与接触压力的关系如图 7.4（b）所示。

在许多常见的 TENG 应用中，通常应用的接触压力相对较低（低于 200kPa），而这里我们将讨论更广的接触压力范围（高达 1488kPa）。接触面积在较低压力范围内大致呈线性增长，而在较高压力下逐渐趋于平稳。当接触压力超过 1176kPa（735N）时，接触面积比在约 0.82 达到饱和。开路电压和短路电流在与实际接触面积几乎相同的接触压力下饱和，这表明电信号输出遵循实际接触面积的演变。结果表明，摩擦电荷需要实际（或固体）接触才能在材料的界面上转移电子。此外，相关的工作[21, 22]还表明，摩擦起电效应可以在平衡的原子间键距内的成对原子之间发生。即使是光滑的平面，也不可避免地包含随机的多尺度的表面粗糙度。粗糙表面的接触力学本质上导致了接触面积与接触压力密切相关[23]。材料的力学性能、表面形貌以及接触压力都会影响两个摩擦层间的接触面积。

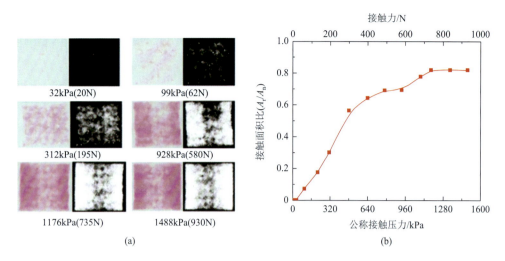

图 7.4　在各种接触压力下通过压敏薄膜检测到的实际接触面积[20]

（a）扫描后的薄膜，粉红色表示实体接触（左图），二值化图像，白色表示实体接触（右图）；（b）接触面积比（A_r/A_n）与
公称接触压力和接触力间的关系
经 Min 等 2021[20]许可转载

7.2.2　功函数

　　对各种材料的摩擦电荷密度（TECD）和它们的功函数进行比较，如图 7.5 所示[24]。在这项研究中，无机非金属材料与汞发生接触。汞的功函数为 $\Phi_{Hg} = 4.475\text{eV}$。无机非金属材料的功函数由材料本身决定，但可以通过晶体学取向、表面终结和重构以及表面粗糙度进行修改。因此，在文献中，一些材料的功函数存在较大范围的变化。

　　如图 7.5 所示，随着材料的功函数降低，TECD 的数值从−62.66mC/cm^2 增加到 61.80mC/cm^2。功函数与从固体中移出电子到固体表面外部所需的最小热力学能量有关。研究结果表明，电子转移是固体与金属之间接触起电的主要原因。此外，接触起电电荷的极性由材料的功函数相对大小决定。当被测试材料 A 的功函数小于汞的功函数，即 $\Phi_A < \Phi_{Hg}$ 时，与汞密切接触后，被测试材料将带正电荷；当被测试材料 B 的功函数接近汞的功函数，即 $\Phi_B \approx \Phi_{Hg}$ 时，被测试材料 B 将几乎不带电；当被测试材料 C 的功函数大于汞的功函数，即 $\Phi_C > \Phi_{Hg}$ 时，被测试材料将带负电荷。被测试材料的 TECD 强烈依赖于材料与汞功函数之间的差异。如果两材料的功函数差异较大，它们将有更多的电子发生转移。这些结果表明，在接触起电过程中，电子转移与能带结构和能级分布相关。电子会从能量状态较高的一侧流向能量状态较低的一侧。

　　该研究还表明，二维材料在摩擦静电序列中的位置与其有效功函数有关[25]。材料之间转移电荷的数量取决于它们的有效功函数值和表面态密度。通过 KPFM 估算了二维材料的有效功函数（Φ_{2D}），定义为

$$\Phi_{2D} = \Phi_{probe} - eV_{CPD} \tag{7.1}$$

式中，Φ_{probe} 是探针的功函数；V_{CPD} 是探针与材料之间测得的接触电势差。在图 7.6 中，

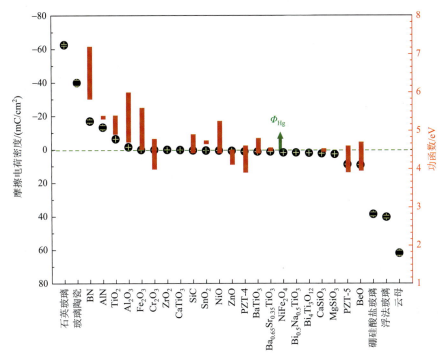

图 7.5　材料的摩擦电荷密度与功函数间的关系[24]

材料的费米能级位置按照有效功函数递减的顺序显示。MoS_2 的功函数最高为 4.85eV，预计其更偏向负电性；而 WSe_2 的功函数最小，与其他二维材料相比，表现出最正的摩擦起电性。TENG 的输出电压根据相应二维材料的功函数逐渐增加。GR、GO、WS_2 和 WSe_2 的有效功函数分别为 4.65eV、4.56eV、4.54eV 和 4.45eV。基于这些二维材料和尼龙的 TENG 的输出性能随着功函数值的增大而逐渐升高，但二硒化钨（WSe_2）因表面粗糙度不同而例外。

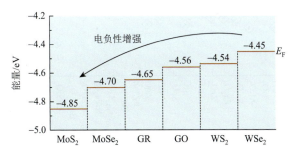

图 7.6　通过 KPFM 估算的相应二维材料的准费米能级位置

经 Seol 等 2018[25]许可转载

通过化学掺杂、表面工程、电荷注入、捕获以及引入介电材料作为复合材料等方式，可以成功地修改摩擦起电的带电特性，从而改变有效功函数。这些方法将在 7.5 节的内容中详细讨论。

7.2.3　介电常数

对于无机非金属材料，介电常数是一个重要的参数，因此需要分析介电常数与 TECD 之间的关系。根据高斯定理，如果忽略边缘效应，TENG 工作过程中理想的感应短路转移电荷由式（7.2）给出[1, 26]：

$$Q_{SC} = \frac{S\sigma_c x(t)}{\dfrac{d_1\varepsilon_0}{\varepsilon_1} + x(t)} \tag{7.2}$$

式中，ε_1 是无机材料的介电常数；d_1 是材料的厚度；$x(t)$ 是随时间 t 变化的分离距离；σ_c 是表面电荷密度。根据式（7.2），在测量条件下，$d_1 \ll x(t)$，并且 $\dfrac{d_1\varepsilon_0}{\varepsilon_1}$ 的部分可以忽略。

因此，介电常数不会影响电荷转移 Q_{SC} 和表面电荷密度 σ_c。图 7.7 中给出了 TECD 与测试材料的介电常数之间的关系。可见，测得的 TECD 不受材料的介电常数影响。

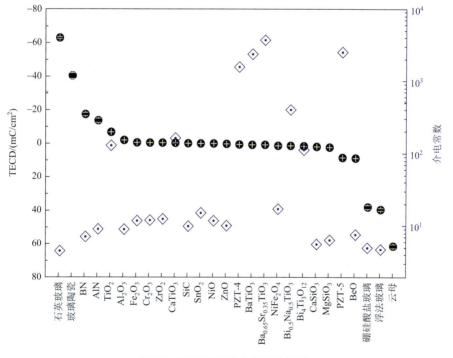

图 7.7　TECD 与介电常数的关系

经 Zou 等 2020[24]许可转载

Henniker[27]还发现，摩擦静电序列与介电常数、偶极矩以及紫外激发荧光的颜色或强度之间没有相关性。他指出，这种决定性质可能与分子构成有关，更确切地说，与表面的分子构成有关。费米能级仍然是最合理、决定性的属性[28]。

7.2.4　表面形态

表面形态对摩擦电荷的测量结果可能产生很大影响。即使是同一厂家生产的相同聚合物的表面也会因为存在小的划痕或其他缺陷而不同。这是因为摩擦起电转移电荷量由有效接触面积决定（7.2.1 节的讨论中有所提及）。

Park 等[29]研究了纳米花（nano flower，NF）结构的表面形态如何影响摩擦纳米发电机的输出。施加的电压和电沉积时间可以修改 Au NF 的表面，但不会严重改变 Au NF 的几何形状，因此研究者使用固定的 HAuCl$_4$ 浓度（15mmol/L）进行电压和电沉积时间的依赖性研究。如图 7.8（a）～（d）所示，施加更高的电压会导致更大的粗糙度。改变施加的电压从 0.3V 到 1.8V，间隔为 0.3V，并固定电沉积时间为 25min，制备了含不同表面形貌的 Au NF 摩擦纳米发电机。当微观结构变得很长时，输出电压下降（图 7.8（i））。其次，在输出电压为 0.9V 条件下，通过不同的生长时间合成了不同的 Au NF。较长的沉

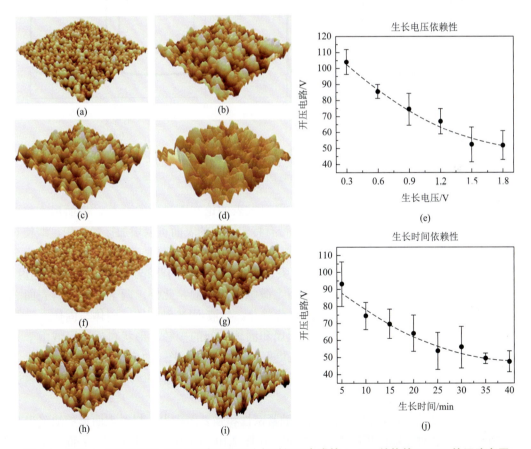

图 7.8　各种 Au NF 表面的 AFM 图像和不同生长时间下合成的 Au NF 结构的 TENG 的开路电压

经 Park 等 2015[29]许可转载

积时间导致 Au NF 的粗糙度增加，从而导致电压输出减小（图 7.8（j））。总体而言，较大的接触面积会产生更高的摩擦电荷。然而，Au NF 与三角形的 PDMS 之间的尖端接触不利于摩擦电的产生，当材料过于粗糙时，摩擦材料之间的接触不完全，从而导致摩擦电荷减少。因此，为了最大化摩擦电荷，需要进行适当的表面工程化处理。

摩擦起电表面电荷密度的表征至关重要但具有挑战性，因为表面形态会对摩擦起电产生很大影响。很难确保每个样品都具有完美的表面光滑度或完全相同的表面粗糙度。因此，液态金属被用作一种接触材料，可以极大地提高接触的紧密性[1]。图 7.9 显示了透明聚碳酸酯的哑光表面和光滑表面的测量结果，两个测量值之间没有明显的差异。这样的结果表明，由于液体材料表面张力和形状的自适应性，纳米到微米级别的表面粗糙度在基于固-液接触的测量结果上不会产生很大的影响。

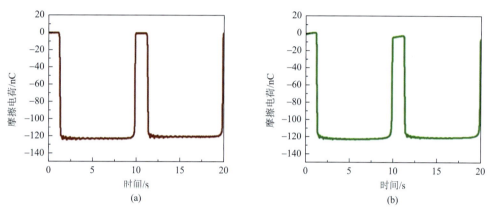

图 7.9　具有哑光表面（a）和光滑表面（b）的透明聚碳酸酯材料的摩擦电荷比较

经 Zou 等 2019[1]许可转载

在固体材料之间的接触中，正如许多已发表的论文所讨论的[30, 31]，表面形态将对 TENG 的输出产生很大影响。这是因为带有特定图案的表面可以增加接触面积，即使对于那些经过抛光的光滑表面，由于表面微凸体的存在[32]，在微观尺度上它们也不是完全平坦的。固体的表面是粗糙的，并具有尖锐、粗糙或崎岖的凸起物。在小尺度范围内，两个固体物体的接触是分散在接触表面上微触点的接触。此外，两个固体材料表面之间的接触角和压力导致了测得的摩擦电荷差异。与液-固接触相比，固体与固体之间接触的输出通常较小。此外，对于液态金属和固体之间的接触，形状自适应区域由于具有高度的接触紧密性，将会有助于建立更好的接触状态（图 7.10（a）、（b））。因此，输出可以得到显著改善，各种材料之间的输出差异也更为明显，这是使用液态金属进行测量的优势。

在某个尺度范围内，由于汞的高接触紧密性和强表面张力，材料表面形貌缺陷形态的微小变化不会对接触面积产生太大影响。在图 7.10（c）中，对于不均匀表面（哑光），在某些区域，由于接触紧密性很好，接触面积增大；但在一些区域，汞较大的表面张力阻止了材料的润湿，因此汞无法与内部的材料接触，接触面积减小。总体来说，接触面积不会受到表面形貌太大的影响，因此哑光和光滑表面的数据非常接近。通常，商业聚合物产品的自然表面是平坦的，其粗糙度介于哑光和光滑之间。因此，这种液-固接触是测量各种材料摩擦电荷的最佳方式，可以减小表面形貌的影响。

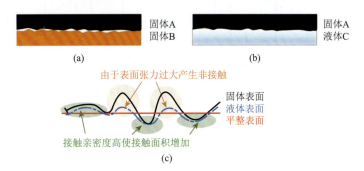

图 7.10 固体材料之间的接触示意图（a）、固体和液体材料之间的接触示意图（b）以及固体和液体之间接触的接触面积分析（c）

在图（a）中，固-固接触由于不平整而具有较小的接触表面；在图（b）中，由于液体相具有较高的接触紧密性，液-固接触表面比固-固的接触表面要大得多

7.2.5 厚度

本节将通过化学气相沉积（chemical vapor deposition，CVD）直接在 SiO_2 上生长几十纳米的三层和七层多晶 MoS_2，并讨论和比较不同层数的 MoS_2 的摩擦起电行为[25]，探究摩擦层厚度对基于二维材料的 TENG 输出性能的影响。CVD 生长的不同厚度的 MoS_2 摩擦带电的极性相同，如图 7.11 所示。根据模拟，随着层数的增加，间隙和电离势的计算值减小，电子亲和力（electron affinities，EA）增加。然而，无论层数如何，单空位（single vacancy，SV）能级的位置几乎不变，这表明每种材料在摩擦静电序列中的位置应当保持不变。

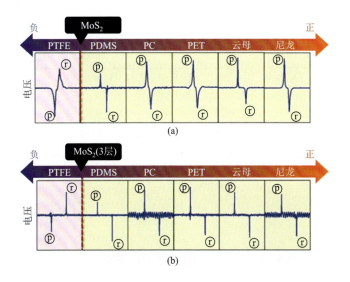

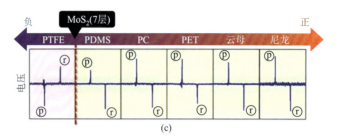

图 7.11 200nm（a）、三层（b）和七层（c）的不同厚度 MoS$_2$ 薄膜摩擦起电行为的表征（p 表示挤压，r 表示分开）

经 Seol 等 2018[25]许可转载

相关研究展示了摩擦层厚度对基于聚合物薄膜的 TENG 输出性能的影响[33]。如图 7.12 所示，制备了四种不同厚度的薄膜（5μm、26μm、31μm 和 45μm），而其他的尼龙摩擦层厚度固定为 10μm。根据输出曲线，可以明显观察到输出转移电荷密度 $\sigma(z)$ 随着厚度的减小而急剧增加（图 7.12（d））。当使用 5μm 的 BaTiO$_3$/PVDF 纳米复合薄膜作为负电层时，输出达到最大值。其中，V_{OC}、I_{SC} 和 $\sigma(z)$ 分别为 160V、6.2μA 和 114μC/m^2（图 7.12（b）～（d）），这与使用 45μm 厚的摩擦层相比分别提高了 80%、170% 和 100%。在 100MΩ 的负载电阻下，最大功率密度可以达到 225.6mW/m^2。

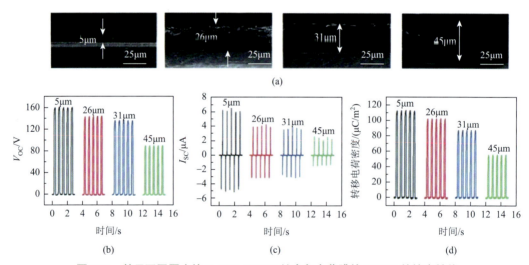

图 7.12 基于不同厚度的 BaTiO$_3$/PVDF 纳米复合薄膜的 TENG 的输出性能

（a）具有不同厚度的纳米复合薄膜的横截面 SEM 图像；（b）开路电压；（c）不同厚度的 BaTiO$_3$/PVDF 纳米复合薄膜 TENG 的短路电流；（d）不同厚度的 BaTiO$_3$/PVDF 纳米复合薄膜 TENG 的转移电荷密度

经 Kang 等 2020[33]许可转载

7.2.6 合成方法

研究表明，在某些情况下，基于 TMD 材料的 TENG 的带电极性在一定条件下表现出相似的行为，不受合成方法的影响[25]。通过 CVD 生长的薄的 MoS$_2$ 薄膜（3 层，约 2nm）

的摩擦起电极性与厚的、剥离的 MoS_2 薄膜（约 300 层，约 200nm）相同。即使在 CVD 生长的不同厚度的 MoS_2（7 层，5nm）中，也观察到了相同的极性变化。因此，可以得出结论，MoS_2 的摩擦电极性特性与 MoS_2 厚度和用于制备它的合成方法无关，甚至在几纳米的尺度上也是如此。

一般来说，TMD 在自然或合成产品中有三种主要的多晶形态（1T、2H、3R）。1T-MoS_2 因其亚稳特性难以大规模制备，为研究多型体对 TMD 摩擦起电行为的影响，制备了两种类型的 MoS_2 纳米片。通过锂插层和强迫水化法制备了（1T + 2H）混合相的 MoS_2 纳米片[34-36]。通过对制备的(1T + 2H)-MoS_2 进行退火处理获得了 2H-MoS_2[35]。3R 多型体仅在块体形式中出现，并容易松弛到 2H 相，因此仅制备了 2H 多型体用于比较。结果分别展示了 (1T + 2H)-MoS_2 和 2H-MoS_2 的摩擦起电行为。TENG 的实验证明两种情况下均表现出相同的输出极性，这表明 MoS_2 在摩擦电序列中的位置不因其多型体的不同而改变。

值得注意的是，合成方法也可能会影响材料的表面形态、表面结构、结晶化和组成，因此它或多或少地会影响 TENG 的输出。某些部分（如表面形态、表面结构、成分等）将在本章后续内容分别讨论。

7.2.7　湿度

湿度是摩擦静电分离中摩擦起电和颗粒分离的一个非常重要的因素。研究探讨了颗粒材料在高密度聚乙烯垂直往复充电器中通过摩擦带电时，相对湿度在 20%~70%范围内对 PMMA 和 PVC 材料摩擦起电性能的影响[37]。随着相对湿度的提高，测得的 PMMA 和 PVC 的电荷密度（单位：nC/g）减小。当相对湿度低于 30%时，PMMA 和 PVC 的电荷密度分别超过 + 22.0nC/g 和–16.0nC/g（图 7.13）。塑料的相对湿度对其充电和放

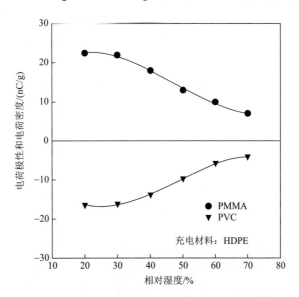

图 7.13　不同相对湿度下测量的 PMMA 和 PVC 的电荷密度

经 Park 等 2008[37]许可转载

电行为的影响可以通过水膜在塑料表面的形成来解释，大气中的水分子可以通过吸附或在塑料表面形成一层水膜而释放带电塑料表面的电荷[38]。由于水分干扰了颗粒之间的表面极化或通过释放带电颗粒减小了电荷密度，电荷密度会随相对湿度发生变化。正如预期的那样，相对湿度通过附着在表面的水分向外放电的方式影响 PMMA 和 PVC 的绝对电荷密度和电荷极性。

7.3　摩擦电荷密度的测量

当物体表面的正电荷或负电荷过多时，摩擦某些材料，就会产生静电。通常情况下，静电的积累是不受欢迎的，因为它可能导致产品故障，或由于静电放电和/或静电吸引而引起严重的安全隐患。摩擦静电序列是根据材料获得或失去电子的趋势对各种材料进行排序，这反映了材料的自然物理性质。材料在摩擦静电序列中的位置决定了电荷交换的效率。这个序列可以用来预测哪些材料将会带正电或负电，以及效果有多强，并选择能最大限度地减小静电的材料，以防止静电放电或静电吸引。尽管如此，静电仍有一些实际的应用[39, 40]。最近，摩擦起电已变得尤为重要，因为它已被用于制造 TENG，该发电机可以将机械运动高效转换为电信号，并可用作能量收集器[41, 42]、自供电传感器[7, 43]和柔性电子器件[41, 44, 45]。不同的材料具有其独特的性质，因此当大量不同的材料用来制造 TENG 时，摩擦静电序列将有助于展示哪对材料会在同样条件下最有效地产生大量的静电，从而提高 TENG 的性能。

摩擦起电得到的电荷往往是不同的。该不确定性一个显而易见的来源是摩擦会影响甚至破坏表面，从而在未知区域生成一种全新的表面。其他一些挑战包括复杂的环境因素（如湿度、温度等）以及难以统一控制的测量参数（如施加的力/应变、表面粗糙度等）。许多研究人员开发了各种方法来定性和定量测量各种材料的摩擦电荷密度。本节将介绍这些方法，并讨论它们的优缺点。

7.3.1　定性测量技术

Wilcke 首次建立了材料的摩擦静电序列[46]。提出了一个将材料依据材料起电产生的电荷极性进行比较和排列的方法，将材料依据材料起电产生的电荷极性巧妙地排列：当被位于其下方（或上方）的材料摩擦时，给定的材料就会产生正电（或负电）。这个序列包含十种常见材料，按照极性的顺序排列，包括光滑玻璃、羊毛、羽毛、木材、纸张、封蜡、白蜡、粗糙玻璃、铅、硫黄以及铅以外的其他金属。

在表 7.1 中，材料的排列使得列表中的任何材料在与列表中位于其下方的材料发生摩擦时，都会带正电。这一现象由材料的表面条件决定，而环境因素可能会改变列表中材料的相对位置。Henniker[27]通过加入天然聚合物和合成聚合物，进一步扩展了摩擦静电序列（图 7.14）。

表 7.1　各种定性测量的摩擦静电序列[47]

Wilcke(1759)	Faraday（1840）	Jamin and Bouty's 'Physique'（1891）	Shaw（1917）		
1.玻璃（片材）	1.猫毛	1.猫毛	1.石棉	13.丝绸	25.板岩、铬明矾
2. 羊毛	2.羊毛	2.玻璃	2.兔毛、头发（汞）	14.铝、锰、锌、镉、铬、毛毡、可洗皮革	26.虫胶、树脂、密封蜡
3.羽毛	3.羽毛	3.羊毛	3.玻璃管组合物	15.滤纸	27.硬橡胶
4.木材	4.燧石玻璃	4.羽毛	4.石英玻璃，负鼠毛	16.硫化纤维	28.钴、镍、锡、铜、砷、铋、锑、银、钯、碳、碲、优铜、秸秆、硫酸铜、黄铜
5.纸张	5.棉花	5.木材	5.熔融玻璃	17.棉花	29.巴西橡胶、铁明矾
6.磨砂玻璃	6.亚麻布	6.纸张	6.云母	18.镁	30.古塔胶
7.铅	7.丝绸	7.丝绸	7.木材	19.K-明矾、岩盐和纤维石	31.硫黄
8.硫黄	8.手	8.树脂	8.玻璃（抛光）、石英（抛光）、釉面瓷	20.木头、铁	32.铂、银和金
9.金属	9.木材	9.毛玻璃	9.玻璃（碎边），象牙	21.无釉瓷器，氯化铵	33.赛璐珞
	10.铁、铜、银和铅		10.方解石	22.K-重铬酸盐、石蜡、锡化铁	34.印度橡胶
	11.硫黄		11.猫毛	23.软木，乌木	
			12.钙、镁、铅、萤石、硼砂	24.琥珀	

然而，不同研究者对静电序列的排序存在许多分歧。这些差异可能源于使用不同的测量方法和条件，或者使用不同表面物理状态的材料。因此有必要建立一个统一的、标准化的测量方法。此外，已有的摩擦静电序列只是按摩擦起电的极性列出了材料的顺序，并没有量化的数据来显示它可以产生多少摩擦电荷电量，也不能为摩擦起电效应的实际应用提供良好的指导。

7.3.2　定量测量技术

尽管人们已经积累了许多关于摩擦电方面的知识，但这一领域仍未达到科学定量表征的高度。当固体相互摩擦时，其条件变化很大，包括在摩擦过程中和之后温度会发生变化；表面承受相当大的摩擦压力；此外，摩擦后表面会以各种方式进行打磨和抛光。尽管已经提出了多种方法来量化摩擦静电序列，但由于摩擦环境和摩擦过程的复杂性，目前仍然缺乏一个完全量化的科学框架。因此，标准化测量方法和所使用材料的需求凸显了该领域需要进一步进行标准化电量表征工作的事实。

1. 垂直往复式摩擦起电装置的测量

Park 等[37]通过将垂直往复器与多种充电材料相结合，构建了一种摩擦起电装置，以

摩擦电序列材料
（端基带正电荷）
含二氧化硅填料的有机硅弹性体
硼硅酸盐玻璃，火抛光
窗户玻璃
苯胺甲酚树脂（酸催化）—CH_2—Ph—NH—
聚甲醛—CH_2—O—
聚甲基丙烯酸甲酯—CH_2—CMe(COOCH_4)—
乙基纤维素
聚酰胺11—$(CH_2)_{10}$CO—NH—
聚酰胺6-6—$(CH_2)_4$CO—NH$(CH_2)_6$NH—CO—
岩盐Na Cl⁻

三聚氰胺
针织羊毛
经火抛光的二氧化硅
编织的丝绸
聚乙二醇琥珀酸酯—$(CH_2)_2$COO$(CH_2)_2$OCO—
醋酸纤维素
聚己二酸乙二醇—$(CH_2)_4$COO$(CH_2)_2$OCO—

邻苯二甲酸二烯丙酯CH_2CH—OCOPhCOOCH═CH_3

纤维素（再生）海绵
编织过的棉花
聚氨酯弹性体—NHPhNHCOOROCO—
苯乙烯-丙烯腈共聚物
苯乙烯-丁二烯共聚物
聚苯乙烯—CH_2—CHPh—
聚异丁烯—CH_2—CMe_2—
聚氨酯软海绵
地表面的硼硅玻璃
聚对苯二甲酸乙二醇酯—COPhCOO$(CH_2)_2$O—
聚乙烯醇缩丁醛
固化的酚醛树脂—CH_2—PhOH—CH_2—
环氧树脂—OPhCMe_2PhOCH_2CHOHCH_2—
聚氯丁二烯—CH_2CCl═CH_2—
丁二烯丙烯腈共聚物
天然橡胶—CH_2CMe═CH_3—
聚丙烯腈—CH_2—CH(CN)—
硫黄
聚乙烯—CH_2—
聚二苯基丙烷碳酸酯—OPhCMe_2PhOCO—
氯化聚醚—CH_2—C$(CH_2C_1)_2$CH_2$O—
25%D.O.P.的聚氯乙烯
不含增塑剂的聚氯乙烯—CH_2—CHCl—
聚三氟氯乙烯—CF_2CFCl
聚四氟乙烯—CF_2—

图 7.14 摩擦电序列中规定明确的聚合物

经 Henniker 等 1962[27]许可转载

评估塑料材料的摩擦静电序列和发电特性。图 7.15 显示了所设计的垂直往复式摩擦起电装置的示意图。在这个实验中，塑料颗粒由于在摩擦起电装置的往复过程中上下运动（图 7.15（a）），而在装置顶部带电。旋转盘的尺寸信息详见图 7.15（b）。

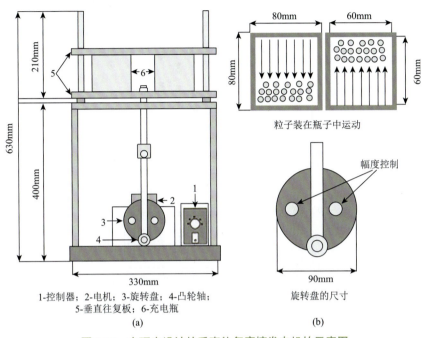

1-控制器；2-电机；3-旋转盘；4-凸轮轴；
5-垂直往复板；6-充电瓶

(a)

粒子装在瓶子中运动

旋转盘的尺寸

(b)

图 7.15 本研究设计的垂直往复摩擦发电机的示意图

经 Park 等 2008[37]许可转载

粒子在笼子内壁上感应的电荷在大小上与引入的电荷相等，但符号相反，而相同大小和符号的电荷出现在笼子外部。然后，通过静电计测量被法拉第杯收集的最终电荷。颗粒的电荷密度是根据电荷质量比（单位：nC/g）确定的。数据都是至少重复三次测试取平均值而获得的。如图 7.16 所示，通过对不同塑料组合进行摩擦起电，测量各种塑料的摩擦起电性能。再基于这个起电装置和现有的材料摩擦起电序列，可以估算各种塑料的分离电位，因此对于选择摩擦起电材料具有实用性。

图 7.17 展示了频率对材料摩擦电荷密度的影响。这是由于随着外部机械能的提高，颗粒与摩擦起电装置内壁之间的碰撞频率和碰撞强度增加。在所测得的材料摩擦电荷密度中，PMMA 在 280Hz 的频率下达到最高值，其次是 H-PVC 和 ABS，而 COPP 的电荷密度最低，因为它在摩擦静电序列中更接近 HDPE。颗粒的摩擦电荷随着充电器频率的升高而增加。

由于不同的测试条件，塑料的摩擦静电序列可能会表现出一定的变化；同时，预处理可能会导致电荷的极性和电荷密度发生改变，特别是考虑到不同塑料具有不同的配料和添加剂。测得的频率、塑料颗粒的质量和密度，并且材料的力学性能都或多或少地会对测量结果产生影响。此外，对一般平面材料表面摩擦电荷密度的量化表征而言，这种方法是不适用的。

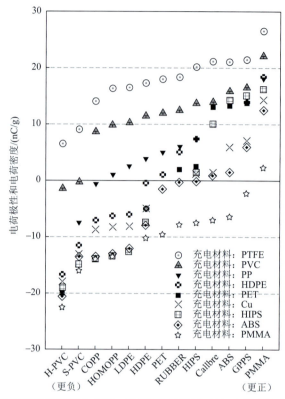

图 7.16 各种塑料的摩擦静电序列，这是通过不同塑料组合的摩擦起电而建立的

H-PVC 表示高聚合度聚氯乙烯；S-PVC 表示悬浮聚氯乙烯；COPP 表示环烯烃共聚物；HOMOPP 表示均聚聚丙烯；LDPE 表示低密度聚乙烯；HDPE 表示高密度聚乙烯；PET 表示聚对苯二甲酸乙二醇酯；RUBBER 表示橡胶；HIPS 表示高抗冲聚苯乙烯；Callbre 表示聚碳酸酯树脂；ABS 表示丙烯腈(A)-丁二烯(B)-苯乙烯(S)三元共聚物；GPPS 表示通用级聚苯乙烯；PMMA 表示聚甲基丙烯酸甲酯

经 Park 等 2008[37]许可转载

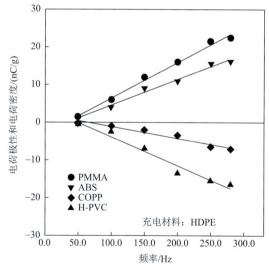

图 7.17 垂直往复摩擦起电装置中频率对塑料电荷密度的影响

经 Park 等 2008[37]许可转载

2. 基于表面电压表的测量

在约 72°F、35%相对湿度的条件下，Lee 等[49]使用离子源对样品的初始电荷进行中和，利用表面直流电压表测试表面摩擦电荷量。任何薄层的油脂或油（有机或合成）通常都表现为高度正电，从而会导致数值失真，因此所有样品在测试前都经过打磨或刮除以清洁表面。实验中使用 AlphaLab 高阻计 Model HR2 对材料的电阻率进行测量，并对样品施加 $1mJ/cm^2$ 的摩擦能量。测试是在低表面间压力（低于 1/10 个大气压）下进行的，使用的样品为能够制成 1 in（1in = 2.54cm）长的光滑的条形绝缘体固体样品。而不使用棉花这类材料，因其无法制成固体条形样品。非光滑固体的电荷亲和性是通过它们对已测得的光滑固体的影响来推断的。在这种低表面力条件下（典型的工业条件），各种绝缘材料的电荷亲和性的绝对排名是自洽的。在这个表格中，"零"级是任意选择的平均导体电荷亲和力。

电荷亲和力列表呈现了相对起电趋势。以聚氨酯（位于顶部）为例，其倾向于呈正电性，而聚四氟乙烯（位于底部）则呈负电性。两种电荷亲和力几乎相等的材料，即使在摩擦过程中相互接触，也不太容易相互充电。表格的第 3 列（金属效应）展示了材料与金属之间的摩擦起电行为，相较于绝缘体之间的摩擦起电行为，这一行为更加难以预测和重现。金属的充电行为强烈依赖于施加的压力，有时甚至可能出现极性反转。在施加的压力非常低的情况下（本表中采用的条件），金属的充电行为相对一致。表 7.2 可用于选择能够最大限度减小静电的材料，预测不同表面之间可能产生的静电力，并有助于选择能够特意在表面上产生电荷的材料。

表 7.2　表面电压表测量的摩擦起电序列[49]

材料	亲和力/(nC/J)	金属效应	备注
聚氨酯泡沫	60	+N	除非另有说明，否则所有材料都是良好的绝缘体（>1000TΩ·cm）
聚氨酯橡胶	58	−W	轻微导电（120GΩ·cm）
封箱胶带（双向拉伸聚丙烯薄膜（BOPP））	55	+W	不粘腻的一面。如果打磨到封箱胶带薄膜上，会变得更负
头发、油性皮肤	45	+N	皮肤是导电的，不能通过金属摩擦充电
固体聚氨酯，填充	40	+N	导电性稍强（8TΩ·cm）
氟化镁（MgF_2）	35	+N	抗反射光学涂层
尼龙、干性皮肤	30	+N	皮肤是导电的。不能通过金属摩擦充电
机油	29	+N	
尼龙（尼龙填充 MoS_2）	28	+N	
玻璃（苏打）	25	+N	略带导电性（取决于湿度）
纸张（无涂层复印件）	10	−W	大多数纸张和纸板具有相似的亲和力，略带导电性
木材（松木）	7	−W	
GE 牌硅胶 II（在空气中硬化）	6	+N	比其他有机硅化学成分更有活性（见下文）
棉花	5	+N	略带导电性（取决于湿度）

续表

材料	亲和力/(nC/J)	金属效应	备注
丁腈橡胶	3	−W	
羊毛	0	−W	
聚碳酸酯	−5	−W	
ABS（丙烯腈-丁二烯-苯乙烯）塑料	−5	−N	
亚克力（聚甲基丙烯酸甲酯）和透明纸箱密封和办公胶带的黏合面	−10	−N	几种透明胶带黏合剂具有与丙烯酸几乎相同的亲和力，尽管列出了各种成分
环氧树脂（电路板）	−32	−N	
丁苯橡胶（SBR，Buna S）	−35	−N	有时被错误地称为"氯丁橡胶"（见下文）
溶剂型喷漆	−38	−N	可能会有所不同
聚对苯二甲酸乙二醇酯（聚酯薄膜）布	−40	−W	
聚对苯二甲酸乙二醇酯（聚酯薄膜）固体	−40	+ W	
乙烯-乙酸乙烯酯共聚物橡胶垫片，填充	−55	−N	略带导电性（10TΩ·cm），填充橡胶通常是导电的
胶黏剂橡胶	−60	−N	几乎不导电（500TΩ·cm）
热熔胶	−62	−N	
聚苯乙烯	−70	−N	
聚酰亚胺	−70	−N	
有机硅（空气硬化和热固性）	−72	−N	
乙烯基：柔性（透明管）	−75	−N	
硬纸壳板胶带（BOPP），打磨	−85	−N	毛面带非常多的正电荷（见上文），但打磨后接近聚丙烯的性能
烯烃（烯烃）：低密度聚乙烯、高密度聚乙烯、聚丙烯	−90	−N	超高分子量聚乙烯如下。相对于金属，聚丙烯比聚乙烯更负
硝酸纤维素	−93	−N	
办公胶带背衬（乙烯基共聚物）	−95	−N	
超高分子量聚乙烯	−95	−N	
氯丁橡胶（聚氯丁二烯，非丁苯橡胶）	−98	−N	填充时略带导电性（1.5TΩ·cm）
聚氯乙烯（硬质乙烯基）	−100	−N	
乳胶（天然）橡胶	−105	−N	
氟橡胶，填充	−117	−N	轻微导电（40TΩ·cm）
环氧氯丙烷橡胶，填充	−118	−N	轻微导电（250GΩ·cm）
山都平橡胶	−120	−N	
氯磺化聚乙烯橡胶，填充	−130	−N	轻微导电（30TΩ·cm）
丁基橡胶，填充	−135	−N	导电（900MΩ·cm），需很快进行测试
三元乙丙橡胶，填充	−140	−N	轻微导电（40TΩ·cm）
聚四氟乙烯	−190	−N	表面是氟原子，电负性强

注：字母 N（正常）表示对金属的电荷亲和力大致与第 2 列值一致。字母 W（弱）表示比预期弱（充电值小甚至相反）。"＋"或"−"表示极性。第 3 列中所有的极性与第 2 列中的极性不一致的情况下，它都是弱（W）效应。

　　然而，该电荷转移测量方法存在一些局限性。例如，其测量数值因受到材料表面纹理和施加压力的影响而难以预测[49]。在大约 1 个大气压（101.325kPa）以上的情况下，表面畸变引起了一些材料相对排名的变化，这些情况在此未记录。此外，导体和绝缘体的测试表明，所有导体的电荷亲和力大致相同，而这与现有的文献观点相反。然而，金属-绝缘体电荷转移极其依赖金属的表面纹理，而这一特征在绝缘体-绝缘体之间未见。金属-绝缘体的电荷转移也更加依赖于压力，其方式难以预测，因此金属-绝缘体的电荷转移并未被定量化。如果摩擦速度很慢，"慢导体"，如纸张、玻璃或某些类型的碳掺杂橡胶，它们的亲和力测得的结果却大致相同。因此，所有测试都应完成得足够迅速以避免这种效应。

3. 基于摩擦纳米发电机的测量方法

　　由于湿度[50]、表面粗糙度[51]、温度[52, 53]、力或应变[54, 55]以及实验中涉及的材料的其他力学性质等复杂因素，不同研究者在确定摩擦静电序列中材料的排名时得到了不一致的结果。通过总结现有文献可知，由于摩擦起电是一种涉及两种材料的界面-表面现象，且强烈依赖于这两个表面的接触，因此缺乏一种能够以最小的不确定性因素准确量化一般材料 TECD 的标准方法[56]。

　　基于 TENG 原理的 TECD 定量表征的原理是结合接触起电效应和静电感应效应[26, 57]。图 7.18 描述了在开路条件下（图 7.18（b）～（e））和短路条件下（图 7.18（f）～（i））的工作过程。当两个物体相互接触时，在接触区域由于接触起电的作用发生表面的电荷转移，导致一种物质在其表面获得电子，而另一种物质在其表面失去电子。由于电荷仅限于表面，具有相反符号的电荷在同一平面上重合，两电极之间没有电势差（图 7.18（b））。当聚合物和液态金属分离时（图 7.18（c）），在开路条件下没有电流流动，铜金属电极没有净电荷，而液态金属电极由于接触起电而带有正电荷。相反的摩擦电荷被分离，因此在两电极之间建立了电位差。当分离后的间隙距离升至一定高度 L（约为材料厚度的 10 倍）时，开路电压达到最大值（图 7.18（d））。当聚合物被推向靠近液态金属时（图 7.18（e）），电势差几乎消失，最终具有相反符号的电荷再次在同一平面上重合（图 7.18（b））。

　　如果两个电极通过导线短路接通（在库仑测量或安培测量下），电势差会驱动电子从一个电极流向另一个电极以平衡它们的电势差。当聚合物离开液体表面时，聚合物一侧的负表面电荷会在铜电极一侧诱导正电荷。由于铜和液态金属通过导线连接，液态金属一侧的正电荷会流入铜一侧（图 7.18（g））。当间隙距离高于 L 时，由接触起电引起的几乎所有电荷将完全转移到 Cu 电极作为摩擦电荷（图 7.18（h））（参见下面的理论估算）。当聚合物被推向液态金属时，聚合物表面的负电荷会诱导液态金属一侧的电势减小，而导致正电荷从 Cu 电极回流（图 7.18（j））。当聚合物和液态金属接触时，两种相反电荷位于同一平面，当它们完全接触后，不再有电流流动（图 7.18（g））。如以下理论模型所示，TECD 可以通过定量测量在 Cu 电极和液态金属之间传递的总电荷而得到。为简化起见，研究人员提出了一个导体-绝缘体的平行板模型。在它们物理接触后，两者的表面具有相反的静电荷，表面电荷密度为 σ_c[58]。绝缘体上的表面电荷密度固定，但在机械触发期间系统的电容会发生变化[16]，因此在 L 值较小（$L \ll 10d_1$）时，在电极之间传递的感应静电荷密度（$\sigma_1(L, t)$）是间隙距离 $L(t)$ 的函数。根据高斯定理，如果忽略边缘效应，介质和间隙中的电场强度近似为

$$E_1 = \frac{\sigma_1(L,t)}{\varepsilon_1} \tag{7.3}$$

$$E_{air} = \frac{\sigma_1(L,t) - \sigma_c}{\varepsilon_0} \tag{7.4}$$

式中，材料的介电常数为 ε_1；材料厚度为 d_1。两电极之间的电压为

$$V = \frac{\sigma_1(L,t)}{\varepsilon_1} d_1 + \frac{\sigma_1(L,t) - \sigma_c}{\varepsilon_0} L \tag{7.5}$$

在短路条件下，两电极通过导线连接，因此 $V = 0$，则

$$\sigma_1(L,t) = \frac{L\sigma_c}{\dfrac{d_1\varepsilon_0}{\varepsilon_1} + L} \tag{7.6}$$

由方程（7.6）可知，如果分离距离远大于材料的厚度，在理想情况下，电极表面自由电子的电荷密度 $\sigma_1(L, t)$ 非常接近表面电荷密度 σ_c。在测量中，$d_1 = 0.5\text{mm}$，$L = 75\text{mm}$，当 L 约为 2 时，测得的电荷密度 σ_1 为表面电荷密度 σ_c 的 99.67%。因此，测得的静电电荷密度可以代表介电体材料表面的 TECD。

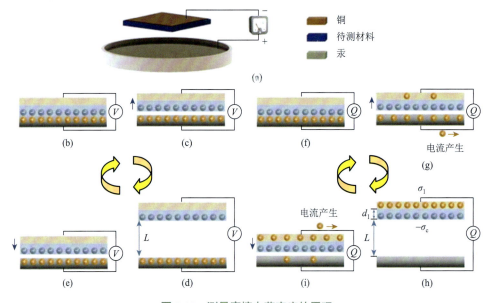

图 7.18　测量摩擦电荷密度的原理

（a）测量方法的简化模型，被测试的材料与液态金属汞接触，然后周期性地分离，电表的正极连接到汞，负极连接到铜电极。（b）～（e）开路条件下的理论模型：（b）接触起电引起材料之间的电荷转移，电荷在同一平面上重合。系统没有净电荷，因此没有电势差；（c）两电极之间产生电压，假设聚合物具有吸收电子的强大能力，当材料分离时，聚合物带负电荷，而汞带正电荷，因此两个部分之间产生电位差；（d）当间隙达到一定距离 L 时，电位达到最大值，铜电极仅受到聚合物表面电荷的电场影响；（e）当聚合物接近汞时，电压降低，因为受到两个电场的联合影响，最终当它们完全接触时，两电极之间电压为零（回到图（b））。（f）～（i）短路条件下的理论模型：（f）两种材料完全接触，没有电势差；（g）当材料分离时，聚合物表面的负电荷诱导汞中的正电荷，由于铜和汞是通过导线连接的，汞中的正电荷流入铜侧；（h）当间隙达到一定距离 L 时，几乎所有的电荷都流入铜侧，以平衡电位差；（i）当样品接近汞时，聚合物表面的负电荷诱导汞中的正电荷，正电荷从铜流向汞，直到在完全接触时在同一平面上最终被中和（回到图（f））

1）摩擦静电序列测量的配置

如图 7.19 所示，建立一个用于测量常用材料 TECD 的标准化测量系统。该系统包括支撑部分、法拉第笼、静态部分和运动部分。一个可调高度的高负载实验千斤顶支撑一个线性马达，可精确调整样品的高度位置。为了操作该系统，将运动部分安装在线性马达的电机上，而静态部分安装在一个双轴可倾斜和旋转的平台上，该平台能够调整装有汞的培养皿的水平度。线性电机支撑样品，并周期性地使样品上下移动，位移可达 75mm，以与液态金属接触和分离。线性马达的末端固定了一个微型平台光学支架，设计用于调整样品的水平度。一个亚克力片（1in×1in）固定在光学支架的底部，该绝缘体部分将样品与线性马达隔离，以避免任何可能的电荷转移到被测试的样品上。

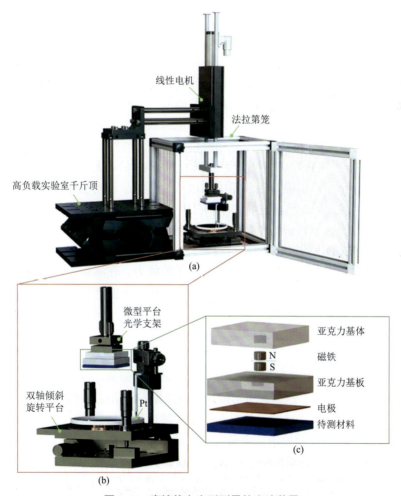

图 7.19　摩擦静电序列测量的实验装置

（a）整个测量系统设置在一个装有超高纯度氮气的手套箱中，氮气的温度、压力和湿度都是固定的，线性电机安装在一个高负载实验千斤顶上；（b）通过高负载实验千斤顶和线性电机可以精细调整样品与液态金属接触的高度，静态部分将液态金属作为电极，运动部分由测试样品组成，由线性电机控制，微型平台光学支架和双轴倾斜旋转平台都可以调整样品和液态金属的方向；（c）亚克力基座连接到线性电机的末端，在亚克力基座上嵌有一个磁铁，以吸引样品基底上嵌有的另一个磁铁，每个样品都由嵌有磁铁的亚克力基板、电极和测试材料组成

图由 Zou 等 2019[1]许可转载

测试材料均为从供应商购买的商业产品。测试材料均被切割成 38.1mm×38.1mm 的尺寸，然后通过无尘纸巾用异丙醇仔细清洁表面，并用氮气枪吹干。使用边缘尺寸为 2mm 的模板在样品上沉积 15nm 的钛和一层铜薄膜（超过 300nm）作为一个电极。设计 2mm 的边缘是为了避免当样品直接与汞接触时，金属电极与汞短路。铜电极通过嵌入亚克力板基底的屏蔽线与电表相连。被测试材料的涂层面通过液体环氧胶与亚克力基底黏合。通过使用液体胶，可以在胶处于液相时小心按压，将气泡排除，并在干燥时固定亚克力基底和被测试材料。因此，当器件与汞接触和分离时，可以避免在亚克力基底和铜之间产生任何的噪声信号。两个小磁铁被嵌入在两个亚克力片上，以便两个亚克力片在接触时可以紧密黏附。这使得更换样品变得简单方便，并且更换的样品也可以回到相同的位置进行测量。

测量噪声可能来自手套箱的交流电、光线、线性电机以及一些带电的物体。为了控制噪声对测量数据准确性的影响，样品的测试都在连接到地线的法拉第笼中进行。屏蔽线被用作连接线，以屏蔽来自环境的电场。线性电机的各部分与任何可能带电的其他物体一起连接到地线，以消除干扰。因此，噪声实际上已经降低到了一个较低的值。测量系统设置在手套箱中，以便可以很好地控制环境条件。由于气体的电离将大量消耗由接触起电引起的电荷，手套箱内充满了超高纯度的氮气（99.999%）。根据帕邢定律，氮气的放电电位最高，这可以防止两种材料之间的电弧放电。手套箱可以很好地控制测量环境中的温度，将其保持在（20±1）℃，同时将压力固定为约 1 个大气压，附加的 H_2O 高度为 1~1.5in，露点≤−46℃（相对湿度（RH）为 0.43%）。无水氯化钙和五氧化二磷粉末被放置在两个盘子中，以吸收手套箱中的水蒸气。样品表面也可能有一些水蒸气，这会导致测量误差。因此，在测量之前，样品在手套箱中放置过夜以消除样品表面的水分。

在接触起电过程中，转移的电荷作为摩擦电荷而被测出，通过摩擦电荷除以接触表面积可计算得到 TECD。通过将被测试材料与液态汞接触而测量得到不同摩擦电荷密度，表明在接触起电过程中，材料有不同的接收电子的能力。在测量前，不同的样品可能带有初始表面电荷，测量之前的样品清理过程也会在样品表面产生初始电荷。为了消除样品表面初始电荷的影响，每个样品都运行至达到饱和状态，并在测量值达到稳定状态（经过百次循环后无明显变化）后记录结果。

2）聚合物的测量

表 7.3 的摩擦静电序列总结了超过 50 种材料的测量结果，同一材料都测量至少三个稳定的测试样品，记录该组数据的平均值和偏差数据。测量过程中，会将数据反复验证，舍弃测量偏差大的样品。当被测试材料在与汞接触后带负电荷时，测得的电荷密度记录为负值；当材料在与汞接触后带正电荷时，记录为正值。PTFE 在 TENG 器件中广泛使用，因此可以将 0.02in（约 0.5mm）厚度的 PTFE 的 TECD 视为参考 TECD。然后，在表 7.3 中列出所测材料的归一化摩擦电荷密度 $\alpha = \dfrac{\sigma}{|\sigma_{PTFE}|}$。对于 $\alpha < 0$ 的材料，该材料比参考的液态汞更负；如果 $0 < \alpha < 1$，则该材料比参考的液态汞更正，但比 PTFE 更正；如果 $\alpha > 1$，则该材料比 PTFE 更负。在列表排序中，距离较远的材料在摩擦时会产生更多的电荷，而序列中彼此相邻的材料可能交换的电荷较少；排在摩擦静电序列中前列（TECD更负）与后面的材料（TECD 更偏向正）发生摩擦，表面将带上负电荷。

表 7.3　材料的摩擦静电序列及其 TECD[1]

材料	平均 TECD/(μC/m^2)	STDEV	α
耐化学腐蚀的 Viton®氟橡胶	−148.20	2.63	−1.31
乙缩醛	−143.33	2.48	−1.27
阻燃 Garolite	−142.76	1.49	−1.26
Garolite G-10	−139.89	1.31	−1.24
透明纤维素	−133.30	2.28	−1.18
透明聚氯乙烯	−117.53	1.31	−1.04
聚四氟乙烯（PTFE）	−113.06	1.14	−1.00
尼龙 66（天然级）	−111.51	2.16	−0.99
耐磨聚氨酯橡胶	−109.22	0.86	−0.97
丙烯腈-丁二烯-苯乙烯	−108.07	0.50	−0.96
透明聚碳酸酯（光面）	−104.63	1.79	−0.93
聚苯乙烯	−103.48	2.48	−0.92
Ultem 聚醚酰亚胺	−102.91	2.16	−0.91
涤纶织物（平纹）	−101.48	1.49	−0.90
易于加工的电绝缘石墨	−100.33	1.79	−0.89
食品级高温硅橡胶	−94.03	0.99	−0.83
DuraLar 聚酯薄膜	−89.44	0.86	−0.79
聚偏二氟乙烯	−87.35	2.06	−0.77
聚醚醚酮	−76.25	1.99	−0.67
聚乙烯	−71.20	1.71	−0.63
高温硅橡胶	−69.95	0.50	−0.62
耐磨 Garolite	−68.51	1.99	−0.61
低密度聚乙烯	−67.94	1.49	−0.60
高抗冲聚苯乙烯	−67.37	1.79	−0.60
聚乙烯	−64.61	1.51	−0.57
高密度聚乙烯	−59.91	1.79	−0.53
耐候性三元乙丙橡胶	−53.61	0.99	−0.47
皮条（光滑）	−52.75	1.31	−0.47
注油铸造尼龙 6	−49.59	0.99	−0.44
透明浇铸丙烯酸树脂	−48.73	1.31	−0.43
硅胶	−47.30	1.49	−0.42
氟化乙烯丙烯	−42.71	1.79	−0.38
耐磨 SBR 橡胶	−40.13	1.31	−0.35
柔性皮条（光滑）	−34.40	0.86	−0.30
聚苯硫醚	−31.82	0.86	−0.28

续表

材料	平均 TECD/$(\mu C/m^2)$	STDEV	α
壬基聚苯醚	−31.82	0.86	−0.28
猪皮（光滑）	−30.10	0.86	−0.27
聚丙烯	−27.23	1.31	−0.24
光滑尼龙 66	−26.09	0.50	−0.23
耐候性和耐化学性山都平橡胶	−25.23	0.50	−0.22
耐化学和蒸汽的 Aflas 橡胶	−22.65	1.31	−0.20
聚砜	−18.92	0.86	−0.17
复印纸	−18.35	0.50	−0.16
单体浇铸尼龙 6	−18.35	0.99	−0.16
耐化学腐蚀和低温氟硅橡胶	−18.06	0.86	−0.16
Delrin®缩醛树脂	−14.91	0.50	−0.13
木材（船用胶合板）	−14.05	0.99	−0.12
耐磨光滑的 Garolite	−11.47	0.50	−0.10
超强拉伸性和耐磨性的天然橡胶	−10.61	0.50	−0.09
耐油丁腈橡胶	2.49	0.23	0.02
食品级耐油丁腈橡胶/乙烯基橡胶	2.95	0.13	0.03

注：STDEV 是标准差；α 指被测试材料的测量摩擦电荷密度与参考材料的测量摩擦电荷密度绝对值之比。

3）无机非金属材料的测量

通过以上讨论的通用方法，对各种材料在严格受控环境中的 TECD 进行标准化的评估，提供了一种新的材料"基因"。测试材料与具有形状适应性的液态金属之间的固液接触可以实现更准确的测量。基于测得的 TECD，还构建了非金属材料的定量摩擦静电序列（图 1.10，表 7.4）。归一化的 TECD 揭示了材料在接触起电后获取或失去电子的能力。这里提供的定量摩擦静电序列和标准评估方法发展了能够获取、表示和发现材料基本性质的标准和技术，这将为进一步应用和相关基础研究（例如，评估材料数据、模型和模拟）奠定基础，为能量收集、传感器和人机界面的材料基因项目提供强有力的支持。

4）二维层状材料的测量

Zou 等[24]和 Seol 等[25]研究了二维层状材料的摩擦静电序列。为了表征该序列中二维材料的摩擦电荷，研究人员使用了二维材料和尼龙作为两个摩擦层，因为尼龙在摩擦静电序列中被认为是正材料，而所使用的所有二维材料都表现出负的摩擦电荷。这些二维薄膜通过在过滤之前控制分散液的浓度，制备了相似厚度约为 200nm 的薄膜。

基于摩擦纳米发电机的概念，研究了各种二维层状材料的摩擦起电行为，如 MoS_2、$MoSe_2$、WS_2、WSe_2、石墨烯和氧化石墨烯。根据相应 TENG 的最大输出电压和电流，可以将二维材料的顺序列为 $MoSe_2$、GR、GO、WSe_2 和 WS_2。

表 7.4　无机非金属材料的摩擦静电序列及其 TECD[24]

材料	平均 TECD/$(\mu C/m^2)$	STDEV	α
云母	61.80	1.63	0.547
浮法玻璃	40.20	0.85	0.356
硼硅酸盐玻璃	38.63	1.18	0.342
BeO	9.06	0.21	0.080
PZT-5	8.82	0.16	0.078
$MgSiO_3$	2.72	0.07	0.024
$CaSiO_3$	2.38	0.15	0.021
$Bi_4Ti_3O_{12}$	2.02	0.21	0.018
$Bi_{0.5}Na_{0.5}TiO_3$	1.76	0.05	0.016
$NiFe_2O_4$	1.75	0.07	0.0155
$Ba_{0.65}Sr_{0.35}TiO_3$	1.28	0.11	0.011
$BaTiO_3$	1.27	0.08	0.0112
PZT-4	1.24	0.12	0.011
ZnO	0.86	0.04	0.008
NiO	0.53	0.05	0.005
SnO_2	0.46	0.02	0.004
$CaTiO_3$	0.31	0.07	0.003
SiC	0.24	0.02	0.002
ZrO_2	0.09	0.07	0.001
Cr_2O_3	0.02	0.01	0.00013
Fe_2O_3	0.00	0.02	0.000
Al_2O_3	−1.58	0.14	−0.014
TiO_2	−6.41	0.18	−0.057
AlN	−13.24	1.35	−0.117
BN	−16.90	0.97	−0.149
高透明度超高温玻璃陶瓷	−39.95	2.04	−0.353
超高温石英玻璃	−62.66	0.47	−0.554

注：STDEV 是标准差；α 指被测试材料的测量摩擦电荷密度与参考材料（PTFE）的测量摩擦电荷密度绝对值之比。

7.4　机　　理

摩擦起电（或接触起电）的机制多年来一直存在争议，提出的机制包括电子转移、离子转移或材料的种类转移等。基于 KPFM 和 TENG 的研究表明，在固体与固体之间，电子转移是摩擦起电的主导机制。功函数模型可用于解释金属与绝缘体之间的电子转移。表面态模型可用于解释两个绝缘体之间的电子转移。对于一般情况，由于任何材料都会发生摩擦起电，Wang 提出了一个通用模型，其中电子转移是由两个原子之间的强电子云重叠引起的，通过缩短键长来降低原子间的势垒。基于这个模型，研究人员研究了温度和光激发对摩擦起电的影响。这个模型可以进一步扩展到液体-固体、液体-液体，甚至气体-液体界面的情况。

标准测量定量化了各种材料的摩擦电荷密度，所得的值仅取决于材料。但是，仍存在一些问题需进行系统研究，例如：为什么不同材料转移的电荷量不同；为什么在与同一种材料接触和分离后，一些材料变为正电性，而其他材料变为负电性；在与不同材料接触时电荷的极性为什么会发生改变。

为了解决这些问题，量子力学跃迁模型被提出用于解释无机非金属材料的接触起电。

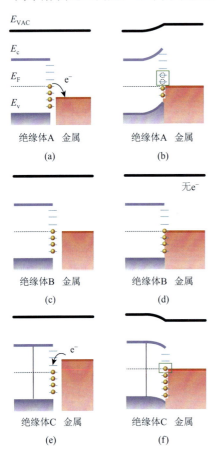

图 7.20 绝缘体与金属之间接触起电的电子量子跃迁模型

（a）当将绝缘体 A 与金属接触时，表面态上的一些电子流入金属以寻求最低的能态；（b）能带弯曲以对齐费米能级，大多数在平衡费米能级以上的表面能态的电子流入金属，留下相等数量的空穴在表面（如绿框所示），因此由于电子流失，最初中性的绝缘体 A 在表面带正电；（c）（d）当绝缘体 B 与金属接触时，费米能级平衡，表面能态相等，两种材料之间没有量子跃迁；（e）当绝缘体 C 与金属接触时，金属表面的电子流入绝缘体 C 以寻求最低的能态；（f）能带移位以对齐费米能级，由于能级差异，电子从金属流入绝缘体 C 以填充空的表面能态（如绿框所示），因此最初中性的绝缘体 C 在表面带负电，因为它获得了电子
经 Zou 等 2020[24]许可转载

假设材料 A 的费米能级高于金属的费米能级。在界面处，周期势能函数的破坏导致在带隙内允许的电能态分布，形成表面态，如图 7.20（a）以及块状材料中的离散能量状态所示。当该材料与金属亲密接触时，费米能级必须对齐（图 7.20（b）），这将导致能带弯曲和表面态的移动。通常情况下，如果温度相对较低，费米能级以下的能级将被电子填充，而费米能级以上的能级大多为空。因此，在费米能级以上的表面态中的电子将流入金属，这会在材料 A 的表面生成相等数量的空穴，使得最初中性的材料 A 因失去电子而带正电，而金属带负电。从半导体或绝缘体流向金属的电子主要来自表面能态。如果两种材料（B 和金属）的功函数相等，则几乎不会发生电子转移（图 7.20（c）、（d）），因此不会发生电荷分离。当被测试材料 C 的功函数低于金属的功函数时（图 7.20（e）），费米能级趋向平齐，表面态向下移动，从而电子反向流动，从金属流向材料 C 的空表面态，以达到对齐的费米能级（图 7.20（f））。因此，被测试材料将带负电荷，金属则带正电荷。

如果两种材料的功函数差异较大，就会有许多允许电子跃迁的离散表面态能级，表面在接触或摩擦后能携带更多电荷。如果差异较小，电子跃迁的离散表面态较少，因此表面将带有较少的电荷。表面电荷密度可以通过与不同材料的接触而改变，这是由不同功函数水平引起的。同时，表面电荷的极性也可以改变，因为它们有不同的电子跃迁方向。

值得注意的是，尽管前面提到的表面态

模型可以用来解释金属-半导体和金属-绝缘体的接触起电机制，但在解释金属-聚合物和聚合物-聚合物的接触起电时仍然存在一些困难。原因在于表面态模型源自半导体的能带结构理论，而这对聚合物和非晶态材料来说并非如此。为了解决这个问题，研究人员提出了一种基于基本电子云相互作用的电子云势阱模型，以解释一般材料所有类型的接触起电现象[22]。其中，电子云是由空间定位在特定原子或分子内的电子形成的，并占据特定的原子或分子轨道。一个原子可以用一个势阱来表示，在势阱中，外层电子被松散地束缚在一起，形成原子或分子的电子云。如果 E_A 和 E_B 分别是材料 A 和 B 原子中电子的已占据能级，E_1 和 E_2 分别是电子从材料 A 和材料 B 表面逃逸所需的势能，那么 E_A 和 E_B 分别小于 E_1 和 E_2。在两种材料接触之前（距离较远），由于势阱的局部捕获效应，电子无法进行传输。当材料 A 与材料 B 接触时，由于物理接触引入的两种材料之间的"屏蔽"作用，电子云重叠，初始的单一势阱变成不对称的双势阱，然后电子可以从材料 A 的原子跳到材料 B 的原子。在一定程度上，这种不对称的双势阱类似于 OH 和 H 之间氢键初始形成的电位曲线[59]或 NHN+ 系统中质子运动的电位曲线[60]。在材料 A 和材料 B 分离后，由于材料 B 中存在能量壁垒 E_2，如果温度不太高，大多数转移到材料 B 的电子将被保留。因此，接触起电导致了带正电的材料 A 和带负电的材料 B。当温度升高时，随着 kT 的增加，电子能量的波动变得越来越大。因此，电子更容易从势阱中跳出，它们要么返回原来材料的原子中，要么发散到空气中。这个模型进一步阐明了为什么由于具有对所有类型材料都存在的势垒，接触起电生成的电子能够得以保持。在提出的模型中，电子转移主导了接触起电过程，并且与此同时进行的离子转移或材料转移可能也会发生，但这只是一个次要的过程。为了进一步验证这一模型，研究人员制备了 SiO_2-Al_2O_3 TENG，用于研究绝缘体和绝缘体之间的接触起电。测量和模拟得到的 SiO_2-Al_2O_3 TENG 的转移电荷作为时间的函数在 443～563K 的变化与电子热发射方程一致。

　　使用 TENG 的输出表征的实时电荷转移，揭示了电子转移是接触起电的主导机制。在高温下，对于不同的 TENG，电荷转移遵循指数衰减规律，这与电子热发射理论一致。基于电子发射为主导的电荷转移机制的电子云势阱模型的提出，用于理解所有类型材料的 CE，这对于聚合物材料和非晶态材料更为适用。

7.5　固体材料摩擦电荷密度的改进

　　材料的摩擦电荷密度决定了 TENG 的性能，因此提高摩擦电荷密度是实现 TENG 高性能的主要途径。目前已经提出了多种策略来增加摩擦电荷密度[61]，包括表面工程、表面化学修饰、电荷注入、捕获和引入复合材料。相反，这些方法也可以用于故意减少摩擦电荷来避免静电放电和/或静电吸引产生的危害。本节将讨论改变材料摩擦电荷密度的方法。

7.5.1　表面工程

　　已有报道表明，制备微米或纳米尺度的表面结构可以增加接触面积。到目前为止，已经报道了多种增加输出功率的策略，包括制备微米或纳米尺度的表面结构以提高接触面积[62]，以及表面化学修饰以增加表面电荷密度或促进摩擦电荷转移。直接扩大接触表面积可以提高产生的摩擦电荷总数。特别是引入诸如纳米线（nanowires，NW）[63]、纳米颗粒[64]或其他纳米尺度图案的形貌已广泛应用于提高摩擦起电材料的表面积，以增加携带电荷的位点。

由弹性模具[65]（软刻蚀术）制备的微结构可用于构建能量收集器件。如图 7.21（a）所示，柔性液体或固体材料用于覆盖预先图案化的模板或模具，然后通过特定的外部处理（如辐射和加热）将其固化，最后与模板或模具分离[66]（图 7.21）。

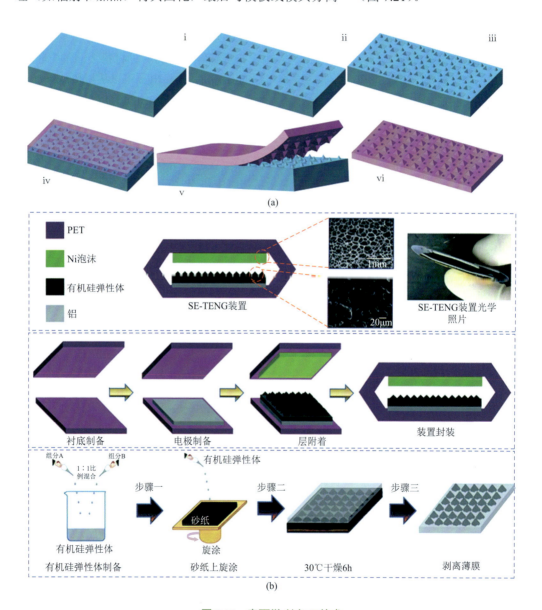

图 7.21 表面微/纳加工技术

（a）软刻蚀技术的流程（经 Zhang 等[66]2015 许可转载）；（b）SE-TENG 装置的示意图和制备图（经 Vivekananthan 等 2020[67] 许可转载）

软刻蚀的方法应用于在硅橡胶弹性膜上制造微观粗糙度来作为单电极模式(SE)-TENG 制备中的有源层[67]，制备过程如图 7.21（b）所示。三种形式的 Al、Cu 和 Ni 泡沫被用作正电极，由于 Ni 基的多孔性优于 Al 和 Cu，基于 Ni 基的 SE-TENG 具有最高的电压和电流值，分别为 370V 和 6.1μA，并在 1GΩ 的电阻负载下实现最大的面功率密度为 17mW/m²。SE-TENG 在运行了 2000s 后依然保持着均匀的峰形图案，表明该装置可以在稳定的输出下长时间工作。

为了增加 Al/PDMS-TENG 的接触表面积，Chung 等[68]提出了一种新的重叠微针（overlapped microneedles，OL-MN）阵列形貌，如图 7.22（a）所示。基于微针密度的 TENG 采用了低密度（LD-MN-TENG）和高密度（HD-MN-TENG）分离排列的微针作为参考，用于与 OL-MN-TENG 进行比较。与 LD-MN-TENG 和 HD-MN-TENG 相比，OL-MN-TENG 表现出更好的性能，OL-MN-TENG 的 V_{OC} 和 I_{SC} 分别为 123V 和 109.7μA。通过氩气等离子体对 PDMS 表面进行刻蚀，引入表面的微结构（图 7.22（b））[69]。通过改变参数（如处理时间和等离子体功率），表面可以具有不同的粗糙度特性。当功率为 60W 时，随着刻蚀时间的延长，V_{OC} 和 I_{SC} 最初呈上升趋势，但在更高功率（如 90W 和 120W）下则开始下降。等离子体处理光滑表面的 TENG 输出性能比未处理的提高了 2.6 倍。然而，输出性能会随时间有显著的退化，在 3 个月后降至原始性能的约 2/3，这可能归因于 PDMS 疏水性的恢复。

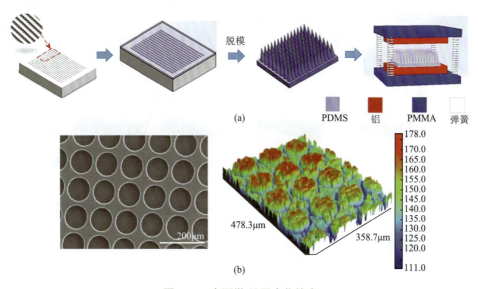

图 7.22　表面微/纳图案化技术

（a）重叠微针排列 PDMS 的制备和 Al/PDMS MN-TENG 的组装示意图（经 Chung 等[68]2020 许可转载）；（b）等离子体处理前图案化 PDMS 的 SEM 图像和等离子体处理后图案化 PDMS 薄膜的表面形貌图（经 Cheng 等 2017[69]许可转载）

7.5.2　表面化学修饰

通过表面化学修饰，可以在接触层之间实现摩擦起电极性的显著差异，这是因为接触电荷的驱动力与材料两个表面之间的功函数和表面态密切相关。有机聚合物材料的功函数和表面态直接与其官能团相关，并且可以通过表面暴露的官能团进行调控[70, 71]。由于大多数电子亲和力强的聚合物包含具有强电子亲和力的官能团，如氟基（—F），因此通过化学修饰在聚合物表面引入额外的—F 被认为是增加电荷密度的一种途径[72]。

Shin 等[73]通过使用一系列卤素和胺类化合物进行原子级别的化学官能团化，在单个材料（如 PET）上获得了广泛的摩擦静电序列。表面官能团的化学结构在保持其他组分恒定时变化。通过研究对应的 TENG 性能，探索了在化学官能团化表面上的摩擦起电过程的机制。用卤素末端对 PET 表面进行官能团化会引入负摩擦电性，而采用胺类分子进行表面官能团化则引入了正摩擦电性（图 7.23）。值得注意的是，用三乙氧基（4-氯苯乙基）硅烷进行官能团化的表面被测量为摩擦电性最负，而支化聚乙烯亚胺则为最正。这项研究表明，通过简单的表面化学官能团化，可以在材料上引入各种官能团，从而创建具有精细可调摩擦起电性质的 TENG 材料。

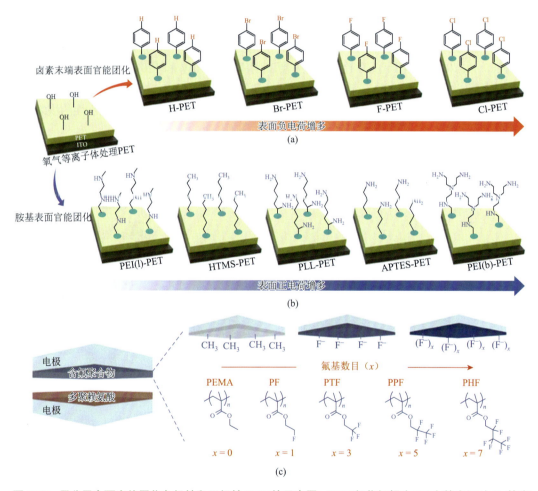

图 7.23 用分子表面官能团化负极性和正极性 PET 的示意图，PET/氧化铟锡（ITO）基底经过 O₂ 等离子体处理来形成具有羟基（—OH）的 PET 表面，用于与目标分子进行强氢键结合

（a）PET 表面用卤素（Br、F 和 Cl）端苯基衍生物官能团化，形成带负电荷的表面；（b）胺基分子，如线性聚乙烯亚胺（PEI（l））、己基三甲氧基硅烷（HTMS）、聚-L-赖氨酸（PLL）、3-氨基丙基三甲氧基硅烷（APTES）和支化聚乙烯亚胺（PEI（b））在 O₂ 等离子体处理过的 PET 表面上官能团化（Shin 等 2017[73]许可转载）；（c）基于含不同氟单元的氟化聚合物的 TENG 示意图（经 Kim 等 2018[74]许可转载）

　　氟化聚合物薄膜的分子结构与其摩擦电输出性能、相对介电常数和摩擦电极性的关系已被研究[25]。通过可逆加成-断裂链转移聚合反应，合成了具有可控氟单元和可控摩尔质量（M_w）的聚合物。图 7.23（c）展示了使用具有不同氟单元和 PLL 的氟化聚合物的 TENG 装置，不含氟单元的聚甲基丙烯酸乙酯（PEMA）氟化聚合物用作参考聚合物。结果显示了氟化聚合物的分子链结构、M_w 和与摩擦电输出性能密切相关的合成条件之间的关系。随着氟单元数目从 0 增加到 3，聚合物的介电常数增加，具有三个氟单元和 M_w 约为 20kg/mol 的氟化聚合物表现出比其他氟化聚合物更好的摩擦电输出性能。

7.5.3　电荷注入

　　电荷注入是增强摩擦表面电荷的有效途径。通过电荷注入或捕获在接触材料表面传输的巨量摩擦电荷可以产生强大的驱动力，从而提高摩擦能量收集器的输出性能。图 7.24 给出了一种将单极性带电粒子/离子注入静电体表面的过程，用于提高 TENG 的输出性能[75]。基于空气放电的原理（图 7.24（a）），可以通过空气电离枪将电荷注入摩擦材料的表面。当阴离子（如 CO_3^{2-}、NO_3^-、NO_2^-、O_3^- 和 O_2^-）被注入氟化乙烯丙烯表面时，TENG 的输出提高了 25 倍。通过多次重复的离子注入过程，由于空气击穿的限制，TENG 的表面电荷密度会达到最大值。

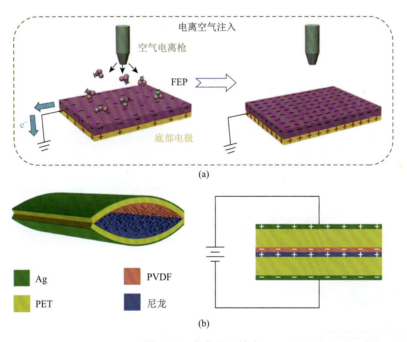

图 7.24　电荷注入技术

（a）在 FEP 薄膜上进行离子注入的过程[75]；（b）TENG 和用于电荷注入的设备的示意图（经 Wang 等 2014[76]许可转载）

　　电介质击穿现象也可以作为一种电荷注入的方法[76]，在尼龙和 PVDF 薄膜之间会发生空气击穿（图 7.24（b）），由于外部电场的方向作用，电离的正电荷和负电荷会转移到表面，从而提高 TENG 的输出性能。通过引入纳米结构，电荷密度提高了 48%，而电荷注入提高了 53%。开路电压 V_{OC} 和短路电流密度分别达到 1008V 和 32.1mA/m^2。

7.5.4 电荷捕获

捕获位点抑制了摩擦电荷在摩擦材料内部的损失，从而可能会增加 TENG 的输出[77]。一些报道利用 GO 片作为电荷捕获位点以提高 TENG 的输出。已有工作提出了一种由静电纺丝 PVDF 和聚（3-羟基丁酸酯-3-羟基戊酸酯）（PHBV）纳米纤维制成的书形 TENG，其中 PVDF 纳米纤维中分散的 GO 充当电荷捕获位点（图 7.25（a））[78]。通过引入 GO 片，提高了 PVDF 纳米纤维的电荷存储能力，从而增加了 TENG 的输出性能。开路电压和短路电流分别可达 340V 和 78μA。据报道，引入到 TENG 中的液相剥离的二维单层 MoS$_2$ 可以作为摩擦电的电子受体，其层状 MoS$_2$ 及其复合材料具有适当的能级，并伴随量子限域效应，这表明它们是有前景的电荷捕获材料[79, 80]。带有 MoS$_2$ 的 TENG 的功率密度可达 25.7W/m^2，比没有 MoS$_2$ 的 TENG 高 120 倍。这一显著的输出改善可能归因于单层 MoS$_2$ 高效的电子捕获能力。

Cui 等[72]研究了摩擦层中摩擦电荷的储存机制，并讨论了在电荷储存过程中载流子迁移和浓度的作用。他们用 PVDF 作为负摩擦层，与 PS 和碳纳米管（carbon nanotube，CNT）组成的复合结构制备了一个简单的 TENG（图 7.25（b））。复合结构嵌入摩擦层中调整了摩擦电荷的深度分布，因此，与纯 PVDF 摩擦层相比，摩擦电荷密度提高了 11.2 倍。

Wu 等[81]在 PI 平面薄膜摩擦层中引入了电子陷阱（图 7.25（c））来提高 TENG 的输出，通过还原 GO（rGO），采用具有 sp^2 和 sp^3 杂化碳原子的六角形碳网络来在摩擦层上捕获电子。与不含 rGO 的 TENG 相比，rGO 基的 TENG 功率密度提高了 30 倍。

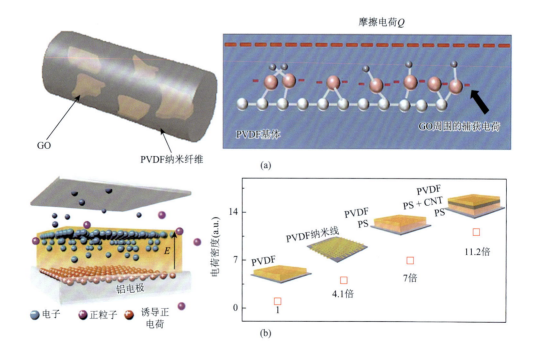

(a)

(b)

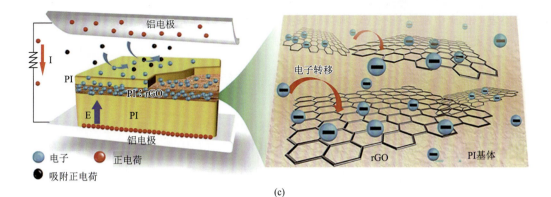

(c)

图 7.25　用于提高 TENG 表面电荷密度的电荷捕获技术

（a）GO 在纳米纤维上的分布以及 GO 片表面的储存电荷（经 Huang 等 2015[78]许可转载）；（b）TENG 负摩擦层中摩擦电子传输过程的示意图和不同复合摩擦层结构的改善效果（经 Cui 等 2016[72]许可转载）；（c）具有 PI：rGO 薄膜的垂直 CS-TENG 的示意图，以及电子从聚酰亚胺（PI）层转移到 rGO 片的示意图（经 Wu 等 2017[81]许可转载）

7.5.5　复合材料

许多研究主要集中在将聚合物与纳米结构的陶瓷或金属材料（如纳米纤维、纳米线、纳米片和纳米颗粒）耦合，形成用于 TENG 的复合薄膜的复合摩擦材料。结果表明，这些 TENG 实现了输出的提高。通过纳米颗粒（如 $BaTiO_3$、Ag）[82]改变摩擦材料的介电性质，摩擦电荷显著增加，这归因于该策略提高了摩擦材料的电荷捕获能力和表面电荷密度。

通过表面引发原位原子转移自由基聚合合成的核-壳 $PMMA@BaTiO_3$ 纳米线[83]。PMMA 层在纳米复合材料中形成 $BaTiO_3$ 纳米线与聚合物基体之间的强界面。在 PVDF-TrFE 中 $BaTiO_3$ 的改进分散和表面应力协同增强了压电输出。Shao 等[84]将 $BaTiO_3$ 颗粒引入基于细菌纤维素膜的 TENG。膜的介电常数和表面积同时提高，分别促使开路电压和短路电流增加了 150% 和 210%。13.5%$BaTiO_3$ 嵌入的 TENG 显示 V_{OC} 约为 181V，I_{SC} 为 21μA，在与串联电阻连接时，实现了 $4.8W/m^2$ 的峰值功率密度。

制备了具有导电中间层的多层铁电纳米复合材料并用于 TENG 器件[85]。通过铁电性和导电性结合以提高 TENG 的输出性能，并用 Al 包覆的电纺尼龙 6 纳米纤维作为正摩擦材料。优化后的 TENG 功率密度可从 $0.11W/m^2$ 提高到 $7.21W/m^2$。

PS 微球增加了摩擦层（PVDF-TrFE）的接触面积，并且由于充电体在异质系统界面的积聚而导致的 Maxwell-Wagner-Sillars 极化改善了介电常数，因为填料和基体之间的导电性不同。此外，十六烷基三甲基溴化铵的带正电氨基团被嫁接在 PS 微球上。改性的 TENG 表现出比原始 PVDF-TrFE TENG 更好的输出性能。在 5Hz 和 50N 周期力下，实现了接近 $8W/m^2$ 的最大输出功率密度。

在 TENG 中引入复合材料可以调制摩擦电荷密度，但原因是复杂的。通过这种方法，材料的表面形态、功函数、表面态以及材料的化学、物理和力学性质都将变化。一些研究声称介电常数的变化与电学输出的变化之间存在一定的相关性。但值得注意的是，实验结果表明，介电常数并不决定测得的摩擦电荷密度[24]，也不决定摩擦静电序列中的位置[27]，详见 2.3 节。

7.6 总 结

摩擦起电效应是一种众所周知的在所有材料中发生的效应。因此，对摩擦起电材料的特性进行表征至关重要；然而，由于摩擦起电效应受环境因素和测量条件的影响很大，在测量上仍然具有挑战。研究人员提出了各种方法来定性和定量地测量摩擦静电序列，并已建立了一个通用的标准方法来量化摩擦静电序列，定义了 TECD 以揭示材料在接触起电后获得或失去电子的能力。这里提供的量化摩擦静电序列和标准评估方法对标准和技术的发展有着促进作用，使得研究者能够获取、表示和发现材料的基本性质，这可以为进一步的应用和相关的基础研究（如对材料数据、模型和模拟的评估）奠定基础，从而支持能量收集、传感器和人机界面应用的材料基因组计划。此外，这也可作为研究 TE 和接触起电等相关机制的基本数据来源，以及许多实际应用（如能量收集和自供电传感等）的教材标准。该研究验证了电子转移是固体接触起电的起源，而固体之间的接触起电是电子在表面态之间跃迁的宏观量子力学跃迁效应。接触起电的驱动力是电子倾向于填充最低可用的表面态。同时，可以通过计算功函数的方式粗略估算和比较摩擦起电的输出，并通过多种方法改变材料的功函数来进行调整。

参 考 文 献

[1]　Zou H Y，Zhang Y，Guo L T，et al. Quantifying the triboelectric series[J]. Nature Communications，2019，10：1427.

[2]　Jiang T，Pang H，An J，et al. Robust swing-structured tribo-electric nanogenerator for efficient blue energy harvesting[J]. Advanced Energy Materials，2020，10：2000064.

[3]　Lin Z M，Zhang B B，Guo H Y，et al. Super-robust and frequency-multiplied triboelectric nanogenerator for efficient harvesting water and wind energy[J]. Nano Energy，2019，64：103908.

[4]　Lin Z，Zhang B，Zou H，et al. Rationally designed rotation triboelectric nanogenerators with much extended lifetime and durability [J]. Nano Energy，2020，68：104378.

[5]　Zhang R Y，Dahlström C，Zou H Y，et al. Cellulose-based fully green triboelectric nanogenerators with output power density of 300 W m^{-2}[J]. Advanced Materials，2020，32（38）：e2002824.

[6]　Dong K，Wu Z Y，Deng J N，et al. A stretchable yarn embedded triboelectric nanogenerator as electronic skin for biomechanical energy harvesting and multifunctional pressure sensing[J]. Advanced Materials，2018，30（43）：e1804944.

[7]　Dong K，Deng J N，Zi Y L，et al. 3D orthogonal woven triboelectric nanogenerator for effective biomechanical energy harvesting and as self-powered active motion sensors[J]. Advanced Materials，2017，29（38）：1702648.

[8]　Wang P H，Pan L，Wang J Y，et al. An ultra-low-friction triboelectric-electromagnetic hybrid nanogenerator for rotation energy harvesting and self-powered wind speed sensor[J]. ACS Nano，2018，12（9）：9433-9440.

[9]　He X，Zou H Y，Geng Z S，et al. A hierarchically nanostructured cellulose fiber-based triboelectric nanogenerator for self-powered healthcare products[J]. Advanced Functional Materials，2018，28（45）：1805540.

[10]　He X，Zi Y L，Yu H，et al. An ultrathin paper-based self-powered system for portable electronics and wireless human-machine interaction[J]. Nano Energy，2017，39：328-336.

[11]　Ding W B，Wu C S，Zi Y L，et al. Self-powered wireless optical transmission of mechanical agitation signals[J]. Nano Energy，2018，47：566-572.

[12]　Dong K，Wang Y C，Deng J N，et al. A highly stretchable and washable all-yarn-based self-charging knitting power textile composed of fiber triboelectric nanogenerators and supercapacitors[J]. ACS Nano，2017，11（9）：9490-9499.

[13]　Lu X，Xuan J，Leung D Y C，et al. A switchable pH-differential unitized regenerative fuel cell with high performance[J]. Journal of Power Sources，2016，314：76-84.

[14]　Zou H Y，Chen J，Fang Y N，et al. A dual-electrolyte based air-breathing regenerative microfluidic fuel cell with 1.76V open-circuit-voltage and 0.74V water-splitting voltage[J]. Nano Energy，2016，27：619-626.

[15]　Zou H Y，Gratz E，Apelian D，et al. A novel method to recycle mixed cathode materials for lithium ion batteries[J]. Green Chemistry，2013，15（5）：1183-1191.

[16]　Liu R Y，Wang J，Sun T，et al. Silicon nanowire/polymer hybrid solar cell-supercapacitor: A self-charging power unit with a total efficiency of 10.5%[J]. Nano Letters，2017，17（7）：4240-4247.

[17]　Liu R Y，Liu Y Q，Zou H Y，et al. Integrated solar capacitors for energy conversion and storage[J]. Nano Research，2017，10（5）：1545-1559.

[18]　Chen J，Oh S K，Zou H Y，et al. High-output lead-free flexible piezoelectric generator using single-crystalline GaN thin film[J]. ACS Applied Materials & Interfaces，2018，10（15）：12839-12846.

[19]　Luo J J，Wang Z L. Recent progress of triboelectric nanogenerators: From fundamental theory to practical applications[J]. EcoMat，2020，2（4）：e12059.

[20]　Min G B，Xu Y，Cochran P，et al. Origin of the contact force-dependent response of triboelectric nanogenerators[J]. Nano Energy，2021，83：105829.

[21]　Li S M，Zhou Y S，Zi Y L，et al. Excluding contact electrification in surface potential measurement using Kelvin probe force microscopy[J]. ACS Nano，2016，10（2）：2528-2535.

[22]　Wang Z L，Wang A C. On the origin of contact-electrification[J]. Materials Today，2019，30：34-51.

[23]　Zou H Y，Guo L T，Xue H，et al. Quantifying and understanding the triboelectric series of inorganic non-metallic materials[J]. Nature Communications，2020，11（1）：2093.

[24]　Zou H Y，Guo L T，Xue H，et al. Quantifying and understanding the triboelectric series of inorganic non-metallic materials[J]. Nature Communications，2020，11（1）：2093.

[25]　Seol M，Kim S，Cho Y，et al. Triboelectric series of 2D layered materials[J]. Advanced Materials，2018，30（39）：e1801210.

[26]　Niu S M，Wang S H，Lin L，et al. Theoretical study of contact-mode triboelectric nanogenerators as an effective power source[J]. Energy & Environmental Science，2013，6（12）：3576-3583.

[27]　Henniker J. Triboelectricity in polymers[J]. Nature，1962，196（4853）：474.

[28]　Van Ostenburg D O，Montgomery D J. Charge transfer upon contact between metals and insulators[J]. Textile Research Journal，1958，28（1）：22-31.

[29]　Park S J，Seol M L，Jeon S B，et al. Surface engineering of triboelectric nanogenerator with an electrodeposited gold nanoflower structure[J]. Scientific Reports，2015，5：13866.

[30]　Wang S H，Lin L，Wang Z L. Nanoscale triboelectric-effect-enabled energy conversion for sustainably powering portable electronics[J]. Nano Letters，2012，12（12）：6339-6346.

[31]　Lee J H，Hinchet R，Kim S K，et al. Shape memory polymer-based self-healing triboelectric nanogenerator[J]. Energy & Environmental Science，2015，8（12）：3605-3613.

[32]　Shull K R. Contact mechanics and the adhesion of soft solids[J]. Materials Science and Engineering：R：Reports，2002，36（1）：1-45.

[33]　Kang X F，Pan C X，Chen Y H，et al. Boosting performances of triboelectric nanogenerators by optimizing dielectric properties and thickness of electrification layer[J]. RSC Advances，2020，10（30）：17752-17759.

[34]　Song I，Park C，Choi H C. Synthesis and properties of molybdenum disulphide: from bulk to atomic layers[J]. RSC Advances，2015，5（10）：7495-7514.

[35]　Heising J，Kanatzidis M G. Structure of restacked MoS_2 and WS_2 elucidated by electron crystallography[J]. Journal of the

American Chemical Society，1999，121（4）：638-643.

[36] Wang Z L，Zou H Y，Wang L F. Nanowires and Nanotubes [M]. Weinheim：Wiley-VCH Verlag GmbH & Co. KGaA，2022：1-50.

[37] Park C H，Park J K，Jeon H S，et al. Triboelectric series and charging properties of plastics using the designed vertical-reciprocation charger[J]. Journal of Electrostatics，2008，66（11-12）：578-583.

[38] Németh E，Albrecht V，Schubert G，et al. Polymer tribo-electric charging：Dependence on thermodynamic surface properties and relative humidity[J]. Journal of Electrostatics，2003，58（1-2）：3-16.

[39] Grzybowski B A，Winkleman A，Wiles J A，et al. Electrostatic self-assembly of macroscopic crystals using contact electrification[J]. Nature Materials，2003，2（4）：241-245.

[40] Duke C B. Charge states in polymers：Application to triboelectricity[M]//Mittal K L. Physicochemical Aspects of Polymer Surfaces. Boston：Springer，1983.

[41] Zi Y L，Niu S M，Wang J，et al. Standards and figure-of-merits for quantifying the performance of triboelectric nanogenerators[J]. Nature Communications，2015，6：8376.

[42] Niu S M，Wang X F，Yi F，et al. A universal self-charging system driven by random biomechanical energy for sustainable operation of mobile electronics[J]. Nature Communications，2015，6：8975.

[43] Yu H，He X，Ding W B，et al. A self-powered dynamic displacement monitoring system based on triboelectric accelerometer[J]. Advanced Energy Materials，2017，7（19）：1700565.

[44] Wang J，Wu C S，Dai Y J，et al. Achieving ultrahigh triboelectric charge density for efficient energy harvesting[J]. Nature Communications，2017，8（1）：88.

[45] Anderson J H. A method for quantitatively determining triboelectric series and its applications in electrophotography[J]. Journal of Imaging Science and Technology，2000，44（6）：534-543.

[46] Gillispie C C，American Council of Learned Societies. Dictionary of Scientific Biography[M]. New York：Scribner，1970.

[47] Gray T. Smithsonian Physical Tables[M]. 8th rev. ed. City of Washington：Smithsonian Institution，1933.

[48] Chen J，Huang Y，Zhang N N，et al. Micro-cable structured textile for simultaneously harvesting solar and mechanical energy[J]. Nature Energy，2016，1（10）：16138.

[49] Lee B W，Orr D E. The triboelectric series[OL]. [2025-01-15]. https://www.alphalabinc.com/triboelectric-series/.

[50] Zheng X J，Zhang R，Huang H J. Theoretical modeling of relative humidity on contact electrification of sand particles[J]. Scientific Reports，2014，4：4399.

[51] Fan F R，Lin L，Zhu G，et al. Transparent triboelectric nanogenerators and self-powered pressure sensors based on micropatterned plastic films[J]. Nano Letters，2012，12（6）：3109-3114.

[52] Xu C，Zi Y L，Wang A C，et al. On the electron-transfer mechanism in the contact-electrification effect[J]. Advanced Materials，2018，30（15）：e1706790.

[53] Xu C，Wang A C，Zou H Y，et al. Raising the working temperature of a triboelectric nanogenerator by quenching down electron thermionic emission in contact-electrification[J]. Advanced Materials，2018，30（38）：e1803968.

[54] Chen Y L，Wang Y C，Zhang Y，et al. Elastic-beam triboelectric nanogenerator for high-performance multifunctional applications：Sensitive scale，acceleration/force/vibration sensor，and intelligent keyboard[J]. Advanced Energy Materials，2018，8（29）：1802159.

[55] Wang P H，Liu R Y，Ding W B，et al. Complementary electromagnetic-triboelectric active sensor for detecting multiple mechanical triggering[J]. Advanced Functional Materials，2018，28（11）：1705808.

[56] Diaz A F，Felix-Navarro R M. A semi-quantitative tribo-electric series for polymeric materials：The influence of chemical structure and properties[J]. Journal of Electrostatics，2004，62（4）：277-290.

[57] Zhu G，Pan C F，Guo W X，et al. Triboelectric-generator-driven pulse electrodeposition for micropatterning[J]. Nano Letters，2012，12（9）：4960-4965.

[58] Horn R G，Douglas T. Smith，Contact electrification and adhesion between dissimilar materials[J]. Science，1992，256：

362-364.

[59] McKinney P C, Barrow G M. Chemical bond. III. A one-dimensional theory of the energetics and ionic character of the hydrogen bond[J]. The Journal of Chemical Physics, 1959, 31（2）: 294-299.

[60] Majerz I, Olovsson I. The shape of the potential energy curves for NHN$^+$ hydrogen bonds and the influence of non-linearity[J]. Physical Chemistry Chemical Physics, 2008, 10（21）: 3043-3051.

[61] Nurmakanov Y, Kalimuldina G, Nauryzbayev G, et al. Structural and chemical modifications towards high-performance of triboelectric nanogenerators[J]. Nanoscale Research Letters, 2021, 16（1）: 122.

[62] Zhu G, Lin Z H, Jing Q S, et al. Toward large-scale energy harvesting by a nanoparticle-enhanced triboelectric nanogenerator[J]. Nano Letters, 2013, 13（2）: 847-853.

[63] Lin Z H, Xie Y N, Yang Y, et al. Enhanced triboelectric nanogenerators and triboelectric nanosensor using chemically modified TiO$_2$ nanomaterials[J]. ACS Nano, 2013, 7（5）: 4554-4560.

[64] He X M, Mu X J, Wen Q, et al. Flexible and transparent triboelectric nanogenerator based on high performance well-ordered porous PDMS dielectric film[J]. Nano Research, 2016, 9（12）: 3714-3724.

[65] Xia Y, Whitesides G M. Soft lithography [J]. Angewandte Chemie International Edition, 1998, 28（1）: 153-184.

[66] Zhang X S, Han M D, Meng B, et al. High performance triboelectric nanogenerators based on large-scale mass-fabrication technologies[J]. Nano Energy, 2015, 11: 304-322.

[67] Vivekananthan V, Chandrasekhar A, Alluri N R, et al. A highly reliable, impervious and sustainable triboelectric nanogenerator as a zero-power consuming active pressure sensor[J]. Nanoscale Advances, 2020, 2（2）: 746-754.

[68] Chung C K, Ke K H. High contact surface area enhanced Al/PDMS triboelectric nanogenerator using novel overlapped microneedle arrays and its application to lighting and self-powered devices[J]. Applied Surface Science, 2020, 508: 145310.

[69] Cheng G G, Jiang S Y, Li K, et al. Effect of Argon plasma treatment on the output performance of triboelectric nanogenerator[J]. Applied Surface Science, 2017, 412: 350-356.

[70] Lowell J, Rose-Innes A C. Contact electrification[J]. Advances in Physics, 1980, 29（6）: 947-1023.

[71] Lin W C, Lee S H, Karakachian M, et al. Tuning the surface potential of gold substrates arbitrarily with self-assembled monolayers with mixed functional groups[J]. Physical Chemistry Chemical Physics, 2009, 11（29）: 6199-6204.

[72] Cui N Y, Gu L, Lei Y M, et al. Dynamic behavior of the triboelectric charges and structural optimization of the friction layer for a triboelectric nanogenerator[J]. ACS Nano, 2016, 10（6）: 6131-6138.

[73] Shin S H, Bae Y E, Moon H K, et al. Formation of triboelectric series via atomic-level surface functionalization for triboelectric energy harvesting[J]. ACS Nano, 2017, 11（6）: 6131-6138.

[74] Kim M P, Lee Y, Hur Y H, et al. Molecular structure engineering of dielectric fluorinated polymers for enhanced performances of triboelectric nanogenerators[J]. Nano Energy, 2018, 53: 37-45.

[75] Wang S H, Xie Y N, Niu S M, et al. Maximum surface charge density for triboelectric nanogenerators achieved by ionized-air injection: Methodology and theoretical understanding[J]. Advanced Materials, 2014, 26（39）: 6720-6728.

[76] Wang Z, Cheng L, Zheng Y B, et al. Enhancing the performance of triboelectric nanogenerator through prior-charge injection and its application on self-powered anticorrosion[J]. Nano Energy, 2014, 10: 37-43.

[77] Lai M H, Du B L, Guo H Y, et al. Enhancing the output charge density of TENG via building longitudinal paths of electrostatic charges in the contacting layers[J]. ACS Applied Materials & Interfaces, 2018, 10（2）: 2158-2165.

[78] Huang T, Lu M X, Yu H, et al. Enhanced power output of a triboelectric nanogenerator composed of electrospun nanofiber mats doped with graphene oxide[J]. Scientific Reports, 2015, 5: 13942.

[79] Liu J Q, Zeng Z Y, Cao X H, et al. Preparation of MoS$_2$-polyvinylpyrrolidone nanocomposites for flexible nonvolatile rewritable memory devices with reduced graphene oxide electrodes[J]. Small, 2012, 8（22）: 3517-3522.

[80] Shin G H, Kim C K, Bang G S, et al. Multilevel resistive switching nonvolatile memory based on MoS$_2$ nanosheet-embedded graphene oxide[J]. 2D Materials, 2016, 3（3）: 034002.

[81] Wu C X, Kim T W, Choi H Y. Reduced graphene-oxide acting as electron-trapping sites in the friction layer for giant

triboelectric enhancement[J]. Nano Energy，2017，32：542-550.

[82] Shi K M，Zou H Y，Sun B，et al. Dielectric modulated cellulose paper/PDMS-based triboelectric nanogenerators for wireless transmission and electropolymerization applications[J]. Advanced Functional Materials，2020，30（4）：1904536.

[83] Shi K M，Chai B，Zou H Y，et al. Interface induced performance enhancement in flexible BaTiO₃/PVDF-TrFE based piezoelectric nanogenerators[J]. Nano Energy，2021，80：105515.

[84] Shao Y，Feng C P，Deng B W，et al. Facile method to enhance output performance of bacterial cellulose nanofiber based triboelectric nanogenerator by controlling micro-nano structure and dielectric constant[J]. Nano Energy，2019，62：620-627.

[85] Chai B，Shi K M，Zou H Y，et al. Conductive interlayer modulated ferroelectric nanocomposites for high performance triboelectric nanogenerator[J]. Nano Energy，2022，91：106668.

本章作者：邹海洋 [1,2]

1. 四川大学材料科学与工程学院（中国成都）

2. 佐治亚理工学院材料科学与工程学院（美国亚特兰大）

第 8 章

摩擦纳米发电机的品质因数

摘　要

物联网的快速发展和日益严重的能源危机呼唤新能源技术的发展。摩擦纳米发电机（TENG）是一种将机械能转换为电能的新型发电机，近年来发展迅速，受到各国的广泛关注。与此同时，也强调了 TENG 技术标准化的重要性，因此开发标准化的理论模型和实验方法来定量评价 TENG 技术的性能，对于实现 TENG 技术的商业化和产业化变得越来越重要。本章系统地回顾了电压（V）-总转移电荷量（Q）图（标准化表征工具）、品质因数（FOM，用于定量表征 TENG 每周期能量输出的标准）、有效输出能量密度和标准化表征方法的起源。本章还将讨论可能涉及 TENG 标准化的几个关键因素，包括环境因素和寿命评估。TENG 的标准化将极大地有助于理解和改进这种新兴能源采集器的进一步应用。我们相信，TENG 的标准化将极大地促进未来 TENG 的商业化和产业化。

8.1　引　言

为了提高 TENG 的性能和扩大其应用范围，人们做了大量的努力，主要是提高表面电荷密度 σ[1, 2]和开发新的结构/模式[3-7]。然而，如果没有一个共同的标准，就很难评估 TENG 的性能。其他的能量采集器件往往已经建立了完善的标准，如热机[8, 9]和热释电纳米发电机[10, 11]的卡诺效率、热电材料的 ZT 系数[12, 13]和太阳能电池的能量转换效率[14, 15]。

目前，TENG 已经发展出四种基本模式[16, 17]，包括垂直接触分离（CS）模式[1, 18, 19]、横向滑动（LS）模式[3, 4, 20]、单电极（SE）模式[6, 21]和独立层（FT）模式[5, 7, 22]。每种模式都有自己的结构和材料选择，以及特定的机械触发配置。以 CS 模式为例，它是由一个垂直的周期性驱动力触发的，从而实现重复接触分离。对于 LS 模式，它是由两个平行的不同材料之间的横向滑动运动触发的。为了评估和比较不同结构/模式下 TENG 的性能，必须引入一个通用标准来量化其运行模式下 TENG 的性能。

在这里，提出一种从结构和材料的角度定量评价 TENG 性能的标准方法。从 V-Q 图出发，首先提出 TENG 的能量输出最大化运行周期。基于这一循环，提出 TENG 的性能品质因数（FOM），其中包括与 TENG 设计相关的结构品质因数和作为表面电荷密度平方的材料品质因数。为了表征和比较不同结构的 TENG，推导并模拟每种构型的结构形式。还提出一种量化材料 FOM 的标准方法。该标准的提出将为 TENG 的进一步应用和产业化奠定基础。

8.2 有效最大能量输出

8.2.1 摩擦纳米发电机的能量输出周期

TENG 的基本工作原理是摩擦起电和静电感应的耦合。对于一个基本的 TENG，至少有一对摩擦层通过物理接触产生极性相反的摩擦电荷。除了摩擦电层，还有两个电极（对于 SE 模式，地面被认为是另一个电极[21]），它们彼此绝缘，因此自由电子将通过外部负载在电极之间传递。在机械外力的触发下，摩擦层之间存在周期性的相对运动，不断打破静电荷的平衡分布，因此自由电子将在电极之间流动，从而建立一个新的平衡。所以，可以根据电极之间的总转移电荷 Q、累积电压 V 和摩擦电层之间的相对位移 x 的关系建立 TENG 的控制方程。使用最常用的最小可达电荷参考状态（minimum achievable charge reference state，MACRS）[22]，因此在 $x = 0$ 位置的短路转移电荷 $Q_{SC}(x)$ 和开路电压 $V_{OC}(x)$ 都设置为 0。位移 x 和 LS-TENG 的两个电极的定义见图 1.8（a）。这些基本模态的 $Q_{SC,\,max}$ 和 $V_{OC,\,max}$ 在 $x = x_{max}$ 时有望达到最大值。

对于连续的周期性机械运动，TENG 的电输出信号也随着周期性的时间变化。在这种情况下，使用与负载电阻相关的平均输出功率 P 值可以确定 TENG 的优劣。给定某一时间段 T，则每周期输出能量 E 可推导为

$$E = \bar{P}T = \int_0^T VI\mathrm{d}t = \int_0^T V\mathrm{d}Q = \int V\mathrm{d}Q \qquad (8.1)$$

因此，TENG 的静电状态和能量输出可以用电压 V 与转移电荷 Q 的关系来表示。这里首先用有限元法模拟了在外部负载电阻 100MΩ 下，从（Q, V）=（0，0）开始工作的 LS-TENG 的 V-Q 关系图，该 LS-TENG 的参数如表 8.1 所示。从 V-Q 图中注意到，TENG 的运行只需要几个周期就会进入稳态（图 8.1（b）），因此可以直接关注稳态运行的输出。TENG 稳态输出信号对机械触发的响应是周期性的，因此 V-Q 图应为闭环。由式（8.1）可知，每周期的输出能量 E 可以用 V-Q 图中闭环所围绕的面积来计算。用有限元法模拟了该 LS-TENG 在不同外载荷作用下的稳态 V-Q 图。在这些 V-Q 图的圆形区域中，注意到每个周期输出能量 E 可以通过施加匹配的负载电阻来优化，这里给出的周期可以称为能量输出周期（cycles of energy output，CEO）。对于每一个 CEO，将其稳态最大和最小转移电荷之差定义为总循环电荷 Q_C，如图 8.1（b）所示。

8.2.2 摩擦纳米发电机最大能量输出周期

从图 8.1（a）中注意到，对于每个 CEO，总循环电荷 Q_C 总是小于最大转移电荷 $Q_{SC,\,max}$，

特别是对于外部负载电阻较大的循环。如果可以最大化 Q_C 为 $Q_{SC,max}$，那么这些循环每循环输出能量 E 将进一步提高。注意到 $Q_C = Q_{SC,max}$ 发生在短路条件下，设计了以下重复步骤，使用与外部负载并联的开关（图 8.1（d）），以在操作过程中实现瞬时短路条件：①在开关断开时，摩擦电层相对位移从 $x = 0$ 到 $x = x_{max}$；②打开开关使 $Q = Q_{SC,max}$，然后关闭开关；③关断时摩擦层相对位移从 $x = x_{max}$ 到 $x = 0$；④打开开关使 $Q = 0$，然后关闭开关。因此，最大总循环电荷 $Q_C = Q_{SC,max}$ 由开关控制的步骤②和步骤④的瞬时短路条件实现。不同外部负载电阻下的仿真结果已做分析。这些循环可以命名为"能量输出最大化循环"（cycles of maximized energy output，CMEO）。显然，得益于最大的总循环电荷，在相同负载电阻 R 的情况下，CMEO 的每周期输出能量始终高于 CEO，如图 8.1（a）和（b）所示。

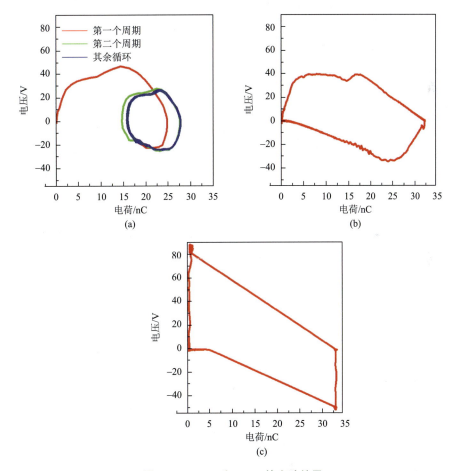

图 8.1　CMEO 和 CEO 的实验结果

（a）外负载 250MΩ 时 CEO 的 *V-Q* 图；（b）外负载 250MΩ 时 CMEO 的 *V-Q* 图；（c）具有无限外负载的 CMEO 的 *V-Q* 图

转载已获许可，[23]版权所有

　　注意到，对 CMEO 来说，当外部负载电阻 R 较大时，每周期输出能量就会更高（图 8.1（c））。因此，在 $R = +\infty$ 时，即开路条件下，每周期输出能量可以达到最大值。

通过简单地去除外部负载电阻并操作电路的其余部分来模拟最大输出能量，这与上文所述的 CMEO 案例中的步骤相同。相应的 V-Q 图绘制为具有无限负载电阻的 CMEO，如图 8.1（c）所示。该 CMEO 具有梯形形状，其顶点由最大短路转移电荷 $Q_{\mathrm{SC,max}}$、最大开路电压 $V_{\mathrm{OC,max}}$ 和 $Q = Q_{\mathrm{SC,max}}$ 时可达到的最大绝对电压 V'_{max} 决定。已证明，TENG 的 V-Q 图会被限制在这个梯形的四个边内，这是由位移和电容的范围决定的。因此，当这个循环所包围的面积最大时，它每循环输出的能量也最大，可以用式（8.2）计算：

$$E_{\mathrm{m}} = \frac{1}{2} Q_{\mathrm{SC,max}} \left(V_{\mathrm{OC,max}} + V'_{\mathrm{max}} \right) \tag{8.2}$$

式中，E_{m} 为理论上推导的 TENG 的每周期最大输出能量。

8.2.3 摩擦纳米发电机循环的实验演示

证明 CEO 和 CMEO 可以很容易地通过实验实现。制作一个参数接近表 8.1 的 LS-TENG，采用铝箔作为电极和运动部件，另一个电极则是沉积在 FEP 薄膜上的铜层。铝箔和 FEP 薄膜是一对摩擦层。首先，用 250MΩ 的外负载电阻来演示 CEO 的 V-Q 图，如图 8.1（a）所示。注意到 CEO 的稳定状态是在几段时间的运作后才达到的。然后，在串联开关的控制下，绘制了外负载电阻为 250MΩ 和无穷大时 CMEO 的 V-Q 图，分别如图 8.1（b）和（c）所示。三个 V-Q 图的特征都与模拟结果非常吻合，如图 1.8 所示。可以发现，这些图的特性随电阻变化的趋势与模拟结果非常一致。从曲线所围区域可以很容易地得出，具有无限外负载电阻的 CMEO 的每周期输出能量是这些周期中最高的。每个周期的输出能量由式（8.1）计算，如表 8.2 所示。这些结果证明并进一步证实了实验可实现的 CMEO 可以获得每个周期的最大输出能量。事实上，在 CMEO 中实际运行的由 TENG 运动触发开关的瞬时放电（instantaneous discharge，ID）TENG，与在 CEO 中运行的传统 TENG 相比，具有巨大的瞬时功率增强[24]。

表 8.1 用于模拟 LS-TENG 的参数

参数	数值
介电有效厚度 $d_0 = \Sigma d_i / \varepsilon_{ri}$ ①	90.8μm
摩擦面积 A（长度 l × 宽度 w）	8.5cm×7.9cm
最大位移 $x_{\max}$	3.5cm
表面电荷密度 σ	12μC/m²

① d_i 表示每层介电层厚度；ε_{ri} 表示相对介电常数。

表 8.2 在 LS 模式下运行的三种周期的每周期输出能量

循环种类	每周期输出能量/μJ
CMEO，$R = +\infty$	1.99
CMEO，$R = 250$MΩ	1.48
CEO，$R = 250$MΩ	0.47

8.2.4　每周期有效最大能量输出

在 E_m 的计算中并没有考虑击穿放电效应及其对 TENG 中最大能量输出的影响。为了系统地研究击穿效应对 CS-TENG、CFT-TENG 和 SEC-TENG 的影响，通过比较上文所述的摩擦面之间的电压 V_1 和击穿电压 V_b 来确定它们的击穿区域面积计算并绘制不同表面电荷密度下的 V-Q 图，如图 8.2 所示，其中击穿区域用红色突出显示。这些 TENG 的参数列在表 8.3 中。

表 8.3　用于计算击穿的 TENG 参数

TENG 模式	介电层厚度	面积	电极间距 g/m	电荷密度/($\mu C/m^2$)	位移 x/m
CS			无	0~250	
CFT	厚度 $d_r = 0.1mm$，介电常数 $\varepsilon_r = 2$，因此有效厚度为 $d_0 = d_r/\varepsilon_r = 0.05mm$[19]	长度 l×宽度 w：0.1m×0.1m	0.03	0~180	0~0.03
SEC			0.01	0~210	

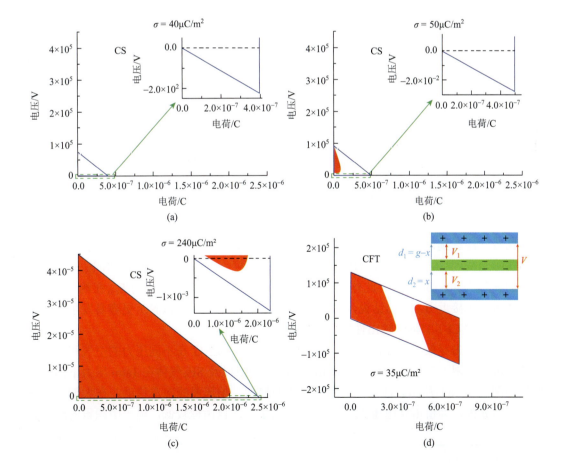

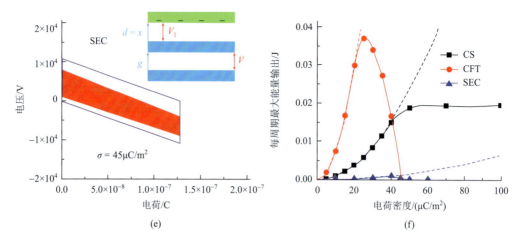

(e)   (f)

图 8.2　每个周期的击穿区域和最大能量输出

（a）～（c）不同电荷密度下 CS-TENG 的击穿区和非击穿区；（d）CFT-TENG 的故障区和非故障区；（e）SEC-TENG 的故障区和非故障区；（f）不同 TENG 中每周期最大能量输出与电荷密度的关系

　　如图 8.2（a）所示，在 $40\mu C/m^2$ 电荷密度的 CS-TENG 下，没有发生空气击穿。如图 8.2（b）所示，当电荷密度为 $50\mu C/m^2$ 时，TENG 开始出现较小面积的空气击穿（图 8.2（a）～（c）中红色区域）。结果表明，该材料的阈值表面电荷密度 σ_t 为 $40\sim50\mu C/m^2$。在不考虑空气击穿效应的情况下，每周期的最大能量输出 E_m（图 8.2（a）～（c）中蓝线所围的区域）与 σ 的平方成正比，而空气击穿面积也随着 σ 的增大而增加，如图 8.2（a）～（c）所示。每个周期 E_{em} 的最大有效能量输出可以定义为 E_m 的面积减去每个图中的空气击穿面积。正如后面所总结的，即使 σ 继续增加，E_{em} 也会在 0.02J 左右达到饱和。还放大了每个 V-Q 图的负电压部分。注意到当 σ 接近 $240\mu C/m^2$ 时，红色的空气击穿区开始与 Q 轴重叠，即短路状态，这与之前报道的短路最大电荷密度约为 $240\mu C/m^2$ 一致。

　　同样，计算 CFT 和 SEC 模式下的空气击穿面积，如图 8.2（d）～（e）所示。与 CS-TENG 不同，CFT-TENG 和 SEC-TENG 随着 σ 超过阈值表面电荷密度 σ_t，E_{em} 迅速减小至接近 0。图 8.2（f）展示了所有 TENG 的 E_{em} 与 σ 的关系，而不考虑空气击穿的 E_m 用虚线表示，以便比较。注意到，尽管 CFT-TENG 由于结构 FOM[26]最高而始终具有最大的 E_m，但其输出实际上受到 $20\sim25\mu C/m^2$ 的低阈值表面电荷密度 σ_t 的限制。相反，CS 模式和 SEC 模式的 σ_t 均为 $40\sim50\mu C/m^2$。此外，当电荷密度大于 σ_t 时，CFT-TENG 的 E_{em} 在约 $45\mu C/m^2$ 时迅速减小至接近 0。换句话说，CFT-TENG 比其他模式下的 TENG 更容易发生空气击穿效应，导致 CFT-TENG 输出性能受到抑制。

　　由于空气击穿效果高度依赖周围环境，还探索了 TENG 在不同压力的空气和气体环境下的击穿极限。空气在 1atm[①]、2atm、5atm 压力下以及 SF_6 气体在 1atm 压力下的帕邢曲线如图 8.3（a）所示。注意到，随着气压的增加，帕邢曲线向左移动，在大部分空气间隙距离 d 内，阈值击穿电压 V_b 增加，这是由于平均自由程较低，电子中积累的动能较

---

① 1atm = 101.325kPa。

小。相反，对于气压较低的空气，整个曲线向右移动。当压力降至 6～10atm 时，由于空气分子密度极低，d 需要高达 3m 左右才能产生空气击穿效果。这意味着在超低压环境下，普通的小尺寸、有限排量的 TENG 实际上没有空气击穿效应。对于 SF_6 气体，V_b 总是高于空气，这是因为分子量较大的 SF_6 更难被电子电离[27]。

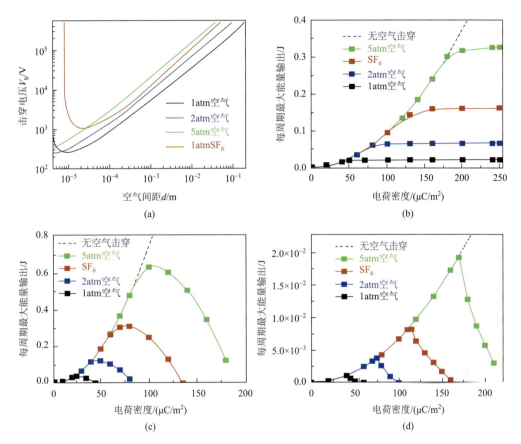

图 8.3　帕邢曲线（a）和在不同气压和气体类型（b）～（d）下每周期最大能量输出（（b）接触分离模式，（c）单电极接触模式，（d）接触自由摩擦层模式）

在不同环境下，计算了 TENG 的 E_{em} 与电荷密度的关系，如图 8.3（b）～（d）所示。注意到，对于相同模式的 TENG，每个 E_{em} 曲线的趋势是相似的，但在更高的气压或 SF_6 气体中运行的 TENG 总是具有更高的击穿电压和更高的可用 E_{em}。这一结果表明，在高压或高击穿极限气体环境下，全封装 TENG 可能是改善恶劣环境下 TENG 输出的一种解决方案。这种全封装的 TENG 可以由声波或磁场间接驱动[28-30]。

通过第 2 章详细介绍的标准化方法，可以测量放电击穿点，然后计算出 TENG 的 E_{em}。从具有击穿点的实测 V-Q 图中可以估计出 CS-TENG 的 E_{em} 约为 99.19μJ，CFT-TENG 的 E_{em} 约为 161.70μJ，与两者的计算结果 113.85μJ 和 214.50μJ 相近。

8.3 品 质 因 数

8.3.1 摩擦纳米发电机的品质因数

对于无限大负载 CMEO 的 TENG，周期 T 包括两部分：一部分来自 TENG 的相对运动，另一部分来自短路条件下的放电过程。在短路条件下电阻最小，T 的第二部分可以足够短，可以省略（实验报道[24]小于 0.4ms）。因此，CMEO 的平均输出功率 $\overline{P}$ 应满足

$$\overline{P} = \frac{E_m}{T} \approx \frac{E_m}{2\frac{x_{max}}{\overline{v}}} = \frac{\overline{v}}{2} \frac{E_m}{x_{max}} \tag{8.3}$$

式中，$\overline{v}$ 为 TENG 中相对运动的平均速度，取决于输入的机械运动。在这个等式中，E_m/x_{max} 是唯一依赖 TENG 自身特性的项。

另外，TENG 的能量转换效率可以表示为（在 CMEO 时，$R = +\infty$）

$$\eta = \frac{E_{out}}{E_{in}} = \frac{E_{output\ per\ cycle}}{E_{output\ per\ cycle} + E_{dissipation\ per\ cycle}} = \frac{1}{1 + \frac{1}{\dfrac{E_m}{2\overline{F}x_{max}}}} \tag{8.4}$$

式中，$\overline{F}$ 为 TENG 运行过程中的平均耗散力。这个力可以是摩擦力、空气阻力或其他力。

因此，从式（8.3）和式（8.4）中可以得出结论：E_m/x_{max} 项决定了平均功率和能量转换效率，这是由 TENG 本身的特性决定的。还注意到，如式（8.2）所示，E_m 中包含与摩擦面积 A 成正比的 $Q_{SC,max}$。因此，为了排除 TENG 大小对输出能量的影响，应将面积 A 置于品质因数的分母中。由于上述原因，确认 E_m/Ax_{max} 项决定了 TENG 的输出。

注意到，在式（8.2）中，$Q_{SC,max}$、$V_{OC,max}$ 和 V'_{max} 都与表面电荷密度 σ 成正比。因此，E_m 与表面电荷密度 σ 的平方成正比。然后可以定义一个 TENG 的无量纲品质因数（FOM$_S$），因为该因子只取决于结构参数和 x_{max}：

$$FOM_S = \frac{2\varepsilon_0}{\sigma^2} \frac{E_m}{Ax_{max}} \tag{8.5}$$

式中，ε_0 是真空介电常数。该公式从结构设计上体现了 TENG 的优点。可以将 TENG 的性能 FOM（FOM$_P$）定义为

$$FOM_P = FOM_S \cdot \sigma^2 = 2\varepsilon_0 \frac{E_m}{Ax_{max}} \tag{8.6}$$

其中，σ^2 可以表示材料的 FOM（FOM$_M$），它是唯一与材料性能相关的分量。性能 FOM 可以认为是评价各种 TENG 的通用标准，因为它与最大可能的平均输出功率成正比，与最高可实现的能量转换效率相关，而与 TENG 的模式和尺寸无关。

8.3.2 不同模态的摩擦纳米发电机结构形式

目前，针对不同的应用，已经开发出四种基本的 TENG 模式[16, 17]。为了从结构设计的角度对这些结构进行比较，采用解析公式计算了 CS 模式、LS 模式、SE 模式的单电极接触（SEC）结构、FT 模式的滑动层（SFT）和接触独立层（CFT）结构的结构形式，并进行了有限元模拟。在相同的表面电荷密度 σ 和面积 A 下，绘制出五种结构的计算结构 FOM 随最大位移 x_{max} 变化的图，并在图 1.8（e）、（f）和图 8.4 中进行比较。对于 CS 模式、SEC 模式和 CFT 模式，采用解析公式计算同时考虑单边（1S）和双边（2S）边缘效应的非理想并联电容[31]，而在有限元模拟中只考虑单边（1S）边缘效应。分析公式的计算结果与有限元模拟结果吻合较好。可以从有限元模拟中提取结构 FOM 的最大值

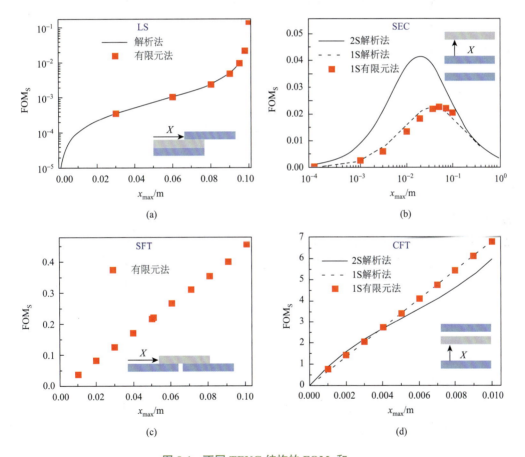

图 8.4 不同 TENG 结构的 FOM_S 和 x_{max}

侧向滑动（LS）模式（a）、单电极接触（SEC）模式（b）、滑动独立层（SFT）模式（c）和接触独立层（CFT）模式（d）的 FOM_S，插图显示了相应结构的相应原理图，1S 和 2S 表示考虑非理想并联电容器的单边和双边边缘效应的计算和模拟

（FOM$_{S, max}$）作为评价结构的标准准则。由图 1.8（f）和表 8.4 可知，对于 FOM$_{S, max}$（不考虑放电效应），有

$$CFT > CS > SFT > LS > SEC$$

这里可以得出几个一般性的结论。首先，在相同尺寸和相同材料的情况下，由于单电极 TENG 的转移电荷有限，抑制了内置电压，因此其性能显著优于单电极 TENG，这一点已经有报道。其次，接触分离触发的 TENG 性能优于滑动触发的 TENG（假设接触分离和滑动产生的摩擦电荷密度相同），因为要实现相同的 $V_{OC, max}$，滑动触发的 TENG 需要比接触分离触发的 TENG 高得多的 x_{max}，从而导致较小的 FOM$_{S, max}$。最后，独立层结构通过显著降低电极之间的电容来提高性能。CFT 模式的高 FOM$_{S, max}$ 还得益于中间介电层在工作过程中双面摩擦起电引起的大量转移电荷。

表 8.4　在不考虑放电效应的情况下，模拟的最大结构 FOM（FOM$_{S, max}$）

模式	FOM$_{S, max}$
CFT	6.81
CS	0.98
SFT	0.45
LS	0.15
SEC	0.022

8.3.3　基于考虑击穿放电效应的 E_{em} 的品质因数

需要注意的是，原 FOM$_S$ 的定义只考虑了理想情况下 TENG 每周期可能输出的最大能量 E_m，而忽略了普遍存在的击穿效应。击穿效应对能量输出的影响很大，阻碍了 TENG 能量的输出。为了使 FOM 适用于具有击穿效应的实际情况，需要在 E_{em} 的基础上对 TENG 的 FOM 进行修订。因此，修订后的 FOM$_S$ 和 FOM$_P$ 可以重新定义为[32]

$$FOM_S = \frac{2\varepsilon_0}{\sigma^2} \frac{E_{em}}{A x_{max}} \tag{8.7}$$

$$FOM_P = FOM_S \cdot \sigma^2 = 2\varepsilon_0 \frac{E_{em}}{A x_{max}} \tag{8.8}$$

因此，根据修正方程，CS-TENG 和 CFT-TENG 的实测 FOM$_S$ 分别为 0.077754 和 2.40115。CFT-TENG 由于电容小和双面摩擦电荷，其 FOM$_S$ 比 CS-TENG 大。然而，由于击穿效应抑制的电荷密度小，CFT 模式的输出性能受到限制。

8.3.4　压电纳米发电机的标准化评估并与摩擦纳米发电机进行比较

对基于 PVDF 薄膜的 PENG 进行了标准化评估，以证明其广泛的适用性，如图 8.5 所示。评价了一种厚度为 28μm 的完美封装 PVDF-PENG。在不击穿的情况下，测得的 Q-V 图始终呈良好的线性关系，斜率为 565pF，如图 8.5（a）所示。插图分别是电荷转移

图和器件照片。在阈值击穿场为 340MV/m 时，估计 PVDF 的击穿电压为 9520V[33]。PENG 的高电容使其难以达到介电击穿，这需要更高的电荷输入。为了观察击穿效果，直接从中间切开 PVDF 膜，破坏封装层，具体参数如表 8.5 所示。在相对较小的电压下，切开的 PENG 导致 PVDF 暴露侧易于空气击穿。图 8.5（b）是测量到的带击穿点的 Q-V 曲线，以电荷转移曲线和器件照片为插图。击穿点用绿色箭头标记，阈值电压小于 600V，符合帕邢空气击穿定律。在最大弯曲位移为 2cm 时，CMEO 的 V-Q 图如图 8.5（c）所示。该 PENG 的最大开路电压非常低，约为 170V，远小于其介电击穿电压和空气击穿电压（蓝线）。这种低电压输出是由于薄膜结构的高电容。然而，对于一些高压 PENG[33-35]和带有功率提升电路的 PENG[36, 37]，仍需考虑击穿效应，本节提出的方法将在标准化评估方面发挥重要作用。在 PVDF 薄膜的横截面上有可见火花的照片以及 PENG 的原理图，如图 8.5（c）所示。在 PENG 的横截面上产生可见的火花，并且在供电时可以观察到 PENG 的弯折。从击穿点的 V-Q 图可以估计出 PENG 的 E_{em} 约为 7.28μJ。如果使用 TENG 的修订 FOM_S 来评估该 PENG，则 FOM 的计算值为 0.000262077，这比 TENG 的计算值小得多，主要是由于低压输出。不同结构的 FOM_S 测量结果如图 8.5（d）所示。这意味着对于测量的 FOM_S，有

$$CFT > CS \gg PVDF\text{-}PENG$$

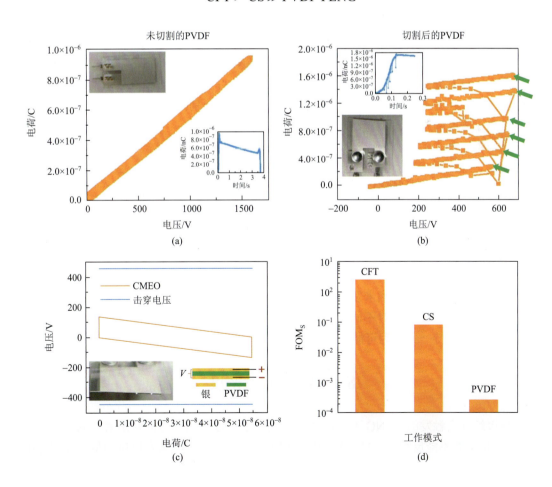

(a)　(b)　(c)　(d)

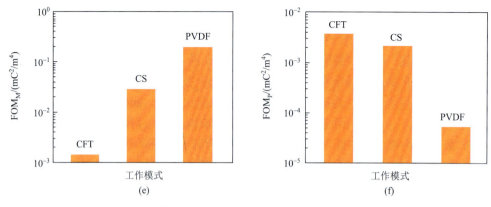

图 8.5 考虑击穿效应的标准化评估

（a）未切割 PVDF-PENG 的无击穿的 Q-V 图；（b）切割后的 PVDF 压电薄膜，蓝线为转移电荷，并附有实验装置的图形；（b）中绿色箭头所指向的点为击穿点；（c）切割后 PVDF 膜击穿区域的能量最大化循环，并附有可见火花的原理图和图形；（d）测量所得的结构；（e）FOM_M；（f）不同结构的 FOM_P

表 8.5 无封装 PVDF 薄膜的实验参数

电极	介电层	PVDF 厚度/μm	长度/mm	宽度/mm	最大位移/cm
Ag	PVDF	28	12	10	2

由于输出电压低，尽管 PENG 的 FOM_S 比 TENG 的 FOM_S 小得多，但电荷密度通常要高得多，这有助于获得高 FOM_S。本节应用的 TENG 的 FOM_M 和修正后的 FOM_P 也根据实测结果，利用式（8.7）和式（8.8）进行了计算，并分别绘制于图 8.5（e）和（f）中，结果汇总于表 8.6。

表 8.6 修正后不同纳米发电机的 FOM

模式	FOM_S	$FOM_M/(mC^2/m^4)$	$FOM_P/(mC^2/m^4)$
CFT	2.40115	0.00148996	3.5776×10^{-3}
CS	0.07775	0.028224	2.19453×10^{-3}
PVDF	2.62077×10^{-4}	0.204756	5.3662×10^{-5}

这些结果意味着其他纳米发电机（如压电纳米发电机）也可以使用这种方法评估其输出能力。该方法还可以对不同种类的纳米发电机进行比较，从而使各种纳米发电机的性能评估方法保持一致成为可能。

8.4 输出能量密度

与接触分离触发的 TENG 不同，滑动触发的 TENG 的运动方向是沿着摩擦电表面，因此 Ax 项可能不能反映一定能量输出时 TENG 所占的体积。纳米发电机的最大体积输出能量密度将反映其临时静电储能能力，这与输出性能以及从能源中有效吸收能量的能力密切相关。因此，应进一步研究输出能量密度作为评价纳米发电机的优势。同时，这一优势也有助于解决 TENG 研究中的一些困惑。例如，几种基于滑动层（SFT）模式的 TENG 已被证明具有超高的输出功率密度和效率[5]，而在已提出的 FOM 标准中，SFT-TENG 的结构优值并不是很高[38]，这凸显了开发合适的方法来评估和比较滑动触发 TENG 的必要性。

对于作为能量采集器的 TENG，考虑到其应用通常以在有限的空间内实现最大的输出为目标，主要关注每个运行周期的输出能量密度。这一新的优势将在与其他机械能量采集器的比较中发挥重要作用。每周期的最大有效能量输出 E_{em} 可视为分子，体积 V_L 为分母，代表了 TENG 在实际应用中的输出能力。因此，可以定义 TENG 的输出能量密度 U 为[39]

$$U = \frac{E_{em}}{V_L} \tag{8.9}$$

根据这一定义，与接触触发的 TENG 相比，包括 SFT 模式和 LS 模式在内的滑动触发的 TENG 由于占用体积小而具有优势。在不考虑击穿效应的情况下，可以通过优化结构品质因数（FOM$_S$）直接计算出不同模式 TENG 的输出能量密度[38]。注意到在所有计算的模式中，SFT-TENG 的输出能量密度最高。

为了在理论基础上揭示 TENG 的最大输出能量密度，在 CMEO 中计算并绘制 SFT-TENG 在不同电荷密度 σ 下的 Q-V 曲线，如图 8.6（a）和（b）所示。同时，采用相同的方法模拟了 LS-TENG，如图 8.6（c）所示。本节使用的金属作为滑动件的 TENG（金属-TENG）的参数为上述计算的优化参数，$g = 4$mm，$t = 0.4$mm，$w \times l = 25$mm×25mm。为了保证可比性，带有介电滑动部件的 TENG（一般称为介电-TENG）和 LS-TENG 使用与带有介电滑动部件的 TENG（金属-TENG）相同或相似的参数。在图 8.6（a）～（c）中，虚线表示 CMEO，实线为区分击穿区和非击穿区的阈值线。因此，这些线以下的区域表示受击穿限制的有效最大输出能量[25]。为了将这些输出与其他模式进行比较，采用接触触发的 TENG 的击穿数据在计算了所有模式的输出能量密度后，绘制了图 8.6（d）和（e）中所有模式的输出能量密度与 σ 的关系图。注意到，与其他模式相比，考虑击穿的影响，滑动触发的 TENG 在输出能量密度方面表现优异，特别是介电-TENG 模式。与主要受空气击穿限制的接触分离触发型 TENG 不同，滑动触发型 TENG 的最大输出能量密度在介质击穿前可以得到提高，在电场条件下最大输出电场为 2.1×10^7V/m，在 PDMS 条件下最大输出电荷密度约为 500μC/m²。因此，整体输出能量密度提高了 1 或 2 个数量级，几乎达到 1×10^4J/m³，这与许多市售电容器的能量密度相似。这是相当合理的，因为滑动触发的 TENG 本质上是一个具有介电层的电容器。此外，这种输出能量密度性能可以通过使用高介电强度材料和先进的结构设计进一步提高。

除对不同模式的 TENG 进行比较外，还将 TENG 与目前其他能量收集设备进行了比较，这对于深入了解 TENG 输出性能的特点，寻找合适的应用场景具有重要意义。根据以往各种器件的数据[40, 41]，绘制了输出能量密度直方图，如图 8.6（f）所示。其中，压电纳米发电机（PENG）的能量密度数据来自文献[40]。电磁发电机（EMG）是 INFINITY

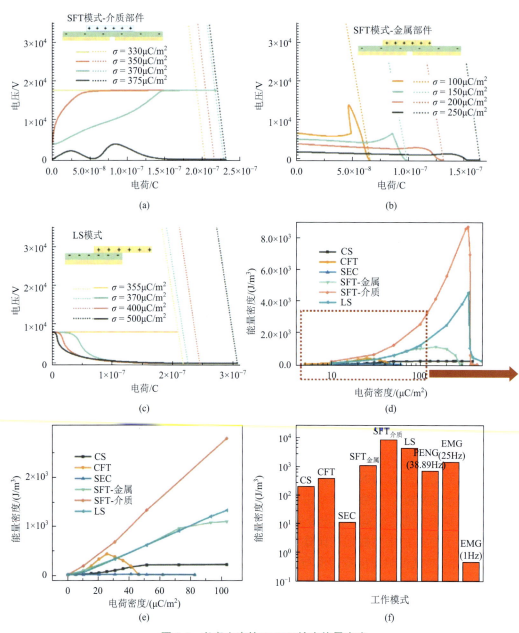

图 8.6 考虑击穿的 TENG 输出能量密度

（a）（b）（c）带电介质或金属运动部件的 SFT-TENG 和 LS-TENG 在不同电荷密度下的 Q-V 图，其中外部虚线框为不考虑击穿时的 CMEO，实线以下区域为考虑击穿效应时可以得到的能量 E_{em}，插图是每种模式的工作原理，为了更清晰地展示击穿效应，只展示了 Q-V 图中低于 3.5×10^4V 的局部部分；（d）考虑击穿的情况下，TENG 不同模式的输出能量密度，为了更清晰地显示低电荷密度部分，在图（e）中绘制了电荷密度低于 $100\mu C/m^2$ 时，TENG 各模式的输出能量密度；（f）不同能量收集装置能量密度直方图

SAV 公司生产的商用电磁发电机。在 Dong 等的研究中，即使在最优参数下，计算得到的 PENG 输出能量密度约为 691.7J/m³，小于滑动触发 TENG 的最大值[40]。因此，可以得

出结论，考虑到 PENG 的输出通常受到其应变极限的限制，TENG 通常具有比 PENG 更高的输出能量密度。对电磁发电机来说，其输出能量密度在高频工作[42]时呈二次增长，因此其在低频（1Hz）的能量收集性能远不如额定旋转频率（25Hz），输出能量密度远小于 TENG。这些比较结果确定了 TENG 的最高输出能量密度，特别是滑动触发的 TENG，证实了 TENG 在收集低频和小尺度能量方面的"杀手级应用"[43]。

8.5　环境生命周期评价与技术经济分析

TENG 技术的标准化除了要考虑能源输出的标准化外，还应考虑与环境相关的生命周期评价（LCA）和电力平准化成本（LCOE），包括成本、劳动力、土地利用、污染、寿命和回收过程。关于各种能量收集技术的生命周期评估已经发表了大量的成果。然而，虽然有很多其他能量采集器的 LCA 工作，但关于 TENG 的 LCA 工作很少。LCA 是指对产品从原材料到最终处置的整个生命周期的环境影响进行评价。采用 LCA 来关注消费品生产中的环境热点和对全球环境的影响。因此，对 TENG 的环境概况和成本进行分析至关重要，如环境生命周期评价和技术经济分析（techno-economic assessment，TEA）。评估 TENG 的环境状况和碳足迹，可以降低 TENG 的发电成本，并提供一个指标，说明 TENG 是否对环境构成新的挑战。这项研究对全球实现碳中和的努力尤为重要。

Ahmed 等分析了两种典型 TENG 的成本和 CO_2 排放分布：基于薄膜的微栅极 TENG（TENG A）和基于径向排列的细电极 TENG（TENG B），如图 8.7（a）和（b）[44]所示。根据以往的工作，基于薄膜的微栅极 TENG 具有很好的输出功率（50mW/cm^2 或 15W/cm^3）和 50%的高转换效率，是一种很有前途的机械能收集解决方案。径向排列的TENG（图 8.7（b））也显示出极具吸引力的能量输出（850V，3mA，19mW/cm^2，转换效率为 24%）。图 8.7（c）给出了制造两种材料的一次能耗分布。两者对应的碳足迹分布如图 8.7（d）所示。原材料需求是这两个 TENG 一次能源消耗的主要来源。丙烯酸（亚克力，78.18%）和 PTFE（20.48%）是 TENG A 的主要部分（基于薄膜的微栅极 TENG），而 96.88%的丙烯酸和 2.87%的铜是 TENG B 的主要部分。激光切割和电极沉积是 TENG 的主要制备方法。由图 8.7（d）可知，丙烯酸基板、电极、铜和钛溅射镀膜、激光切割TENG 贡献了大部分的二氧化碳排放。

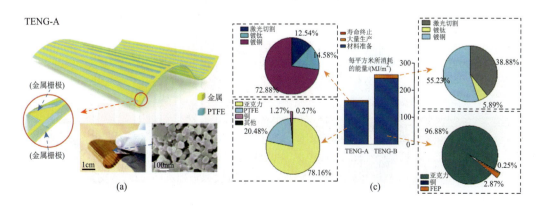

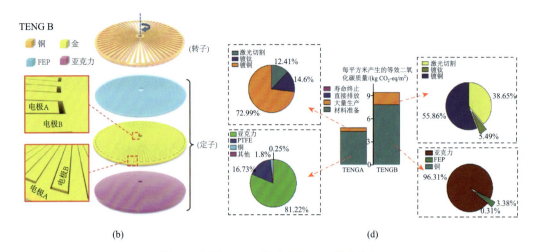

图 8.7 两种 TENG 的成本和 CO₂ 排放分布

（a）TENG A 的演示（经许可转载，版权所有：[45]John Wiley & Sons 2014）；（b）TENG B 的演示（已获版本许可，[46] 斯普林格自然版权所有 2014）（c）两个 TENG 的成本分布；（d）两个 TENG 的 CO₂ 排放分布 经许可转载，[44]英国皇家化学学会版权所有 2017

　　图 8.8（a）展示了 TENG 环境评价和技术经济分析的详细框架。TEA 包括资本和运营成本。TENG 的平准化电费评估包括模块成本、土地成本、布线成本、系统平衡成本、结构支撑成本、电力调节成本和安装成本。LCOE 的方程可以在已发表的文章中找到[44]。可以把 LCOE 看作 TENG 发电 1kW·h 的平均成本。LCA 是指产品在其整个生命周期内的输入、输出和潜在的环境影响。温室气体（greenhouse gas，GHG）与全球变暖潜势有关。图 8.8（b）还比较了现有技术（包括硅技术、薄膜技术、有机太阳能电池和钙钛矿太阳能电池）与 TENG 的能量回收期（energy payback period，EPBP）。结果表明，TENG A 的 EPBP 比其他技术周期更短[47]。此外，图 8.8（c）表明，TENG A 排放的 CO₂ 气体水平最低。两种 TENG 的生命周期影响对比如图 8.8（d）所示，其中 TENG A 比 TENG B 更环保。图 8.8（e）显示了 TENG 在收集波浪能时的 LCOE。TENG A 的 LCOE 低于 TENG

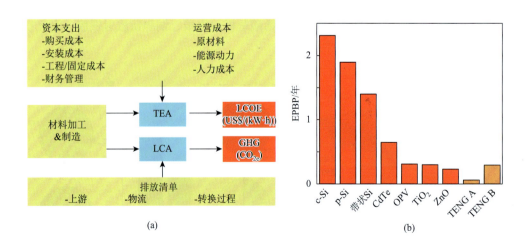

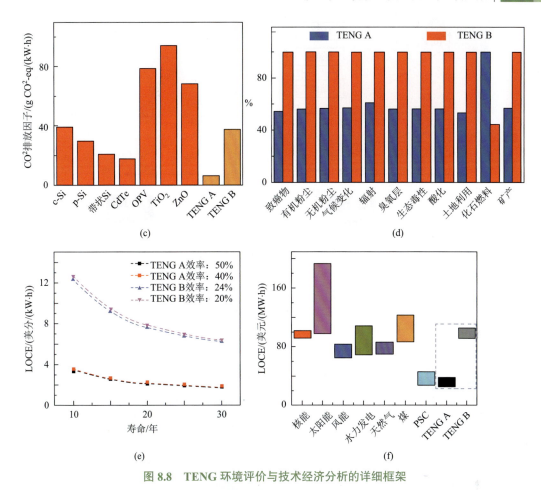

图 8.8　TENG 环境评价与技术经济分析的详细框架

（a）TENG 的 LCA 和 TEA 示意图；（b）（c）现有技术之间的能源回收期（EPBP）和二氧化碳排放因子的比较，这些结果是基于 Gong 等[47]的工作。（d）两种 TENG 生命周期的影响比较；（e）效率不同的 TENG 的 LCOE；（f）现有技术之间 LCOE 的比较

B，15 年寿命的平均成本为 2.569～2.89 美分/(kW·h)，比其他能源便宜得多（图 8.8（f））。这些结果表明，TENG 在环境保护和商业应用方面具有优势。而 LCOE 和 LCA 的标准对于 TENG 的评价是非常重要的，它们可以为 TENG 未来的发展传递一个明确的信息。

8.6　潜在应用

V-Q 图和 FOM 被定义后，在最近的研究中广泛应用于分析和优化 TENG 的性能。它们可用于更好地理解 TENG，并用于优化 TENG 的输出，如图 8.9（a）所示[48]。当 TENG 与外部设备或储能连接时，由于系统不匹配或电荷转移不完全，总输出功率会很低。图 8.9（a）Ⅰ中的红色矩形是传统 TENG 的输出性能，它只占最大输出值（黑色虚线区域）的一小部分。为了解决这一问题，自动开关 TENG 被设计出来。它提供了一种改善电荷转移和扩大输出面积的方法，如图 8.9（a）Ⅱ所示。当 $x = 0$ 或 $x_{\max}$ 时，开关

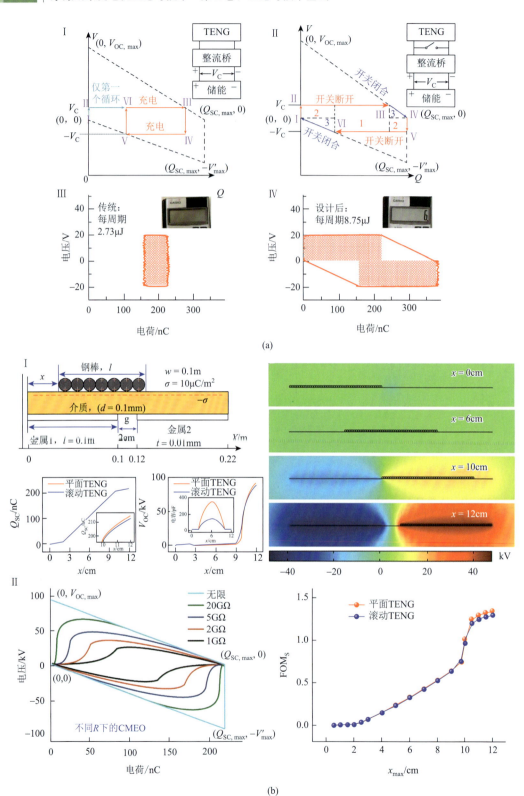

(a)

(b)

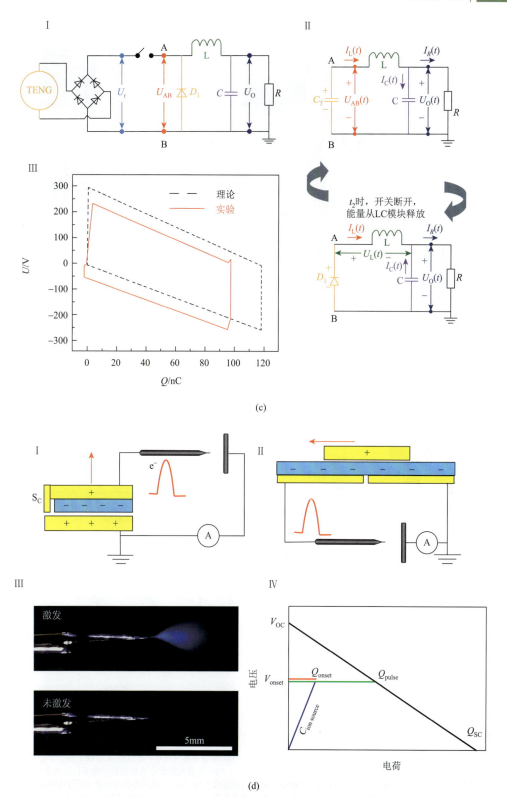

(c)

(d)

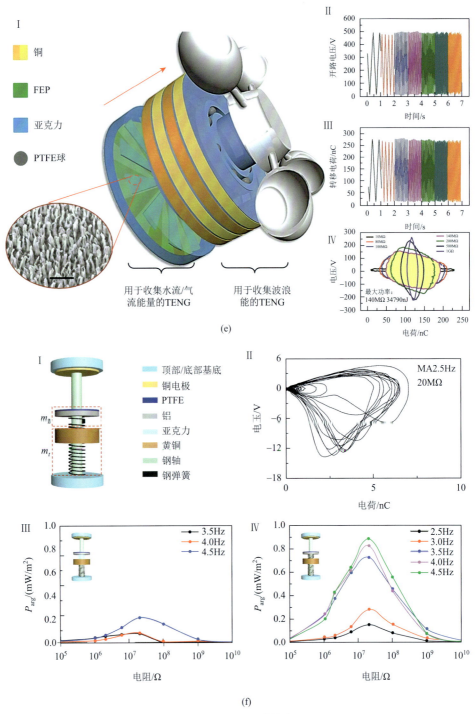

图 8.9　标准化评价的应用

（a）根据 *V-Q* 图提高自动开关 TENG 的输出功率（经许可转载，[48]斯普林格《自然》版权所有）；（b）基于 *V-Q* 图和 FOM 优化基于滚动摩擦的 TENG（经许可转载，[49]版权所有，Wiley）；（c）在品质因数作为标准的帮助下，设计了一种新颖的电源管理电路，以扩大输出能量（经许可转载，[50]版权所有，爱思唯尔）；（d）品质因数作为标准可用于提高对 TENG 或 TENG 驱动系统的理解（经许可转载，[51]版权所有，斯普林格《自然》）；（e）一种多功能 TENG 系统（经许可转载，[52]版权所有 2017Wiley）；（f）品质因素作为标准的基于弹簧的 TENG（经许可转载，[53]爱思唯尔版权所有 2017）

瞬间打开，电荷完全转移，产生更多的输出能量。图 8.9（a）Ⅱ显示了 V-Q 图的改进。根据研究结果，该设计将大大提高充电率，并将储能效率显著提高 25%～50%。图 8.9（a）Ⅲ和Ⅳ所示为传统的 TENG 与设计的带有开关的 TENG 的对比。很明显，具有同步开关的 TENG 比传统的 TENG 具有更好的性能。此外，Jiang 等制作了如图 8.9（b）所示的基于滚动摩擦的 TENG，然后利用 V-Q 图和 FOM 对滚动 TENG 的输出功率进行优化，采用 COMSOL 软件进行有限元分析，如图 8.9（b）Ⅱ所示，展示了滚动型 TENG 的基本工作原理[49]，给出了不同位移下 TENG 的电势分布。一个与负载电阻并联的开关用于 CMEO 的实现。在图 8.9（b）Ⅳ中计算了滚动型和平面型 TENG 的结构 FOM$_S$。根据结构 FOM$_S$，TENG 的运动过程包括三部分：第一部分是常数部分，第二部分是线性部分，第三部分是急剧增加部分。结果表明，所建立的标准可以为提高 TENG 在实际应用中的性能提供有益的指导。

电源管理电路（power-management circuit，PMC）是重要的，可以管理 TENG 的输出特性。虽然已经设计了几个 PMC，但尚未实现最优的 TENG 输出功率和能源效率。借助 V-Q 图和 FOM 作为标准化方法，设计了如图 8.9（c）所示的新型 PMC，以实现每周期输出能量最大化，TENG 的 V-Q 图变得非常接近理论最大能量循环，效率为 80%。在 V-Q 图和 FOM 的辅助下，这一效率是有记录以来的最高能效。

V-Q 图也可以用来提高对 TENG 系统的理解。图 8.9（d）显示了 TENG 所实现的灵敏纳米库仑分子质谱，它可以控制每个电喷雾脉冲的电荷量，是这种设计的一个关键优势[51]。V-Q 图清楚地展示了 TENG 供电的电喷雾过程，并可用于解释通过将 TENG 与串联负载电阻连接来控制电荷量。如图 8.9（d）Ⅳ中的红线所示，平坦部分表示电喷雾的电荷量。当与电阻器连接时，所需的总电压（蓝线）被增强，因为电阻器需要额外的电压，将减少电喷雾的可用电荷量。这种前所未有的可控性为以电荷量为关键参数的定量质谱分析提供了一种有效的方法。Xi 等开发了一种多功能 TENG，包含一个旋转部分（用于风和水流能量）和一个垂直圆柱形部分（用于波浪能量），如图 8.9（e）所示[52]。开路电压和转移电荷分别约为 490V 和 275nC，并通过 V-Q 图来了解多功能 TENG 的能量输出性能，如图 8.9（e）Ⅳ所示。基于 V-Q 图和 FOM 的方法可以了解和优化输出能量，如图 8.9（f）所示的基于弹簧的 TENG 用于收集蓝色能量。综上所述，V-Q 图和 FOM 在理解 TENG 的性质和最大化 TENG 的能量输出方面发挥了重要作用[53]。

8.7　结　　论

综上所述，近年来人们已经认识到标准化对 TENG 的重要性。研究进展包括 V-Q 图和 FOM 的开发、根据流量对 FOM 进行修改、标准化实验评价方法以及经济和环境分析。这些研究促进了 TENG 技术的应用发展，可以作为一个良好的起点。然而，考虑到标准中涉及输入能量、环境因素和寿命评估的需要，这一新兴技术的标准化可能仍需要物理、机械工程、材料科学、电气工程、工业工程等多学科的努力。我们相信，通过这些标准化的努力，TENG 的市场价值最终将得到体现，并朝着商业化和工业化的方向发展[54]。

参 考 文 献

[1]　Zhu G，Pan C F，Guo W X，et al. Triboelectric-generator-driven pulse electrodeposition for micropatterning[J]. Nano Letters，2012，12（9）：4960-4965.

[2]　Wang S H，Xie Y N，Niu S M，et al. Maximum surface charge density for triboelectric nanogenerators achieved by ionized-air injection：Methodology and theoretical understanding[J]. Advanced Materials，2014，26（39）：6720-6728.

[3]　Zhu G，Chen J，Liu Y，et al. Linear-grating triboelectric generator based on sliding electrification[J]. Nano Letters，2013，13（5）：2282-2289.

[4]　Chen J，Zhu G，Yang W Q，et al. Harmonic-resonator-based triboelectric nanogenerator as a sustainable power source and a self-powered active vibration sensor[J]. Advanced Materials，2013，25（42）：6094-6099.

[5]　Wang S H，Xie Y N，Niu S M，et al. Freestanding triboelectric-layer-based nanogenerators for harvesting energy from a moving object or human motion in contact and non-contact modes[J]. Advanced Materials，2014，26（18）：2818-2824.

[6]　Yang Y，Zhang H L，Chen J，et al. Single-electrode-based sliding triboelectric nanogenerator for self-powered displacement vector sensor system[J]. ACS Nano，2013，7（8）：7342-7351.

[7]　Wang S H，Niu S M，Yang J，et al. Quantitative measurements of vibration amplitude using a contact-mode freestanding triboelectric nanogenerator[J]. ACS Nano，2014，8（12）：12004-12013.

[8]　Curzon F L，Ahlborn B. Efficiency of a Carnot engine at maximum power output[J]. American Journal of Physics，1975，43（1）：22-24.

[9]　Giordano N. College Physics：Reasoning and Relationships[M]. Belmont：Cengage Learning，2009.

[10]　Sebald G，Lefeuvre E，Guyomar D. Pyroelectric energy conversion：Optimization principles[J]. IEEE Transactions on Ultrasonics，Ferroelectrics and Frequency Control，2008，55（3）：538-551.

[11]　Alpay S P，Mantese J，Trolier-McKinstry，S，et al. Next-generation electrocaloric and pyroelectric materials for solid-state electrothermal energy interconversion[J]. MRS Bulletin，2014. 39（12）：1099-1111.

[12]　Tritt T M，Subramanian M A. Thermoelectric materials，phenomena，and applications：A bird's eye view[J]. MRS Bulletin，2006，31（3）：188-198.

[13]　Rowe D. CRC Handbook of Thermoelectrics[M]. Boca Raton：CRC Press，2010.

[14]　Green M. A. Solar Cells：Operating Principles，Technology，and System Applications[M]. Upper Saddle River：Prentice-Hall，1982.

[15]　Nelson J. The Physics of Solar Cells[M]. London：Imperial College Press，2003.

[16]　Wang Z L. Triboelectric nanogenerators as new energy technology and self-powered sensors-principles，problems and perspectives[J]. Faraday Discussions，2014，176：447-458.

[17]　Wang Z L. Triboelectric nanogenerators as new energy technology for self-powered systems and as active mechanical and chemical sensors[J]. ACS Nano，2013，7（11）：9533-9557.

[18]　Fan F R，Tian Z Q，Wang Z L. Flexible triboelectric generator[J]. Nano Energy，2012，1（2）：328-334.

[19]　Niu S M，Wang S H，Lin L，et al. Theoretical study of contact-mode triboelectric nanogenerators as an effective power source[J]. Energy & Environmental Science，2013，6（12）：3576.

[20]　Niu S M，Liu Y，Wang S H，et al. Theory of sliding-mode triboelectric nanogenerators[J]. Advanced Materials，2013，25（43）：6184-6193.

[21]　Niu S M，Liu Y，Wang S H，et al. Theoretical investigation and structural optimization of single-electrode triboelectric nanogenerators[J]. Advanced Functional Materials，2014，24（22）：3332-3340.

[22]　Niu S M，Liu Y，Chen X Y，et al. Theory of freestanding triboelectric-layer-based nanogenerators[J]. Nano Energy，

2015，12：760-774.

[23]　Fu Y Q，Ouyang H J，Davis R B. Triboelectric energy harvesting from the vibro-impact of three cantilevered beams[J]. Mechanical Systems & Signal Processing，2019，121：509.

[24]　Cheng G，Lin Z H，Lin L，et al. Pulsed nanogenerator with huge instantaneous output power density[J]. ACS Nano，2013，7（8）：7383-7391.

[25]　Zi Y L，Wu C S，Ding W B，et al. Maximized effective energy output of contact-separation-triggered triboelectric nanogenerators as limited by air breakdown[J]. Advanced Functional Materials，2017，27（24）：1700049.

[26]　Shao J J，Willatzen M，Jiang T，et al. Quantifying the power output and structural figure-of-merits of triboelectric nanogenerators in a charging system starting from the Maxwell's displacement current[J]. Nano Energy，2019，59：380-389.

[27]　Husain E，Nema R S. Analysis of paschen curves for air，N_2 and SF_6 using the townsend breakdown equation[J]. IEEE Transactions on Electrical Insulation，1982，EI-17（4）：350-353.

[28]　self-powered active acoustic sensing[J]. ACS Nano，2014，8（3）：2649-2657.

[29]　Huang L B，Bai G X，Wong M C，et al. Magnetic-assisted noncontact triboelectric nanogenerator converting mechanical energy into electricity and light emissions[J]. Advanced Materials，2016，28（14）：2744-2751.

[30]　Guo H Y，Wen Z，Zi Y L，et al. A water-proof triboelectric-electromagnetic hybrid generator for energy harvesting in harsh environments[J]. Advanced Energy Materials，2016，6（6）：1501593.

[31]　Li Y，Li Y H，Li Q X，et al. Computation of electrostatic forces with edge effects for non-parallel comb-actuators[J]. Journal of Tsinghua University（Engineering，Physics），2003，43（8）：1024-1026，1030.

[32]　Xia X，Fu J J，Zi Y L. A universal standardized method for output capability assessment of nanogenerators[J]. Nature Communications，2019，10：4428.

[33]　Wang Y F，Cui J，Wang L X，et al. Compositional tailoring effect on electric field distribution for significantly enhanced breakdown strength and restrained conductive loss in sandwich-structured ceramic/polymer nanocomposites[J]. Journal of Materials Chemistry A，2017，5（9）：4710-4718.

[34]　Lipscomb I P，Weaver P M，Swingler J，et al. The effect of relative humidity，temperature and electrical field on leakage currents in piezo-ceramic actuators under DC bias[J]. Sensors and Actuators A：Physical，2009，151（2）：179-186.

[35]　Saito W，Kuraguchi M，Takada Y，et al. Design optimization of high breakdown voltage AlGaN-GaN power HEMT on an insulating substrate for $R_{ON}A$-V_B tradeoff characteristics[J]. IEEE Transactions on Electron Devices，2005，52（1）：106-111.

[36]　Wu L，Do X D，Lee S G，et al. A self-powered and optimal SSHI circuit integrated with an active rectifier for piezoelectric energy harvesting[J]. IEEE Transactions on Circuits and Systems I：Regular Papers，2017，64（3）：537-549.

[37]　Liang J R，Liao W H. Improved design and analysis of self-powered synchronized switch interface circuit for piezoelectric energy harvesting systems[J]. IEEE Transactions on Industrial Electronics，2012，59（4）：1950-1960.

[38]　Zi Y L，Niu S M，Wang J，et al. Standards and figure-of-merits for quantifying the performance of triboelectric nanogenerators[J]. Nature Communications，2015，6：8376.

[39]　Fu J J，Xia X，Xu G Q，et al. On the maximal output energy density of nanogenerators[J]. ACS Nano，2019，13（11）：13257-13263.

[40]　Dong X X，Yi Z R，Kong L C，et al. Design，fabrication，and characterization of bimorph micromachined harvester with asymmetrical PZT films[J]. Journal of Microelectromechanical Systems，2019，28（4）：700-706.

[41]　Hu Y L，Yi Z R，Dong X X，et al. High power density energy harvester with non-uniform cantilever structure due to high average strain distribution[J]. Energy，2019，169：294-304.

[42]　Zi Y L，Guo H Y，Wen Z，et al. Harvesting low-frequency（<5 Hz）irregular mechanical energy：A possible killer application of triboelectric nanogenerator[J]. ACS Nano，2016，10（4）：4797-4805.

[43]　Xie Y N，Wang S H，Niu S M，et al. Grating-structured freestanding triboelectric-layer nanogenerator for harvesting mechanical energy at 85% total conversion efficiency[J]. Advanced Materials，2014，26（38）：6599-6607.

[44]　Ahmed A，Hassan I，Ibn-Mohammed T，et al. Environmental life cycle assessment and techno-economic analysis of

triboelectric nanogenerators[J]. Energy & Environmental Science，2017，10（3）：653-671.

[45] Zhu G，Zhou Y S，Bai P，et al. A shape-adaptive thin-film-based approach for 50% high-efficiency energy generation through micro-grating sliding electrification[J]. Advanced Materials，2014，26（23）：3788-3796.

[46] Zhu G，Chen J，Zhang T J，et al. Radial-arrayed rotary electrification for high performance triboelectric generator[J]. Nature Communications，2014，5：3426.

[47] Gong J，Darling S B，You F Q. Perovskite photovoltaics：Life-cycle assessment of energy and environmental impacts[J]. Energy & Environmental Science，2015，8（7）：1953-1968.

[48] Zi Y L，Wang J，Wang S H，et al. Effective energy storage from a triboelectric nanogenerator[J]. Nature Communications，2016，7：10987.

[49] Jiang T，Tang W，Chen X Y，et al. Figures-of-merit for rolling-friction-based triboelectric nanogenerators[J]. Advanced Materials Technologies，2016，1（1）：1600017.

[50] Xi F B，Pang Y K，Li W，et al. Universal power management strategy for triboelectric nanogenerator[J]. Nano Energy，2017，37：168-176.

[51] Li A Y，Zi Y L，Guo H Y，et al. Triboelectric nanogenerators for sensitive nano-coulomb molecular mass spectrometry[J]. Nature Nanotechnology，2017，12（5）：481-487.

[52] Xi Y，Guo H Y，Zi Y L，et al. Multifunctional TENG for blue energy scavenging and self-powered wind-speed sensor[J]. Advanced Energy Materials，2017，7（12）：1602397.

[53] Wu C S，Liu R Y，Wang J，et al. A spring-based resonance coupling for hugely enhancing the performance of triboelectric nanogenerators for harvesting low-frequency vibration energy[J]. Nano Energy，2017，32：287-293.

[54] Li X Y，Xu G Q，Xia X，et al. Standardization of triboelectric nanogenerators：Progress and perspectives[J]. Nano Energy，2019，56：40-55.

本章作者：訾云龙，夏欣

香港科技大学（广州）可持续能源与环境学院（中国广州）

第 9 章

电路设计提高摩擦纳米发电机的输出性能和能量利用效率

摘　　要

　　提高摩擦纳米发电机（TENG）的输出性能和能量利用效率是增强其在自供能系统中实际应用能力的当务之急。然而，仅通过优化 TENG 器件中所固有的材料性质或结构设计，对其输出效果的提升十分有限。对此，引入额外的电子元件和适当的电路设计，本章将介绍一些有效可行的解决方案，以提高 TENG 的输出性能和能量利用效率。在提高 TENG 输出性能方面，电荷激励技术将摩擦起电产生的电荷定向注入 TENG 电极中以实现电荷的快速积累，显著提高了 TENG 的转移电荷量。在提高 TENG 的能量利用效率方面，能量管理策略在 TENG 与外部电子设备之间的能量转换中发挥了重要作用，极大减少了 TENG 供能过程中的能量损耗。本章系统地概述 TENG 与电路设计相结合的方案，对提高 TENG 的输出效果具有重要价值。

9.1　引　　言

　　TENG 主要是基于接触起电（或摩擦起电）和静电感应的耦合效应，可以有效收集分散在环境中的微弱机械能[1]。原则上，介电层的接触起电能力对 TENG 的输出性能起到决定性作用。目前，通过世界范围内研究者的多方面努力，主要包括对 TENG 材料和结构的优化和设计，TENG 的输出性能已经取得了一定提升[2-5]。然而，在扩大 TENG 的应用范围和加速其商业化进程中，仍然存在两个严重问题亟待解决。首先，TENG 的输出性能仍然较低，不足以满足为相关电器设备持续供电的需求[6]。其次，TENG 的高电压、低电流、高阻抗特性与小型电器设备所需求的低电压、高电流的低阻抗式电源需求之间的不匹配问题严重降低了 TENG 的实际能量利用效率[7]。仅通过进一步优化 TENG 自身的材料和结构来解决这两个严重的问题是非常困难的，甚至是不可能解决的。因此，迫切需要一些可以普遍适用的策略去打破这一困境。

针对上述挑战，本章将讨论一些通过引入额外的电子元件和适当的电路设计来提高 TENG 输出性能和能量利用效率的有效方案。其中，电荷激励技术和能量管理策略将会分别详细系统地介绍。在提升 TENG 的输出性能方面，电荷激励技术通过连续向电极泵送电荷使其具有足够大的静电感应能力，以此达到输出持续增加的效果，同时也使 TENG 的输出性能不再依赖介电材料的接触起电能力。此外，建立了基于空气击穿的电荷激励 TENG（charge excitation TENG，CE-TENG）模型，并定性地讨论和分析了相关参数对最大输出的影响，这对实现 TENG 输出性能的提升具有重要的指导意义。在提升 TENG 的输出效率方面，能量管理策略有效地将 TENG 的高电压、低电流的输出形式转化为低电压、高电流的输出形式，这很好地契合了小型电器设备的工作需求，提高了 TENG 的能量利用效率。

总之，本章从电路设计与 TENG 相结合出发，具体提供了电荷激励、能量管理等方案，对提升 TENG 的输出性能和能量利用效率进而扩大其应用范围、加快其工业化进程具有重要价值。

9.2 电荷激励提升摩擦纳米发电机输出性能

TENG 摩擦层的表面电荷密度的二次方可称为材料的品质因素，它与 TENG 的输出电流、电压、功率和能量都呈正相关关系[8]。因此，电荷密度可以作为评价不同 TENG 输出性能的统一标准，而提高输出电荷密度是实现高性能 TENG 的首要任务。首先，优化介电材料的固有特性是最常用的手段，包括表面微结构设计、表面官能团修饰、高介电填充、材料选择等[9-11]。另外，改善 TENG 的工作环境也是一种不错的策略，包括高真空、高压、低湿度等[12, 13]。上述这些方法的主要目的在于优化介电材料的接触起电能力而提高其表面电荷密度。然而，由于实际接触界面上的电子云重叠程度远远不够，介电材料的接触起电能力的提升受到严重限制[14]。因此，仅依靠优化 TENG 自身的材料特性或者结构设计来提高 TENG 的输出电荷密度是十分有限的。

2018 年，Cheng 等创造性地提出了用额外的 TENG 泵送电荷的策略，发明了一种输出自提升 TENG（self improving TENG，SI-TENG）[15]，如图 9.1（a）所示。该 TENG 由一个传统 CS-TENG（部分 I）、一个整流桥电路和一个四电极层的 CS-TENG（部分 II）构成。部分 I 和整流桥的作用是形成定向高电压并将产生的电荷以直流的形式泵送注入部分 II，并且电荷在二极管的限制下不能回流。具有四个电极的部分 II 可以实现两个功能：第一，电极 1 和电极 2 组成平行板结构式电容可以用来储存注入的电荷，这对电荷的持续积累和后续的电荷转移非常重要；第二，电极 3 和电极 4 与外部电路相连，实现电荷的转移并对外输出电能。在不断的周期性按压和释放下，部分 II 所积累的电荷将越来越多，并且电荷在平行板结构式电容所产生的变化电场的驱动下来回传递，在外电路中产生交流信号。最终，SI-TENG 获得了 $490\mu C/m^2$ 的输出电荷密度，实现了当时大气环境中 TENG 电荷密度的突破。

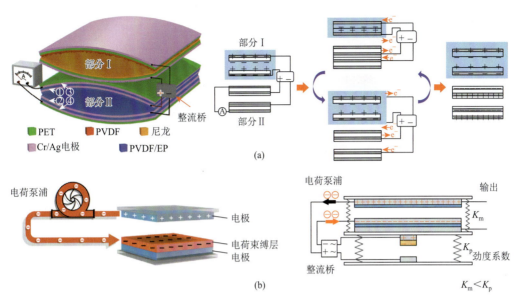

图 9.1 SI-TENG 工作原理图及电荷积累过程（a）[15]和 SCP-TENG 的工作原理图（b）[16]

不久后，Xu 等运用相似的原理提出了一种自电荷泵浦 TENG（self charge pumping TENG，SCP-TENG）[16]，如图 9.1（b）所示。在创新性的悬浮层结构设计和采用更薄的 PP 介电膜下，SCP-TENG 实现了 $1020\mu C/m^2$ 的输出电荷密度，显著提高了 TENG 的输出性能。

2019 年，Liu 等利用电压倍增电路（voltage multiplying circuit，VMC）开发了外电荷激励 TENG（external charge excitation TENG，ECE-TENG）和自电荷激励 TENG（self charge excitation TENG，SCE-TENG）[17]，如图 9.2 所示。与 Cheng 等[15]和 Xu 等[16]的工作相比，VMC 的引入取得了两个明显的进步：一方面，将电荷存储单元由 TENG 的类电容结构替换成商业电容，这意味着存储电荷的"电荷池"变得更稳定，且容量更大，所产生的激励电压也会更高。另一方面，SCE-TENG 首次做到了不需要额外的 TENG 就可以实现输出电荷的倍增。这种电荷自增加的机制来源于在 TENG 周期性接触分离的过程中 VMC 中的电容在串联和并联的模式之间来回切换。随后，这种设计将输出电荷密度提高到了 $1250\mu C/m^2$。

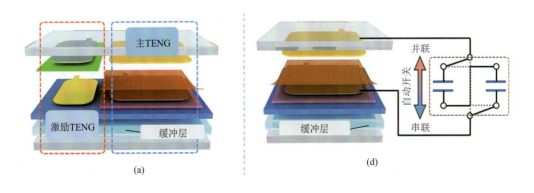

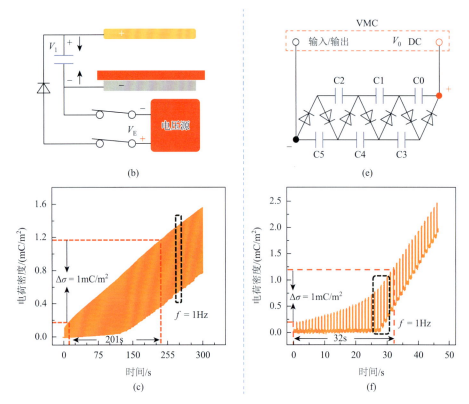

图 9.2 （a）ECE-TENG 的结构示意图；（b）ECE-TENG 的简化工作部件；（c）ECE-TENG 的动态输出电荷积累过程；（d）SCE-TENG 的结构示意图，自动开关可以在运行周期内将电容从并联和串联连接模式之间来回切换；（e）VMC 输入和输出节点示意图；（f）SCE-TENG 动态输出电荷积累过程[17]

上述三个工作的出现代表了电荷激励技术在 TENG 领域的初步形成。将大量的电荷激励到 TENG 电极上的方法使得 TENG 的输出性能不再受到材料接触起电能力不足的限制，这可以称得上是 TENG 发展史的一个重要里程碑。可以统一把这一类型的 TENG 定义为 CE-TENG。

9.2.1　电荷激励技术的基础

接下来，将系统介绍 CE-TENG 的各项参数，以帮助读者更好地了解电荷激励技术提升 TENG 输出性能的过程。图 9.3（a）展示了 CE-TENG 最简单和最具有代表性的结构，它由一个激励 TENG、一个半波整流电路和一个外部电容组成的电荷激励电路（charge excitation circuit，CEC）及一个主 TENG 构成。

CE-TENG 的基本工作原理如图 9.3（b）[18]所示。在初始阶段，摩擦起电和静电感应产生的电荷在激励电路的限制下逐渐积累在外部电容中。经过一段时间的积累后，在 CE-TENG 一个接触分离的周期中，当 CE-TENG 接触时，储存在外部电容中的部分电荷会在外部电容产生的激励电场作用下转移到主 TENG 的电极上。此时，需要注意的是，根据基于接触起电和静电感应的 TENG 基本原理，图 9.3（c）给出了由一个理想电压源和一个电容串联组成的 TENG 一阶等效电路模型。可以看出，TENG 在本征上具有电容特性，并且等效电压源是来源于介质层上的摩擦电荷[19]。然而，对于 CE-TENG 中的主 TENG，与电极上的大量激励电荷相比，介质膜上的微量摩擦电荷在这里可以被忽略。因此，在 CE-TENG 中，可以近似地将主 TENG 视为一个独立的可变电容器（图 9.3（d））。

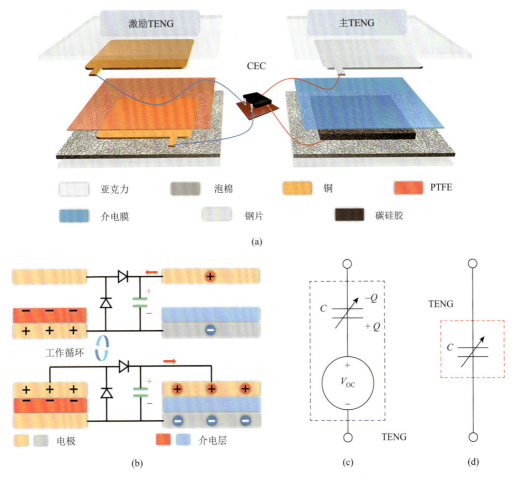

图 9.3　（a）CE-TENG 基本结构示意图；（b）CE-TENG 的工作机制[18]；（c）TENG 的一阶等效电路模型；（d）主 TENG 的等效电容模型

当 CE-TENG 分离时，主 TENG 的电容逐渐减小到 0，此时主 TENG 电极上的电荷将全部转移回外部电容中。因此，电荷在主 TENG 与外部电容之间的来回转移在外部电路中形成了交流输出。与此同时，激励 TENG 持续不断地向外部电容补充电荷。因此，外部电容中积累的电荷越来越多，转移电荷量也越来越大。在达到主 TENG 能够容纳的极限后，转移电荷（也称为输出电荷）也达到最大值并保持稳定。简而言之，一个完整的 CE-TENG 需要满足以下三个基本条件：第一，源源不断的电荷补充。第二，稳定的电荷储存单元。第三，主 TENG 的总电容大小在工作循环中需要发生改变。

根据上述 CE-TENG 的工作流程和原理，激励 TENG 的作用是持续向外部电容和主 TENG 提供电荷补充。因此，要求激励 TENG 产生的电压要足够高，才能够保证电荷的持续补充。把激励 TENG 产生的峰值电压定义为 CE-TENG 的工作启动电压。图 9.4（a）显示了由高压源控制的不同工作启动电压对 CE-TENG 输出电荷密度的影响。不难看出，当工作启动电压过低时，CE-TENG 的输出电荷密度不能达到最大输出极限。只有当工作启动电压高于一定值时，CE-TENG 的输出性能才能得到充分发挥。因此，在制造 CE-TENG 时，首先需要探索合适的工作启动电压来合理设计激励 TENG 的各项参数。

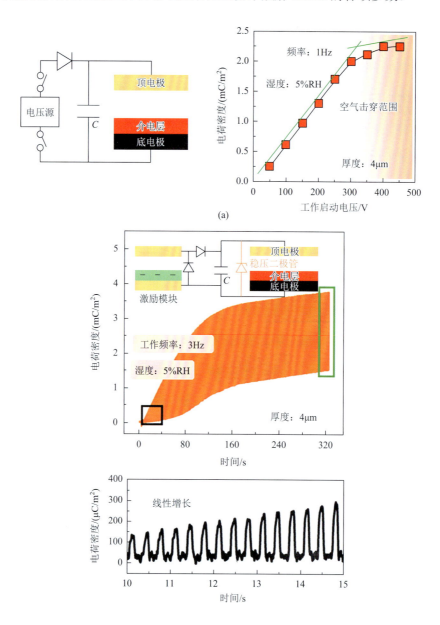

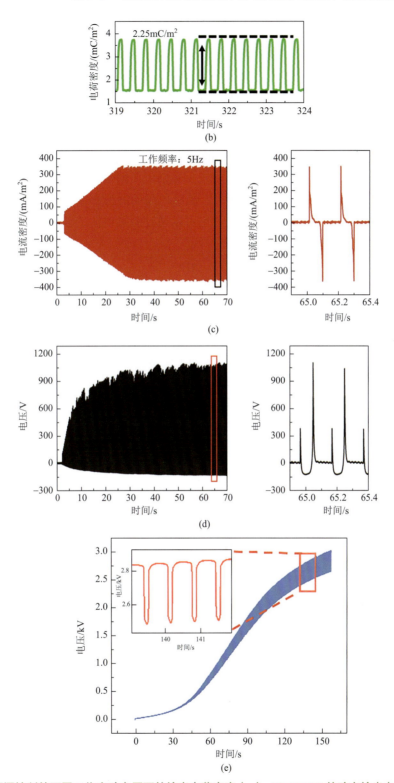

图 9.4　高压源控制的不同工作启动电压下的输出电荷密度（a），CE-TENG 的动态输出电荷密度（b）、电流密度（c）和电压（d）[20]以及激励电压的动态过程（e）[18]

电荷激励过程中的短路输出电荷密度和电流密度分别如图 9.4（b）和（c）所示，反映了 CE-TENG 的输出呈现快速增长并随后稳定的趋势。需要注意的是，与传统的 TENG 不同，CE-TENG 必须在确保电荷能够在电路中顺利转移的情况下才能正常工作。因此，CE-TENG 的输出电压不能在开路的条件下进行测量。故 CE-TENG 最大输出电压的参数需要通过串联一个大电阻（吉欧量级）才能获得。图 9.4（d）展示了输出电压的动态变化过程。此外，将外部电容两端的电压定义为激励电压，这也是 CE-TENG 中的一个重要参数，它不仅可以反映主 TENG 两端电压的实时情况，还可以展示电荷转移的变化趋势。激励电压的动态变化过程如图 9.4（e）所示。激励电压整体上呈现逐渐增大的趋势，证实了电荷在外部电容中的逐渐累积。同时，激励电压的波形振荡是电荷在外部电容与主 TENG 之间的来回转移造成的，这意味着也可以通过激励电压的波动值来计算输出电荷的大小：

$$Q = \Delta V C \tag{9.1}$$

式中，ΔV 是激励电压波动值；C 是外部电容值。基于此，由图 9.4（e）也可知，在输出饱和前，激励电压与转移电荷量是正相关的，这也再次验证了工作启动电压对 CE-TENG 最大输出电荷密度的重要性。

外部电容和主 TENG 作为 CE-TENG 的主要部分决定着最大输出。图 9.5 展示了 CE-TENG 主要部分的等效物理电气模型和电学模型。通过对该模型的分析和推导，获得影响 CE-TENG 最大输出电荷密度的参数。

图 9.5　CE-TENG 主要部件等效物理和电学模型[18]

在 CE-TENG 周期性接触分离的过程中，以下式子恒成立：

$$V_{\text{TENG}}(x) = V_{\text{C}}(x) \tag{9.2}$$

式中，x 是分离距离；$V_{\text{TENG}}(x)$ 是主 TENG 任意位置时的电压。$V_{\text{C}}(x)$ 是电容两端任意位置时的电压。

当 CE-TENG 充分接触时（$x = 0$），主 TENG 的电容为

$$C_{\text{TENG}}(0) = \frac{\varepsilon_0 \varepsilon_{\text{r}} S}{d} \tag{9.3}$$

式中，ε_0 是真空介电常数。ε_{r} 和 d 分别是主 TENG 中介质膜的相对介电常数和厚度。S 是主 TENG 的电极面积。

可以假设此时主 TENG 电极上的电荷量为 Q_0，并且外部电容中的电荷量为 Q_C。根据式（9.2），可以建立以下关系：

$$V_{TENG}(0) = \frac{Q_0}{C_{TENG}(0)} = V_C(0) = \frac{Q_C}{C} \tag{9.4}$$

式中，C 为外部电容值。此时主 TENG 电极上的电荷密度可以表示为

$$\sigma_0 = \frac{Q_0}{S} \tag{9.5}$$

当 CE-TENG 分离到随机状态（x）时，主 TENG 的电容变化为

$$C_{TENG}(x) = \frac{\varepsilon_0 S}{\dfrac{d}{\varepsilon_r} + x} \tag{9.6}$$

假设主 TENG 电极上此时的电荷量为 $Q(x)$，那么外部电容中的电荷则为 $Q_C + [Q_0 - Q(x)]$。同样，根据式（9.2），以下公式成立：

$$\frac{Q(x)}{C_{TENG}(x)} = \frac{Q_C + [Q_0 - Q(x)]}{C} \tag{9.7}$$

此时主 TENG 中电极上的电荷密度为

$$\sigma(x) = \frac{Q(x)}{S} \tag{9.8}$$

进一步，电极 1 与介质层之间的电场可以表示为

$$E(x) = \frac{\sigma(x)}{\varepsilon_0} \tag{9.9}$$

根据式（9.2）～式（9.9），电极 1 与介质层之间的空气间隙电压可以推导并表示为

$$V_{gap}(x) = x \cdot E(x) = \frac{x\sigma_0}{\varepsilon_0}\left(1 - \frac{x}{\dfrac{d}{\varepsilon_r} + x + \dfrac{\varepsilon_0 S}{C}}\right) \tag{9.10}$$

综上所述，CE-TENG 可以实现电荷在主 TENG 电极上的逐渐积累，而当积累的电荷密度（σ_0）超过一定值时，间隙电压也会超过空气击穿电压从而导致空气击穿的发生。这意味着空气击穿的存在使得 CE-TENG 的输出电荷密度不能无限制增大，而有一个最大值。根据帕邢定律经验公式[14]，空气击穿电压可以表示为

$$V_{AB} = \frac{A(Px)}{\ln(Px) + B} \tag{9.11}$$

式中，P 是大气压力。A 和 B 是由湿度、温度等环境因素所决定的常数。为了避免空气击穿的发生，需要满足以下不等式：

$$V_{gap}(x) \leqslant V_{AB} \tag{9.12}$$

根据式（9.10）～式（9.12），主 TENG 电极上的电荷密度符合如下关系：

$$\sigma_0 \leqslant \frac{AP\varepsilon_0}{(\ln(Px)+B)\left(1-\dfrac{x}{\dfrac{d}{\varepsilon_r}+x+\dfrac{\varepsilon_0 S}{C}}\right)} \tag{9.13}$$

则 CE-TENG 的最大输出电荷密度为

$$\sigma_{max} = \left[\frac{AP\varepsilon_0}{(\ln(Px)+B)\left(1-\dfrac{x}{\dfrac{d}{\varepsilon_r}+x+\dfrac{\varepsilon_0 S}{C}}\right)}\right]_{min} \tag{9.14}$$

上述各式指出了与 CE-TENG 的最大输出电荷密度有关的多项参数。首先，最大输出电荷密度随主 TENG 中介质膜的厚度减小而增大，随介质膜的相对介电常数增大而增大。其次，改善 CE-TENG 工作环境中大气压力、温度和湿度等条件也可以提升 CE-TENG 最大电荷密度。另外，更大的外部电容也有利于获得更大的输出电荷密度。上述基于空气击穿的 CE-TENG 等效物理模型和电学模型对开发具有超高输出电荷密度的 CE-TENG 有重要的指导意义。

9.2.2 电荷激励技术的发展

与理想情况不同，在 CE-TENG 实际运行过程中，界面之间的接触状态是影响 CE-TENG 最大输出的一个关键因素。然而，缺乏一种精准评估界面之间接触程度的方法。2020 年，Liu 等创新性地提出了测量接触效率的具体方案[20]，如图 9.6（a）所示。TENG 实际接触时的电容值（$C_{contact}$）被首先测量，再通过基本关系式（9.3）计算理想电容。接着，接触效率则被定义为

$$\eta = \frac{C_{contact}}{C_{TENG}(0)} \tag{9.15}$$

进一步，式（9.3）则可以转换为

$$C_{contact} = \eta \cdot \frac{\varepsilon_0 \varepsilon_r S}{d} \tag{9.16}$$

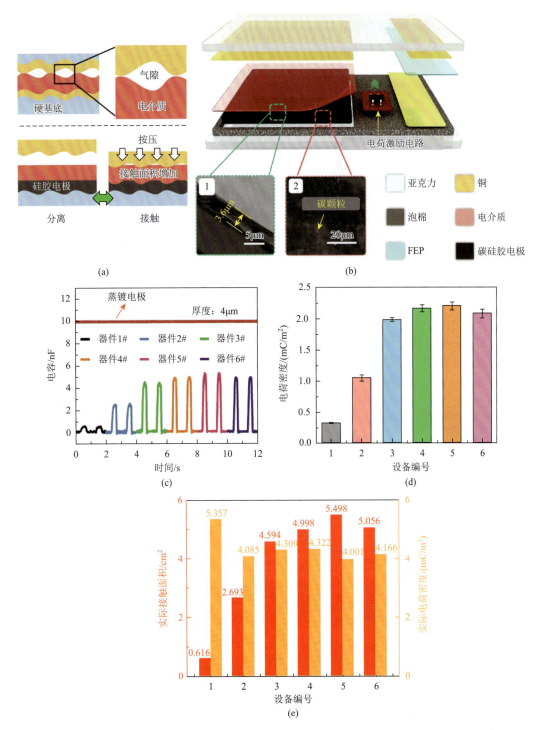

图 9.6　（a）刚性电极（上）和软凝胶电极（下）的接触状态示意图；（b）CE-TENG 结构示意图，插图 1 为介质膜的截面 SEM 图，插图 2 是碳纳米颗粒分散在硅胶基体的 SEM 图；（c）六个不同优化参数下主 TENG 的电容大小；（d）不同接触条件下 CE-TENG 的输出电荷密度；（e）六种接触优化后的主 TENG 的实际接触面积和实际电荷密度[20]

重复前面的推导过程，那么在考虑接触状态干扰的情况下，CE-TENG 的实际最大输出电荷密度可以表示为

$$
\sigma_{\max} = \left[\frac{AP\varepsilon_0}{(\ln(Px) + B)\left(1 - \dfrac{x}{\dfrac{d}{\eta\varepsilon_{\mathrm{r}}} + x + \dfrac{\varepsilon_0 S}{C}}\right)} \right]_{\min}
\tag{9.17}
$$

可以看出，与介电膜的厚度和相对介电常数等参数一样，主 TENG 的接触效率对 CE-TENG 最大输出电荷密度的影响也非常重要。更高的接触效率有利于获得更高的输出电荷密度。因此，Liu 等从这个基本观点出发，如图 9.6（b）～（e）所示，利用自制的柔性碳硅胶电极和选择 3.6μm 厚的 PEI 薄膜，将主 TENG 的接触效率从 6.16% 提高到了 54.98%，并因此获得了 2.38mC/m² 的突破性的输出电荷密度[20]。

更薄的介电膜对提高 CE-TENG 的最大输出电荷密度十分有利。然而，随着厚度的进一步降低（小于 1μm），介电膜将会更容易受到应力破损和被高激励电荷产生的高压击穿，这不利于 CE-TENG 的大规模应用。另外，超薄介电膜的制造工艺极其复杂和困难。因此，选择具有一定厚度的高相对介电常数材料作为介电层可以同时保证 CE-TENG 的耐久性和高输出电荷密度。如图 9.7 所示，Li 等使用 9μm 厚的高相对介电常数的商用聚偏氟乙

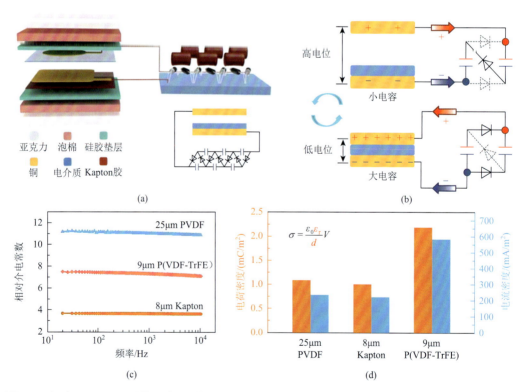

图 9.7　（a）CE-TENG 结构示意图；（b）CE-TENG 在周期性接触分离过程中的工作机理；（c）三种不同介电层的相对介电常数；（d）三种不同介电层的输出电荷密度和电流密度[21]

烯-共三氟乙烯（P（VDF-TrFE））膜，获得了 2.2mC/m² 的输出电荷密度，这证明介电材料的高相对介电常数特性对 CE-TENG 最大输出电荷密度具有正面效应[21]。

可以发现，CE-TENG 不仅可以在输出上实现激励倍增的效果，还可以在主 TENG 两端形成一个定向的高电场，如图 9.8（a）所示。因此，当极性材料与 CE-TENG 相结合时，极性材料中的偶极矩会沿着这一定向高电场的方向逐渐发生偏转，从而使得极性材料的极化程度在 CE-TENG 的运行过程中缓慢增加（图 9.8（b））。根据介电材料在电场下的基本关系，相对介电常数与极化程度（P）的关系可以表示为

$$\varepsilon_r = \frac{E\varepsilon_0 + P}{E\varepsilon_0} \tag{9.18}$$

式中，E 是介质膜中电场大小。因此，介电材料的极化程度在定向电场的作用下缓慢增加时，它的相对介电常数也在缓慢增大，这代表 CE-TENG 的最大输出会伴随时间自发增加。2022 年，Wu 等创造性地提出了上述极性介电膜在 CE-TENG 的自极化效应[22]。如图 9.8（c）所示，将锆钛酸铅（PZT）粉末填充到极性材料 PVDF 中获得了高相对介电常数的极性 PZT-PVDF 复合薄膜（厚度为 6.7μm）。从图 9.8（d）可以看出，CE-TENG 的输出电流密度在较长时间内的确呈缓慢增加的趋势，而图 9.8（e）进一步证明了介电膜的相对介电常数在自极化后有所提高。最终，这个工作实现了 3.53mC/m² 的超高输出电荷密度（图 9.8（f））。

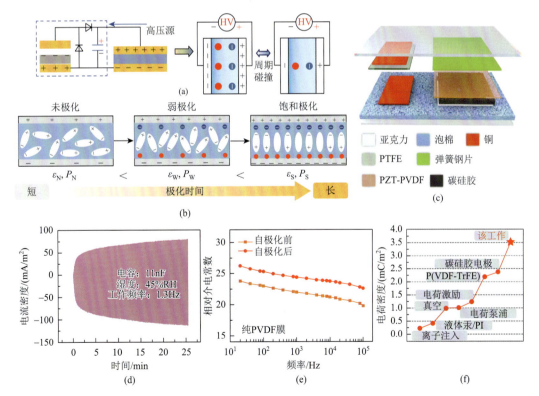

图 9.8　（a）激励 TENG 产生定向高压示意图；（b）自极化过程示意图；（c）CE-TENG 的结构示意图；（d）输出电流在长时间下的自增加趋势；（e）自极化前后的相对介电常数；（f）电荷密度大小比较[22]

上述三个工作是 CE-TENG 基础理论的进一步发展和补充，分别系统地讨论了接触效率、介电膜厚度、相对介电常数、极化程度对 CE-TENG 最大输出电荷密度的影响。可以把这些实验结果更为明了地总结为一点：提升 CE-TENG 最大输出电荷密度的有效途径就是提升主 TENG 单位面积下实际接触电容大小。

9.2.3　电荷激励技术的应用

上面相关的基础研究表明了电荷激励技术与 TENG 的结合成功地使 TENG 的输出性能得到显著提升。从此，越来越多的研究者开始将电荷激励技术应用到各种结构的 TENG 上。本节将主要介绍电荷激励技术在各个结构和场景下的应用。

非接触式 TENG 具有能量转换效率高和稳定性好的优点，适用于收集环境中的微弱随机能量。然而，传统的非接触式 TENG 由于介电材料表面的低电荷密度而输出性能非常差。为了改善这一点，Long 等利用单向传导倍压电路提出了一种悬浮自激励滑动 TENG（floating self-excitation sliding TENG，FSS-TENG）[23]，如图 9.9 所示。FSS-TENG 主要由盘形定子和转子组成。首先，提前用铝箔摩擦转子上的 PTFE 膜为自激励过程提供初始电荷。随后，当带电的 PTFE 滑动时，定子上的电极之间会因为电势的变化产生交流输出，从而 VMC 两端开始被充电。进一步，VMC 会持续并且定向地向转子上的铜电极注入电

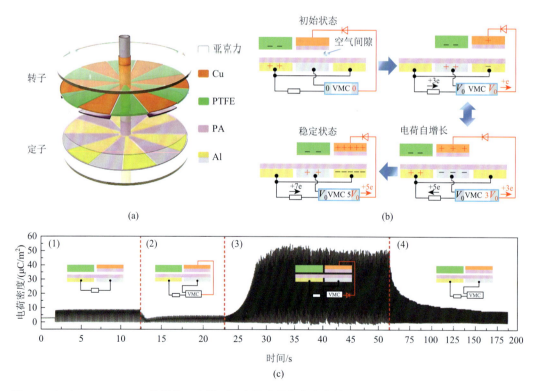

图 9.9　（a）FSS-TENG 三维结构示意图；（b）滑动周期内电荷的自激励过程；（c）四种工作模式下的动态输出电荷曲线，显示了所设计的 FSS-TENG 更好的输出提升能力[23]

荷，随后带有大量电荷的铜电极在转动时会显著增加定子上电极之间的转移电荷，从而又进一步增加了 VMC 的电荷注入效果。这是一个持续的正反馈过程，至注入到铜电极上的电荷达到空气击穿的极限值后，输出也达到最大值。最终，FSS-TENG 获得了 71.53μC/m² 的电荷密度，是传统非接触式 TENG 的一个新突破。

为了进一步实现具有高耐久性和高输出性能的旋转滑动式 TENG，Fu 等设计了一个基于电荷激励的接触模式可调 TENG（charge excitation and mode adjustable TENG，CEMA-TENG）[24]，如图 9.10 所示。与典型的 CE-TENG 的结构类似，CEMA-TENG 的主体部分也由激励 TENG（excitation TENG，E-TENG）和主 TENG（main TENG，M-TENG）组成。激励 TENG 的作用是向主 TENG 持续提供电荷补充。与上述 Long 等设计的完全悬浮结构[23]不同的是，由于钢球与弹簧组成的离心驱动层的存在，主 TENG 的定子和转子可以在低速旋转时自动接触，高速旋转时自动分离。这种结构设计使得主 TENG 在高速工作时（非接触状态）不会造成材料的磨损，并且通过电荷激励技术的电荷注入克服了非接触期间的电荷衰减。同时，在低速工作期间（接触状态）通过短暂的不定期地直接接触摩擦，又很大程度上提高了电荷激励的效果。正因如此，CEMA-TENG 展示出极好的稳定性和高输出性能，在72000 次循环后仍然保持 94% 的电输出，远远高于普通接触滑动模式的 TENG（30%）。

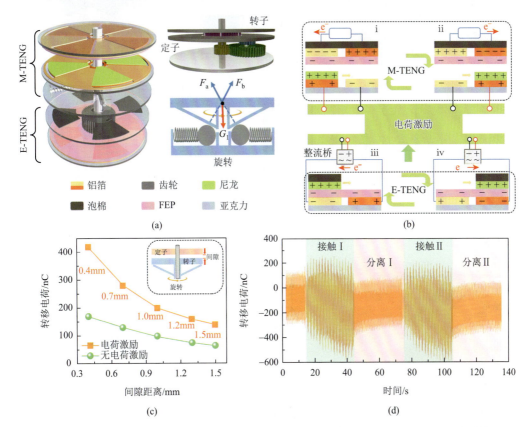

图 9.10　（a）CEMA-TENG 的结构框图；（b）外激励模式下 CEMA-TENG 在一个运行周期内的工作原理；（c）主 TENG 在不同间隙距离下的转移电荷；（d）CEMA-TENG 在连续接触和分离两个阶段的转移电荷输出曲线[24]

与传统的折纸艺术文化相结合，TENG 可以具有成本低、体积小、质量轻、效率相对较高的优势，使其能够作为便携式电源使用。为了获得高输出性能的便携式 TENG，Li 等设计了一种基于三浦折叠电荷激励的 TENG（miura folding charge excitation TENG，MF-CE-TENG）[25]，如图 9.11（a）～（c）所示。三浦折叠具有展开面积大，折叠体积小的优点。它沿单轴伸展，展开后具有特殊的褶皱，呈现平行四边形棋盘形状，反向压缩则可实现收拢。在电荷激励技术的启发下，MF-CE-TENG 通过设计分为激励 TENG（背面）和主 TENG（正面）。最终，MF-CE-TENG 的输出电荷密度和输出功率分别提高了 4.6 倍和 10.6 倍。除此之外，Li 等还开发了一个同时包括多重堆叠 V 形单元和电荷激励电路的 TENG（V-shaped folding self-excitation TENG，VSE-TENG）[26]，如图 9.11（d）～（f）所示。通过利用 V 形结构和在 PET 的正面和背面涂覆不同的材料，在两块板之间形成了多对摩擦层，不仅提高了电荷激励的效果，也很大程度上提高了 VSE-TENG 的空间利用效率。

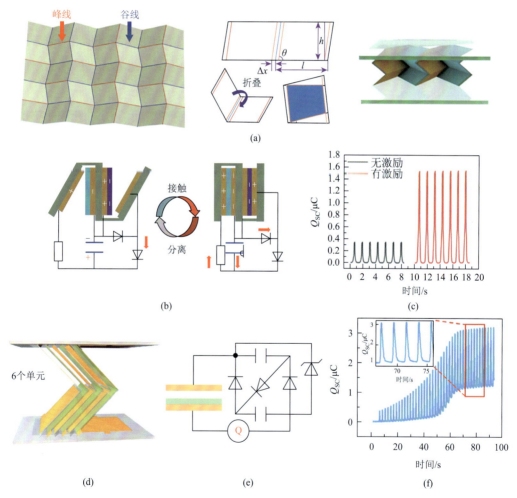

图 9.11 （a）三浦折叠结构；（b）MF-CE-TENG 的工作原理；（c）有电荷激励和没有电荷激励时 MF-CE-TENG 的输出电荷比较[25]；（d）V-TENG 结构示意图；（e）VSE-TENG 的电路图；（f）VSE-TENG 输出电荷[26]

上述工作证明了电荷激励技术在接触分离、滑动、转动、悬浮、三维多层结构的 TENG 上都是适用的。此外，电荷激励技术在各种复合结构上的应用近年也被相继报道，包括叠层与滑动的复合、转动与悬浮的复合、转动与接触分离的复合等[27-29]。CE-TENG 结构的多样性和普适性决定了它可以通过合适的结构设计来收集环境中风能、水流能、海洋能、震动能等多种形式的能量。

不仅如此，根据 CE-TENG 的基本原理，TENG 产生的电荷在电荷激励电路的限制下会在主 TENG 两端定向积累，从而形成一个定向的高压（高电场），这意味着电荷激励技术在高压方面的应用也十分具有潜力。在前面所提到的自极化效应就是一个典型的例子，形成了一个基于 CE-TENG 的薄膜极化技术[22]。除此之外，Wu 等采用电荷激励的方案开发出一种依托于空气击穿电荷注入 TENG（breakdown charge injection TENG，BCI-TENG）的表面电荷注入技术[18]，如图 9.12 所示。利用辅助 TENG（assist TENG，A-TENG）和 CEC 在空气击穿 TENG（breakdown TENG，B-TENG）两端产生一个高于空气击穿电压的高电压，使得定向的空气击穿持续地发生在 B-TENG 的上电极和介质膜之间。因此，空气击穿引发的在介质膜表面上的电荷注入被成功地实现。实验结果表明，经过电荷注入后的 PI 膜实现了 $880\mu C/m^2$ 的高电荷密度，这是单层材料修饰系列的一个新突破。

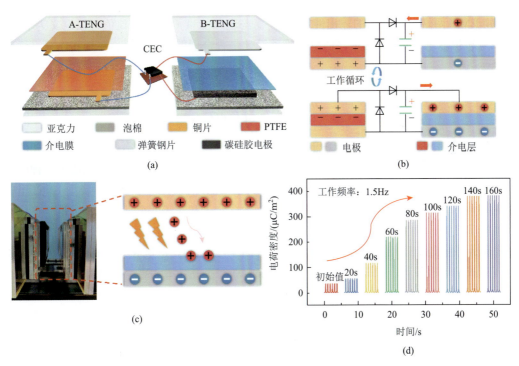

图 9.12　（a）BCI-TENG 的结构图；（b）BCI-TENG 的基本工作机制；（c）B-TENG 的表面电荷注入示意图和光学照片；（d）B-TENG 随电荷注入时间变化的输出电荷密度[18]

总之，电荷激励技术对 TENG 输出性能的提升作用是非常有效的，也彻底将提升 TENG 性能研究的主要思路从提高材料的接触起电能力转换为提高 TENG 的接触电容，这是 TENG 发展历程中一个明显的进步。与此同时，CE-TENG 展现出了在不同结构、场景上的普遍适用性和高压应用上的潜力，这为加快 TENG 实现大规模实际电力应用提供了技术支持。

9.3 能量管理提升摩擦纳米发电机能量利用效率

TENG 具有很高的固有阻抗，显示出高电压、低电流的输出特性，但是常规电子设备的正常工作却展现出对低电压、高电流的低阻抗式电源的需求[6]。如果将 TENG 与能量存储单元或者电子设备直接集成，会造成 TENG 巨大的能量损耗。因此，TENG 与电子设备之间的阻抗特性不匹配成为限制 TENG 扩大实际应用范围的另一个棘手问题。通过在 TENG 和负载设备之间引入合理的电路设计，获得一个可以执行电压和阻抗转化的能量管理电路（energy management circuit，EMC），这对提高 TENG 输出效率和增强能量供应效果是十分必要的。本节将通过一些典型的例子来介绍实现能量管理的主要方案。需要说明的是，与电荷激励策略提升 TENG 输出性能不同，能量管理只是改变 TENG 的能量输出形式，而并未增加 TENG 的总输出能量。此外，由于不可避免的 EMC 与 TENG 匹配不充分问题和电子元件的功率损耗问题的存在，能量管理会带来一定量的能量损失。因此，EMC 两端节点之间的输出能量（E_{out}）与输入能量（E_{in}）的比值可以定义为 EMC 的能量转换效率（η_m），这是评估电源管理设计是否合理的评判标准，并且其计算方法可以表示为[30]

$$\eta_m = \frac{E_{out}'}{E_{in}} = \frac{\int V_{out} \mathrm{d}Q_{out}}{\oint V_{in} \mathrm{d}Q_{in}} \tag{9.19}$$

如何把 TENG 的高电压低电流的输出转换为低电压高电流的输出是实现能量管理的关键所在。传统的变压器正好可以满足这一电能转换的需求。例如，Zhu 等报道了一种由径向阵列旋转式 TENG（radial arrayed rotary TENG，RAR-TENG）和变压器类型 EMC 组成的电源系统[31]，如图 9.13 所示。RAR-TENG 包含定子和转子两个部分。转子是一组径向排列的扇形物。每个扇形单元中心角为 3°，共有 60 个单元。定子由一块完整的 FEP 层和两组单元数量与定子相同的互补式电极组成（图 9.13（a））。正是 RAR-TENG 有这种多单元阵列式的电极设计，在高转速下（3000r/min）获得了高功率和高频的输出电信号。EMC 则由整流器、变压器、电压调节器和电容器组成（图 9.13（b））。整流后 RAR-TENG 的输出信号首先经过变压器的降压处理，随后再通过搭配合理的电容模块对输出电压值进行调控，最终获得了一个具有稳定电压值的直流输出。从开始运行不到 0.5s 内，整个电源系统即可提供 5V 的恒定直流输出，极大降低了 RAR-TENG 的输出阻抗，提高了实际能量利用效率（图 9.13（c））。

然而，传统变压器存在品质因数过低、主级电感的阻抗过低、工作带宽过窄和低频响应差等特征，所以传统变压器只有当 TENG 输出频率足够高时才会体现出高的能量转换效率。而实际上 TENG 在大多数应用场景下的输出信号是低频的。因此，TENG 与变压器之间的频率供需不匹配也会使得能量在转换中产生不小的损耗。这意味着还需要考虑如何在变压器模

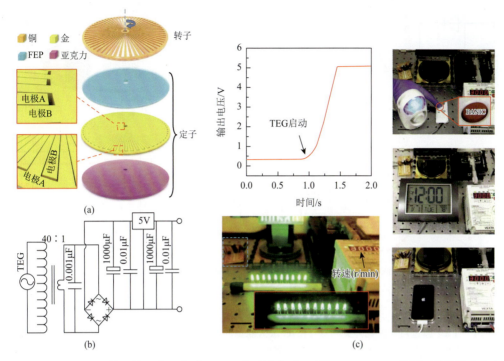

图 9.13　RAR-TENG 的结构示意图（a）、EMC 电路图（b），以及 RAR-TENG 能源系统的输出能力展示（c）[31]

块之前引入额外的电路设计来获得一个高频信号输入。基于此，研究者提出了一种可以实现瞬间放电的开关策略来解决这一问题[30]，包括机械开关、电子开关、电压触发开关等。例如，Wang 等提出了一种基于板对板结构的自动火花开关处理电路[7]，如图 9.14（a）所示。能量产生源是一个电极面积大小为 $100cm^2$ 的传统 CS-TENG。CS-TENG 通过半波整流电路向输入电容（C_{in}）充电。当 C_{in} 两端的电压超过空气击穿电压（V_{AB}）时，平行板会自动触发放电，从而在回路中产生高脉冲的瞬时电流。通过电火花开关，高频的输入信号被成功地获得，随后被进一步输入到变压器的初级线圈中（图 9.14（b））。接着，初级线圈中的高频电流引发次级线圈中的磁通量迅速变化。最终在输出电路中产生了每周期 $660\mu C$ 的电荷量、$2010mA/m^2$ 的脉冲电流密度和 $11.13kW/m^2$ 的脉冲功率密度（图 9.14（c）～（e）），并且成功地在 1Hz 的低频工作时同时驱动 16 个商业温湿度计。这个工作揭示了如何在低频下实现 TENG 与变压器相结合的高能量转换，拓宽了能量管理的发展方向。

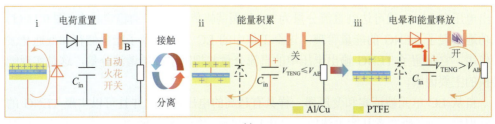

(a)

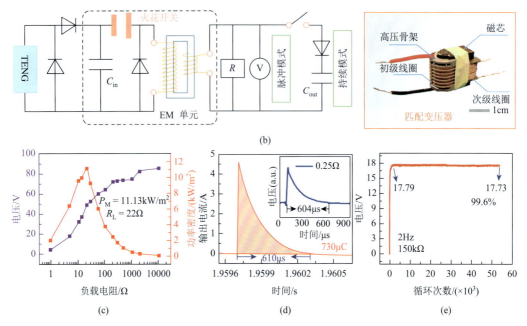

图 9.14 （a）通过自动火花开关释放 TENG 最大能量的三个阶段；（b）以脉冲信号驱动外部负载的 TENG 电路图；（c）脉冲模式下的电压和功率密度与负载电阻的关系图；（d）能量管理电路的输出电荷和输出电流；（e）TENG 连续运行 55000 个循环的稳定性展示[7]

　　开关策略实现的间断脉冲式输出也可以通过电感-电容（LC）单元的储能滤波特性进一步转换为稳定且连续的直流输出。例如，Xi 等利用这个原理提出了一个直流降压转换和自我管理机制的 TENG 系统[32]，如图 9.15 所示。信号源是一个由 FEP 和一对铜电极组成的独立滑动式 TENG，它的输出端口连接着一个整流桥和一个机械开关。当 FEP 在两电极之间滑动时开关是断开的状态，能量储存在 TENG 当中。当 FEP 在一个电极的正上方时开关瞬间闭合，能量就被释放到外部负载（图 9.15（a））。因此，这样一个能量积累与瞬时释放的过程实现了能量最大化的传输效果，并且给后端电路提供了一个间断脉冲的高压输入信号（图 9.15（b））。后端电路则是一个直流降压转换 LC 单元，包括一个并联二极管、一个串联电感器和一个并联电容器（图 9.15（c））。当开关闭合时，TENG 释放的能量传递给 LC 单元，一部分以磁场能量的形式储存在电感器中，一部分以电场能量的形式储存在电容器中。当开关断开时，LC 单元储存的能量释放到外部负载（图 9.15（d））。经过对这两个过程的等效电路所满足的基尔霍夫定律和稳态条件的分析及推导，发现输出电压是一个在 U_{O1} 与 U_{O2} 之间波动的连续且稳定的直流电压（图 9.15（e））。最后，实际的输出电压在 20s 内就可达到直流分量为 3V 和振荡幅值为 0.4V 的稳定状态（图 9.15（f）），成功地实现了 TENG 的能量管理。这个工作中的 LC 单元起到了能量储存和低通滤波器的作用，它保留了 TENG 输出电压中的直流分量并抑制了高频谐波分量，这是实现能量转换的主要因素。

　　自从 LC 单元被证实和变压器一样具有超高的电压转换比并且可以实现 TENG 的能量管理后，许多研究者开始关注如何提升 LC 单元的能量转换能力，其中的电感元件是实

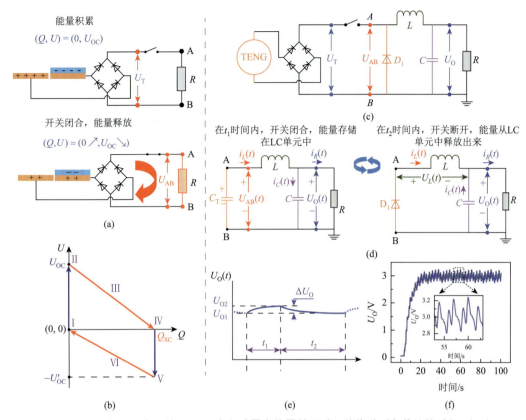

图 9.15　（a）在一个周期内，从 TENG 中释放最大能量并通过开关传递到负载端的过程；（b）TENG 在最大能量传递下的 *U-Q* 图；（c）耦合 TENG、整流器和传统 DC-DC 降压变换器的交直流降压转换原理电路图；（d）接通和断开时的等效电路；（e）理论下一个电路周期内电阻的输出电压曲线；（f）实际测量的输出电压[32]

现能量转换最重要的电子器件而被重点研究。基于此，Wang 等提出了一种匹配电感器的通用设计程序[33]，如图 9.16 所示。这个工作通过对电感器的组件，包括对磁芯、绕组骨架和铜线圈理论上和实验上的研究，清晰地揭示了电感器能量转换的过程并提出了如何匹配电感所需的最小磁芯体积、磁芯气隙、最小电感和线圈数的详细参数。在这个工作中，经过探索和优化，磁芯型号被确定为铁氧体磁芯 EE22，磁芯间隙为 0.5mm，线圈匝数为 72，铜线尺寸为 0.1×20mm（图 9.16（a）～（d））。能量管理电路如图 9.16（e）所示，TENG 的能量首先通过火花开关电路以高频脉冲的形式传递给 LC 单元。随后，拥有最佳匹配电感的 LC 单元进一步将 TENG 输出能量转换为稳定的低压直流输出。最终，和 TENG 直接给电子设备供电相比，这个工作在能量利用效率上实现了 6300 倍的增幅（图 9.16（f））。

　　电容器既可以作为存储单元收集能量，也可以作为电源对外供电，非常适合当作 TENG 对外输出的中间转换单元。因此，研究者提出了一种基于开关电容的能量管理策略。例如，Tang 等集成了一个带开关电容器阵列的接触分离式 TENG（power transformed and managed TENG，PTM-TENG）[34]，如图 9.17（a）所示。当器件被释放时，TENG 通过整流电路

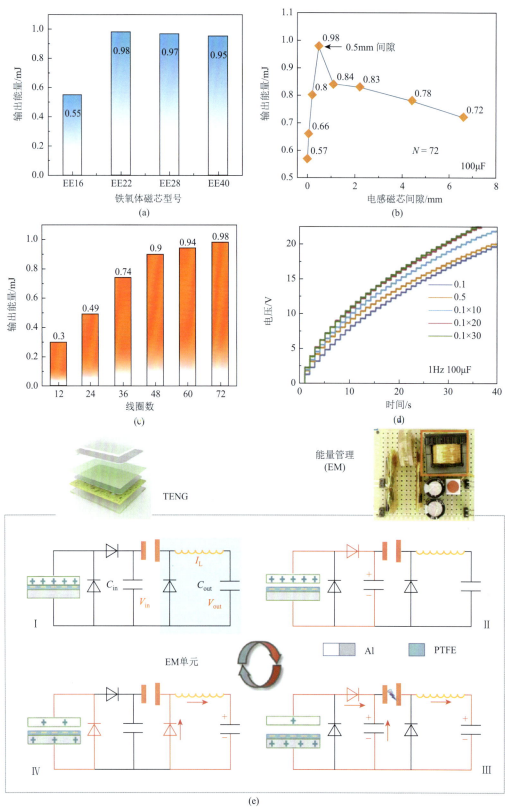

(a)

(b)

(c)

(d)

(e)

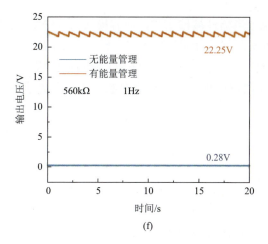

(f)

图 9.16　（a）不同磁芯型号下的输出能量；（b）受电感磁芯间隙影响的输出能量；（c）经不同线圈数的电感转换后的 TENG 输出能量；（d）不同线径的 EE22 电感下的 TENG 充电性能；（e）EMC 为负载供电的 TENG 工作机制；（f）EMC 转换前后的输出电压曲线对比[33]

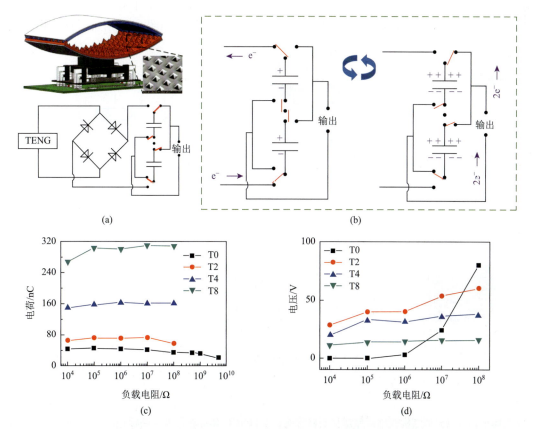

图 9.17　（a）PTM-TENG 的三维结构；（b）PTM-TENG 中电容模块在工作周期内的串并联切换；（c）（d）T0、T2、T4、T8 在不同负载电阻下的输出电荷和电压[34]

向两个串联的电容充电。当器件被按压时，电容模块与 TENG 断开连接，同时两个电容立即切换至并联模式并对外输出能量（图 9.17（b））。经计算，经过电容模块串并联切换的能量转化处理，最终的输出电压应该是 TENG 原始输出值的 $1/N$，而输出电荷密度是初始值的 N 倍，其中 N 是电容模块中的电容个数。实验结果证明，与没有使用开关电容模块的输出电荷（40nC）相比，使用了 N 值分别为 2、4 和 8 的开关电容的输出电荷分别是 73nC、161nC 和 310nC（分别提高了 1.8 倍、4.0 倍和 7.8 倍），同时电压的输出也符合上述计算的规律（图 9.17（c）和（d））。这意味着可以通过管理开关电容的数量来实现对输出电压的调控，从而满足不同场景下的应用需求。

然而，对于上述基于开关电容策略的能量管理系统，机械开关的放电损耗和电容的集成困难严重阻碍了超高电压转化比的进一步获得。针对这一问题，电子开关电容变换器（switched capacitor converter，SCC）被进一步利用[35]，它是一种可将高压、低电荷转换为低压、高电荷的能量转换器，同时也具有无磁场、易集成、效率高、体积小等优点，已广泛应用于直流微网络、电动汽车、无线传感、太阳能电池等领域。然而，为了实现高电压转化比，所需的 SCC 单元数量应线性增加，而多单元的集成困难和压降损耗会严重降低能量的转换效率。为了解决这些问题，Liu 等提出了一种基于分形设计的开关电容转换电路（fractal switched capacitor converter，FSCC）[35]，如图 9.18 所示。两个电容通

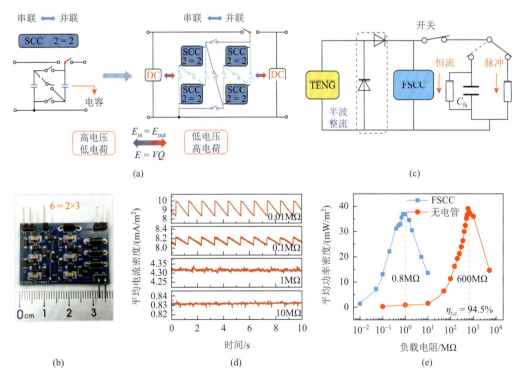

图 9.18 （a）以分形结构递增顺序演化的概念图；（b）FSCC 集成在印制电路板（printed-circuit board，PCB）上的光学照片；（c）能量管理系统示意图；（d）FSCC 能量管理下不同负载下的电流波形；（e）FSCC 能量管理前后的平均功率密度对比[35]

2 = 2 表示一阶分形开关电容变换器（FSCC），表示为一个基础的单元，图（a）右侧整体为 8 = 2×2×2，三阶 FSCC，图（b）中 6 = 2×3，表示有 3 个这样的基础单元

过三个二极管的连接组成一个可以实现串并联切换的基本单元。两个基本单元又可以通过相同的连接方式组成一个二阶单元。以此类推，具有一定电容数量的高阶单元可以通过这样的嵌套结构轻松实现（图 9.18（a）和（b））。因此，这个基于分形设计的开关电容转换电路有三个明显的优势。第一，开关连接状态的切换可以由二极管实现。第二，电容的集成困难问题得到解决。第三，二极管的导通压降（电压损耗）问题在嵌套结构下得到改善。最终，这个工作集成了一个 6 阶 FSCC 电路并在不同外部负载下都获得了稳定的直流输出电压（图 9.18（c）和（d））。输出电荷是电源管理前的 68 倍，匹配负载电阻从 600MΩ 降低到了 0.8MΩ，并且能量转换效率（$\eta_{t,c}$）达到了 94.5%（图 9.18（e））。

目前，集成电路的发展日益成熟，市场上有各式各样可以实现不同电路功能的集成芯片。因此，直接搭配与 TENG 输出性能适配的芯片也是实现能量管理的一个很好的方法。例如，Wang 等报道了一种基于商用芯片 LTC 3588 的能量转换方案[36]，如图 9.19（a）所示。商用芯片 LTC 3588 集成了低损耗全波桥式整流器、高效率降压型转换器和电压调节器，可以实现高达 100mA 的输出电流，并且可以通过调整引脚的连接方式将输出电压设置为 1.8V、2.5V、3.3V、3.6V。TENG 首先通过整流桥向电容 C1 充电，当 C1 两端的电压达到 5.2V 时，芯片 LTC 3588 立即开始工作并产生一个峰值为 15.57mA 的瞬时输出电流，而随后 C1 两端的电压会因为能量的释放而下降。当 C1 两端的电压再次

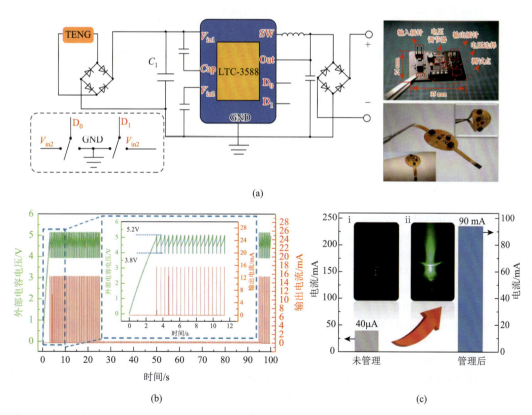

图 9.19　（a）EMC 电路图；（b）TENG 对 C1 充电的电压变化曲线和后端 EMC 的输出电流；（c）EMC 实现超高输出电流[36]

达到 5.2V 时，芯片 LTC 3588 又开始重新工作。如此循环往复，最终在输出端产生了超高输出电流（图 9.19（b）和（c））。最终，这个工作利用芯片 LTC 3588 的功能实现了对水波能量、风能和步行能量的高效收集，验证了基于芯片 LTC 3588 管理电路的通用性和实用性。

总之，根据上述介绍的工作，大致可以把能量管理的方法分为以下几类：变压器、瞬时开关、LC 单元、开关电容、芯片等。通过这些策略，TENG 的能量效率得到明显提升，为提高 TENG 给电子设备的实际能源供应水平做出了突出贡献。

9.4 总　结

本章系统地介绍了电荷激励技术和能量管理策略对 TENG 输出性能和能量利用效率的影响。针对提高 TENG 的输出性能，电荷激励技术将接触起电产生的电荷定向注入 TENG 的电极上从而产生输出倍增的效果。CE-TENG 的基本物理模型指出了它自身的构成要素和影响最大输出电荷密度的关键参数。随着 CE-TENG 的进一步发展和应用，可以发现电荷激励技术在不同结构和环境下具有普遍适用性。与此同时，基于 CE-TENG 的定向高压特性，薄膜极化技术与电荷注入技术也被相继发明，这对进一步提高 TENG 输出性能具有重要意义。针对提高 TENG 的能量利用效率，EMC 在 TENG 与外部电子设备之间的能量转换中发挥了重要作用，极大程度上减少了 TENG 供能过程中的能量损失。能量管理方案可以根据不同的转换过程划分为不同的种类，可以根据不同的应用场景选择合适的能量管理策略。总之，电路设计在 TENG 领域的引入是极其成功的，为加强 TENG 在自供电系统中的实际应用能力提供更多的指导和选择，也对扩大 TENG 应用范围、加快工业化进程具有重要价值。

参 考 文 献

[1]　Fan F R，Tian Z Q，Wang Z L. Flexible triboelectric generator[J]. Nano Energy，2012，1（2）：328-334.

[2]　Chen J，Guo H Y，He X M，et al. Enhancing performance of triboelectric nanogenerator by filling high dielectric nanoparticles into sponge PDMS film[J]. ACS Applied Materials & Interfaces，2016，8（1）：736-744.

[3]　Li Q Y，Liu W L，Yang H M，et al. Ultra-stability high-voltage triboelectric nanogenerator designed by ternary dielectric triboelectrification with partial soft-contact and non-contact mode[J]. Nano Energy，2021，90：106585.

[4]　He W C，Liu W L，Chen J，et al. Boosting output performance of sliding mode triboelectric nanogenerator by charge space-accumulation effect[J]. Nature Communications，2020，11（1）：4277.

[5]　Li S Y，Fan Y，Chen H Q，et al. Manipulating the triboelectric surface charge density of polymers by low-energy helium ion irradiation/implantation[J]. Energy & Environmental Science，2020，13（3）：896-907.

[6]　Liu W L，Wang Z，Hu C G. Advanced designs for output improvement of triboelectric nanogenerator system[J]. Materials Today，2021，45：93-119.

[7]　Wang Z，Liu W L，He W C，et al. Ultrahigh electricity generation from low-frequency mechanical energy by efficient energy management[J]. Joule，2021，5（2）：441-455.

[8]　Zi Y L，Niu S M，Wang J，et al. Standards and figure-of-merits for quantifying the performance of triboelectric nanogenerators[J]. Nature Communications，2015，6：8376.

[9]　Fan Y，Li S Y，Tao X L，et al. Negative triboelectric polymers with ultrahigh charge density induced by ion implantation[J]. Nano Energy，2021，90：106574.

[10]　Nie S X，Fu Q，Lin X J，et al. Enhanced performance of a cellulose nanofibrils-based triboelectric nanogenerator by tuning the surface polarizability and hydrophobicity[J]. Chemical Engineering Journal，2021，404：126512.

[11]　Salauddin M，Sohel Rana S M，Rahman M T，et al. Fabric-assisted MXene/silicone nanocomposite-based triboelectric nanogenerators for self-powered sensors and wearable electronics[J]. Advanced Functional Materials，2022，32（5）：2107143.

[12]　Fu J J，Xu G Q，Li C H，et al. Achieving ultrahigh output energy density of triboelectric nanogenerators in high-pressure gas environment[J]. Advanced Science，2020，7（24）：2001757.

[13]　Wang J，Wu C S，Dai Y J，et al. Achieving ultrahigh triboelectric charge density for efficient energy harvesting[J]. Nature Communications，2017，8（1）：88.

[14]　Wang S H，Xie Y N，Niu S M，et al. Maximum surface charge density for triboelectric nanogenerators achieved by ionized-air injection：Methodology and theoretical understanding[J]. Advanced Materials，2014，26（39）：6720-6728.

[15]　Cheng L，Xu Q，Zheng Y B，et al. A self-improving triboelectric nanogenerator with improved charge density and increased charge accumulation speed[J]. Nature Communications，2018，9（1）：3773.

[16]　Xu L，Bu T Z，Yang X D，et al. Ultrahigh charge density realized by charge pumping at ambient conditions for triboelectric nanogenerators[J]. Nano Energy，2018，49：625-633.

[17]　Liu W L，Wang Z，Wang G，et al. Integrated charge excitation triboelectric nanogenerator[J]. Nature Communications，2019，10（1）：1426.

[18]　Wu H Y，Fu S K，He W C，et al. Improving and quantifying surface charge density via charge injection enabled by air breakdown[J]. Advanced functional materials，2022，32：2203884.

[19]　Niu S M，Wang Z L. Theoretical systems of triboelectric nanogenerators[J]. Nano Energy，2015，14：161-192.

[20]　Liu Y K，Liu W L，Wang Z，et al. Quantifying contact status and the air-breakdown model of charge-excitation triboelectric nanogenerators to maximize charge density[J]. Nature Communications，2020，11（1）：1599.

[21]　Li Y H，Zhao Z H，Liu L，et al. Improved output performance of triboelectric nanogenerator by fast accumulation process of surface charges[J]. Advanced Energy Materials，2021，11：2100050.

[22]　Wu H Y，He W C，Shan C C，et al. Achieving remarkable charge density via self-polarization of polar high-k material in a charge-excitation triboelectric nanogenerator[J]. Advanced Materials，2022，34（13）：c2109918.

[23]　Long L，Liu W L，Wang Z，et al. High performance floating self-excited sliding triboelectric nanogenerator for micro mechanical energy harvesting[J]. Nature Communications，2021，12：4689.

[24]　Fu S K，He W C，Tang Q，et al. An ultrarobust and high-performance rotational hydrodynamic triboelectric nanogenerator enabled by automatic mode switching and charge excitation[J]. Advanced Materials，2022，34（2）：e2105882.

[25]　Li G，Liu G L，He W C，et al. Miura folding based charge-excitation triboelectric nanogenerator for portable power supply[J]. Nano Research，2021，14（11）：4204-4210.

[26]　Li G，Fu S K，Luo C Y，et al. Constructing high output performance triboelectric nanogenerator via V-shape stack and self-charge excitation[J]. Nano Energy，2022，96：107068.

[27]　Bai Y，Xu L，Lin S Q，et al. Charge pumping strategy for rotation and sliding type triboelectric nanogenerators[J]. Advanced Energy Materials，2020，10（21）：2000605.

[28]　Du Y，Tang Q，He W C，et al. Harvesting ambient mechanical energy by multiple mode triboelectric nanogenerator with charge excitation for self-powered freight train monitoring[J]. Nano Energy，2021，90：106543.

[29]　Yu X，Ge J W，Wang Z J，et al. High-performance triboelectric nanogenerator with synchronization mechanism by charge handling[J]. Energy Conversion and Management，2022，263：115655.

[30]　Niu S M，Wang X F，Yi F，et al. A universal self-charging system driven by random biomechanical energy for sustainable operation of mobile electronics[J]. Nature Communications，2015，6：8975.

[31]　Zhu G，Chen J，Zhang T J，et al. Radial-arrayed rotary electrification for high performance triboelectric generator[J]. Nature

Communications，2014，5：3426.

[32] Xi F B，Pang Y K，Li W，et al. Universal power management strategy for triboelectric nanogenerator[J]. Nano Energy，2017，37：168-176.

[33] Wang Z，Tang Q，Shan C，et al. Giant performance improvement of triboelectric nanogenerator systems achieved by matched inductor design[J]. Energy & Environmental Science，2021，14：6627.

[34] Tang W，Zhou T，Zhang C，et al. A power-transformed-and-managed triboelectric nanogenerator and its applications in a self-powered wireless sensing node[J]. Nanotechnology，2014，25：225402.

[35] Liu W L，Wang Z，Wang G，et al. Switched-capacitor-convertors based on fractal design for output power management of triboelectric nanogenerator[J]. Nature Communications，2020，11：1883.

[36] Wang F，Tian J W，Ding Y F，et al. A universal managing circuit with stabilized voltage for maintaining safe operation of self-powered electronics system[J]. iScience，2021，24（5）：102502.

本章作者：吴汇源，胡陈果

重庆大学（中国重庆）

第 10 章

摩擦纳米发电机耐久性

摘　要

摩擦纳米发电机（TENG）是一种用于机械能收集和自供电监测的革命性系统，在电子技术领域具有巨大应用前景。然而，机械磨损和表面污染导致 TENG 输出性能和使用寿命显著降低，两者是阻碍 TENG 迈向实际应用的重大挑战。因此，TENG 低耐久性是一个迫切需要解决的关键问题。由于 TENG 的摩擦电特性主要来源于材料属性和界面性能，本章将基于摩擦电材料和摩擦电界面性能介绍提高 TENG 耐久性的相关工作及方法，分别从改善材料的物理化学性质、表面微观纹理、功能基团以及界面的结构和组成等多维度论述提高 TENG 耐久性方法的前沿工作。与此同时，本章将着重总结和分析可量化 TENG 耐久性的重要指标，如服役稳定性、使用寿命、摩擦系数和磨损量等。

10.1　引　言

全球能源消耗的快速增长导致化石燃料过度使用，极大加剧了世界的能源危机和环境问题。因此，绿色和可再生能源在全球可持续发展中扮演着重要角色[1]。机械能是一种价格低廉且环境友好的能量源，机械能的有效收集是应对能源和环境危机重要的方法之一。TENG 于 2012 年被提出和发明，由于制造成本低和能量收集效率高，对从机械激励中的能量收集极具吸引力[2]。TENG 起电机制是基于摩擦起电和静电感应：摩擦电材料接触过程中，电子、离子和分子等在界面上传输，以平衡接触材料之间的电化学势差。带电表面在分离过程中，静电效应使摩擦电极之间产生电位差。

TENG 可以用于收集不同形式的机械能，如水波、风、振动和生物运动能，进而在自然环境中形成清洁和分布式能源网络[3-5]。此外，传统传感器通常由电池供电，无法实现监测数据的无线传输；电池寿命有限且在复杂系统中更换非常困难。因此，TENG 可以用作自供电传感器，在解决智能传感器供电问题方面也具有巨大潜力。

然而，低耐久性是阻碍 TENG 实际应用的一个重大挑战。TENG 在运行过程中经常遭受外部机械干扰（弯曲、敲击、拉伸、摩擦等）引起的机械损伤（裂纹、破裂、磨损等），导致电能输出性能和使用寿命显著降低，甚至使得 TENG 设备完全失效。提高 TENG 的耐久性是一项迫切需要解决的重要任务。耐久性能在保证长期、稳定和可靠运行方面起着关键作用，被视为实现 TENG 在现实环境中广泛大规模应用的前提条件[6-8]。

选择合适的摩擦电材料及对其材料性能优化是制备具有高耐久性 TENG 的有效途径，如提升摩擦电材料的机械强度。另外，开发新型纳米复合材料可以增强 TENG 的机械耐久性、抗磨性能和自愈合性能。

通过优化材料表面性质，如表面纹理、表面强度和表面材料功能基团，同样可以提高 TENG 的耐久性。两个摩擦电材料之间的直接物理接触会不可避免地导致材料损坏。非接触模式的设计和应用使得在理论上实现"零磨损"TENG。

优化 TENG 的工作运动模式也是改善耐久性的重要方法。例如，滚动运动模式 TENG 相比于滑动运动模式 TENG 具有更低的能耗和磨损率。

使用润滑剂是减少摩擦和磨损最有效的方法。界面润滑还可以防止材料的物理化学特性退化。在 TENG 摩擦界面上应用适当的润滑剂将极大地提高耐久性，并改善 TENG 的电信号输出性能。

综上可知，增强 TENG 耐久性的关键是改善材料基体、表面和界面性能，这不仅可以提高 TENG 的使用寿命，还能够改善摩擦电输出特性。因此，本章将从改善材料性能和表面/界面性质方面介绍提升 TENG 耐久性的方法。耐久性增强策略可归纳为以下四部分，即优化材料性能、优化表面性能、优化结构性能和优化界面性能（图 10.1）。

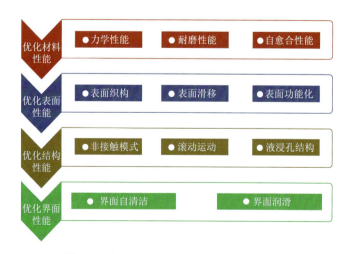

图 10.1　提升 TENG 耐久性的四种关键策略

10.2　优化摩擦电材料基体性能

10.2.1　优化摩擦电材料的力学性能

1. 优选耐用摩擦电材料

TENG 在运行过程中承受着接触-分离循环周期而导致的机械损伤，使得摩擦电输出性能降低甚至 TENG 设备失效。因此，摩擦电材料的基体性能对于实现耐久 TENG 至关重要。在 TENG 的早期开发阶段，研究人员主要采用商用材料设计 TENG，包括金属板（电正性材料）和聚合物板（电负性材料），如图 10.2 所示。常用的聚合物是 PTFE[9]。尽管 PTFE 具有良好的自润滑性能，但其磨损率非常高。Niu 等[10]选择了一种硬度高于 PTFE 的 FEP 薄膜作为摩擦电材料，并采用多层铝箔作为 TENG 的对偶接触材料。研究发现，即使经过约 180000 个接触-分离循环，电输出性能仍然没有明显降低，并且湿度/水分对 TENG 的性能也几乎没有影响。Kwak 等[11]将丁基化三聚氰胺甲醛（butylated melamine formaldehyde，BMF）用作摩擦电材料。与 PTFE 相比，BMF 的平均杨氏模量（2.98GPa）约为 PTFE（0.5GPa）的 6 倍。此外，BMF 的硬度（5H）比 PTFE（7B）要高得多。Luo 等[12]通过化学处理和热压处理制造了具有优异耐用性能的木质 TENG。

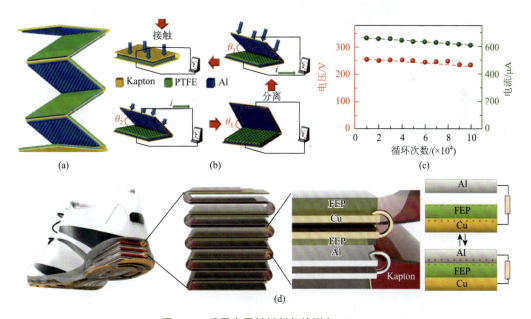

图 10.2　采用商用材料制备的耐久 TENG

（a）PTFE 基 TENG 的结构[9]；（b）工作原理[9]；（c）耐久性[9]；（d）多层 FEP 基 TENG 结构[10]

2. 制备复合摩擦电材料

随着 TENG 在实际应用中的要求越来越复杂，现有商用材料无法满足 TENG 高耐久性需求。纳米颗粒具有良好的力学性能，通过在 TENG 材料中添加适当的纳米颗粒可以显著提高 TENG 的机械耐久性。根据纳米颗粒维度，纳米复合材料可以分为零维（0D）、一维（1D）和二维（2D）纳米复合材料。

零维纳米颗粒能够有效增强 TENG 的机械耐久性和电信号输出性能。如图 10.3 所示，使用 Au 纳米颗粒嵌入 PDMS 作为复合摩擦电材料，能够极大地提高 TENG 的机械柔韧性和伸缩性。在经过了 10000 次重复推拉测试后，该纳米复合 TENG 仍然具有优异的电输出稳定性[13, 14]。Chen 等[15]发现 Au 复合 PTFE 基 TENG 表现出优异的耐水性，Hu 等通过填充 Ag 纳米颗粒并构建 PDMS 复合材料。该 TENG 经过 2500 次循环测试验证了其优异的耐久性[16]。Li 等[17]同样制备了 Ag 纳米颗粒复合摩擦电材料。该 TENG 具有优异的

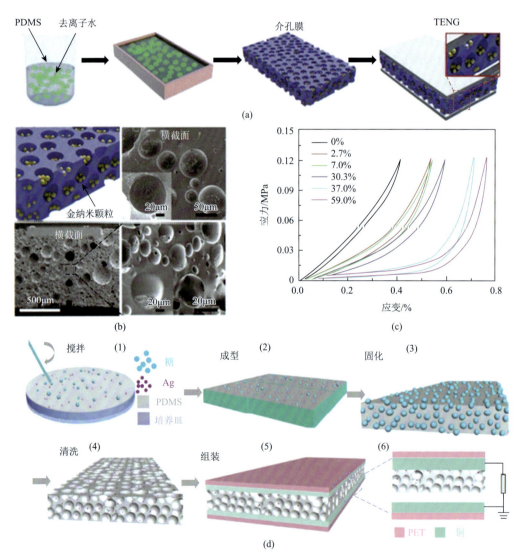

图 10.3　**Au 复合 PDMS 摩擦电材料制备示意图（a）、微观形态（b）、力学性能（c）**[13]**，以及 Ag 复合 PDMS 摩擦电材料制备示意图（d）**[16]

可伸缩性、断裂韧性和抗拉强度。TENG 力学稳定性通过连续机械冲击测试得到证实，其使用寿命在 50000 次循环周期以上。Sintusiri 等[18]研究发现，TiO_2 纳米颗粒同样能够明显提升 TENG 力学性能和耐久性。TiO_2 复合 TENG 在 5000 次循环后仍具有稳定的电输出性能。

CNT 是一维碳同素异形体，常见的有单壁 CNT 或多壁 CNT 结构。由于 CNT 具有较高的导热性能和柔性，在提高 TENG 耐久性能和材料电热方面得到广泛研究，如图 10.4（a）所示[19]。Park 等制备了一种强韧的 CNT/PDMS 纳米复合 TENG 并用作压力传感器[20]。研究发现，该纳米复合材料具有较高的强度和良好的柔韧性（弹性极限为 850kPa）。该 TENG 进行了 10000 个循环周期的耐久性测试。此外，该摩擦电传感器放置在干燥器内进行了一个月的测试，输出的开路电压几乎没有明显变化，表明 CNT/PDMS 基 TENG 具有极高的使用寿命[20]。Yin 等通过使用超临界 CO_2 发泡制备了一种多孔的 CNT/PDMS 复合摩擦电材料[21]。在 50℃下进行 2000 个循环周期后，输出电流没有发生变化。Su 等[22]通过电纺和电喷的方法制备了一种 CNT 纳米复合 TENG。在外力作用下进行了 756000 次的敲击后，TENG 的输出电压仅下降了 16.7%[22]。Lim 等制备了一种含有 Ag 纳米线和 $BaTiO_3$ 纳米颗粒的纤维素复合纸[23]。该复合纸在 5kgf①的压力下进行了 10000 次接触-分离的耐久性测试。Park 等开发了一种高稳定的氧化 CNT 复合 TENG[24]。Wan 等合成了聚丙烯酰胺/蒙脱土/CNT 多元复合 TENG。其具有优异的耐温性（–60～60℃）和良好的稳定性（30 天）[25]。

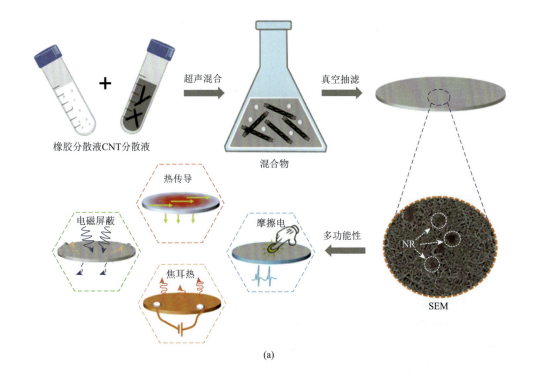

（a）

---

① 1kgf = 9.80665N。

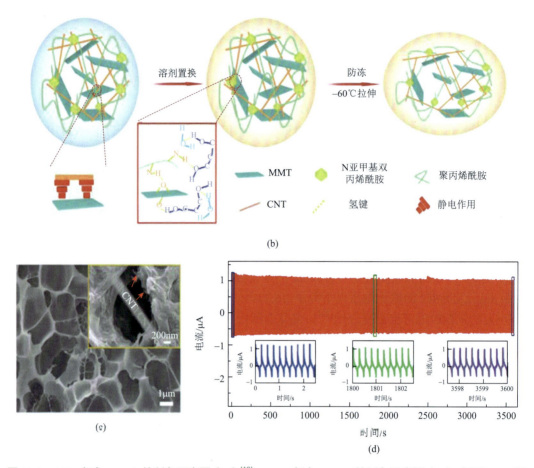

图 10.4 CNT 复合 TENG 的制备示意图（a）[19]、CNT 复合 TENG 的制备示意图（b）、剖面 SEM 图（c）和耐久性能图（d）[25]

在二维纳米复合摩擦电材料研究方面，Roy 等在 PDMS 基体中添加了二维石墨填料，该填料通过滚筒辅助印刷工艺制备而成，如图 10.5 所示[26]。石墨/PDMS 复合 TENG 在经过 15000 次加载/卸载循环后仍具有良好的耐久性和稳定的电输出性能。Hu 等通过重复旋涂技术将石墨烯纳米片嵌入 PDMS 中[27]。研究发现，在一周的测试时间内，石墨烯/PDMS 复合 TENG 的电输出性能没有明显降低。二维 MXene 具有高度电负性表面和良好的机械强度[28]，因此 MXene 广泛用作 TENG 的电负性材料[29]。Ping 等通过电纺制造技术发明了一种 MXene/聚乙烯醇复合 TENG[30]。该 TENG 经过超过 124000 次的重复接触测试后仍然显示出良好的耐久性和柔韧性。Ma 等展示了一种纤维素增强 MXene 复合 TENG[31]。在 2Hz 下进行 6000 次接触/分离重复循环后，TENG 具有稳定的电输出能力，并且在 50% 应变下进行 1000 次循环后，输出电压没有明显变化。

10.2.2 优化摩擦电材料的抗磨性能

滑动式和独立式 TENG 摩擦表面上微凸体直接接触及滑动产生材料磨损，使得耐久

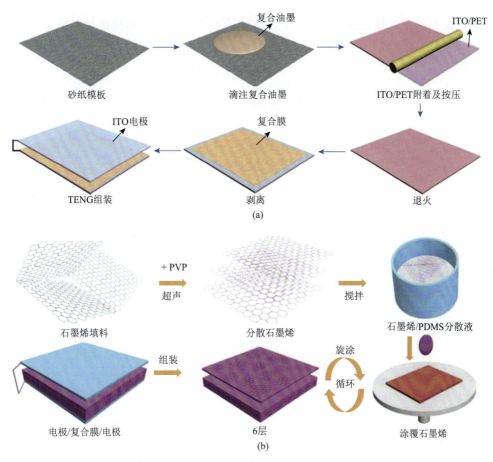

图 10.5　石墨复合 TENG 制备示意图（a）[26] 和石墨烯复合 TENG 制备示意图（b）[27]

性能和使用寿命明显降低。因此，滑动式和独立式 TENG 摩擦电材料有特定要求，即低摩擦系数和高耐磨性。Wang 等研究发现，大多数电介质薄膜的平均摩擦系数小于 0.4，其中聚四氟乙烯（PTFE）薄膜的摩擦系数最小（0.17）[32]。Wen 等展示了一种高耐磨 Al 纳米颗粒复合 PTFE 薄膜[33]。结果显示，纳米复合 PTFE 材料具有良好的耐磨性（$10^{-8} cm^3/Nm$），其平均动摩擦系数约为 0.69。其还具有高温耐受性（温度范围为 $-30 \sim 550℃$）和高硬度（60HRM）。为了减少 TENG 的磨损，Chou 等通过引入 SiO_2 纳米颗粒到橡胶摩擦电材料中[34]。添加 SiO_2 提升了纯硅橡胶的介电常数并增加了摩擦层之间的接触面积。该 TENG 在 150r/min 的条件下连续运行了大约 10h，其输出性能没有变化，复合硅橡胶表面没有磨损。

10.2.3　优化摩擦电材料的自愈合性能

自愈合材料分为两类：外源性自愈合材料和内源性自愈合材料。外源性自愈合材料基于胶囊储存的愈合单体或催化剂，材料在损伤后立即释放并修复材料。外源性自愈合材料制造过程烦琐且修复次数有限。与之不同，内源性自愈合材料包含可逆非共价键和

共价键，使材料在受损后能够恢复[35]。开发具有自愈合功能的摩擦电材料是实现高耐用
TENG 的有效途径，尤其是内源性自愈合材料，对于提高 TENG 的耐久性具有重要意义
（表 10.1）。

表 10.1　通过优化自愈性能增强 TENG 的耐久性

化学键	自愈合效率	测试参数	循环时间	参考文献
氢键	32s 恢复原状，自愈性能：99%	10N，4Hz	15 天	[35]
氢键	愈合 3h，自愈性能：95%～99%	40 N，5 Hz	10000 周期	[36]
氢键	自愈性能：96%	40N，50Hz	50000 周期	[17]
配位键	室温自愈 5h，自愈性能：98%	2.17N，1.5Hz	2 月	[37]
结晶	形状恢复 97%以上	10N，1Hz	21000 周期	[38]
硼酸酯键	300 秒内恢复到原始值的 93%	1.5Hz	500 周期	[39]
氢键/配位键	自愈性能：100%	1.5～2.5Hz	180 天	[40]
氢键/配位键	自愈性能：90%～96%	1～10Hz	3000 周期	[41]
氢键/结晶	自愈性能：95%～99%	1Hz	200 天	[36]
氢键/二硫键	24h 后力学性能恢复 90%	5N，1Hz	146000 周期	[42]
结晶/二硫键	自愈性能：96%～98%	1～6Hz	14400 周期	[43]
亚胺/硼酸酯键	自愈性能：86%	1.5Hz	500 周期	[44]
氢键/配位键/二硫键	自愈性能：100%	3N，1～4Hz	5000 周期	[45]

1. 基于非共价键的自愈合材料

非共价动态键主要包括氢键、金属配位键和结晶[36, 37, 40, 41, 46-50]。Sun 等将离子液体浸
渍到具有氢键自愈合作用的聚脲氨酯（PU）中，如图 10.6 所示[36]。该材料在 10000 次连
续应变循环中表现出可重复的电学响应，证明该 TENG 具有极高的耐久性。Jiang 等[40]
将氢键和金属配位键引入 PDMS，制备了一种能够在室温下同时修复断裂和磨损的
TENG。该 TENG 具有超高的可伸缩性（10000%）、显著的自修复性能（100%效率）和
长期耐久性（180 天）。Shi 等提出了一种基于聚氨酯的自愈合 TENG。自愈合聚氨酯材料
具有良好的机械自愈合和电击穿自愈合性能[41]。自愈合性能主要来自分子间氢键和动态
配位键的协同作用。经过几次机械自愈合或电击穿后，自愈合几乎可以恢复到原始状态。
该 TENG 经过 3000 次循环周期，性能也没有衰减。在 TENG 基质中嵌入零维、一维和二
维纳米材料可以显著提高力学性能，在 10.2.1 节已有介绍。纳米材料同样也被引入自愈
合 TENG 材料中。Lou 等制备了零维多巴胺纳米颗粒，并将其引入聚丙烯酰胺水凝胶中[46]。
多巴胺水凝胶不仅具有超高的可伸缩性（在拉伸断裂前高达约 6000%），而且在环境条件
下具有优异的自愈合能力。Liao 等[37]提出了一种使用导电离子凝胶作为电极的自愈合
TENG。基于配位键自修复性能，该 TENG 在连续进行 8000 次接触/分离测试后，仍然具
有优异的耐久性。Pan 等制备了基于水凝胶自修复 TENG，其中嵌入了活性的零维和一维
纳米材料[39]。该 TENG 具有高伸缩性（400%）、优异的机械（93%）和电学（100%）修

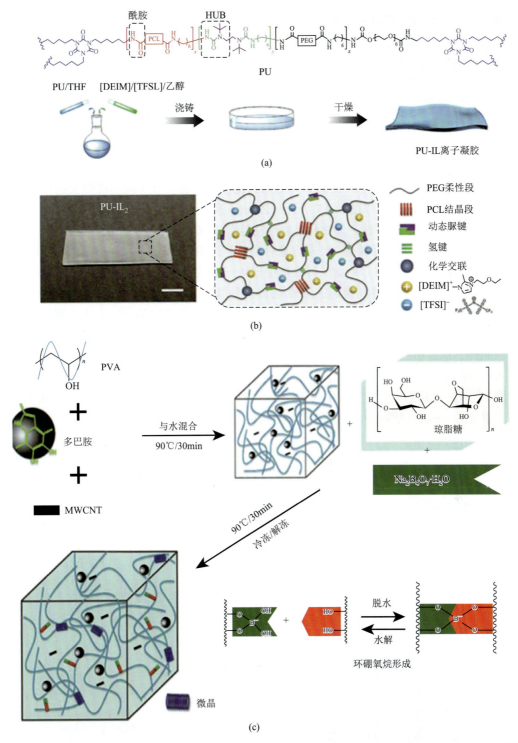

图 10.6　PU 网络化学结构和 PU-离子液体离子凝胶的制备示意图（a）、离子凝胶结构示意图（b）[36]
和水凝胶的制备示意图（c）[39]

复效率。结晶愈合是指材料在超过熔点温度或玻璃转变温度下冷却后可以再次恢复其形状。Liu 等在化学交联弹性体中制备了一种半结晶热塑性聚合物，即将半结晶热塑性聚合物链浸入网络弹性体中，用作介电材料[47]。当聚合物在高于半结晶熔点温度下变形时，小晶体与弹性体网络一起熔化和变形。在不释放负载的情况下冷却，半结晶链重新通过小晶体形成物理交联网络，可以锁定变形的网络。该聚合物基 TENG 在经过 21000 次循环后仍能保持 97% 的初始电输出性能。

2. 基于共价键的自愈合材料

与非共价键相比，可逆共价键具有更高的键能，能够在分子间形成强大的化学键，从而有效修复机械损伤。如图 10.7 所示，Zhang 等使用双(4-羟基苯基)-二硫化物作为链延伸剂，增强了 PU 的弹性、韧性和自愈合功能[48]。制备的 PU 在室温下自愈合速度快，因为每个动态二硫键都可以作为一个自愈合点。经过 1000 次循环拉伸后，抗拉强度几乎没有变化。Pan 等在含有二硫键的弹性体中嵌入一维 CNT 纳米材料[49]。二硫键和 CNT 赋予 TENG 优异的耐久性和快速的结构/功能恢复能力。类似地，Zhang 等通过将弹性体与 Ag 纳米线导电网络相结合，实现了一种可自愈合的柔性 TENG[50]。主链中硼酸酯键通过水解断裂发生可逆解聚，从而赋予材料的自愈合性能。

此外，同时引入非共价键和共价键能够协同提升摩擦电材料自愈合性能。Qi 等通过引入丙烯酸和 1-丁基-3-甲基咪唑氯化物在摩擦电材料中成功构建了可逆的氢键和二硫键双网络[51]。经过长期拉伸甚至机械损伤后，TENG 的能量收集性能保持相对稳定。在 100℃高温下暴露 1h 后，力学和电学性能可恢复到 92.2% 和 93.7%。Liu 等也开发了基于氢键和

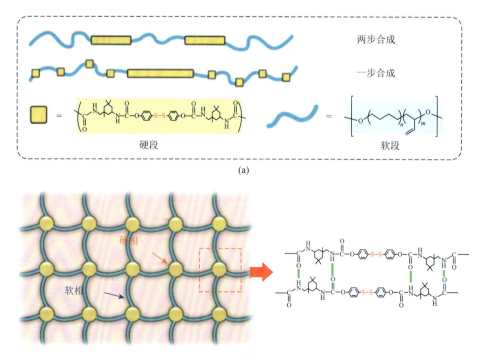

(a)

(b)

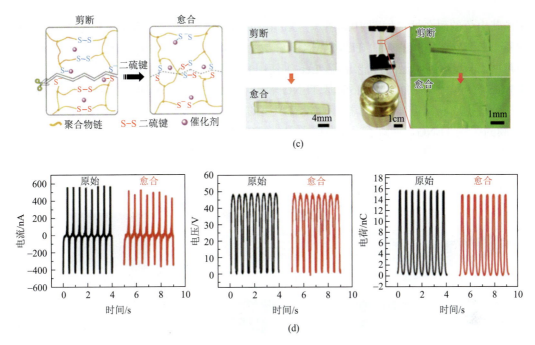

图 10.7　由双酚基二硫化物组成的 PU 基 TENG 的化学结构和网络结构（a）、动态二硫键自愈合示意图（b）[48]、二硫键自愈合示意图和愈合样品（c），以及原始（黑色）和修复（红色）TENG 的电流、电压和电荷输出结果（d）[50]

二硫键摩擦电材料[42]。TENG 在经过 45000 次弯曲测试和超过 146000 次循环周期后，电输出性能保持不变。Hao 等通过引入聚（1,4-丁二酸丙烯酯）片段和二硫键，开发了一种可愈合 TENG[43]。除了二硫键的自愈合效应外，这些片段还提供了一种结晶相。经过长期连续运行 14400 个循环周期后（4Hz），TENG 没有明显的性能退化。Yang 等[44]在摩擦电材料中引入动态亚胺键和硼酸盐键可修复网络。所制备的 TENG 拉伸应变达到 388%，自修复效率为 86%。TENG 的输出信号在 500 个周期内几乎保持不变，展示了高度稳定的电输出性能。Feng 等[52]通过添加有机脲基氟辛基硅烷开发了一种复合织物 TENG。在连续10000 次往复摩擦后，基于织物的 TENG 保持高的电输出性能。此外，经过 45000 次接触-分离运动后，电输出没有退化，从而验证了其优异的稳定性和耐久性。

10.3　优化摩擦电材料的表面性能

10.3.1　材料表面纹理设计

通过在摩擦电材料上设计纳米结构表面，可以提高 TENG 的耐久性。2012 年，Wang 等在 PI 薄膜上设计了一种聚合物纳米图案[53]。对于合适长度的纳米图案（几百纳米）即使经过 1000 次循环周期后形貌仍然保持不变。相比之下，对于过长的纳米图案，根部产生的应变可能超过聚合物材料的弹性极限，会导致永久变形。Kim 等报道了一种柔性、可折叠的纳米图案化 TENG[54]。在 12000 个循环测试中，其输出电压没有明显差异，证实了其出色的耐久性，如图 10.8 所示。Xu 等通过在 Au 薄膜上引入褶皱形态，制备了一种基于褶皱 Au 薄膜的柔性 TENG[55]。其在频率为 4Hz、垂直力为 20N 的情况下工作 6 个月后，未观察到明显的性能退化。Lee 等使用脉冲激光在 SiO$_2$ 接触表面上制备了 2D 褶皱 MoS$_2$ 薄膜[56]。表面褶皱 MoS$_2$ 基 TENG 输出功率比平坦 MoS$_2$ 基 TENG 多约 40%，并且在经过 10000 次循环后，摩擦表面没有严重的缺陷或磨损。Xu 等报道了一种基于褶皱 Au 膜的柔性 TENG，通过在 Au 薄膜上引入褶皱形貌，实现了输出性能的显著提升[55]。该 TENG 在常规环境中以 20N 的垂直力和 4Hz 的频率进行 6 个月的测试后，电输出性能没有明显的退化。

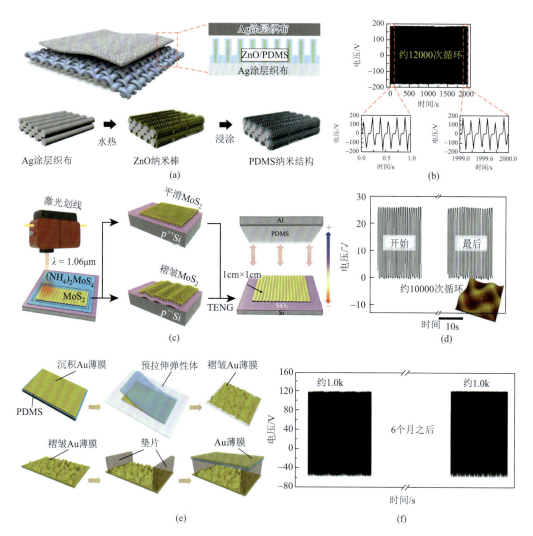

图 10.8 纳米图案化 TENG 的示意图（a）、经过 12000 次循环后 TENG 的机械耐久性测试（b）[54]、褶皱 MoS$_2$ 结构和基于 MoS$_2$ 的 TENG 器件结构示意图（c）、经过 10000 次压力循环后 TENG 的耐久性测试（插图：耐久性测试后褶皱 MoS$_2$ 的原子力显微镜图像）（d）[56]、制备褶皱 Au 基 TENG（e）以及 TENG 的机械耐久性测试（f）[55]

10.3.2 材料表面涂层设计

制备防护涂层是减少摩擦和磨损的最有效策略之一。Wang 等通过在聚苯乙烯（polystyrene，PS）涂层中掺入油酸（oleic acid，OA），开发了一种增强型油酸-聚苯乙烯（OA-PS）涂层并覆盖在 PI 摩擦层上[57]。结果发现，与纯 PS 相比，添加 OA 可以将磨损体积减小约 90%。类金刚石碳（DLC）涂层由于其独特的力学和物理性质，如低摩擦系数、高硬度、耐腐蚀性和高电阻率，是一种有效的耐磨涂层[58]。Choi 等使用等离子体离子注入技术在电极上沉积 DLC 涂层，并制备了接触-分离模式的 TENG[59]。这种 DLC 涂层 TENG 产生了 $3.5\mu A$ 的峰值电流和高达 $57mW/m^2$ 的功率密度，远优于其他传统的摩擦电材料配副，如 Al/PTFE、PI/PTFE 和 PI/Al。在 3h 耐久性测试中，DLC 涂层的 TENG 产生稳定的输出电流并具有较低的摩擦系数。Wang 等也设计了一种基于 DLC 涂层的 TENG。该涂层具有宏观超润滑性能，可以承受高接触应力（赫兹接触应力为 1.37GPa）并具有极低的摩擦系数（<0.01）[60]。在经历 1h、2h 和 3h 摩擦后，磨损率没有显著变化。

10.3.3 材料表面基团设计

除表面纹理和表面涂层设计之外，表面功能基团修饰也是增强 TENG 耐久性的重要方法。TENG 的电荷密度与表面化学性质密切相关。Shin 等[61]在聚对苯二甲酸乙二醇酯表面功能化正电氨基团和负电氟碳基团，如图 10.9 所示。电压和电流输出持续超过 4 次循环后没有明显降低。Nie 等将氨基修饰到纳米纤维素表面并制得摩擦电涂层[62]。经过 10000 次循环后，所制备的 TENG 输出稳定，开路电压始终维持在约 120V。Lee 等[63]通过硅氧烷修饰并制得高稳定 TENG。该 TENG 比其他未修饰的 TENG 表现出更优异的热

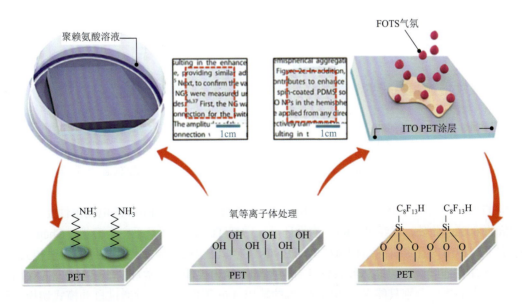

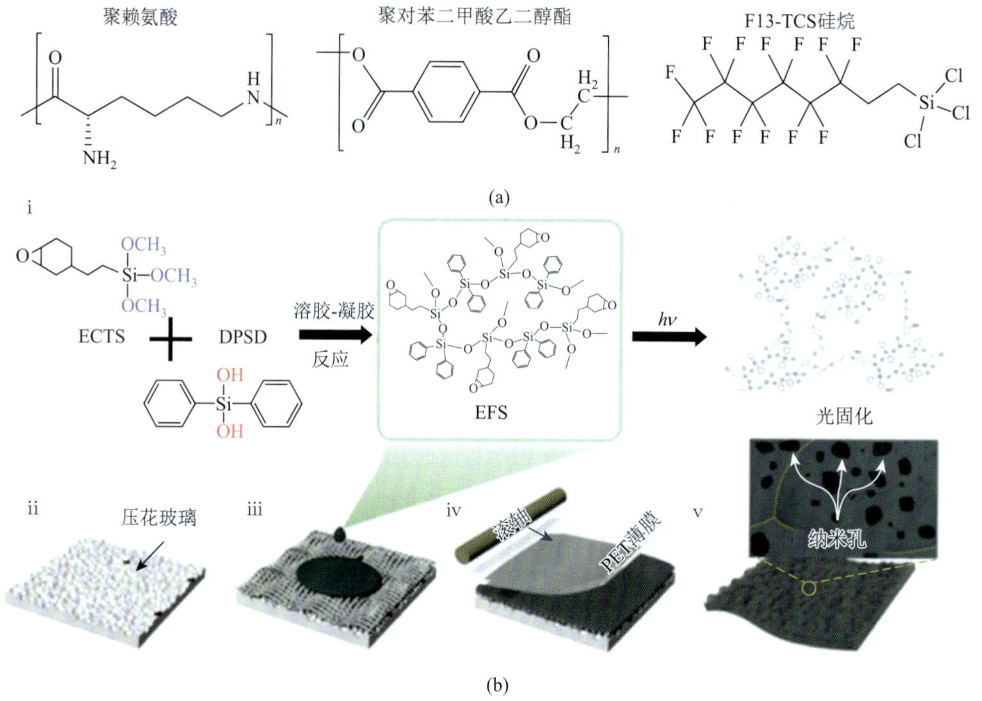

聚赖氨酸　　　　　　　聚对苯二甲酸乙二醇酯　　　　　　F13-TCS硅烷

(a)

i

ECTS ＋ DPSD

溶胶-凝胶反应

EFS

hv

光固化

ii 压花玻璃　　iii　　iv 滚轴 PET薄膜　　v 纳米孔

(b)

图 10.9　等离子体处理的表面功能化示意图（a）[61] 和环氧硅氧烷树脂表面功能化制备示意图（b）[63]

FOTS 表示 1H，1H，2H，2H-全氟辛基三氯硅烷

稳定性和机械稳定性，其高耐久性超过 100000 次循环周期。Lee 等[63] 在 TENG 表面上进行硅氧烷改性处理。与其他聚合物基 TENG 相比，表面改性的 TENG 表现出优异的热稳定性和机械稳定性，在 100000 次循环测试中，表现出稳定的输出功率和高耐用性。Manikandan 等[64] 设计了聚环氧乙烷和聚乙烯醇涂层协同强化 TENG。该 TENG 经过 10000 次循环测试后，电输出性能没有明显下降。

10.4　优化摩擦电材料结构特性

10.4.1　非接触工作模式设计

TENG 表面静电荷主要是通过摩擦电材料之间的接触获得，而静电诱导过程不需直接接触。基于此，Li 等[65] 通过设计 TENG 结构，使其在接触和非接触工作状态之间转换，如图 10.10 所示。由风驱动的 TENG 可以在表面磨损最小的非接触状态下工作，并且可以间歇性地转变为接触状态以保持高摩擦电荷密度。在 120000 次循环后，该接触/非接触结构 TENG 仍然具有 95% 的最大电输出性能。而常规接触结构 TENG 的电输出性能仅为原始值的 60%。此外，仅经过 24000 次循环后，常规 TENG 表面几乎完全磨损。Chen 等[66] 报道了一种由内置牵引绳结构组成的 TENG，能够自动从接触模式转换为非接触模式。该 TENG 在连续运行超过 24h 后仍具有 90% 的电输出性能。而常规的非接触式 TENG 和接触模式 TENG 分别只能保持 30% 和 2% 的输出。Liu 等提出了一种通过自动模式切换（低

速接触模式和高速非接触模式）TENG[67]。自动切换 TENG 在 72000 次循环后保持 94%
的电输出性能，远高于正常接触模式 TENG（30%）。Chen 等[68]引入动物毛皮作为接触材
料。结果发现，该 TENG 连续运行 30 万次循环后，电输出性能仅衰减 5.6%。

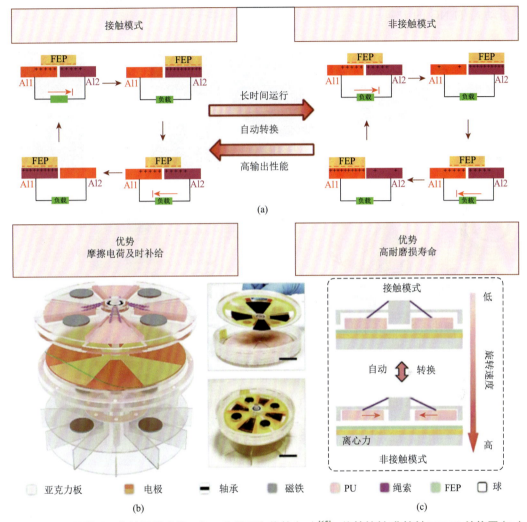

图 10.10　接触模式、非接触模式的一般工作原理和优势（a）[65]、旋转接触/非接触 TENG 结构图（b），
以及由圆周运动中离心力的速度变化触发的接触模式和非接触模式之间的自动工作模式转换图（c）[66]

10.4.2　滚动运动模式设计

　　Lin 等[69]在接触界面上用球/棒作为滚动体设计了一种滚动运动模式 TENG，以提
高能量转换效率和装置的耐久性，如图 10.11 所示。由于滚动运动具有低摩擦系数和低
磨损，滚动运动模式 TENG 的性能退化小，而其他滑动模式 TENG 在 1000 次循环后
破损。Han 等[70]提出了一种基于滚动球轴承的 TENG。TENG 的输出信号在 9h 内保持
稳定（旋转速度：896r/min）。Yang 等[71]发明了一种基于线接触运动的滚动运动模式

TENG。该 TENG 装置易于安装在旋转物体上。在 1008000 次旋转周期后（固定旋转速度为 700r/min，持续 1 天），没有明显的电流衰减。Hu 等设计了一种基于滚动面接触的高输出和超耐久 TENG[72]。由于没有滑动摩擦，在超过 4100000 次循环后，TENG 的输出性能仍保持近 98.5%，每 10000 次循环的材料磨损质量为 6.42μg/g。磨损率是传统滑动式 TENG 的 1%。

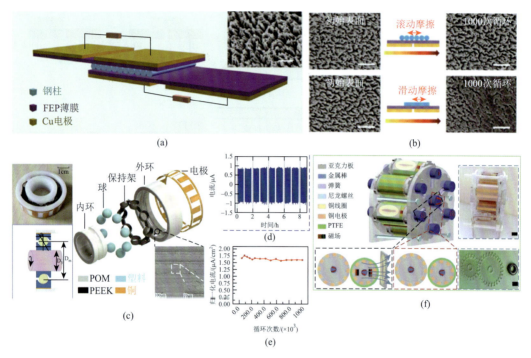

图 10.11 滚动运动模式 TENG 结构示意图（插图：表面扫描电子显微镜图像）（a）、滚动摩擦表面和滑动摩擦表面形貌比较（b）[69]、基于轴承结构的滚动模式 TENG（c）和耐久性测试（d）、归一化电流输出结果（e）[70]，以及线接触滚动运动模式 TENG 结构示意图（f）[71]

10.4.3 滑动液体模式设计

目前对于液-固 TENG，摩擦电表面往往设计成疏水或超疏水结构，以便液滴在分离过程中能够及时脱离表面，从而提升 TENG 电输出和耐久性。界面润滑可以有效降低接触界面的摩擦阻力，使得接触物体能够及时从表面上脱落，特别是在涉及低温和高湿度的环境中[73]。2011 年，滑动液体渗透多孔结构（SLIPS）首次发现，如图 10.12 所示[74]。在多孔介质表面固定油层实现低润湿性和低阻力滑动表面，其性能取决于注入油的类型和体积。因此，选择具有适当黏度和介电常数的润滑液体以及多孔基底，有利于增强 TENG 的耐久性[75]。Wang 等报道了一种基于润滑剂浸润的 SLIPS-TENG，在 PTFE 多孔结构上添加一种全氟润滑剂（全氟聚醚），润滑剂通过毛细吸附自发浸润到薄膜中[76]。在冰冻温度下，润滑剂可以阻碍冰晶的形成。此外，由于液体的流动性，表面可以在划痕后恢复，而不会削弱电输出性能。

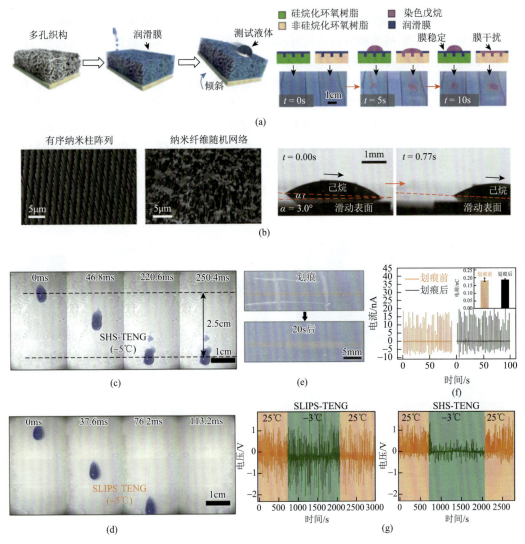

图 10.12 在多孔固体表面上制备 SLIPS 示意图（a）、多孔基底扫描电子显微形貌图和己烷流动光学显微图（b）[74]，液滴在 PTFE-TENG（c）和 SLIPS-TENG（d）上滑动，划痕后 SLIPS-TENG 的恢复状态图（e）、划痕前后 SLIPS-TENG 的短路电流测量对比（f），以及与 SHS-TENG 相比 SLIPS-TENG 在低温下的电输出稳定性（g）[76]

10.5 优化摩擦电材料的界面特性

10.5.1 自清洁界面设计

在接触和分离过程中，液体（如水或油）难以从 TENG 接触表面完全滚落，从而导致输出性能降低，因此表面润湿性能在液-固 TENG 的长期耐久性中起着关键作用。Zhao 等[8]通过石英晶体微天平研究了表面液体吸附与摩擦电输出性能的内在关系。具有低润湿性的 TENG 表面能够抵抗液体表面残留。低表面能和高表面粗糙度是低/非润湿表面设计的关键。通过引入微/纳米和分级结构可以增大表面粗糙度，从而获得低/非润湿性 TENG 表面。Ping 等采用模具将荷叶的超疏水结构复制到 TENG 表面上，如图 10.13 和表 10.2 所示[77]。荷叶仿生结构的应用提高了器件的自清洁能力、柔韧性和电输出性能。经过 5000 次循环测试后，TENG 的电输出性能没有变化。Chen 等利用微结构和自修复特性开发了一种自清洁/自愈合 TENG[78]。当表面被划伤时，室温下 0.5h 内可以完全自愈合，其电输出性能没有退化。Wang 等报道了一种疏水自愈合 TENG[79]。由 SiO$_2$ 纳米颗粒和聚偏二氟乙烯-己氟丙烯/全氟十氯硅烷（PVDF-HFP/FDTS）组成的疏水表面具有 157° 的静态接触角。当受损的疏水表面加热数分钟或在室温下放置数小时后，FDTS 分子将迁移到受损的疏水表面以恢复表面的疏水性。在经过 18000 次工作循环后，输出电压没有明显

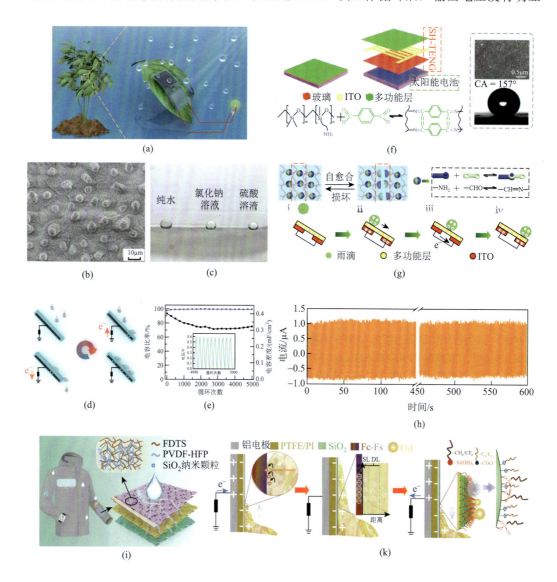

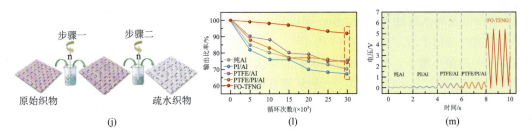

步骤一　　步骤二

原始织物　　疏水织物

(j)　　　　　　　　　(l)　　　　　　　　　(m)

图 10.13　具有仿生自清洁界面的 TENG 装置（a），新鲜荷叶表面的 SEM 图像（b），纯水、NaCl 溶液（0.5mol/L）和 H₂SO₄ 的接触角（c），TENG 工作机制（d），TENG 耐久性（e）[77]，动态亚胺键的化学结构和愈合过程、SEM 图像和接触角图像（f），TENG 从水滴中收集能量的工作机制（g），TENG 耐久性（h）[78]，基于 TENG 的雨滴能量收集多功能可穿戴设备（i），疏水织物 TENG 的制备过程（j）[79]，油-固 TENG 摩擦起电机制（k），TENG 耐久性（l），30000 次循环后 TENG 的电压输出比较（m）[80]

波动。油污染是油-固 TENG 面临的一大挑战。Zhao 等[80]设计了适用于润滑油状态监测的超疏油 TENG。该油-固 TENG 具有优异的耐久性，在 30000 次循环后保持了初始电输出的 90%，明显高于 PTFE 或 PI 的电输出耐久性（70%）。

表 10.2　通过优化界面性能提高 TENG 的耐久性

优化方法	摩擦电材料	测试参数	耐久性能	参考文献
自清洁界面	微织构化 PDMS	1~25Hz，7.5N	5000 循环周期	[77]
自清洁界面	氟改性丙烯酸树脂	3Hz	33000 循环周期	[81]
自清洁界面	基于动态亚胺键 PDMS	7Hz	4200 循环周期	[78]
自清洁界面	SiO₂-FDTS-PVDF-HFP 涂层	1~5.8Hz	18000 循环周期	[79]
自清洁界面	表面氟化处理涂层	3Hz	10800 循环周期	[82]
自清洁界面	PDMS-凝胶复合层	112.5N，4 Hz	25600 循环周期	[83]
自清洁界面	Cu(OH)₂ 基多孔柔性层	20N，15Hz	15000 循环周期	[84]
自清洁界面	烧结 PVA-PTFE 膜	2Hz	抗酸碱 72h	[85]
自清洁界面	分层微/纳米结构	260N，0.5Hz	10000 循环周期	[86]
自清洁界面	改性 SiO₂ 涂层	0.25~2Hz	30000 循环周期	[87]
界面润滑	角鲨烷、石蜡油、聚 α 烯烃（PAO10）等	10N，1Hz	36000 循环周期	[88]
界面润滑	聚 α 烯烃（PAO4）	1Hz，0.2~5N	20000 循环周期	[89]
界面润滑	十六烷	10N，125mm/s	800000 循环周期	[90]
界面润滑	角鲨烷	10N，1.5Hz	500000 循环周期	[91]
界面润滑	矿物油	100r/min	432000 循环周期	[92]

上述介电聚合物材料（如 FDTS、PDMS、PTFE 等）常常面临紫外线照射或高温老

化、磨损以及海水腐蚀等问题。Sun 等研制了一种稳定的自洁透明 TENG，其可作为人机界面的实时通信手段，如图 10.14 所示[83]。采用超疏水硅酸钙膜功能化可以保证疏水性。然而，在高湿环境下，摩擦界面上水膜的形成阻碍电荷转移或引起电荷耗散，从而严重限制了其应用[84]。Long 等提供了一种能够在酸/碱恶劣环境中工作的 TENG[85]。该方法采用超疏水聚乙烯醇-聚四氟乙烯复合膜作为 TENG 摩擦层。即使将该复合膜浸泡在强酸溶液和强碱溶液中 72h，TENG 仍然具有显著的酸/碱抗性。经过 9000 个循环周期后，信号几乎没有明显减弱。Pei 等提出了一种仿生防汗可穿戴 TENG 并用于人体运动监测[86]。该 TENG 由两个超疏水且自洁净化的摩擦电子层组成，具有分级微/纳米结构。当相对湿度从 10% 增加到 80% 时，该 TENG 只有 11% 的输出衰减。在高负荷（260N）下进行了 10000 次工作循环后，TENG 的性能几乎没有变化。

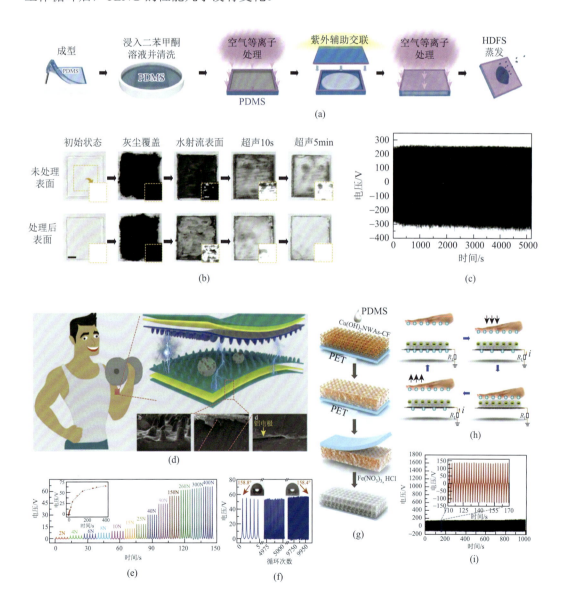

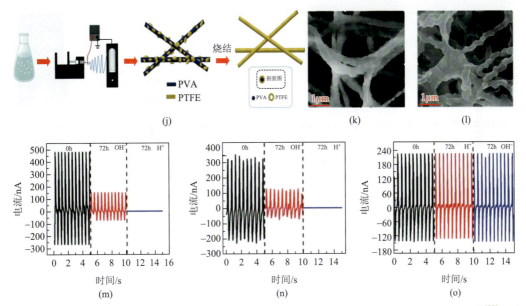

图 10.14　自洁、透明、可附着 TENG 制备过程（a）、TENG 的自洁性测试（b）、TENG 耐久性[83]（c）、仿生防汗可穿戴 TENG 的示意结构（d）、TENG 在不同负载下的开路电压（e）、TENG 耐久性（f）[86]、多孔柔性 TENG 制备过程（g）、TENG 工作原理（h）、TENG 耐久性（i）[84]、烧结 PVA-PTFE 膜制备过程（j）、烧结前后 PVA-PTFE 的扫描电子显微图像（k）（l）、PVDF-TENG（m）、PTFE-TENG（n）和新型 TENG（o）在酸碱溶液腐蚀后的短路电流[85]

10.5.2　界面润滑设计

摩擦力可以根据物体的运动状态分为静摩擦力和动摩擦力。在大多数情况下，动摩擦力小于最大静摩擦力。从宏观层面来看，摩擦材料的磨损故障是由材料摩擦引起的，主要包括"颗粒磨损"、"黏着磨损"和"固相焊接"。从微观层面来看，无论是否存在材料转移，表面粗糙化都是由摩擦诱导的材料微凸体塑性流动引起的[93]。干摩擦和润滑情况存在巨大差异。在润滑情况下，润滑流体能够完全隔离摩擦表面。当物体相对运动时，摩擦主要发生在流体分子之间。即使在微观凹凸体处发生一些接触，摩擦表面也能够被薄的润滑膜分隔开，即处于边界润滑状态。因此，应用润滑剂是降低摩擦副磨损最有效的方法。

Shi 等首次成功将润滑剂应用于 TENG 系统，获得了优异耐久性的 TENG[88]。研究发现适当的润滑液体加入不仅可以提升 TENG 的耐磨性能，还能够提高电输出性能，如图 10.15 和表 10.2 所示。与干摩擦状态下的 TENG 相比，液体润滑的 TENG 具有极高耐久特性，即使经过 36000 个循环后仍未检测到磨损。其中，角鲨烷润滑的 TENG 开路电压和短路电流是未润滑 TENG 的 3 倍以上。Li 等通过在 TENG 界面添加一层液体膜（己烷）制备了一种己烷润滑的 TENG。摩擦系数减少了 73%[90]。Wang 等进一步发现，液体润滑剂能够显著抑制界面电击穿[91]。界面润滑 TENG 在进行了 500000 个循环周期后仍具有优异的电输出稳定性。Jin 等提出了一个润滑剂浸入的滚动 TENG[92]。经过 72h 运行的滚动 TENG 电极表面没有磨损。Li 等开发了一种基于介质液体的自动开关 TENG，即通过介质液体的运动来控制电极表面的场发射，从而增强 TENG 的电流输出[94]。

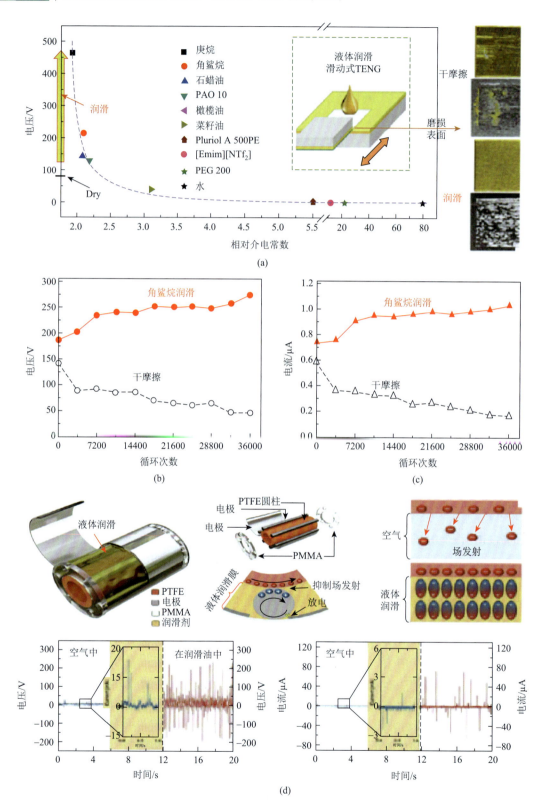

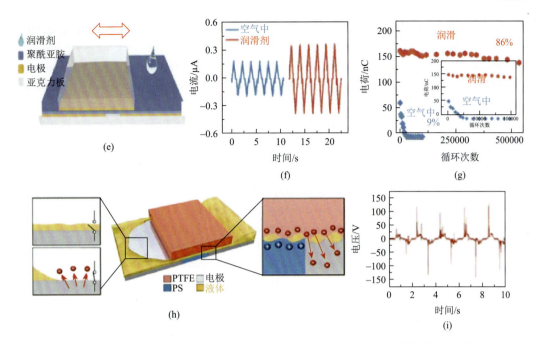

图 10.15　通过界面液体润滑实现高耐磨、高耐久性和高性能的 TENG（a）、液体润滑下的电压（b）和电流（c）在不同循环中的变化、带界面液体润滑的滑动式 TENG 结构示意图（d）、浸入液体润滑的滑动 TENG 结构示意图（e）、滑动 TENG 在干摩擦和润滑条件下的短路电流（f）和耐久性（g）[91]、基于介质液体的自动开关 TENG 工作机制（h）及其开路电压（i）[94]

10.6　结　　论

　　TENG 的研究及应用对可持续能源的发展具有重要意义。TENG 设备的耐用性取决于摩擦电材料和表面/界面特性。本章主要介绍了 TENG 耐久性的研究进展，提出了制备耐用 TENG 的实用策略。通过优化摩擦电材料的性能，如力学性能、抗磨损性能和自修复性能，可以提高 TENG 的电输出稳定性和延长 TENG 设备的使用寿命。此外，优化 TENG 的结构、表面和界面能够解决摩擦电材料磨损等损伤问题。因此，改善材料性能和表面/界面性质是提升 TENG 耐久性关键策略，也是 TENG 设备高可靠应用的基础。

参 考 文 献

[1]　Kim D，Han S A，Kim J H，et al. Biomolecular piezoelectric materials：From amino acids to living tissues[J]. Advanced Materials，2020，32（14）：e1906989.

[2]　Fan F R，Tian Z Q，Wang Z L. Flexible triboelectric generator[J]. Nano Energy，2012，1（2）：328-334.

[3]　Kammen D M，Sunter D A. City-integrated renewable energy for urban sustainability[J]. Science，2016，352（6288）：922-928.

[4]　Rodrigues C，Ramos M，Esteves R，et al. Integrated study of triboelectric nanogenerator for ocean wave energy harvesting：Performance assessment in realistic sea conditions[J]. Nano Energy，2021，84：105890.

[5]　Kim M，Park D，Alam M M，et al. Remarkable output power density enhancement of triboelectric nanogenerators via polarized ferroelectric polymers and bulk MoS_2 composites[J]. ACS Nano，2019，13（4）：4640-4646.

[6]　Wu H，Wang S，Wang Z K，et al. Achieving ultrahigh instantaneous power density of 10 MW/m^2 by leveraging the

opposite-charge-enhanced transistor-like triboelectric nanogenerator（OCT-TENG）[J]. Nature Communications，2021，12（1）：5470.

[7] Wang R X，Mu L W，Bao Y K，et al. Holistically engineered polymer-polymer and polymer-ion interactions in biocompatible polyvinyl alcohol blends for high-performance triboelectric devices in self-powered wearable cardiovascular monitorings[J]. Advanced Materials，2020，32（32）：e2002878.

[8] Zhao J，Wang D，Zhang F，et al. Real-time and online lubricating oil condition monitoring enabled by triboelectric nanogenerator[J]. ACS Nano，2021，15（7）：11869-11879.

[9] Bai P，Zhu G，Lin Z H，et al. Integrated multilayered triboelectric nanogenerator for harvesting biomechanical energy from human motions[J]. ACS Nano，2013，7（4）：3713-3719.

[10] Niu S M，Wang X F，Yi F，et al. A universal self-charging system driven by random biomechanical energy for sustainable operation of mobile electronics[J]. Nature Communications，2015，6：8975.

[11] Kwak S S，Kim S M，Ryu H，et al. Butylated melamine formaldehyde as a durable and highly positive friction layer for stable，high output triboelectric nanogenerators[J]. Energy & Environmental Science，2019，12（10）：3156-3163.

[12] Luo J J，Wang Z M，Xu L，et al. Flexible and durable wood-based triboelectric nanogenerators for self-powered sensing in athletic big data analytics[J]. Nature Communications，2019，10（1）：5147.

[13] Chun J，Kim J W，Jung W S，et al. Mesoporous pores impregnated with Au nanoparticles as effective dielectrics for enhancing triboelectric nanogenerator performance in harsh environments[J]. Energy & Environmental Science，2015，8（10）：3006-3012.

[14] Lim G H，Kwak S S，Kwon N，et al. Fully stretchable and highly durable triboelectric nanogenerators based on gold-nanosheet electrodes for self-powered human-motion detection[J]. Nano Energy，2017，42：300-306.

[15] Chen B D，Tang W，Zhang C，et al. Au nanocomposite enhanced electret film for triboelectric nanogenerator[J]. Nano Research，2018，11（6）：3096-3105.

[16] Xia X N，Chen J，Guo H Y，et al. Embedding variable micro-capacitors in polydimethylsiloxane for enhancing output power of triboelectric nanogenerator[J]. Nano Research，10：320-330.

[17] Parida K，Thangavel G，Cai G F，et al. Extremely stretchable and self-healing conductor based on thermoplastic elastomer for all-three-dimensional printed triboelectric nanogenerator[J]. Nature Communications，2019，10.

[18] Sintusiri J，Harnchana V，Amornkitbamrung V，et al. Portland cement-TiO$_2$ triboelectric nanogenerator for robust large-scale mechanical energy harvesting and instantaneous motion sensor applications[J]. Nano Energy，2020，74：104802.

[19] Fan M S，Li S H，Wu L，et al. Natural rubber toughened carbon nanotube buckypaper and its multifunctionality in electromagnetic interference shielding，thermal conductivity，Joule heating and triboelectric nanogenerators[J]. Chemical Engineering Journal，2022，433（2）：133499.

[20] Rasel M S，Maharjan P，Salauddin M，et al. An impedance tunable and highly efficient triboelectric nanogenerator for large-scale，ultra-sensitive pressure sensing applications[J]. Nano Energy，2018，49：603-613.

[21] Shao Y，Luo C，Deng B W，et al. Flexible porous silicone rubber-nanofiber nanocomposites generated by supercritical carbon dioxide foaming for harvesting mechanical energy[J]. Nano Energy，2020，67：104290.

[22] Su M，Kim B. Silk fibroin-carbon nanotube composites based fiber substrated wearable triboelectric nanogenerator[J]. ACS Applied Nano Materials，2020，3（10）：9759-9770.

[23] Oh H，Kwak S S，Kim B，et al. Highly conductive ferroelectric cellulose composite papers for efficient triboelectric nanogenerators[J]. Advanced Functional Materials，2019，29（37）：1904066.

[24] Yang H J，Lee J W，Seo S H，et al. Fully stretchable self-charging power unit with micro-supercapacitor and triboelectric nanogenerator based on oxidized single-walled carbon nanotube/polymer electrodes[J]. Nano Energy，86.

[25] Sun H，Zhao Y，Jiao S，et al. Environment tolerant conductive nanocomposite organohydrogels as flexible strain sensors and power sources for sustainable electronics[J]. Adv Funct Mater，2021. 31.

[26] Sun Q J，Lei Y，Zhao X H，et al. Scalable fabrication of hierarchically structured graphite/polydimethylsiloxane composite

films for large-area triboelectric nanogenerators and self-powered tactile sensing[J]. Nano Energy，80.

[27]　Xia X N，Chen J，Liu G L，et al. Aligning graphene sheets in PDMS for improving output performance of triboelectric nanogenerator[J]. Carbon，2017，111：569-576.

[28]　Shahzad F，Alhabeb M，Hatter C B，et al. Electromagnetic interference shielding with 2D transition metal carbides（MXenes）[J]. Science，2016，353（6304）：1137-1140.

[29]　Yue Y，Liu N S，Ma Y A，et al. Highly self-healable 3D microsupercapacitor with MXene-graphene composite aerogel[J]. ACS Nano，2018，12（5）：4224-4232.

[30]　Jiang C M，Wu C，Li X J，et al. All-electrospun flexible triboelectric nanogenerator based on metallic MXene nanosheets[J]. Nano Energy，2019，59：268-276.

[31]　Cao W T，Ouyang H，Xin W，et al. A stretchable highoutput triboelectric nanogenerator improved by MXene liquid electrode with high electronegativity[J]. Advanced Functional Materials，2020，30（50）：2004181.

[32]　Zhao Z H，Zhou L L，Li S X，et al. Selection rules of triboelectric materials for direct-current triboelectric nanogenerator[J]. Nature Communications，2021，12（1）：4686.

[33]　Wen J，Chen B D，Tang W，et al. Harsh-environmental-resistant triboelectric nanogenerator and its applications in autodrive safety warning[J]. Advanced Energy Materials，2018，8（29）：1801898.

[34]　Mu J L，Zou J，Song J S，et al. Hybrid enhancement effect of structural and material properties of the triboelectric generator on its performance in integrated energy harvester[J]. Energy Conversion and Management，2022，254：115151.

[35]　Parida K，Kumar V，Wang J，et al. Highly transparent，stretchable，and self-healing ionic-skin triboelectric nanogenerators for energy harvesting and touch applications[J]. Adv Mater，29.

[36]　Li T Q，Wang Y T，Li S H，et al. Mechanically robust，elastic，and healable ionogels for highly sensitive ultra-durable ionic skins[J]. Advanced Materials，2020，32（32）：e2002706.

[37]　Liao W Q，Liu X K，Li Y Q，et al. Transparent，stretchable，temperature-stable and self-healing ionogel-based triboelectric nanogenerator for biomechanical energy collection[J]. Nano Research，2022，15（3）：2060-2068.

[38]　Liu R Y，Kuang X，Deng J N，et al. Shape memory polymers for body motion energy harvesting and self-powered mechanosensing[J]. Advanced Materials，2018，30（8）：1705195.

[39]　Guan Q B，Lin G H，Gong Y Z，et al. Highly efficient self-healable and dual responsive hydrogel-based deformable triboelectric nanogenerators for wearable electronics[J]. Journal of Materials Chemistry A，2019，7（23）：13948-13955.

[40]　Jiang J X，Guan Q B，Liu Y N，et al. Abrasion and fracture self-healable triboelectric nanogenerator with ultrahigh stretchability and long-term durability[J]. Advanced Functional Materials，2021，31（47）：2105380.

[41]　Wu Z P，Chen J，Boukhvalov D W，et al. A new triboelectric nanogenerator with excellent electric breakdown self-healing performance[J]. Nano Energy，2021，85：105990.

[42]　Liu R Y，Lai Y，Li S X，et al. Ultrathin，transparent，and robust self-healing electronic skins for tactile and non-contact sensing[J]. Nano Energy，2022，95：107056.

[43]　Xu W，Wong M C，Guo Q Y，et al. Healable and shape-memory dual functional polymers for reliable and multipurpose mechanical energy harvesting devices[J]. Journal of Materials Chemistry A，2019，7（27）：16267-16276.

[44]　Yang D，Ni Y F，Kong X X，et al. Self-healing and elastic triboelectric nanogenerators for muscle motion monitoring and photothermal treatment[J]. ACS Nano，2021，15（9）：14653-14661.

[45]　Khan A，Ginnaram S，Wu C H，et al. Fully self-healable，highly stretchable，and anti-freezing supramolecular gels for energy-harvesting triboelectric nanogenerator and self-powered wearable electronics[J]. Nano Energy，2021，90：106525.

[46]　Long Y，Chen Y H，Liu Y D，et al. A flexible triboelectric nanogenerator based on a super-stretchable and self-healable hydrogel as the electrode[J]. Nanoscale，2020，12（24）：12753-12759.

[47]　Luo N，Feng Y G，Wang D A，et al. New self-healing triboelectric nanogenerator based on simultaneous repair friction layer and conductive layer[J]. ACS Applied Materials & Interfaces，2020，12（27）：30390-30398.

[48]　Ying W B，Yu Z，Kim D H，et al. Waterproof，highly tough，and fast self-healing polyurethane for durable electronic skin[J].

ACS Applied Materials & Interfaces，2020，12（9）：11072-11083.

[49] Guan Q B，Dai Y H，Yang Y Q，et al. Near-infrared irradiation induced remote and efficient self-healable triboelectric nanogenerator for potential implantable electronics[J]. Nano Energy，2018，51：333-339.

[50] Deng J N，Kuang X，Liu R Y，et al. Vitrimer elastomer-based jigsaw puzzle-like healable triboelectric nanogenerator for self-powered wearable electronics[J]. Advanced Materials，2018，30（14）：e1705918.

[51] Dang C，Shao C Y，Liu H C，et al. Cellulose melt processing assisted by small biomass molecule to fabricate recyclable ionogels for versatile stretchable triboelectric nanogenerators[J]. Nano Energy，2021，90：106619.

[52] Feng M，Wu Y，Feng Y，et al. Highly wearable，machine-washable，and self-cleaning fabric-based triboelectric nanogenerator for wireless drowning sensors[J]. Nano Energy，2022，93：245266401

[53] Zhu G，Pan C F，Guo W X，et al. Triboelectric-generator-driven pulse electrodeposition for micropatterning[J]. Nano Letters，2012，12（9）：4960-4965.

[54] Seung W，Gupta M K，Lee K Y，et al. Nanopatterned textile-based wearable triboelectric nanogenerator[J]. ACS Nano，2015，9（4）：3501-3509.

[55] Chen H M，Bai L，Li T，et al. Wearable and robust triboelectric nanogenerator based on crumpled gold films[J]. Nano Energy，2018，46：73-80.

[56] Park S，Park J，Kim Y G，et al. Laser-directed synthesis of strain-induced crumpled MoS_2 structure for enhanced triboelectrification toward haptic sensors[J]. Nano Energy，2020，78：105266.

[57] Zhang J J，Zheng Y B，Xu L，et al. Oleic-acid enhanced triboelectric nanogenerator with high output performance and wear resistance[J]. Nano Energy，69.

[58] Li R Y，Yang X，Zhao J，et al. operando formation of van der waals heterostructures for achieving macroscale superlubricity on engineering rough and worn surfaces[J]. Advanced Functional Materials，2022，32（18）：2111365.

[59] Ramaswamy S H，Shimizu J，Chen W H，et al. Investigation of diamond-like carbon films as a promising dielectric material for triboelectric nanogenerator[J]. Nano Energy，2019，60：875-885.

[60] Zhang L Q，Cai H F，Xu L，et al. Macro-superlubric triboelectric nanogenerator based on tribovoltaic effect[J]. Matter，2022，5（5）：1532-1546.

[61] Shin S H，Kwon Y H，Kim Y H，et al. Triboelectric charging sequence induced by surface functionalization as a method to fabricate high performance triboelectric generators[J]. ACS Nano，2015，9（4）：4621-4627.

[62] Zhang C Y，Lin X J，Zhang N，et al. Chemically functionalized cellulose nanofibrils-based gear-like triboelectric nanogenerator for energy harvesting and sensing[J]. Nano Energy，2019，66：104126.

[63] Lee H，Lee H E，Wang H S，et al. Hierarchically surface-textured ultrastable hybrid film for large-scale triboelectric nanogenerators[J]. Adv Funct Mater，2020，30.

[64] Manikandan M，Rajagopalan P，Xu S J，et al. Enhancement of patterned triboelectric output performance by an interfacial polymer layer for energy harvesting application[J]. Nanoscale，2021，13（48）：20615-20624.

[65] Li S M，Wang S H，Zi Y L，et al. Largely improving the robustness and lifetime of triboelectric nanogenerators through automatic transition between contact and noncontact working states[J]. ACS Nano，2015，9（7）：7479-7487.

[66] Chen J，Guo H Y，Hu C G，et al. Robust triboelectric nanogenerator achieved by centrifugal force induced automatic working mode transition[J]. Advanced Energy Materials，2020，10（23）：2000886.

[67] Fu S K，He W C，Tang Q，et al. An ultrarobust and high-performance rotational hydrodynamic triboelectric nanogenerator enabled by automatic mode switching and charge excitation[J]. Advanced Materials，2022，34（2）：e2105882.

[68] Chen P F，An J，Shu S，et al. Super-durable，low-wear，and high-performance fur-brush triboelectric nanogenerator for wind and water energy harvesting for smart agriculture[J]. Advanced Energy Materials，2021，11（9）：2003066.

[69] Lin L，Xie Y，Wang S，et al. Robust triboelectric nanogenerator based on rolling electrification and electrostatic induction at an instantaneous energy conversion efficiency of ～55%[J]. ACS Nano，2015，9：922-930.

[70] Han Q K，Ding Z，Qin Z Y，et al. A triboelectric rolling ball bearing with self-powering and self-sensing capabilities. Nano

Energy，2020，67：104277.

[71] Yang H M，Liu W L，Xi Y，et al. Rolling friction contact-separation mode hybrid triboelectric nanogenerator for mechanical energy harvesting and self-powered multifunctional sensors[J]. Nano Energy，2018，47：539-546.

[72] Yang H M，Wang M F，Deng M M，et al. A full-packaged rolling triboelectric-electromagnetic hybrid nanogenerator for energy harvesting and building up self-powered wireless systems[J]. Nano Energy，2019，56：300-306.

[73] Tian X L，Verho T，Ras R H A. Moving superhydrophobic surfaces toward real-world applications[J]. Science，2016，352（6282）：142-143.

[74] Wong T S，Kang S H，Tang S K Y，et al. Bioinspired self-repairing slippery surfaces with pressure-stable omniphobicity[J]. Nature，2011，477（7365）：443-447.

[75] Xu W H，Wang Z K. Fusion of slippery interfaces and transistor-inspired architecture for water kinetic energy harvesting[J]. Joule，2020，4（12）：2527-2531.

[76] Xu W H，Zhou X F，Hao C L，et al. SLIPS-TENG: Robust triboelectric nanogenerator with optical and charge transparency using a slippery interface[J]. National Science Review，2019，6（3）：540-550.

[77] Li X J，Jiang C M，Zhao F N，et al. A self-charging device with bionic self-cleaning interface for energy harvesting[J]. Nano Energy，2020，73：104738.

[78] Yang D，Ni Y F，Su H，et al. Hybrid energy system based on solar cell and self-healing/self-cleaning triboelectric nanogenerator[J]. Nano Energy，2021，79：105394.

[79] Ye C Y，Liu D，Peng X，et al. A hydrophobic self-repairing power textile for effective water droplet energy harvesting[J]. ACS Nano，2021，15（11）：18172-18181.

[80] Zhao J，Wang D，Zhang F，et al. Self-powered，long-durable，and highly selective oil-solid triboelectric nanogenerator for energy harvesting and intelligent monitoring[J]. Nano-Micro Letters，2022，14（1）：160.

[81] Wang B Q，Wu Y，Liu Y，et al. New hydrophobic organic coating based triboelectric nanogenerator for efficient and stable hydropower harvesting[J]. ACS Applied Materials & Interfaces，2020，12（28）：31351-31359.

[82] Xu C G，Liu Y，Liu Y P，et al. New inorganic coating-based triboelectric nanogenerators with anti-wear and self-healing properties for efficient wave energy harvesting[J]. Applied Materials Today，2020，20：100645.

[83] Lee Y，Cha S H，Kim Y W，et al. Transparent and attachable ionic communicators based on self-cleanable triboelectric nanogenerators[J]. Nature Communications，2018，9（1）：1804.

[84] Wang J X，He J M，Ma L L，et al. A humidity-resistant，stretchable and wearable textile-based triboelectric nanogenerator for mechanical energy harvesting and multifunctional self-powered haptic sensing[J]. Chemical Engineering Journal，2021，423：130200.

[85] Wu J P，Liang W，Song W Z，et al. An acid and alkali-resistant triboelectric nanogenerator[J]. Nanoscale，2020，12（45）：23225-23233.

[86] Li W J，Lu L Q，Kottapalli A G P，et al. Bioinspired sweat-resistant wearable triboelectric nanogenerator for movement monitoring during exercise[J]. Nano Energy，2022，95：107018.

[87] Wu X Y，Li X J，Ping J F，et al. Recent advances in water-driven triboelectric nanogenerators based on hydrophobic interfaces[J]. Nano Energy，2021，90（B）：106592.

[88] Wu J，Xi Y H，Shi Y J. Toward wear-resistive，highly durable and high performance triboelectric nanogenerator through interface liquid lubrication[J]. Nano Energy，2020，72：104659.

[89] Yang D，Zhang L Q，Luo N，et al. Tribological-behaviour-controlled direct-current triboelectric nanogenerator based on the tribovoltaic effect under high contact pressure[J]. Nano Energy，2022，99：107370.

[90] Wang K Q，Li J J，Li J F，et al. Hexadecane-containing sandwich structure based triboelectric nanogenerator with remarkable performance enhancement[J]. Nano Energy，2021，87：106198.

[91] Zhou L L，Liu D，Zhao Z H，et al. Simultaneously enhancing power density and durability of sliding-mode triboelectric nanogenerator via interface liquid lubrication[J]. Advanced Energy Materials，2020，10（45）：2002920.

[92] Chung S H，Chung J，Song M，et al. Nonpolar liquid lubricant submerged triboelectric nanogenerator for current amplification via direct electron flow[J]. Advanced Energy Materials，2021，11（25）：2100936.

[93] Bowman W F，Stachowiak G W. A review of scuffing models[J]. Tribology Letters，1996，2（2）：113-131.

[94] Chung J，Chung S H，Lin Z H，et al. Dielectric liquid-based self-operating switch triboelectric nanogenerator for current amplification via regulating air breakdown[J]. Nano Energy，2021，88：106292.

本章作者：赵军，史以俊

吕勒奥理工大学机械元件系（瑞典吕勒奥）

第11章

摩擦纳米发电机的电源管理系统

摘　要

本章对 TENG 的电源管理系统（PMS）研究进展进行了综述。与其他发电机相比，摩擦纳米发电机具有非常独特的电气特性，包括高脉冲电压和非线性电容阻抗。这些独特的特性使得摩擦纳米发电机与外部电路之间的相互作用变得复杂，并对高效的 PMS 设计带来了挑战。自 TENG 发明以来，其 PMS 的研究取得了很大进展。最早 TENG 的 PMS 于 2013 年开发，依赖于机械开关，与 2020～2022 年基于电子开关的电源转换器的最新 PMS 相比有很大的不同。PMS 设计的目标从增加峰值输出功率发展到增加存储在电容器中的能量，再到使用电源转换器提高电阻负载的稳态输出功率。在自供电系统的电源需求驱动下，TENG PMS 中的开关从主动开关发展到被动开关。最新的研究进展为作为中心能量收集单元的自供电系统提供了有力的概念证明。然而，摆脱依赖电池的自供电目标之旅才刚刚开始。TENG 的独特电气特性为 PMS 的设计提供了无尽的研究机会和广阔的前景来增强 TENG 的电能生产能力并拓宽其应用领域。

11.1 引　言

随着物联网（IOT）和人工智能（artificial intelligence，AI）深入到我们生活的各个角落，各种移动、便携和可穿戴式的健康监测器、医疗设备以及传感器的数量在过去十年中不断增加，并将继续增长[1-3]。这些设备数量的增长导致的直接后果就是针对供电电池的需求也在不断增长。然而，每块电池的使用寿命都是有限的。随着数万亿个废旧电池堆积成山，处置不当将带来严重的环境和经济问题[4,5]。

避免此类环境危机的一个很有前景且可行的解决方案是开发自供电电子设备和传感器。这些设备和传感器依赖于从生物力学运动（如步行和锻炼）以及体热中收集的环境能量来供电[6-10]。随着压电、摩擦电和热释电（PENG、TENG、PyENG）等纳米发电机技术的发展，这一很有吸引力且让环境可持续发展的概念正在演变为现实。这些发电机可以利用纳米结构将动能或热能转换为电能[11-15]。

在这些纳米发电机中，TENG 是最新、最有前途的收集环境机械能的技术。过去十多年，摩擦纳米发电机的研究活动迅速增加，随着输出功率密度和转换效率的提高，摩擦纳米发电机技术取得了巨大进步[13, 16-18]。与电磁发电机（EMG）、压电纳米发电机（PENG）和静电发电机等其他具有竞争力的能量收集技术相比，摩擦纳米发电机具有更高的功率密度和更高的电压、更高的低频效率、更低的成本、更轻的重量、更强的鲁棒性、更高的可靠性以及更多的材料选择[19, 20]。

然而，尽管具有如此多的优点，但由于高压脉冲输出和非线性内部电容阻抗，TENG 似乎是最难直接使用的。事实上，几乎所有用纳米发电机收集的电能都有其缺点。必须使用电源管理系统（PMS）将收集到的原始能量转换成适合为电子设备供电的电能。在 PENG 于 2006 年发明之后，科研人员在 2009～2013 年开发了相关配套的 PMS[21-25]。到目前为止，市场上已经有商业化生产的面向 PENG 的 PMS 投入使用。自 2012 年摩擦纳米发电机发明以来，人们通过各种途径投入了巨大的努力来开发其 PMS，并取得了一些令人兴奋的突破，如 Cheng 等[26]，Hu 等[27]所述。Harmon 等[28]开发了一种用于 TENG 的全功能自供电的 PMS。然而，由于 TENG 独特的非线性电学特性和电容行为，从 TENG 中提取的能量取决于其与外部电路的相互作用，并且任何电路可以从 TENG 中提取的最大能量仍然是未知的。

TENG 有可能是最吸引人的能量收集器，这不仅因为其静电化和静电感应的能量产生机制，还因为其具有非线性时变内部电容的独特电学特性。TENG 的非线性和时变电学特性提供了无尽的研究机会。科研人员可以利用这些研究机会设计 TENG 中 PMS 的拓扑结构，以更好地从 TENG 中提取能量并改善能量输出性能，从而拓宽 TENG 在自供电系统中的应用范围。目前来看，通过寻找最有效的电路拓扑以实现显著增加 TENG 产生的能量，并提高 PMS 的输出性能方面仍然存在大量的研究机会。

本章对 TENG 的现有 PMS 进行综述，首次尝试通过使用外部电路来提高 TENG 输出功率的研究可以追溯到 2013 年[29]，在该研究中设计了一个瞬时放电机械开关，在特定操作周期将 TENG 短路，以增加峰值输出功率。在过去的几年中，电源管理的目标已经从增加峰值输出功率发展到提高传输电荷并且增加电容器中储存的能量。最新的研究重点是通过结合前端整流器和功率转换器（如降压转换器和反激式变换器）来提高电阻负载的稳态输出功率。早期的研究使用了场效应晶体管（field effect transistor）和逻辑电路设计功率转换器。场效应晶体管和逻辑电路需要额外的电源供应，这与自供电系统的目标相悖，因此最近的研究转向使用不需要额外电源的被动开关，如 Harmon 等使用的可控硅整流器（silicon controlled rectifier, SCR）[28, 30]和 Wang 等使用的火花开关[31]。这些最新的成果为以摩擦纳米发电机作为能量收集单元的自供电系统提供了强有力的概念验证。当前便携设备、移动设备、可穿戴设备、传感器和物联网设备都需要电池供电。而最终目标是消除电池。这些最近的研究成果成为实现这个最终目标道路上的重要里程碑。

本章在 Hu 等[27]2022 年研究的基础上，扩展了对最新 PMS 拓扑的综述，并采用了 Hu 等在 2022 年相关论文中的部分图表。

11.2　摩擦纳米发电机的电气模型

摩擦电效应是日常生活中的一种经验。它是一种接触电荷现象，在两个不同材料的表面接触并分离时发生。摩擦起电过程产生的静电荷通常是不希望获得的，且可能对敏感电子设备造成真正的损坏，并在工作场所和自然环境中具有危险性，如引发野火[13]。王中林团队首次将这种摩擦电效应应用于构建发电机，后来称为摩擦纳米发电机（TENG），将本来浪费的机械能转化为对人类有用的资源[11, 12]。自从 2012 年第一台摩擦纳米发电机被报道以来，基于四种基本工作模式不同类型的 TENG 已经开发出来，不同类型的 TENG 从不同模式中收集能量，包括垂直接触分离模式[11, 12, 18, 32]、平面滑动模式[18]、单电极模式[33]和独立层模式[34]。

TENG 的直接输出对电子设备来说并不适用，因此如果要将摩擦纳米发电机收集到的原始能量转化为稳定、可调节的有用电能，那么 PMS 是必不可少的。为了构建适用于摩擦纳米发电机的 PMS，就要了解其电学特性。

Niu 等详细推导得出了 CS-TENG 理论模型[35]。图 11.1 显示了电气模型的关键变量和参数，其中 d_1 和 d_2 是两个介电板的厚度，$x(t)$ 是两个板之间的分离距离。两个板的相对介电常数分别为 ε_{r1} 和 ε_{r2}。将 σ 表示为摩擦电荷表面密度，S 表示金属板的面积，Q 表示转移的电荷。两个电极之间的电压 V 可以表示为

$$V(t) = -\frac{Q}{C_{TENG}(t)} + V_{OC}(t) \tag{11.1}$$

式中，$C_{TENG}(t)$ 和 $V_{OC}(t)$ 由以下公式给出：

$$C_{TENG}(t) = \frac{S\varepsilon_0}{d_0 + x(t)}, \quad V_{OC}(t) = \frac{\sigma x(t)}{\varepsilon_0} \tag{11.2}$$

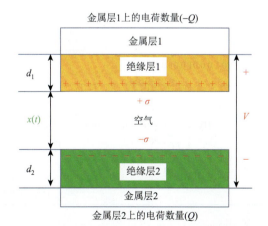

图 11.1　CS 模式 TENG 的电气模型关键变量示意图[35]

ε_0 是自由空间的介电常数；d_0 是有效介电厚度，由以下公式给出：

$$d_0 = \frac{d_1}{\varepsilon_{r1}} + \frac{d_2}{\varepsilon_{r2}} \tag{11.3}$$

对于采用刚性介电体构建的 TENG，d_0 是一个常数。然而，如果 TENG 采用软性介电体，如 Chen 等在论文中提到的海绵 PDMS[36]，d_1、d_2 和 d_0 会随时间变化。并且如果 TENG 在接触后（$x = 0$）继续受压，d_1、d_2 和 d_0 则会减小。这将使得软性接触的 TENG 与硬性接触的 TENG 表现出非常不同的行为，因此需要设计具有不同拓扑结构的 PMS。其他 TENG 模式的电气模型，如滑动模式和单电极模式，可以在相关文献中找到[35, 37-40]。

从式（11.1）中可以清楚地看出，摩擦纳米发电机可以建模为一个串联的开路电压源和一个随时间变化的电容器。当两个摩擦电荷表面接触（或处于最大分离状态）时，电容 C_{TENG} 取得最大（或最小）值。这个特性已应用于设计 PMS 的开关策略。

当 TENG 被按下和释放时，分离距离 x 成为时间的函数，从而通过式（11.2）确定了 $C_{\text{TENG}}(t)$ 和 $V_{\text{OC}}(t)$。这些非线性函数使得为 TENG 系统推导出解析解几乎成为不可能的事情，除非是非常特殊的情况，如直接负载为电阻器或电容器时[41]。一种适用于所有 TENG 系统的通用研究方法是利用 SPICE 软件[38-41]。在 Harmon 等[28, 30]和 Ghaffarinejad 等[42]的研究中，使用了 LTspice 进行仿真。

Harmon 在 2022 年的研究是基于米勒定理开发了一个简单且稳定的 LTspice 模型用于 TENG，也就是等效地将 $C_{\text{TENG}}(t)$ 表示为任意电压源 B$_2$ 和恒定电容 C_1 的串联连接，如图 11.2 所示[43]。该图显示了一个与全波整流器连接的 TENG 的 LTspice 模型。电压源 B$_1$ 代表 $V_{\text{OC}}(t)$；B$_2$ 和 C_1 通过米勒定理实现非线性的 $C_{\text{TENG}}(t)$。TENG 的所有参数在图 11.2 右上角已经列出，这些参数可以很容易地针对特定的 CS-TENG 进行更改。注意 $Q_0 = \sigma S$（其中 σ 是电荷密度）。节点 d 处的电压 $V(d)$ 表示距离 x，它由电压源 V_1 生成。它可以设置为脉冲函数、正弦函数或由一个纯文本文件提供的任意分段线性（PWL）函数，该文件可以通过测量 TENG 设备在多个周期内的真实位移获得。在图 11.2 的模型中，V_1 是

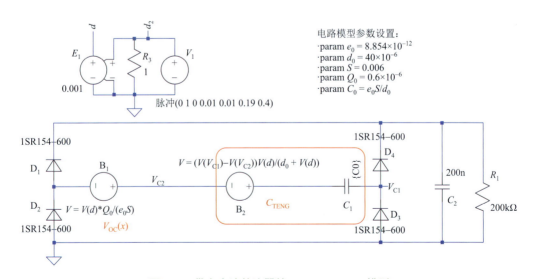

图 11.2　带有全波整流器的 TENG LTspice 模型

一个周期为 0.4s 的脉冲函数，上升时间/下降时间为 0.01s，保持在最大值 1（最小值 0）约 0.19s。参数 E_1 的值为 0.001，将脉冲函数进行缩放，使得 $x = V(d)$ 在 0～0.001m 变化。

对于一般的交流能量收集器，如压电纳米发电机，使用全波整流器和低通滤波器可以产生可接受的输出电压[21]。然而，对 TENG 来说，这样简单的处理方法会因为内部电容 C_{TENG} 而导致效果不佳。由于 TENG 周期性地被按下和释放，$V_{OC}(t)$ 和 $C_{TENG}(t)$ 都会发生周期性变化。为了展示 $C_{TENG}(t)$ 的影响，对图 11.2 中的 LTspice 模型输出电压和平均功率进行模拟，其中 $R_1 = 200\text{k}\Omega$，C_2 分别取三个不同的值 500pF、200nF 和 20μF。在这三个 C_2 值下，R_1 上的输出电压和平均功率分别如图 11.3（b）～（d）所示。

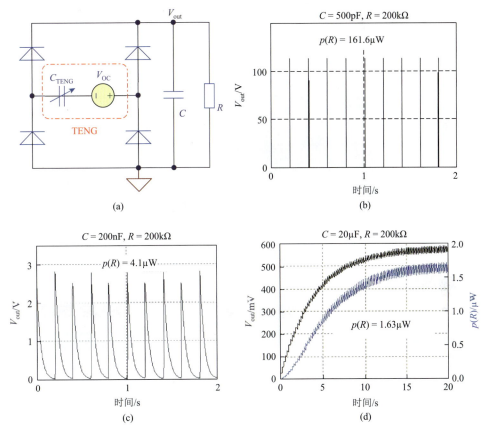

图 11.3 带有全波整流器和电容滤波器的 TENG 电路模型（a），以及在 3 个不同滤波电容值下的输出电压和功率：500pF（b），200nF（c），20μF（d）

使用小电容量的 500pF 产生的输出电压呈尖锐脉冲状，峰值电压超过 100V 且持续时间非常短。随着电容增大，脉冲的持续时间会延长，而峰-峰纹波的幅度会减小。但是电阻上的平均功率从 161.6μW（使用 500pF 时）减小到仅约 1.63μW（使用 20μF 时）。这些结果明确表明传统方法无法同时产生最大输出功率和良好稳定的输出。因此，需要开发更先进的电路设计，将 TENG 的原始能量转换为有用的形式，同时保持可接受的转换效率。

11.3　机械开关和开关电容的电源管理

对于 TENG 的电源管理目标已经从增强瞬时输出功率和电流，发展到在电容器/电池中进行能量储存，再到增大低电压稳定输出功率，以便与大多数应用中的电子设备兼容。每种 PMS 都使用某种类型的开关来引导能量流动。本节将回顾使用机械开关开发 PMS 的进展，同时还将讨论使用开关电容和机械开关来降低电压幅值的策略。

对 TENG 功率管理的首次努力可以追溯到 2013 年[29]，当时机械开关与 TENG 装置安装在一起（图 11.4）。该开关在两个表面接触时（$C_{TENG} = \max$）或在最大分离时（$C_{TENG} = \min$）对 TENG 进行短路。这种简单的机制可以显著增加 TENG 的瞬时输出功率峰值，

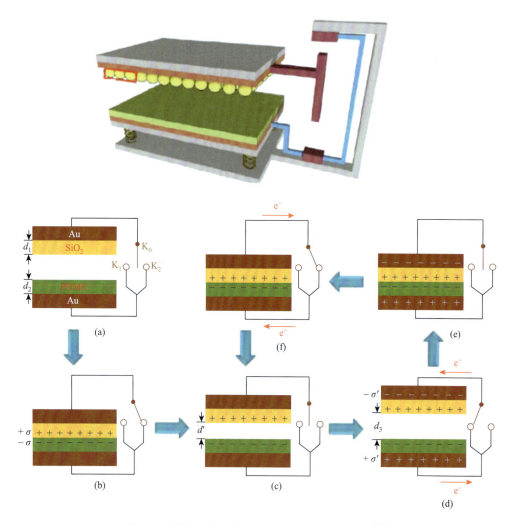

图 11.4　带有机械开关的 TENG 及其开关的操作[29]

最多可增加到 1000 倍，同时保持相同的输出能量。在 Qin 等 2018 年的研究中[44]，为滑动模式 TENG 开发了一个单向机械开关，在 Qin 等 2020 年的研究中[45]，开发了与 TENG 串联的静电振动开关。这些开关都具有类似的功能。

机械开关可能会增加结构设计的复杂性，因此 Cheng 等和 Yang 等开发了静电振动开关和放电开关，以实现与机械开关相同的功能[46, 47]。Cheng 等和 Zi 等探索了类似的开关机制，以最大化一个周期内可以传递给电阻的能量[16, 48]。Vasandani 等 2018 年提出了与接触模式 TENG 串联的开关，以防止电荷泄漏并降低最佳负载电阻[49]。

由于 TENG 的直接输出电压对大多数电子设备来说过高，需要在将 TENG 电源用于电子设备之前进行大幅降压。降低电压的一种直接方法是将电容器从串联连接切换为并联连接。因为这种方法不需要笨重的电感器或变压器[50]，可能为小型电子设备供电提供了理想的解决方案。Axelrod 等使用开关电容器构建了一个陡峭的降压变换器，以输出约 1V 的电压[51]。Tang 等在研究中使用了开关电容器策略来降低 CS-TENG 的输出电压，用于自供电的无线传感器节点应用[52]。

图 11.5（a）显示了 Tang 等制作的带有两个开关电容器的 PMS 示意图[52]。该 PMS 首先使用全波整流器将 TENG 的交流电压转换为直流电压，然后通过开关电容器降压。这种开关方案很简单：当由 TENG 充电时，电容器处于串联状态；而当向负载放电时，电容器处于并联状态。通过全波整流器，当分离距离 x 从 0 增加到最大值或从最大值减小到 0 时，电容器会充电。图 11.5（b）说明了运动周期的四个阶段。

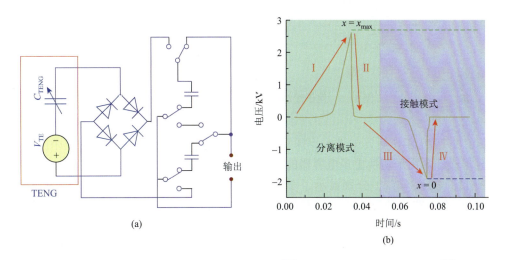

(a) (b)

图 11.5　使用开关电容器进行电压降压（a）[52]和运动周期的四个阶段（b）[16]

在第一阶段中，分离距离 x 从 0 增加到最大值，电容器在串联连接状态下被充电。在第二阶段中，x 保持在最大值，并且电容器被切换到并联状态并立即放电。在第三阶段中，x 从最大值减小到 0，电容器在串联连接状态下被充电。在第四阶段中，x 保持为 0，电容器在并联状态下放电，然后在 x 开始增加之前为下一个运动周期做好准备。

基于 TENG 的充电状态与机械运动之间的简单关系，一个机械开关可以用来根据

TENG 的运动来切换电容器。Tang 等使用 2 个、4 个、8 个开关电容器以及不同的负载电阻进行实验[52]。Cheng 等和 Tang 等的相关论文研究中开关状态的变化是相同的[29, 52]。随着电容器数量的增加，峰值输出电压从大约 60V 降低到 15V，但功率保持大致相同。Zi 等在研究中采用了类似的开关电容器策略，并为滑动模式 TENG 设计了一个通过运动可以触发的机械开关，如图 11.6 所示，根据 TENG 的运动可以改变电容器的连接方式[53]。

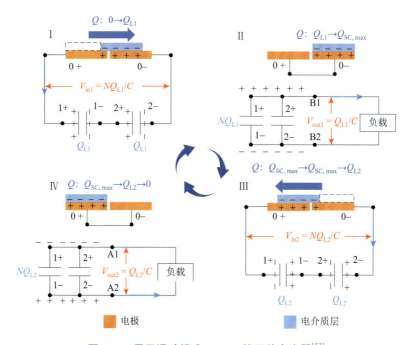

图 11.6　用于滑动模式 TENG 的开关电容器[53]

Liu 等 2020 年在研究中进一步探索了开关电容器的概念，并采用了更复杂的设计，称为分形设计，用于切换更多电容器的连接（最多可达 96 个电容器）[54]。

图 11.7（a）～（c）分别显示了 2^N（N = 1、2、3）个电容器的分形设计拓扑结构。通过将 2^N 个电路中的每个电容器替换为图 11.7（a）中的基本连接，可以获得 2^{N+1} 个拓扑结构。该设计与 Zi 等 2017 年的设计相比[53]，一个明显的优点是使用二极管实现了自动开关功能，就像 Axelrod 等在 2009 年[51]、Ioinovici 在 2002 年[50]、Ghaffarinejad 等在 2018 年[42]相关研究中的自动开关一样，即电容器在充电时串联，放电时并联。图 11.7（d）显示了 Liu 等设计的 PMS 电路图，其中 FSCC 代表由 TENG 通过半波整流器充电的电容器分形网络[54]。尽管 FSCC 内部的电容器连接是自动切换的，但电路顶部的主开关是基于 TENG 的机械运动实现的。开关 S1 是一个手动开关，用于选择负载类型。

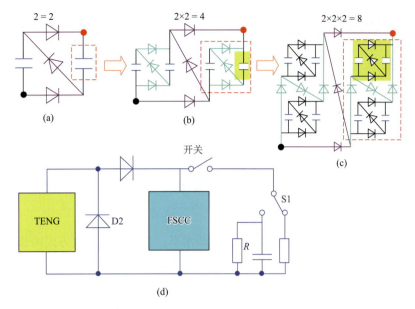

图 11.7　开关电容器的分形设计（a）（b）（c）和基于分形开关电容器的 PMS（d）

11.4　前端整流拓扑

TENG 的直接输出是交流电压，因此对于每个能量收集电路都需要一个前端整流器。对 TENG 来说，标准的前端整流器是一个全波整流器，如图 11.5 所示，这种整流器已经在 Tang 等的研究中使用过[52]。对于某些类型的 TENG，如采用软基底（如海绵 PDMS）的接触模式 TENG，图 11.7（d）中的半波整流器可能会在一个 TENG 周期内提取比全波整流器更多的能量。图 11.8 展示了三种用于将能量存储在电容器 C_{res} 中的整流拓扑，其中图 11.8（a）是基于全波整流器，图 11.8（b）是基于半波整流器，图 11.8（c）是基于 Bennet 倍压器。

Ghaffarinejad 等和 Zhang 等使用 Bennet 倍压器作为能量储存的整流器（图 11.8（c）），其结果令人惊讶[42,55]。Bennet 倍压器后来用于在 Xia 等的研究中开发不需要电感器的输出倍增器[56]，以及在 Wang 等的研究中开发可编程的 TENG[57]。这种拓扑结构不需要开关，因为二极管会自动将两个电容器从串联连接（由 TENG 充电时）切换到并联连接（放电时），反之亦然。在初始充电周期中，图 11.8（c）中 C_{res} 存储的能量增加比图 11.8（a）和（b）中的其他两种拓扑结构慢得多。经过许多周期，如 300 个周期，存储在 C_{res} 中的

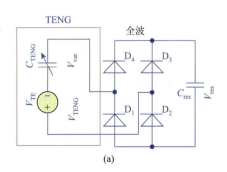

(a)

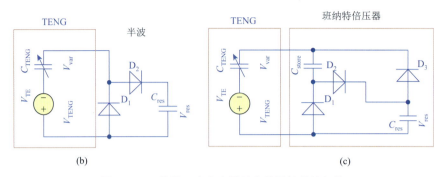

图 11.8 三种用于在电容器储存能量的整流拓扑

（a）基于全波整流器；（b）基于半波整流器；（c）基于 Bennet 倍压器

能量将超过其他两种拓扑结构达到的最大饱和水平，并继续以指数方式增长，只受二极管和电容器的击穿电压限制。这种指数增长的原因是 TENG 的非线性和时变电容特性。如果 $C_{TENG, max}/C_{TENG, min}>2$，电路将变得不稳定，导致指数增长。大多数 TENG 很容易满足这个条件。通常，储存电容器 C_{res} 有一个最大饱和电压。研究工作一直以来致力于提高饱和电压水平。Zi 等研究了全波整流器拓扑结构，为了提高饱和水平，使用一个与 TENG 并联的开关，在 C_{TENG} 达到最大或最小时将 TENG 短路，其操作机制与图 11.4 中所示的相同。据报道，V_{res} 的饱和水平与图 11.8（a）中的拓扑结构相比可以增加一倍[29, 53]。

图 11.9[42]比较了在图 11.8 中的三种整流拓扑下，对具有 1.33N 接触力的 TENG 装置的 C_{res} 电容器的充电情况，TENG 以 5Hz 频率被按下和释放。TENG 装置和三个电路的其他参数可以在 Ghaffarinejad 等的研究论文中找到[42]。

图 11.9（d）中的比较显示了每个周期存储的能量取决于 C_{res} 上的电压，这展示了 TENG 独特的非线性电气特性。对于半波和全波拓扑，每个周期存储的能量达到峰值然后减少至 0，但对于 Bennet 倍压器，随着 V_{res} 的增大，能量逐渐增加。因此，从理论上讲，每个周期存储在 C_{res} 中的能量是无限的，或者仅受电路元件的电压等级限制，如 800V，如图 11.9（d）所示。在这方面，从 TENG 装置中可以提取的最大能量是未知的，或者需要通过考虑执行技术约束来进行明确定义。为了展示使用 Bennet 倍压器设计的有效性，Ghaffarinejad 等使用的 C_{res} 电容的电容值为几纳法，V_{res} 需要几百伏[42]，对常用的小型电

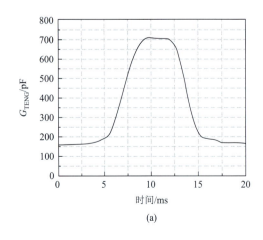

(a)

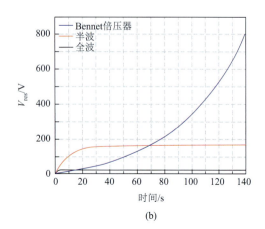

(b)

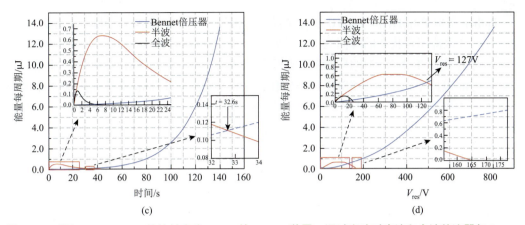

(c)　　　　　　　　　　　　　　　　(d)

图 11.9　对于 10cm × 10cm 的接触力为 1.33N 的 TENG 装置，通过实验对半波和全波整流器与 Bennet 倍压器的输出特性进行比较

（a）使用 Ghaffarinejad 等的技术测量出在一个操作周期内 C_{TENG} 的变化[42]；（b）三个整流电路中 C_{res} 的充电曲线；（c）三个整流电路在每个周期中储存在 C_{res} 中的能量；（d）C_{res} 中的储存能量与 V_{res} 的函数关系

子设备来说电压太高了。这种充电拓扑的另一个问题是需要数百个周期才能展示优于其他拓扑结构的优势，如果对能量有即时需求，这种拓扑充电可能会太慢。这些问题需要通过更先进的功率转换器电路设计来解决。

通过在一个全波整流器配置中将电感器与 PENG 并联或串联，可以有效提取更多能量[58]。Pathak 和 Kumar 将这种方法用于对 TENG 的输出整流[59]。这种拓扑结构也在 Li 和 Sun 的论文中进行了讨论[60]，并在 Pathak 和 Kumar 2021 年的论文中进一步阐述[61]。图 11.10（a）、（b）所示的拓扑结构分别称为并联同步开关电感器（parallel synchronous switched harvesting on inductor，P-SSHI）和串联同步开关电感器（series synchronous switched harvesting on inductor，S-SSHI）。

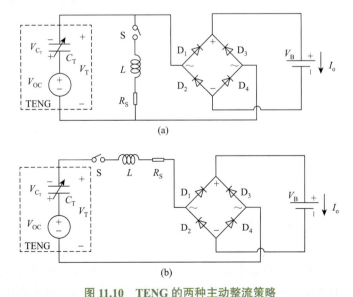

图 11.10　TENG 的两种主动整流策略

（a）P-SSHI 整流器；（b）S-SSHI 整流器[61]

Pathak 等对 P-SSHI 和 S-SSHI 进行了详细分析[61]。当通过 TENG 的电流达到 0 时，开关闭合，且保持闭合状态的时间为 $L\text{-}C_T$ 谐振器时间周期的一半 ($\pi\sqrt{LC_T}$)。对于 P-SSHI，开关的打开使得 TENG 的电压能够立即反转，并增加了从 TENG 中提取的能量。在 30V 的电池电压下，使用 P-SSHI（S-SSHI）的每个周期能量提取量是使用简单全波整流器所能达到提取量的 1.89 倍。开关是通过一个场效应晶体管实现的，并且开关时间是通过微分比较器检测的。开关的实现和控制只消耗了几微瓦的功率，但需要外部电源供电。

这种开关设计与 Cheng 等论文中的机械开关类似[29]。但是，使用电感器而不是短路来提供额外的设计自由度，可以进一步增强从 TENG 中提取能量的能力。P-SSHI 拓扑后来被 Kara 等应用在两级降压转换器的前端整流[62]。

另一种整流策略被称为双输出整流器，由 Maeng 等在 2021 年[63]和 Park 等在 2020 年提出[64]，旨在提高效率，见图 11.11。其中，正半周和负半周的能量分别存储在 $C_{IN,P}$ 和 $C_{IN,M}$ 中。

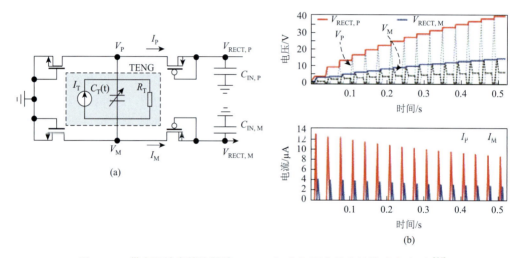

图 **11.11** 带有双输出整流器的 **TENG**（**a**）和两个输出端的响应（**b**）[64]

图 11.11（a）中，采用了二极管连接的横向扩散金属氧化物半导体（laterally diffused metal oxide semiconductor，LDMOS）晶体管代替常规二极管，以减小反向泄漏电流。在 Maeng 等和 Park 等的研究中，这种双输出整流器与双输入降压转换器一起向共同负载供电[63,64]。它还提供了向两个电子设备供电或使用一个输出来辅助处理另一个输出的可能性。

11.5　使用有源开关的功率变换器拓扑结构

受到小型电子设备低压稳定电源需求的推动，近年来研究工作致力于通过使用传统的功率变换器将 TENG 的高压输出转换到与典型便携式电子设备的电源电压兼容的电压范围。在电力电子学中，成熟的降压变换器、反激变换器和升降压变换器拓扑结构似乎可以直接用于实现这一目标。沿着这个方向的首次尝试见于 Niu 等的研究，其中使用反激变换器将二极管桥上的电压 V_{Temp} 降至与功能电子设备兼容的 V_{Store} 水平（图 11.12）[65]。

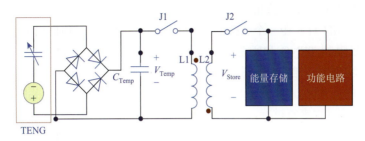

图 11.12　基于反激变换器的 PMS[65]

电路的运行可以描述如下：初始时，$V_{Temp} = 0$，两个开关均为断开状态。当 TENG 受到机械激励时，它会对 C_{Temp} 充电。当 V_{Temp} 达到最佳值（满足阻抗匹配条件）时，开关 J1 闭合，将 C_{Temp} 中的能量转移到 L_1。当 V_{Temp} 下降至 0 时，J1 打开，J2 闭合，导致 L_1 中的能量转移到 L_2，然后传输到能量存储单元（通常是一个大容量电容器），最后供给功能电路使用。当 L_2 的电流减小至 0 时，J2 打开并准备下一个周期。开关 J1 和 J2 采用场效应晶体管实现，并由逻辑电路控制。该 PMS 的有效性已经通过实验证实。

为了评估 PMS 的效率，Niu 等定义了两个指标[65]：第一个称为电路效率，表示为 η_{board}，定义为在 TENG 一个周期内功能电路消耗的能量与从 C_{Temp} 传输的能量之间的比值；第二个指标称为总体效率，表示为 η_{total}，定义为当电阻直接连接到 TENG 时，功能电路消耗的能量与 TENG 装置可以向电阻性负载（具有优化电阻）传递的最大能量之间的比值。Niu 等研究的 PMS 具有电路效率 $\eta_{board} = 90\%$ 和总体效率 $\eta_{total} = 59.8\%$[65]。

Cheng 等提出了一种类似但更简单的 PMS，其中开关 J2 被一个二极管替代，就像标准的反激变换器一样，而电容器 C_{Temp} 则不存在[16]。与 Niu 等的相关设计相比，一个很显著的区别是开关 J1 的操作[65]。理想情况下，开关在分离距离 x 达到最大值或 0 时打开，并在 x 开始变化之前关闭。它的预期操作与 Cheng 等论文中的开关相同，但与二极管桥串联连接[29]。在实验中，该预期的开关功能大致通过电子设备实现，其中逻辑电路检测整流电压的峰值，并立即打开场效应晶体管。场效应晶体管需要驱动器，逻辑电路需要稳定的电源供应，因此 PMS 将需要额外的电源（如电池）以实现功能。

一个 PMS 由 Xi 等基于降压变换器开发，见图 11.13[66]。开关 J1 由场效应晶体管实现，并由比较器控制（这意味着需要额外的电源）。与 Niu 等设计的类似，当电压 U_T 达

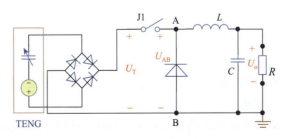

图 11.13　基于降压变换器的 PMS

到参考值时，开关启动[65]。据报道，这种 PMS 的总效率为 80.4%。降压变换器拓扑结构也在 Yu 等论文中使用，其在整流器和开关之间添加了一支回流抑制二极管[67]。

Pathak 等的 PMS 利用类似的降压变换器拓扑结构，但采用了不同的开关策略[68]。主开关（图 11.13 中的 J1）在一个 TENG 周期内可以多次开启。他们提出了一种多次触发的开关策略，以限制 TENG 和所有器件之间的电压低于 70V，以便集成电路（integrated circuit，IC）的实现[68]。当 U_T 达到 65V 时，开关 J1 打开并保持一段固定的时间间隔（如 50ns）。在开启时间内，U_T 下降并将能量提取到电感和负载中。然后关闭 J1，U_T 再次上升到 65V，并且该过程重复进行，直到完成一半的充电周期，标志为 U_T 下降至 0 且 TENG 的电压极性反向以开始下一个半周期。在每个半周期中，J1 可以多次开启。

仿真结果显示，上面提出的策略在每个周期提取的能量是标准全波整流器提取能量的 1.9 倍。用于有源开关的控制电路由一个 5V 电源供电，消耗功率为 9.5μW。TENG 频率为 60Hz，净输出功率为 57.16μW。

Bao 等设计的 Buck-Boost 变换器的 PMS 如图 11.14 所示[69]。开关由基于存储电容 $C_{int, opt}$ 两端的电压和输出电压的逻辑电路控制。开关的操作与其他 PMS 类似。同样，逻辑控制单元和驱动开关需要额外的电源。该设计 PMS 的总效率报道为 50%[69]。

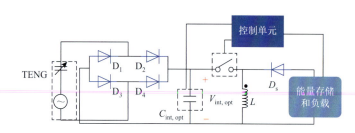

图 11.14 基于升降压变换器的 PMS[69]

值得注意的是，上述基于功率变换器的 PMS 都利用了全波整流器进行前端转换。

Kara 等提出了一种与 Pathak 和 Kumar 设计的 P-SSHI 整流器相关的两级降压变换器，见图 11.15[61, 62]。

第一个降压变换器将 V_{RECT} 上的 70V 降至 C_{OUT} 上的 10V。开关电容器 DC-DC 变换器将输出电容 C_{OUT} 上的 10V 降至负载上的 2V。图 11.14 中提出的配置是使用集成电路实现的。集成电路采用 0.18μm HV BCD 工艺制造，活动面积为 6.25mm²。端到端峰值效率为 32.71%，TENG 运动频率为 1Hz，总功率传递给负载为 722μW，持续时间为 4ms。为了给开关控制和逻辑设备供电，图 11.14 设计了自启动低压降稳压器，从 V_{RECT} 获取 5V 以启动零电流检测电路和其他电路用于测量 70V 电压和生成降压启动信号。

与图 11.11 中的双输出整流器相连，Maeng 等和 Park 等提出了两个双输入降压变换器来进一步处理整流器的两个输出[63, 64]。图 11.16 显示了 Maeng 等提出的配置，其中两个降压变换器共享一个电感器，电流可以在两个方向上流动[63]。该电路利用六个场效应晶体管和一些控制电路来实现所需的开关策略。Park 等提出的配置略有不同，只允许电流通过一个电感器的一个方向[4]。电路中的 PMS Maeng 等采用了 180nm 双极性-互补金

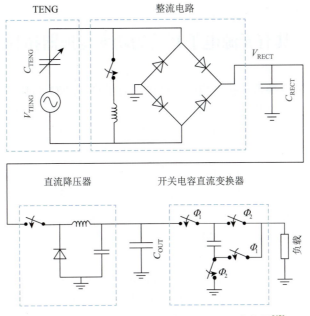

图 11.15　具有 P-SSHI 整流器的两级降压变换器[62]

属氧化物半导体（complementary metal-oxide-semiconductor，CMOS）-双扩散金属氧化物半导体（double-diffused metal-oxide semiconductor，DMOS）工艺制造。该 PMS 的端到端效率为 75.6%，输出电压为 2.8～3.3V[63]。

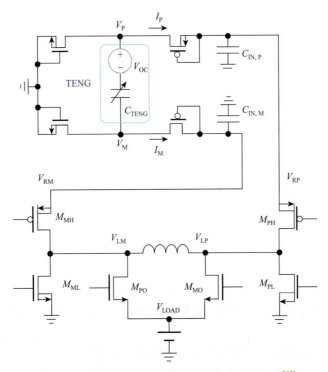

图 11.16　具有双输出整流器的双输入降压变换器[63]

11.6　具有无源电子开关的功率变换器拓扑结构

前面介绍的功率变换器拓扑结构已经被证明对于将 TENG 的脉冲输出转换为稳定电源，同时将高电压降至适用于大多数应用的电压范围是有效的。然而，这些拓扑结构的局限性也引起了注意。对于前面部分讨论的 PMS，其中有一个或多个由场效应晶体管实现的有源开关，这些开关由逻辑电路控制。由于场效应晶体管驱动器和逻辑设备需要外部电源供电，使用有源开关的 PMS 无法实现使用 TENG 作为能量收集单元的自供电系统的目的。11.3 节中讨论的机械开关是无源的，但它们通常会增加 TENG 的设计复杂性，并且不如电子开关耐用和可靠。为了解决这些问题，Harmon 等[28]、Kawaguchi 等[70]、Wang 等[31]开发了具有无源电子开关的 PMS。

Kawaguchi 等提出的 PMS 利用可编程单结晶管（programmable unijunction transistor，PUT）来实现开关操作，见图 11.17[70]。当 TENG 运行时，C（1μF）上的电压增加，直到达到 4V。然后 PUT 开启，将能量从 C 传输到 R_L（1MΩ）。当电容电压降至 0.5V 时，PUT 关闭。当开启时，R_L 上的电压是间断的，且在 3.7V 和 0.5V 之间变化。这种简单的 PMS 被 Kawaguchi 等用于驱动秒表[70]。从 C 到 R_L 的板上效率报道为 89%。

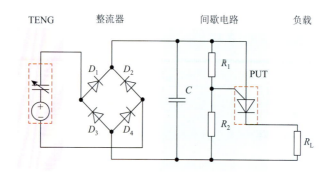

图 11.17　使用 PUT 的无源开关的 PMS[70]

Kawaguchi 等开发的 PMS 非常简单，但负载电压不连续。Harmon 等开发了一种更先进的 PMS，通过使用降压变换器来产生连续输出，该降压变换器类似于图 11.12 中的降压变换器，但开关 J1 由一个 SCR 和一个 Zener 二极管组合实现[28]。完整的电路如图 11.18 所示。

以下是从 TENG 向负载 R 传输能量以及 SCR 和 Zener 二极管 D5 实现开关功能的描述。为了清晰起见，将 TENG 向负载 R 能量传输的一个周期分为五个阶段。请注意，在系统启动之前，C_{in} 上的电压为 0，SCR 和 Zener 二极管不导通（相当于开关处于关闭状态）。

第一阶段：TENG 受到机械力激励后，电荷在电容器 C_{in} 中产生并储存，导致 V_{Cin} 增加。

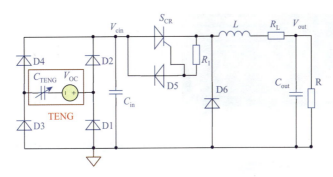

图 11.18　Harmon 等开发的 PMS 完整电路[28]

第二阶段：当 V_{Cin} 超过 Zener 二极管 D5 的击穿电压 + V_{out} 时，D5 开始反向导通，向 SCR 的栅极注入电流并触发 SCR 导通（类似于打开开关），SCR 的电压迅速降至 0。

第三阶段：SCR 导通。C_{in} 中储存的能量通过谐振机制传输到电感器 L，V_{Cin} 降至 0，D6 变为正向偏置。

第四阶段：D6 正向导通将 V_{Cin} 锁定在 0 附近，并保持 C_{in} 和 SCR 的电流为 0，相当于关闭开关并准备下一次 TENG 充电。在这个阶段，电感器 L 中储存的能量被传输到 C_{out}。当电感器电流降至 0 且 D6 停止导通时，该阶段结束。

第五阶段：C_{out} 中的能量传输到负载 R。

对于 Harmon 等采用的实验系统，TENG 受到频率为 1～3Hz 范围内的机械激励[28]。第 2、3 和 4 个阶段总共需要不到 1ms 的时间，仅占 TENG 的运动周期的一小部分。第 1 阶段和第 5 阶段占据了大部分运动周期，并且前一个第 5 阶段几乎完全与下一个第 1 阶段重叠（TENG 在 C_{in} 充电时，C_{out} 向 R 放电）。

在图 11.18 的配置中，使用 SCR 和 Zener 二极管实现的开关完全适应了 TENG 的独特电特性：具有高峰值电压的脉冲电荷。在实验系统中，经过一次 TENG 充电周期后，C_{in} 上的峰值电压约为 500V（对于 $C_{in} = 680pF$），远远大于二极管 D6 的正向电压（约 1V）。因此，如果使用理想的 SCR，几乎所有存储在 C_{in} 中的能量都将在第 3 阶段传输到 L。因为二极管桥输出端的低电压，这样的配置在其他纳米发电机（如 PENG 和 EMG）上将不起作用。图 11.19（a）显示了 Harmon 等设计的 PMS 原型和实验设置中的 TENG 设备的照片[28]。TENG 设备的面积为 7cm^2，通过手指敲击来激活。图 11.19（a）中的示波器显示了输出电压 V_{out} 从 0 增加到几伏之后的稳定增加过程，持续时间为 16s。图 11.19（b）～（d）显示了 2Hz 和 3Hz 频率下手指敲击产生的输出电压测量曲线，其中绿色曲线为 V_{Cin}，橙色曲线为 V_{out}。图 11.19（b）显示了瞬态响应，图 11.19（c）和（d）显示了 2Hz 和 3Hz 下的稳态响应。在生成图 11.19 的实验电路中，$C_{in} = 680pF$，$C_{out} = 47\mu F$，$L = 3.3mH$，$R = 248k\Omega$。TENG 在 2Hz 频率下的稳态输出功率为 167μW，在 3Hz 时为 209μW。板上效率为 89.8%。然而，后来 Harmon 等发现关于板上效率计算的误解，并且这个度量标准可能没有被很好地定义，下面将对此进行解释[30]。

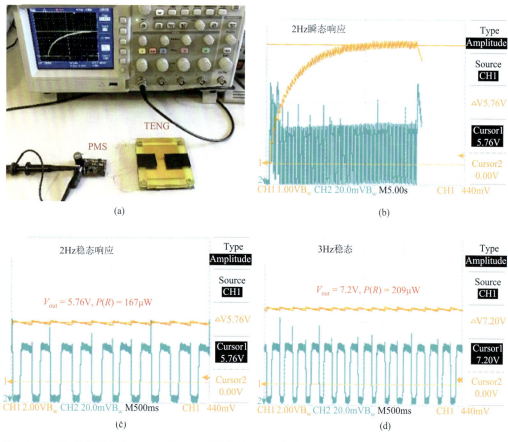

(a)   (b)

(c)   (d)

图 11.19　（a）实验中的 **TENG** 和 **PMS** 原型；（b）～（d）在 **2Hz** 和 **3Hz TENG** 频率下的输出电压 V_{out}（橙色）和 V_{Cin}（绿色）

图 11.20 显示了在使用 2MΩ 负载和 1Hz TENG 频率时的启动和稳态响应的两种模式。对于模式 1，正如 Harmon 等观察到的那样，当分离距离接近最大值时，C_{in} 向 C_{out} 传输能量[28]。对于模式 2，当分离距离接近 0 时，能量传输发生。模式 2 的输出功率为 98.14μW，比模式 1（72.65μW）高出约 35%。

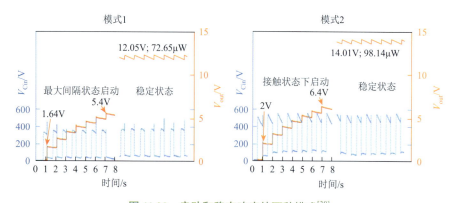

图 11.20　启动和稳态响应的两种模式[30]

模式 1 和模式 2 从 TENG 设备直接向电感器进行能量传输（而不经过 C_{in}），这种情况没有被 Harmon 等在 2020 年[28]和之前的研究中考虑到板上效率的计算中。在之前的研究中使用的板上效率可能没有对 TENG 提供的这种额外能量贡献进行很好的定义。任何直接连接到 TENG 的附加传感器都会干扰和降低其能量产生能力，因此很难通过实验测量 TENG 设备产生的总能量。因此，Harmon 等在 2021 年使用模拟数据评估了 TENG 产生的总能量以及每个设备的能量消耗[30]。模式 1 负载消耗的能量约为 TENG 产生总能量的 70%，模式 2 为 71%～74%，远低于 Harmon 等在 2020 年[28]和之前的研究中报道的板上效率。效率较低的原因是桥式整流器的功率损耗，以及从 TENG 到降压变换器未计入的直接能量传输。

Wang 等介绍了另一种带有无源开关的 PMS，其中使用变压器将 TENG 的高电压经过半波桥整流器降压（图 11.21）[31]。

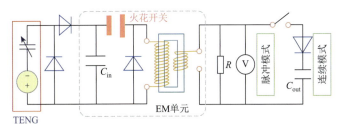

图 11.21　一种带有火花开关的 PMS[31]

PMS 具有独特的自动火花开关，其触发电压为 7500V。当 TENG 受到机械激励时，通过半波桥整流器将能量存储在 C_{in} 中。当 C_{in} 上的电压达到 7500V 时，火花开关闭合，并且 C_{in} 中的能量立即转移到变压器的一次侧，然后传输到二次侧，最后传输到 C_{out}。电路右上方的手动开关选择两种应用模式之一，它在每个应用中保持打开或关闭。

为了最大限度地提取 TENG 的能量并确保火花开关的打开，$C_{in}=25pF$。据 Wang 等称，火花开关的优点包括低漏电流和高稳定性[31]。

图 11.21 所示的 PMS 操作原理简单明了。主要挑战在于火花开关、变压器、二极管和 C_{in} 的构造，所有这些都需要承受 7500V 的电压。在 Wang 等论文中，变压器采用定制设计，具有能承受高电压的骨架[31]。另一个限制是该 PMS 使用环境需要低于 60%的湿度。尽管 Wang 等的 PMS 存在一些技术挑战和局限性，但结果证明了 TENG 产生能量的能力。Wang 等使用的 TENG 设备尺寸为 10cm²[31]。PMS 在 200kΩ 负载上的输出功率在 1Hz 时为 1.1mW，3Hz 时为 2.9mW。在 1Hz 下，从 C_{in} 到 C_{out} 的板上效率为 86.7%，总效率为 78.5%。

Wang 等在论文[71]中也用火花开关构建两种 PMS，一种基于降压变换器，一种基于升降压变换器（图 11.22）。Wang 等[71]的主要目标是优化变换器中的电感器[71]。

如上所述，表 11.1 中总结了 TENG PMS 的现有技术。由于设计目标和负载类型在过去的十年中发生了变化，输出规格并不统一。因此，使用第 2 列来指定输出电压和负载类型，并使用最后一列提供设计的主要目标的一些信息，或输出的一些关键规格。请注

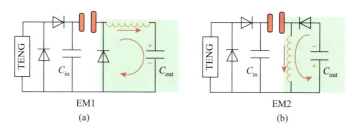

图 11.22　Wang 等使用火花开关构建的 PMS[71]

（a）使用降压变换器；（b）使用升降压变换器

意，这些数字仅供参考，不能进行比较，因为引用文章中使用的 TENG 设备在尺寸、材料、结构等方面有所不同，并且输出信号类型也不同（交流、直流、恒定、脉冲）。为避免争议，表中未包含能量效率数值，因为其中一些数值正如前面所解释的那样可能没有被很好地定义。

表 11.1　TENG PMS 的现有技术总结

参考文献	输出电压/负载类型	整流阶段	直流-直流转换器	开关类型	备注
[29]、[44]	交流电/电阻器	否	否	机械开关	设计目标：提升峰值输出功率
[45]~[47]	交流电/电阻器	否	否	静电，空气放电	设计目标：提升峰值输出功率
[20]	直流电/电容	全波	否	机械开关	设计目标：增加饱和电压
[42]、[55]	直流电/电容	全波，半波，Bennet 倍压器	否	二极管	比较 3 种整流方法，Bennet 倍压器中的指数增长
[59]~[61]	直流电/电池	全波电感同步开关	否	晶体管	增加从 TENG 中提取的能量
[53]	交流电/电容	否	开关电容	机械开关	2 个电容器，脉冲输出，峰值<50V，在 1Hz 下为 1.74μW
[52]	直流电/电阻	全波	开关电容	机械开关	多达 8 个电容器，脉冲输出，峰值 15~60V
[54]	直流电/电阻	半波	开关电容	二极管/机械	分形设计，恒定输出，1Hz 时峰值不超过 17V
[65]	直流电/电阻	全波	逆向	晶体管	恒定输出，不超过 20V，0.2mW
[66]	直流电/电阻	全波	降压开关	晶体管	恒定输出，不超过 4V，1Hz 时为 9μW
[68]	直流电/电压源	全波	降压，多次击穿	晶体管	恒定输出 2~20V，60Hz，集成电路（IC）
[69]	直流电/电阻	全波	降压-升压	晶体管	恒定输出<20V，在 170r/min 时为 52.5mW
[62]	直流电/电阻	全波电感同步开关	降压＋开关电容	自启动晶体管	脉冲输出在 1~5Hz 频率下，峰值小于 2V，采用集成电路
[63]、[64]	直流电/电容	半波双输出	降压双输入	晶体管	恒定输出 2.8~3.3V，40~55Hz，采用集成电路
[70]	直流电/电阻	全波	否	可编程单结晶体管	脉冲输出在 1Hz 频率下，峰值小于 4V，6.7mW

续表

参考文献	输出电压/负载类型	整流阶段	直流-直流转换器	开关类型	备注
[28]、[30]	直流电/电阻	全波	电压	可控硅	恒定输出，频率 1Hz 时峰值小于 20V，1.1mW
[31]	直流电/电阻	半波	变压器	火花	恒定输出，频率 1Hz 时峰值小于 20V，1.1mW
[71]	直流电/电阻	半波	降压，降压-增压	火花	恒定输出，频率 1Hz 时峰值小于 25V，0.89mW

11.7　摩擦纳米发电机电源管理中未来的挑战

自 2012 年 TENG 发明以来，TENG PMS 的发展取得了巨大的进步，这可从表 11.1 中列举的现有技术总结和最早的 PMS 在 Cheng 等[29]的论文与较新的 Harmon 等[28]和 Wang 等[31]的论文之间的差异中看出，这些最新技术为基于 TENG 的自供电系统提供了强有力的概念验证。然而，在自供电设备进入市场并造福人类日常生活之前，需要大量的研究工作来解决各种问题，这些问题可能包括应用中的最大输出功率、最大能量转换效率、小尺寸、耐用性、快速充电、能量储存能力以及其他用户功能等方面。

11.7.1　提高输出功率

Wang 等的 TENG 在 1Hz 的频率下（相当于人类行走的频率）的最大输出功率略高于 1mW[31]，对一个边长 10cm 方形的 TENG 设备来说，这个输出功率足以供应许多健康监测器，如 Kim 等论文中的血压监测系统，它只需要 56μW 的电力[72]。然而，智能手机在运行 Google 地图时可能会消耗高达 1W 的电力[73]，发送一条信息时可能会消耗 0.3W 的电力[74]。为了扩展自供电系统的应用，来自不同领域的科学家和工程师进行了联合努力。一方面，他们持续降低电子设备的功耗[14]，例如，Talla 等开发了一款超低功耗手机，只需 3.48μW 的电力即可运行[75]。另一方面，他们针对 TENG 的输出功率和性能，从材料优化到结构设计进行了持续研究[17, 76]。作为 TENG 与电子设备之间的关键接口，PMS 需要被设计成能够从 TENG 中提取最大可能的能量，并将其转换成具有最高效率的理想稳定形式。

尽管科学家对 TENG 进行了十年的研究，发表了数千篇论文，但 TENG 的能源发电机制和潜力尚未被完全探索和开发[13]。对于直接阻性负载或电容负载（没有任何开关），可以通过解析计算的方法计算每个运动周期向负载传递的能量[41]。然而，通过设计开关能量流路径，例如，在 TENG 放置并联或串联开关，并在 C_{TENG} 达到最大值或最小值时打开开关，并在 C_{TENG} 开始改变之前关闭它，可以显著提升从 TENG 中提取的能量。当然，也很可能存在其他开关拓扑结构，可以进一步提升能量提取效率。

目前，太阳能电池板和压电发电机等其他能量收集器的最大功率是已知的，提取最大功率的策略也是存在的（参见压电纳米发电机）[25]。而对于 TENG，其最大功率尚未明确或尚未定义。

基于 Bennet 倍压器的 PMS 似乎表明从 TENG 中提取的最大能量是无限的，或仅受到二极管和电容器的电压额定值的限制[42, 55]。由于 TENG 的非线性内部电容，经过多个运动周期后，从 TENG 中提取的能量呈指数增长。尽管 Ghaffarinejad 等的目标是将能量储存在小型电容器中，但 Bennet 倍压器的机制和 C_{TENG} 的非线性特性可能用于构建实际的电源[42]。存储在电容器中的能量不仅取决于电容量，还取决于运动周期开始时的初始条件。什么是最佳电容量？在供应负载时，能达到和维持最佳状态的理想初始条件是什么？如何设计转换器电路，将存储在电容器中的能量转移到低电压电子设备？这些问题可能引导我们进行有趣且具有挑战性的研究任务，深入研究 TENG 的能量生成能力和有效提取策略。

作为一种独特的能量收集器，TENG 的电性质在 Harmon 等的研究中通过与 PMS 的相互作用得到了展示[30]。同一 TENG 与 PMS 结合产生了两种不同的稳态输出行为。第一种模式是由 Harmon 等观察到的常规输出模式，容易产生[28]。第二种模式的输出功率比第一种高 30%，但它需要操作 TENG 的运动，有些棘手。一个有趣的研究问题是设计一些控制电路，将系统从第一种模式转移到第二种模式，并将系统稳定在第二种模式。

这些例子表明，关于 TENG 的能源生成能力还有许多问题有待回答，并且通过探索 TENG 的独特电性质，特别是非线性电容，可以提高输出功率的巨大潜力。

提高 PMS 的输出功率和效率的另一个机会来自元器件选择。Harmon 等对设备的功耗分析显示，效率约为 74%，SCR 和二极管消耗了大量生成的能量[30]。需要注意的是，TENG 的一个独特特点是它以非常高的电压（如 1000V）产生电力，但功率很低（如 1mW）。原型 PMS 中使用的半导体器件必须具有超过 600V 的电压等级。在当前的半导体市场上，具有如此高电压等级的器件通常处理至少几百瓦的功率，并且电流等级大于几安，而 PMS 中的电流通常在毫安或微安范围内。如果能减少这些不需要的冗余能力，就可以大大减小器件的尺寸，降低二极管的漏电流，降低正向二极管电压和更快地打开 SCR，从而导致更小的电感和功率损耗降低。这将促进设计出定制半导体器件以专门处理 TENG PMS 的低功率流。

11.7.2　输出电压或电流的调节

大多数现有 PMS 的输出电压取决于负载电阻，而负载电阻并不能进行调节。在驱动敏感电子设备时，无论负载如何，输出电压应该是恒定的，如 3V 或 5V。一个简单的解决方案是使用另一个直流-直流转换器来调节电压或电流。

这个任务的挑战在于 TENG 和功率转换器输出的功率很低，通常在几毫瓦或微瓦左右。因此，传统功率转换器中的一些元素，如场效应晶体管驱动器、脉冲发生器、脉宽调制和逻辑控制集成电路，应该避免使用。为了最小化功率损失，自振荡这一研究领域或许值得探索。文献[77]中，基于自振荡提升转换器的 LED 驱动器被开发出来，其具有高效率、低器件数量和小尺寸的特点。该研究使用了一个基于自振荡机制的控制器集成电路来实现控制器、脉冲发生器、脉宽调制和场效应晶体管驱动器的功能结合。自振荡机制还可能进一步地减少功率损失、降低成本和缩小尺寸。可能还存在一种解决方案，也就是只使用一级功率转换，以实现紧凑尺寸和低功率损耗。初步调查表明，可以使用 JFET 来调节输出电压，并实现低功耗损失。当前还需要进行进一步的研究，以实现在固定输出电压下的最大负载电流。

11.7.3　超级电容器或电池中的能量储存

TENG/PMS 系统获得的瞬时输出功率小于某些应用所需的功率时，能量储存设备（如超级电容器）将使其能够为这些应用提供服务。通过能量储存装置，可以将运动期间产生的能量保存起来以备后用。PMS 理想的功能将包括：①当机械能充足时，直接向电子设备供电，同时将额外能量保存到能量储存元件中。②当没有机械能或机械能不足时，使用储存单元中的能量向电子设备供电。对于供应常规电子设备，输出电压通常为 3～5V。为了最大限度地提高能量的储存，设计目标是最大限度地增加流入能量储存装置的电流。

11.7.4　混合纳米发电机的电源管理系统

TENG 已成为采集生物力学能量（一般为低频能量）最强大、最有前景的技术。近年来，人们致力于将 TENG 与其他类型的能量收集器集成，以扩大 TENG 的功率和应用范围[78-81]。关于基于 TENG 的混合纳米发电机进展的综述可参考相关论文[82]。在纳米能源领域，几乎所有的努力都集中在设计增加功率密度的混合发电机上。目前，对于这些混合发电机的 PMS 发展的研究活动还不多。Zhang 等提出了简单的并联策略来整合混合纳米发电机的输出[81,82]。现有样品中的并联连接非常简单且效率低下。然而，它揭示了可显著提高混合纳米发电机的总输出功率的技术，也就是使用高级 PMS 来有效地整合具有不同电特性的多个输出。纳米发电机的不同电压水平和不同的内部特性要求在将每个发电机的能量转移到相同的能量储存装置之前，由其各自的 PMS 分别进行处理。与 TENG 的基于降压变换器的 PMS 相比，PENG 和 EMG 的 PMS 通常基于升压变换器，因为低频生物力学活动产生的输出电压较低。解决上述问题的资料可以从多输入-单输出功率转换器的文献中找到。在 Aljarajreh 等、Nguyen 等、Yang 等的研究中，提出将高/低电压级电源通过结合降压变换器和升压变换器的各种拓扑结构进行整合[83-85]。这些拓扑结构有可能适用于混合纳米发电机的电源管理，然而也将由于纳米发电机的电学特性差异以及需要自供能 PMS 而面临挑战。

11.8　结　　论

本章对摩擦纳米发电机的现有 PMS 进行了全面的介绍，包括从 2013 年开发的第一个利用机械开关增加瞬时输出功率的 PMS，到最新的利用电子开关和功率变换器的 PMS

产生稳定低输出电压并增加输出功率。同时讨论了利用开关电容器、降压/反冲/升压变换器和变压器来降低电压的各种策略。本章回顾了前端整流器的不同电路拓扑结构，包括全波、半波、Bennet 倍压器、带有 P-SSHI/S-SSHI 的全波，以及带有双输出的半波。本章还回顾了不同的开关实现方式，包括机械开关、使用场效应晶体管的有源开关以及使用 PUT、SCR 和火花开关的无源开关。

TENG PSM 的发展尚未结束。为了实现能量转换效率最大化和以最大效率将转换后的能量传送到负载，相关的电路拓扑和开关策略仍有待进一步开发。TENG 的非线性电学特性仍然非常有趣，TENG 的能量生成潜力需要进一步挖掘。本章还提出了未来 TENG PSM 发展中的一些研究机会和挑战。

参 考 文 献

[1]   Ma D，Lan G H，Hassan M，et al. Sensing，computing，and communications for energy harvesting IoTs：A survey[J]. IEEE Communications Surveys & Tutorials，2020，22（2）：1222-1250.

[2]   Patel S，Park H，Bonato P，et al. A review of wearable sensors and systems with application in rehabilitation[J]. Journal of Neuroengineering and Rehabilitation，2012，9：21.

[3]   Shi M Y，Wu H X. Applications in internet of things and artificial intelligence[M]//Flexible and Stretchable Triboelectric Nanogenerator Devices：Toward Self-powered Systems. Weinhein：WILEY，2019：359-378.

[4]   Park J H，Wu C X，Sung S，et al. Ingenious use of natural triboelectrification on the human body for versatile applications in walking energy harvesting and body action monitoring[J]. Nano Energy，2019，57：872-878.

[5]   Riemer R，Shapiro A. Biomechanical energy harvesting from human motion：Theory，state of the art，design guidelines，and future directions[J]. Journal of Neuroengineering and Rehabilitation，2011，8：22.

[6]   Dagdeviren C，Li Z，Wang Z L. Energy harvesting from the animal/human body for self-powered electronics[J]. Annual Review of Biomedical Engineering，2017，19：85-108.

[7]   Khalid S，Raouf I，Khan A，et al. A review of human-powered energy harvesting for smart electronics：Recent progress and challenges[J]. International Journal of Precision Engineering and Manufacturing-Green Technology，2019，6（4）：821-851.

[8]   Khaligh A，Zeng P，Wu X C，et al. A hybrid energy scavenging topology for human-powered mobile electronics[C]//2008 34th Annual Conference of IEEE Industrial Electronics，Orlando，2008：448-453.

[9]   Rome L C，Flynn L，Goldman E M，et al. Generating electricity while walking with loads[J]. Science，2005，309（5741）：1725-1728.

[10]   Starner T. Human-powered wearable computing[J]. IBM Systems Journal，1996，35（3-4）：618-629.

[11]   Fan F R，Lin L，Zhu G，et al. Transparent triboelectric nanogenerators and self-powered pressure sensors based on micropatterned plastic films[J]. Nano Letters，2012，12（6）：3109-3114.

[12]   Fan F R，Tian Z Q，Wang Z L. Flexible triboelectric generator[J]. Nano Energy，2012，1（2）：328-334.

[13]   Wang Z L，Chen J，Lin L. Progress in triboelectric nanogenerators as a new energy technology and self-powered sensors[J]. Energy & Environmental Science，2015，8（8）：2250-2282.

[14]   Wang Z L. Nanogenerators，self-powered systems，blue energy，piezotronics and piezo-phototronics—A recall on the original thoughts for coining these fields[J]. Nano Energy，2018，54：477-483.

[15]   Wang Z L，Song J H. Piezoelectric nanogenerators based on zinc oxide nanowire arrays[J]. Science，2006，312（5771）：242-246.

[16]   Cheng X L，Miao L M，Song Y，et al. High efficiency power management and charge boosting strategy for a triboelectric nanogenerator[J]. Nano Energy，2017，38：438-446.

[17]   Yoon H J，Ryu H，Kim S W. Sustainable powering triboelectric nanogenerators：Approaches and the path towards efficient

use[J]. Nano Energy，2018，51：270-285.

[18]　Zhu G，Lin Z H，Jing Q S，et al. Toward large-scale energy harvesting by a nanoparticle-enhanced triboelectric nanogenerator[J]. Nano Letters，2013，13（2）：847-853.

[19]　Askari H，Khajepour A，Khamesee M B，et al. Piezoelectric and triboelectric nanogenerators：Trends and impacts[J]. Nano Today，2018，22：10-13.

[20]　Zi Y L，Guo H Y，Wen Z，et al. Harvesting low-frequency（＜5 Hz）irregular mechanical energy：A possible killer application of triboelectric nanogenerator[J]. ACS Nano，2016，10（4）：4797-4805.

[21]　Boisseau S，Gasnier P，Gallardo M，et al. Self-starting power management circuits for piezoelectric and electret-based electrostatic mechanical energy harvesters[J]. Journal of Physics：Conference Series，2013，476：012080.

[22]　D'Hulst R，Sterken T，Puers R，et al. Power processing circuits for piezoelectric vibration-based energy harvesters[J]. IEEE Transactions on Industrial Electronics，2010，57（12）：4170-4177.

[23]　Dini M，Filippi M，Tartagni M，et al. A nano-power power management IC for piezoelectric energy harvesting applications[C]// Proceedings of the 2013 9th Conference on Ph.D. Research in Microelectronics and Electronics（PRIME），Villach，2013：269-272.

[24]　Kong N，Cochran T，Ha D S，et al. A self-powered power management circuit for energy harvested by a piezoelectric cantilever[C]//2010 Twenty-Fifth Annual IEEE Applied Power Electronics Conference and Exposition（APEC），Palm Springs，2010：2154-2160.

[25]　Kong N，Ha D S. Low-power design of a self-powered piezoelectric energy harvesting system with maximum power point tracking[J]. IEEE Transactions on Power Electronics，2012，27（5）：2298-2308.

[26]　Cheng X L，Tang W，Song Y，et al. Power management and effective energy storage of pulsed output from triboelectric nanogenerator[J]. Nano Energy，2019，61：517-532.

[27]　Hu T S，Wang H F，Harmon W，et al. Current progress on power management systems for triboelectric nanogenerators[J]. IEEE Transactions on Power Electronics，2022，37（8）：9850-9864.

[28]　Harmon W，Bamgboje D，Guo H Y，et al. Self-driven power management system for triboelectric nanogenerators[J]. Nano Energy，2020，71：104642.

[29]　Cheng G，Lin Z H，Lin L，et al. Pulsed nanogenerator with huge instantaneous output power density[J]. ACS Nano，2013，7（8）：7383-7391.

[30]　Harmon W，Guo H Y，Bamgboje D，et al. Timing strategy for boosting energy extraction from triboelectric nanogenerators[J]. Nano Energy，2021，85：105956.

[31]　Wang Z，Liu W L，He W C，et al. Ultrahigh electricity generation from low-frequency mechanical energy by efficient energy management[J]. Joule，2021，5（2）：441-455.

[32]　Wang S H，Lin L，Wang Z L. Nanoscale triboelectric-effect-enabled energy conversion for sustainably powering portable electronics[J]. Nano Letters，2012，12（12）：6339-6346.

[33]　Meng B，Tang W，Too Z H，et al. A transparent single-friction-surface triboelectric generator and self-powered touch sensor[J]. Energy & Environmental Science，2013，6（11）：3235-3240.

[34]　Wang S H，Xie Y N，Niu S M，et al. Freestanding triboelectric-layer-based nanogenerators for harvesting energy from a moving object or human motion in contact and non-contact modes[J]. Advanced Materials，2014，26（18）：2818-2824.

[35]　Niu S M，Wang S H，Lin L，et al. Theoretical study of contact-mode triboelectric nanogenerators as an effective power source[J]. Energy & Environmental Science，2013，6（12）：3576-3583.

[36]　Chen J，Guo H Y，He X M，et al. Enhancing performance of triboelectric nanogenerator by filling high dielectric nanoparticles into sponge PDMS film[J]. ACS Applied Materials & Interfaces，2016，8（1）：736-744.

[37]　Niu S M，Liu Y，Wang S H，et al. Theory of sliding-mode triboelectric nanogenerators[J]. Advanced Materials，2013，25（43）：6184-6193.

[38]　Niu S M，Liu Y，Wang S H，et al. Theoretical investigation and structural optimization of single-electrode triboelectric

nanogenerators[J]. Advanced Functional Materials，2014，24（22）：3332-3340.

[39]　Niu S M，Zhou Y S，Wang S H，et al. Simulation method for optimizing the performance of an integrated triboelectric nanogenerator energy harvesting system[J]. Nano Energy，2014，8：150-156.

[40]　Niu S M，Liu Y，Zhou Y S，et al. Optimization of triboelectric nanogenerator charging systems for efficient energy harvesting and storage[J]. IEEE Transactions on Electron Devices，2015，62（2）：641-647.

[41]　Niu S M，Wang Z L. Theoretical systems of triboelectric nanogenerators[J]. Nano Energy，2015，14：161-192.

[42]　Ghaffarinejad A，Hasani J Y，Hinchet R，et al. A conditioning circuit with exponential enhancement of output energy for triboelectric nanogenerator[J]. Nano Energy，2018，51：173-184.

[43]　Harmon W C. A power management system for triboelectric nanogenerators[D]. Lowell：University of Massachusetts Lowell，2022.

[44]　Qin H F，Cheng G，Zi Y L，et al. High energy storage efficiency triboelectric nanogenerators with unidirectional switches and passive power management circuits[J]. Advanced Functional Materials，2018，28（51）：1805216.

[45]　Qin H F，Gu G Q，Shang W Y，et al. A universal and passive power management circuit with high efficiency for pulsed triboelectric nanogenerator[J]. Nano Energy，2020，68：104372.

[46]　Yang J J，Yang F，Zhao L，et al. Managing and optimizing the output performances of a triboelectric nanogenerator by a self-powered electrostatic vibrator switch[J]. Nano Energy，2018，46：220-228.

[47]　Cheng G，Zheng H W，Yang F，et al. Managing and maximizing the output power of a triboelectric nanogenerator by controlled tip-electrode air-discharging and application for UV sensing[J]. Nano Energy，2018，44：208-216.

[48]　Zi Y L，Niu S M，Wang J，et al. Standards and figure-of-merits for quantifying the performance of triboelectric nanogenerators[J]. Nature Communications，2015，6：8376.

[49]　Vasandani P，Gattu B，Mao Z H，et al. Using a synchronous switch to enhance output performance of triboelectric nanogenerators[J]. Nano Energy，2018，43：210-218.

[50]　Ioinovici A. Switched-capacitor power electronics circuits[J]. IEEE Circuits and Systems Magazine，2002，1（3）：37-42.

[51]　Axelrod B，Berkovich Y，Tapuchi S，et al. Single-stage single-switch switched-capacitor buck/buck-boost-type converter[J]. IEEE Transactions on Aerospace and Electronic Systems，2009，45（2）：419-430.

[52]　Tang W，Zhou T，Zhang C，et al. A power-transformed-and-managed triboelectric nanogenerator and its applications in a self-powered wireless sensing node[J]. Nanotechnology，2014，25（22）：225402.

[53]　Zi Y L，Guo H Y，Wang J，et al. An inductor-free auto-power-management design built-in triboelectric nanogenerators[J]. Nano Energy，2017，31：302-310.

[54]　Liu W L，Wang Z，Wang G，et al. Switched-capacitor-convertors based on fractal design for output power management of triboelectric nanogenerator[J]. Nature Communications，2020，11（1）：1883.

[55]　Zhang H M，Lu Y X，Ghaffarinejad A，et al. Progressive contact-separate triboelectric nanogenerator based on conductive polyurethane foam regulated with a Bennet doubler conditioning circuit[J]. Nano Energy，2018，51：10-18.

[56]　Xia X，Wang H Y，Basset P，et al. Inductor-free output multiplier for power promotion and management of triboelectric nanogenerators toward self-powered systems[J]. ACS Applied Materials & Interfaces，2020，12（5）：5892-5900.

[57]　Wang H，Zhu J X，He T，et al. Programmed-triboelectric nanogenerators—A multi-switch regulation methodology for energy manipulation[J]. Nano Energy，2020，78：105241.

[58]　Shu Y C，Lien I C，Wu W J. An improved analysis of the SSHI interface in piezoelectric energy harvesting[J]. Smart Materials and Structures，2007，16（6）：2253-2264.

[59]　Pathak M，Kumar R. Modeling and analysis of energy extraction circuits for triboelectric nanogenerator based vibrational energy harvesting[C]//Energy Harvesting and Storage：Materials，Devices，and Applications Ⅷ，Orlando，2018.

[60]　Li X，Sun Y. An SSHI rectifier for triboelectric energy harvesting[J]. IEEE Transactions on Power Electronics，2020，35（4）：3663-3678.

[61]　Pathak M，Kumar R. Synchronous inductor switched energy extraction circuits for triboelectric nanogenerator[J]. IEEE Access，

2021，9：76938-76954.

[62]　Kara I，Becermis M，Kamar M A A，et al. A 70-to-2 V triboelectric energy harvesting system utilizing parallel-SSHI rectifier and DC-DC converters[J]. IEEE Transactions on Circuits and Systems I：Regular Papers，2021，68（1）：210-223.

[63]　Maeng J，Park I，Shim M，et al. A high-voltage dual-input buck converter with bidirectional in ductor current for triboelectric energy-harvesting applications[J]. IEEE Journal of Solid-State Circuits，2021，56（2）：541-553.

[64]　Park I，Maeng J，Shim M，et al. A high-voltage dual-input buck converter achieving 52.9% maximum end-to-end efficiency for triboelectric energy-harvesting applications[J]. IEEE Journal of Solid-State Circuits，2020，55（5）：1324-1336.

[65]　Niu S M，Wang X F，Yi F，et al. A universal self-charging system driven by random biomechanical energy for sustainable operation of mobile electronics[J]. Nature Communications，2015，6：8975.

[66]　Xi F B，Pang Y K，Li W，et al. Universal power management strategy for triboelectric nanogenerator[J]. Nano Energy，2017，37：168-176.

[67]　Yu X，Wang Z J，Zhao D，et al. Triboelectric nanogenerator with mechanical switch and clamp circuit for low ripple output[J]. Nano Research，2022，15（3）：2077-2082.

[68]　Pathak M，Xie S，Huang C，et al. High-voltage triboelectric energy harvesting using multi-shot energy extraction in 70-V BCD process[J]. IEEE Transactions on Circuits and Systems Ⅱ：Express Briefs，2022，69（5）：2513-2517.

[69]　Bao D C，Luo L C，Zhang Z H，et al. A power management circuit with 50% efficiency and large load capacity for triboelectric nanogenerator[J]. Journal of Semiconductors，2017，38（9）：095001.

[70]　Kawaguchi A，Uchiyama H，Matsunaga M，et al. Simple and highly efficient intermittent operation circuit for triboelectric nanogenerator toward wearable electronic applications[J]. Applied Physics Express，2021，14（5）：057001.

[71]　Wang Z，Tang Q，Shan C C，et al. Giant performance improvement of triboelectric nanogenerator systems achieved by matched in ductor design[J]. Energy & Environmental Science，2021，14（12）：6627-6637.

[72]　Kim K，Kim M，Cho H，et al. A 55.77 μW bio-impedance sensor with 276 μs settling time for portable blood pressure monitoring system[J]. Journal of Semiconductor Technology and Science，2017，17（6）：912-919.

[73]　Corral L，Georgiev A B，Sillitti A，et al. A method for characterizing energy consumption in Android smartphones[C]//2013 2nd International Workshop on Green and Sustainable Software（GREENS），San Francisco，2013：38-45.

[74]　Carroll A，Heiser G. An analysis of power consumption in a smartphone[C]//Proceedings of the 2010 USENIX Annual Technical Conference，Boston，2010.

[75]　Talla V，Kellogg B，Gollakota S，et al. Battery-free cellphone[J]. Proceedings of the ACM on Interactive，Mobile，Wearable and Ubiquitous Technologies，2017，1（2）：1-20.

[76]　Cheng T H，Gao Q，Wang Z L. The current development and future outlook of triboelectric nanogenerators：A survey of literature[J]. Advanced Materials Technologies，2019，4（3）：1800588.

[77]　Bamgboje D O，Harmon W，Tahan M，et al. Low cost high performance LED driver based on a self-oscillating boost converter[J]. IEEE Transactions on Power Electronics，2019，34（10）：10021-10034.

[78]　Hu Y F，Yang J，Niu S M，et al. Hybridizing triboelectrification and electromagnetic induction effects for high-efficient mechanical energy harvesting[J]. ACS Nano，2014，8（7）：7442-7450.

[79]　Kim M K，Kim M S，Jo S E，et al. Triboelectric-thermoelectric hybrid nanogenerator for harvesting frictional energy[J]. Smart Materials and Structures，2016，25（12）：125007.

[80]　Rodrigues C，Gomes A，Ghosh A，et al. Power-generating footwear based on a triboelectric-electromagnetic-piezoelectric hybrid nanogenerator[J]. Nano Energy，2019，62：660-666.

[81]　Zhang Q，Liang Q J，Zhang Z，et al. Electromagnetic shielding hybrid nanogenerator for health monitoring and protection[J]. Advanced Functional Materials，2018，28（1）：1703801.

[82]　Zhang Q，Zhang Z，Liang Q J，et al. Green hybrid power system based on triboelectric nanogenerator for wearable/portable electronics[J]. Nano Energy，2019，55：151-163.

[83]　Aljarajreh H，Lu D D C，Tse C K. Synthesis of dual-input single-output DC/DC converters[C]//2019 IEEE International

Symposium on Circuits and Systems（ISCAS）. Sapporo，2019：1-5.

[84] Nguyen B L H，Cha H，Nguyen T T，et al. Family of integrated multi-input multi-output DC-DC power converters[C]//2018 International Power Electronics Conference（IPEC-Niigata 2018-ECCE Asia），Niigata，2018：3134-3139.

[85] Yang P，Tse C K，Xu J P，et al. Synthesis and analysis of double-input single-output DC/DC converters[J]. IEEE Transactions on Industrial Electronics，2015，62（10）：6284-6295.

本章作者：Tingshu Hu[1]，Haifeng Wang[2]，David Bamgboje[3] and William Harmon[4]

1. 麻州大学（美国洛厄尔）

2. 宾州州立大学（美国新肯辛顿）

3. ePROPELLED（美国洛厄尔）

4. 雷神公司（美国沃尔瑟姆）

第12章

摩擦纳米发电机的能量存储

摘 要

将摩擦纳米发电机（TENG）与能量储存设备结合形成自充电能源系统（self-charging power systems，SCPS）可实现电子设备的持续供电。这样的策略一方面可以消除便携电子设备电池充电或更换不方便的问题，另一方面可以解决 TENG 输出的间歇性和脉冲性问题。最近的研究表明，包括超级电容器和电池在内的各种电化学能量储存设备都可以与 TENG 结合组成 SCPS，从而在物联网和便携/可穿戴电子设备中发挥重要作用。本章总结与 TENG 相结合的能量存储技术的最新进展。根据不同类型的能量存储设备，包括电容器、超级电容器和可充电电池，介绍它们的充电特性、能量利用效率以及通过材料或结构设计与 TENG 进行集成的方法等。同时，对于超级电容器和电池在脉冲充电过程中面临的一些特殊问题，如自放电、速率性能、频率响应和锂枝晶生长等问题进行讨论。最后，对利用超级电容器和电池存储 TENG 输出的能量的未来发展和所面临的挑战进行展望。

12.1 引 言

TENG 将机械运动转换为脉冲式电能输出，而输出的电压和电流信号频率受驱动 TENG 机械运动的控制。通常情况下 TENG 的脉冲输出不能直接为电子设备供电。因此，需要能量存储设备来连接 TENG 和能量消耗设备。将 TENG 与能量存储设备（如电容器、超级电容器或电池）结合形成 SCPS，作为电子设备和远程传感器的电源，是收集环境机械能作为可持续和可再生能源的理想解决方案。自从 2012 年 TENG 发明以来[1]，这种策略在与 TENG 相关的研究中得到了广泛采用。电容器、超级电容器和电池等能量存储设备需要直流（DC）电源输入。因此，TENG 的脉冲交流（AC）输出在连接到能量存储设备之前，需要转换为直流输出。到目前为止，连接 TENG 与能量存储设备一些不同的策略如图 12.1 所示。

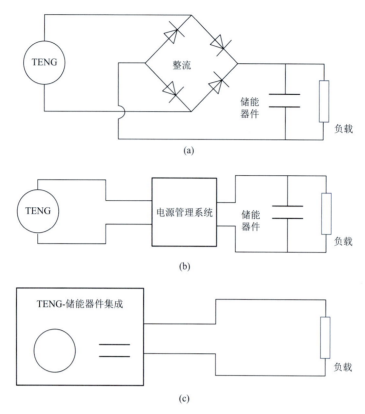

图 12.1 将能量存储设备与 TENG 耦合形成 SCPS 的策略

第一种方法，也是最常见的方法，是通过整流器把 TENG 产生的脉冲交流电转换为脉冲直流电，然后将能量存储设备作为独立单元进行连接。这种策略简单易行，并且已经在很多研究中表明可以形成自充电单元为各种负载提供电源。然而，TENG 和整流器之间的阻抗不匹配导致整流过程中有较大的能量损耗，该方法的能量传输效率较低。

第二种方法是通过特殊的能源管理电路将 TENG 与能量存储设备连接起来，以实现能量传输效率最大化[2]。已有报道的能源管理方法包括 Bennet 双倍电压整流、电磁变压器、电容变压器以及直流转换等。这些方法可以改进能量传递效率，但是由于电路复杂性的增加，在实现设备微型化和与 TENG 集成等方面变得更为困难。

第三种方法是通过材料或结构设计将 TENG 与能量存储设备整合在一起，形成一个集成的电源单元（或电源系统）。这种方法最具实际应用价值，但是电极材料选择及能量传输效率优化等方面还有很多工作要做[3, 4]。

评估自充电能源系统一个重要的性能指标是能量传输效率（或能量利用效率），可以定义为

$$\eta = \frac{E_{\mathrm{S}}}{E_{\mathrm{TENG}}} \tag{12.1}$$

式中，E_{TENG} 是 TENG 的输出能量；E_{S} 是能量存储设备接收到的能量。E_{S} 可以通过将充电功率对时间 t 积分得出：

$$E_S = \int_0^t V \cdot i\,\mathrm{d}t \qquad\qquad (12.2)$$

根据 TENG 与能量存储设备之间的连接方法以及能量存储设备的充电特性，目前报道的能量利用效率从接近 0%到约 90%不等。

随着 TENG 应用的快速发展，多种能量存储策略得到了深入研究。本章将回顾利用不同能量存储设备与 TENG 结合形成自充电能源系统/单元（SCPS/SCPU）的进展，包括这些系统/单元的充电特性、能量存储性能、与脉冲充电相关的问题和新机遇，以及与 TENG 的整合方法等。

12.2　电容器作为摩擦纳米发电机的能量存储设备

由于低成本、宽工作电压范围和灵活的适用性等优点，电容器作为 TENG 的能量存储设备有广泛报道。然而，由于 TENG 输出电压和电流信号的周期性及脉冲性，电容器的充电行为与恒定电流充电时不同。为了深入探究 TENG 给电容器充电的特性，Niu 等进行了详细的理论和实验分析。对于最简单的情况，即在单向机械运动下（图 12.2（a）），用单电极 TENG 在无整流器的情况下给负载电容器 C_L 充电，得到了 Kirchhoff 定律方程的解[5]。通过数值计算，得到了负载电容器的电压、存储电荷和存储能量。所得的充电曲线显示，对于小 C_L，电压充电曲线接近开路电压曲线（图 12.2（b）），而存储电荷接近零，因此最终的存储能量很小（图 12.2（c））。如果 C_L 非常大，则由于电容器的小阻抗，与 TENG 存在很大的阻抗不匹配，因此会得到相反的结果。显然，存在一个最佳负载电阻来获得最大存储能量。

在实际应用中，TENG 的周期性运动导致交流电流输出，在利用 TENG 给电容器充电时，需要在电路中添加一个桥式整流器，并将单电极 TENG 替换为带有接触式电极 TENG（图 12.2（d））。这是一个非线性时变系统，可以使用 TENG 模拟器进行仿真以得到数值结果。通过线性化桥式整流器的二极管，得到了一个近似的解析解。模拟结果表明：①所有负载电容的充电曲线都达到了饱和状态；②存在一个最佳负载电容，可以获得最大存储能量；③随着充电周期数的增加，最佳负载电容和最大存储能量都会增加，并且最佳电容与充电周期呈线性关系（图 12.2（e）和（f））。通过使用由铝电极与 PTFE 制备的接触式电极 TENG 进行充电测试。实验结果表明，测得的充电曲线、存储能量曲线以及最佳电容与周期数的关系图与理论预测是一致的（图 12.2（g）～（i））。这个研究在理论上和实验上揭示了 TENG 的充电特性，所得到的结论对 TENG 的设计、充电电容器选择以及正确预测系统的充电行为有重要的指导意义。

除了传统的 TENG，基于新型材料和功能的 TENG 也可以与电容器结合形成自供电充电单元来驱动电子设备。例如，Zhang 等开发了一种基于水滴的 TENG（称为单电极水滴式发电机，SE-DEG），将水滴的动能转化为电能[6]。通过在固体材料的顶部表面上放置铝电极，实现了摩擦电荷的收集（图 12.3（a））。在此设计的基础上，测量了不同条件下

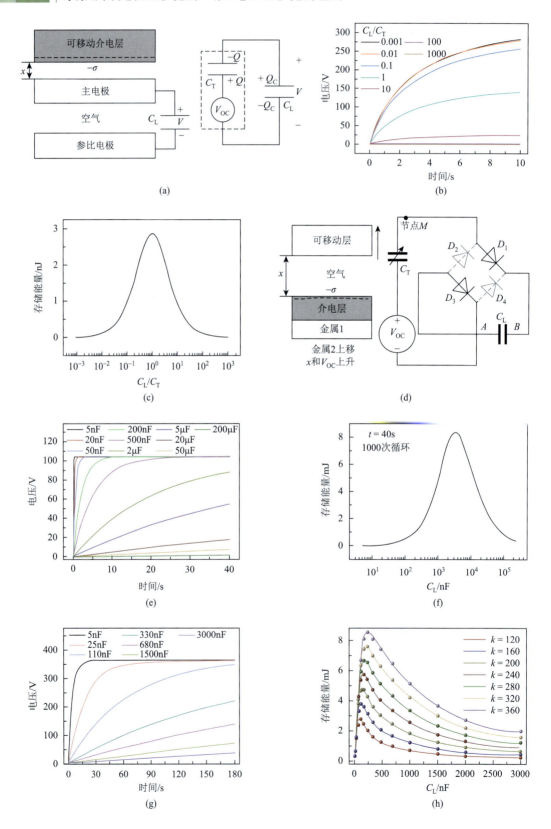

(a)

(b)

(c)

(d)

(e)

(f)

(g)

(h)

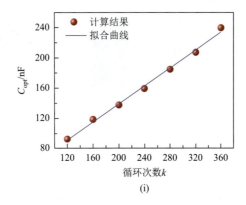

(i)

图 12.2　使用电容器为 TENG 储能[5]

（a）使用单电极 TENG 给负载电容器充电及其等效电路；（b）（c）在单向机械运动下，由 TENG 给不同容量电容器的充电电压和存储能量曲线；（d）使用周期性机械运动的接触式电极 TENG 给负载电容器充电及全桥整流器在第一半周期的导通状态；（e）（f）在周期性机械运动下，由 TENG 给不同电容的电容器的充电电压和最终存储能量曲线；（g）周期性运动下，由 TENG 给不同电容的电容器充电测得的电压曲线；（h）在不同周期数下，测得的存储能量-负载电容关系；（i）最佳电容值与周期数的关系图

设备的输出电压和电流，如不同表面材料、水滴降落的频率、水滴与表面的距离、水滴的大小等。例如，当水滴以不同频率（0.5～8.0Hz）落在 PTFE 表面时，峰值输出电压从 –48.6V 增加到 –67.5V（图 12.3（b））。在给不同容量（范围为 1～10μF）的电容器充电时发现，对于较大的电容器，充电时间较长，而对于小电容器（如 1μF 电容器），在 4500 次水滴撞击后，即几百秒的时间，可充电至 6V。电容器中储存的能量成功用来驱动计算器（图 12.3（c））。Wang 等展示了一种混合纳米发电机，集成了 EMG 和 TENG（EMG-TENG），用于收集风能并给电容器充电（图 12.3（d）和（e））[7]。将 EMG 和 TENG 结合在一个设备中的目的是增加从机械能到电能的总转换效率。在这项研究中，当 EMG-TENG 在 18m/s 的风速下运转时，TENG 和 EMG 提供的功率分别达到 1.7mW 和 2.5mW（图 12.3（f））。为了存储收集到的能量，TENG 通过桥式整流器连接到一个小电容器（C1，10μF）。然后，C1 通过耦合电感器连接到另一个电容器（C2），其电容更大，为 110μF。发现 C2 的充电行为对操作条件（如连接电感器的电感和开关的开关时间）非常敏感。在优化充电过程后，电容器 C2 充电至 2.8V，并成功为温度传感器供电（图 12.3（g）和（h））。

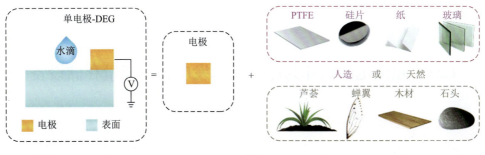

(a)

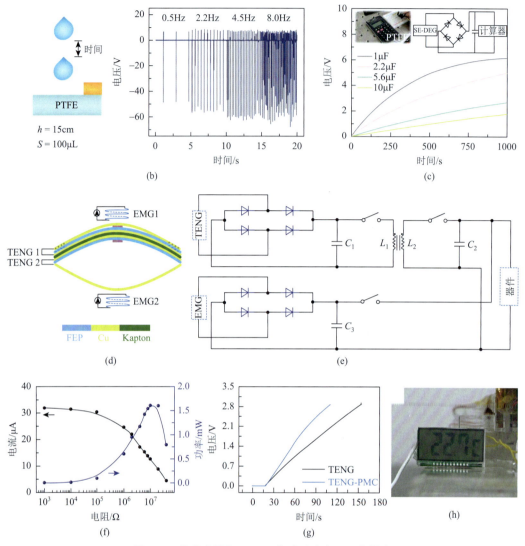

图 12.3 将电容器与 TENG 集成以为电子设备供电

（a）使用基于水滴的 TENG（称为单电极水滴式发电机或 SE-DEG）通过单电极模式将水滴的动能转化为电能的示意图；（b）基于 PTFE 表面的水滴式 TENG 的输出电压随水滴撞击频率的变化；（c）使用水滴式 TENG 给不同容量的电容器充电以驱动计算器（转载自文献[6]，版权所有 2020 Elsevier）；（d）用于收集风能并给电容器充电的混合型 EMG-TENG 的示意图；（e）使用混合纳米发电机给电容器充电的电路；（f）在不同负载电阻下，TENG 与 EMG-TENG 的输出电流和功率；（g）利用 TENG 给一个 110μF 电容器充电；（h）利用混合型 EMG-TENG 给两个电容器充电并为温度传感器供电（转载自文献[7]，版权所有 2017 Elsevier）

12.3 超级电容器作为摩擦纳米发电机的能量存储设备

12.3.1 超级电容器作为独立单元与摩擦纳米发电机耦合

超级电容器是应用最广泛的 TENG 储能器件。这是因为超级电容器具有高功率密度、长循环寿命、易于制造、多样化的结构、更宽的温度和工作电压范围以及方便与 TENG

集成等明显优势。在 TENG 研究领域，利用 TENG 对超级电容器充电作为电子设备的供电电源一直备受关注。近期的一些综述对此有详细讨论[3, 4, 8-14]。超级电容器的材料选择可以是基于碳材料的电化学双层电容器，或赝电容氧化物、氢氧化物或导电聚合物。超级电容器的电解质通常是凝胶电解质，以便组装固态或准固态电容器与 TENG 集成。

Zhou 等报道了用于 TENG 和超级电容器的折叠碳电极，组装而成了自供电充电单元（图 12.4（a））[15]。折叠碳电极使得 TENG 和超级电容器具有良好的可拉伸性。由此得到的 TENG 和超级电容器可以弯曲、扭曲和卷起而不影响其功能。通过将九个超级电容器串联作为能量存储单元，利用 TENG 收集人体运动能量给超级电容器充电。在 2.5Hz 的运动频率下，超级电容器的电压在 2300s 内达到 2.0V。

非对称超级电容器以一种电化学双层电极为一极，以赝电容材料为另一极。与对称碳基超级电容器相比，非对称超级电容器能够提供更大的比电容和更高的能量密度。因此，它们在存储 TENG 产生的能量方面也得到了深入研究。Zhang 等开发了一种高能量密度的非对称超级电容器[16]，其正极采用 NiCo 层状双氢氧化物（NiCo-LDH），负极采用活性炭材料，以 PVA-KOH 凝胶作为电解质。将该非对称超级电容器与复合型纳米发电机（hybrid nanogenerator，HNG）连接，形成了自充电能源系统（图 12.4（b））。而 HNG 是由旋转式摩擦纳米发电机（R-TENG）和 EMG 组成的。在 200r/min 的旋转速度下，串联连接的超级电容器经过 120s 的充电，电压达到 5.9V。该工作中还展示了使用自充电能源系统为自制的定位设备提供电力，用于户外搜索和救援。

赝电容材料 WO_3 也可用于探索离子凝胶电致变色超级电容器，与 TENG 结合形成自充电能源系统[17]。如图 12.4（c）所示，将 WO_3 超级电容器用作自充电能源系统的能量存储单元时，存储的直流电荷的偏置电压增加了 2.8 倍。当 TENG 以 5Hz 的频率在接触分离模式下工作时，TENG 产生的交流电流经过滤波，使得 WO_3 离子凝胶超级电容器获得了恒定的直流输出。Xia 等采用 MnSe 基超级电容器来存储刚性-柔性 TENG（RF-TENG）产生的能量（图 12.4（d））[18]。在他们的研究中，RF-TENG 集成了刚性层和柔性层，以确保在摩擦生成电荷过程中实现有效的接触。基于这个设计，TENG 的输出性能得到了增强。将 RF-TENG 与 MnSe 超级电容器结合，使用商业 LTC-3588 电源管理电路，组装了自充电能源系统，获得了较高的充电效率。

如果 TENG 和超级电容器的电极采用相同的制备方法可以降低自充电能源系统的成本。Jo 等对这种策略进行了探索[19]。在他们的研究中，将铝双层电极（double-layered electrode，DE-Al）用作对称超级电容器（双层电极对称超级电容器（double-layered electrode symmetric supercapacitor，DE-SC））和 TENG 的正极（双层电极 TENG，或 DE-TENG）的电极（图 12.4（e））。通过 DE-TENG 将摩擦产生的机械能转换为电能，并通过桥式整流器连接 DE-TENG 和 DE-SC 来存储能量，在仅 20s 内可将 DE-SC 充电至 0.6V。这种方法可简化制备电极过程，降低成本。

12.3.2　微型超级电容器与摩擦纳米发电机的集成

微型全固态超级电容器（μ-SC）方便与微型电子设备集成，因此利用 TENG 为 μ-SC

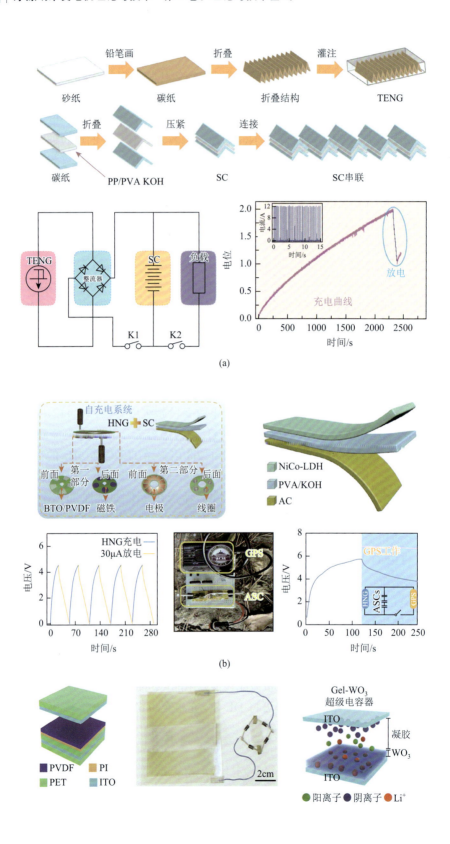

(a)

(b)

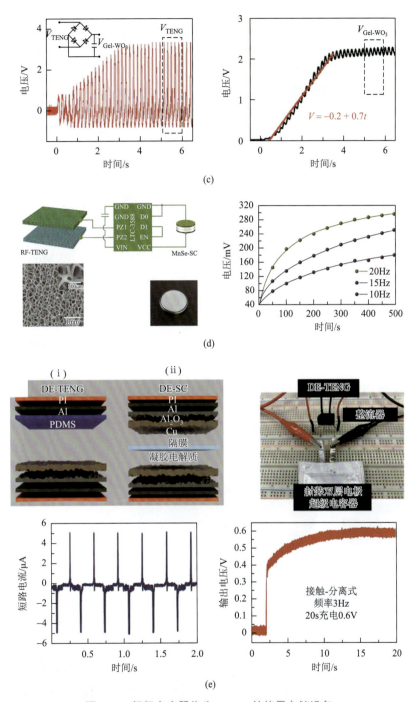

图 12.4　超级电容器作为 TENG 的能量存储设备

（a）采用可拉伸折叠碳纸和凝胶电解质的对称超级电容器用于 TENG 充电，TENG 的输出通过桥式整流器连接到超级电容器，超级电容器可以在不到 1h 内充电至 2.0V（转载自文献[15]，版权所有 2018 Springer Nature）；（b）自充电能源系统由旋转式复合纳米发电机（R-HNG）和非对称超级电容器（ASCs）组成，超级电容器可以串联连接，并由 R-HNG 充电至 4.0V 以上，该系统可以成功为 GPS 设备供电（转载自文献[16]，版权所有 2022 Elsevier）；（c）基于 WO$_3$ 离子凝胶超级电容器用于 TENG 充电和直流电压调节（转载自文献[17]，版权所有 2020 美国化学学会）；（d）MnSe 超级电容器存储由刚性-柔性 TENG（RF-TENG）产生的能量，采用商业电源管理电路 LTC-3588 将超级电容器与 TENG 连接以实现高能量利用效率（转载自文献[18]，版权所有 2020 Elsevier）；（e）制备同时适用于 TENG 和超级电容器的双层电极（转载自文献[19]）

充电一直是备受关注的研究课题。将 TENG 与 μ-SC 集成，可以构建一个自充电微型超级电容器电源单元，为各种电子设备供电。正如 Luo 等所述，可以使用激光诱导生成石墨烯在聚酰亚胺表面上制备 μ-SC[20]。通过对聚酰亚胺进行双面激光雕刻，可以集成 μ-SC 和 TENG 形成微型自充电超级电容器电源单元（self-charging micro-supercapacitor power unit，SCMPU）（图 12.5（a））。利用所获得的 SCMPU 收集环境应力变化的能量，其 μ-SC 在 117min 内充电至 3V。充满电的 SCMPU 能够给两个 LED 或商用湿温计持续供电。对 SCMPU 反复弯曲和按压测试，发现设备表现出良好的机械耐久性和电化学稳定性。为了缩短充电时间，Qin 等进一步开发了一种 SCMPU，将电致变色微型超级电容器与混合型纳米发电机集成在一起（图 12.5（b））[21]。混合型纳米发电机具有收集压电和摩擦电的功能，可以实现更高的能量转换效率。150V 的高输出电压和 20μA 的增强输出电流使得 μ-SC 的充电速度大大加快。在连续的手掌冲击下，由三个串联电致变色 μ-SC 组成的 SCMPU 在不到 300s 内充电至 3V。Nardekar 等报道的另一项研究中，使用二维 MoS$_2$ 量子片（QS）来增强 μ-SC 和 TENG 的性能（图 12.5（c））[22]。MoS$_2$ QS 基 μ-SC 的面积电容达到 4.3mF/cm^2，而基于 MoS$_2$ QS 的 TENG 的输出性能是未经处理的 TENG 的 13 倍。

12.3.3 集成柔性超级电容器与摩擦纳米发电机的可穿戴自充电能源系统

将 SCPS 集成到布料和配饰（如鞋子和手镯）中，作为可穿戴电子设备的电源，可使

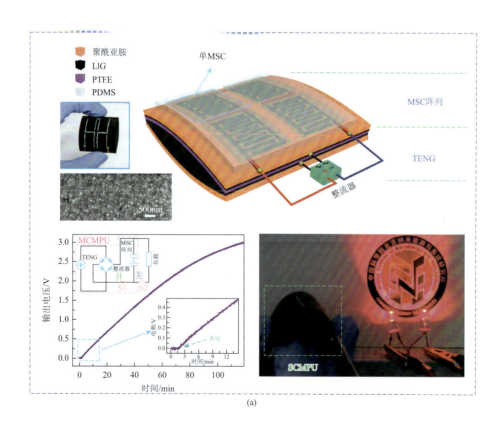

(a)

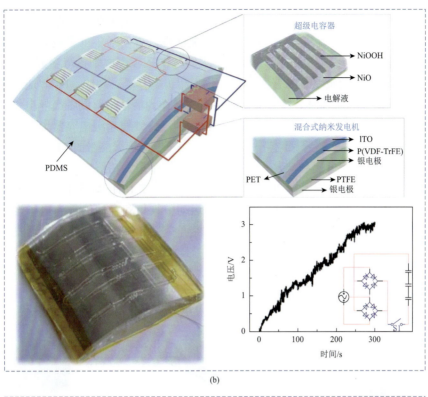

(b)

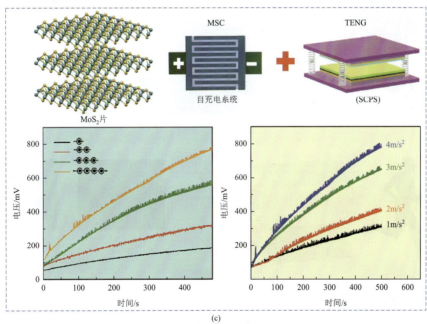

(c)

图 12.5　微型超级电容器（μ-SC）与 TENG 的集成

（a）由 μ-SC 阵列和 TENG 组成的微型自充电电源单元（SCMPU），SCMPU 可以通过机械运动充电，为 LED 提供电源（转载自文献[20]，版权所有 2015 Springer Nature）；（b）由电致变色微型超级电容器和混合型纳米发电机组成的 SCMPU，在手掌冲击下，μ-SC 可以充电至 3V，点亮 LED（转载自文献[21]，版权所有 2018 Wiley-VCH）；（c）由基于 MoS₂ 量子片（QS）的微型超级电容器和 TENG 组成的 SCMPU，使用 MoS₂ QS 可以同时实现高容量 μ-SC 和高性能 TENG（转载自文献[22]，版权所有 2022 美国化学学会）

其在更广的领域发挥作用。为此，发展可穿戴储能设备至关重要。与电池相比，超级电容器在选择电极材料和电解质方面具有更高的灵活性，方便制备可穿戴能量存储设备。因此，对可穿戴超级电容器SC的研究以及将它们与TENG集成制备可穿戴SCPS引起了广泛关注。一种简单的策略是将普通布料转化为超级电容器。为此，Pu等通过在聚酯纱线上涂覆Ni涂层作为集流体，然后覆盖一层石墨烯作为活性材料制备高导电性的一维织物，获得全固态纱线超级电容器（图12.6（a））[23]。将纱线超级电容器串联，与棉纱线编织在一起，然后与基于镀镍聚酯带和聚二甲基二硅氧烷-镍聚酯带的TENG集成在一起。TENG可以通过接触和分离模式从人体动作中收集能量来为超级电容器充电。在5Hz的动作频率下，纱线超级电容器在2009s内充电至2.1V。在10Hz频率下，充电时间缩短为913s。该研究证明了利用可穿戴SCPS从人体运动中收集和存储能量为电子设备供电是可行的。在Song等进行的后续研究中，通过将可穿戴TENG和超级电容器集成在一起（图12.6（b）），开发了一种全织物的SCPS[24]。其TENG和柔性超级电容器的电极都是基于CNT的导电棉织物。在正常跑步动作下，对超级电容器充电进行了测试。在6min内，面积为0.5cm^{2}的超级电容器可充电至100mV。

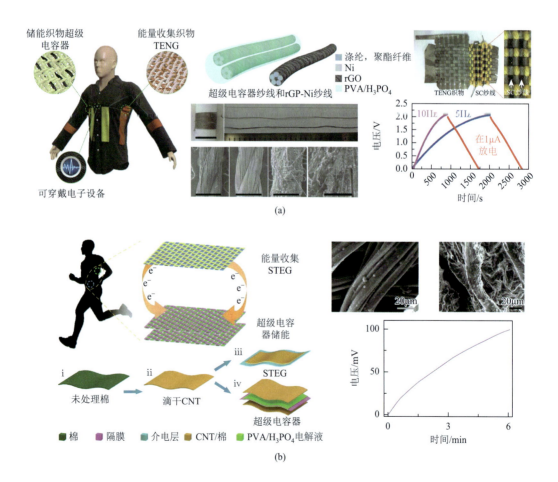

（a）

（b）

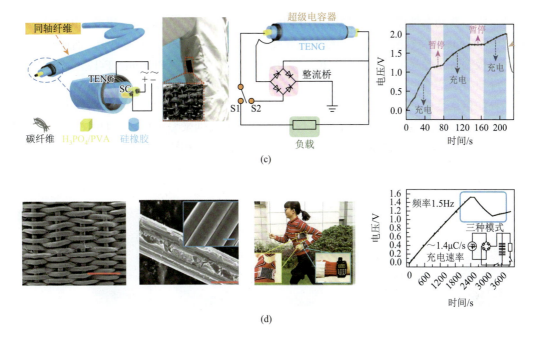

图 12.6　用于 SCPS 的可穿戴超级电容器

（a）集成了 SC 纱线和 TENG 的自充电纺织品，并在 5Hz 和 10Hz 的机械运动下充电（转载自文献[23]，版权所有 2016 Wiley-VCH）；（b）CNT 与棉织物集成制备可穿戴超级电容器和 TENG 电极，用于收集人体运动中的能量（转载自文献[24]，版权所有 2017 AIP Publishing）；（c）集成了一维 TENG 壳和超级电容器芯的柔性同轴纤维 SCPS（转载自文献[25]，版权所有 2018 美国化学学会）；（d）通过传统编织工艺制备的一体式可穿戴 SCPS 纺织品（转载自文献[26]，版权所有 2018 Elsevier）

为方便集成可穿戴和柔性 TENG 及超级电容器，降低制造成本，Yang 等制备了一种柔性同轴纤维，能够收集机械能并将能量存储于纤维中[25]。这种一体化纤维外部集成了一维 TENG，内部则是一个超级电容器（图 12.6（c））。TENG 的电极材料是碳纤维束。碳纤维束同时也是超级电容器的活性材料和电极材料。TENG 的摩擦材料是嵌入在超级电容器和 TENG 之间的硅橡胶。编织同轴纤维后形成了 SCPS 纺织品。当轻拍该织物时，超级电容器被充电，能够为电子手表等小型设备供电。这样的同轴纤维可以在洗涤后仍旧保持其功能。为实现可穿戴 SCPS 的规模生产，Chen 等设计了一种新的 SCPS 纺织品，可以利用传统编织工艺通过交替编织 TENG 和超级电容器的导线来制备（图 12.6（d））[26]。超级电容器电极是基于 RuO_2 涂层的碳纤维和棉线，而 TENG 则是利用棉线、碳纤维和聚四氟乙烯线制备的。所获得的 TENG 可以缝在毛衣的袖子上，串联连接在袖口上的超级电容器，借助桥式整流器形成 SCPS。通过从步行或跑步中收集能量，这种可穿戴 SCPS 可以充电至 1.5V，为手表或其他小功率电子设备供电。

12.3.4　高倍率/高频率响应超级电容器用于摩擦纳米发电机的高效充电

锂离子电容器（lithium-ion capacitors，LIC）是一类不对称的由电化学双层型阴极和锂离子电池型阳极组成的电容器。这种电容器具有较高的能量密度，但因为使用的是电池型正极，其功率性能较低。如果使用 LIC 存储 TENG 收集的能量，需要 LIC 能够高速充放电。Liang 等将钛酸锂纳米颗粒嵌入介孔碳球（n-LTO@MC）作为阳极，活性炭（AC）作为阴极制备了超高倍率性能的 LIC[27]。n-LTO@MC 是利用 Pluronic F-127 聚合物模板通过浸渍/焙烧法制备而成的（图 12.7（a）和（b））。所获得的 AC//n-LTO@MC LIC 表现出优异的倍率性能。在 100C 和 1000C 的电荷量下充电时，LIC 的容量分别为 155mA·h/g 和 79mA·h/g（图 12.7（c）和（d））。利用旋转摩擦式纳米发电机（R-TENG）在转速为 300r/min 时对 AC//n-LTO@MC LICs 进行了充电测试。如图 12.7（e）～（g）所示，从 1.0V 充至 2.5V 时，基于商业 LTO（AC//c-LTO）、普通 LTO 纳米颗粒（AC//n-LTO）和

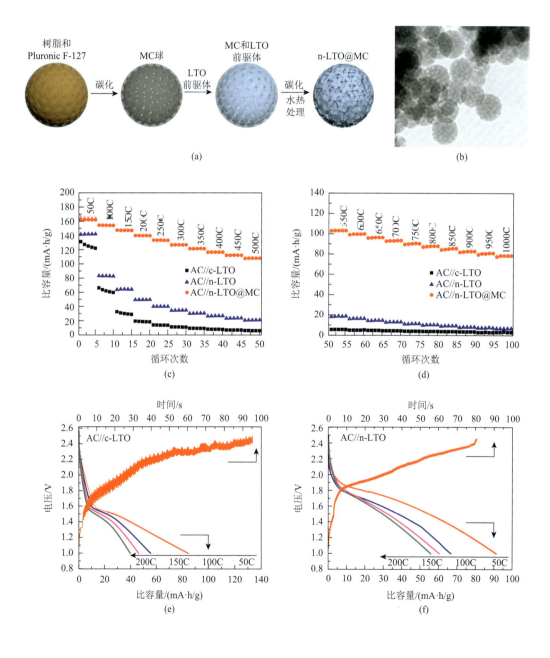

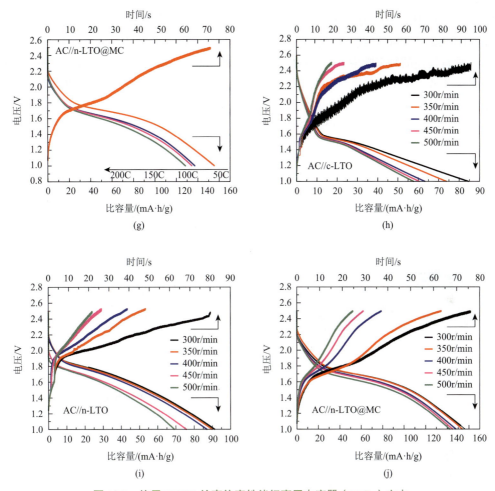

图 12.7　使用 TENG 给高倍率性能锂离子电容器（LICs）充电

（a）（b）涂覆有钛酸锂的介孔碳微球（n-LTO@MC）作为电极材料；（c）（d）不同电流速率下 AC//c-LTO、AC//n-LTO 和 AC//n-LTO@MC 非对称电容器的倍率性能；（e）～（g）在相同转速下，利用 R-TENG 给 AC//c-LTO、AC//n-LTO 和 AC//n-LTO@MC LICs 进行充电，然后以不同电流密度放电；（h）～（j）在不同转速下，利用 R-TENG 给 AC//c-LTO、AC//n-LTO 和 AC//n-LTO@MC LICs 进行充电，然后以相同电流密度放电（转载自文献[27]，版权所有 2020 Elsevier）

AC//n-LTO@MC 三种 LIC 的充电时间分别为 95s、80s 和 76s。充电后，AC//n-LTO@MC 的放电容量为 155mA·h/g，远高于 AC//c-LTO（85mA·h/g）和 AC//n-LTO（91mA·h/g）。在不同转速下，R-TENG 对 AC//n-LTO@MC 的充电时间比给 AC//n-LTO 和 AC//c-LTO LICs 充电时间更短（图 12.7（h）～（j））。该研究表明，高倍率性能的 LIC 比普通 LIC 表现出更好的充电效率。

　　TENG 收集来自环境噪声或机械振动的能量，这些能量通常在几到数百赫兹的高频范围内。而在较高的频率下，传统超级电容器的表现类似于电阻，会导致能量利用率极低。使用高频响应超级电容器（HF-SC）可以在更宽的频率范围内实现对 TENG 产生的脉冲能量的高效利用。Zhao 等使用三聚氰胺泡沫（MF）作为模板，制备了碳化三聚氰胺泡沫（CMF）作为 HF-SC 电极（图 12.8（a）和（b））[28]。这种超级电容器的高频率响应归因于电极的多孔结构。CMF 电极中的均匀微米孔便于有机电解液渗入（图 12.8（c））。

如图 12.8（d）所示，CMF 电极表现出了非常好的倍率性能。在 10～1000V/s 的描速率范围内，HF-SC 的 *C-V* 曲线（电容-电压曲线）呈现出类似矩形形状。此外，基于 CMF 的 HF-SC 具有较高的频率响应。在 120Hz 时相角达到−80.1°（图 12.8（e））。HF-SC 的 Nyquist 图表明电解液在 CMF 电极内可以高速扩散（图 12.8（f））。利用不同转速 R-TENG 可以对 HF-SC 进行充电（图 12.8（g））。在 150r/min、300r/min 和 450r/min 转速下所得到的 HF-SC 和 AC-SC 的充电曲线如图 12.8（h）和（i）所示，随着 R-TENG 转速的增加，HF-SC 的充电效率（分别为 10.8%、13.4%和 14.2%）相对 AC-SC（分别为 9.6%、11.6%和 11.8%）都有所提高，对应的 HF-SC 的充电效率提高率分别为 12.5%、15.5%和 20.3%（图 12.8

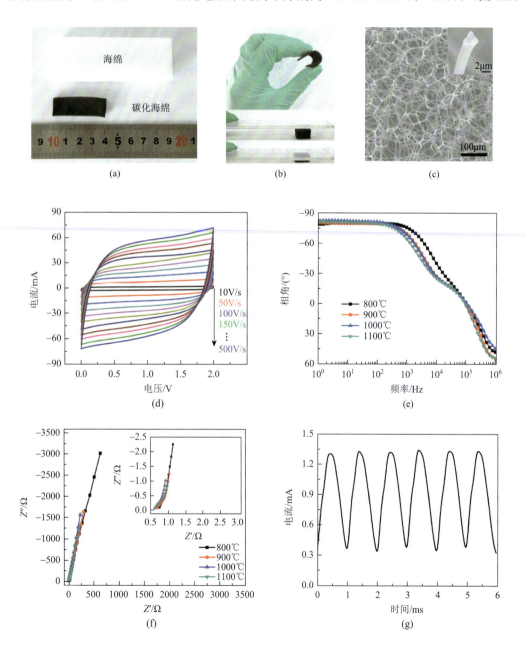

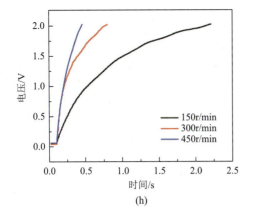
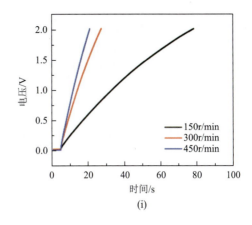

(h)　　　　　　　　　　　　　　　　　　　　(i)

转速/(r/min)	P_{max}/mW	$I_{HF\text{-}SC}$/mA	$I_{AC\text{-}SC}$/mA	$\eta_{HF\text{-}SC}$/%	$\eta_{AC\text{-}SC}$/%	充电效率提高率/%
150	4.4	0.51	0.55	10.8±0.2	9.6±0.1	12.5
300	10.9	1.33	1.45	13.4±0.5	11.6±0.1	15.5
450	17.3	2.05	2.25	14.2±0.6	11.8±0.2	20.3

$I_{HF\text{-}SC}$, $I_{AC\text{-}SC}$: HF-SC和AC-SC的最大充电电流

$\eta_{HF\text{-}SC}$, $\eta_{AC\text{-}SC}$: HF-SC和AC-SC的能量利用效率

(j)

图 12.8　使用 TENG 给高频响应超级电容器（HF-SC）进行充电（转载自文献[28]，版权所有 2019 Elsevier）

（a）（b）由三聚氰胺海绵（MF）经过碳化制备的柔性碳化三聚氰胺（CMF）作为 HF-SC 的电极；（c）SEM 图显示的 CMF 多孔结构；（d）HF-SC 的高扫速 C-V 曲线；（e）（f）HF-SC 在不同频率下的相角和 Nyquist 图；（g）R-TENG 在 300r/min 转速时的输出电流；（h）（i）HF-SC 和活性炭超级电容器（AC-SC）在不同转速下利用 R-TENG 进行充电的充电曲线；（j）R-TENG 在不同转速下对 HF-SC 和 AC-SC 进行充电的能量利用效率

（j））。这项研究表明，当使用 AC-SC 存储 TENG 产生的脉冲能量时，有较高的能量损失。这是因为传统 AC-SC 的频率响应仅为几赫兹，因此在较高频率下表现得更像电阻。对于高频响应的 HF-SC，能够在 TENG 输出频率范围内较好地保持其电容行为。因此，高频超级电容器比传统超级电容器更适合 TENG 的脉冲输出。

12.3.5　降低超级电容器的自放电以实现摩擦纳米发电机高效充电

　　使用 TENG 给超级电容器充电面临一个不可避免的问题——自放电。自放电是超级电容器充电后自发的热力学过程，会导致电容器电压衰减和储存能量损失。自放电严重限制了超级电容器的长期能量存储能力。对存储 TENG 产生的能量而言，这个问题尤为明显，这是因为作为一种环境能量收集器件，TENG 的电流输出相对较小，通常在毫安或微安级别。因此，超级电容器的大漏电电流将导致充电效率降低、充电时间延长，或者在极端情况下，如果漏电电流大于 TENG 的输出电流，则无法通过 TENG 进行充电。如何有效抑制超级电容器的自放电是实现 TENG 高效充电的一个重要研究课题。

　　超级电容器在提高比电容和能量密度方面的研究近年来取得了的很大的进展，但在减少其自放电方面受到的关注相对较少，更不用说了解减少自放电对 TENG 充电效率的影响。最近，Xia 等利用一种液晶电解液添加剂 4-氰基-4′-戊基联苯（5CB）来抑制超级电容器自放电[29]。该液晶分子在室温下表现出电流变效应。使用 5CB 来抑制自放电的机制如下：电极充电后，电解液中的 5CB 分子会在双电层的电场下有序排列，所引发的电流变效应导致流体黏度显著增强（图 12.9（a）和（b）），从而降低电解质离子和氧化还原杂质的扩散速度。自放电主要是由离子扩散以及电解液中氧化还原杂质引起的，因此这些自放电途径在引入 5CB 的电解液中时被阻碍。实验结果表明，通过在电解液中添加仅 2%（体积分数）的 5CB，所得到的超级电容器的自放电速率（包括开路电压衰减率和漏电电流）可以减少 80%（图 12.9（c）～（e））。

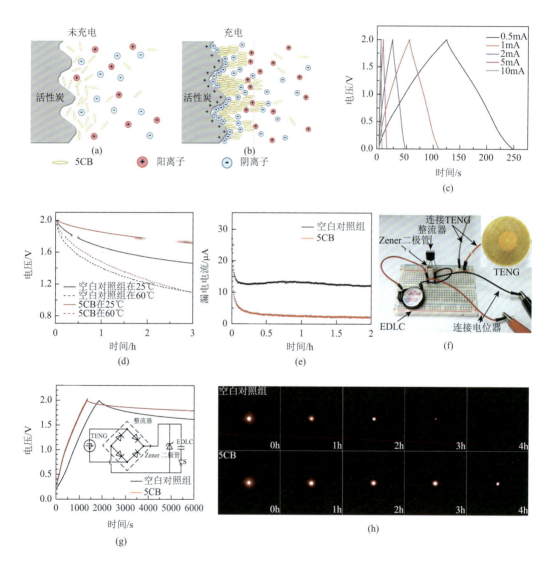

图 12.9　超级电容器自放电对 TENG 充电的影响（转载自文献[29]，版权所有 2018 Elsevier）

（a）（b）使用具有电流变效应的电解液添加剂（如 5CB）来减缓超级电容器自放电；（c）在电解液中添加 5CB 的超级电容器的电化学充放电曲线；（d）（e）电解液中添加或未添加 5CB 的超级电容器的开路电压衰减和漏电电流；（f）使用旋转式 TENG 给 5CB 超级电容器充电；（g）充电电路的示意图和超级电容器的充电/自放电曲线；（h）超级电容器在利用 TENG 进行充电后给 LED 供电

如前所述，由于 TENG 输出电流小，即使减小的漏电电流只是在微安级别也可以显著提高超级电容器的充电效率，Xia 等[29]的研究结果证实了这一点。通过比较 5CB 超级电容器和常规超级电容器利用旋转 TENG 进行充电的充电速率发现，当超级电容器充电到 2.0V 时，5CB 和常规超级电容器的充电时间分别为 20min 和 30min，对应充电效率提高了 50%（图 12.9（f）和（g））。此外，5CB 超级电容器在 TENG 充电后的开路电压衰减较慢。所以能够点亮 LED 的时间更长（图 12.9（h））。这项研究结果清楚地表明，抑制超级电容器的自放电可以提高 TENG 的充电效率。同时，还可以延长为小功率设备供电的时间。

12.4　可充电电池作为摩擦纳米发电机的能量储存器件

12.4.1　锂离子电池用于摩擦纳米发电机储能

TENG 脉冲电流输出可以给锂离子电池（LIB）充电，但是充电效率（或能量利用效率）相对较低，这是因为 TENG 的输出是交流的而且阻抗较大。为了提高能量利用效率，需要结合良好的电源管理电路，包括整流、电磁转换、电容转换和直流转换等。最简单的方法是通过整流器将 TENG 的输出连接到 LIB，将 TENG 的脉冲交流输出转换为脉冲直流输出后供应给 LIB。对 TENG 输出的整流可以是全波整流或半波整流。在 Wang 等报道的 SCPU 中集成了 LIB 和 TENG（图 12.10（a）和（b））[30]。其中采用了全波整流器作为电源管理元件。所获得的 SCPU 在收集运动能量给 LIB 充电需要长达 11h（图 12.10（c））。这是由于 TENG 和整流器之间的阻抗不匹配，在整流过程中损失了大量能量，导致能量利用效率相对较低。

为了提高 TENG 对 LIB 充电的能量利用效率，Pu 等研究了使用变压器来改进阻抗匹配。在他们的研究中，采用了不同线圈比的变压器来实现 TENG 和 LIB 之间最佳的阻抗匹配（图 12.10（d）和（e））[31]。当线圈比为 1.0 时，能量利用率仅为 1.2%，意味着超过 98%的能量损失（图 12.10（f））。随着变压器线圈比的增加，LIB 的充电时间显著缩短（图 12.10（g）和（h））。更重要的是，当线圈比从 1.0 增加到 36.7 时，能量利用率从 1.2%增加到了 72.4%。这项研究表明，阻抗匹配在 TENG 对 LIB 高效充电中至关重要，而选择合适的变压器线圈比是实现阻抗匹配和高充电效率的可行方法。

在变压器、整流器或更复杂的电源管理电路的辅助下，使用 TENG 给 LIB 充电可以实现较高的能量利用效率。例如，Zhang 等研究了四种不同的 LIB 电极材料，包括 $LiFePO_4$（LFP）和 $LiNi_{0.6}Co_{0.2}Mn_{0.2}O_2$（LNCM）作为正极材料，以及石墨（GT）和尖晶石 $Li_4Ti_5O_{12}$（LTO）作为负极材料，通过变压器和桥式整流器由接触-分离式 TENG 进行充电（图 12.11（a））[32]。他们制备了基于 LFP-GT，LFP-LTO，LNCM-GT 和 LNCM-LTO 的全电池，然后通过 TENG 产生的脉冲电流进行充电测试（图 12.11（b）和（c））。这些电池在 TENG 充电然后恒定电流放电时表现出了良好的循环稳定性（图 12.11（d））。此外，这些电池的

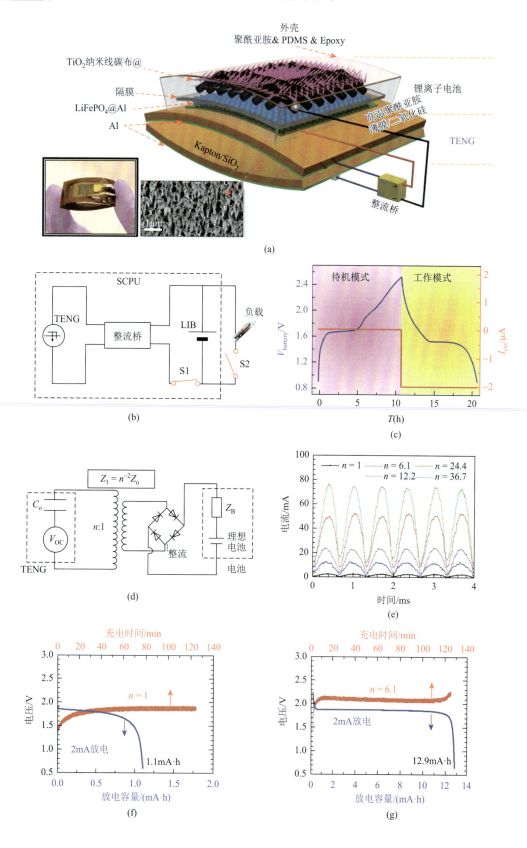

(a)

(b)

(c)

(d)

(e)

(f)

(g)

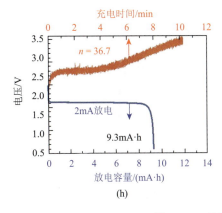

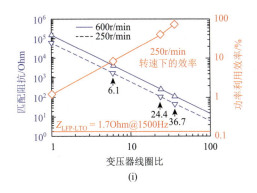

（h）　　　　　　　　　　　　　　　　　　　　　（i）

图 12.10　使用 TENG 给锂离子电池充电

（a）集成了 TENG 和锂离子电池（LIB）的柔性 SCPU；（b）LIB 与 TENG 的充电电路，注意 TENG 产生的脉冲交流经过整流器后转换为脉冲直流，然后给 LIB 充电；（c）LIB 的充放电曲线，LIB 在"待机模式"下由 TENG 进行充电，然后在"活动模式"下以 2μA 的恒定电流放电（转载自文献[30]，版权所有 2013 年美国化学学会）；（d）TENG 通过变压器和整流桥连接 LIB 进行充电，通过改变变压器的线圈比来优化充电效率；（e）使用具有不同线圈比（n = 1, 6.1, 12.2, 24.4, 36.7）的变压器，可以调节给 LIB 充电的电流；（f）～（h）TENG 充电以及 2mA 下恒流放电（LIB 基于 LiFePO$_4$ 正极和 Li$_4$Ti$_5$O$_{12}$ 负极）的充放电曲线，变压器的线圈比分别为 1、6.1 和 36.7；（i）LIB 通过 TENG 进行充电的能量利用效率（转载自文献[31]）

能量利用效率非常高：LFP-GT 电池为 75.2%，LFP-LTO 电池为 83.5%，LNCM-GT 电池为 72.6%，LNCM-LTO 电池为 81.6%，而平均库仑效率也分别达到 73.6%、86.7%、76.5% 和 89.8%（图 12.11（e）和（f））。这项研究的结果表明，基于相变反应的 LIB 电极具有更高能量利用效率和库仑效率，因此更适合作为 TENG 充电的能量存储器件。Jiang 等还使用基于 WO$_3$ 阳极和 LiMn$_2$O$_4$ 阴极的 LIB 进行 TENG 充电测试（图 12.11（g）和（h））[33]。TENG 采用的是基于银纳米颗粒的电极和 FEP 薄膜作为负极摩擦材料。所制备的 TENG 用于收集风能，并在风速为 20m/s 时可获得约 200V 的输出电压和约 20μA 的输出电流。为了获得较高的能量利用效率，使用变压器和电源管理电路来控制给 LIB 的充电电压。TENG 充电曲线表明（图 12.11（i）），当 TENG 提供的电压分别为 1.8V、2.5V、3.3V 和 3.6V 时，LIB 可以在 5s、3min、24min 和 40min 内充到额定电压。

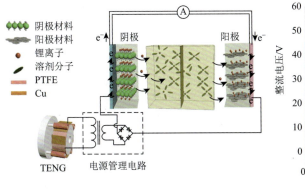

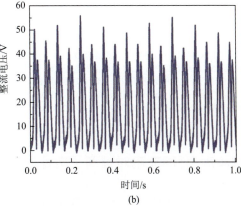

（a）　　　　　　　　　　　　　　　　　　　　　（b）

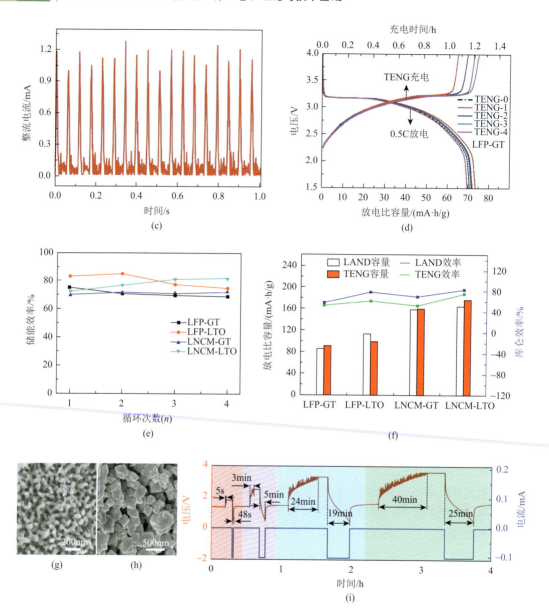

（a）TENG 通过变压器和桥式整流器给 LIB 充电的电路示意图；（b）（c）TENG 整流后输出电压和电流；（d）TENG 充电后恒定电流 0.5C 放电的 LFP-GT LIB 全电池的电压曲线；（e）不同 LIB（包括 LFP-GT、LFP-LTO、LNCM-GT 和 LNCM-LTO）利用 TENG 进行充电的能量利用效率；（f）LIB 利用 TENG 进行充电后的放电容量和库仑效率（转载自文献[32]，版权所有 2018 美国化学学会）；（g）（h）LIB 电极材料 WO₃ 和 LiMn₂O₄ 的 SEM；（i）TENG 充电和恒定电流放电的 LIB 的充放电曲线，在电压为 1.8V、2.5V、3.3V 和 3.6V 时，LIB 可以在 5s、3min、24min 和 40min 内充至额定电压（转载自文献[33]，版权所有 2017 美国化学学会）

12.4.2 脉冲充电对锂离子电池的影响

随着 LIB 结合 TENG 应用于自充电能源系统的快速发展，了解脉冲充电对 LIB 性能的影响变得至关重要，尤其是脉冲充电对 LIB 的能量利用效率和循环性能的影响。Qiu

等研究了脉冲充电对含有 LiFePO₄ 正极和金属锂负极的 LIB 的能量效率和循环性能的影响[34]。用于给 LIB 充电的电源是一个方波发生器，用来模拟 TENG 的输出信号，它以 80Hz 的频率输出 0～9V 电压（图 12.12（a））。脉冲充电/恒流放电曲线显示了充电过程具有不稳定性（图 12.12（b）和（c））。通过在不同电压下充电，得出了能量利用效率。在 4.5～8.5V 范围，效率随电压增加而增加，直到在 8.0V 下达到最大值 22.9%。然后，在 8.5V 效率略微下降（图 12.12（d））。8.5V 时效率下降可以归因于电解液分解导致的过电位增加，而在 4.5～8.0V 的效率增加则认为是锂离子扩散速率增加引起的。通过分子动力学模拟证实，锂离子的扩散系数随充电电压的增加而增加（图 12.12（e））。还研究了脉冲充电对 LIB 循环稳定性的影响。结果发现，脉冲充电导致的循环稳定性比恒流充电时低（图 12.12（f））。通过检查正极材料形态的变化发现，无论是脉冲充电还是恒流充电，LiFePO₄ 颗粒表面都出现了裂纹，但脉冲充电模式下的裂纹更多（图 12.12（g）和（h））。因此，脉冲充电模式下较低的循环稳定性可能是由于施加的电流和电压较高，导致锂离子扩散速度快，颗粒更易碎，最终导致电池性能下降。值得注意的是，上述结果是在直接将脉冲输出用于 LIB 充电的情况下得出的。当采用变压器和电源管理电路来用 TENG 给 LIB 充电时，性能衰减应该会大大降低，同时能量利用效率也会得到改善。

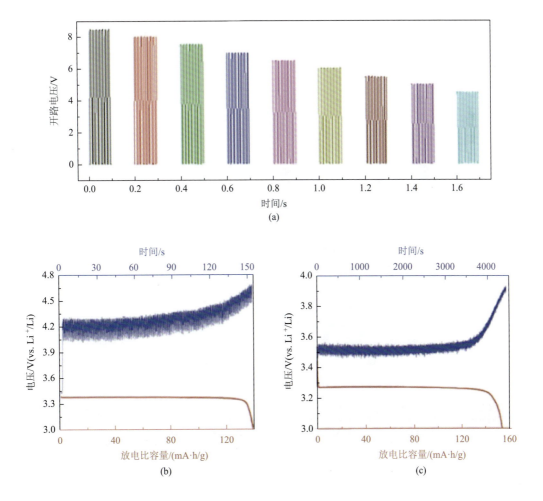

(a)

(b)　　　　　　　　　(c)

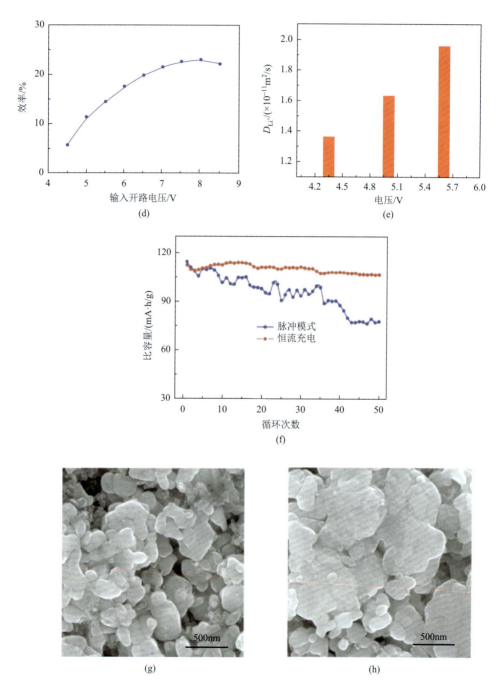

图 12.12　LIB 脉冲充电

（a）方波电源的开路电压；（b）（c）LIB 在 8.5V 和 4.5V 下的脉冲充电/恒流放电曲线；（d）不同充电电压下效率的变化；（e）不同电压下模拟得出的锂离子扩散系数；（f）不同电压模式下脉冲充电时 LIB 的比容量；（g）（h）脉冲充电或恒流充电后的 LiFePO₄ 颗粒的 SEM 图像（转载自文献[34]，版权所有 2020 美国化学学会）

12.4.3　脉冲充电抑制锂枝晶生长

锂金属电池可以提供非常高的能量密度。然而，在重复充放电的过程中，锂金属阳极上会生成锂枝晶，从而导致严重的安全问题。防止锂金属电池的枝晶生长一直是一个巨大挑战。Zhang 等发现使用 R-TENG 来给锂金属电池充电可以有效抑制锂枝晶的生长[35]。在他们的研究中，R-TENG 生成的正弦波电流经过整流后用于锂金属电池充电（图 12.13（a）和（b））。而当正弦波电流用于锂金属电池充电时，锂沉积主要形成低比表面积的团簇，这与恒流充电导致锂枝晶的生长不同（图 12.13（c）和（d））。如图 12.13（e）～（g）所示，通过恒流充电、方波电流充电以及通过 R-TENG 的正弦电流充电所得到的锂电极表面形貌明显不同。恒流充电时，锂呈枝晶状生长；方波电流充电时，锂枝晶减少而苔藓状锂较多；通过 R-TENG 输出的正弦电流充电时，得到是相对光滑的锂电极表面。这证实了 R-TENG 充电能够抑制锂枝晶的生长。他们还使用 R-TENG 的正弦输出电流给 LiFePO₄/Li 全电池进行了充电。与恒流充电相比，利用 R-TENG 进行充电的过电位较低（图 12.13（h））。此外，在 R-TENG 充电时，电池在 360mA/g 比电流下获得了 94.9mA·h/g 的初始可逆容量，而且经过 200 个循环后几乎保持不变（94.5mA·h/g）。当以 660mA/g 的电流密度利用 R-TENG 进行充电时，同样获得了高循环稳定性。然而，在恒流充电模式下，以 660mA/g 的电流密度充电，经过 200 个循环后，容量只有初始容量的 78.7%。推测正弦波电流充电时，电流波谷可以提供短暂的间歇，使得锂离子能够在电极表面附近得到补充，从而实现更均匀的锂金属沉积。这项研究表明，由 R-TENG 产生的正

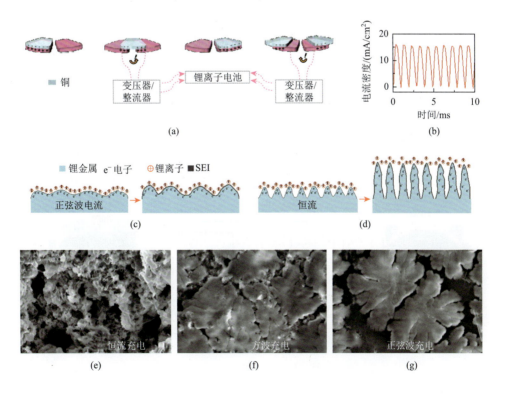

（a）　　　　　　　　　　　　　　　　　　（b）

（c）　　　　　　　　　　　　　　　　　　（d）

（e）　　　　　　　　　　（f）　　　　　　　　　　（g）

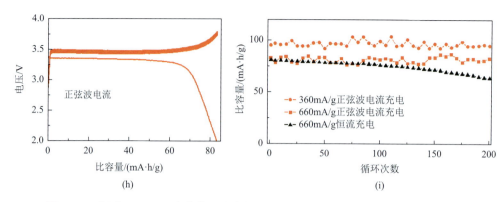

(h)　　　　　　　　　　　　　　(i)

图 12.13　通过 R-TENG 产生的正弦波电流给锂金属电池充电可以抑制锂枝晶生长

（a）使用 R-TENG 给锂金属电池充电；（b）R-TENG 经过整流后的电流输出；（c）（d）正弦波电流或恒定电流充电时金属
Li 的不同生长模式；（e）～（g）SEM 图像显示在 10mA/cm^2 下恒流充电、方波电流充电以及 R-TENG 生成的正弦波电流充
电后 Li 箔不同的表面形貌；（h）使用 R-TENG 提供的约 660mA/g 的正弦波电流给 LiFePO$_4$/Li 电池进行放电/充电的电压变
化曲线；（i）电池的循环性能的比较。所有正弦波电流都是由 R-TENG 产生的。所有放电电流均为恒定电流（转载自文献[35]，
版权所有 2019 Wiley VCH）

弦波电流充电可以有效抑制锂枝晶的生长，这可能是提高锂金属电池循环寿命的一种
策略。

　　Li 等也研究了在 TENG 的脉冲充电情况下锂金属电池的锂枝晶生长。在他们的研究
中，使用了一种超强型 TENG（UR-TENG）[36]。这种 UR-TENG 包含通过 3D 打印制备
的聚乳酸（polylactic acid，PLA）圆柱形固定电极和 PLA 转子电极。UR-TENG 输出的脉
冲电流（图 12.14（a））通过变压器和整流后给锂金属电池充电。UR-TENG 的脉冲波形
可以进行优化，使得阳极附近锂离子可以得到补充而无法形成枝晶（图 12.14（b）），通
过浓差极化的消除而实现无枝晶生长的锂沉积。与恒流充电模式相比，UR-TENG 充电时
充电电压较低（图 12.14（c）（d））。比较 TENG 脉冲充电和恒定电流充电下的电极形貌
（图 12.14（e）～（h））发现，恒流充电导致电极表面锂枝晶生长，而 UR-TENG 提供的
脉冲充电模式获得了相对平滑的锂沉积结构。这项研究证实，通过 TENG 脉冲充电可以
有效减轻锂金属电池的枝晶生长。除了锂金属电池，Qiu 等还研究了 TENG 对固态锂金
属电池的脉冲充电[34]。他们制备了由 PVDF-HFP-Li$_{6.5}$La$_3$Zr$_{1.5}$Ta$_{0.5}$O$_{12}$(LLZTO)-LiClO$_4$ 组
成的柔性固态混合电解质，并将其组装成带有两个锂片的固态锂金属电池，由一个垂直
CS-TENG 在经过整流后提供脉冲电流进行充电（图 12.14（i））。在 TENG 的工作频率

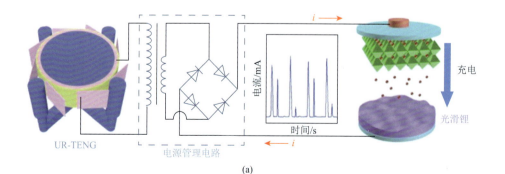

(a)

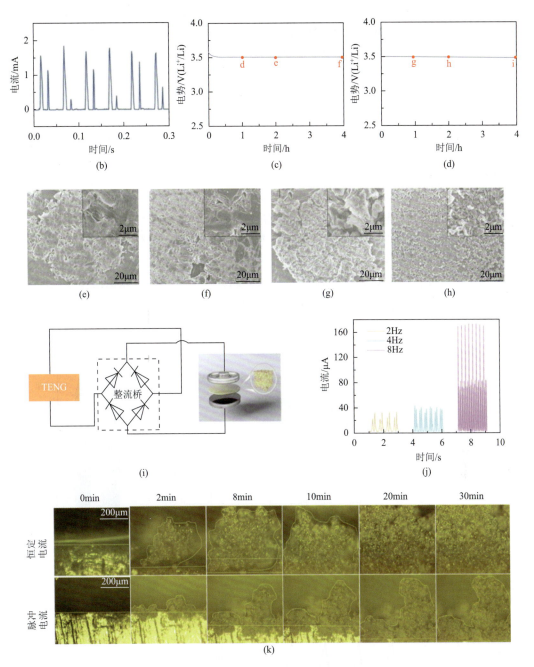

图 12.14 利用 TENG 给锂金属电池充电

（a）UR-TENG 输出经过变压、整流之后对锂金属电池进行脉冲充电；（b）TENG 输出经过优化后用于锂金属电池充电；（c）（d）锂金属电池在恒流充电或使用 TENG 的脉冲电流充电下的电势曲线；（e）（f）TENG 充电 2h 和 4h 后的锂沉积状况；（g）（h）恒流充电 2h 和 4h 后的锂沉积状况；（i）TENG 给锂金属固态电池充电的电路图（转载自文献[36]，版权所有 2019 美国化学学会）；（j）TENG 在不同频率下的短路电流；（k）光学显微镜图像显示电极在恒流充电或脉冲电流充电时的锂枝晶形貌不同（转载自文献[34]，版权所有 2020 美国化学学会）

从 2Hz 增加到 8Hz 时，短路电流从 33μA 增加到 170μA（图 12.14（j））。通过比较不同充电时间后的原位光学图像，分析了恒流充电或 TENG 脉冲充电下的锂枝晶生长（图 12.14

（k））。发现恒流充电8min锂枝晶就覆盖了整个电极表面。然而，TENG脉冲充电时，锂枝晶生长量要少得多，即使在充电30min后，电极表面仍未被锂枝晶覆盖。

12.4.4 钠离子电池用于摩擦纳米发电机储能

由于钠电池与锂电池具有类似的电化学特性，钠离子电池（sodium-ion batteries，SIB）近年来受到了广泛关注。与锂相比，地球上的钠资源更加丰富。因此，使用钠电池来存储TENG产生的能量有望降低成本。Hou等制备了全固态SIB并利用TENG产生的脉冲电流进行充电（图12.15（a））[37]。SIB由六角P2结构的$Na_{0.67}Ni_{0.23}Mg_{0.1}Mn_{0.67}O_2$阴极和金属钠阳极组装而成。电解质采用基于乙烯碳酸酯-丙烯碳酸酯的全氟磺酸树脂形成的固态聚合物电解质。利用径向排列的旋转TENG整流后的脉冲电流进行充电（图12.15（b））。SIB经过TENG充电后，以恒流模式放电。根据放电曲线（图12.15（c）），SIB在5mA/g电流密度下得到了59mA·h/g的初始放电容量。此放电容量与SIB以恒流模式充电时的容量相似。能量利用效率由电池放电能量与TENG充电能量之间的比率计算得出。发现

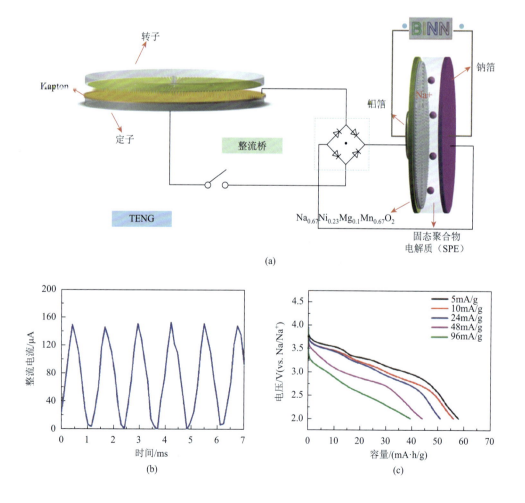

(a)

(b)

(c)

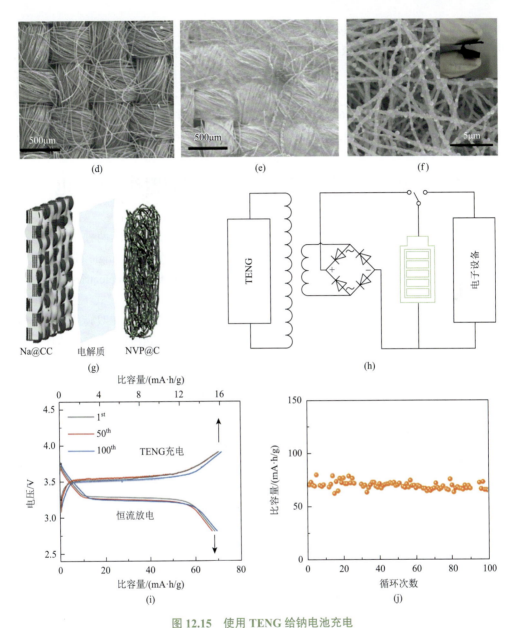

图 12.15　使用 TENG 给钠电池充电

（a）旋转 R-TENG 整流后输出给 SIB 充电；（b）R-TENG 整流后的电流输出，平均峰值电流约为 0.14mA；（c）TENG 充电后 SIB 的放电曲线[37]；（d）～（f）碳布（CC）、Na@CC 复合材料和 NVP@C 纳米纤维的 SEM 图像；（g）采用 PVDF-HFP 电解质的 NVP@C 和 Na@C 电极的钠电池；（h）用 TENG 对 NVP@C|P(VDF-HFP)|Na@CC 电池进行充电的电路；（i）钠电池的充/放电曲线，电池通过 TENG 充电，然后以 0.3mA 的恒流放电；（j）循环测试显示 TENG 充电/恒电流放电 100 个循环后的容量变化（转载自文献[38]，版权所有 2020 美国化学学会）

即使没有复杂的电源管理系统，能量利用效率也达到了 62.3%。这个结果表明 SIB 可以用于存储由 TENG 产生的脉冲能量并且保持较高的能量利用效率。

在另一项由 Lu 及其同事进行的研究中，他们制备了一种柔性钠电池。该电池由柔性 Na/碳布复合阳极（Na@CC）、聚偏氟乙烯-六氟丙烯（P(VDF-HFP)）薄膜浸泡液态电解质组成的准固态聚合物电解质，以及 $Na_3V_2(PO_4)_3$ 和碳纤维复合阴极（NVP@C）组成（图12.15（d）～（g））[38]。利用旋转 R-TENG 在 300r/min 转速下的输出经过整流给得到的片状电池进行充电（图12.15（h））。R-TENG 的平均最大开路输出电压达到 6.6V，平均最大短路电流为 0.54mA。钠电池在 16min 内充电至 3.9V。随后，当电池以 0.3mA 的恒流放电至 2.8V 时，电池的比容量为 67mA·h/g（图12.15（i）），并且在 100 个充放电循环后几乎没有容量损失（图12.15（j））。整体能量利用效率达到了 54%。

12.5　摩擦纳米发电机为多个能量储存器件同时充电

TENG 的工作机制一般分为四种，包括垂直接触分离模式（基于两种材料垂直相对运动）、接触滑动式（基于两种接触材料之间的滑动）、单电极模式（single-electrode，SE，从自由运动的物体收集能量）和独立摩擦电层模式（freestanding triboelectric-layer，FTL，基于对称电极对之间的静电感应效应）。大多数报道的 TENG 在单一模式下工作。但在双模式或多模式下工作的 TENG 可能提供更大的功率输出。当 TENG 在双模式下工作时，多种输出需要同时使用多个能量存储器件。它们可以是单一类型的能量存储器件，如超级电容器，也可以由不同类型的能量存储器件组合而成，如超级电容器和电池。这种工作模式为通过 TENG 同时给多种类型的能量存储器件进行充电提供了可能。

Zhang 等制备了一种由两个旋转圆盘组成的双模式旋转 TENG（dual-mode TENG，DMR-TENG，图12.16（a））[39]。这种 DMR-TENG 可以在 FTL 模式或 SE 模式下工作。当它在 SE 模式下工作时，通过旋转两个圆盘中的任意一个，可以得到不同输出电量（图12.16（b））。在 300r/min 的 FTL 模式下，峰值短路电流（I_{SC}）为 60μA，峰值开路输出电压（V_{OC}）为 110V，收集到的电荷量为 130nC（图12.16（c））。在 SE 模式下，平均峰值短路电流为 4μA，峰值开路电压为 12V，收集到的电荷量为 8nC。显然，如果两种模式下的电荷都能被收集，DMR-TENG 的能量输出将超过单一模式下的输出能量。利用 DMR-TENG 在 FTL 和 SE 模式下同时给两个能量储存器件充电的结果证实了这一点（图12.16（d））。当 DMR-TENG 以 FTL 模式输出连接一个 0.1mA 时的 LiFePO$_4$/Li 电池并以 SE 模式输出连接一个 10uF 的电容器，两个器件可以同时充电。LiFePO$_4$/Li 电池在 285s 后充电至 3.8V，而电容器在同样的时间内充电至 7.5V（图12.16（e）和（f））。这项工作证明了使用 DMR-TENG 可以实现同时为多个能量储存器件如锂离子电池/超级电容器进行充电。

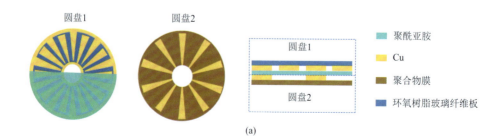

(a)

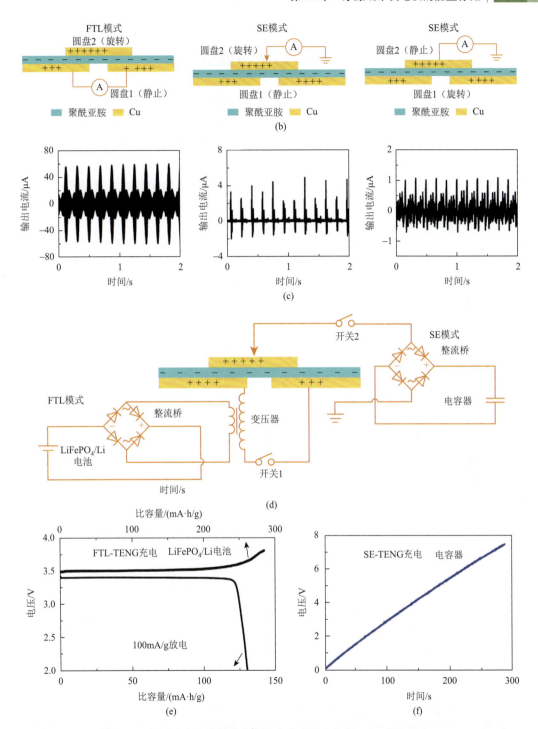

图 12.16　双模 TENG 同时为多个能量储存器件充电（引自文献[39]，版权所有 2019 Elsevier）

（a）聚酰亚胺和 Cu 层组成的双模旋转 TENG（DMR-TENG）示意图；（b）DMR-TENG 的 FTL 模式、圆盘 2 旋转的 SE 模式或圆盘 1 旋转的 SE 模式；（c）DMR-TENG 在 FTL 模式、圆盘 2 旋转的 SE 模式或圆盘 1 旋转的 SE 模式下的短路电流；（d）DMR-TENG 在 FTL 和 SE 模式下同时给电池和电容器充电，通过 FTL 模式输出给 0.1mA·h LiFePO$_4$/Li 电池充电，而 SE 模式输出给 10uF 的电容器充电；（e）LiFePO$_4$/Li 电池的放电/充电曲线。DRM-TENG 在 300r/min 转速下的 FTL 输出给电池充电，然后恒流放电；（f）DMR-TENG 在 300r/min 转速下的 SE 输出给电容器充电

12.6　总结与展望

本章主要回顾了由包括 TENG 和电容器、超级电容器和电池在内的能量存储器件构成的自充电能源系统，总结不同能量存储器件在 TENG 脉冲输出下的充电特性以及能量利用性能，讨论了将能量存储器件与 TENG 集成到可穿戴式能源系统中的可能性。随着各种能量存储器件的快速发展，新材料和新器件结构也迅速涌现，越来越多的能量存储器件在与 TENG 相结合形成自充电能源系统。因此，自充电能源系统的研究已成为一个快速发展的领域，在许多方面取得了进展。尽管如此，TENG 与能量存储器件的结合与集成的研究在以下几个方面仍存在困难，需要进一步探索。

（1）耐久和稳定性。高度稳定和耐久的 TENG、超级电容器和电池都已经很常见了。然而，同时包含 TENG 和储能器件的 SCPS 的结构更加复杂，尤其是一些 SCPS 是基于特殊设计的电极材料和器件结构制备得到的，因此在长期使用过程中的耐久性和稳定性可能无法保证。当 SCPS 受到重复的机械冲击时，设备在收集和存储能量方面的性能是否能够长期维持仍然是一个需要关注的研究课题。

（2）TENG 输出功率与能量存储器件容量的匹配。TENG 的输出功率通常较小，因此容量较小的能量存储器件在充电时可以获得较高的电压上升速率。然而，小容量导致给负载供电的持续时间较短。因此，需要根据系统的实际应用来优化能量存储器件的容量。

（3）超级电容器的自放电。目前的超级电容器不可避免地存在自放电现象，导致存储的能量损失较快。由于 TENG 提供的电流较小，超级电容器的自放电导致充电速度较慢。当超级电容器的漏电电流过大时，将无法通过 TENG 进行充电。发展低自放电超级电容器对于集成 TENG 和超级电容器成为自充电能源系统至关重要。

（4）脉冲充电对锂离子电池的循环稳定性的影响。TENG 从机械运动中收集能量，其输出电压和电流呈脉冲形式。如果未使用合适的电源管理电路，脉冲电流会导致电极活性材料的快速粉碎，从而降低器件的性能，尤其是循环稳定性。

（5）TENG 与能量存储器件之间的阻抗匹配。TENG 的内部阻抗处于兆瓦级别，而超级电容器和电池的阻抗要小得多。为了最大限度地提高 TENG 与超级电容器/电池之间的能量传输效率，需要有更有效的电源管理电路。然而，采用复杂的电源管理电路会导致 TENG 与储能器件的集成更为困难，特别是微型化或者柔性/可穿戴设备。

参 考 文 献

[1]　Fan F R，Tian Z Q，Wang Z L. Flexible triboelectric generator[J]. Nano Energy，2012，1：328-334.

[2]　Fang C L，Tong T，Bu T Z，et al. Overview of power management for triboelectric nanogenerators[J]. Advanced Intelligent Systems，2020，2：1900129.

[3]　He W，Fu X，Zhang D，et al. Recent progress of flexible/wearable self-charging power units based on triboelectric nanogenerators[J]. Nano Energy，2021，84：105880.

[4]　Luo J J，Wang Z L. Recent advances in triboelectric nanogenerator based self-charging power systems[J]. Energy Storage Materials，2019，23：617-628.

[5]   Niu S M, Liu Y, Zhou Y S, et al. Optimization of triboelectric nanogenerator charging systems for efficient energy harvesting and storage[J]. IEEE Transactions on Electron Devices, 2015, 62 (2): 641-647.

[6]   Zhang N, Gu H J, Lu K Y, et al. A universal single electrode droplet-based electricity generator (SE-DEG) for water kinetic energy harvesting[J]. Nano Energy, 2020, 82: 105735.

[7]   Wang X, Yang Y. Effective energy storage from a hybridized electromagnetic-triboelectric nanogenerator[J]. Nano Energy, 2017, 32: 36-41.

[8]   Kim J, Lee J H, Lee J, et al. Research update: Hybrid energy devices combining nanogenerators and energy storage systems for self-charging capability[J]. APL Materials, 2017, 5: 073804.

[9]   Lin Z M, Chen J, Yang J. Recent progress in triboelectric nanogenerators as a renewable and sustainable power source[J]. Journal of Nanomaterials, 2016, 2016 (1): 5651613.

[10]   Pu X, Hu W Q, Wang Z L. Toward wearable self-charging power systems: The integration of energy-harvesting and storage devices[J]. Small, 2018, 14 (1): 1702817.

[11]   Pu X, Wang Z L. Self-charging power system for distributed energy: Beyond the energy storage unit[J]. Chemical Science, 2021, 12 (1): 34-49.

[12]   Wei H G, Cui D P, Ma J H, et al. Energy conversion technologies towards self-powered electrochemical energy storage systems: The state of the art and perspectives[J]. Journal of Materials Chemistry A, 2017, 5 (5): 1873-1894.

[13]   Yun S N, Zhang Y W, Xu Q, et al. Recent advance in new-generation integrated devices for energy harvesting and storage[J]. Nano Energy, 2019, 60: 600-619.

[14]   Zhao K, Wang Y H, Han L, et al. Nanogenerator-based self-charging energy storage devices[J]. Nano-Micro Letters, 2019, 11 (1): 19.

[15]   Zhou C J, Yang Y Q, Sun N, et al. Flexible self-charging power units for portable electronics based on folded carbon paper[J]. Nano Research, 2018, 11 (8): 4313-4322.

[16]   Zhang Y Z, Gao X Y, Zhang Y C, et al. High-efficiency self-charging power systems based on performance-enhanced hybrid nanogenerators and asymmetric supercapacitors for outdoor search and rescue[J]. Nano Energy, 2022, 92: 106788.

[17]   Lee J H, Kim K W, Kim J K, et al. DC voltage modulation for integrated self-charging power systems of triboelectric nanogenerators and ion gel/WO$_3$ supercapacitors[J]. ACS Applied Electronic Materials, 2020, 2 (8): 2550-2557.

[18]   Xia K Q, Tang H C, Fu J M, et al. A high strength triboelectric nanogenerator based on rigid-flexible coupling design for energy storage system[J]. Nano Energy, 2020, 67: 104259.

[19]   Jo S, Jayababu N, Kim D. Facile fabrication of double-layered electrodes for a self-powered energy conversion and storage system[J]. Nanomaterials, 2020, 10 (12): 2380.

[20]   Luo J J, Fan F R, Jiang T, et al. Integration of micro-supercapacitors with triboelectric nanogenerators for a flexible self-charging power unit[J]. Nano Research, 2015, 8: 3934-3943.

[21]   Qin S S, Zhang Q, Yang X X, et al. Hybrid piezo/triboelectric-driven self-charging electrochromic supercapacitor power package[J]. Advanced Energy Materials, 2018, 8 (23): 1800069.

[22]   Nardekar S S, Krishnamoorthy K, Manoharan S, et al. Two faces under a hood: Unravelling the energy harnessing and storage properties of 1T-MoS$_2$ quantum sheets for next-generation stand-alone energy systems[J]. ACS Nano, 2022, 16 (3): 3723-3734.

[23]   Pu X, Li L X, Liu M M, et al. Wearable self-charging power textile based on flexible yarn supercapacitors and fabric nanogenerators[J]. Advanced Materials, 2016, 28: 98-105.

[24]   Song Y, Zhang J, Guo H, et al. All-fabric-based wearable self-charging power cloth[J]. Applied Physics Letters, 2017, 111 (7): 073901.

[25]   Yang Y Q, Xie L J, Wen Z, et al. Coaxial triboelectric nanogenerator and supercapacitor fiber-based self-charging power fabric[J]. ACS Applied Materials & Interfaces, 2018, 10 (49): 42356-42362.

[26]   Chen J, Guo H Y, Pu X J, et al. Traditional weaving craft for one-piece self-charging power textile for wearable electronics[J].

Nano Energy，2018，50：536-543.

[27] Liang X Q，Qi R J，Zhao M，et al. Ultrafast lithium-ion capacitors for efficient storage of energy generated by triboelectric nanogenerators[J]. Energy Storage Materials，2020，24：297-303.

[28] Zhao M，Nie J H，Li H，et al. High-frequency supercapacitors based on carbonized melamine foam as energy storage devices for triboelectric nanogenerators[J]. Nano Energy，2019，55：447-453.

[29] Xia M Y，Nie J H，Zhang Z L，et al. Suppressing self-discharge of supercapacitors via electrorheological effect of liquid crystals[J]. Nano Energy，2018，47：43-50.

[30] Wang S H，Lin Z H，Niu S M，et al. Motion charged battery as sustainable flexible-power-unit[J]. ACS Nano，2013，7（12）：11263-11271.

[31] Pu X，Liu M M，Li L X，et al. Efficient charging of Li-ion batteries with pulsed output current of triboelectric nanogenerators[J]. Advanced Science，2016，3（1）：1500255.

[32] Zhang X L，Du X Y，Yin Y Y，et al. Lithium-ion batteries：Charged by triboelectric nanogenerators with pulsed output based on the enhanced cycling stability[J]. ACS Applied Materials & Interfaces，2018，10（10）：8676-8684.

[33] Jiang Q，Chen B，Zhang K W，et al. Ag nanoparticle-based triboelectric nanogenerator to scavenge wind energy for a self-charging power unit[J]. ACS Applied Materials & Interfaces，2017，9（50）：43716-43723.

[34] Qiu G R，Lu L，Lu Y，et al. Effects of pulse charging by triboelectric nanogenerators on the performance of solid-state lithium metal batteries[J]. ACS Applied Materials & Interfaces，2020，12（25）：28345-28350.

[35] Zhang Z L，Wang Z L，Lu X M. Suppressing lithium dendrite growth via sinusoidal ripple current produced by triboelectric nanogenerators[J]. Advanced Energy Materials，2019，9（20）：1900487.

[36] Li N W，Yin Y Y，Du X Y，et al. Triboelectric nanogenerator-enabled dendrite-free lithium metal batteries[J]. ACS Applied Materials & Interfaces，2019，11（1）：802-810.

[37] Hou H D，Xu Q K，Pang Y K，et al. Efficient storing energy harvested by triboelectric nanogenerators using a safe and durable all-solid-state sodium-ion battery[J]. Advanced Science，2017，4（8）：1700072.

[38] Lu Y，Lu L，Qiu G R，et al. Flexible quasi-solid-state sodium battery for storing pulse electricity harvested from triboelectric nanogenerators[J]. ACS Applied Materials & Interfaces，2020，12（35）：39342-39351.

[39] Zhang Z L，Bai Y，Xu L，et al. Triboelectric nanogenerators with simultaneous outputs in both single-electrode mode and freestanding-triboelectric-layer mode[J]. Nano Energy，2019，66：104169.

本章作者：卢宪茂
中国科学院北京纳米能源与系统研究所（中国北京）

第 13 章

摩擦纳米发电机材料选择

摘　　要

摩擦纳米发电机（TENG）是一种将机械能有效转换为电能的有前景的新能源技术，广泛适用于能源收集、自供电传感器和生物医学应用等许多领域。本章包括 TENG 材料的概述。从材料的角度涵盖从接触起电学基础到增强电荷密度的策略的各种主题。最后，研究 TENG 在材料方面面临的挑战，如机械稳定性、热稳定性、湿度敏感性和噪声问题。

13.1　引　　言

能源随着科学进步和创新发生了决定性的变化，现在认为能源是文化和人类发展的基本物质和动力助手，也是公共福利的主要推动力。作为能源来源的初期阶段，化石燃料，如煤炭、石油和天然气，在现代社会消耗的能源中占据了大部分。自 1950 年以来，化石燃料消耗量已经增加了约 8 倍。因此，能源危机和环境破坏可能是对传统化石燃料过度依赖的结果。此外，第四次工业革命受今天世界能源趋势的推动，未来将有超过 300 亿个设备通过物联网连接，世界将进入传感器组织、大数据、机器人和人工智能时代。实现第四次工业革命，一个重要的障碍将是提供足够的电力来高效运行这些设备，并使得管理能源使用的方式实现现代化。幸运的是，将推动第四次工业革命的新能源已经被发现，那就是能量收集。到目前为止，已经研究了各种能量收集技术，如 TENG，压电发电机（PEG），光伏（PV）电池和热电发电机（TEG），从可持续能源生成电能，并实现在实际应用中的可持续运行。然而，尽管做出了许多努力，这些技术仍然没有产生足够的电力来满足全球能源需求。

在许多可持续能源中，机械能源，如风能、人体运动、振动等，可能是很方便的能源，因为它们无处不在，适用于各种物联网传感器，非常适合实现自供电的便携式电子设备。基于经典科学现象，如压电、静电和电磁效应的各种能量收集技术已经被广泛研究，以从周围环境中的机械能产生电能。从 2012 年开始，结合摩擦起电和静电感应的摩擦电能收集技术被提出。它具有高效率、低成本、环保等特点，并且可以很容易地与传统半导体器件集成，因为它依赖于许多半导体加工技术。到目前为止，如人行走、机械振动、旋转、风力和水波等许多能源，已被应用并证明可以用于给便携式电子设备供电。这些分布式能源对于实现碳中和也是至关重要的，因为可以帮助我们过渡到物联网时代，并减少对传统化石燃料的依赖。

从原理上讲，基于接触起电和静电感应耦合效应，TENG 将周围环境的机械能转换为电能，并利用了存在于设备内部和设备周围空间中的麦克斯韦位移电流。在物理学中，摩擦起电是摩擦和接触起电的结果。接触起电并不需要摩擦，在两种不同材料接触和分离后可以导致电荷转移。在某些界面上会发生多种化学反应，包括电化学和催化反应。胶体悬浮、光伏效应、吸附和腐蚀也与接触起电有关，也被称为电润湿。因此，理解在某些界面上发生的接触起电现象非常关键。这涉及在接触起电中发生在不同界面之间的电荷转移现象和相关机制，如固体-固体、固体-液体、液体-液体等。它还可以缓解静电在日常生活中造成的损害。

尽管接触起电的原理早已被研究，但电荷转移机制仍不清楚。最近，表面态和电子云/电位模型用来解释接触起电的机制。然而，这些机制仅适用于金属-半导体和金属-绝缘体，目前不适用于金属-聚合物系统。离子和材料的转移也解释了与聚合物相关系统的电荷发生机制。为了在实际应用中成功实现 TENG 的应用，生成足够的输出功率对于操作电子设备来说是至关重要的，通常会将其存储在电容器或电池中。提高 TENG 输出性能的策略通常基于在两个接触表面之间的物理接触中增加转移的电荷密度，因为电位对此非常依赖。根据表面态模型，导体-绝缘体接触模式的 TENG 电位可以表示为

$$V = -\frac{Q}{S\varepsilon_0}(d_0 + x(t)) + \frac{\sigma x(t)}{\varepsilon_0} \qquad (13.1)$$

式中，Q 是两个电极之间转移的电荷；S 是电极的面积；ε_0 是介电常数；$x(t)$ 是金属和电介质之间的时间依赖性距离；σ 是产生的表面电荷密度。在开路条件下，没有电荷转移，开路电压 V_{OC} 由下式给出：

$$V_{OC} = \frac{\sigma x(t)}{\varepsilon_0} \qquad (13.2)$$

在短路条件下，V 为 0。转移的电荷量由以下公式给出：

$$Q_{SC} = \frac{S\sigma x(t)}{d_0 + x(t)} \qquad (13.3)$$

因此，转移的电荷、电流和电压与表面电荷密度（σ）成正比。σ 主要受两个摩擦层固有材料特性的影响。因此，许多策略依赖于在摩擦电序列中选择材料，并进行电子和结构修饰，如较大的功函数差异、高孔隙度、较大的介电常数和较大的表面粗糙度。然而，在实际环境中，这些 TENG 的最大电荷密度需要额外的过程，如高电场下的电荷注入和极化过程。特别是电荷注入过程在增加电荷密度方面非常高效，因为它被认为受到空气击穿的限制。实际上，聚合物的介电强度大于空气的介电强度。电荷密度在单层薄

膜 TENG 和多层薄膜 TENG 中分别达到了 $260\mu C/m^2$ 和 $283\mu C/m^2$。现已成功地演示了几种改进以放大流经外电路的电流。金属-介质-金属结构或金属-金属接触已经引入并证明可以将 TENG 的电荷密度提高数倍。

13.2　接触起电中的电荷转移机制

13.2.1　摩擦电序列

理解摩擦起电效应的方法是通过实验建立摩擦电序列，这可以广泛地理解当任何两种材料通过摩擦、挤压或擦拭接触时起电将如何发生。摩擦电序列是一个列表，根据两种不同类别物体材料的极性不同，在接触摩擦后一种材料容易失电子。摩擦电序列首次在 1757 年约翰·卡尔·威尔克（Johan Carl Wilcke）关于静电荷的论文中描述。这使得摩擦电评估与材料分类为摩擦电序列[1]，该序列提供了对电荷生成的最可靠描述（图 13.1）。例如，Al 和 PTFE 一直广泛用作 TENG 中的接触材料。然而，虽然克服了材料选择与摩擦电序列之间的兼容性，但对其顺序的研究仍然不足。其中一个例子是聚乙烯和聚丙烯的摩擦电序列仍然不清楚。循环摩擦电序列和相同材料的摩擦起电仍然是令人着迷且神秘的现象。为了找到起源，提出了许多理论，但它们仍然没有足够的证据支持，也找不到令人信服的实验结果。

通过研究，可以了解到材料（或化学官能团）在摩擦电序列中变为正电或负电的倾向。共聚、与离子或非离子分子的表面官能化以及表面涂层是这些策略的例子。一般来说，该序列中材料带正电的上部区域更靠近具有底功函数的导体和具有高路易斯碱度、高亲水性和较多供体数量的绝缘体。然而，并不建议将给定摩擦电序列中组分之间的具体顺序进行概括。在某些矿物序列的特定顺序中存在一些不规律性（图 13.1 右边）。例如，十字石在与不锈钢相比时带负电，但在与铝（Al）相比时带正电，尽管不锈钢在与铝相比时也带负电。图 13.1 中的几个问题之一是十字石、铝和不锈钢之间缺乏恒定的线性顺序。在摩擦电序列中，Kim 等发现了 PS 和 PTFE 的相反顺序[1]。此外，还表明 PMMA 在摩擦电序列中的排名可能远高于尼龙。

13.2.2　循环摩擦电序列

一般而言，摩擦电序列是一份线性的材料列表。然而，有报道称，摩擦电序列也可以是循环的，如图 13.2 所示。在图中，材料的排序取决于不止一种物理性质，例如，具有不同种类、结构和组成的材料的共存是循环摩擦电序列的一种系统考察。纸张和棉花具有不同比例的相同主要成分和纤维素，在该序列中占据着独特的位置。因此，循环摩擦电序列的出现是连接不同的电荷介质、起电过程和电荷生成机制的结果[2, 3]。

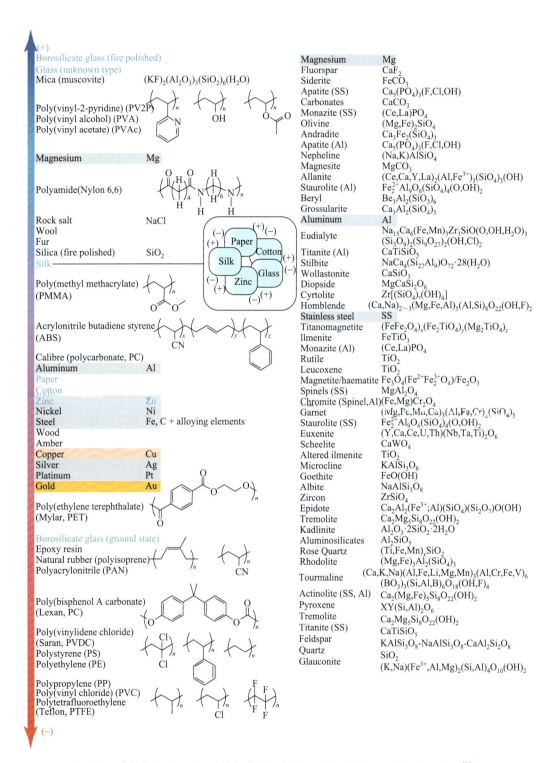

图 13.1　摩擦电序列，用于接触起电的正负极材料（经美国化学学会许可转载[1]）

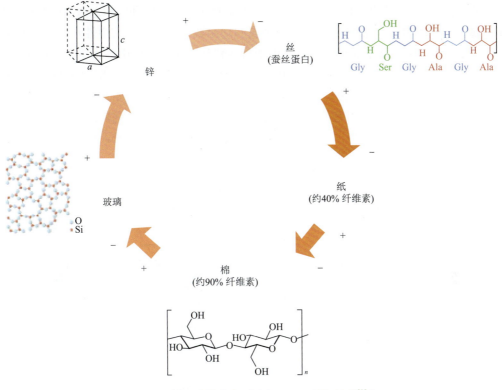

图 13.2　循环摩擦电序列（经 Wiley 授权转载[2]）

13.3　接触起电中的电荷转移机制

最近对接触起电机制的研究主要关注了接触材料的内部参数，如介电常数、表面微结构、加载应力和能带结构，以及环境因素，如湿度、酸度和外部电场[4, 5]。电荷密度也受温度影响[2]。电子-空穴对是电荷形成的一种方式，但还有其他多种方式，如离子分离、非均相键解离或均相键解离，然后紧接着与环境气体发生氧化或还原反应。在大多数情况下，两种接触材料之间的电荷转移可通过以下三个主要类别之一进行：电子转移、离子转移和材料转移[6-11]。

13.3.1　电子转移模型

在固态接触起电中，特别是金属-介质系统中，电子是两种接触材料之间常见的电荷转移类型。Li 等以 FEP 丙烯酸为例，通过研究带电界面原子的特征光子发射光谱，发现在真空下的原子光谱上有尖锐的光谱线[12]。收集的光子信号显示了在固态接触中电子如何根据电子云重叠的概念进行转移。这项研究提供了明确的证据，即在接触起电过程中，界面电子可以从一个材料中的一个原子迁移到另一个材料中的另一个原子。

Xu 等还使用改进的表面态模型（图 13.3）解释了接触起电期间和之后的电荷转移[13]。在金属-介质系统中，电荷转移的方向由金属的功函数和介质的电荷中性水平之间的位置变化决定。处于金属费米能级上方的热电子将转移到介质的电荷中性水平上方的空状态。若介质中占据态的电子能级高于金属中的电子能级，则方向相反。当接触材料分离时，它们之间会产生电位差。此外，Xu 等还展示了电子云重叠模型用于解释电子转移。当两个不同原子的电子云接近到它们之间的距离小于化学键长度时，它们的电子云重叠。这导致原子之间的电势垒减小，并从一个原子向另一个原子转移电子。这个模型适用于其他独特的界面，并正确再现了两种不同材料之间接触起电的现象。

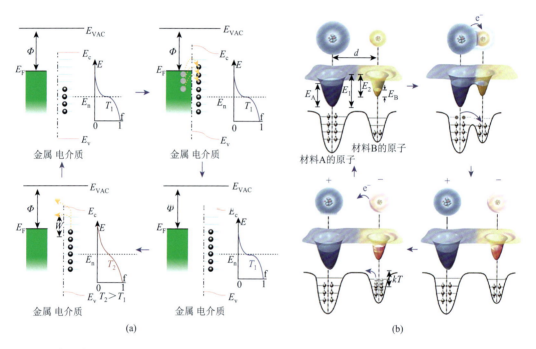

(a)   (b)

图 13.3 在两个属于材料 **A** 和 **B** 的原子之间，电子云和势能剖面（二维（**a**）和三维（**b**））的示意图，分别表示：在接触前，在接触中，在接触后（经 **Wiley** 许可转载[13]）

示意图显示了在电子云重叠后从一个原子到另一个原子的电子转移。当 kT 接近势垒高度时，原子在升高温度 T 后释放电荷。d 表示两个原子核之间的距离；E_A 和 E_B 表示占据了电子的能级；E_1 和 E_2 表示电子逃逸的势能；k 表示玻尔兹曼常数；T 表示温度

13.3.2 离子转移模型

近几十年来，化学家努力通过实验证明了一个离子转移过程，使我们对"电子与离子"争论的认识有了重大的发展。以含有季铵盐的色粉为例，自从柯达 Ektaprint 复印机推出以来，这些粉色就是代表性的"可移动"离子材料。由于它们的反离子与聚合物结合而不能转移，这种转移的"移动性"较低，因此人们认为，"可移动"离子在与另一种物质接触时可以很容易地转移[14]。例如，Diaz 报道了含有微小无机阴离子和大型有机阳

离子的色粉会带正电荷，而含有较大有机阴离子和小型无机阳离子的色粉则带负电荷。这明确表明，在起电过程中交换的是较小、更"可移动"的离子。

非离子聚合物不含可移动离子，但仍然表现出与含可移动离子的聚合物一样程度的电荷交换，因此移动离子机制不适用于它们。离子交换模型因此更具挑战性。McCarty 等假设在聚合物之间的薄水层中形成氢氧根和水合氢离子的快速平衡，优先吸附在表面上，尽管有些聚合物对氢氧根离子的亲和力比其他聚合物强的原因仍不清楚[15]。然而，基于对聚合物 Zeta 电位的研究和 Diaz 等建立的"水桥"范例，已经证明即使在没有任何水的情况下，非离子聚合物之间的接触起电也可能发生[16]。其他文献证明，在真空下，从未接触过环境的新剖面聚合物表面之间的带电是可能的。然而，这个证明并不排除在有水存在的情况下发生的产生氢氧离子的过程。报道越来越强调在任何单一接触带电过程中可能存在多种机制。

液体-固体界面上的电荷和电势分布通常使用双电层（EDL）模型来描述，该模型是基于 Gouy-Chapman-Stern 理论[15, 17]。图 13.4（a）描述了电极（电导体或极化材料）和电解质（富含离子的水溶液或离子液体）之间界面上的基本双电层结构。该结构由扩散层（DL）和 Stern 层（SL）组成。扩散层中对离子的浓度随着与表面距离的增加而减小，Stern 层中的离子（常常是水合离子）被大量吸附在带电的电极上。双电层广泛用于解释与电化学领域相关的各种电化学反应，如超级电容器、水分解、电容去离子、水凝胶离子电子学、双电层晶体管和电润湿等[18-23]。此外，对于具有丰富的化学基团的固体材料，如具有羧基（COOH）的碳材料，通过与液体的电离或解离反应将带正电或负电，反离子可以被吸引并吸附到具有丰富电离基团（如 COO—）修饰的固体表面上，如图 13.4（b）所示。它常用于细胞生物学、胶体科学和能源收集技术（如电容混合）等领域。

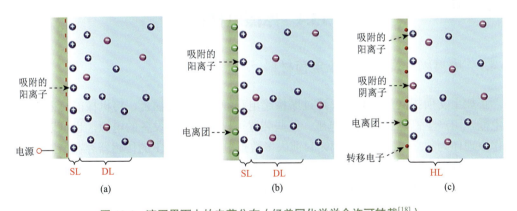

图 13.4　液固界面上的电荷分布（经美国化学学会许可转载[18]）

根据经典的 Gouy-Chapman-Stern 理论，液体和带电（a）或电离固体材料（b）；（c）Wang 的混合层模型朝向液体和固体（通常是聚合物）之间的界面

然而，标准的 EDL 模型没有考虑电子转移，而电子转移是从液体绝缘材料中接触起电形成的。图 13.4（c）提供了液体与固体之间界面的混合层（HL）模型。当一个倾向于带负电荷的材料与水溶液接触时，固体表面上的一些位置可能会从水分子中获得电子，然

后吸引阳离子，而其他位置可能由于范德瓦耳斯力的作用而被特异吸附的阴离子覆盖[24]。当固体在液体中具有化学活性时（如 SiO_2 在水中），也必须考虑离子化基团。

13.3.3　材料转移模型

几十年来，通过 X 射线光电子能谱（X-ray photoelectron spectroscopy，XPS）等表面敏感工具，研究两种聚合物接触时的材料转移以及 PTFE 摩擦金属时的材料转移，已经证明了两个接触表面之间的物质转移。然而，材料转移主要发生在第一次接触时，并且在随后的接触中较少发生，因此材料转移并没有被认为是接触起电的主要机制。长期以来，人们认为每个接触的表面都均匀地带有正电荷或负电荷，只有十万分之一或更少的"表面分子"才贡献电荷密度。然而研究表明，每个表面都能够持有正电荷和负电荷，这些电荷以不规则的镶嵌图案分散分布，使得两个表面具有单一符号的净电荷。这是通过使用 KPFM 测量表面电位来揭示的，该测量清晰地显示出两个表面上随机分布的正负电斑点的非均匀图案或镶嵌图案，以及表面组分的变化和材料团块的跨表面转移。这个结果是物质从一个表面转移到另一个表面的结果。这种现象的后果是，在接触起电中，每个表面可容纳的单位面积电荷数量比之前认为的要多大约 100 倍。材料转移的一个可能机制是，键的断裂并随后与水或环境氧发生反应会导致电荷转移至表面上。研究发现，每个表面的净电荷与广泛接受的不同材料间电荷转移的理论一致，根据这一理论，每个表面都含有带有特定符号的电荷，可以使用连接到电测计的法拉第杯进行测量。还有人提出，在较有序的玻璃区域中可以通过选择性开裂产生自由基。当聚合物在电子顺磁共振作用下被压碎时，会通过共价键的断裂产生自由基。然而，即使在轻微接触和低摩擦情况下，材料转移机制仍然可能起作用。

13.4　摩擦电材料

13.4.1　摩擦纳米发电机的正电荷材料

正如上文所提到的，TENG 通过摩擦起电和静电感应的耦合，将机械能有效地转换为电能，可产生高达数百伏的电压。这些装置可以作为电子设备的电源，也可以利用其工作原理作为独立传感器。然而，目前大多数报道基于 TENG 的传感器存在一些主要缺点，如电输出较低、阻抗较高以及对环境的敏感性较高。为了进一步提高 TENG 的输出性能，需要开发新的摩擦电材料和材料改性方法，以及系统化的结构设计。从材料的角度来看，已经确定了 TENG 的输出性能取决于多种因素，如介电常数、表面形态、力学性质、电荷密度、表面电位和摩擦电序列。

通常，接触材料的选择是根据摩擦电序列来进行的，其中一个材料是摩擦电正性的，另一个材料是摩擦电负性的。一般来说，高电荷密度通过两种材料的电子亲和力的差异来获得。因此，用于接触的两种材料的电子亲和力差异越大越好，或者它们在摩擦电序列中越远越好。导电材料，如金属，容易捐赠电子，而导电性较低的绝缘体通常会接收电子，意味着金属很容易保持负电荷。

1. 低功函数

由于电子密度高、在环境中具有机械稳定性高、成本低和电荷传递效率高等特点，金属（如铝、铜和锌）通常用作正电材料。其中，铝的功函数约为 4.1eV，比其他金属低得多，并且在环境中非常稳定，成为 TENG 中广泛使用的材料之一。对使用不同金属（如铂、金、钛和铝）制备的各种 TENG 进行长期演化的系统研究，系统地研究了功函数的效应。通过 Pt 与 Al_2O_3 接触研究[25]，$Pt-Al_2O_3$ TENG 的电荷密度测量表明，电子从 Al_2O_3 流向 Pt，而在较高温度下，低功函数金属（如金）的电荷密度下降更快。这归因于表面热发射引起的电荷损失。对于 $Ti-Al_2O_3$ TENG 和 $Al-Al_2O_3$ TENG，电子的方向性流动与 $Pt-Al_2O_3$ TENG 相反。这表明，在金属-介电体接触中发生接触起电时，电荷转移的方向与金属的功函数相关。他们还提到，电荷转移还受界面处势垒高度的影响，该高度随功函数的增加而降低。Baik 等还证明，降低 Al 和聚合物表面存在的势垒高度可以增加 TENG 的输出功率[26]。

Kim 等报道了利用逐层转移技术将生长在铜箔上的单层石墨烯（GR）与 PET 聚合物接触调节石墨烯层数的方法。首先使用化学气相沉积在铜箔上生长出单层石墨烯。然后利用湿法转移技术将单层石墨烯叠加在 PET 基底上得到 2 层、3 层和 4 层（2L、3L 和 4L）石墨烯样品。研究发现，石墨烯非常柔软、可拉伸且兼容性强。当垂直施加约 10N 的力时，单层 TENG 的输出电压和输出电流密度分别为 5V 和 $0.5\mu A/cm^2$。随着石墨烯层数的增加，电输出逐渐降低，即 2 层、3 层和 4 层 TENG 的输出电压分别为 3.0V、2.0V 和 1.2V，输出电流密度分别为 $250nA/cm^2$、$160nA/cm^2$ 和 $100nA/cm^2$。根据石墨烯的功函数，可以解释随层数增加而降低的电输出。KPFM 测量结果显示，单层、2 层、3 层、4 层石墨烯和少层石墨烯样品的功函数分别为 4.92eV、4.96eV、5.04cV、5.11eV 和 5.08eV。这些结果明确支持功函数在 TENG 的输出性能中起重要作用（图 13.5）。

Xu 等报道了一种基于石墨烯的与 PDMS 接触的三明治结构 TENG。石墨烯覆盖在 PDMS 上，附着在预拉伸的黏结力非常高的材料上，然后释放薄膜。对于褶皱度为 300% 的材料，TENG 生成的最大电荷密度为 $178.98\mu C/cm^2$，与平面装置相比提高了 3 倍。测

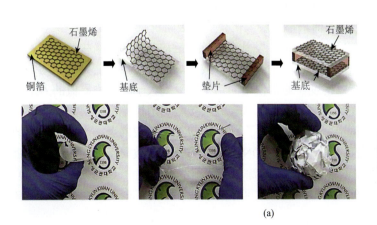

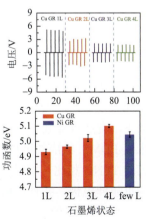

(a)

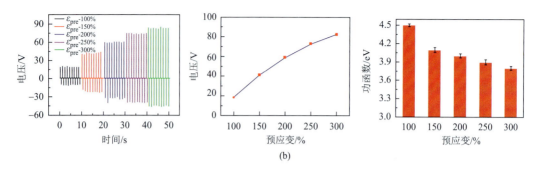

图 13.5　具有低功函数正电特性的材料

（a）器件制备的示意图和石墨烯与任意基底的兼容性，单层随机堆叠和规则堆叠 GTNG 的输出性能、功函数测量及电输出（经 Wiley 许可重制[27]）；（b）基于 CG 的 TENG 的输出性能与各种预应变，CG 基 TENG 的输出电压-预应变关系，CG 的功函数与各种预应变的比较（经 Elsevier 许可转载[28]）

量得到的电压和电流也分别提高了 4.4 倍和 3.9 倍。紫外光电子能谱（ultraviolet photoelectron spectroscopy，UPS）在次级电子阈值区域显示，随着褶皱度从 150% 增加到 300%，功函数从 4.1eV 降低到 3.8eV。功函数的降低归因于晶格畸变、挤压和缺陷等晶体势能和费米能级受到的影响。电输出与功函数值的变化非常一致。他们还测量了材料的表面粗糙度，发现粗糙度随着预拉伸而增大。因此，输出性能是包括接触面积和接触电势差增加在内许多因素的结果。

2. 柔韧性和可拉伸性

Yang 等报道了在 TENG 中，微观/纳米纹理表面的有效接触面积随着压缩力增加而增加，从而提高了 TENG 的电性能。使用传统的光刻和湿法腐蚀工艺制作了不同间距尺寸（如 1μm、2μm、5μm 和 10μm）的各种纹理 PDMS 表面。施加 5~70N 的力，并测量电输出性能。在 5~30N 的较小力下，金字塔纹理开始被压缩，接触面积随着力的增大而增大。在 70N 时，表面变得非常平坦，表明该表面已达到了完全接触状态。TENG 的开路电压（V_{OC}）显示，在低于 70N 的较小力下，它会随着输入力的增大而显著增大。进一步增大力不再显著增大输出电压。这与接触面积随力的增大非常一致。因此，为了提高 TENG 的输出性能，无论接触力如何，都应最大化有效接触面积[29]（图 13.6）。

为了稳定和高效地生成 TENG，应该开发具有改善接触均匀性的创新接触材料。当两种材料的接触不均匀时，电荷转移可能进行得较低效，表面异质性可能导致非均匀的电势分布。这将降低电荷的有效密度。通常使用的铝箔在受到大于某个临界值的力造成形变或褶皱后，无法完全恢复到其原始形状。这会导致接触均匀性差，特别是在低输入力下，会严重降低 TENG 的输出。Lee 等报道了一种由 DMAP 包覆的金纳米颗粒和银纳米线-PDMS 组成的可拉伸电极，它能在 1~30N 的整个力范围内改善接触均匀性，与铝膜的 TENG 相比，增强了约 1.6 倍。利用刮片涂覆工艺制造了大尺寸（>30cm×30cm）的可拉伸电极，并且传输电荷的数量随着有效区域几乎线性增加，表明电荷在整个区域内非常均匀地转移[30]。

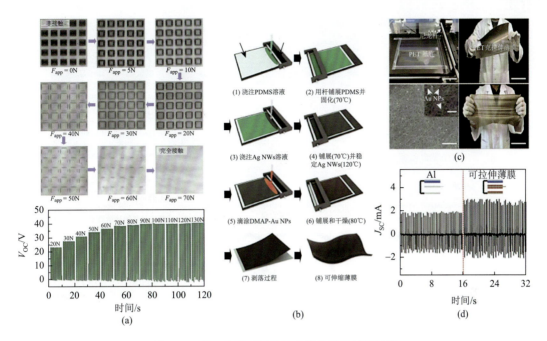

图 13.6　带正电的材料具有高拉伸性的材料特性

（a）石墨烯与任意基板的器件制造和兼容性的示意图（经 Elsevier 许可转载[29]）；（b）可伸缩和透明的交流电致发光装置概述；（c）织物结构 TENG 的制造过程示意图；（d）自互锁可拉伸纳米纤维基 TENG 的结构和性能（经 Elsevier 许可转载[30]）

　　Bai 等报道了一种多孔电活性生物复合材料，通过物理混合乙酰纤维素（cellulose acetate，CA）和 PEI 聚合物，命名为 CA-PEI，作为一种三正电极材料[31]。当质量比从 1 : 1 调节到 9 : 1 时，电活性 CP 膜表面的孔隙/腔体的数量和人小均增加。CP 生物复合材料的拉伸应力-应变曲线显示，机械强度得到改善，复合材料具有良好的柔韧性和可变形性。与摩擦电序列中的各种正电材料接触，显示出 CP 复合材料的正摩擦电极性。使用不同的 CA/PEI 质量比将复合材料与硅橡胶接触，并测量 TENG 的输出电压和电流。在 3 : 1 的质量比下，TENG 产生了最佳电性能，例如，V_{OC} 为 454V，J_{SC} 为 5.9μA/cm^2，σ_{SC} 为 10.3nC/cm^2。在优化后的质量比下增强的输出功率是由于较大的相对电容和有效接触面积，以及更多的附加电荷积累。

　　基于 PEI 功能化氮掺杂碳点（N-doped carbondots，NCDs）和 PVA 的柔性可变形 CPP 复合材料被报道。NCDs-PEI 通过柠檬酸、尿素和 PEI 在水溶液中的脱水反应合成。然后通过将 NCDs-PEI 混合到 PVA 中制备 CPP 复合材料，如图 13.7 所示。还提出了 CPP-TENG 在与 PDMS 接触过程中，离子转移和电子转移是 CPP-TENG 的电荷转移途径。使用 CPP/PDMS 制备的 TENG 的电输出测量可以证明这一点。在湿度从 15% 增加到 95% 时，电输出没有显著减少。当 0.1g 的水滴喷在表面上时，电输出除了稍微减少之外没有变化。这可能是由于 CPP 复合材料具有强大的吸湿能力，生成了质子化的 PEI 链。其中富含氨基（—NH$_2$）和移动阴离子（OH$^-$），在与 PDMS 接触时转移，使 TENG 具有抗水性能。此外，氨基团的存在还增加了 CPP 复合材料的电荷密度。

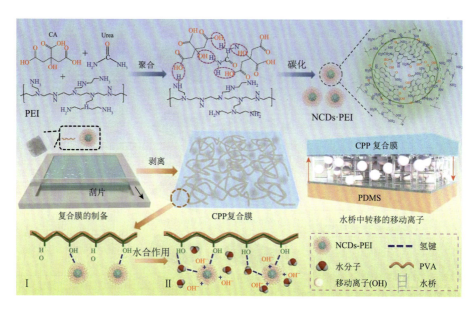

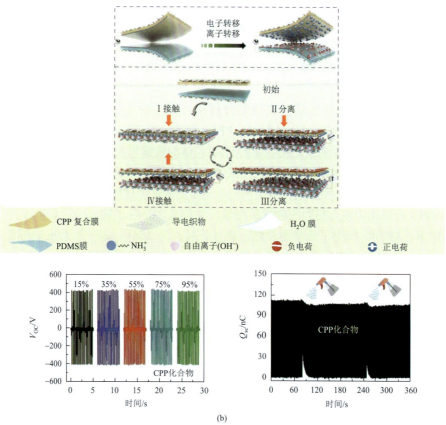

图 13.7 带正电荷的材料具有离子转移材料的特性（经 **Wiley** 许可转载）[32]

（a）NCDs-PEI 的合成和制造路线；（b）CPP-TENG 的耐湿性和电性能演示、纯 PVA 基和 CPP-TENG 的工作原理、结构和电荷转移模式

3. 降噪

对正电荷材料来说，减少在摩擦过程中产生的噪声是一个重要问题。Lee 等[33]报道了一种噪声消除材料，由包含银纳米线的聚氨酯海绵材料组成。聚氨酯海绵被涂覆在具有线性图案的圆柱形 TENG 内侧。作为负电材料，PDMS 球以不同的形态制造，如扁平、凹凸不平的形态等。在 3Hz 下，人手通过凹凸表面的 TENG 运动产生了 90V 和 0.9mA 的输出电压和电流。然而，高强度的输入力使传统铝电极制造的 TENG 产生了从 67dB 到 75dB 的高噪声水平，使人在操作过程中感到不舒服。使用海绵显著降低了噪声水平，降至 45～52dB。这可能是由于海绵的优异可压缩性能（图 13.8）。

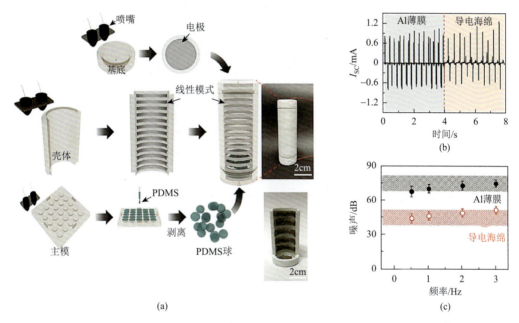

图 13.8　带正电的材料具有降噪/高信噪比的材料特性（经 **Elsevier** 许可转载[33]）

（a）纤维材料基 AF-TENG 应用场景总体示意图；（b）带有原始 AF 的轮胎示意图，插图显示了自动对焦的降噪原理，轮胎-TENG 的示意图；（c）圆柱形 TENG 的制造工艺示意图，由主体和底座部件以及 PDMS 球组成，在身体的内表面上，涂覆具有线性图案的导电材料以增强捐赠电荷的密度，设备的照片图像也显示在插图中

13.4.2　摩擦纳米发电机的负电荷材料

在 TENG 领域，聚合物、复合材料和混合材料的发展是一类有前途的负电荷材料家族，并且已经带来了许多令人兴奋的突破。图 13.9（a）展示了电子受体和给体在 100 篇文章[34]中如何配对的网络。观察到了 14 种不同的电子受体材料。PTFE、PDMS、FEP 和聚酰亚胺 Kapton 是使用最多的电子受体。其他材料，如 PVDF、聚烯烃、PS、PET、硅油、细菌纳米纤维素（bacterial nanocellulose，BNC）、海藻酸钠、硝化纤维、石墨烯、丙烯酸类、橡胶和 PVA，也用于不同的研究中。其中，重要的是选择适合应用目的的负电荷材料。作为负电荷材料，它们需要更高的输出性能和适合应用的特性[34-36]（图 13.9（b））。

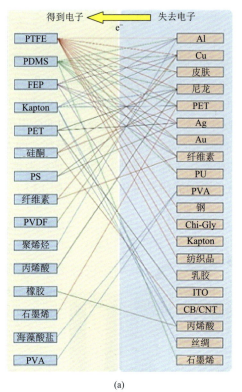

(a)

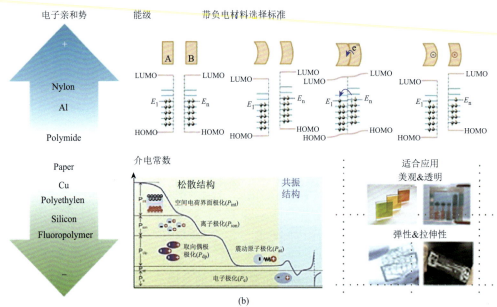

(b)

图 13.9　显示电子受体和供体在选定的 100 篇文章中如何配对的网络（a），以及带负电材料的选择标准：①电子亲和势，②能级，③介电常数，④适合应用的特性（b）（经美国化学学会许可转载[34]）

　　本章对负电荷材料的最新发展及其在 TENG 中的应用进行简要调查。重点关注基于聚合物、复合材料、混合材料和多层 TENG 材料的代表性负电荷材料的选择标准和合理设计。同时提出化学结构、物理性质和设备性能之间的相关性，以提供从材料设计到各种设备应用的全面理解。此外，还讨论未来面临的挑战和关键研究方向。

1. 天然聚合物

天然聚合物存在于自然界中，并可以提取出来。它们通常是水基的。天然聚合物的例子包括丝绸、羊毛、DNA、纤维素和蛋白质。天然聚合物具有毒性低、生物相容性强、可降解和易获得的优点。Luo 等报道了一种用于自供能感知运动大数据分析的柔性耐用的基于木材的摩擦纳米发电机[37]。这种高性能的木材材料是通过两步法制备的，包括在 NaOH 和 Na$_2$SO$_3$ 的水溶液中进行沸腾处理，然后进行热压。天然木材可以转化为具有优秀力学性能的高性能负电荷材料，如提高 7.5 倍的强度、较高的柔韧性、耐磨性和可加工性。尤其是与天然木材相比，可以实现超过 70%的输出性能提高。Chen 等引入了基于纸张的 TENG（P-TENG），从纤维素中通过简单且经济实惠的方法得到了商业可用材料[38]。硝化纤维素膜（nitrocellulose membrane，NCM）作为负电荷层与皱纹纤维素纸（crepe cellulose paper，CCP）配对，用作 P-TENG 的摩擦层。他们强调了天然聚合物作为摩擦静电材料的优点：①来源于地球丰富的可再生和可生物降解的纤维素；②商用且低成本可扩展；③由增强 P-TENG 摩擦电性能的微结构组成；④可以通过简单、经济高效且环保的工艺组装以生产 P-TENG 器件。同时，Kim 等报道了基于纤维素的 TENG，实现了生物相容性和环境友好的静电能发电器[39]。这种生物相容性 TENG（Bio-TENG）具有可见光透明、柔韧性和与生物相容性高的优点（BNC Bio-TENG 的累积电荷和峰值功率密度分别约为 8.1μC/m^2 和 4.8mW/m^2）。如图 13.10（c）所示，通过使用傅里叶变换红外光谱（Fourier

(a)

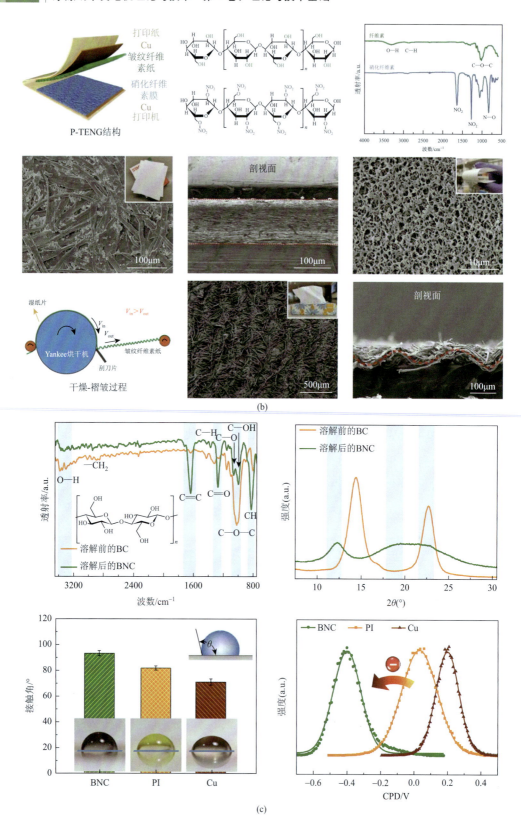

(b)

(c)

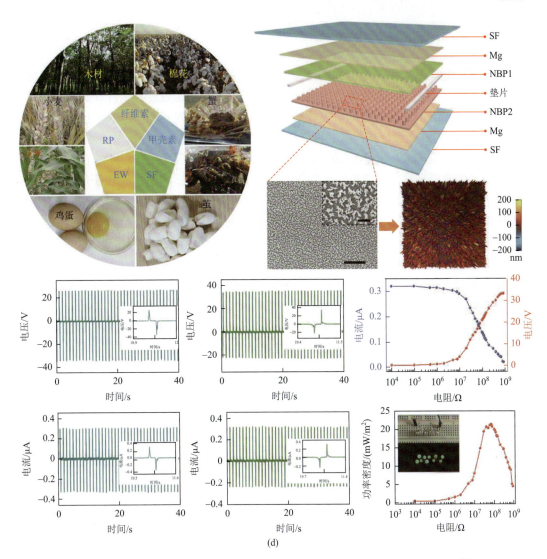

图 13.10　（a）柔性木质 TENG 和智能乒乓球桌的制作和示意图（经 **Elsevier** 许可转载[37]）；（b）基于皱纹纤维素纸和硝酸纤维素膜的摩擦纳米发电机（经 **Elsevier** 许可转载[38]）；（c）细菌纳米纤维素的化学和表面分析（经 **Elsevier** 许可转载[39]）；（d）源自自然界的天然生物可吸收聚合物的图像和 **BN-TENG** 装置的结构图/输出性能（经 **Wiley** 许可转载[40]）

transform infrared spectrum，FT-IR）测量和接触角分析对 BNC 进行了良好的表征。此外，使用 KPFM 对摩擦材料的表面电位进行表征。有趣的是，由于 BNC 的能量水平较低，它带负电荷，这在接触电位差的直方图分析中进行了总结。Jiang 等报道了基于完全生物可吸收天然材料的静电纳米发电机（BN-TENG），考虑了蛋清＞丝素蛋白＞壳聚糖＞纤维素＞稻纸的正向到负向的摩擦电序列[40]。BN-TENG 电输出范围较为广泛，V_{OC} 从 8V 到 55V，I_{SC} 从 0.08μA 到 0.6μA。具有良好的生物相容性、可调的生物降解性和生物可吸收性，这些结果为 BN-TENG 作为未来临时电子设备和可吸收的 IMD 的电源提供了潜力。

2. 合成聚合物

合成聚合物是从石油中提取并制造的。合成聚合物的例子包括尼龙、聚乙烯、聚酯、聚四氟乙烯和环氧树脂。合成聚合物具有精细调节属性、优越性能和多样性的几个优点。值得注意的是，在 TENG 装置的研究领域中，合成聚合物分为三类：①非氟化聚合物（通常为烯烃类）；②氟化聚合物；③功能聚合物。Zhang 等报道了一种新型的油酸增强型摩擦静电纳米发电机（oleic-acid-enhanced TENG，OA-TENG），通过在 PS 材料（烯烃型）中掺杂透明油酸来提高输出性能和耐磨性[41]（图 13.11（a））。在这里，油酸分子用来提高 PS 摩擦对的电负性，同时也用作润滑添加剂，以提高耐磨性和减小摩擦。掺入油酸的 TENG 的最大输出功率达到 470.5μW，比没有掺入油酸时大 79 倍。聚合物的易处理性为能量收集、能量供应和自供能传感器提供了良好的潜力应用。此外，Yang 等报道了由聚烯烃材料制成的由 LED 和 TENG 阵列组成的自供能电子皮肤[42]。如图 13.11（b）所示，工作机制通过电位分布的模拟结果进行了总结。聚烯烃的轻便、柔韧和低成本使 TENG 装置与人体相兼容。在早期的研究中，以这些聚合物的优点为基础的研究较多。然而，由于当时的输出性能不足以及材料选择的限制，许多研究人员开始关注改进 TENG 装置的新型聚合物。最近，由于良好的力学性能、高输出和稳定性，氟化聚合物被广泛应用。PTFE、PFA、PVDF、FEP 等氟化聚合物具有优越的静电摩擦性能[43, 44]。

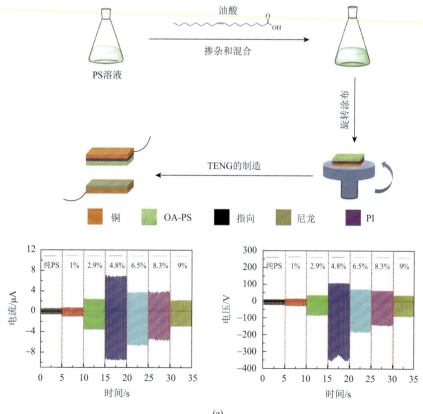

(a)

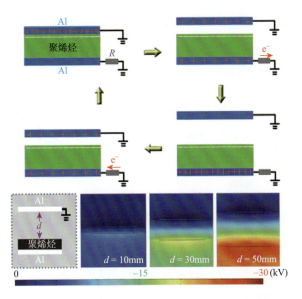

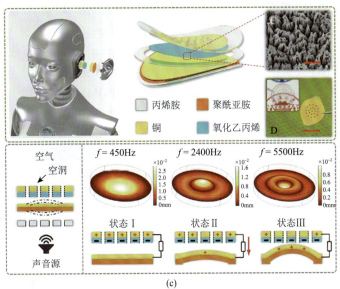

(c)

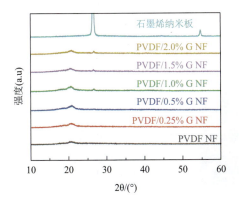

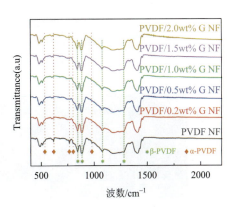

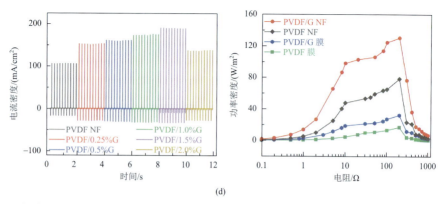

(d)

图 13.11 （a）TENG 装置的输出性能取决于油酸重量百分比的制造工艺示意图（经 Elsevier 许可转载[41]）；（b）TENG 电位分布的运行机制示意图和模拟图像（经 Wiley 许可转载[42]）；（c）具有结构方案的机器人摩擦电听觉系统的拟议图像（经 AAAS 许可转载[43]）；（d）PVDF-GN 接枝共聚物的特性和 TENG 器件结果（图中百分数为质量分数）（经美国科学促进会许可转载[44]）

　　在 TENG 设备中，重要的是选择适合用途的材料性能以及输出性能。本节介绍一个使用功能性聚合物进行示例以达到一定目的。例如，Zheng 等开发了植入式 TENG，利用 Kapton 聚合物作为负电荷材料来收集机械能量[44]。Kapton 聚合物具有优越的热化学稳定性、柔韧性和 TENG 设备中良好的输出性能等优点[32]。Chen 等[45]报道了一种完全封装和可拉伸的 TENG，由本身可拉伸的 PU 和微图案化的 PDMS 组成，用于收集身体运动能量（图 13.12（b））。值得注意的是，上述材料由于其更高的柔韧性和可拉伸性，非常适

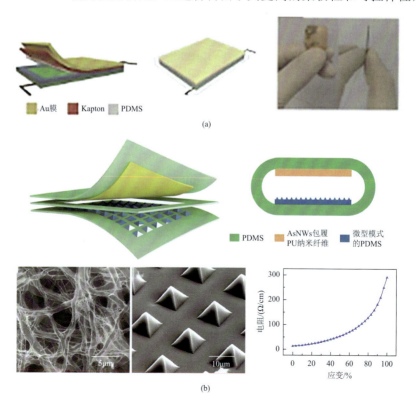

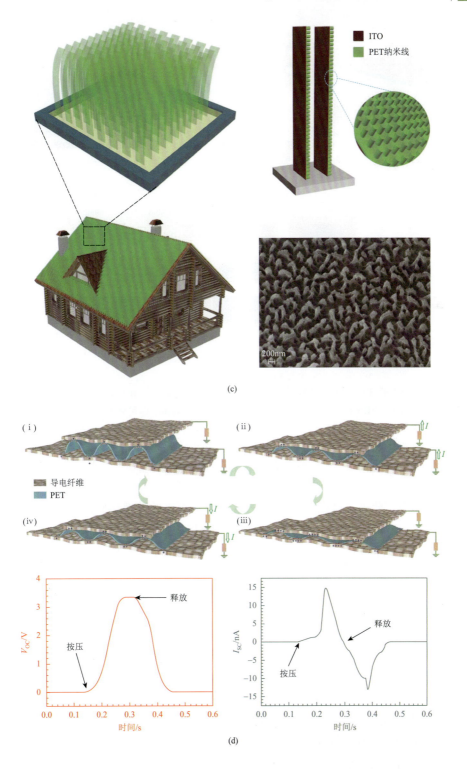

(c)

(d)

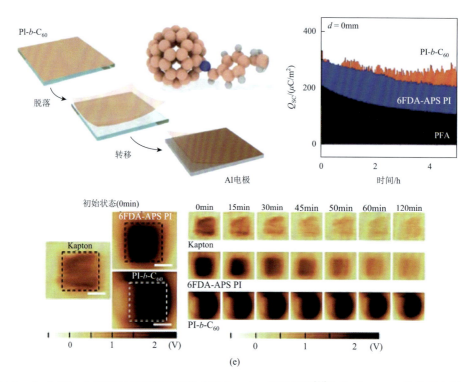

图 13.12　（a）植入式 TENG 的结构和照片（经 Elsevier 许可转载[44]）；（b）TENG 结构示意图、带有 PU 纳米纤维和微图案 PDMS 的横截面视图和 SEM 图像（经 Wiley 许可转载[45]）；（c）草坪结构 TENG 的示意图（经 Wiley 许可转载[46]）；（d）智能纺织品在外加力下的电信号生成过程（经 Wiley 许可转载[47]）；（e）制造含 C60 的聚酰亚胺的示意图以及导电尖端和聚合物薄膜之间的接触电位差图像（经 Wiley 许可转载[48]）

合集成到人体中。此外，微图案化使得 PDMS 具有更高的摩擦接触面积和较低的表面黏度。基于良好的力学性能和较高的输出性能，PDMS 是作为负电荷材料的理想选择之一。PET 是这个时代最熟悉的聚合物之一，具有低成本、柔韧性、透明度和易加工等几个优点，在 TENG 设备中被广泛研究作为负电荷材料。例如，Zhang 等设计了一种利用 PET 纳米线收集风能的柔性透明 TENG[46]（图 13.12（c））。需要注意的是，这个 TENG 成功安装在一个模型房屋上，展示了 PET 作为负电荷材料的潜力。此外，Lin 等开发了一种基于 TENG 阵列的压敏、大规模和可洗涤的智能纺织品，其中使用了 PET[47]（图 13.12（d））。基于 PET 聚合物的诸多优点，如耐洗涤性、设备制备的简便性和高集成度，PET 聚合物非常适合在 TENG 设备中进行大规模生产。Lee 等开发了可持续性高电荷 C60 功能化聚酰亚胺用于非接触模式的 TENG[48]。对于这种设备，电荷保持特性非常重要。C60 是公认的具有较高电子亲和力和高电负性的良好电子受体分子。通过将 C60 添加到聚酰亚胺聚合物中，改性聚酰亚胺在电荷保持特性方面优于商业聚酰亚胺。

3. 复合材料和混合材料

复合材料简单来说是由两种或更多具有不同物理或化学性质的组分材料组合而成的

材料。当它们结合在一起时，就会产生具有不同于原始材料的性质。复合材料内部的两个主要组成部分是基体和纤维。基体是基础材料，而纤维则是加强材料，提供独特的性能属性。与复合材料相比，混合材料有一个共同点，即它结合了两种材料，但存在一些区别。一般来说，在混合材料的情况下，两种材料是化学上结合的。这种明显的差异使得这两种材料在 TENG 设备中发挥不同的作用。

一般来说，TENG 装置的复合材料通常用作负电荷材料，因为作为基体的聚合物通常起到这种作用。上述提到的聚合物主要用于此用途。有趣的是，许多基于复合材料的TENG 装置的研究主要期望聚合物基体的有利性能与其他材料的独特性能相结合。例如，Seung 等报道了一种基于铁电复合材料的摩擦纳米发电机（FC-TENG），以及一种具有优异表面电荷密度的纳米复合材料系统作为摩擦电活性材料。纳米复合材料由高介电陶瓷材料钛酸钡（$BaTiO_3$）和铁电共聚物基体聚偏氟乙烯-三氟乙烯共聚物（P(VDF-TrFE)）组成[49]。FC-TENG 的示意图如图 13.13（a）所示。通过极化过程使嵌入在 P(VDF-TrFE)基体中的介电性 $BaTiO_3$ 纳米颗粒呈现出带电位的 KPFM 图像。由于极化和高介电性质的双重作用引起的能带弯曲，极化的 P(VDF-TrFE)：$BaTiO_3$ 纳米复合材料在纳米复合材料表面表现出非常强的电荷潜能。如图 13.13（b）所示，相对于使用典型摩擦电材料（如聚四氟乙烯和全氟烷烃）制造的 TENG 设备，FC-TENG 设备展示了卓越的电输出功率性能。

FC-TENG 的工作机制总结在了图 13.13（c）中。此外，在图 13.13（d）中，复合膜的介电常数在整个测量范围内仅高于聚合物膜。此外，COMSOL Multiphysics 模拟的结果验证了图 13.13（e）中 FC-TENG 的机制。Cheon 等报道了基于聚合物-金属纳米线复合材料的 TENG，其中包括静电纺丝 PVDF 和银纳米线[50]。图 13.13（f）为聚合物-金属纳米线复合 TENG 的示意图。如图 13.13（g）所示，聚合物-金属纳米线复合材料的 TEM图像显示 Ag 纳米线嵌入在 PVDF 纳米纤维内，沿着纤维方向。此外，静电纺丝过程有助于高度定向结晶 β 相的 PVDF 纳米纤维的形成（图 13.13（h））。图 13.13（i）总结了纳米线复合材料 TENG 的工作机制。值得注意的是，向 PVDF 纳米纤维中引入 Ag 纳米线会使费米能级向下移动，导致两个静电层之间的静电势差巨大。这产生了增强的表面电荷电势和电荷捕获能力，从而提高了 TENG 的输出性能。上述示例是金属复合材料。为了实现柔性、轻量化和更高的耐久性，Xia 等引入了聚偏二氟乙烯/聚甲基丙烯酸甲酯（PVDF/PMMA）复合膜来制造具有力学性能和电性稳健性的 TENG 器件[51]。图 13.13（j）说明

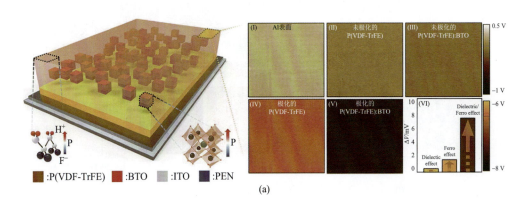

(a)

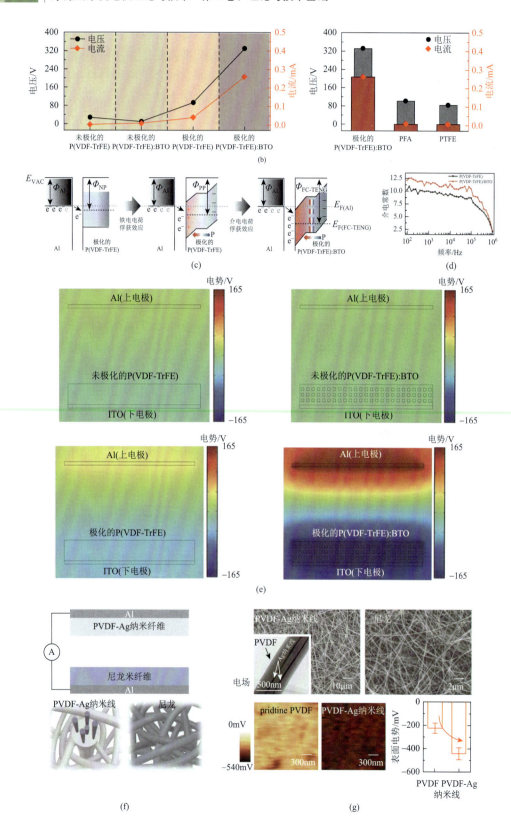

(b)

(c)

(d)

(e)

(f)

(g)

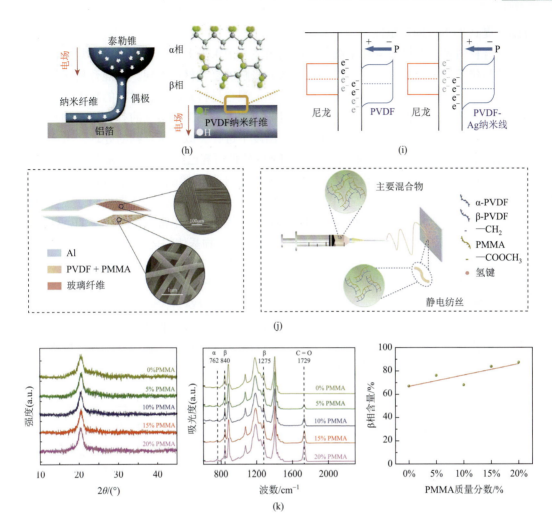

图 13.13　（a）铁电复合材料摩擦纳米发电机（FC-TENG）的示意图，KPFM 图像显示了由 P(VDF-TrFE) 基体和嵌入介电材料 BTO 的铁电特性引起的不同表面电荷电位；（b）输出性能趋势：输出电压和电流 取决于两种效应，即铁电效应和介电效应；（c）FC-TENG 器件的工作机理：①Al 与非极性 P(VDF-TrFE) 之间没有发生明显的电荷转移，②由于 P(VDF-TrFE) 的铁电效应而发生带移，③嵌入介电材料导致带 移急剧，导致电荷转移巨大；（d）P(VDF-TrFE)：BTO 和 P(VDF-TrFE) 的介电特性；（e）COMSOL 多物理场仿真结果表明，当存在铁电效应时，嵌入的介电材料会极大地发挥其介电效应（图（a）～（e） 经 Wiley 许可转载[49]）；（f）PVDF-Ag 纳米线复合材料 TENG 的示意图；（g）静电纺丝 PVDF-Ag 纳米 线复合材料的 SEM、TEM 和 KPFM 图像；（h）应用于 PVDF 溶液的静电纺丝过程；（i）TENG 装置 的工作机理示意图（经 Wiley 许可转载[50]）；（j）TENG 的示意图（插图显示了 PVDF/PMMA 纤维薄膜 和玻璃纤维织物的 SEM 图像）和 PVDF/PMMA 纤维薄膜的制造过程；（k）X 射线衍射图、FT-IR 光 谱和不同 PMMA 浓度为 0%～20%（质量分数）的复合薄膜的 β 相含量（经 Elsevier 许可转载[51]）

了 TENG 器件的结构和 PVDF/PMMA 纤维膜的制造过程。如图 13.13（k）所示，添加 PMMA 有利于极性 β 相的形成，这有利于提高 TENG 器件的输出性能。此外，与增强的 输出性能相比，基于聚合物复合材料的 TENG 展示了相对于纯 PVDF 膜的机械强度，这有助于提高 TENG 的稳定性。

混合材料是由有机成分和无机成分在纳米或分子水平上协同组合而成的复合材料，这使其与传统的成分处于宏观（微米到毫米）级别的复合材料不同。将混合材料与传统复合材料进行比较，有许多不同的优点。例如，混合材料具有两种材料的特性：具有所需的光学、电子或磁性能的无机材料和相对低成本、易加工和柔性的有机聚合物基体。由于有机成分含量高，混合材料可以在较低温度下进行类似于聚合物的处理。考虑到混合材料的上述优点，许多基于混合材料的 TENG 器件研究已经在进行。Du 等引入了经过原子转移自由基聚合制备的核壳结构 $BaTiO_3$-聚(叔丁基丙烯酸酯)（PtBA）纳米颗粒的 TENG 器件[52]（图 13.14（a））。在图 13.14（b）中，混合材料的 TEM 图像验证了核壳结构。值得注意的是，混合材料中较高含量的 $BaTiO_3$ 提高了介电常数，改善了 TENG 的电输出（图 13.14（c）和（d）），同时具有良好柔韧性的聚合物基体的优异力学性能来自 PtBA 壳层。Huang 等提出了使用有机-无机混合钙钛矿的新型 TENG 器件[53]。这项工作表明，基于 PVK 的 TENG 遵循两种机制：化学组分调控和电场诱导的离子迁移。值得注意的是，这种混合材料表现出一种潜力，根据所使用的摩擦材料对，它可以作为正摩擦材料或负摩擦材料工作。图 13.14（e）总结了基于 PVK 的 TENG 器件的结构、工作机制、输出性能和器件稳定性测试。这个结果为制造高性能 TENG 提供了新的材料设计思路，并提供了增强 TENG 性能的新颖极化策略。

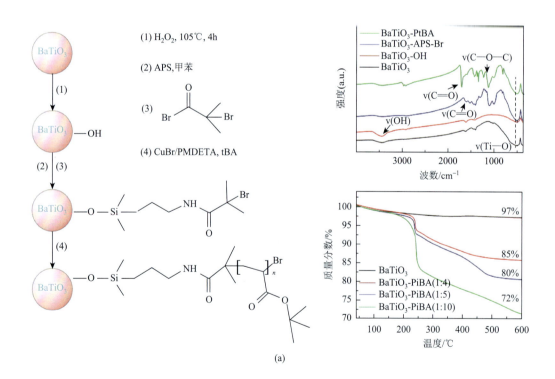

(a)

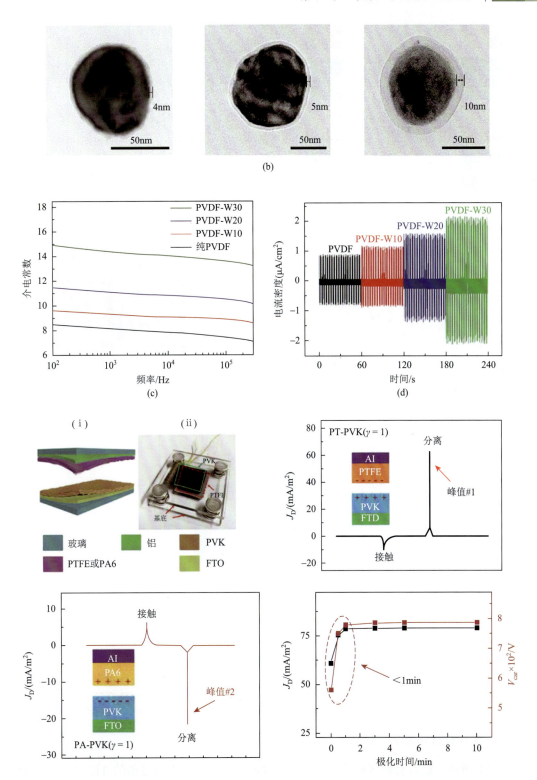

(b)

(c)

(d)

（ⅰ）　（ⅱ）

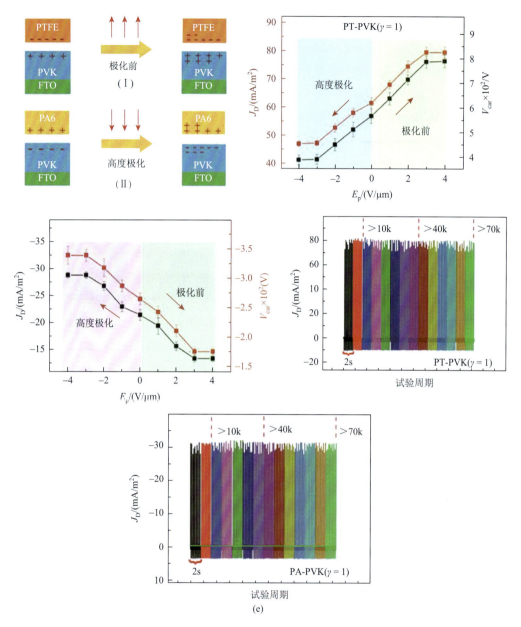

图 13.14 （a）具有傅里叶变换红外光谱和热重分析曲线的杂化材料的制备工艺示意图；（b）核壳结构杂化材料纳米颗粒的 TEM 图像；（c）混合材料的介电常数；（d）基于 PVDF 的 TENG 产生的输出电流密度（经美国化学学会许可转载[52]）；（e）PVK 基 TENG 装置的结构示意图及工作机构、输出性能和稳定性结果（经 Wiley 许可转载[53]）

4. 负电荷材料的多层材料

如上所述，已经有许多研究致力于开发摩擦电材料以获得高性能的 TENG 器件。严格来说，在单个 TENG 器件中，摩擦电材料归类为电荷生成层。一般而言，增加电荷生成一直是提高 TENG 器件输出功率的主要策略。除电荷生成材料外，许多研究还进行了有功能层插入以改善 TENG 器件性能。本节介绍 TENG 中多层次材料的进展，包括电荷生成层、电荷收集层和电荷困捕层。Wu 等将单层二硫化钼（MoS₂）引入 TENG 的摩擦层作为电荷生成/收集层，极大地改善了其输出性能[54]。如图 13.15（a）所示，器件结构由基底、Al 电极和具有 PI（Kapton）/MoS₂：PI/PI 堆叠结构的负摩擦层组成。当器件运行时，器件工件的能带如图 13.15（b）所示。值得注意的是，单层 MoS₂ 中的电子捕获可能会导致 PI/p-Si 界面处的空穴积累，从而增加电容值和 TENG 输出性能。输出性能的显著提升可以归因于在单层 MoS₂ 中的高效电子收集，有利于抑制复合作用。Lai 等引入了在金属层中镶嵌沟壑和沟壑构造内部空间电荷区的高性能 TENG 器件[55]。通过理论计算的研究发现，当电荷漂移到负电荷层的内部空间时，金属层起到通道和电荷收集的作用。在摩擦起电过程中，如图 13.15（c）所示，负电摩擦层从正电摩擦层中捕获电子。图 13.15（d）显示了金属层的场发射扫描电子显微镜图像。经研究发现，金属层中的等离子体处理引起了许多沟壑的产生。当与摩擦电材料接触时，PDMS 和金属的能带图在图 13.15（e）中显示了变化。由于强电场的作用，摩擦电荷会从 PDMS 传到金属层中，金属能更容易地收集电子。根据 PDMS 的厚度，图 13.15（f）显示了具有金层的 G-TENG 的传输电荷密度。此外，采用多层金制造的 G-TENG 展现出更高的输出性能、生物相容性和较低的阻抗。

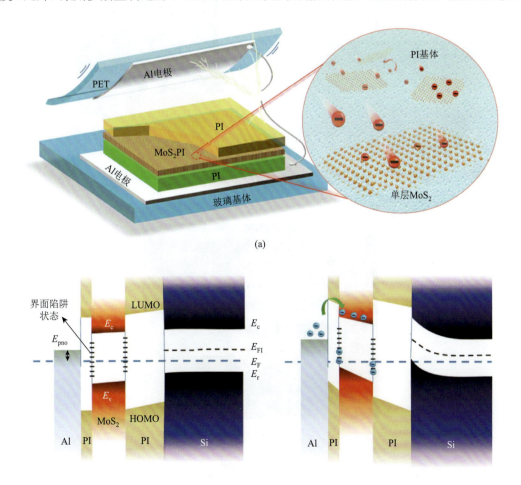

(a)

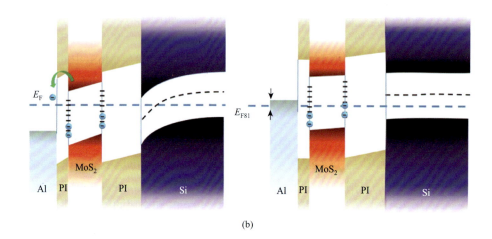

(b)

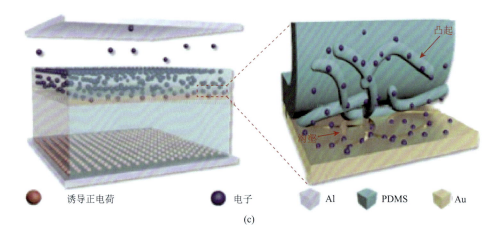

诱导正电荷　　　电子　　　Al　　　PDMS　　　Au

(c)

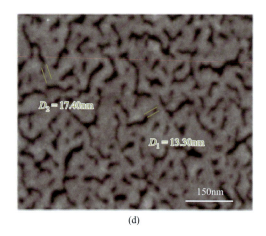

(d)

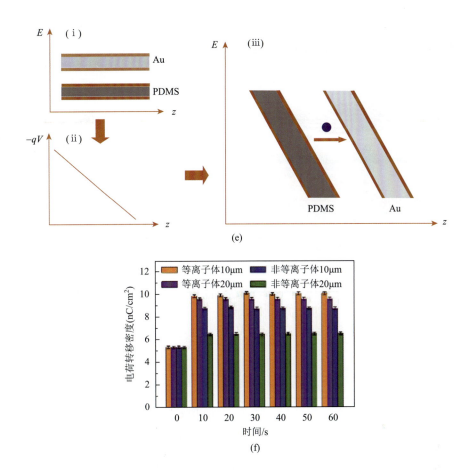

图 13.15 （a）基于 MIS 结构的 TENG 装置示意图；（b）MIS 装置的工作机制（经 Wiley 许可转载[54]）；
（c）G-TENG 中电子漂移的示意图；（d）等离子体处理后金表面的场发射扫描电子显微镜图片；
（e）PDMS 和金在实际空间中的能带图；（f）具有不同厚度 PDMS 的等离子体/非等离子体 G-TENG
在金层上的电荷转移密度（经美国化学学会许可转载[55]）

在上述的几个示例中，导电材料，如金属、二维材料和半导体材料被添加到带负电荷的层中。从现在开始，介绍使用绝缘聚合物作为捕捉电荷层的 TENG 设备的示例。例如，Cui 等提出了改进 TENG 输出性能的新策略，将 PS 和 CNT 插入 PVDF 中[56]。图 13.16（a）描绘了 TENG 的基本原理示意图。图 13.16（b）展示了摩擦层深度上的理论摩擦电荷分布（红线：只考虑 PVDF 载流子迁移率，黑线：考虑 PVDF 载流子迁移率和其固有载流子浓度）。值得注意的是，摩擦层的厚度会影响摩擦电荷。当 PVDF 厚度达到约 4μm 时，会有最大输出功率，过厚的厚度不会对电荷积累有贡献。此外，图 13.16（d）展示了两种装置（纯 PVDF 和 PVDF-PS）中电荷积累过程和衰减过程的测试结果。有趣的是，当引入 PS 电介质层时，衰减时间延长，说明 PS 中的丰富陷阱能够有效地捕捉流动电子。此外，Wang 等通过设计三层复合结构开发了一种新型 TENG[57]。如图 13.16（e）所示，在插入另一层后，该装置提高了 TENG 装置的电荷容量。他们通过图 13.16（f）证实了在负电荷层中添加绝缘层能够提高 TENG 装置的输出功率。这种方法极大地增加了摩擦层的电荷容量，从而提高了 TENG 的性能。

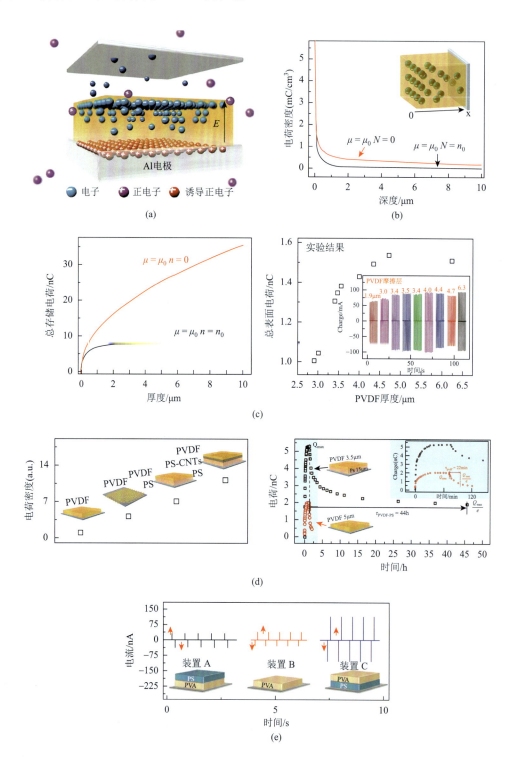

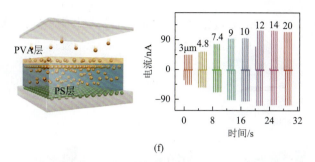

(f)

图 13.16 （a）TENG 装置原理示意图；（b）摩擦层中的理论摩擦电荷分布，红线是仅考虑载流子迁移率 μ_0 的结果，黑线是考虑载流子迁移率 μ_0 及其固有载流子密度 n_0 的结果；（c）总存储电荷与摩擦层厚度关系的理论结果，以及不同厚度的 PVDF 摩擦层中实测总表面电荷；（d）纯 PVDF TENG 器件（红色圆圈）和 PVDF-PS TENG 器件（黑色方块）不同复合摩擦层结构和累积过程以及摩擦电荷衰减过程的改善效果（经美国化学学会许可转载[56]）；（e）器件 A（20μm 厚的 PS 摩擦层和 5μm 厚的 PVA 介电层）、器件 B（仅 5μm 厚的 PVA 摩擦层）和器件 C（5μm 厚的 PVA 摩擦层和 20μm 厚的 PS 介电层）的短路电流；（f）TENG 的 PVA-PS 正摩擦层中的传输过程示意图，以及厚度为 2μm 的 PVA 层和不同厚度的 PS 摩擦层的 TENG 器件的短路电流示意图（经美国化学学会许可转载[57]）

5. 结论

以上部分介绍了 TENG 中使用的最先进的负电荷材料。为了提供选择和设计 TENG 负电荷材料的一般指导原则，需要更多关于输出性能和应用目的的基础知识。本章根据材料的类型对负电荷材料进行了分类。同时，介绍了各种 TENG 装置的实例，并解释了 TENG 中影响性的主要关键因素。总体来看，通过持续努力开发高效的负电荷材料并理解结构-性质-性能关系，负电荷材料必将在有机电子的未来发展中发挥重要作用。

13.5　电荷密度增强策略

提高 TENG 表面电荷密度的策略是提高功率的关键，因为表面电荷密度决定了在驱动 TENG 时的电子数量。通过表面形态工程、化学表面功能化、离子注入方法和外部电荷激发等方法的研究，表面电荷密度的数量得以提高，进而改善了 TENG 的功率。

13.5.1　形貌表面工程

通过表面积与体积比控制接触表面的形态工程是一种简单高效的方法，可以提高表面电荷密度。其中，表面薄膜铸造、光刻和蚀刻是常用的方法。

在众多方法中，Fan 等提出了一种基于不同 PDMS 图案阵列的 TENG，采用 Si 模具进行薄膜铸造[58]。他们开发了一种透明柔性的 TENG，以增强摩擦效果和电容变化。图 13.17（a）示意了基于不同铸造图案（如线条、立方体和金字塔）的 PDMS 制备过程。然后，将图案化的 PDMS 薄膜粘贴在 ITO/PET 基板上组装成 TENG。图 13.17（b）展示了不同特征的微图案化 PDMS 的 SEM 图像，如图案化线条、立方体和金字塔。重要的是，带有金字塔特征的图案阵列具有完美的几何形状和尖锐的顶端，有助于增加摩擦面积并改

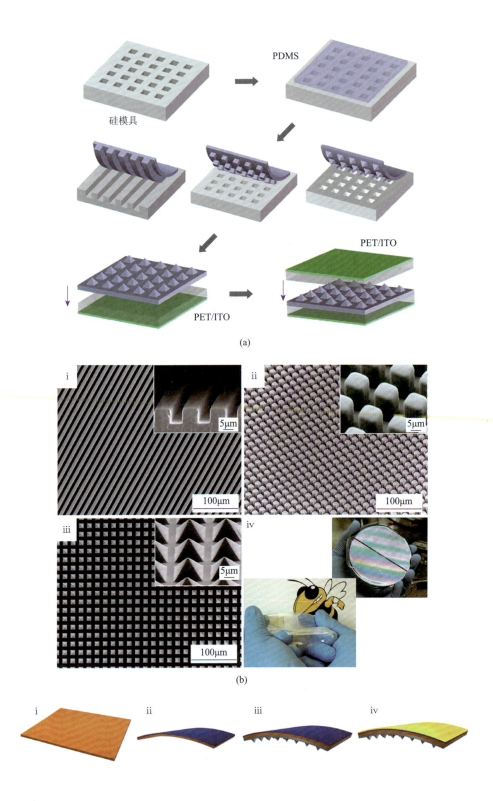

(a)

(b)

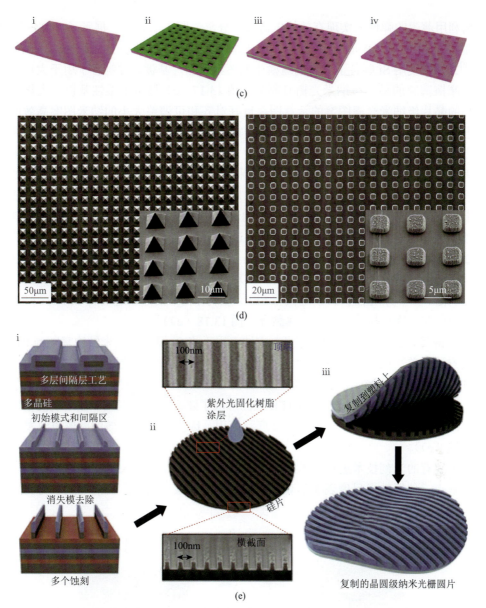

图 13.17　（a）使用硅模具的基于 PDMS 的铸造图案线，立方体和金字塔的制造过程示意图；（b）具有线（ⅰ）、立方体（ⅱ）和金字塔（ⅲ）特征的微图案化 PDMS 薄膜的 SEM 图像，以及显示所制造 PDMS 薄膜外观（ⅳ）的照片（经美国化学学会许可转载[58]）；（c）带有金字塔图案的 PDMS 表面和具有立方图形的 Al 表面的制造过程示意图和 SEM 图像；（d）PDMS 和 Al 图案表面的 SEM 图像（经美国化学学会许可转载[59]）；（e）柔性基板上晶圆级和均匀排列的纳米光栅图案的示意图（经 Elsevier 许可转载[60]）

善发电过程中的电容变化。采用这种透明柔性的金字塔形状 PDMS 图案的 TENG 产生了 18V 的输出电压和 0.7μA 的输出电流，功率是基于平坦 PDMS 薄膜 TENG 的四倍。

　　此外，Wang 等提出了一种基于图案化 PDMS 和铝箔之间的接触起电现象的拱形 TENG[59]。图 13.17（c）展示了带有金字塔结构的 PDMS 表面和具有立方体结构的铝表面的制备过程。通过制备图案化的 PDMS 和铝表面，改善了 TENG 输出性能。独特的拱形结构利用薄膜的弹性来实现有效的电荷接触分离。图13.17（d）展示了PDMS和铝图案表面的SEM图像。Wang等还展示了用于增强TENG输出性能的无缺陷纳米光栅图案技术[60]。他们使用Si制备了具有高纵横比的图案化晶片基板，并制备了用于大尺寸和易于加工摩擦薄膜的晶片级纳米光栅复制品。图13.17（e）显示了柔性基板上大规模和均匀排列的晶片级纳米光栅图案的示意图。良好对齐和可调整大小的纳米图案高效产生高摩擦电荷。与非图案表面相比，使用纳米图案表面的TENG输出增加了大约200倍。

光刻是形态聚合物表面工程的一种简便方法。热纳米压印通过施加热和压力来复制纳米级结构，是低成本、可大规模生产的纳米加工方法。Wang等报道了FEP的热纳米压印过程中的热塑性特性[61]。如图13.18（a）所示，阳极氧化铝（AAO）纳米模具放置在FEP上方，通过上下压模来创建具有重复纳米结构的形状。这种制备方法降低了制造成本并减少了其他复杂的后处理，制造出具有透明和柔性特性的薄膜。AAO纳米模具是直径为200nm、间距为500nm、深度为160nm的纳米结构。重复的纳米结构可以用这种纳米结构在聚合物薄膜上复制。如图13.18（b）所示，FEP薄膜是AAO纳米模具的纳米结构的复制品。在下方附着了ITO电极和FEP，以制作薄、柔性和透明的TENG。FEP-ITO-FEP薄膜可在一次加热过程中实现热黏合（图13.18（c））。

Dudem等还报道了一种热压印光刻方法，用于将Si模具的纳米结构复制到PTFE表面，该方法简单、成本低且步骤简单[62]。热压印光刻过程是通过依次将Si模具、PTFE薄膜和铝箔放置在两个热压板之间，然后在250～310℃的温度下持续压缩PTFE薄膜1min（图13.18（d）），结果在PTFE表面形成了随机微型图案，以创造表面粗糙度并增大输出增强的接触面积，这种方法被广泛应用，因为它具有高效的摩擦电致发电倾向（图13.18（e））。

使用现有的光刻技术进行微米级图案化的厚重结构存在输入力过大的缺点[62]。为弥补这些缺点，使用纳米尺度表面形貌来改善摩擦电效果。然而，目前遇到了材料选择受

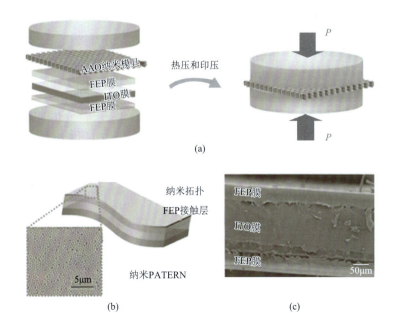

纳米拓扑
FEP接触层

纳米PATERN

5μm

AAO纳米模具
FEP膜
ITO膜
FEP膜

热压和印压

P

P

FEP膜
ITO膜
FEP膜

50μm

(a)

(b)

(c)

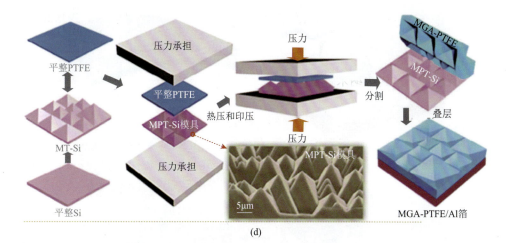

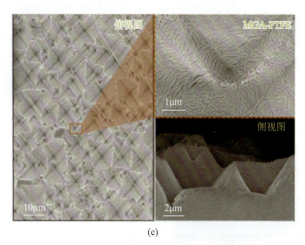

图 13.18 （a）基于热纳米压印工艺的图案化 FEP 制造工艺的示意图；（b）非地形 FEP 接触层示意图；
（c）制造薄膜中热黏合的 FEP-ITO-FEP 薄膜的横截面 SEM 图像（经 John Wiley & Sons 许可转载[61]）；
（d）通过硅模进行热纳米压印光刻技术制造图案化 PTFE 的工艺示意图；（e）图案化 PTFE 的顶视图
和侧视图 SEM 图像（经美国化学学会许可转载[62]）

限和表面不规则性的问题。因此，改善聚合物表面规则纳米图案的表面积的各种纳米结构方法包括蚀刻方法。Jeong 等报道了使用嵌段共聚物（block copolymer，BCP）的纳米结构[63]。他们使用球形拓扑结构的 BCP 纳米结构薄膜展示了柔韧而坚固的表面力学特性。图 13.19（a）显示了用于纳米点、纳米格栅和纳米网格的各种 BCP 薄膜的制备过程。首先，由 PS-*b*-PDMS 组成的 BCP 薄膜通过热处理和溶剂蒸气退火转移到 Kapton 基底上。

此外，使用 O_2 等离子体选择性去除 PS，并使 PDMS 氧化产生纳米结构薄膜（图 13.19（b））。当施加垂直压缩力 50N 时，基于平整薄膜的 TENG 分别产生最高 63V 的电压和最高 $1.1mA/m^2$ 的电流密度。此外，基于纳米点、纳米槽和纳米网格表面的 TENG 短路电压（短路电流密度）信号分别增加了约 95V（约 $1.8mA/m^2$）、110V（约 $2.3mA/m^2$）和 130V（约 $2.8mA/m^2$）。因此，相比于平整 BCP 表面，具有不同纳米结构的 BCP 表面激发的电流生成能力提高了 2.5 倍（功率提高了 6.3 倍）。这证实了表面积的增大可以增强摩擦电荷的产生。

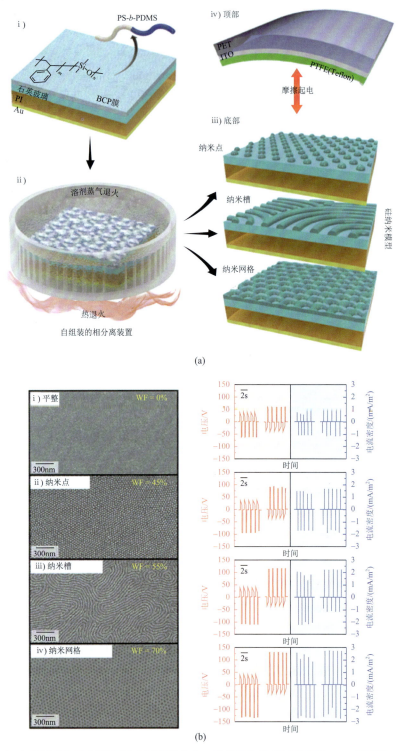

图 13.19 （a）使用热和溶剂蒸气退火制造纳米点、纳米栅和纳米网的各种 BCP 薄膜的工艺示意图；
（b）底部部件表面形貌的 SEM 图像以及分别是平整（ⅰ）、纳米点（ⅱ）、纳米槽（ⅲ）和纳米网格（ⅳ）
BCP-TENG 的正向/反向电信号（经美国化学学会许可转载[63]）

13.5.2　化学表面功能化

除通过表面的粗糙度和形貌的物理改性外，聚合物表面的性质也可以通过化学表面功能化来改变。这是一个很好的方法，因为可以将功能基团的性质赋予聚合物表面，以增加表面电荷密度。

Song 等还报道了使用自组装单分子层（self-assembled monolayers，SAM）技术进行分子级表面工程来增强 TENG 的输出效果[64]。在通过等离子体化学气相沉积在玻璃基底后，利用四乙氧基硅烷（APTES）作为硅烷分子形成了每个分子通过三个 Si—O 键连接的 SAM（图 13.20（a））。SAM 可以在不同范围的 APTES 浓度下进行功能化。图 13.21（b）显示，在功能化浓度为 10% 的情况下，水溶性 NaCl 中的 Zeta 电位随着含有更多氟化功能基团而降低。在施加 3N 的力下，以 1.25Hz 的频率测量了摩擦电的输出性能。未经过处理的 PDMS 基 TENG 获得了 6.23μA 的短路电流。然后，以 1H, 1H, 2H, 2H-全氟辛基三氯硅烷（FOTS）为基础的 TENG 的最大短路电流为 27.2μA，如图 13.20（c）所示。因此，通过使用具有许多化学功能变体的 SAM，可以将 SAM 修饰的效果提高四倍。因此，通过表面功能化而无需物理改变，可以显著增大摩擦电荷。

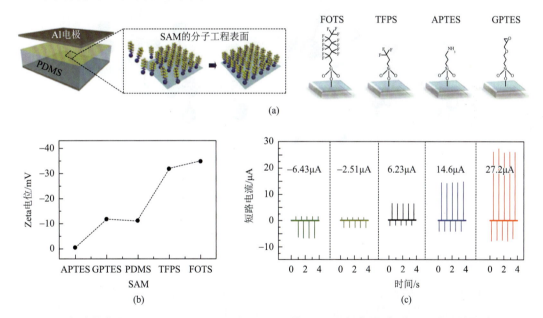

图 13.20　（a）具有 FOTS、TFPS、APTES 和 GPTES 的 SAM 层示意图；（b）Zeta 电位值取决于 NaCl 水溶液中的 SAM；（c）在 3N 的施加力下以 1.25Hz 的频率测量 METS 的摩擦电输出短路电流
（经美国化学学会许可转载[64]）

此外，氟原子可很好地吸引电子，如 PTFE、PFA 和 FEP。除了通过沉积 SAM 进行表面功能化外，还可以通过 C_4F_8 等离子体处理实现表面功能化。Zhang 等报道了一种通过 C_4F_8 等离子体处理进行表面修饰的技术，以功能化聚合物表面并增强输出性能[65]。图 13.21（a）展示了经过 C_4F_8 等离子体处理后的 PDMS 表面。如图 13.21（b）所示，C_4F_8

等离子体处理后的 PDMS 的电离能（12.31eV）远大于 PDMS 的电离能（8.98eV）。结果表明，C_4F_8 等离子体处理可以改变电离能级，并且能量变化影响 TENG 的改进。

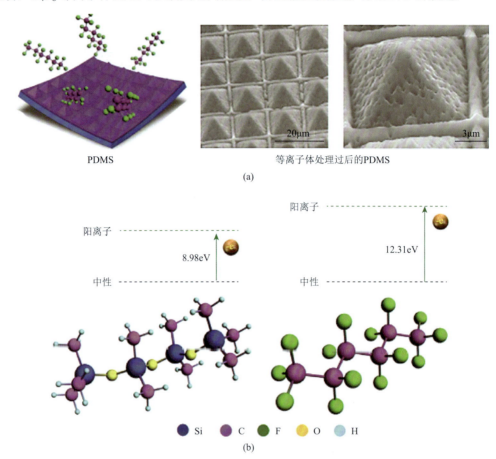

PDMS

等离子体处理过后的PDMS

(a)

阳离子

阳离子

中性

中性

8.98eV

12.31eV

● Si　● C　● F　● O　● H

(b)

图 13.21　（a）C_4F_8 等离子体处理后 PDMS 样品的示意图和 SEM 图像；（b）C_4F_8 等离子体处理沉积的 PDMS 和氟碳层垂直电离能的理论计算结果（经 Elsevier 许可转载[65]）

13.5.3　离子注入法

物理和化学表面修饰方法为改变表面/体内性质的一种方式。通过这些方法可以看到，在 TENG 的接触-分离操作期间，表面电荷数目增加。改善表面电荷的其他方法包括离子注入，其中电荷直接注入表面和聚合物内部。因此，表面电荷密度可以有效地提高，TENG 的输出性能也可以轻松提高。Wang 等报道了一种通过离子注入生成负电荷并将离子注入 FEP 表面的离子注入方法[66]。图 13.22（a）显示了使用离子化枪将离子注入 FEP 表面的离子注入过程。通过离子注入增加的负电荷影响 TENG 的输出性能，因为表面电荷密度增加，离子注入之前的开路电压约为 200V，而注入离子后，电压可以达到约 1000V。因此，离子注入证实功率增加了约五倍。该方法是可行的，因为表面电荷密度和电源电压之间存在比例关系，这一点在实验结果中得到了验证。

离子注入法直接操纵化学键和功能基团。它在不改变表面粗糙度和机械柔韧性的情

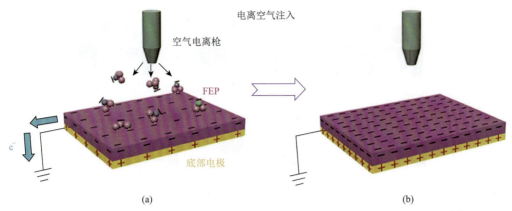

图 13.22　用空气电离枪将电离离子注入 FEP 表面的示意图（经 Wiley 许可转载[66]）

况下，为摩擦电聚合物表面带来稳定的修饰。50keV 的低能离子束照射目标聚合物表面。Kapton 中的化学键破坏 C—N 键，N 原子由于氢离子辐照而成为自由基。最终，当与 H 原子结合时，形成了许多酰胺基团（—NHCOR）。这项研究可以在生产具有不同性质的摩擦电材料方面获得一系列可能的突破，并促进对 TENG 的基础研究。

Park 等报道了一项研究，通过装饰碱金属离子在纳米孔 SAM 单分子层的表面上改变 TENG 性能[67]。结果表明，根据装饰的碱金属离子不同，TENG 的最大输出功率在 85～18V 变化（图 13.23）。证实了通过离子装饰来提高表面电荷密度的有效方法。通过这种方式，可以认为这是一种制备用于摩擦电聚合物的纳米多孔有机-无机混合框架的方法。

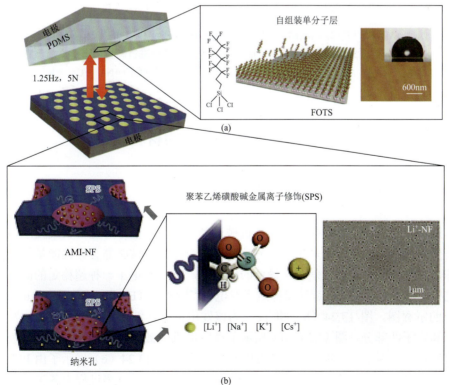

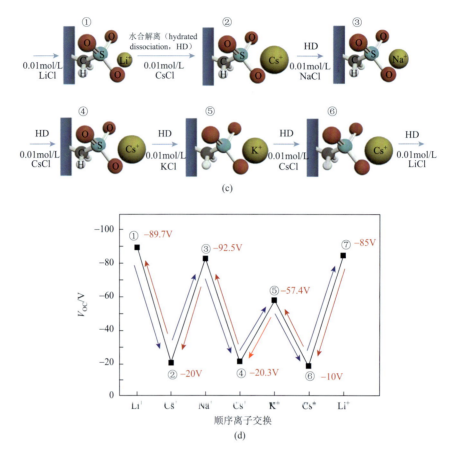

图 13.23 （a）AMI-NF TENG 的结构示意图；（b）碱金属离子（Li^+、Na^+、K^+ 和 Cs^+）与纳米孔表面磺酸盐（—SO_3^{3-}）官能团结合的示意图；（c）纳米多孔表面按顺序进行碱金属离子交换示意图；（d）顺序碱金属离子交换时 AMI-NF TENG 最大电压值的变化：$Li^+→Cs^+→Na^+→Cs^+→K^+→Cs^+→Li^+$（经 Wiley 许可转载[67]）

13.6 摩擦纳米发电机的材料挑战

13.6.1 机械稳定性

摩擦纳米发电机是一种能够将各种机械运动转化为电信号的能量收集技术之一。因此，需要长期的机械摩擦来产生电信号。然而，直接的机械摩擦会导致能量收集器的物理损坏，并且机械稳定性较差。在最近的研究中，Li 等报道了一种超稳定的高压摩擦纳米发电机，称为聚酯毛增强旋转摩擦纳米发电机[34]（PFR-TENG）。图 13.24（a）为 PFR-TENG 的示意图。图 13.24（b）和（c）为该发电机的详细视图真实照片。该发电机包括转子和定子两部分。图 13.24（d）显示了该发电机的截面视图，可以看到电极如何与其他电极连接。为了进一步研究 PFR-TENG 的结构，图 13.24（e）展示了由 PFR-TENG 组成的每种材料的电子云电位井模型。该模型可以解释接触分离过程中各种材料之间的电荷转移过程。图 13.24（f）～（h）展示了具有和不具有聚酯毛的各种 TENG 的输出电荷。在图 13.24（f）和（g）中，没有聚酯毛的 TENG 可以随着产生时间的延长生成输出电荷，但呈下降趋势。因此，在输出电荷饱和之后，PFR-TENG 可以达到最高值的输出电荷。

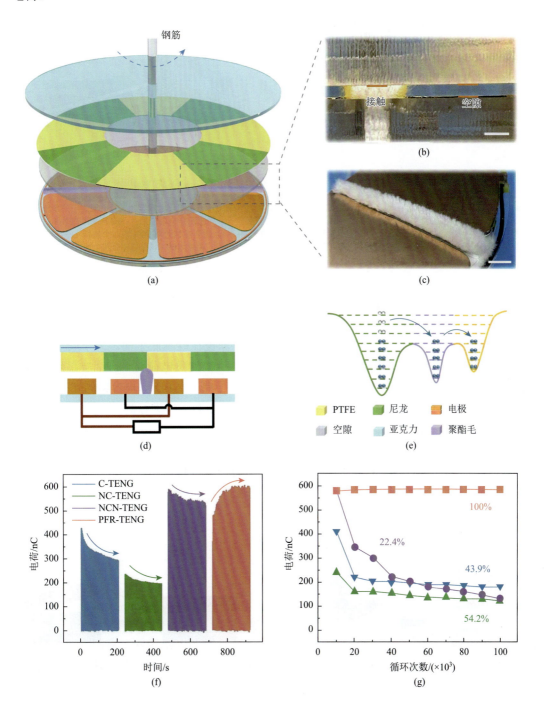

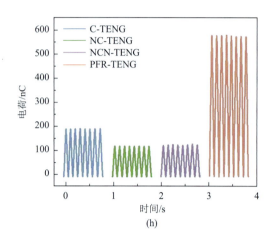

(h)

图 13.24　PFR-TENG 的结构和示意图（经 Elsevier 许可转载[34]）

（a）PFR-TENG 的层次结构图；（b）PFR-TENG 方面的细节扩大，它表明转子和电极之间存在气隙，但定子的聚酯毛皮与转子接触，转子和电极之间的气隙宽度为 2mm；（c）聚酯毛皮作为定子中的三元介电层的照片；（d）PFR-TENG 的截面示意图；（e）三种接触的介电材料之间表面电荷转移的电子云势阱模型；（f）耐久性试验前 200s 内四个旋转 TENG 的电荷输出比较；（g）在 150r/min 时对四个旋转的 TENG 进行长期耐久性试验；（h）连续测试 10^5 次循环后四个旋转 TENG 的电荷输出比较

对于垂直型 TENG，Tantraviwat 等报道了基于 $BaTiO_3$（BTO）/多孔 PDMS 的 TENG[68]。图 13.25（a）展示了基于 BTO/多孔 PDMS 的 TENG 的制备过程。通过物理混合将 BTO 粉末和交联剂混合，然后通过旋涂工艺将复合材料涂覆在硅基底上面。为了安全剥离，要经过 10min 的 120℃固化。复合薄膜附着在 PET 上作为负电荷材料，铝层起到正电荷材料的作用。在图 13.25（b）和（c）中，分别展示了带有 LED 和电容器的 TENG 的实物照片。为了检查最大输出功率点，用外部负载电阻对 TENG 进行测量，如图 13.25（f）所示。为了比较带有和不带有 BTO 的 TENG 的充电效率，进行相关实验，如图 13.25（g）所示。在图 13.25（g）中，为了检查 24000 次循环的长期输出，测试了同样频率为 5Hz 的 TENG 耐久性。TENG 的输出电压在周期结束时得以维持，这是因为复合材料包含了厚的聚合物层以诱导物理损伤。

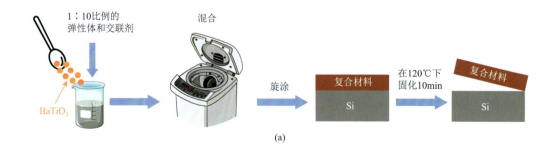

(a)

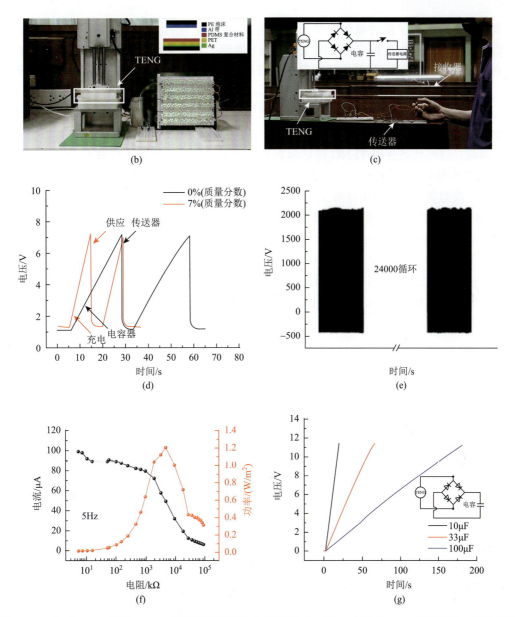

图 13.25 （a）BTO/多孔 PDMS 复合层的制造工艺示意图；（b）372 个绿色 LED 灯的照片，插图显示了 TENG 的结构组件示意图；（c）由基于 7BTO/多孔 PDMS 的 TENG 操作的无线发射器；（d）有/没有 BTO 的多孔 PDMS 型 TENG 充电的电容电压特性比较；（e）PDMS 复合材料型 TENG 在 5Hz 周期性压缩下进行 >24000 次循环的稳定性和耐久性测试；（f）最大输出电流和功率作为外部负载电阻的函数；（g）基于 7BTO/多孔 PDMS 的 TENG 在 5Hz 时的充电能力（经美国化学学会许可转载[68]）

13.6.2 热稳定性

在从接触分离的机械运动中产生电能时，温度的升高是不可避免的。因此，需要具有热稳定性的材料来持续收集能量。Tao 等报道了一种在 200℃下具有高热稳定性的摩擦电聚合物[69]。合成了两种氟化聚酰亚胺以制备 TENG。同时，在 PI 中引入了 BaTiO₃ 纳米填料以实现高热电荷稳定性。图 13.26（a）展示了氟化聚酰亚胺的示意图。该聚合物由 PI 和电子吸引基团（三氟甲基和砜基）组成。为了更好地理解，图 13.26（b）展示了热发射阻碍效应的示意图。图 13.26（c）展示了聚合物涂覆和剥离过程。在图 13.26（d）中，以三种基于 PI 的聚合物的温度作为函数绘制了归一化电流。这个结果可以通过与 PI 骨架相连接的氟功能基团来解释。此外，掺杂了氟化聚酰亚胺的 BaTiO₃ 填料可以诱发更多的电荷。这些性质使得 TENG 能够耐高温。图 13.26（e）是 TENG 在高温环境下点亮 LED 的真实照片。

除了高温条件，变温条件对 TENG 生成稳定电能也很重要。Lv 等报道了一种能够承受从 25℃ 到 60℃ 各种温度范围的新型摩擦电材料[70]。图 13.27（a）展示了疏水离子液体凝胶（hydrophobic ionic liquid gel，HILG）TENG 的制备过程。图 13.27（b）显示了在寒冷环境下 TENG 的标准化重量保留。图 13.27（c）显示了在寒冷条件下存储前后 TENG 的输出电流。HILG-TENG 的输出电流可以达到最高值。TENG 在不同温度范围内的劣化是由反向电荷转移造成的。然而，HILG-TENG 能够抵抗先前研究中观察到的这种现象。图 13.27（d）和（e）显示了在炎热和寒冷条件下存储前后 HILG-TENG 的输出电流比较。

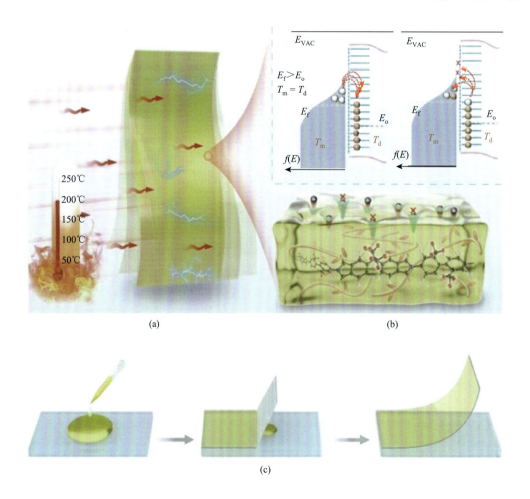

(a)

(b)

(c)

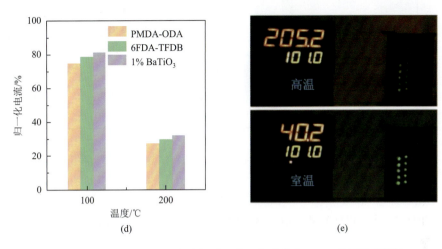

(d)

(e)

图 13.26　热电原理图和材料表征（经美国化学学会 Wiley 许可转载[69]）

（a）分子水平上提高氟化聚酰亚胺膜在高温下的电荷稳定性的示意图；（b）阻碍热离子发射效果的示意图；（c）刮片刮膜技术示意图；（d）FD-TENG 在不同温度下的归一化电流；（e）FD-TENG 的照片，在室温和 200℃下用 1% BaTiO₃ 掺杂的 6FDA-TFDB 薄膜点亮 10 个 LED

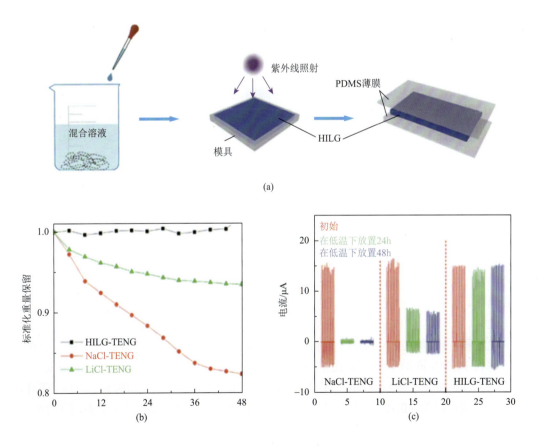

(a)

(b)

(c)

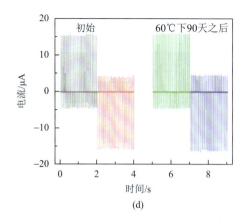
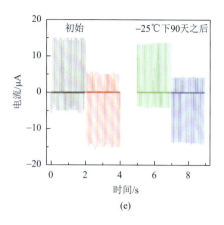

图 13.27　TENG 制造工艺（经美国化学学会许可转载[70]）

（a）含有 HILG、LiCl 和 NaCl-PAAm 水凝胶的 TENG 的稳定性；（b）寒冷环境条件下保持 TENG 的标准化重量保持；
（c）寒冷环境下储存 48h 前后 TENG 的 I_{SC}。HILG-TENG 在（d）60℃和（e）−25℃下储存前后 90 天的 I_{SC}

13.6.3　高湿度

通常，TENG 可以通过接触—分离过程，在两种材料之间产生和传递电荷来产生电能。当电荷感应到材料表面时，在高湿环境条件下，电荷会自然耗散。因此，近年来许多研究集中在抗潮湿的摩擦电材料上。Kim 等报道了一种在湿润环境下具有高稳定电输出的逐层组装（layer-by-layer，LbL）诱导的摩擦纳米发电机[71]。在这篇文献中，LbL 组装诱导的 TENG 类似于纳米或微孔 PE 多层薄膜的复制品。图 13.28（a）展示了 LbL 组装诱导的 TENG 制备过程。由于这种结构可以在层内具有纳米或微米级别的多孔结构和低表面能量 PDMS 层，这种多层薄膜表现出增强的疏水性能。在图 13.28（b）中，通过调整 PAA 的不同密度，以相对湿度从 20%到 80%为函数，测量了电压和电流密度的变化，以优化多层膜的最佳比例。图 13.28（c）显示了相对湿度对输出的影响程度更大。而 PAH/PAA-TENG 在湿度的显著影响下仍能够正常驱动 LED，而裸眼可以看到扁平的 TENG 在湿度增加时正常工作的 LED 数量减少且强度显著减弱。

多孔表面结构广泛用于保护材料免受潮湿条件的影响。这种结构可以增加疏水性，从而在水和材料之间形成界面阻止水的进入。Peng 等报道了一种具有超疏水性的氟化聚合物海绵 TENG（fluorinated polymer sponge TENG，FPS-TENG）用于高性能生物力学能量收集[72]，引入了一种无封装的氟化聚合物海绵来保护能量收集器免受潮湿环境的影响。图 13.29（a）展示了 FPS-TENG 的结构设计。糖/PDMS 复合物是通过物理混合，并经过热固化过程，将糖球嵌入 PDMS 中制成的多孔结构。随着糖/PDMS 薄膜在高温下固化，糖溶解在 PDMS 海绵中形成多孔结构。然后，对这种 PDMS 海绵结构进行氟化处理。图 13.29（b）显示了海绵结构的 SEM 图像。为了评估这种材料在高湿环境中的优越性，比较了不同材料的 TENG 在相对湿度下的电压输出。图 13.29（c）显示了不同 TENG 的电压百分比。

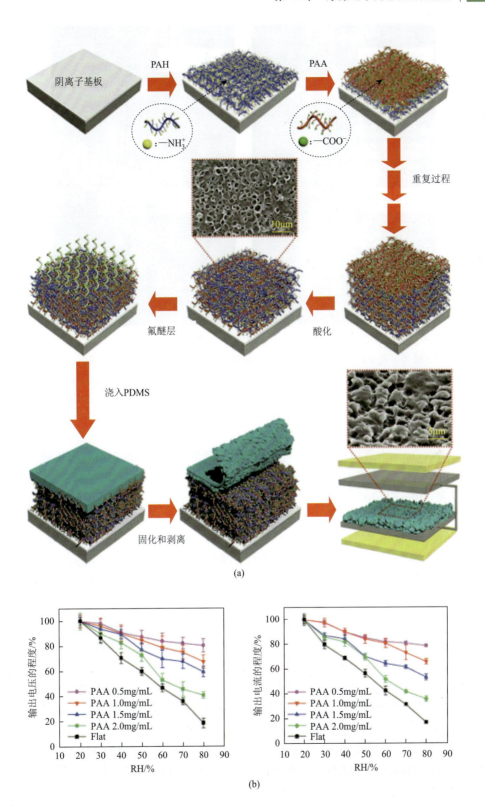

(a)

(b)

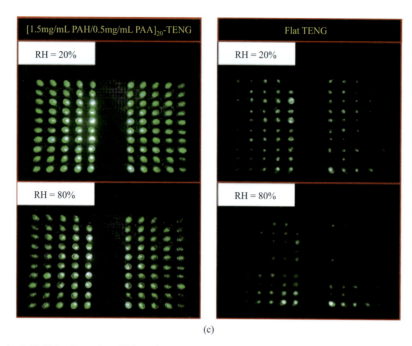

(c)

图 13.28 （a）使用多孔 PE 多层模板制备具有分层压花结构的摩擦电 PDMS 薄膜的示意图；（b）平面 PDMS 以及四种不同的 LbL-TENG 的输出电压和电流密度随 RH 的变化；（c）在湿度受控的环境中，由[1.5mg/mL PAH/0.5mg/mL PAA]₂₀-TENG 照亮的 TENG 测量设备和 100 个绿色 LED 的摄影图像（经 Elsevier 许可转载[71]）

Adonijah Graham 等报道了一种高多孔纤维素负载聚合物基摩擦电膜的集成设计[73]。图 13.29（d）显示了高多孔膜（highly porous film，HPF）和柔性 TENG（FTENG）的制备过程以及 HPF-FTENG 工作机制的示意图。纤维素基溶液被填充在喷雾剂中。纤维素粉末被溶解在 PVA 溶液中。该溶液在氮气条件下喷涂在柔性基底上。在高温下干燥后，通过 FE-SEM 确认，形成了随机的多孔结构，如图 13.29（d）所示。图 13.29（e）显示了在不同相对湿度下测量输出性能的 TENG 的实际照片。相对湿度范围为 40%～80%，压缩力和频率分别为 3.5N 和 5Hz。在 40%～80%的相对湿度范围内，TENG 的输出电压保持不变。

除材料外，经过修改制成海绵或多孔结构。Mule 等报道了一种基于人体活动的湿度持续可穿戴式袋式 TENG[74]。物质结构的改造需要较长时间，因此 Mule 等报道了基于电介质和电介质材料的 TENG（DD-TENG）。图 13.30（a）显示了 DD-TENG 的制备过程。多壁碳纳米管（multiwall carbon nanotube，MWCNT）/尼龙纳米复合材料和纳米体系聚二甲基硅氧烷（NA-PDMS）混合在甲酸中。通过旋涂过程涂覆该溶液，制备均匀膜以起到摩擦电材料的作用。同时，铝膜经过热水处理以创建广阔的表面积，并在该膜上涂覆 PDMS 溶液并剥离，如图 13.30（b）所示。图 13.30（c）显示了具有 MWCNT/尼龙复合膜和表面改性 PDMS 的 TENG 示意图和工作机制。在图 13.30（d）中，该 TENG 用来测量在 40%～80%的不同湿度范围内的电气输出电压和电流。输出电压和电流在各种相对湿度下保持稳定。

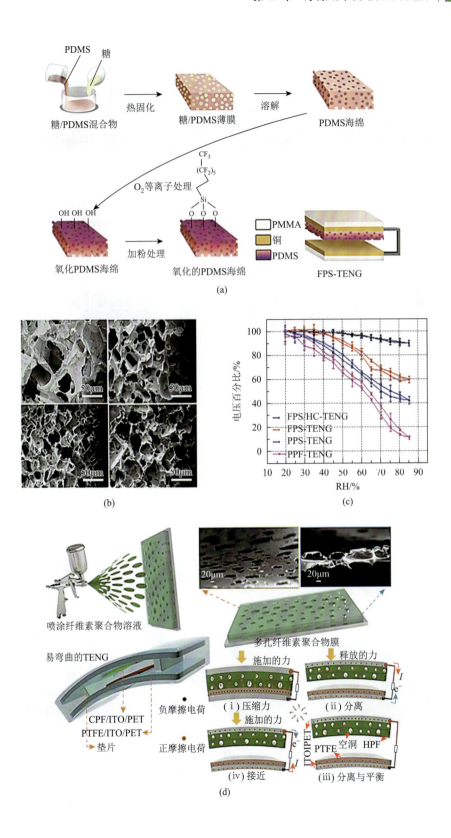

(a)

(b)

(c)

(d)

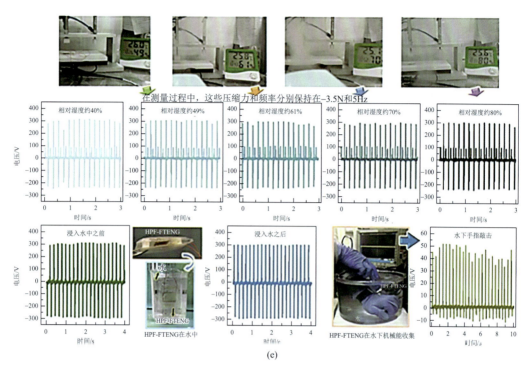

(e)

图 13.29　（a）FPS-TENG 的结构设计、FPS 的制造工艺以及 FPS-TENG 的示意图；（b）聚合物海绵的特性，显示形态的 SEM 图像；（c）TENG 的电压百分比在宽相对湿度范围内（20%～85%）的湿度依赖性（经 Elsevier 许可转载[72]）；（d）说明 HPF 和 FTENG 的制造以及 HPF-FTENG 工作机制的示意图；（e）HPF-FTENG 装置的防潮和防水特性（经美国化学学会许可转载[73]）

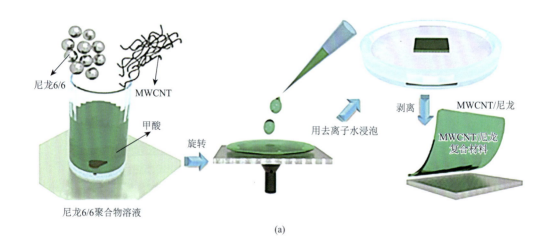

(a)

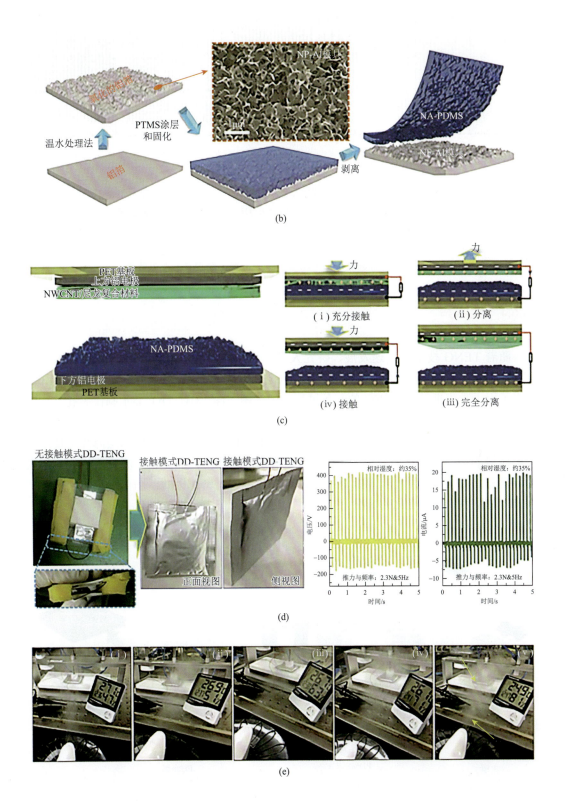

（b）

（c）

（d）

（e）

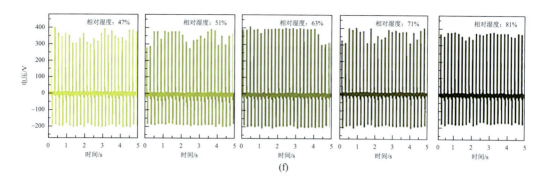

图 13.30　（a）MWCNT/尼龙复合材料的制造工艺示意图；（b）通过 NF-Al 模具制备的 NA-PDMS；（c）DD-TENG 装置和工作机构；（d）非袋式和袋式 DD-TENG 装置的摄影图像，以及在正常室内环境中观察到的袋式 DD-TENG 设备在相对湿度约为 35% 时测量的 V_{OC} 和 I_{SC} 曲线；（e）袋式 DD-TENG 装置在 47%～81% 的各种相对湿度条件下的摄影图像；（f）袋式 DD-TENG 装置在 47%～81% 的各种湿度条件下测量的 V_{OC} 曲线（经 Wiley 许可转载[74]）

13.6.4　大噪声

　　随着 TENG 技术的快速发展，研究人员已经开始致力于减少设备对周围环境的损害。Lee 等[33]展示了一种由 3D 打印机制造的全部封装、噪声消除的 TENG。图 13.31（a）显示了用于噪声抵消的 TENG 的制备过程的示意图。图 13.31（b）显示制作多孔结构的海绵以减少噪声。海绵经过紫外辐射处理，与银纳米线具有良好的黏附层。海绵通过浸涂工艺浸泡在银纳米线溶液中。涂层海绵作为 TENG 的导电材料。将涂层海绵与使用摩擦电材料的铝膜进行比较，如图 13.31（c）所示。这些材料的短路电流几乎相同。这表明导电海绵可以作为用于噪声抵消的 TENG 的摩擦电材料。因此，图 13.31（d）显示了 TENG 的噪声随频率变化的情况。

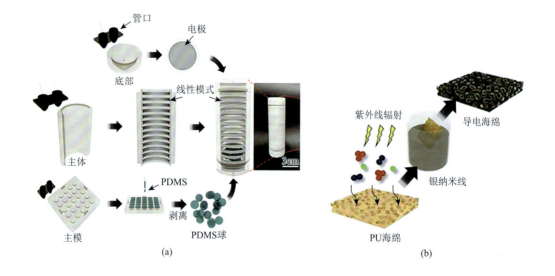

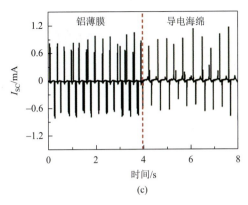

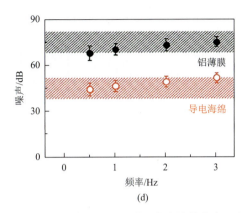

(c)

(d)

图 13.31　（a）制备圆柱形 TENG 的工艺，包括主体部分、底座部分和 PDMS 球，在主体的内表面上，涂覆了具有线性图案的导电材料，以提高供电荷的密度，图中还显示了该装置的照片；（b）制备导电海绵的工艺过程；（c）具有铝薄膜和导电海绵的 TENG 的短路电流（I_{SC}）；（d）TENG 的噪声随频率变化的实测结果（经 Elsevier 许可转载[33]）

在自然界中，有许多结构采用了新型的外形因子。其中代表性的结构是蜂窝结构，这种结构也用于 TENG，以通过产生电输出来降低噪声。Ma 等[75]报道了一种三维蜂窝结构的阻燃摩擦电织物（flame-retardant single-electrode troboelectric garn，FRTY）。图 13.32

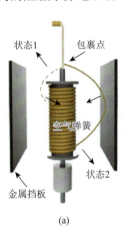

(a)

(b)

(c)

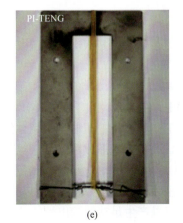

(d)

(e)

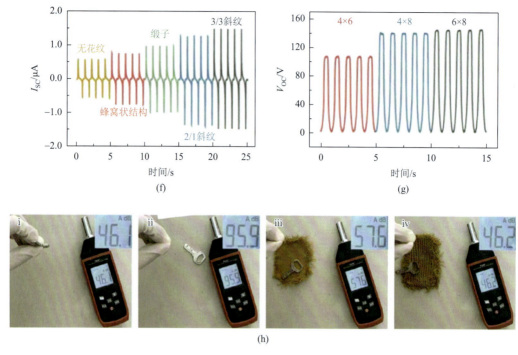

图 13.32 全纤维阻燃单电极摩擦电纱的制备与演进（经 Wiley 许可转载[75]）

（a）（b）纱线缠绕区域的装置和示意图，基于 FRTY 的 FTENG 原理图和性能，（c）制造二维 F-TENG 的过程照片；（d）F-TENG 的照片（体现 FRTY 的性能）；（e）PI-32s FRTY 外观保持稳定，基于 FRTY 的 F-TENG 原理图分析；（f）不同结构的 F-TENG 的短路电流；（g）三维 F-TENG 具有不同面积的开路电压；（h）三维 F-TENG 的吊装平面图和原理图，三维 F-TENG 和普通 F-TENG 厚度的比较，三维 F-TENG 和普通 F-TENG 的降噪比较

（a）～（c）展示了用纤维包裹法制备 TENG 的过程。使用 PI 制作织物后，该织物经过蜂窝结构的转变，这种蜂窝结构的 PI 织物包裹了导电线，制成了 TENG，如图 13.32（d）和（e）所示。在图 13.32（f）和（g）中，显示了电气输出性能。图 13.32（f）显示，基于不同结构织物的 TENG 有不同的输出值。在图 13.32（g）中，较大面积的织物可以产生更高的输出性能。最后，图 13.32（h）清楚地显示了有或没有织物的钥匙掉落过程的噪声。

13.6.5 耐酸碱

为了广泛地应用 TENG，必须解决酸碱环境等问题。Wu 等报道了一种耐酸碱的 TENG[76]。在工业环境中，会产生各种振动，TENG 可以在这种条件下应用。图 13.33（a）展示了 TENG 的制作，制备了具有超疏水性和耐酸碱性的烧结聚乙烯醇-聚四氟乙烯（S-PVA-PTFE）复合膜。图 13.33（b）～（d）显示了 TENG 材料的 SEM 图像。图 13.33（e）显示了 TENG 发电的机制。采用电纺丝工艺将 PVA 包覆在 PTFE 上，可以容易地控制孔径大小、孔隙率、厚度和粗糙腔结构的理想特性，这些特性可以使材料耐受恶劣条件。如图 13.33（f）～（k）所示，使用各种材料制作 TENG 以检查其在恶劣条件下的耐性。经过处理后，基于 PVDF 和 PTFE 的 TENG 不能产生高输出性能。然而，亲脂 TENG 经过处理后可以产生足够的输出性能。

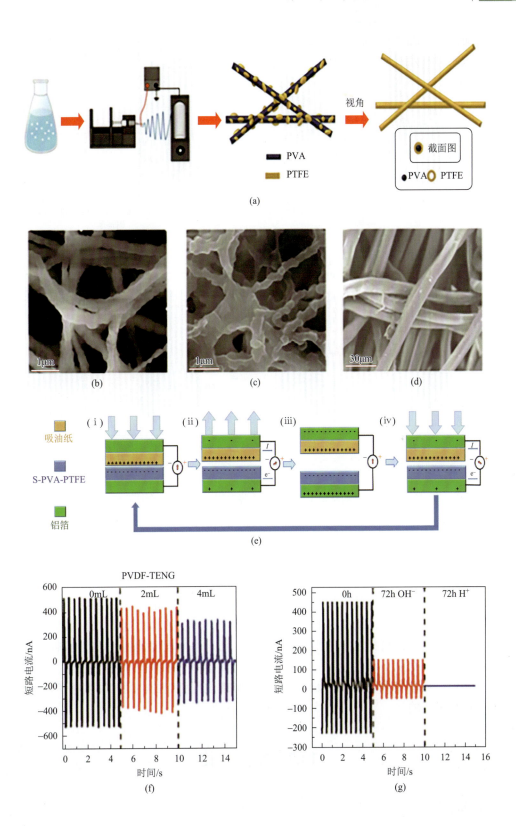

(a)

(b)　(c)　(d)

(e)

(f)　(g)

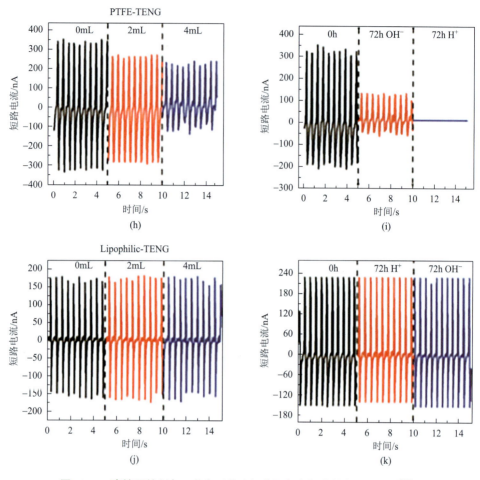

图 13.33　摩擦层的制备工艺和形貌（经英国皇家化学学会许可转载[76]）

（a）S-PVA-PTFE 膜的制备过程；（b）（c）PVA-PTFE 在烧结前后的 SEM 图像；（d）工业吸油纸的 SEM 图像；（e）由 S-PVA-PTFE 膜和吸油纸组成的 TENG 的工作机理示意图（恶劣环境下的模拟测试）；（f）（h）（j）在 2Hz 冲击频率下，在不同体积的橄榄油滴入时，普通 TENG 和亲脂 TENG 的短路环流电流对比；（g）（i）（k）在酸碱溶液腐蚀后，普通 TENG 和亲脂 TENG 摩擦层的短路环流电流

　　最后，讨论接触起电的机制。从该研究中得出了一些结论，包括接触起电是由接触的两种材料之间的电子流动引起的。不同实验环境下产生的摩擦电序列之间的类似性令人惊讶，无论是不同材料之间的相互作用方式，还是不同程度受到污染的材料。然而，不太可能建立一个从一次实验到另一次实验都一致的单一摩擦电序列。根据对摩擦起电的现有知识，这些差异是由几个影响起电的特征或过程引起的。同时发生电子、离子和材料转移是可能的。

13.7　结　　论

　　本章讨论了用于高输出 TENG 的材料开发策略或选择。虽然接触起电存在三种代表性的电荷转移机制，但材料的开发通常基于电子转移模型。从材料的角度来看，TENG 的输出性能取决于多种因素，如介电常数、表面形貌、力学性能、电荷密度、表面电势和摩擦电序列等。在金属-介质系统中，电荷密度主要由两种接触材料表面化学势差决定，因此带正电的材料应具有较低的功函数或低的电中性水平。为了实现设备的增强发电和长期稳定性，材料需要具备高可伸缩性，以实现整体表面的均匀接触。最后，为了将噪声水平降低到约 50dB 以下，电极上具有高阻尼特性的材料需要设计和开发柔软材料。为了增强输出性能，带负电荷的材料需要更高的电子亲和力、介电常数和较低的能级。此外，它还需要具备透明性、柔韧性、低成本和易加工等特性，以满足设备应用的需求。

　　除了新材料的开发，还有一些基于材料修饰的电荷密度增强策略，如形貌表面工程、化学表面功能化和离子注入方法。形貌表面工程是一种通过控制接触表面的表面积比以提高表面电荷密度简单有效的方法。各种方法包括表面薄膜浇铸、光刻和蚀刻。除对表面粗糙度和形貌进行物理改性外，聚合物表面的性质也可以通过化学表面功能化进行改变。离子注入方法是将电荷直接注入聚合物的表面和内部。因此，表面电荷密度可以得到有效提高，从而可以改善 TENG 的输出性能。

　　尽管 TENG 具有许多优点，但需要长时间的机械摩擦才能产生电信号。然而，直接的机械摩擦会对能量收集装置造成物理损伤，并且机械稳定性较差。此外，电信号对环境非常敏感，如高湿度和化学环境。然而，有一些报道表明，某些摩擦纳米发电机对湿度（甚至在喷雾条件下）和化学物质具有很强的抗性，这是非常有趣的。通过引入复杂的材料结构，操作过程中的噪声可以显著降低至 50dB 以下。这些结果增加了 TENG 朝商业化发展的可能性。

参 考 文 献

[1] Kim W G，Kim D W，Tcho I W，et al. Triboelectric nanogenerator: Structure，mechanism，and applications[J]. ACS Nano，2021，15（1）：258-287.

[2] Pan S H，Zhang Z N. Fundamental theories and basic principles of triboelectric effect: A review[J]. Friction，2019，7（1）：2-17.

[3] Gooding D M，Kaufman G K. Tribocharging and the triboelectric series[M]//Encyclopedia of Inorganic and Bioinorganic Chemistry. New York: John Wiley & Sons，2014.

[4] Chen L F，Shi Q F，Sun Y J，et al. Controlling surface charge generated by contact electrification: Strategies and applications[J]. Advanced Materials，2018，30（47）：e1802405.

[5] Lacks D J，Sankaran R M. Contact electrification of insulating materials[J]. Journal of Physics D: Applied Physics，2011，44（45）：453001.

[6] Liu C Y，Bard A J. Electrostatic electrochemistry at insulators[J]. Nature Materials，2008，7（6）：505-509.

[7] Liu C Y，Bard A J. Chemical redox reactions induced by cryptoelectrons on a PMMA surface[J]. Journal of the American Chemical Society，2009，131（18）：6397-6401.

[8] McCarty L S，Winkleman A，Whitesides G M. Ionic electrets: Electrostatic charging of surfaces by transferring mobile ions upon contact[J]. Journal of the American Chemical Society，2007，129（13）：4075-4088.

[9] Thomas S W Ⅲ，Vella S J，Kaufman G K，et al. Patterns of electrostatic charge and discharge in contact electrification[J]. Angewandte Chemie（International Ed），2008，47（35）：6654-6656.

[10] Baytekin H T，Patashinski A Z，Branicki M，et al. The mosaic of surface charge in contact electrification[J]. Science，2011，333（6040）：308-312.

[11] Burgo T A L，Ducati T R D，Francisco K R，et al. Triboelectricity: Macroscopic charge patterns formed by self-arraying ions on polymer surfaces[J]. Langmuir，2012，28（19）：7407-7416.

[12] Li D，Xu C，Liao Y J，et al. Interface inter-atomic electron-transition induced photon emission in contact-electrification[J]. Science Advances，2021，7（39）：eabj0349.

[13] Xu C，Zi Y L，Wang A C，et al. On the electron-transfer mechanism in the contact-electrification effect[J]. Advanced Materials，2018，30（15）：e1706790.

[14] Chen C，Wen Z，Shi J H，et al. Micro triboelectric ultrasonic device for acoustic energy transfer and signal communication[J]. Nature Communications，2020，11（1）：4143.

[15] McCarty L S，Whitesides G M. Electrostatic charging due to separation of ions at interfaces: Contact electrification of ionic electrets[J]. Angewandte Chemie International Edition，2008，47（12）：2188-2207.

[16] Diaz A F，Guay J. Contact charging of organic materials: Ion vs. electron transfer[J]. IBM Journal of Research and Development，1993，37（2）：249-260.

[17] Pence S，Novotny V J，Diaz A F. Effect of surface moisture on contact charge of polymers containing ions[J]. Langmuir，1994，10（2）：592-596.

[18] Fedorov M V，Kornyshev A A. Ionic liquids at electrified interfaces[J]. Chemical Reviews，2014，114（5）：2978-3036.

[19] Zhang L L，Zhao X S. Carbon-based materials as supercapacitor electrodes[J]. Chemical Society Reviews，2009，38（9）：2520-2531.

[20] Zhan F，Wang A C，Xu L，et al. Electron transfer as a liquid droplet contacting a polymer surface[J]. ACS Nano，2020，14（12）：17565-17573.

[21] Srimuk P，Su X，Yoon J，et al. Charge-transfer materials for electrochemical water desalination，ion separation and the recovery of elements[J]. Nature Reviews Materials，2020，5：517-538.

[22] Yang C H，Suo Z G. Hydrogel ionotronics[J]. Nature Reviews Materials，2018，3（6）：125-142.

[23] Du H W，Lin X，Xu Z M，et al. Electric double-layer transistors: A review of recent progress[J]. Journal of Materials Science，2015，50（17）：5641-5673.

[24] Mark D，Haeberle S，Roth G，et al. Microfluidic lab-on-a-chip platforms: Requirements，characteristics and applications[J]. Chemical Society Reviews，2010，39（3）：1153-1182.

[25] Zhan F，Wang G，Wu T T，et al. High performance asymmetric capacitive mixing with oppositely charged carbon electrodes for energy production from salinity differences[J]. Journal of Materials Chemistry A，2017，5（38）：20374-20380.

[26] Zimmermann R，Dukhin S，Werner C. Electrokinetic measurements reveal interfacial charge at polymer films caused by simple electrolyte ions[J]. The Journal of Physical Chemistry B，2001，105（36）：8544-8549.

[27] Park S J，Seol M L，Kim D，et al. Triboelectric nanogenerator with nanostructured metal surface using water-assisted oxidation[J]. Nano Energy，2016，21：258-264.

[28] Kim K N，Jung Y K，Chun J，et al. Surface dipole enhanced instantaneous charge pair generation in triboelectric nanogenerator[J]. Nano Energy，2016，26：360-370.

[29] Kim S，Gupta M K，Lee K Y，et al. Transparent flexible graphene triboelectric nanogenerators[J]. Advanced Materials，2014，26（23）：3918-3925.

[30] Chen H M，Xu Y，Zhang J S，et al. Enhanced stretchable graphene-based triboelectric nanogenerator via control of surface nanostructure[J]. Nano Energy，2019，58：304-311.

[31] Bai Z Q，Xu Y L，Zhang Z，et al. Highly flexible，porous electroactive biocomposite as attractive tripopositive material for advancing high-performance triboelectric nanogenerator[J]. Nano Energy，2020，75：104884.

[32] Li Z H，Xu B G，Han J，et al. Interfacial polarization and dual charge transfer induced high permittivity of carbon dots-based composite as humidity-resistant tribomaterial for efficient biomechanical energy harvesting[J]. Advanced Energy Materials，

2021，11（30）：2101294.

[33]　Lee J P，Ye B U，Kim K N，et al. 3D printed noise-cancelling triboelectric nanogenerator[J]. Nano Energy，2017，38：377-384

[34]　Li Q Y，Liu W L，Yang H M，et al. Ultra-stability high-voltage triboelectric nanogenerator designed by ternary dielectric triboelectrification with partial soft-contact and non-contact mode[J]. Nano Energy，2021，90：106585.

[35]　Ryu H，Park H M，Kim M K，et al. Self-rechargeable cardiac pacemaker system with triboelectric nanogenerators[J]. Nature Communications，2021，12（1）：4374.

[36]　Xu C，Zhang B B，Wang A C，et al. Contact-electrification between two identical materials：Curvature effect[J]. ACS Nano，2019，13（2）：2034-2041.

[37]　Luo J，Wang Z，Xu L，et al. Flexible and durable wood-based triboelectric nanogenerators for self-powered sensing in athletic big data analytics. Nature Communications，2019，10：5147.

[38]　Chen S，Jiang J X，Xu F，et al. Crepe cellulose paper and nitrocellulose membrane-based triboelectric nanogenerators for energy harvesting and self-powered human-machine interaction[J]. Nano Energy，2019，61：69-77.

[39]　Kim H J，Yim E C，Kim J H，et al. Bacterial nano-cellulose triboelectric nanogenerator[J]. Nano Energy，2017，33：130-137.

[40]　Jiang W，Li H，Liu Z，et al. Fully bioabsorbable natural-materials-based triboelectric nanogenerators[J]. Advanced Materials，2018，30（32）：e1801895.

[41]　Zhang J J，Zheng Y B，Xu L，et al. Oleic-acid enhanced triboelectric nanogenerator with high output performance and wear resistance[J]. Nano Energy，2020，69：104435.

[42]　Yang Y，Zhang H L，Zhong X D，et al. Electret film-enhanced triboelectric nanogenerator matrix for self-powered instantaneous tactile imaging[J]. ACS Applied Materials & Interfaces，2014，6（5）：3680-3688.

[43]　Guo H Y，Pu X J，Chen J，et al. A highly sensitive，self-powered triboelectric auditory sensor for social robotics and hearing aids[J]. Science Robotics，2018，3（20）：eaat 2516.

[44]　Shi L，Jin H，Dong S R，et al. High-performance triboelectric nanogenerator based on electrospun PVDF-graphene nanosheet composite nanofibers for energy harvesting[J]. Nano Energy，2021，80：105599.

[45]　Chen X X，Miao L M，Guo H，et al. Waterproof and stretchable triboelectric nanogenerator for biomechanical energy harvesting and self-powered sensing[J]. Applied Physics Letters，2018，112（20）：203902.

[46]　Zhang L，Zhang B B，Chen J，et al. Lawn structured triboelectric nanogenerators for scavenging sweeping wind energy on rooftops[J]. Advanced Materials，2016，28（8）：1650-1656.

[47]　Lin Z M，Yang J，Li X S，et al. Large-scale and washable smart textiles based on triboelectric nanogenerator arrays for self-powered sleeping monitoring[J]. Advanced Functional Materials，2018，28（1）：1704112.

[48]　Lee J W，Jung S，Jo J，et al. Sustainable highly charged C₆₀-functionalized polyimide in a non-contact mode triboelectric nanogenerator[J]. Energy & Environmental Science，2021，14（2）：1004-1015.

[49]　Seung W，Yoon H J，Kim T Y，et al. Boosting power-generating performance of triboelectric nanogenerators via artificial control of ferroelectric polarization and dielectric properties[J]. Advanced Energy Materials，2017，7（2）：1600988.

[50]　Cheon S，Kang H，Kim H，et al. High-performance triboelectric nanogenerators based on electrospun polyvinylidene fluoride-silver nanowire composite nanofibers[J]. Advanced Functional Materials，2018，28（2）：1703778.

[51]　Xia J Y，Zheng Z P，Guo Y P. Mechanically and electrically robust，electro-spun PVDF/PMMA blend films for durable triboelectric nanogenerators[J]. Composites Part A：Applied Science and Manufacturing，2022，157：106914.

[52]　Du X Y，Liu Y B，Wang J N，et al. Improved triboelectric nanogenerator output performance through polymer nanocomposites filled with core-shell-structured particles[J]. ACS Applied Materials & Interfaces，2018，10（30）：25683-25688.

[53]　Huang S Y，Shi L，Zou T Y，et al. Controlling performance of organic-inorganic hybrid perovskite triboelectric nanogenerators via chemical composition modulation and electric field-induced ion migration[J]. Advanced Energy Materials，2020，10（47）：2002470.

[54]　Wu C X，Kim T W，Park J H，et al. Enhanced triboelectric nanogenerators based on MoS₂ monolayer nanocomposites acting

as electron-acceptor layers[J]. ACS Nano，2017，11（8）：8356-8363.

[55] Lai M H，Du B L，Guo H Y，et al. Enhancing the output charge density of TENG via building longitudinal paths of electrostatic charges in the contacting layers[J]. ACS Applied Materials & Interfaces，2018，10（2）：2158-2165.

[56] Cui N Y，Gu L，Lei Y M，et al. Dynamic behavior of the triboelectric charges and structural optimization of the friction layer for a triboelectric nanogenerator[J]. ACS Nano，2016，10（6）：6131-6138.

[57] Cui N Y，Liu J M，Lei Y M，et al. High-performance triboelectric nanogenerator with a rationally designed friction layer structure[J]. ACS Applied Energy Materials，2018，1（6）：2891-2897.

[58] Fan F，Lin L，Zhu G，et al. Transparent triboelectric nanogenerators and self-powered pressure sensors based on micropatterned plastic films[J]. Nano Letters，2012，12：3109.

[59] Wang S H，Lin L，Wang Z L. Nanoscale triboelectric-effect-enabled energy conversion for sustainably powering portable electronics[J]. Nano Letters，2012，12（12）：6339-6346.

[60] Wang H S，Jeong C K，Seo M H，et al. Performance-enhanced triboelectric nanogenerator enabled by wafer-scale nanograates of multistep pattern downscaling[J]. Nano Energy，2017，35：415-423.

[61] Choi D，Yoo D，Kim D S. One-step fabrication of transparent and flexible nanotopographical-triboelectric nanogenerators via thermal nanoimprinting of thermoplastic fluoropolymers[J]. Advanced Materials，2015，27（45）：7386-7394.

[62] Dudem B，Kim D H，Mule A R，et al. Enhanced performance of microarchitectured PTFEbased triboelectric nanogenerator via simple thermal imprinting lithography for self-powered electronics[J]. ACS Applied Materials & Interfaces，2018，10：24181-24192.

[63] Jeong C K，Baek K M，Niu S M，et al. Topographically-designed triboelectric nanogenerator via block copolymer self-assembly[J]. Nano Letters，2014，14（12）：7031-7038.

[64] Song G，Kim Y，Yu S，et al. Molecularly engineered surface triboelectric nanogenerator by self-assembled monolayers （METS）[J]. Chemistry of Materials，2015，27（13）：4749-4755.

[65] Zhang X S，Han M D，Wang R X，et al. High-performance triboelectric nanogenerator with enhanced energy density based on single-step fluorocarbon plasma treatment[J]. Nano Energy，2014，4：123-131.

[66] Wang S H，Xie Y N，Niu S M，et al. Maximum surface charge density for triboelectric nanogenerators achieved by ionized-air injection：Methodology and theoretical understanding[J]. Advanced Materials，2014，26（39）：6720-6728.

[67] Park C，Song G，Cho S M，et al. Supramolecular-assembled nanoporous film with switchable metal salts for a triboelectric nanogenerator[J]. Advanced Functional Materials，2017，27（27）：1701367.

[68] Tantraviwat D，Ngamyingyoud M，Sripumkhai W，et al. Tuning the dielectric constant and surface engineering of a BaTiO$_3$/porous PDMS composite film for enhanced triboelectric nanogenerator output performance[J]. ACS Omega，2021，6（44）：29765-29773.

[69] Tao X L，Li S Y，Shi Y X，et al. Triboelectric polymer with high thermal charge stability for harvesting energy from 200℃ flowing air[J]. Advanced Functional Materials，2021，31（49）：2106082.

[70] Lv P L，Shi L，Fan C Y，et al. Hydrophobic ionic liquid gel-based triboelectric nanogenerator：Next generation of ultrastable，flexible，and transparent power sources for sustainable electronics[J]. ACS Applied Materials & Interfaces，2020，12（13）：15012-15022.

[71] Kim D，Lee S，Ko Y，et al. Layer-by-layer assembly-induced triboelectric nanogenerators with high and stable electric outputs in humid environments[J]. Nano Energy，2018，44：228-239.

[72] Peng Z H，Song J，Gao Y，et al. A fluorinated polymer sponge with superhydrophobicity for high-performance biomechanical energy harvesting[J]. Nano Energy，2021，85：106021.

[73] Adonijah Graham S，Dudem B，Patnam H，et al. Integrated design of highly porous cellulose-loaded polymer-based triboelectric films toward flexible，humidity-resistant，and sustainable mechanical energy harvesters[J]. ACS Energy Letters，2020，5（7）：2140-2148.

[74] Mule A R，Dudem B，Graham S A，et al. Humidity sustained wearable pouch‐type triboelectric nanogenerator for harvesting

mechanical energy from human activities[J]. Advanced Functional Materials，2019，29（17）：n/a.

[75]　Ma L Y，Wu R H，Liu S，et al. A machine-fabricated 3D honeycomb-structured flame-retardant triboelectric fabric for fire escape and rescue[J]. Advanced Materials，2020，32（38）：e2003897.

[76]　Wu J P，Liang W，Song W Z，et al. An acid and alkali-resistant triboelectric nanogenerator[J]. Nanoscale，2020，12（45）：23225-23233.

本章作者：Sun-Woo Kim[1]，Jin-Kyeom Kim[1]，Sungwoo Jung[2]，

Jae Won Lee[3]，Changduk Yang[2] and Jeong Min Baik[1]

1. 成均馆大学先进材料科学与工程学院（韩国水原）

2. 蔚山科学技术院（韩国蔚山）

3. 江原大学（韩国三陟）

本章译者：陈宝东

中国科学院北京纳米能源与系统研究所（中国北京）

第14章

摩擦纳米发电机与电磁发电机的对比

摘　　要

自从 1831 年法拉第发现电磁感应效应以来，电磁发电机（EMG）就成为发电最重要的方法。而摩擦纳米发电机（TENG）的发明，不仅可以为微/纳系统提供微尺度能量，还可以为便携式电子产品和家用电器提供宏观能量，逐渐成为与 EMG 同等重要的能源技术。理论模型上，TENG 相当于一个内阻很大的电流源，而 EMG 则相当于一个内阻很小的电压源。此外，TENG 已经被证实在收集低频、微幅及弱力/力矩的机械能时更具优势，使其能够与 EMG 有效互补收集各种类型的机械能。本章从工作机理、控制方程及输出特性等方面详细地分析和对比 TENG 和 EMG，旨在建立两种能源技术在收集各种机械能方面的互补应用。

14.1 引　　言

自从发现电磁感应效应以来，通过与涡轮机相结合，EMG 已成为最重要的发电手段之一，其发电形式涵盖水力、天然气、核能、煤炭等[1]。就发电而言，还没有第二种技术像 EMG 一样重要。2012 年以来，TENG 的发明为将收集的机械能转换为电能提供了一种不同于 EMG 工作原理的新途径[2-4]。TENG 的工作原理是基于接触起电和静电感应效应的耦合，是一种利用纳米材料和纳米技术收集机械能并为微/纳系统供电的应用。自发明以来，TENG 的性能已经提高了数个量级，并探索和建立了 TENG 的相关理论。在未来，TENG 不仅可以为微/纳系统提供微尺度的能量[5]，还可以为便携式电子设备[6]和家用电器提供宏观尺度的能量，使 TENG 可能成为与传统 EMG 同等重要的能源技术。

本章从 EMG 和 TENG 的工作机制、控制方程和输出响应特性等方面进行系统分析和比较。首先对两种发电机进行理论比较，TENG 可以认为是一个内阻很大的电流源，而 EMG 相当于一个内阻很小的电压源；其次，对比两种发电机在不同机械输入下的输出响应特性，TENG 被证明在收集低频、微振幅和弱输入力/力矩机械能方面具有独特的优势，使得 TENG 和 EMG 在能量收集方面形成了互补性和对称性。TENG 被认为是继传统 EMG 之后另一种重要的收集机械能的能源技术，具有与 EMG 同等重要的应用前景。TENG 作为一种新的能源技术，有望在大尺度电力供应中承担与 EMG 同等重要的作用。

14.2　理 论 对 比

首先从工作机理和控制方程方面对 EMG 和 TENG 进行系统的理论分析和对比。EMG 的工作原理是基于电磁感应效应，如图 14.1（a）所示。当带有外接电路的导体棒穿过磁感应线时，导体棒两端的感应电动势为

$$E = Blv \tag{14.1}$$

式中，B 是磁通密度，T；l 是导体棒的长度，m；v 是导体棒切割磁感应线的速度，m/s。

不同于 EMG，TENG 是基于摩擦起电和静电感应效应将机械能转换为电能的。摩擦起电效应是一种接触感应带电现象，即一种材料在与另一种材料接触后会带电。材料所带电荷的极性和其相对另一材料的电吸引性相关。静电感应是附近电荷的影响引起的物体中电荷的重新分布，以充分平衡电场。在此，为了便于与 EMG 进行比较，选择水平滑动模式进行理论分析，如图 14.1（b）所示。当顶部金属开始向外滑动时，由于接触表面积的减小，面内电荷开始分离。分离的电荷将产生一个从右到左几乎平行于板的电场，从而在顶部金属处产生更高的电势。这种电势差将驱动电流从顶部金属电极流向底部金属电极，以产生抵消摩擦电荷感应电势的电势降。由于与水平电荷分离距离相比，两电介质的厚度可以忽略不计，因此如果忽略边缘效应，顶部和底部金属之间转移的电荷量大约等于任何滑动位移下的分离电荷量。TENG 的短路电流可以用以下公式表示：

$$I = \frac{\sigma \cdot \Delta S}{\Delta t} = \sigma lv \tag{14.2}$$

式中，σ 是摩擦表面的摩擦电荷密度，C/m^2；l 是摩擦表面垂直于滑动方向的宽度，m；v 是顶部金属的滑动速度，m/s。

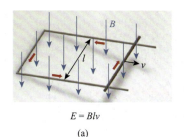

$E = Blv$

(a)

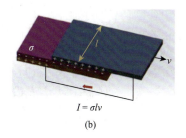

$I = \sigma lv$

(b)

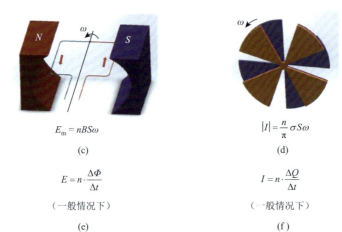

$$E_m = nBS\omega$$

(c)

$$|I| = \frac{n}{\pi}\sigma S\omega$$

(d)

$$E = n\cdot\frac{\Delta\Phi}{\Delta t}$$

（一般情况下）

(e)

$$I = n\cdot\frac{\Delta Q}{\Delta t}$$

（一般情况下）

(f)

符号	定义
E	感应电动势
E_m	E的峰值
B	磁通密度
l	导线长度
v	运动速度
n	线圈匝数
S	线圈面积
ω	角速度
$\dfrac{\Delta\Phi}{\Delta t}$	磁通量变化率

(g)

符号	定义
I	感应电流
$|I|$	I的绝对值
σ	电荷密度
l	摩擦面宽度
v	运动速度
n	结构单元数
S	摩擦面积
ω	角速度
$\dfrac{\Delta Q}{\Delta t}$	电荷转移速率

(h)

图 14.1　EMG 和 TENG 的理论比较（本图已获得 wiley 许可）[7]

（a）（c）（e）（g）EMG 的示意图、基本原理和控制方程；（b）（d）（f）（h）TENG 的示意图、基本原理和控制方程

　　两种公式具有相似的表达和相对应的参数，表明 TENG 可以像电流源一样产生感应电流，而 EMG 可以像电压源一样产生感应电压，而输出电流和电压分别依赖于三个物理变量。首先，TENG 的短路电流取决于摩擦电荷密度，EMG 的电动势依赖于磁通量密度，这两者都由材料的内在特性决定。其次，TENG 的短路电流依赖于垂直于滑动方向摩擦面的宽度，而 EMG 的电动势依赖于导体棒的长度，这两者都由发电机的尺寸决定。最后，TENG 的短路电流还依赖于顶部金属的滑动速度，而 EMG 的电动势依赖于导体棒的切割速度，这两者都由输入的机械能决定。

　　对两种发电机的转动模式进行研究。转动 EMG 的示意图如图 14.1（c）所示，包括一对磁铁和一组线圈的转动 EMG 处于磁场中。当线圈绕中心轴转动时，通过线圈的磁通量在变化，沿着线圈可以产生感应电动势。转动 EMG 的输出电压如正弦波变化，其峰值如下所示：

$$E_m = nBS\omega \tag{14.3}$$

式中，n 是线圈的匝数；S 是线圈的横截面积，m^2；ω 是线圈的转动角速度，rad/s。

图 14.1（d）展示了盘状转动 TENG[8]的示意图，其中周期性两组接触盘的重叠和分离由相对转动实现。转动 TENG 的基本结构由两圆盘状的部件组成，每个圆盘中有数个扇形区。其工作原理是基于摩擦起电和顶部金属与聚合物之间的相对转动所引发的平面内周期性的电荷分离，这与图 14.1（b）所示的滑动模式相同。因此，在相对转动中，转动 TENG 的发电过程与面内滑动模式相似。当顶部金属相对于聚合物转动时，相应的扇形区开始具有部分不相匹配的接触面积，因此平面内的摩擦电荷在几乎平行于滑动的方向上分离，这将在顶部金属上诱导比聚合物更高的电位，因此附着在聚合物底部金属中的电子将被驱赶流向顶部金属，直至两个圆盘在接触扇形区完全不匹配。随着顶部金属继续转动，聚合物表面开始接触顶部金属的另一个相邻扇形区，并且两个电极之间的电位差将随着失配面积的减小而下降。此时，电子将以相反的方向从顶部金属流回附着在聚合物底部的金属，直至两个圆盘再次完全重叠。因此，整个过程将产生具有 50%占空比的近似方波的交流电（AC）输出。转动 TENG 的短路电流绝对值可以表示为

$$|I| = \frac{\sigma \cdot \Delta S}{\Delta t} = \sigma \cdot \frac{n\,r^2\,\Delta\theta}{2\Delta t} = \frac{n}{\pi}\sigma S\omega \qquad (14.4)$$

式中，n 是圆盘的分割数；S 是圆盘的摩擦表面面积（全周期面积的一半），m^2；ω 是金属的转动角速度，rad/s。

转动 EMG 和转动 TENG 具有交流电输出，式（14.3）和式（14.4）具有相似、对称的表达式。除了理论上输出波形不同，表达式上还有系数 π 的区别。TENG 的短路输出电流和 EMG 的电动势分别依赖于四个物理变量：第一，转动 TENG 的输出电流依赖于摩擦电荷密度，而 EMG 的输出电压依赖于磁通密度。第二，转动 TENG 的输出电流依赖于圆盘的扇形数目，而 EMG 的输出电压依赖于线圈的匝数，这两者都由发电机的结构决定。第三，旋转 TENG 的输出电流依赖于圆盘的摩擦面积，而旋转 EMG 的输出电压依赖于线圈的面积，这两者都由发电机的尺寸决定。第四，TENG 的输出电流取决于上层金属的转动角速度，而 EMG 的输出电压取决于线圈的转动角速度，这两者都由输入的机械能决定。

总体上，EMG 的公式如下：

$$E = n \cdot \frac{\Delta\Phi}{\Delta t} \qquad (14.5)$$

式中，n 是线圈匝数；$\Delta\Phi/\Delta t$ 是每个线圈中磁通量的变化率。

对于 TENG，工作模式无论是直线滑动、转动滑动，还是其他模式，感应电流都是由于两个物体之间的电荷定向转移而产生的。因此，TENG 的输出电流可以表达为

$$I = n \cdot \frac{\Delta Q}{\Delta t} \qquad (14.6)$$

式中，n 是圆盘分割数；$\Delta Q/\Delta t$ 是每个扇形区电荷转移率，A。

通过比较式（14.5）和式（14.6），发现 TENG 由于电荷转移而产生感应电流，而 EMG 由于磁通量改变而产生感应电压。上述分析和比较的结果表明，TENG 在理论上与传统的 EMG 有一定的比较性和对称性，TENG 可以被认为是一个电流源，而 EMG 则可被认为是一个电压源。

除了理论比较，就转动 EMG 和转动 TENG 的输出特性也进行了比较。将转动 TENG 设计为四扇形结构，摩擦电荷密度为 $70\mu C/m^2$，而转动 EMG 被设计为十二匝线圈以及 0.05T 的磁通密度。TENG 的摩擦面积为 $12.4cm^2$，EMG 的线圈面积为 $25.3cm^2$。EMG 的线圈面积大约是 TENG 摩擦面积的两倍。它们都有相同的角速度 20π rad/s。电刷用在转动 EMG 上将交流输出转化为直流输出。输出电流随着电阻的增大而减小，输出电压则呈现相反的趋势，但当电阻特别大时，电流和电压都将趋于饱和，如图 14.2（a）所示。当外接负载电阻为 12.3Ω 时，最大输出功率为 $102.6\mu W$，如图 14.2（c）所示。实验结果表明，EMG 的导电线圈具有较小的内阻，因此 EMG 的最优阻抗为 12.3Ω。当外接负载电阻远大于内阻时，EMG 相当于一个较小内阻的电压源。

转动 TENG 的输出也可通过电刷[9]转换为直流输出。图 14.2（b）显示了输出电流和电压与电阻的关系。与 EMG 一样，输出电流随着电阻的增大而减小，而输出电压增大，但当电阻减小时，电流和电压曲线相对平滑。图 14.2（d）显示了输出功率随外接负载电阻的变化。输出功率在低电阻区域增大，然后在高电阻区域减小。当外接电阻为 $13.8M\Omega$ 时，得到最大输出功率为 $140.4\mu W$。因此，当外接负载电阻远小于内阻时，TENG 相当于一个具有较大内阻的电流源。

图 14.2（e）比较了转动直流 EMG（DC-EMG）和转动直流 TENG（DC-TENG）的输出功率。两种发电机最大输出功率的匹配阻抗相差很大，而直流 TENG 的最大输出功率比直流 EMG 的略大。两种发电机的输出功率的体积和质量密度如图 14.2（f）所示。由于

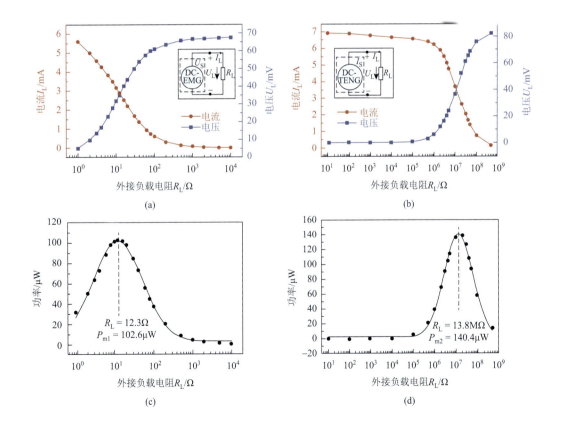

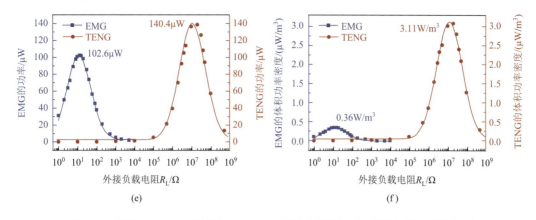

图 14.2　转动 DC-EMG 和转动 DC-TENG 的输出特性与不同外接负载电阻的关系
（本图已获得 Wiley 许可）[7]

（a）（b）EMG 和 TENG 的输出电压/电流与外接负载电阻的关系；（c）（d）EMG 和 TENG 的输出功率与外接负载电阻的关系；（e）转动 DC-EMG 和转动 DC-TENG 的输出功率与不同外接负载电阻的关系；（f）转动 DC-EMG 和 DC-TENG 单位体积输出功率与不同外接负载电阻的关系

EMG 有两个重磁铁，但 TENG 有两个支撑的有机玻璃板，体积更小，质量更轻，所以 EMG 的单位体积最大功率是 0.36W/m^3，而 TENG 的单位体积最大功率是 3.11W/m^3。显然，考虑到尺寸，TENG 的输出功率明显更大，比 EMG 有更多的优势。

理想电压源的内阻为零，输出电压与外接负载电阻无关，而理想电流源的内阻为无穷大，输出电流与外接负载电阻也无关。在电路中，如果理想电压源与理想电流源并联，那么外接负载上的输出电压和电流由电压源决定。反之，如果理想电压源与理想电流源串联，那么外接负载电阻上的输出电压和电流由电流源决定。

针对转动 DC-EMG 和转动 DC-TENG 的并联及串联输出特征分别进行表征与分析。如图 14.3（a）和（c）所示，测得有效输出电压饱和值为 67.5mV，而外接负载电阻为 12.3Ω 时的最大功率为 $103.1\mu\text{W}$。测量的曲线和数值与图 14.2（a）和（c）所示的转动 DC-EMG 相差不大，表明 EMG 与 TENG 的并联和 EMG 对于外接负载电阻是相当的。类似地，图 14.3（b）显示了两者串联时输出电流和电压随外接负载电阻的变化。而输出功率与外接负载电阻的关系如图 14.3（d）所示。测量的短路输出电流为 $6.94\mu\text{A}$，当外接负载电阻为 $13.8\text{M}\Omega$ 时，得到最大功率为 $140.7\mu\text{W}$。这些曲线和数值与图 14.2（b）和（d）所示的转动 DC-TENG 相同，表明 EMG 与 TENG 的串联和 TENG 对于外接负载几乎等效。实验结果进一步验证了 TENG 作为电流源而 EMG 作为电压源的特性。

理想电压源可以表示为一个电压源与一个内阻串联，而电流源可以表示为一个电流源与一个内阻并联。对于外接负载电阻，一个实际的电源等效于一个电压源或一个电流源，而电压源和电流源可以相互等效地转换。转动 DC-EMG 与一个电阻 R_S 串联作为外接负载电阻的电源，如图 14.3（e）所示，而转动 DC-TENG 与同样值的电阻 R_S 并联作为外接负载电阻的另一个电源，如图 14.3（f）所示。如果在电路中 DC-EMG 被认为是理想电压源，而 DC-TENG 被认为是理想电流源，根据基尔霍夫定律，当外接负载电阻 R_{L1} 等于 R_S 时，电源的最大输出功率可以表示为

$$P_R = \frac{1}{4} U_S I_S \qquad (14.7)$$

式中，U_S 是测量的开路电压，67.6mV；I_S 是测量的短路电流，6.96μA；在这种情况下，R_S 的电阻值是 9.71kΩ。在这种情况下，最大输出功率的理论值是 117.6nW。也就是说，当外接负载电阻 R_{L2} 等于 R_S 时，另一个电源的最大输出功率可由式（14.7）表示，理论值也是 117.6nW。两个电源的输出电流和电压曲线分别如图 14.3（e）和（f）所示。当外接负载电阻为 9.43kΩ 时，使用 DC-EMG 与电阻 R_S 串联的电源得到最大功率 118.1nW。当外接负载电阻为 9.77kΩ 时，使用 DC-TENG 与电阻 R_S 并联的电源得到最大功率 105.4nW。两个电源获得的最大输出功率的匹配阻抗都非常接近设计值 9.71kΩ，同时两个最大输出功率也非常接近理论值 117.6nW。实验结果验证了两个电源对外接电路的等效转换，即 EMG 与负载电阻串联，而 TENG 与电阻并联。同时，也证明了 EMG 和 TENG 在实际应用中的相关性。

基于两种不同的发电原理，设计一个转动 DC-EMG 和转动 DC-TENG 的混合发电机，如图 14.4（a）所示。两个发电机有一个共同的旋转轴，输入的机械能可以同时驱动两个发电机在相同的角速度下工作。混合发电机的输出特性在不同的 EMG 和 TENG 的连接工作模式下进行了测量和分析。一方面，串联电阻 R_S 的 DC-EMG 和并联电阻 R_S 的 DC-TENG 以并联模式作为外部电路的电源，如图 14.4（b）的插图所示。另一方面，串联电阻 R_S 的 DC-EMG 和并联电阻 R_S 的 DC-TENG 以串联模式作为外部电路的另一个电源，如图 14.4（c）所示（其中 $R_S = 9.71$kΩ）。在这种情况下，最大输出功率的理论值

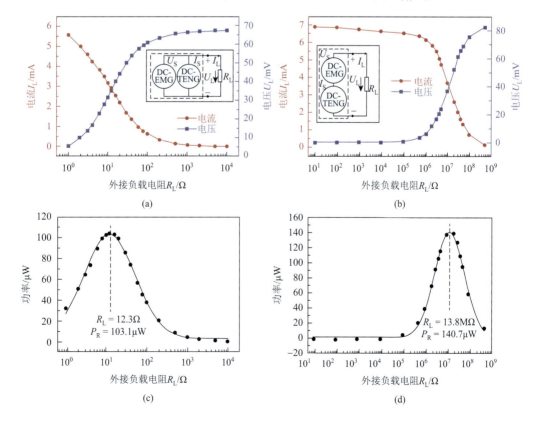

(a)

(b)

(c)

(d)

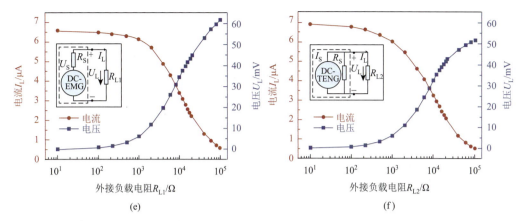

(e)　　　　　　　　　　　　　　　(f)

图 14.3　转动 DC-EMG 和转动 DC-TENG 的并联及串联输出特性与不同外接负载电阻的关系
（本图已获得 Wiley 许可） [7]

（a）（b）EMG 和 TENG 的输出电压/电流与外部负载电阻的关系；（c）（d）EMG 和 TENG 的输出功率与外接负载电阻的关系；（e）转动 DC-EMG 与电阻 R_S 串联时，输出电压/电流与外部负载电阻的关系；（f）转动 DC-TENG 与电阻 R_S 并联时，输出电压/电流与外部负载电阻的关系

是 235.2nW。如图 14.4（d）所示，当外接负载电阻为 4.67kΩ 时，两个并联电源将得到 202.8nW 的最大功率，而当外接负载电阻为 18.1kΩ 时，两个串联电源将得到 209.7nW 的最大功率。两种连接模式下的最大功率都接近理论值 235.2nW，分别约为图 14.3（e）和（f）中两个电源的两倍。输出功率在并联或串联模式下由每个部分的电源叠加。在并联模式下，获得最大输出功率的匹配阻抗约为 R_S 的一半；在串联模式下，获得最大输出功率的匹配阻抗约为 R_S 的两倍。如果将 EMG 视为理想电压源，将 TENG 视为理想电流源，那么两种工作模式的输出特性将极其符合基尔霍夫定律的理论分析。

以上对 EMG 和 TENG 的理论模型、工作机理和控制方程进行了详细的分析和比较，它们之间具有对称性。TENG 是一个输出阻抗很大的电流源，而 EMG 相当于一个输出阻抗很小的电压源。两种发电机的输出特性依赖于三个物理变量，包括材料的内在性质、发电机的尺寸、输入的机械能。理论比较和实验验证是对 TENG 和 EMG 进行深入分析和比较的一个里程碑，为将 TENG 作为一种与 EMG 同样重要的新能源技术用于一般电力奠定了基础。

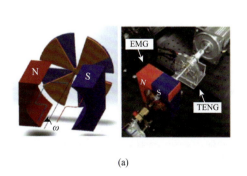

(a)

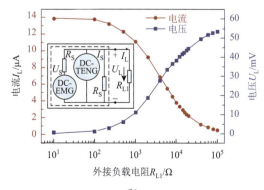

(b)

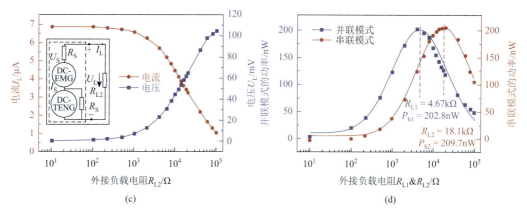

(c)   (d)

图 14.4 转动 DC-EMG 和转动 DC-TENG 的工作模式（本图已获得 Wiley 许可） [7]

（a）混合发电机的示意图和照片；（b）并联模式下输出电压/电流与外部负载电阻的关系；（c）串联模式下输出电压/电流与外部负载电阻的关系；（d）两种模式下输出功率与外部负载电阻的关系

14.3 频率响应特性对比

EMG 和 TENG 的输出响应特性受到输入机械激励特征的影响。本节系统地比较了 EMG 和 TENG 的频率响应特性。图 14.5 是接触-分离（CS）模式和独立层（FS）模式的 EMG 和 TENG 的原理图[10]。如图 14.5（a）所示，CS-EMG 是由一组铜线圈和一块方形磁铁组成的；CS-TENG 由两片表面沉积有铜电极的 FEP 薄膜组成。FS-EMG 的底部是两组并排放置的铜线圈，这两组铜线圈以相反的方向缠绕。在铜线圈的上方有一块可以水平移动的方形磁铁，如图 14.5（c）所示。由图 14.5（d）可知，FS-TENG 由两块沉积在基材上的铜电极层和一块 FEP 膜构成，其中两块铜电极处于同一平面，FEP 薄膜作为摩擦层可以在铜电极上方水平移动。

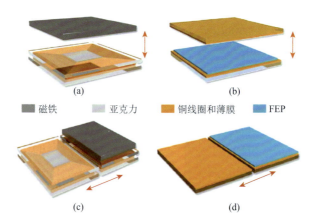

(a)   (b)

■ 磁铁   ■ 亚克力   ■ 铜线圈和薄膜   ■ FEP

(c)   (d)

图 14.5 CS 模式和 FS 模式 EMG、TENG 的三维示意图（本图已获得美国化学学会许可） [11]

（a）CS-EMG 结构示意图；（b）CS-TENG 结构示意图；（c）FS-EMG 结构示意图；（d）FS-TENG 结构示意图

　　根据法拉第电磁感应定律，EMG 的开路电压正比于每个铜线圈的磁通量变化率（Φ）与线圈匝数（N）的乘积，短路电流等于开路电压除以线圈的内阻（r）。同时，磁场变化的速率与运动的频率成正比。因此，在 EMG 中，开路电压和短路电流都与触发频率 f 成正比，这与图 14.6（a）和（b）所示的实验结果具有很好的一致性。

　　TENG 是基于摩擦起电和静电感应效应的耦合。对于任意的 TENG，在 0 到 $x_{\max}$ 的运动范围内，最大转移电荷量为 $Q_{SC,\max} = Q_{SC}(x = x_{\max})$，其大小正比于摩擦层的表面电荷密度（$\sigma$）及摩擦副表面积（$S$）。所有模式 TENG 的开路电压均可表达为[12]

$$V_{OC}^{TENG} = \frac{Q_{SC}}{C(x)} \tag{14.8}$$

式中，$C(x)$ 仅与 TENG 的结构或尺寸有关。因此，开路电压的峰值与频率无关。如图 14.6（c）和（d）所示，在不同的频率下，测得的 CS-TENG 和 FS-TENG 的开路电压分别约为 400V 和 470V。

　　两种模式 TENG 的短路电流都由 Q_{SC} 的变化率决定：

$$I_{SC}^{TENG} = \frac{dQ_{SC}}{dt} \tag{14.9}$$

　　对于 CS-TENG，假设匀速运动的平均速度为 v，则输出短路电流的绝对值可以表达为[13]

$$|I_{SC}^{CS\text{-}TENG}| = \frac{S\sigma d_0 v}{(d_0 + x)^2} = \frac{2S\sigma d_0 x_{\max}}{(d_0 + x)^2} f \tag{14.10}$$

式中，d_0 是介电层的有效厚度，m；定义为 $d_0 = \sum d_i / \varepsilon_i$。式（14.10）的峰值约为 $[2S\sigma x_{\max}/d_0]f$，而平均值计算为

$$\left|\overline{I_{SC}^{CS\text{-}TENG}}\right| = \frac{\int_0^T \dfrac{2S\sigma d_0 x_{\max}}{(d_0 + 2x_{\max}ft)^2} f dt}{T} = \frac{2S\sigma x_{\max}}{d_0 + x_{\max}} f \tag{14.11}$$

　　对于 FS-TENG，短路电流的平均绝对值可由式（14.12）得出：

$$|\overline{I_{SC}^{FS\text{-}TENG}}| = 2\sigma Sf \tag{14.12}$$

　　根据式（14.10）～式（14.12）可知，TENG 的短路电流与触发频率成正比，图 14.6（c）和（d）所示的实验结果与理论分析相一致。

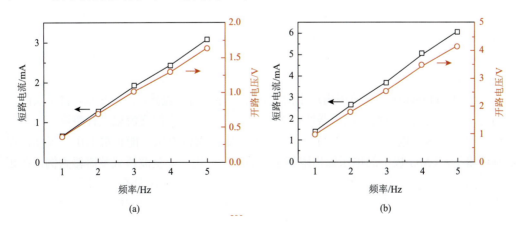

(a)　　　　　　　　　　　　　　　　(b)

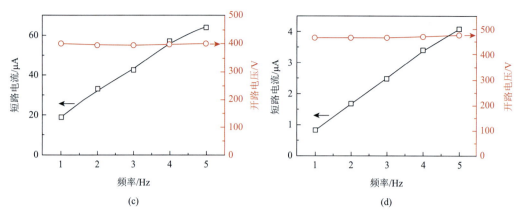

图 14.6　EMG 和 TENG 输出短路电流和开路电压（本图已获得美国化学学会许可）[11]

（a）CS-EMG 的输出特性；（b）FS-EMG 的输出特性；（c）CS-TENG 的输出特性；（d）FS-TENG 的输出特性

作为一个具有小内阻的电压源，EMG 在接入外部电阻 R 时的输出功率可通过式（14.13）直接计算：

$$P^{\mathrm{EMG}} = \left(\frac{V_{\mathrm{OC}}^{\mathrm{EMG}}}{R+r} \right)^2 R \tag{14.13}$$

当 $R = r$ 时，最大平均输出功率为

$$\overline{P_{\mathrm{opt}}^{\mathrm{EMG}}} = \frac{\left(\overline{V_{\mathrm{OC}}^{\mathrm{EMG}}} \right)^2}{4r} \tag{14.14}$$

根据式（14.14），可以得出

$$\overline{P_{\mathrm{opt}}^{\mathrm{EMG}}} \propto f^2 \quad \text{或} \quad \lg \overline{P_{\mathrm{opt}}^{\mathrm{EMG}}} = 2\lg f + C \tag{14.15}$$

根据式（14.15），EMG 输出的最大平均功率与频率呈二次关系。

对于 TENG[14]，在匹配阻抗下的能量输出循环（cycle of energy output，CEO）的最大输出功率也与频率成正比：

$$\overline{P_{\mathrm{opt}}^{\mathrm{TENG}}} \propto f \, \text{或} \lg \overline{P_{\mathrm{opt}}^{\mathrm{TENG}}} = \lg f + D(\text{近似}) \tag{14.16}$$

式中，D 是一个不同于 C 的常数。图 14.7（a）和（b）显示了 CS-TENG 和 FS-TENG 平均功率密度的对数与频率对数的线性拟合。TENG 的拟合斜率都约为 1，而 EMG 的拟合斜率均约为 2，这与式（14.15）和式（14.16）中的理论预测一致。拟合斜率的差异表明，无论是 CS 模式还是 FS 模式，在低频范围内，TENG 的输出性能均优于 EMG。

EMG 和 TENG 在低频范围内产生的有效能量存在明显差异。一般来说，根据实际应用场景，需要利用一系列的电子器件对 EMG 和 TENG 输出的交流电进行整流、调节、管理和存储。这些电子器件中的每一个都需要一定的阈值电压才能正常工作。因此，在低频环境下，EMG 极小的电压输出限制了它的实际应用。以全波桥式整流器为例，在正常工作的情况下，每个二极管的压降为 0.2～0.8V。由于 TENG 具有高电压（约 100V）和小电流（约 10μA）的输出特性，这种电压降对 TENG 而言可以忽略不计，功率损失非

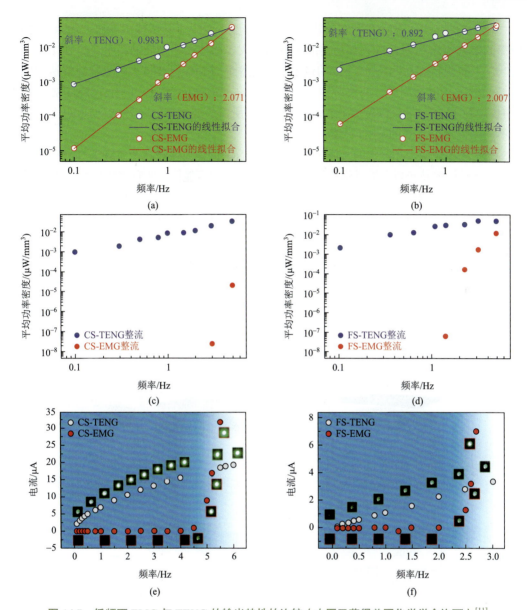

图 14.7　低频下 EMG 与 TENG 的输出特性的比较（本图已获得美国化学学会许可）[11]

（a）（b）CS 模式和 FS 模式器件的平均功率密度 P 和频率 f 关系曲线，$\lg P$ 对 $\lg f$ 的线性拟合；（c）（d）CS 模式和 FS 模式 TENG 与 EMG 的平均整流功率密度；（e）（f）由 CS 模式和 FS 模式设备驱动的 LED 的电流以及 LED 照明的照片用以直观显示产生的功率

常小。而 EMG 具有低电压（约 1V）和大电流（约 1mA）的输出特性，因此在低频范围内对 EMG 而言这个压降相对较大，功率损失巨大。如图 14.7（c）和（d）所示，使用整流器的 TENG 最大输出功率密度与不使用整流器时几乎相同，这表明整流所造成的功率损失很小。但是对 EMG 而言，使用整流器后的功率密度变得相当小。在更低的频率范围内（CS 模式为小于 3Hz，FS 模式为小于 1Hz），EMG 的输出功率密度小到无法测量，这表明 EMG 对于采集低频能量是无效的。

在低频状态下，EMG 的有效功率在很大程度上受限于其低输出电压，如点亮 LED 所需的最低电压约为 2.3V，而所需的电流则不大。即使在相当低的频率（约 0.1Hz）下，TENG 也能非常容易地满足 LED 的供电需求。然而，EMG 需要较大的频率才能达到所需的最低电压（根据测量，两块叠加的方形磁铁的 CS-EMG 约为 4.5Hz，FS-EMG 约为 2.5Hz）。图 14.7（e）和（f）显示了 EMG 和 TENG 所需最低频率的差异以及 EMG 和 TENG 在不同频率下所点亮的 LED 亮度。

这些结果表明，在一定的阈值频率以下，TENG 的输出性能高于 EMG。此外，TENG 还具有质量轻的特点以及通过结构优化设计提高性能的可能性。所有这些特性使 TENG 具备一种可能的颠覆性应用，可以有效收集频率低于 3Hz 的机械能。例如，通过收集人体运动的机械能为小型电子设备供电，或者通过收集海洋波浪能实现大规模发电（蓝色能源）。

14.4　振幅响应特性对比

除频率的影响之外，输入振幅也是影响两种发电机输出性能的关键因素，对 EMG 和 TENG 在不同输入振幅下的输出特性进行比较。图 14.8 展示了在相同尺寸下 CS-EMG 和 CS-

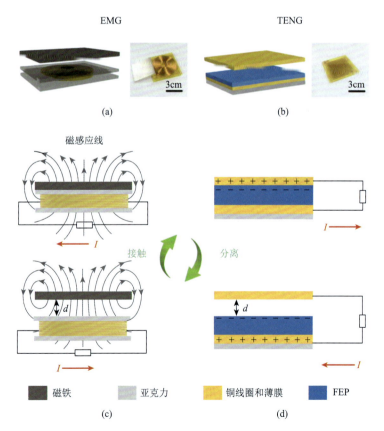

图 14.8　两种发电机的三维原理图、工作原理图和实物图（本图已获得 Elsevier 许可）[15]

（a）（c）EMG 的结构及工作原理图；（b）（d）TENG 的结构及工作原理图

TENG 的三维原理图、实物图及工作原理图。EMG 由夹在两块亚克力板中的一块方形磁铁和一个铜线圈组成，如图 14.8（a）所示。而 TENG 由顶部独立的铜电极和底部附有 FEP 绝缘层的铜电极组成，如图 14.8（b）所示。图 14.8（c）和（d）分别说明了 EMG 和 TENG 的工作原理，其工作原理已在 14.2 节中详细阐述，此处不再详细讨论。

对于简谐运动，运动的位移和速度可以表示为

$$x(t) = x_{\max} \sin(2\pi ft) \tag{14.17}$$

$$v(t) = \frac{\mathrm{d}x}{\mathrm{d}t} = 2\pi f x_{\max} \cos(2\pi ft) \tag{14.18}$$

式中，$x_{\max}$ 是运动振幅，m。在不同的位移下，可以推导出 EMG 的开路电压和短路电流：

$$V_{\mathrm{OC}}^{\mathrm{EMG}}(t) = 2\pi Blf x_{\max} \cos(2\pi ft) \tag{14.19}$$

$$I_{\mathrm{SC}}^{\mathrm{EMG}}(t) = \frac{2\pi Blf x_{\max} \cos(2\pi ft)}{r} \tag{14.20}$$

EMG 的最大开路电压和短路电流为

$$V_{\mathrm{OC, max}}^{\mathrm{EMG}} = 2\pi Blf x_{\max} \tag{14.21}$$

$$I_{\mathrm{SC, max}}^{\mathrm{EMG}} = \frac{2\pi Blf x_{\max}}{r} \tag{14.22}$$

从式（14.21）和式（14.22）可以看出，当频率 f 保持不变时，EMG 输出最大开路电压和短路电流都与运动振幅 $x_{\max}$ 成正比，图 14.9（a）和（b）所示的实验结果与理论推导相一致。

TENG 输出开路电压和短路电流特性与 EMG 有很大不同。在小位移下，TENG 的摩擦副表面积远大于分离距离：根据式（14.8），当位移 x 增大到最大振幅 $x_{\max}$ 时，可以达到最大的开路电压：

$$V_{\mathrm{OC, max}}^{\mathrm{TENG}} = \frac{\sigma x_{\max}}{\varepsilon_0} \tag{14.23}$$

在小振幅下，TENG 的最大开路电压与 $x_{\max}$ 成正比，与频率 f 无关。当振幅足够大时，TENG 输出开路电压因边缘效应影响而偏离与振幅的线性关系。图 14.9（c）显示，TENG 的最大开路电压起初随着最大振幅 $x_{\max}$ 的增大而线性增大，然后在 $x_{\max}$ 达到 3mm 时慢慢趋于饱和。并且，激励频率对其输出特性曲线的变化趋势几乎没有影响，此结果与上述理论分析是一致的，且与 EMG 的特性有很大区别。

TENG 的短路电流可由式（14.24）得出：

$$I_{\mathrm{SC}}^{\mathrm{TENG}}(t) = \frac{\mathrm{d}Q_{\mathrm{SC}}(x)}{\mathrm{d}t} = \frac{S\sigma d_0}{(d + x(t))^2} \frac{\mathrm{d}x}{\mathrm{d}t} = \frac{S\sigma d_0 v(t)}{(d_0 + x(t))^2} \tag{14.24}$$

根据式（14.24），当 $x(t) = 0$ 时，最大短路电流可以定义为

$$I_{\mathrm{SC, max}}^{\mathrm{TENG}} = \frac{S\sigma v(t)}{d_0} = \frac{2\pi S\sigma x_{\max} f \cos(2\pi ft)}{d_0} = \frac{2\pi S\sigma f x_{\max}}{d_0} \tag{14.25}$$

因此，当频率 f 保持不变时，最大短路电流与振幅 $x_{\max}$ 成正比。在 0.5～8Hz 的频率范围内，TENG 的最大短路电流在 3mm 的范围内随着振幅的增大呈线性增大，如图 14.9（d）所示。这种结果与上面的讨论一致，也与 EMG 的特性类似。

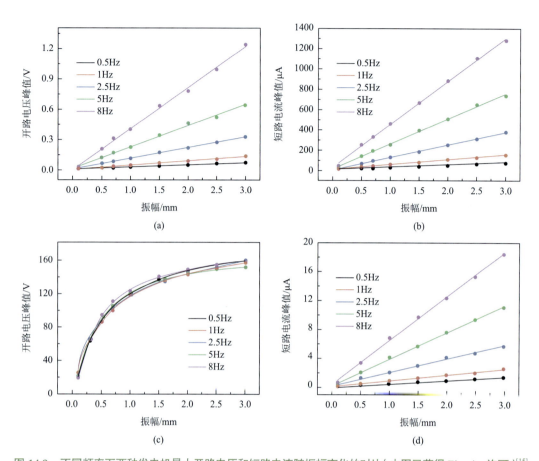

图 14.9   不同频率下两种发电机最大开路电压和短路电流随振幅变化的对比（本图已获得 Elsevier 许可）[15]

（a）（b）在不同的频率下，EMG 输出最大开路电压和短路电流与振幅的关系；（c）（d）不同频率下，TENG 输出最大开路电压和短路电流与振幅的关系

为了分析和比较 EMG 及 TENG 的输出功率，根据式（14.14），EMG 在一个周期内的最大平均输出功率为

$$\overline{P_{\mathrm{max}}^{\mathrm{EMG}}} = \frac{\left(\overline{V_{\mathrm{OC}}^{\mathrm{EMG}}}\right)^2}{4r} = \frac{\int_0^T \left(V_{\mathrm{OC}}^{\mathrm{EMG}}\right)^2 \mathrm{d}t}{4Tr} = \frac{(\pi fBl)^2}{2r} x_{\mathrm{max}}^2 \tag{14.26}$$

当频率 f 保持不变时，EMG 的最大平均输出功率正比于振幅的平方。

对于 TENG，理论最大平均输出功率为

$$\overline{P_{\mathrm{max,\,CMEO}}^{\mathrm{TENG}}} = \frac{1}{2} Q_{\mathrm{SC,\,max}} \left(V_{\mathrm{OC,\,max}}^{\mathrm{TENG}} + \frac{d_0 Q_{\mathrm{SC,\,max}}}{\varepsilon_0 S} \right) f \tag{14.27}$$

从式（14.27）可以看出，当频率 f 保持不变时，TENG 理论上的最大平均输出功率由最大短路转移电荷量和最大开路电压决定。如式（14.28）所示，最大短路转移电荷量在 $x = x_{\mathrm{max}}$ 处取得：

$$Q_{SC,\,max} = \frac{S\sigma x_{max}}{d_0 + x_{max}} = \frac{S\sigma}{(d_0/x_{max})+1} \tag{14.28}$$

根据式（14.28）可以看出，在小振幅情况下，最大的短路转移电荷量随着振幅 x_{max} 的增大而增大。然而，当振幅 x_{max} 足够大时，由于电容太小，电荷在饱和状态下不会在电极之间转移。因此，TENG 的理论最大平均输出功率先随着振幅的增大而增大，在振幅达到一定值时趋于饱和。平均输出功率与外部负载的关系如下：

$$\overline{P^{TENG}} = \frac{\int_0^T V^2 \mathrm{d}t}{RT} \tag{14.29}$$

式中，V 是外部电阻两端电压。外部电阻的平均输出功率大小可近似于理论最大平均输出功率的一半，且二者随着振幅的增大有类似的变化趋势。

图 14.10（a）和（b）分别展示了 EMG 和 TENG 在 1Hz 振动频率及不同振幅下的平均输出功率与外部电阻的关系。如图 14.10（c）所示，TENG 的最大平均输出功率在振幅小于 1.5mm 时迅速增大，而在振幅大于 1.5mm 时几乎保持不变。EMG 的最大平均输出功率缓慢地逐渐增长，在振幅为 2.6mm 时与 TENG 的曲线交叉。实验结果表明，在振动频率为 1Hz 且振幅小于 2.6mm 的情况下，TENG 输出性能明显优于 EMG，这与上面的理论分析结果一致。此外，在 0.5～8Hz 的频率区间内，TENG 与 EMG 的最大平均输出功率与振幅的关系在不同频率下展现出类似的趋势和特征。这些结果表明，TENG 在采集小振幅的机械能方面显著优于 EMG。

如图 14.10（d）所示，浅红色区域表示 TENG 的优势工作范围，浅绿色区域表示 EMG 的优势工作范围。从图中可以看出，频率越低且振幅越小时，TENG 的优势越明显，因此 TENG 在低频和小振幅下相比 EMG 具有突出的优势。图 14.10（e）显示了 1Hz 及 3mm 范围内 TENG 和 EMG 的最大平均输出功率比与振幅的关系，结果显示该比值随着振幅的增大而减小，表明在 2.6mm 以内的小振幅下，TENG 比 EMG 具有更佳的输出性能。图 14.10（f）总结了 TENG 和 EMG 的最大平均输出功率比与振幅和频率的关系。结果显示，该比值随着振幅和频率的增大而减小。因此，振幅和频率越小，TENG 相对于 EMG 的优势就越明显。

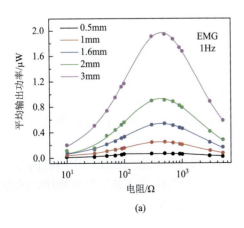

(a)

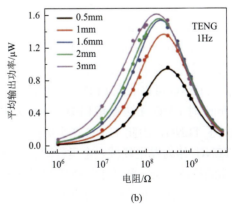

(b)

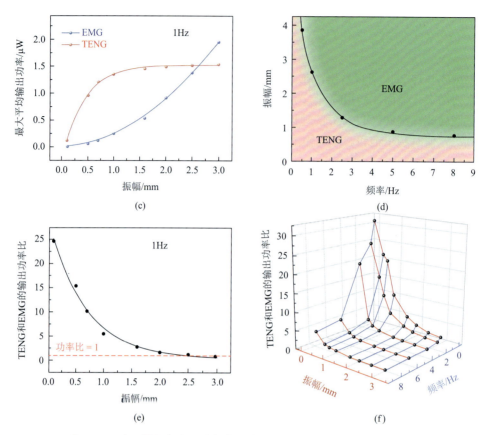

图 14.10 **EMG** 和 **TENG** 在不同振幅和工作频率下的阻抗匹配特性及平均输出功率比较（本图已获得 **Elsevier** 许可）[15]

（a）（b）频率为 1Hz 时，不同振幅下 EMG 和 TENG 的阻抗匹配特性；（c）两个发电机在 1Hz 时的最大平均输出功率与振幅的比较；（d）不同频率下两个特性曲线交叉点的振幅；（e）在 1Hz 的情况下 TENG 和 EMG 的最大平均输出功率比与振幅的关系；（f）TENG 和 EMG 的最大平均输出功率比与振幅和频率的关系

    TENG 在小振幅的振动能量收集方面具有优势。如图 14.11（a）所示，EMG 和 TENG 集成在一起，在相同的振幅和频率下工作。图 14.11（b）展示了 EMG 和 TENG 在 8Hz 及不同振幅下点亮 LED 的最大电压。当 TENG 驱动 LED 时，在小振幅下 LED 两端电压高于其阈值电压（2.14V）；而由 EMG 驱动 LED 时，LED 两端电压增大缓慢，直至振幅为 0.7mm 都未超过 LED 的阈值电压。图 14.11（c）和 14.11（d）表明，由 TENG 驱动 LED 时，最大电流和功率都迅速增大到饱和状态。而 EMG 驱动 LED 时，最大电流和功率都增大缓慢，分别在振幅大于 0.87mm 和 1mm 时超过了 TENG。在振幅小于 0.1mm 的情况下，TENG 可以照亮 LED，亮度在振幅达到 1mm 后迅速增长到饱和状态。在振幅小于 0.7mm 时 EMG 无法点亮 LED，而在振幅增大至 0.87mm 之后，LED 的亮度急剧增加并超过了 TENG，因此 TENG 在小振幅状态下比 EMG 更有优势。

    TENG 作为发电领域一个里程碑式的新技术，为有效获取二维空间中的机械能提供了全新的解决方案。得益于低频段能源收集的优势，TENG 在人体运动机械能、风能、波浪能收集等领域有着巨大的应用潜力。此外，它在小振幅的机械能采集方面也有颠覆

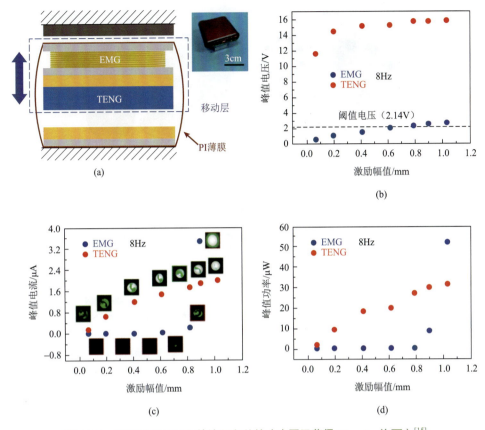

图 14.11　TENG 和 EMG 的演示和总结（本图已获得 Elsevier 许可）[15]

（a）EMG 和 TENG 的集成示意图和照片；（b）TENG 与 EMG 驱动下 LED 最大电压与激励幅值的关系；（c）EMG 和 TENG
分别驱动下，通过 LED 的最大电流与激励振幅的关系；（d）EMG 和 TENG 驱动下，LED 的最大功率与激励振幅的关系，
振动频率为 8Hz

性的应用，如桥梁振动、机器振动、MEMS 振动等。所有这些显著的优点将引领 TENG
的发展前景，使其成为新时代的能源基础。

14.5 对输入力/力矩、输入功率的响应特性对比

对于输入的机械能，输入力/力矩以及输入功率也是重要的特征参数。系统性地比较
EMG 和 TENG 在不同输入力/力矩以及输入功率下的输出特性。图 14.12 展示了转动 EMG
和转动 TENG 的结构示意图和工作原理图。如图 14.12（a）所示，EMG 和 TENG 两者都
包含一个转子、一个直径为 280mm 的定子和九个固定的发电单元。如图 14.12（aⅠ）所
示，对 EMG 来说，磁铁和铜线圈分别沿圆周方向嵌入在转子和定子中。其中，磁铁的磁
极方向相同，铜线圈采用并联连接，并且绕组方向均为逆时针方向。如图 14.12（aⅡ）
所示，对 TENG 来说，扇形转子上是摩擦电层，而相应的扇形铜电极则固定在定子上。
图 14.12（b）和（c）分别展示了 EMG 和 TENG 的工作原理。其工作原理已在第 14.2 节
中讨论过。

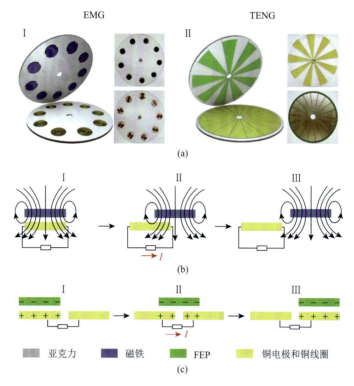

图 14.12　两个发电机的结构示意图和工作原理图（本图已获得 Elsevier 许可）[16]

（a）EMG 和 TENG 的结构示意图和照片；（b）（c）EMG 和 TENG 的工作原理图

对于转动 EMG，磁通量的变化率与转速有关。图 14.13（a）和（c）展示了 EMG 输出开路电压和短路电流的变化。开路电压的峰-峰值和短路电流的峰值均随着转速的增大而线性增大，实验结果与理论分析一致。对于 TENG，开路电压和短路电流可以描述为

$$U_{OC}^{TENG} = \frac{\sigma S}{C} \tag{14.30}$$

$$I_{SC}^{TENG} = \sigma \frac{\Delta S}{\Delta t} = \sigma \frac{N_2 r^2 \Delta \theta}{2\Delta t} = \frac{N_2}{\pi} \frac{\sigma}{2} S\omega \tag{14.31}$$

式中，σ 是 FEP 薄膜的表面电荷密度，C/m²；S 是单个电极的面积，m²；C 是两个电极之间的电容，F；N_2 是电极的对数；ω 是旋转角速度（$\omega = 2\pi n/60$，其中 n 是转速），rad/s。图 14.13（b）和（d）展示了 TENG 输出的开路电压和短路电流。随着转速的增大，短路电流的峰值线性增大，而开路电压的峰值几乎保持不变。

对于 EMG，其平均输出功率与外部负载电阻的关系如下：

$$\overline{P_{out}^{EMG}} = \frac{\int_0^{t_1} U_1^2 dt}{Rt_1} \tag{14.32}$$

式中，U_1 为外部负载的电压电阻，V；R 为外部电阻，Ω；t_1 为积分周期，s。如图 14.13（e）

所示，在不同的转速下，随着外接负载电阻的增大，EMG 的平均输出功率先增大后减小，平均输出功率在外接负载电阻为 110Ω 时达到最大值，且最佳匹配阻抗不随转速发生变化。如图 14.13（g）所示，在不同发电单元数量下，EMG 的最大平均输出功率几乎与旋转速率的平方成正比。

对于 TENG，平均输出功率与外部负载电阻的关系如下：

$$\overline{P_{\text{out}}^{\text{TENG}}} = \frac{R\int_0^{t_1} I_1^2 \mathrm{d}t}{t_1} \tag{14.33}$$

式中，R 为外部电阻，Ω；I_1 为流经外部负载电阻的电流，A；t_1 为积分周期，s。随着外部电阻的增大，TENG 的平均输出功率的变化趋势与 EMG 相似。不同于 EMG，TENG 的最佳匹配阻抗随着驱动转速的增大而减小，如图 14.13（f）所示。在不同的发电单元数量下，TENG 的最大平均输出功率与转速几乎成正比，如图 14.13（h）所示。

如图 14.14（a）所示，在产生电能的过程中，输入机械力矩需要克服反力矩，以驱动 EMG 和 TENG 的转子。当转子以恒定的转速旋转时，输入的机械力矩 T_1、场致反力矩 T_2 和来自机械轴承的摩擦反力矩 T_3 处于平衡状态，可以描述为

$$T_1 = T_2 + T_3 \tag{14.34}$$

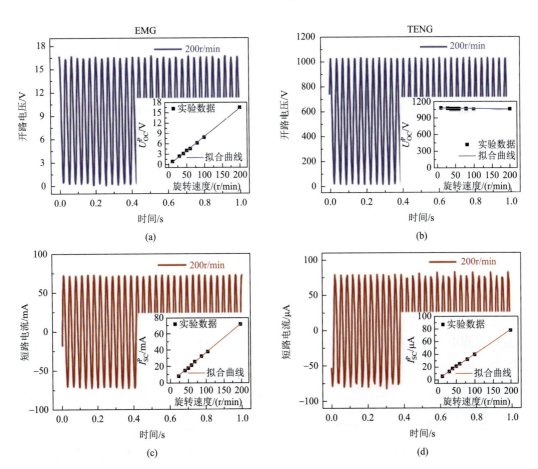

（a）

（b）

（c）

（d）

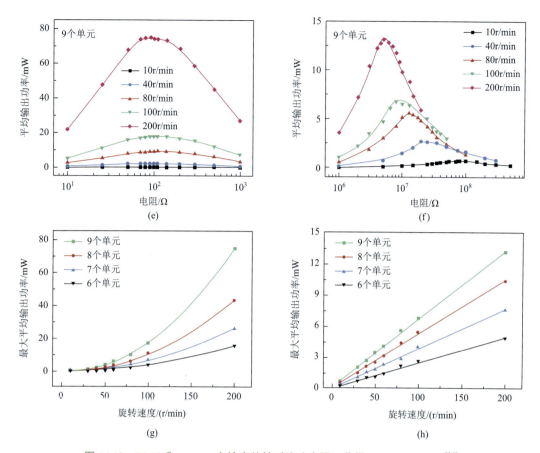

图 14.13　EMG 和 TENG 电输出特性对比（本图已获得 Elsevier 许可）[16]

（a）（b）当转速从 10r/min 增大到 200r/min 时，EMG 和 TENG 输出开路电压的峰-峰值；（c）（d）当转速从 10r/min 增大到 200r/min 时，EMG 和 TENG 输出短路电流；（e）（f）转速从 10r/min 增大到 200r/min 时，EMG 和 TENG 的阻抗匹配特性；（g）（h）不同数量的发电单元下，EMG 和 TENG 输出最大平均输出功率与转速关系曲线

如图 14.14（aⅠ）所示，对 EMG 来说，场致反力矩是由安培力引起的电磁反力矩。在旋转过程中，线圈中的感应电流会产生一个与旋转方向相反的安培力并阻碍转子旋转。因此，平均电磁反力矩可以计算为

$$\overline{T_r^{\mathrm{EMG}}} = \overline{F_r^{\mathrm{EMG}}} L^{\mathrm{EMG}} \tag{14.35}$$

式中，T_r^{EMG} 是平均安培力，N；L^{EMG} 是安培力的等效力臂，m。

如图 14.14（aⅡ）所示，对 TENG 来说，场致反力矩是由静电力引起的静电反力矩。在旋转过程中，静电荷之间的库仑引力会产生一个与旋转方向相反的静电力并阻碍转子的旋转。因此，平均静电反力矩可以计算为

$$\overline{T_r^{\mathrm{TENG}}} = \overline{F_r^{\mathrm{TENG}}} L^{\mathrm{TENG}} \tag{14.36}$$

式中，$\overline{T_r^{\mathrm{TENG}}}$ 是静电力，N；L^{TENG} 是静电力的等效力臂，m。

如图 14.14（b）和（c）所示，两个发电机的输入机械力矩可以由力矩传感器测量。

首先，在没有场致反力矩（$T_2 = 0$）的情况下，测量输入机械力矩，在此情况下，测得的输入机械力矩 T_1 即为轴承产生的摩擦反力矩 T_3，如图 14.15（a）和（b）中的黑色曲线所示。然后，在不同转速下测量最大平均输出功率点，通过场诱导反力矩以测量输入机械力矩 T_1，如图 14.15（a）和（b）中的彩色曲线所示。

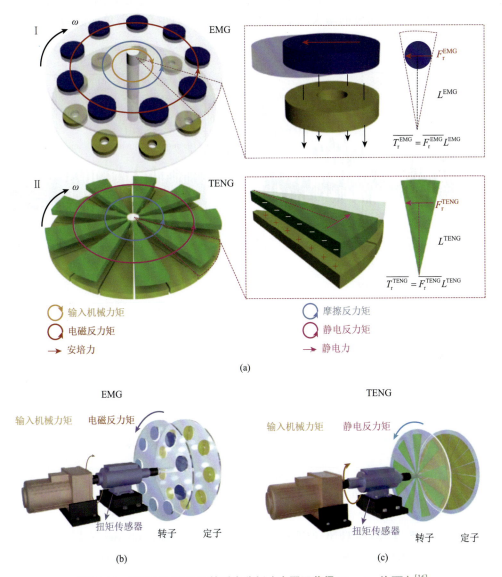

图 14.14　**EMG 和 TENG 的受力分析（本图已获得 Elsevier 许可）**[16]

（a）EMG 和 TENG 的工作反力和力矩分析；（b）（c）两个发电机的测量系统 EMG（b）和 TENG（c）

对于这两种发电机，在每个转速下的摩擦反力矩都是波动的，但随着转速的增大，摩擦反力矩平均值几乎保持不变。测量的输入机械力矩也是波动的，对于 EMG，其旋转反力的平均值随着转速的增大而增大。这是因为转速的增大导致了感应电流和安培力的增大，电磁反力矩随着转速的增大而增大。而对 TENG 来说，随着转速的增大，静电反力矩平均值几乎保持不变。这是因为摩擦所产生的静电荷总量是恒定的，因此静电力和反力矩不受转速的影响。图 14.15（c）和（d）分别总结了不同发电单元数的 EMG 和 TENG 的平均电磁力和静电反力矩与转速的关系。对 EMG 来说，在每个不同数量的发电单元中，平均电磁反力矩随着转速的增大而增大。与 EMG 不同，TENG 的平均静电反力矩随着旋转速度的增大几乎保持不变，而反力矩会随着单元数的增大而线性增大，如图 14.15（d）所示。

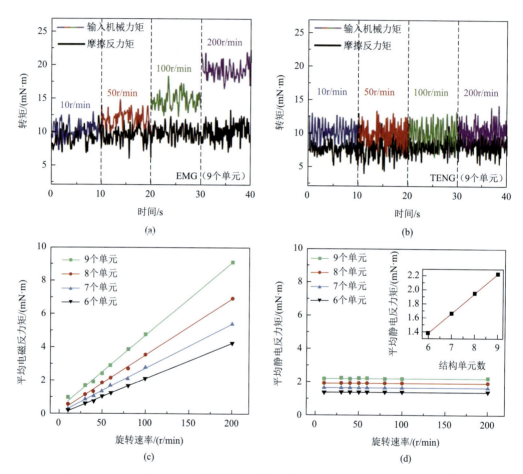

图 14.15　EMG 和 TENG 的机械输入特性比较（本图已获得 Elsevier 许可）[16]

（a）（b）EMG 和 TENG 在不同转速下测量的输入力矩；（c）（d）不同转速下 EMG 和 TENG 的平均场致反力矩

根据测量的输入机械力矩，两种发电机的平均输入机械功率可以通过以下方式计算：

$$\overline{P_{\text{in}}} = \overline{T_{\text{r}}}\omega \tag{14.37}$$

式中，$\overline{T_{\text{r}}}$ 是两台发电机的平均电磁反力矩或静电反力矩，N·m；ω 是旋转角速度。如图 14.16（a）和（b）所示，在不同数量的发电单元下，EMG 的平均输入功率与转速的平方成正比。而 TENG 的平均输入功率则与转速呈一次关系。

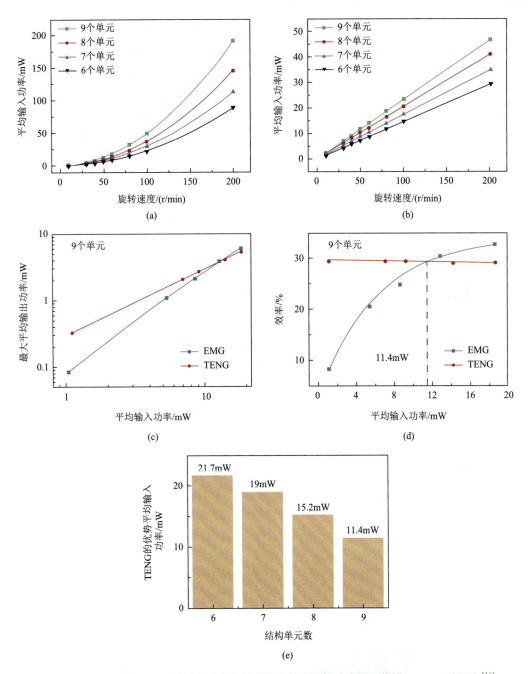

图 14.16　EMG 和 TENG 的输入功率和能量转换效率比较（本图已获得 Elsevier 许可）[16]

（a）（b）EMG 和 TENG 的平均输入功率与转速关系；（c）（d）EMG 和 TENG 在不同平均输入功率下的最大平均输出功率和能量转换效率比较；（e）不同发电单元数下，TENG 的优势输入功率范围

两种发电机的能量转换效率可以表示为

$$\eta = \frac{\overline{P_{out}}}{\overline{P_{in}}} \qquad (14.38)$$

如图 14.16（c）所示，随着平均输入功率的增大，EMG 和 TENG 的最大平均输出功率均逐渐增大，在较小的平均输入功率下，TENG 的最大平均输出功率高于 EMG；当平均输入功率超过 11.4mW 时，EMG 的最大平均输出功率超过 TENG。图 14.16（d）中展示了两种发电机能量转换效率随平均输入功率的变化。随着平均输入功率从 1.05mW 增大到 18.61mW，EMG 的能量转换效率先迅速增大然后逐渐趋于饱和；而 TENG 的能量转换效率则几乎保持不变。当平均输入功率超过 11.4mW 时，EMG 的能量转换效率超过 TENG。结果表明，在低输入功率（<11.4mW）下，TENG 具有更优异的能量转换效率，在收集微弱机械能方面更具优势。

EMG 的能量转换效率特性曲线的变化规律是受到其工作过程中的涡流损耗、铜损耗和其他损耗的影响。当平均输入功率较小时，平均输出功率也相应较小，其损耗所占的比例较大，此时损耗对平均输出功率影响较大，导致能量转换效率较低。随着平均输入功率的进一步增大，平均输出功率迅速增大，损耗所占的比例变低，损耗对平均输出功率的影响会降低，使其能量转换效率逐渐增大。

对于理想情况下的 TENG，随着平均输入功率的增大，能量转换效率保持不变。这是由于 TENG 的能量转换效率只与工作过程中的静电反力矩有关，且其随着转速的增大基本保持不变，使得 TENG 的能量转换效率随着输入功率的增大也可以保持不变。在实验测试中，TENG 的能量转换效率随着平均输入功率的增大出现略微的下降，可能是由于随着平均输入功率的增大，轻微的机械振动导致了部分的能量损失。

如图 14.16（e）所示，随着发电机结构单元数的增加，EMG 与 TENG 能量转换效率曲线的交叉点逐渐迁移，当结构单元数由 6 个增加到 9 个时，两种发电机能量转换效率的交叉点对应的平均输入功率由 21.7mW 下降到 11.4mW。结果表明，两个发电机的发电单元数目越少，TENG 的优势工作范围越大，证明 TENG 在弱力/力矩下工作更具优势。

为了更直观地展示 TENG 在收集微弱机械能方面的优势，设计了如图 14.17 所示的演示实验。如图 14.17（a）所示，将质量块的重力势能转化为机械能输入系统，通过测量质量块在不同预输入角度下两种发电机的摆动时间和转换的电能，对比两种发电机的工作特性。图 14.17（b）和（c）展示了 EMG 和 TENG 在 140° 预输入角度下的振荡曲线。EMG 的摆动时间为 46s，而 TENG 为 342s。如图 14.17（d）所示，随着预输入角度的增大，两种发电机摆动的时间逐渐延长，但 TENG 的摆动时间明显长于 EMG。

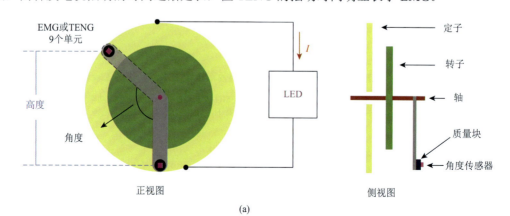

(a)

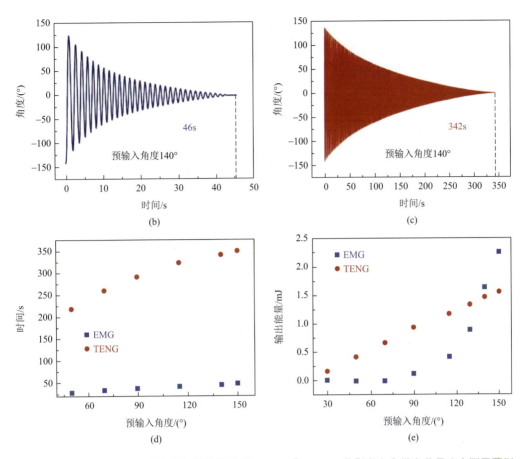

图 14.17　EMG 和 TENG 采集弱机械能的演示，EMG 和 TENG 分别有九个发电单元（本图已获得 Elsevier 许可）[16]

（a）EMG 或 TENG 采集弱机械能的示意图；（b）（c）预输入角度为 140°时，EMG 和 TENG 的摆动时间对比；（d）EMG 和 TENG 的摆动时间与预输入角度的关系；（e）由 EMG 和 TENG 驱动的 LED 的输出能量与预输入角度的关系

图 14.17（e）展示了在不同的预输入角度下，EMG 和 TENG 在 LED 上输出能量的对比，能量计算公式如下：

$$E_{\text{out}} = \int_0^{t_2} U_2 I_2 \mathrm{d}t \qquad (14.39)$$

式中，t_2 是摆动时间；U_2 和 I_2 分别是两个发电机施加在 LED 上的电压和电流。

从图 14.17 中可以看出，TENG 在 LED 上输出的能量缓慢上升。EMG 先缓慢上升，然后迅速上升，在角度达到 140°时超过 TENG。这些结果证明了 TENG 相较 EMG 在收集微弱机械能方面具有显著优势。

综上所述，本章对 EMG 和 TENG 收集机械能的理论模型、工作机理、控制方程和输出特性进行了详细的分析和比较。EMG 和 TENG 在机械能俘获上具有可比较、对称性以及互补性的关系，表 14.1 对比总结了两种发电机的特性。TENG 为电容性阻抗，且匹配阻抗很大，为十几欧甚至上百兆欧，其理论模型可以建立为内阻很大的电流源；而 EMG

为电阻性阻抗，且匹配阻抗很小，一般仅为几欧或十几欧，其相当于一个内阻很小的电压源。在输出特性方面，TENG 输出开路电压高、短路电流低；而 EMG 输出的开路电压低、短路电流高。在机械能俘获方面，TENG 适合在低频、微幅下工作，对于微弱的机械输入功率具有更好的响应；而 EMG 更适合在高频、大幅度下工作，对于较强的机械输入功率具有更好的响应。

表 14.1　EMG 和 TENG 的特性对比总结[16]（本表已获得 Elsevier 许可）

对比参数	EMG	TENG
等效模型	电压源	电流源
内部阻抗	小	大
阻抗特性	电阻性	电容性
开路电压	低	高
短路电流	高	低
优势频率	高	低
优势幅度	大	小
优势驱动力/力矩	强	弱

14.6　总　　结

自法拉第在 1831 年发现电磁感应现象后，EMG 已经成为产生电能最重要、最广泛的方式，至今还没有其他发电方式可与之比肩。EMG 更适合采集高频、大振幅及大功率的机械能，在高密度、有序的低熵能源俘获领域具有独特的优势。而新时代的能量主要表现为分布式、无序的高熵能量，如机器振动、桥梁振动、海水波动、微风雨滴、人体运动，甚至心脏、动脉跳动等。作为新时代的能源技术，由于 TENG 在低频率、微振幅和弱输入功率下，输出性能的巨大优势使得其在收集微机械能等新时代能源上具有颠覆性的应用。因此，TENG 被认为是继 EMG 之后采集机械能的又一种重要方式，是具有和EMG 同等重要应用前景的新时代能源技术。

参 考 文 献

[1]　Arnold D P. Review of microscale magnetic power generation[J]. IEEE Transactions on Magnetics，2007，43（11）：3940-3951.

[2]　Zhu G，Pan C F，Guo W X，et al. Triboelectric-generator-driven pulse electrodeposition for micropatterning[J]. Nano Letters，2012，12（9）：4960-4965.

[3]　Wang Z L. Triboelectric nanogenerators as new energy technology for self-powered systems and as active mechanical and chemical sensors[J]. ACS Nano，2013，7（11）：9533-9557.

[4]　Zhang X S，Han M D，Wang R X，et al. Frequency-multiplication high-output triboelectric nanogenerator for sustainably powering biomedical microsystems[J]. Nano Letters，2013，13（3）：1168-1172.

[5]　Wang Z L，Wu W Z. Nanotechnology-enabled energy harvesting for self-powered micro-/nanosystems[J]. Angewandte Chemie International Edition，2012，51（47）：11700-11721.

[6] Bai P，Zhu G，Liu Y，et al. Cylindrical rotating triboelectric nanogenerator[J]. ACS Nano，2013，7（7）：6361-6366.

[7] Zhang C，Tang W，Han C B，et al. Theoretical comparison，equivalent transformation，and conjunction operations of electromagnetic induction generator and triboelectric nanogenerator for harvesting mechanical energy[J]. Advanced Materials，2014，26（22）：3580-3591.

[8] Lin L，Wang S H，Xie Y N，et al. Segmentally structured disk triboelectric nanogenerator for harvesting rotational mechanical energy[J]. Nano Letters，2013，13（6）：2916-2923.

[9] Zhang C，Zhou T，Tang W，et al. Rotating-disk-based direct-current triboelectric nanogenerator[J]. Advanced Energy Materials，2014，4（9）：1301798.

[10] Wang S H，Xie Y N，Niu S M，et al. Freestanding triboelectric-layer-based nanogenerators for harvesting energy from a moving object or human motion in contact and non-contact modes[J]. Advanced Materials，2014，26（18）：2818-2824.

[11] Zi Y L，Guo H Y，Wen Z，et al. Harvesting low-frequency（＜5 Hz）irregular mechanical energy：A possible killer application of triboelectric nanogenerator[J]. ACS Nano，2016，10（4）：4797-4805.

[12] Zi Y L，Niu S M，Wang J，et al. Standards and figure-of-merits for quantifying the performance of triboelectric nanogenerators[J]. Nature Communications，2015，6：8376.

[13] Niu S M，Wang S H，Lin L，et al. Theoretical study of contact-mode triboelectric nanogenerators as an effective power source[J]. Energy & Environmental Science，2013，6（12）：3576-3583.

[14] Niu S M，Wang Z L. Theoretical systems of triboelectric nanogenerators[J]. Nano Energy，2015，14：161-192.

[15] Zhao J Q，Zhen G W，Liu G X，et al. Remarkable merits of triboelectric nanogenerator than electromagnetic generator for harvesting small-amplitude mechanical energy[J]. Nano Energy，2019，61：111-118.

[16] Xu S H，Fu X P，Liu G X，et al. Comparison of applied torque and energy conversion efficiency between rotational triboelectric nanogenerator and electromagnetic generator[J]. iScience，2021，24（4）：102318.

本章作者：张弛

中国科学院北京纳米能源与系统研究所（中国北京）

第 15 章

摩擦电子学

摘　　要

摩擦电子学作为一门利用摩擦电控制和调节半导体输运的新研究领域，受到广泛的关注。本章系统地总结摩擦电子学的研究进展。首先，分析摩擦电子学的工作原理——摩擦电势可以用来控制半导体中的电子输运。然后，介绍作为基本元件的摩擦电子学晶体管。在此基础上，开发各种摩擦电子学功能器件，展示摩擦电对电子器件的调控作用，建立对外部环境的主动机械感知机制。就摩擦电与半导体相互作用的研究前景而言，摩擦电子学有望在微机电/纳米机电系统（MEMS/NEMS）、柔性电子、机器人、无线传感器网络和物联网（IOT）等领域展示出重大影响和潜在应用。

15.1　引　　言

近年来，通过耦合摩擦电与半导体，摩擦电子学作为一个新的研究领域被提出，利用 TENG 产生的摩擦电势代替传统栅极电压作为门信号调节和控制场效应晶体管中的载流子输运。目前，各种摩擦电子学功能器件已被开发并应用于人机交互中外部环境和电子器件的直接交互，证明了摩擦电对电子器件的调控作用。

本章将重点介绍摩擦电子学的近期研究进展。首先，分析摩擦电子学的工作原理——摩擦电势可用于调控半导体中的电子输运。之后，介绍作为摩擦电子学基本元件的摩擦电子学晶体管。在此基础上，开发各种摩擦电子学功能器件，展示摩擦电对电子器件的调控作用，建立对外部环境的主动机械感知机制。就摩擦电与半导体相互作用的研究前景而言，摩擦电子学有望在 MEMS/NEMS、柔性电子、机器人、无线传感器网络和 IOT 等领域展示出重大影响和潜在应用。

15.2　摩擦电势

通过 TENG 产生的摩擦电势可实现对摩擦电子学功能器件的调控。图 15.1 是基于垂直接触分离模式的 TENG，用于解释摩擦电势产生的工作原理[1]。垂直 CS-TENG 由聚酰亚胺（Kapton）和聚甲基丙烯酸甲酯（PMMA）组成，两层材料的背面均附着金属电极。在外电路中连接一个电容，TENG 的两层在初始状态下是分离的，此时两个电极之间没有电势差，不会产生或感应电荷，如图 15.1（a）所示。当外部应力引起位移时，两个聚合物相互靠近并接触。由于摩擦起电效应，表面电荷转移发生在接触区域。根据摩擦静电序列，电子会从 PMMA 转移到 Kapton，导致 Kapton 表面存在负电荷，PMMA 表面存在正电荷，由于它们完全局限于表面，具有相反符号的电荷几乎重合在同一平面上，导致两个电极之间基本上不存在电势差，如图 15.1（b）所示。而 Kapton 薄膜具有弹性，一旦发电机开始释放，Kapton 薄膜将恢复到初始位置，当两种聚合物分离时，就会在两个电极之间形成电势差，见图 15.1（c）。随着发电机的打开，V_{OC} 不断上升直到达到最大值，此时 Kapton 薄膜回到图 15.1（e）和（f）所示的位置。只要静电计的输入阻抗无限大，输出信号就会保持不变。如果紧接着进行按压，随着 Kapton 和 PMMA 层之间距离减小，电势差开始下降。因此，如图 15.1（b）和（d）所示，当两种聚合物再次完全接触时，V_{OC} 将从最高值下降到零。在此过程中，由于 TENG 的电容性阻抗特性，摩擦电势是一个保持电压，当两层聚合物分开时仍然可以保持稳定。摩擦电势的大小与两层的分离距离有关，可以近似计算为

$$U_T - \frac{Q}{C_{load} + C_d} \tag{15.1}$$

式中，Q 为摩擦电荷，C；C_d 为 TENG 释放时的总电容，F；C_{load} 为负载电容，F。

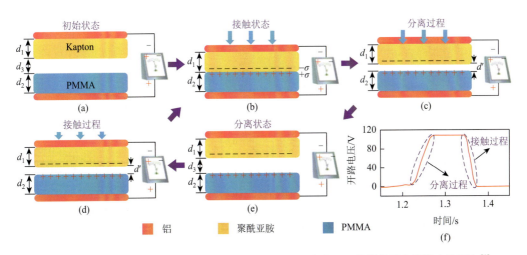

图 15.1　基于垂直接触分离模式的 TENG 的工作原理（本图已获得美国化学学会许可）[1]

（a）～（e）TENG 在开路条件下经过一个完整周期的接触分离运动过程；（f）垂直接触分离模式的 TENG 电压输出特性

15.3 摩擦电调控场效应仿真

摩擦电子学为电子器件与外界环境的主动交互提供了一种新的途径。为了深入了解和验证摩擦电子学在纳米尺度上的有效性，对摩擦电子学晶体管和逻辑器件的理论模型进行研究。

在有限元分析中建立的摩擦电金属-氧化物-半导体场效应晶体管（metal-oxide-semiconductor field-effect transistor，MOSFET）模型由传统的 n 型金属氧化物半导体（metal-oxide-semiconductor，NMOS）和 25nm 厚的 PTFE 层组成，其背面涂有铝电极作为移动电极，如图 15.2（a）所示[2]。基于接触起电效应，当 PTFE 层与栅极电极接触时产生了极性相反的等量摩擦电荷。当距离 d 增加到阈值距离 d_{th} 时，摩擦电荷感应产生的栅极电压也达到阈值电压 V_{th}，此时 NMOS 导通。第一种工作模式是移动电极与接地源和块状电极连接，第二种工作模式是将移动电极作为"浮动"电极与所有其他电极隔离，分别将这两种工作模式定义为"w/feedback"和"w/o feedback"。导通通道长度为 1μm，PTFE 层与栅极之间的距离 d 为 1nm～3μm。通过一组参数，如掺杂浓度、掺杂分布和详细的几何尺寸，研究不同源漏电压 V_{DS} 下的 I_{DS}（源漏电流）-d 特性，如图 15.2（b）所示。在"w/o feedback"模式下，晶体管的 I_{DS} 随着 d（虚点线）逐渐增加，其工作原理与一般的短通道 NMOS 相同。而在"w/feedback"模式下，晶体管的 I_{DS} 会快速增加并逐渐达到饱和（实线），可以将其用作机电开关，通过将 PTFE 层与栅极分离数百纳米的距离，在"开"和"关"状态之间快速切换。

通过将模型中 NMOS 的导通通道长度 L 分别缩短到 100nm、20nm 和 10nm，NMOS 的所有相关参数也按比例减小，考虑到接触起电过程不变，PTFE 层厚度不变，产生的摩擦电表面电荷密度不变。仿真结果表明，当 L 远大于 PTFE 层厚度时，摩擦电子学 MOSFET 的两种工作模式表现出不同的特性，可用于不同的应用场合，如图 15.2（c）所示。而当 L 小于 PTFE 层厚度时，"w/feedback"模式下移动电极与其他电极之间的快速电荷转移过程转变为缓慢过程，两种工作模式基本相同，如图 15.2（d）所示。

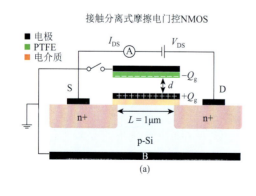

(a)

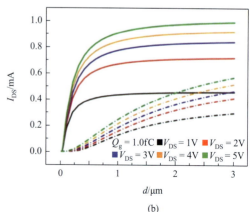

(b)

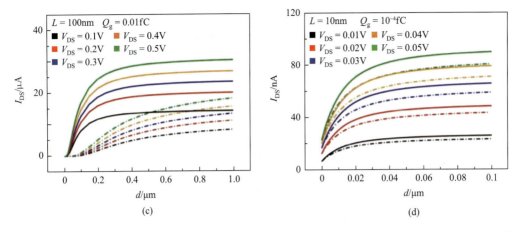

图 15.2 垂直接触分离模式的摩擦电 MOSFET 性能的理论分析（本图已获得美国化学学会许可）[2]

（a）摩擦电子学 NMOS 示意图，由传统的硅基 NMOS 和背面涂有铝电极作为移动电极的 PTFE 层组成；（b）在导通通道长度 L 为 1μm、栅极上摩擦电荷 Q_g 为 1.0fC 条件下，摩擦电 NMOS 在 1～5V 的不同偏置电压下的 I_{DS}-d 特性；（c）L 为 100nm、Q_g 为 0.01fC 的摩擦电 NMOS 在 0.1～0.5V 的不同偏置电压下的 I_{DS}-d 特性；（d）L 为 10nm，Q_g 为 10^{-4}fC 的摩擦电 NMOS 在 0.01～0.05V 的不同偏置电压下的 I_{DS}-d 特性

  图 15.3（a）构建了增强模式下滑动摩擦电门控 NMOS（sliding-electrification-gated NMOS，SG NMOS）的有限元方法模型，该模型由一个传统的硅基顶栅 NMOS 和位于栅电极上的 PTFE 层组成[3]。NMOS 的宽度为 1μm，导电通道长为 1μm。栅极和 PTFE 薄膜的宽度均为 1.5μm，这将导致滑动距离限制在 1.5μm。由于材料具有不同的电荷亲和性，随着 PTFE 层的滑动，在栅极上会产生一个电势，可用于调节 NMOS 中的载流子输运。当漏源电压设为 1V，栅极上的电荷量设为 1fC 时，模拟静电电势值计算如图 15.3（b）所示。结果表明，栅极电压随滑动距离的增大而增大。当栅极上的电荷量被设置为 1fC 时，在不同滑动距离 x 下 I_{DS} 与 V_{DS} 的关系如图 15.3（c）所示，可以看出 I_{DS} 随着 V_{DS} 的增大而增大，随着 x 的增大 I_{DS} 呈现饱和趋势。同时还研究了不同栅极摩擦电荷和源漏电压下的 I_{DS}。随后构建了耗尽模式的 SG NMOS，证实了静电势可以作为外部栅极电压来控制半导体中的载流子输运，可以取代传统栅极电压。此外，对 p 型通道滑动起电门控 NMOS 进行验证，证实摩擦电子学的机理。

  考虑到大规模集成制造中的尺寸效应，必须讨论摩擦电子学的有效性。通过将 NMOS 的通道长度减小到 10nm，研究了相关参数按比例减小后的 I_{DS} 特性。随着掺杂浓度的提高，PTFE 层的摩擦电表面电荷密度和厚度保持不变，I_{DS} 在通道长度较短的情况下保持不变，如图 15.3（d）所示，Q_g 随着 x 的增加而逐渐增大。不同的是，在较短的导通通道处，阈值栅极电压急剧下降，不再存在阈值滑动距离。对于逻辑控制中的摩擦电子学，也进行了仿真。基于两个处于增强模式的 SG NMOS 器件，提出了一种可将外界机械刺激转换为逻辑电平信号的滑动摩擦电门控摩擦电子学逻辑器件（sliding-electrification-gated tribotronic logic device，SGL），SGL 的原理如图 15.3（e）所示。其中，6μm 的 PTFE 薄膜铺在两个栅电极上。当薄膜滑动时，两个间距为 1μm 的 SG NMOS 连接在一起。V_{out}-x 关系如图 15.3（f）所示，V_{out} 随着 x 的增大而减小，当 x 从 0 增大到 1.5μm 时，逻辑 "1"

可以转换为逻辑"0"。仿真结果表明，摩擦电势仍然可以调节半导体的载流子输运，而不受尺寸效应的限制。

通过有限元分析方法，对基于两种基本工作模式的摩擦电子 MOSFET 的性能进行仿真研究，为深入了解摩擦电子学的物理机理和设计应用提供理论指导。同时，仿真结果表明，摩擦电子学在大规模阵列集成和指纹识别、可穿戴电子设备等领域的应用具有巨大潜力。

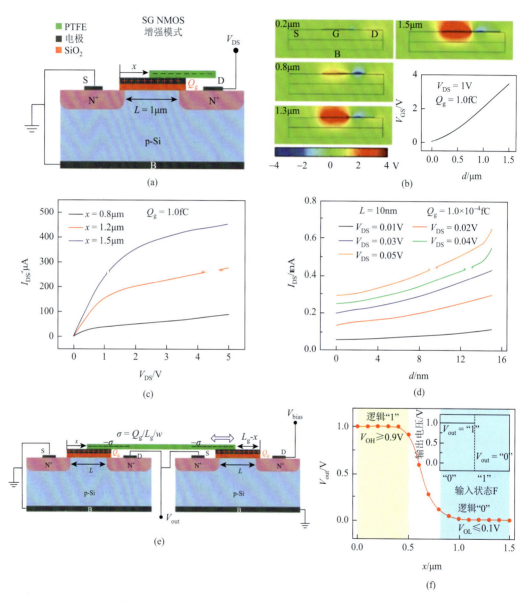

图 15.3　增强模式下滑动摩擦电 NMOS 性能的理论分析（本图已获得 Wiley 许可）[3]

（a）增强模式下滑动摩擦电门控 NMOS 原理图；（b）在 V_{DS} 为 1V，Q_g 为 1.0fC 的条件下，不同的 x 和感应栅电压 V_{GS} 下的电势分布图；（c）不同 x 下 I_{DS}-V_{DS} 的关系图；（d）SG NMOS 通道长度为 10nm 时 V_{DS}-d 的特性；（e）基于两个 SG NMOS 增强模式的 SGL 的结构；（f）逻辑器件在 1V 的固定偏置下的 V_{out}-d 的传递特性。逻辑"1"输出区域在高电平 $V_{OH} \geqslant 0.9$V，逻辑"0"输出区域在低电平 $V_{OL} \leqslant 0.1$V

15.4　摩擦电子学晶体管

基于这种摩擦电势，TENG 特别适合调制电容型器件，这是电磁感应发电机（electromagnetic induction generator，EMIG）无法实现的。MOSFET 的基本结构，如压电和静电微驱动器以及典型的金属-绝缘体-半导体（metal-insulator-semiconductor，MIS）电容结构都是电容型器件。接触起电场效应晶体管（contact electrification field-effect transistor，CE-FET）由背栅上附着在绝缘衬底的绝缘体上硅（silicon-on-insulator，SOI）MOSFET 和 TENG 耦合开发[4]，其中外部摩擦材料接触栅极以起电，并且可以在栅极和源电极之间施加摩擦电势。当施加正摩擦电势时，CE-FET 的导电通道宽度减小，漏源电流因此减小。同样，当施加反摩擦电势时，可以加宽 CE-FET 的导电通道宽度，从而增强漏源电流。

此外，对绝缘层的 MIS 结构进行简化，直接用于接触起电。图 15.4 展示了无栅极的柔性有机 CE-FET[5]。在这种简单的结构中，FEP 薄膜作为移动摩擦电层，与介电层直接接触并分离，在外力作用下，产生摩擦电势作为栅极电压。该装置的详细工作原理如图 15.4（a）所示。由于 FEP 薄膜具有较强的吸引电子的能力，当 FEP 薄膜在外力作用下与介电层完全接触时，可使移动 FEP 层带负电荷而介电层带正电荷。此时，由于静电平衡，通道内的载流子浓度没有发生变化。当 FEP 薄膜在外力作用下缓慢地与电介质表面分离时，形成内部电场，使空穴从电介质层和半导体层的界面排斥，在导电通道中产生耗尽区。因此，耗尽区会扩大，I_{DS} 会减小，直到达到 FEP 薄膜的最大分离距离。然而，当 FEP 薄膜开始回到原来的位置时，空穴载流子聚集到半导体层和介电层的界面处，抑制了内部电荷极化，减小了耗尽区。因此，半导体和介电界面的空穴浓度及 I_{DS} 得以恢复。该装置的等效电路如图 15.4（b）所示。I_{DS} 与 FEP 薄膜分离距离 d 的关系如图 15.4（c）所示，随着分离距离从 0μm 增加到 600μm，I_{DS} 从 –2.91μA 增加到 –1.69μA。此外，当选择 Cu 作为可移动摩擦电材料与介质层摩擦时，可以得到工作在增强模式下的无栅极摩擦电子晶体管，该晶体管也表现出优异的调制能力。

CE-FET 建立了外部环境与电子器件之间的直接交互机制，为传感器、人机交互器件和主动控制器件提供了一种新的方法。图 15.4（d）总结了传统 FET 和 CE-FET 的对比。与传统的由外加电压控制的三端场效应晶体管不同，CE-FET 是一种由外部接触/摩擦/力/滑动产生的摩擦电势控制的两端半导体器件。因此，对于 TENG 的高输出电压，CE-FET 可用于大范围的主动传感，比传统 FET 具有更广阔的应用前景。TENG 作为基本单元，将与半导体耦合建立摩擦电子学的新领域，在此基础上可以衍生出大量的摩擦电子学晶体管和功能器件，并展示电子器件对外部环境的主动机械感知。

采用接触模式原子力显微镜（C-AFM）和 SKPM 研究了纳米尺度摩擦起电门控的晶体管（Nanoscale triboelectrification gated transistor，NTT）[6]。如图 15.5（a）所示，NTT 的基本结构类似于没有顶栅电极的传统 MOSFET。其工作机制可以分为图 15.5（b）所示的两个阶段。在纳米尺度摩擦起电的过程中，AFM 探针以接触方式扫描和摩擦通道区域上方的 SiO_2 表面。实验中使用的 AFM 探针为硅探针，其有效功函数小于 SiO_2 探针。

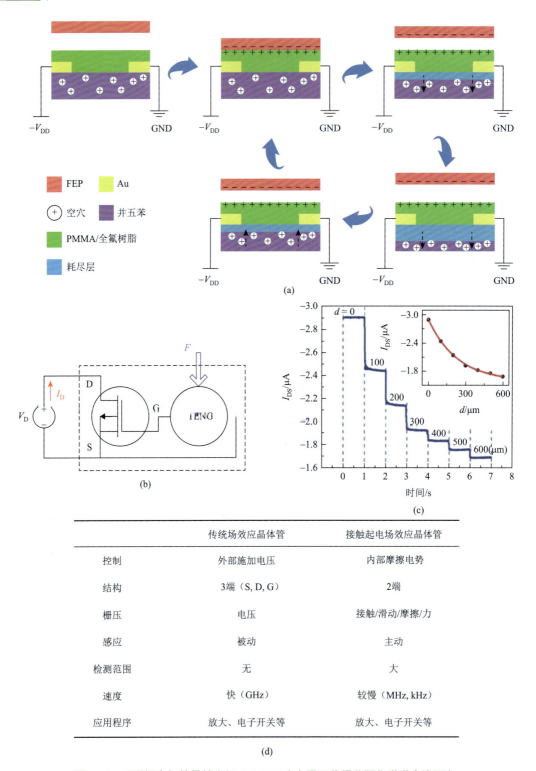

图例：
- FEP
- Au
- ⊕ 空穴
- 并五苯
- PMMA/全氟树脂
- 耗尽层

(a)

(b)

(c)

	传统场效应晶体管	接触起电场效应晶体管
控制	外部施加电压	内部摩擦电势
结构	3端（S, D, G）	2端
栅压	电压	接触/滑动/摩擦/力
感应	被动	主动
检测范围	无	大
速度	快（GHz）	较慢（MHz, kHz）
应用程序	放大、电子开关等	放大、电子开关等

(d)

图 15.4　无顶栅电极的柔性有机 CE-FET（本图已获得美国化学学会许可）

（a）无顶栅电极的 CE-FET 工作原理图[5]；（b）无顶栅电极的 CE-FET 等效电路[4]；（c）不同分离距离下 I_{DS}-t 输出特性[5]；
（d）传统 FET 与 CE-FET 的区别

根据电子转移机理，AFM 探针尖端的电子在摩擦过程中会转移到顶部的 SiO_2 表面。离子的转移电荷被结合到顶部的 SiO_2 表面，在通道区域内产生电场，吸引空穴并排斥 p 型硅（p-Si）层中的电子。因此，通道区域的空穴浓度增大，形成增强区，从而增加了 NTT 的源漏电流。

利用通道区域垂直方向的能带图分析了 NTT 的工作机理。如图 15.5（c）所示，W 为 Si 探针的有效功函数，E_0 为真空度 E_{VCC} 与 SiO_2 最高填充表面的能态差。因此，Si 探针在初始状态下的费米能级要高于 SiO_2 的最高填充表面能态。同时，定义了一个阈值距离 z，当小于这个距离时，电子可以在两个表面之间进行转移，而大于这个距离时，由于势垒足够大，可以防止任何隧穿。当探针接触 SiO_2 表面后，电子从 Si 探针转移至顶部的 SiO_2，填充了 Si 费米能级的表面态。此时，由于顶部 SiO_2 表面的电子转移，SiO_2 和 p-Si 层形成了一个内电场，使得 p-Si 的能带在界面处向上弯曲。因此，p-Si 价带中的空穴浓度增大，导致源漏电流增加。

首先通过施加外部栅极电压 V_{bg} 来测量晶体管的电学特性。图 15.5（d）显示了 $V_d = 5V$ 时，晶体管转移特性 I_{DS}-V_{bg} 的关系曲线，表明当栅极电压小于–17V 左右时，源漏电流单调增大。源漏电流在栅极电压为–22V 时增大速度最大。等效测试电路如图 15.5（e）所示。图 15.5（f）描述了不同尖端电压下的 I_{DS}-V_{DS} 输出特性。由于尖端电压对 ΔV 和 I_{DS} 的调制是可重复的，这证明了可控纳米级晶体管用于可重写浮置栅极是通过施加尖端电压实现的。

通过 AFM 对晶体管进行纳米尺度的摩擦电调制实验，并演示微/纳米尺度的摩擦电子学，从而深入了解摩擦电子学的理论机理。NTT 的实现可以提供电子与外界刺激的直接相互作用，微/纳米电子学的发展对多样性和功能性有较高要求。这可能为纳米晶体管、微/纳米电子电路和用于人机界面、柔性电子和生物医学诊断/治疗的 NEMS 的发展带来巨大的希望。

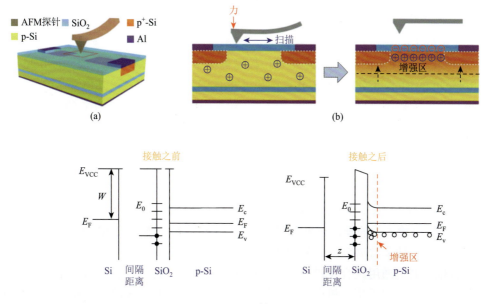

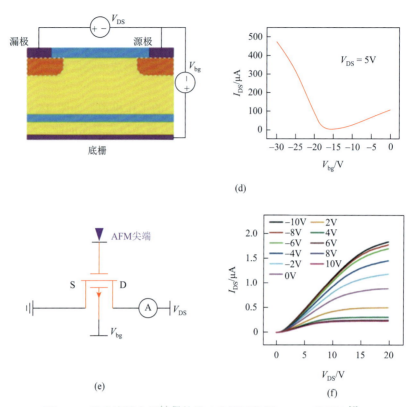

图 15.5   纳米摩擦电门控晶体管（本图已获得 *Nature* 许可）[6]

（a）NTT 的示意图；（b）纳米摩擦电门控 NTT 的原理图；（c）NTT 的能带图；（d）晶体管的电特性；（e）NTT 的等效电路；（f）不同尖端电压下的 I_{DS}-V_{DS} 输出特性

15.5   摩擦电子学功能器件

在 CE-FET 的基础上，开发了用于演示组合逻辑运算的摩擦电子逻辑电路[7]。首次提出的图 15.6（a）所示的浮动接触-电场门控摩擦电子晶体管（contact-electric-field-gated tribotronic transistor，CGT）由 SOI 晶圆和可移动 PTFE 层组成，该晶体管通过移动层和浮动栅极之间的接触分离进行门控，如图 15.6（b）所示。CGT 的结构比 CE-FET 更简单实用，因为可移动部分只有一个 PTFE 层，没有任何金属层与电极进行连接。通过这种改进，PTFE 层可以被认为是一个"外来"物体，当接触或分离时，它会向浮动栅极注入电荷。触控摩擦电子逻辑器件（contact-gated tribotronic logic device，CGL）由图 15.6（c）所示的两个相对的 CGT 组成，在施加外力时，CGL 表现为逻辑高电平，在释放外力时，CGL 表现为逻辑低电平，如图 15.6（d）所示。通过两个集成的 CGL，演示了摩擦电子与非门，并且两个输入力的操作结果与逻辑反与门（negative-AND，NAND）操作和 CMOS 逻辑电平标准特性非常吻合，如图 15.6（e）和（f）所示。

类似地，其他通用组合逻辑电路，包括非门、与门、或门、非或门、异或门和同或门，也已被证明可用于执行机电耦合摩擦电子逻辑运算。与传统的电控逻辑单元不同，触控摩擦电子逻辑单元实现了外部环境与硅基集成电路的直接交互。摩擦电路和操作可

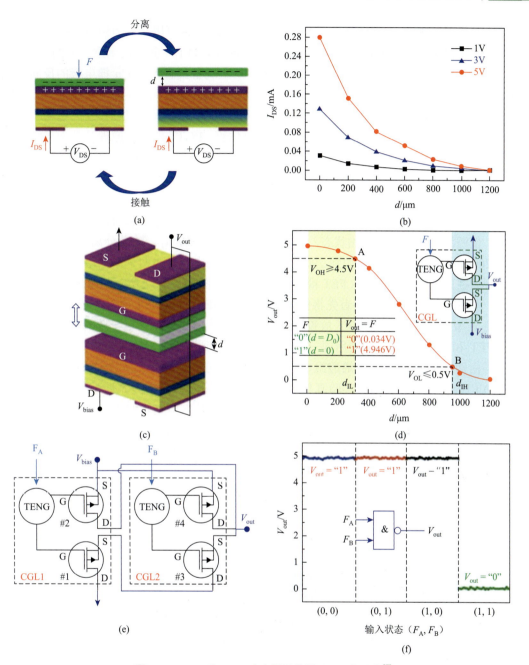

图 15.6　CGT 和 CGL（本图已获得 Wiley 许可）[7]

（a）CGT 的工作原理与施加和释放的外力；（b）CGT 在不同源漏电压下的 I_{DS}-d 特性；（c）基于两个相对 CGT 的 CGL 结构；（d）CGL 的 V_{out}-d 转移特性。输出电压黄色区域为逻辑"1"输出区域，蓝色区域为 CGL 与 CMOS 电平标准的逻辑"0"输出区域（d_{IL} 为逻辑低电平基准线；d_{IH} 为逻辑高电平基准线）。插图为 CGL 的等效电路和实验真值表；（e）基于两个 CGL 的与非门的等效电路；（f）与非门在不同压力下的输出电压。插图是摩擦电子逻辑与非门的逻辑符号

以扩展到摩擦数字电路的一个新分支，如触发、顺序逻辑电路和存储器，作为一种新的人机交互技术，备受期待。

在传统硅基 FET 和浮动摩擦层的基础上，提出了一种可用于外力逻辑控制的浮动栅控摩擦电子晶体管（floating-gate tribotronic transistor，FGTT），其结构示意图如图 15.7（a）所示[8]。该器件是在玻璃纤维环氧树脂（FR4）层上制备具有浮置 Cu 栅电极的反向 SOI MOSFET，并在 FR4 层上溅射一层 Cu 膜，使 Cu 膜通过小孔与 Cu 栅电极连接。外部摩擦层选择 FEP 薄膜，在精确控制的外力作用下与 Cu 膜进行垂直接触和分离运动。在浮动 Cu 栅电极下，用 N 型硅制成传统的场效应晶体管。FGTT 的工作原理是基于接触起电和静电感应的耦合。FEP 层与 Cu 膜之间的完全接触使两层的电荷分布不同，即 Cu 膜带正电荷，而 FEP 层带负电荷。在分离过程中，由于边缘电场泄漏，Cu 膜正电荷的部分损失可以转移到浮动 Cu 栅电极上，导致 n 型通道中形成增强区。当 FEP 层和 Cu 膜再次接触时，浮置 Cu 栅电极上的电荷由于电荷平衡而回流到 Cu 膜上，从而消除 n 型通道的增强区，使源漏电流恢复到原始状态。当源漏电压设置为 5V 时，随着分离距离从 $0\mu m$ 增大到 $200\mu m$，I_{DS} 从 20nA 增加到 290nA。因此，源漏电流是由两个摩擦层之间的分离距离进行调控的。此外，通过与 FET 耦合，开发了一个图 15.7（b）所示的摩擦电子 NAND 器件，实现了主动逻辑操作。首先将传统的 p 型 MOSFET 和 FGTT 放置在底部 FR4 层上，然后将 n 型 MOSFET 和 FGTT 放置在顶部 FR4 层上。在该摩擦电子逻辑器件中，n 型 MOSFET 和 p 型 MOSFET 共用同一栅电极，并连接到逻辑电平输入端口，定义为 E_A。移动层由两层 FEP 和一层丙烯酸组成，这使得接触分离运动受到 F_B 的控制。摩擦电子 NAND 门的等效逻辑符号、实验真值表以及输出与输入的逻辑关系匹配情况如图 15.7（c）所示。此外，通过将摩擦电子 NAND 门的与其他数字电路（如 T 触发器、D 触发器和 S-R 触发器）的耦合，实现了部分数字逻辑元件。同时，还可集成寄存器、计数器等摩擦电时序逻辑电路，以实现外部机械刺激触发的外部接触触发存储与计算。这种独特的方法提供了一种与外界环境进行主动交互的新途径，扩展了摩擦电子学在智能仪器、微/纳米传感器、交互控制和机电存储中的应用。

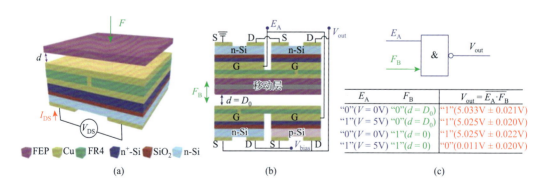

图 15.7　一种基于传统场效应管的用于摩擦触发器和时序逻辑电路的 FGTT
（本图已获得 *Nature* 许可）[8]

（a）基于移动 FEP 层和 MOSFET 的 FGTT 结构；（b）基于两个 FGTT 和一对传统的 n 型和 p 型 MOSFET 的摩擦电子 NAND 结构；（c）实验得到的摩擦电子 NAND 结构及其逻辑符号的真值表

TENG 的摩擦电势可用于栅极晶体管，也可以用于晶体管存储器，以取代传统的编程栅极电压，这可以作为外部触摸动作的主动存储器件[9]。

通过将有机晶体管存储器（organic transistor memory，OTM）和具有柔性材料的 TENG 耦合，提出了图 15.8（a）所示的柔性有机摩擦电子晶体管存储器（organic tribotronic transistor memory，OTTM）。OTM 具有 ITO/Ta$_2$O$_5$/PMMA/并五苯的结构，分离的 Ta 浮栅层夹在两个 PMMA 层之间，而 Cu/PVC/Cu 结构能够在垂直接触分离模式下产生摩擦电势，并作用于 OTTM 实现信号的写入和擦除。通过与具有 ITO/NPB/三(8-羟基喹啉)铝(Alq$_3$)/Mg: Ag/Ag 结构的柔性有机发光二极管（organic light emitting diode，OLED）进一步耦合，成功开发了一种可见可穿戴的触摸监控系统。如图 15.8（b）所示，在触摸监控系统中，由外部物理触摸产生摩擦电的 TENG 器件作为触发输入/重置单元，OTM 是用于记录检测到的触发信号的存储单元，OLED 是用于视觉读取触摸信号的输出功能单元。该系统可用于监控外部接触和保护机密文件，经过外部触摸进行写入和擦除程序后，OTM 转移曲线的移位和返回在稳定性和重复性方面表现出色，如图 15.8（c）和（d）所示。

与通过电信号编程的传统的 OTM 不同，OTTM 无需栅极电压，可通过外部机械触摸进行编程，实现了外部环境与存储器的直接交互。OTTM 具有机电耦合的摩擦电子学记忆特性，在智能控制、安防监控、功能仪器和可穿戴功能电子等领域有广泛的应用。

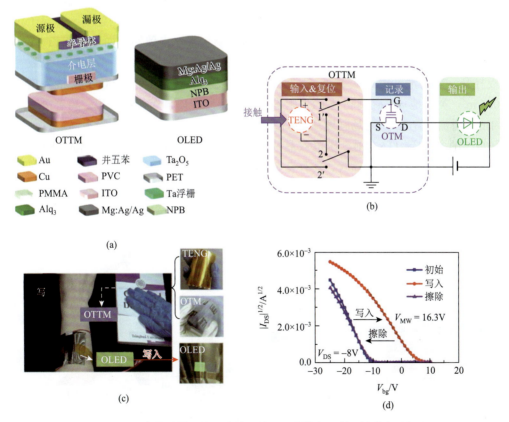

图 15.8 用于可见可穿戴触摸监控系统的柔性有机摩擦电子学晶体管存储器（OTTM）
（本图已获得 Wiley 许可）[9]

（a）OTTM 和 OLED 的原理图；（b）触摸监测系统的原理图；（c）外部触摸监测系统的照片；（d）通过外部触摸，在写入和擦除程序后，转移曲线的移位和返回通过将独立层模式 TENG 与有机薄膜晶体管（organic thin film transistor，OTFT）耦合，提出了一种柔性透明摩擦学晶体管（organic tribotronic transistor，FTT）来主动调控传统电子器件，这肯定了摩擦电子技术在人机交互应用中的可能性。FTT 在 400～800nm 的可见光波长范围内显示出高达 71.6% 的光学透明度，其基本结构如图 15.9（a）所示[10]。选用 PET 作为柔性透明衬底，并溅射 180nm 厚的 ITO 层作为底栅电极。然后在栅电极上制备厚度为 300nm 的 Ta_2O_5 层。最后，在 Ta_2O_5 层的表面上沉积并五苯膜，并在薄膜上沉积 Au 漏极和源极。在 PET 膜的另一侧，蚀刻两个间距小于 1mm 的 ITO 电极。当选定的移动 FEP 层分别在两个 ITO 电极的底部之间滑动时，由于摩擦电荷的不平衡，产生摩擦电势并将其作为栅极电压施加在 OTFT 上，从而使得半导体通道导通，源漏电流（I_{DS}）增大。在拉伸应变状态下，随着滑动距离从 0mm 增加到 6mm，I_{DS} 从约 2μA 到 20μA 几乎线性增加，如图 15.9（b）所示。因此，手指滑动控制的摩擦电势可以像传统的栅极电压一样调节 I_{DS}。此外，在其他弯曲半径下，I_{DS} 与 FTT 滑动距离的关系和以往的实验结果基本相同。此外，FTT 的稳定性测试在压缩和拉伸应变状态下已进行了 3000 次循环，这证明了 FTT 的灵活性、机械稳定性和耐久性以及在柔性电子应用中的巨大潜力。在此基础上，作为电子皮肤的 FTT 可以调节图 15.9（c）所示的包括声音强度、磁场强度、微小移动和亮度在内的几种传统电子设备，构建了一种电子设备与外部环境主动直接交互的新方式。在电光调制演示中，电致发光面板与 FTT 连接。开始时，电致发光面板处于关闭状态。当 FEP 薄膜在手指力作用下滑动时，电致发光面板打开，随着滑动距离从 1mm 到 7mm，电致发光面板的亮度从 60cd/m² 线性增加到 310cd/m²。类似地，电磁调制是 FTT 附着在人的手腕上以调节磁场强度。随着滑动距离从 1mm 增加到 7mm，磁场强度从 0mT 线性增加到 5mT。在其他实验中，声音强度可从 109.5dB 提高到 115.0dB，压电双晶片的偏转从 0.01mm 增加到 0.14mm。FTT 作为一种柔性透明的摩擦学晶体管，具有良好的稳定性和耐久性，对传统电子器件表现出主动调控特性，在柔性器件、可穿戴电子设备和人机交互等领域显示出巨大的摩擦电子学潜力。

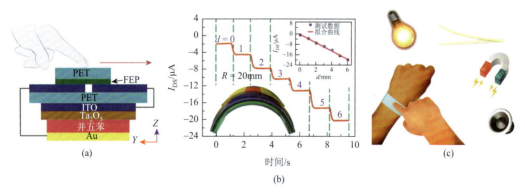

图 15.9 用于主动控制的柔性透明摩擦电子学晶体管（本图已获得 Elsevier 许可）[10]

（a）基于 OTFT 和 TENG 的 FTT 结构；（b）拉伸状态下不同滑动距离 FTT 的 I_{DS} 输出特性；（c）用于各种常规电子主动调制的便携式 FTT 示意图

通过将 OTFT 和 TENG 耦合，研制了 OTT，其载流子输运可以由 TENG 的接触感应静电电势调制，而不是传统的栅极电压。OTFT 具有 ITO/Ta$_2$O$_5$/并五苯的 MIS 电容结构，TENG 具有 Cu/PVC/Cu 的垂直接触分离结构。通过进一步集成基于 N, N'-二苯基-N, N'-双(1, 1'-联苯)-4, 4'-二胺（NPB）薄膜和 8-羟基喹啉铝（Alq$_3$）薄膜的 OLED，制备了图 15.10（a）所示的接触起电门控发光二极管（contact-electrification-gated LED，CG-LED）[11]。CG-LED 相当于 OTT 和 OLED 串联的电连接，通过电压源，在其中施加物理接触可以调制 OTT 中的源漏电流以及 OLED 的发光强度，如图 15.10（b）所示。应用物理接触实现了 CG 的两种调制方式：一种是变暗，在这种模式下，当按下 CG-LED 时，在–8V 电源电压下，亮度几乎线性地从 6.65cd/m^2 下降到 2.36cd/m^2，见图 15.10（c）。而另一种则是变亮，在相同的电源电压下，CG-LED 的亮度从 0.75cd/m^2 增加到 8.01cd/m^2，几乎线性增加。

与传统的 OLED 不同，CG-LED 实现了外部环境/刺激对电致发光器件的直接调制。作为一种仅使用金属和有机材料的新型摩擦电子学功能器件，CG-LED 首次将光电子学引入摩擦电子学中，开辟了摩擦光电子学的新领域，在机械成像、交互显示、柔性/触摸光电子学、微光电系统（micro-opto-electro-mechanical system，MOEMS）等方面具有广阔的应用前景。

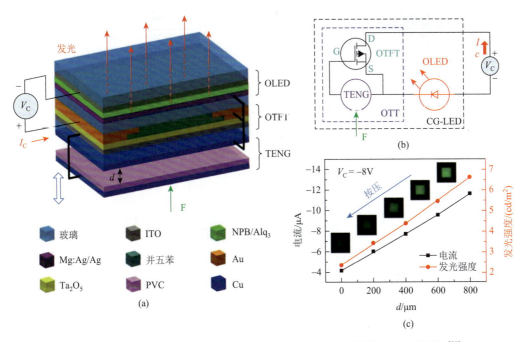

图 15.10 接触起电门控发光二极管（CG-LED）（本图已获得 Wiley 许可）[11]

（a）CG-LED 原理图；（b）CG-LED 等效电路；（c）CG-LED 的电流和亮度传递特性，插图展示了在物理按压下从亮到暗的发光照片

由于具有光导特性，二硫化钼（MoS$_2$）可用于开发具有调制和增强光响应性的摩擦电子学光电晶体管[12]。通过将 MoS$_2$ 光电晶体管与 TENG 在滑动模式下结合，提出了

图 15.11（a）所示的 MoS_2 摩擦电子学光电晶体管。与 MoS_2 摩擦电子学晶体管的结构不同，底部摩擦层为自由滑动层，由 $20\mu m$ 厚的 FEP 膜和 $50\mu m$ 厚的铝箔组成。通过在器件上相对滑动，MoS_2 光电晶体管背栅上的感应正电荷充当"栅极"，在传统背栅电压的影响下增加通道电导率，从而提高光电检测的响应度。如图 15.11（b）所示，当滑动距离为 8mm 时，在 $10mW/cm^2$ 的紫外激发强度和 1V 的偏置电压下，光响应度从 221.0A/W 急剧提高到 727.8A/W。

MoS_2 摩擦电子学光电晶体管也表现出了稳定的特性，如图 15.11（c）所示，可用于光学传感、成像和光电检测。与具有 p-n 结的硅基摩擦电子学光电晶体管不同，这项工作展示了基于二维材料的摩擦电子学增强光电检测具有可调谐的光导特性，并通过人机界面为具有高光响应性的主动可调光电器件提供了一种新方法。

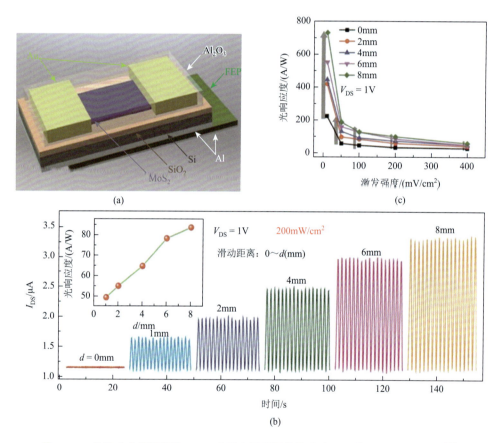

（a）   （c）

（b）

图 15.11　作为光电探测器的 MoS_2 摩擦电子学晶体管（本图已获得 Wiley 许可）[12]

（a）基于 MoS_2 光电晶体管和滑动式 TENG 的 MoS_2 摩擦电子学晶体管原理图；（b）不同滑动距离下 I_{DS} 的输出特性，插图具有光响应转移特性；（c）MoS_2 光电晶体管在不同激发强度和滑动距离下的摩擦增强光响应性

通过耦合可变电容二极管和独立层模式的 TENG，开发了一种柔性摩擦电子调谐二极管（tribotronic tuning diode，TTD）。如图 15.12（a）所示[13]，TTD 由两片 Cu 膜、一片 PTFE 薄膜、柔性 PI 基底、一个电阻器和一个电容可调的二极管组成。首先，在 PI 基底

上沉积两层 Cu 膜。然后在另一侧制作一个二极管，分别通过一个孔和一个电阻器与两个 Cu 膜连接。随着 PTFE 薄膜的滑动，阳极和阴极之间将形成电势差。通过影响二极管的费米能级，建立一个宽度为 d_{pn} 的 pn 结势垒区。二极管的电容可以表示为

$$C_{pn} = \varepsilon S/d_{pn} \tag{15.2}$$

式中，S 是 pn 结的表面积，cm^2；d_{pn} 是障碍宽度，mm；ε 是介电常数。

当 PTFE 膜从右侧 Cu 膜滑动到左侧时，反向偏置电压将被施加到 pn 结，导致 d_{pn} 增大。由式（15.2）可知，pn 结的电容会随着势垒宽度的增大而减小，这与 PTFE 膜滑动运动所控制的摩擦电势有关。如图 15.12（b）所示，随着滑动距离从 0mm 增加到 25mm，反向电压从 0V 增加到 40V，电容从 39pF 减小到 8pF。当滑动距离超过 5mm 时，电容减小趋势变得明显，而在滑动距离为 15mm 时，电容减小趋势变慢。外部可调节电容的特性可用于模拟信号调制，证实了摩擦电子学在有源调制应用中的可能性。此外，还证实了所提出的 TTD 具有实现有源调制的可能性。如图 15.12（c）所示，TTD 被集成到模拟电路中以调节信号相位，该电路由一个 TTD、三个电阻和一个运算放大器组成。根据基本电路操作，输出电压信号与输入电压信号的相位差 φ 与二极管电容关系为

$$\varphi = -2\arctan(2\pi f R_p C_{pn}) \tag{15.3}$$

式中，f 为输入信号频率，Hz；R_p 为电阻器的电阻，Ω。

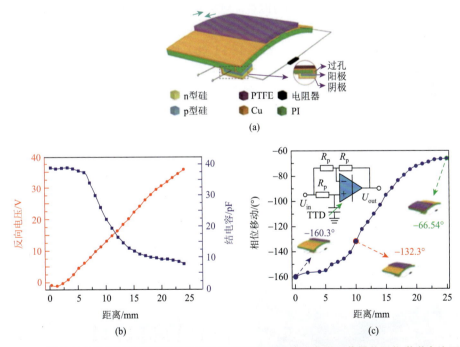

图 15.12 一种用于主动模拟信号调制的摩擦电子学调谐二极管（本图已获得美国化学学会许可）[13]

（a）TTD 的示意图。插图是 TTD 的截面图；（b）反向电压和结电容随滑动距离的增加而变化规律；（c）相位移作为距离的函数，插图是相位调制的电路原理图

随着 PTFE 薄膜从右侧的 Cu 膜滑动到左侧，测得相位移从 −160.3° 到 −66.54°，与理

论分析一致。在这个演示中，TTD 仅通过手指从 0mm 滑动到 25mm 就实现了 100°的相位移变化。除调制信号相位、调节信号频率和过滤模拟信号外，同时保持了输入信号和输出信号的幅度。这种新型的摩擦电子学器件再次验证了摩擦电势对电容负载具有很大的主动调制作用。

摩擦电子学已用于主动控制，也可用于信息传感，许多摩擦电子学功能器件已被报道。

除了硅基材料和有机材料外，摩擦电子学器件还被扩展到一种新的二维材料 MoS_2 上，以展示材料的多样化[14]。通过耦合单电极模式 TENG 和 MoS_2 场效应晶体管，开发了图 15.13（a）所示的 MoS_2 摩擦电子学晶体管。首先，采用机械剥落法将大块 MoS_2 加工成单层或多层 MoS_2 薄片，并将其直接转移到厚度为 300nm 的高掺杂 p 型硅衬底上。随后，采用紫外光刻法并蒸镀 Cr、Au 作为 MoS_2 薄片上的漏极和源极。之后，为了实现器件的稳定封装，采用原子层沉积（atomic layer deposition，ALD）的方法在晶体管顶部制备 30nm 厚的 Al_2O_3 层。最后采用欧姆接触法在硅衬底表面沉积一层 50nm 厚的 Au 薄膜作为浮栅，其背面光滑附着一层厚度为 25μm、尺寸为 14mm×14mm 的 PTFE 薄膜。当外部材料与 PTFE 膜接触或分离时，PTFE 表面会由摩擦起电产生负电荷，这就像一个"栅"电压，调节 MoS_2 通道中的载流子传输。漏源电流可以从 1.56μA 调谐到 15.74μA，增强约 10 倍。经过约 1000 次循环测试，源漏电流具有很小的迟滞，表明该器件具有良好的稳定性和可重复性。

MoS_2 摩擦电子学晶体管可作为有源智能触觉开关应用于人机界面。当手指接触 PTFE 薄膜时，由于电荷转移，手指上带正电荷，而 PTFE 薄膜上带负电荷，器件的开关比（I_{on}/I_{off}）可高达 16 左右，可用于开关 LED，如图 15.13（b）所示。此外，MoS_2 摩擦电子学晶体管还可以广泛应用于机械位移传感器、可视化触摸传感器和智能皮肤。本工作将新兴的摩擦电子学扩展到二维材料，并展示了这一新领域的材料多样化，这将以新的特征促进摩擦电子学的发展。

摩擦电子学双极结晶体管（tribotronic bipolar junction transistor，TBJT）可以通过耦合单电极模式 TENG 和 TBJT 来制造[15]。在图 15.14（a）中，TBJT 由柔性 PI 衬底、Cu 衬垫、独立 FEP 薄膜和 npn 型三极管组成。工作原理如图 15.14（b）所示，TBJT 的集电极与电压源连接，发射极接地，FEP 薄膜为可移动摩擦电层。当 FEP 与 Cu 膜刚好接

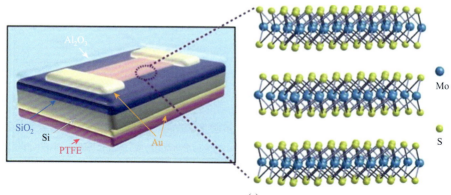

(a)

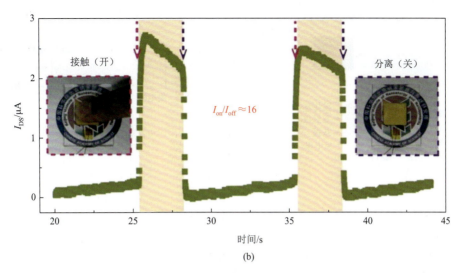

图 15.13　MoS$_2$ 摩擦电子学晶体管作为智能触觉开关（本图已获得 Wiley 许可）[14]

（a）MoS$_2$ 摩擦电子学晶体管的示意图，插图是器件中的三层 MoS$_2$ 晶体结构的侧视图；（b）MoS$_2$ 摩擦电子学晶体管作为主动智能触觉开关的手指触发响应

触时，发射极-基极结为零偏，集电极-基极结为反偏。因此，TBJT 处于截止模式，对应于逻辑"关闭"状态。随着 FEP 膜和 Cu 膜分离，TENG 向三极管施加正向电压，集电极-基极结反向偏置，TBJT 切换到有源模式。TENG 的电流在集电极中被三极管显著放大。随着 FEP 膜的不断移动，内部电场也逐渐增大，并且由于两个结正向偏置（两个耗尽层的宽度减小），TBJT 进入饱和模式，发射极和集电极之间基区的费米能级减小。该模式对应于逻辑"导通"或闭合开关。最后，当 FEP 薄膜向后滑动时，TBJT 返回到原始截止模式。图 15.14（c）显示了 TBJT 的输出特性，当集电极-发射集间电压 V_{CE} 在 0～10V 的范围内时，随着分离频率的增加，I_{DS} 也增加。

将 TBJT 应用于机械频率监测中，可以利用 FEP 膜的分离频率来调节晶体管的电特性。基于这一原理，可以制备基于 TBJT 的机械频率监测传感器，该传感器可以监测振动、滑动频率。如图 15.14（d）和（e）所示传感器在垂直振动方向的监测灵敏度（K_r）为 1.00μA/Hz，在滑动方向的监测灵敏度为 0.98μA/Hz。TBJT 作为机械频率监测传感器具有优异的灵敏度，在智能传感领域显示出广阔的应用前景。

TBJT 还可以作为智能家居控制系统的手指触发主动触觉开关。手指代替原来的 FEP 作为摩擦电层，可以调节 LED 的亮度，如图 15.14（f）所示。同时，基于 TBJT 触摸开关，一个简单的信号处理电路和家用电器就可以组成一个智能家居控制系统，如图 15.14（g）所示。这项工作将摩擦电子学扩展到可以控制电压和电流的设备，在人机交互以及可穿戴电子产品中具有潜在的应用前景。

摩擦电子学可通过 ZnO 摩擦电子学晶体管应用于高灵敏度的氢气检测，晶体管由 ZnO 场效应管和独立层模式 TENG 耦合而成[16]，如图 15.15（a）所示。在该结构中，PTFE 薄膜作为独立滑动层，可以在两个 Al 底部电极之间水平滑动。外力产生的摩擦电势可以取代传统的栅极电压。由于 PTFE 薄膜吸引电子的能力较强，当它与右侧底部的 Al 电极

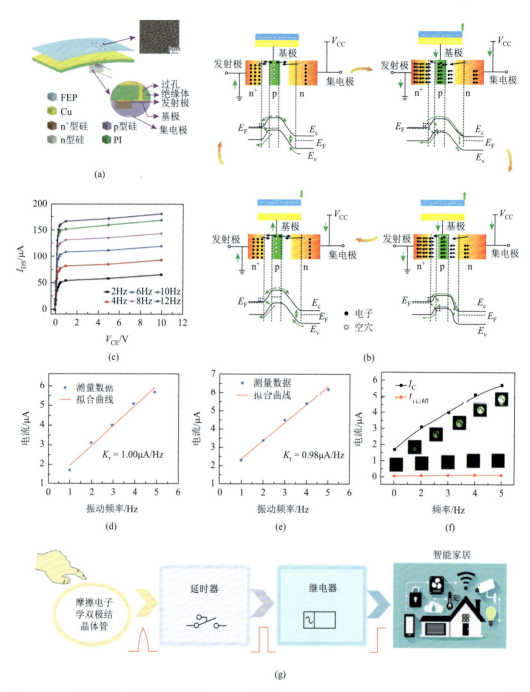

图 15.14 一种摩擦电子学双极结晶体管，用作机械频率监视器和触摸开关（本图已获得 *Nature* 许可）[15]

（a）TBJT 示意图，插图为 TBJT 的截面图，显示了在单电极模式下 TENG 与 npn 双极结之间通过通孔的电连接；由 FEP 薄膜制成的可移动摩擦电表面纳米结构的 SEM 图像；（b）提出的 TBJT 的工作机制和 TBJT 在四个位置的能带结构；（c）不同频率下 V_{CE}-I_{DS} 的输出特性曲线；（d）集电极电流与振动频率的关系，灵敏度为 1.00μA/Hz。（e）集电极电流与滑动频率的关系，灵敏度为 0.98μA/Hz；（f）LED 灯由外部机械力在 0Hz、1Hz、2Hz、3Hz、4Hz 和 5Hz 的频率上调谐；（g）涉及 TBJT 的家庭控制系统示意图，手指触摸并释放后，脉冲信号可以转换为触发信号来控制电器接触时，Al 表面带正电荷，而 PTFE 表面带等量的负电荷，此时对静电平衡的导通通道没有影响。由于 Ag 用作晶体管中的电极，Ag 和 n 型 ZnO 之间形成了金属-半导体-金属结构。当晶体管暴露在空气中时，空气中存在的氧分子被吸附在 ZnO 表面，并从 ZnO 导带中捕获自由电子形成氧化物分子，从而降低载流子浓度，同时增加电阻。然而，当器件暴露于氢气中时，氢分子被 Pd 催化分解为氢原子，然后与 ZnO 表面的氧原子反应，使 ZnO 表面的电子积累，导致 ZnO 的能带向下弯曲，如图 15.15（b）所示，从而电阻减小，导致器件的输出特性随氢气浓度变化而变化，对此可用于研制氢气传感器。当 PTFE 薄膜在外力作用下从右侧底部的 Al 电极向左滑动时，输出特性随滑动距离的变化而变化。由于电子从左侧底部的 Al 电极转移到源极，左侧底部的 Al 电极上产生正电荷，使得栅极和源极之间形成内部静电电位，进而使 ZnO 的能带进一步向下弯曲，更多载流子通过通道。因此，I_{DS} 随 PTFE 滑动距离和氢气浓度的增加而增加，见图 15.15（c），这表明导通通道的能带结构是可以调制的，并且可以通过摩擦电子学提高氢传感器的灵敏度。这项工作扩展了摩擦电子学在气体传感方面的功能。

此外，通过耦合硅基场效应管和基于液态金属（liquid metals，LM）的 TENG，开发了用于角度测量的 LM 门控摩擦电子学晶体管（LM-gated tribotronic transistor，LMTT）。当 LM 在器件中倾倒时，PTFE 膜上会产生负电荷，而 LM 表面产生等密度的正电荷，使 LM 和 PTFE 层之间产生的静电电位作为 LMTT 的正栅电压。当摆动 LMTT 时，会减小 LM 与 PTFE 的接触面积，此时内置正栅极电压降低，I_{DS} 也会降低。而当 LMTT 开始向水平状态摆动时，I_{DS} 增强，这是由于 LM 与 PTFE 薄膜接触面积增大进而增大了正栅极电压。因此，如图 15.16（a）所示可以通过振荡角调制 LMTT 的摆动，使得 I_{DS} 发生变化[17]。然而，由于 I_{DS} 与振荡角之间的非单调关系，LMTT 不能用于检测振荡角。因此，为了更有效地将 LMTT 应用于振荡角的测量，开发了由两个 LMTT 组成的

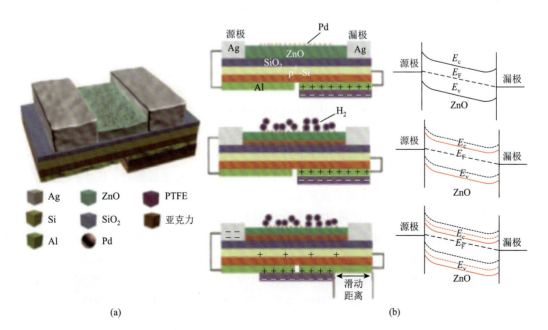

(a)　　　　　　　　　　　　　　　　(b)

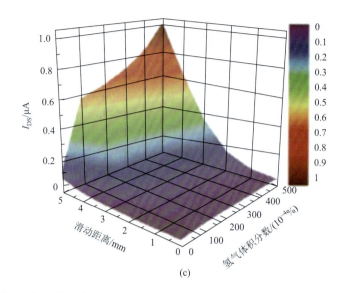

(c)

图 15.15 一种用于氢气检测的新型 ZnO 摩擦电子学晶体管传感器（本图已获得 *Nature* 许可）[16]

（a）（b）用于氢气检测的新型 ZnO 摩擦电子学晶体管传感器的结构和原理；（c）用于氢气检测的新型 ZnO 摩擦电子学晶体管传感器在不同滑动距离和氢浓度下的电流响应

电子梯度仪，如图 15.16（b）所示。在电子梯度仪中，两个浮动栅极被 PTFE 膜覆盖，LM 和 PTFE 薄膜摆动产生的电势可以视为两个 LMTT 的栅极电压。当 LM 积聚在 PTFE 层的右侧时，左侧 LMTT 变为关断状态，而右侧 LMTT 变成导通状态。当 LM 到达左侧时，两个 LMTT 的状态与其初始状态相反。

在这种情况下，如图 15.16（c）所示，V_{out} 随振荡角度和 V_{bias} 的变化而变化。固定 V_{bias} 为 5V，当电子梯度仪在 –27.4°～27.4° 范围内逆时针摆动时，输出电压从 3.4V 下降到 0.1V，V_{out} 与振荡角的关系在不同的 V_{bias} 下保持相同趋势。此外，V_{bias} 为 20V 时，电子梯度仪具有 170mV/(°) 的高灵敏度，这表明电子梯度仪在测量小振荡角方面具有良好的应用前景。这项工作展示了摩擦电子学在机械校准、土木工程和地质勘探方面的潜在应用。

图 15.17（a）中，无顶栅电极的本征可拉伸有机摩擦电子学晶体管（stretchable organic tribotronic transistor，SOTT）由可拉伸衬底、银纳米线电极、有机聚合物半导体和非极性弹性介质组成[18]。利用 Al 电极和 PDMS 介电层之间的摩擦电效应来调制 SOTT。SOTT 工作原理如图 15.17（b）所示，当 Al 电极与 PDMS 介电层完全接触时，由于其电负性的差异，它们具有不同种类的电荷。此时两者处于静电平衡，半导体通道区域没有电势差。当 Al 电极在外力作用下逐渐远离 PDMS 介电层时，介电层表面的负电荷会使内部电荷发生极化，从而在通道和介电层表面形成内建电场，这导致在半导体通道与介电层之间的界面上积累空穴。此时，在半导体通道中产生增强区，从而使得源漏电流增加，直到外界物体达到最大分离距离。当两摩擦层再次相互靠近时，增强区被抑制，源漏电流减小，形成耗尽区。图 15.17（c）为 0～250μm 不同分离距离下 SOTT 的输出特性曲线。源漏电流随分离距离增大而增大，源漏电压从 0V 扫至 –40V，与其工作机理一致。

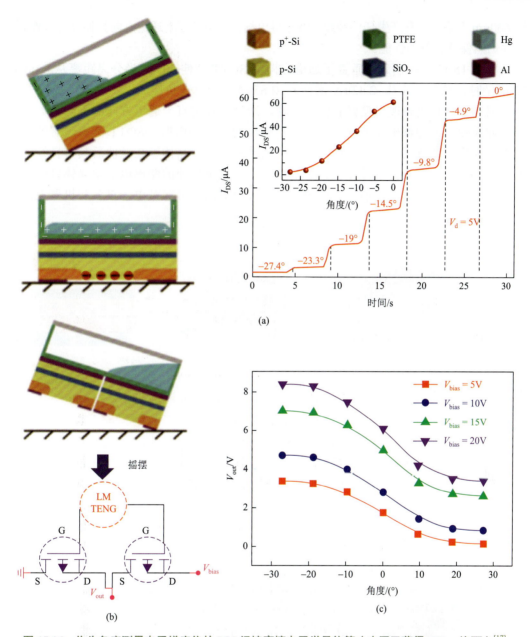

图 15.16　作为角度测量电子梯度仪的 LM 门控摩擦电子学晶体管（本图已获得 Wiley 许可）[17]

（a）液态金属门控摩擦电子学晶体管的原理和输出性能；（b）摩擦梯度仪的结构和等效电路；（c）不同振荡角度和不同 V_{bias} 下的 V_{out} 特性

可拉伸材料组成的 SOTT 可以在水平或垂直通道方向上拉伸。平行于通道方向 50% 拉伸应变下 SOTT 的传递特性和输出特性曲线如图 15.17（d）所示。当 SOTT 被拉伸到 50% 时，在 0～250μm 的分离距离上，源漏电流从 -1.35μA 增加到 -1.75μA。此外，在 0～-40V 的源漏电压范围内，拉伸 SOTT 的源漏电流随分离距离的增加而增大。图 15.17（d）中的插图是平行于通道方向拉伸的 SOTT 光学显微镜图像，可以清楚地看到通道被拉伸到 600μm 左右，没有产生任何裂纹。由此得出结论，当平行于通道方向拉伸高达 50%时，器件仍然保持良好的性能。

如图 15.17（e）所示，垂直于通道方向将 SOTT 拉伸 50%。当分离距离从 0μm 到 250μm 时，源漏电流从–2.42μA 增加到–2.85μA。同时在拉伸后，源漏电压从 0 扫至 40V 时，SOTT 仍表现出良好的输出特性，通过计算垂直于通道方向的不同分离距离和拉伸应变下的源漏电流变化，发现当拉伸应变达到 50%时，SOTT 具有理想的调制性能。根据上述测试，证明本征可拉伸有机摩擦电子学晶体管在拉伸后具有良好的输出性能，并且具有很强的鲁棒性。本章实现了一种可拉伸的摩擦电子学晶体管作为智能交互的触觉传感器，扩展了摩擦电子学在人机界面、可穿戴电子设备和机器人技术中的应用。

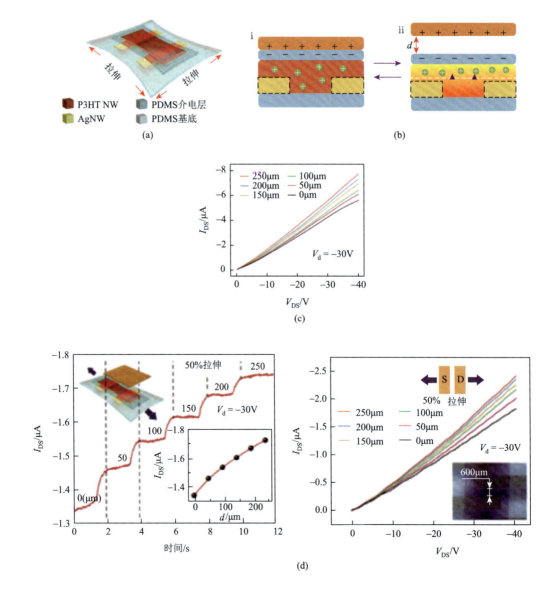

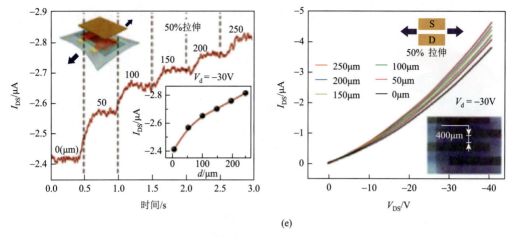

图 15.17　用于触觉感应的 SOTT（本图已获得 Science 许可）[18]

（a）SOTT 的结构示意图；（b）SOTT 的工作机制；（c）不同分离距离下 I_{DS}-V_{DS} 输出特性；（d）平行于通道方向施加 50%机械应变后，I_{DS} 随分离距离和 SOTT 输出特性曲线的变化，插图是拉伸后的 SOTT 的 I_{DS}-d 转移特性和光学图；（e）垂直通道方向施加 50%机械应变后，I_{DS} 随分离距离的变化及 SOTT 输出特性曲线，插图是拉伸后 SOTT 的 I_{DS}-d 传递特性和光学图

　　基于顶栅电极结构的柔性有机摩擦电子学晶体管（flexible organic tribotronic transistor，FOTT）结构如图 15.18（a）所示，由柔性 PET 衬底和无顶栅 OTFT 组成[5]。当外力作用使摩擦层移动时，TENG 产生的摩擦电势作为栅极电压来控制晶体管的源漏电流。在图 15.18（b）中，FOTT 在增强模式工作时，V_{DS} 为 0～10V 的范围。随着分离距离的增加，器件的源漏电流也逐渐增大。Cu 电极分离距离为 0～700μm，其源漏电流为-2.84～3.25μA，符合其工作原理。如图 15.18（c）所示，当 FOTT 工作在耗尽模式时，分离距离从 0μm 增加到 600μm，源漏电流从-2.91μA 减小到-1.69μA，并且在耗尽模式下可以实现 1.72 的开关比。

　　在此基础上，将 FOTT 进一步制成压力传感器，其结构如图 15.18（d）所示。对其性能进行测试，如图 15.18（e）所示，在 20～1000Pa 压力范围内进行快速按压，传感器的快速响应时间为 110ms，恢复时间为 120ms。同时，FOTT 压力传感器还具有良好的稳定性和重复性。

　　在摩擦层中加入磁性复合材料，利用非接触式磁感应可制备磁性传感器。如图 15.18（f）所示，Fe_3O_4/PDMS 磁性复合材料掺杂在 FEP 层上，当磁体接触底面时，磁性复合材料发生变形。对磁传感器的性能进行测试，图 15.18（g）展示了磁传感器的性能，在 1～150MT 范围内，随着磁场的增大，电流从-2.44μA 增加到-2.83μA。FOTT 的使用避免了器件在弯曲过程中由于电极损伤而导致器件性能下降的问题。

　　在本项研究中，基于 FOTT 制备的压力传感器和磁传感器均具有响应速度快、稳定性好、重复性好等优点，在智能传感与控制领域具有潜在的应用前景。

　　通过将 FET 单元和 TENG 耦合到 PI 衬底中，提出了一种图 15.19（a）所示的柔性摩擦电子学晶体管阵列（tribotronic transistor array，TTA）[19]。阵列中的每个晶体管单元由一个 N 型晶体管和一个二极管组成，二极管的阳极连接到晶体管的源极上，这样源漏电流可以单向流过晶体管，如图 15.19（b）所示。TTA 的工作机制是基于摩擦电势可调节的 I_{DS}。在初始状态下，使用 PTFE 薄膜作为摩擦层，在外力作用下与摩擦电子学晶体管

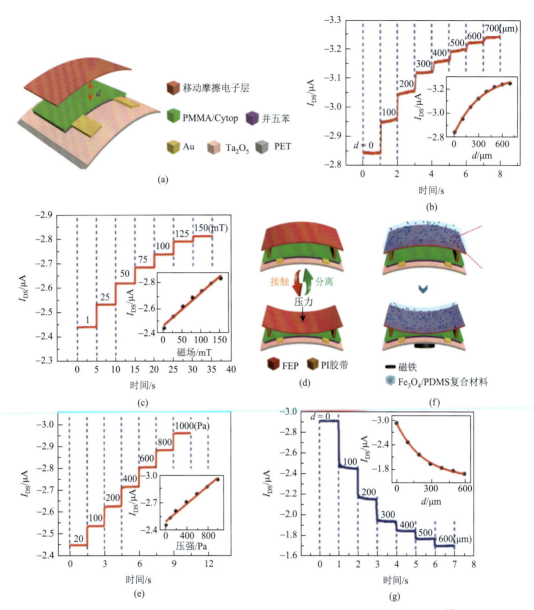

图 15.18　用于压力和磁传感的 FOTT（本图已获得美国化学学会许可）[5]

（a）无顶栅电极的 FOTT 结构；（b）在−10V 恒定源漏电压（V_{DS}）下不同分离距离（分离距离定义为 d）的 I_{DS} 输出特性，插图是 FOTT 在增强模式下的 I_{DS}-d 转移特性；（c）使用 FEP 薄膜作为可移动摩擦层的 FOTT 在耗尽模式下的工作原理示意图；（d）器件结构和传感过程示意图；（e）不同输入压力下 FEP 膜厚为 100μm 时 I_{DS} 的输出特性。插图是拟合曲线；（f）器件结构和传感过程示意图；（g）不同磁场下 I_{DS} 的输出特性，插图中显示了一条拟合曲线

的 Cu 焊盘完全接触。因为 PTFE 具有较强的电子亲和力，所以在 PTFE 薄膜表面产生了负电荷，而在 Cu 焊盘表面产生了等量正电荷，由于静电势平衡，源极和漏极之间没有传导通道，产生的 I_{DS} 很小。然而，当 PTFE 薄膜在外力作用下开始与 Cu 焊盘分离时，由于静电感应、有限尺寸的 Cu 焊盘以及 PTFE 薄膜的边缘电场泄漏，在栅电极处产生内置电压使半导体通道的电子能够在漏极和源极之间自由流动。在本研究中，可以利用 V_{DS}

调制 I_{DS}。当移动 PTFE 薄膜与 Cu 焊盘之间的距离持续增加时，所得的 I_{DS} 随距离的增加呈现出三种不同的趋势，即在 3mm 内开始快速增长，然后在 3～9mm 缓慢增长，最后在 9mm 以上达到饱和状态。考虑到 I_{DS} 随外界刺激的变化，TTA 可以实现多点传感、动态运动监测和实时轨迹跟踪。此外，该系统的触觉感应能力可以通过将字母板放置在柔性 10×10TTA 的感应像素上来证明。图 15.19（c）中显示了 "S" 字母图像的重建实例，字母板的轮廓可以通过二维电流强度图准确识别并进一步映射。与传统传感器阵列制造复杂、成本高昂不同，通过利用接触起电的方式，TTA 将传统电子器件与廉价实用的聚合物薄膜相结合，实现了触觉传感和实时监控。

在外界物体接触凝胶介质时，产生接触起电，以此来调制 I_{DS} 的基础上，提出了一种基于机械主动感知矩阵的摩擦电子学平面石墨烯晶体管阵列，如图 15.20（a）所示[20]。将每个像素点中的离子凝胶作为介电和摩擦电材料，石墨烯作为晶体管通道和源漏电极。摩擦层材料与离子凝胶之间由于摩擦电效应产生的电势差可以用来调节晶体管的输出性能。当选择 Cu 膜作为典型材料与离子凝胶充分接触时，由于离子凝胶的电子亲和能

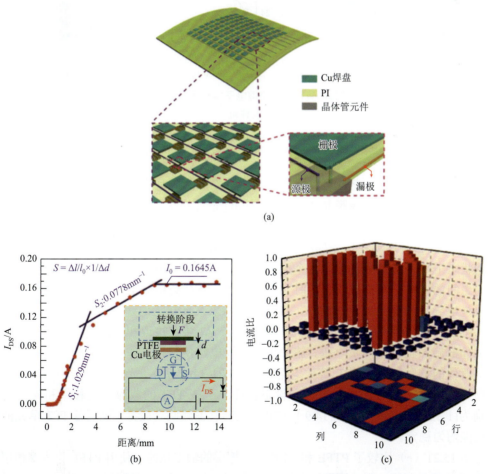

图 15.19　一种用于主动触觉传感系统的柔性摩擦电子学晶体管阵列（本图已获得美国化学学会许可）[19]

（a）TTA 的原理图和光学照片；（b）晶体管单元的 I_{DS} 与分离距离的函数关系；（c）接触物体的重建图像

较高，在离子凝胶表面留下负电荷，在 Cu 膜表面感应出等量正电荷，由于静电平衡，对石墨烯费米能级不产生影响。当带正电荷的 Cu 膜与离子凝胶分离时，阳离子被吸引过来补偿离子凝胶表面积累的负电荷，而阴离子迁移到离子凝胶/石墨烯界面达到平衡状态，并在离子凝胶与 PTFE 界面形成双电层，这相当于在石墨烯晶体管上施加负电压。由于电荷注入导致势垒减小，石墨烯的费米能级下降，I_{DS} 增大。随着摩擦层与离子凝胶距离的增加，I_{DS} 呈增大趋势，见图 15.20（b）。基于这一机制，石墨烯摩擦晶体管可以实现接近距离感知、材料类别识别和声音识别。此外，在图 15.20（c）中，通过将聚丙烯酸酯材质的"L"字母放置在柔性摩擦电子学石墨烯晶体管构成的 4×4 的阵列上。对于正在接近的物体，源漏电流会发生变化，可以证明对接近距离的感知能力。这表明机械感知矩阵对于皮肤启发电子系统的应用具有价值和指导意义。

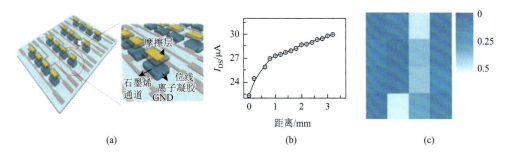

(a)　　　　　　　　　　　(b)　　　　　　　　　　　(c)

图 15.20　一种用于主动机械感知的直接接触摩擦电子学平面石墨烯晶体管阵列（本图已获得美国化学学会许可）[20]

(a)摩擦电晶体管感知矩阵示意图；(b)摩擦门控场效应晶体管（gate field-effect transistor，GFET）与 Cu 接触的输出特性和转移曲线；(c)物体与机械感知矩阵之间分离距离的图像重建

利用半导体制造工艺，可以将薄膜晶体管集成到阵列中，用于触觉感应监测。每个摩擦电子学触觉传感薄膜晶体管（thin-film transistor，TFT）单元由双栅铟镓锌氧化物（InGaZnO 或 IGZO）TFT 和 CS-TENG 组成，如图 15.21（a）所示[21]。Al_2O_3 层与 Al 层之间的相对运动在顶栅处产生相应的摩擦电势，用于调制 TFT 的源漏电流。在初始状态下，由于接触起电，两个摩擦层具有等量异种电荷。当两个摩擦层分离时，它们之间的电荷平衡被破坏，此时 Al_2O_3 上的负电荷会排斥 IGZO 中的电子，从而降低通道电导率和源漏电流。同样，当两个摩擦层彼此接近时，Al_2O_3 表面的负电荷减少，IGZO 通道的电导率增加，源漏电流增加。Al 层在接近和分离过程中，相当于向 TFT 外部施加正电压或负电压。施加正向偏置电压使器件工作在亚阈值区域，以增强摩擦器件的调制效果。TFT 等效电路如图 15.21（b）所示。图 15.21（c）和（d）为底栅结构 IGZO TFT 的转移特性和输出特性。这些 TFT 的载流子迁移率和阈值电压分别为$(1.3\pm0.3)cm^2/(V\cdot s)$和$(14.9\pm0.7)V$，与转移曲线吻合较好，说明各 TFT 单元的输出性能均匀稳定。

图 15.21（e）比较了 PTFE 和 Al 作为摩擦层的输出性能。使用 PTFE 作为摩擦层导致 TFT 的能量密集，因此摩擦层选择 Al 来降低功耗。同时，当源漏电压为 4V 时，源漏电流与分离距离的关系变化如图 15.21（f）所示。当分离距离为 0～500μm 时，源漏电流

从 1.6nA 增加到 20.9nA，开关比为 12.7。同时，越短的分离距离，摩擦电荷对器件的调制作用越强，这与正负电荷相互作用规律相一致。图 15.21（g）是该器件的电路原理图，每个像素由 4V 电压源供电，负载电阻上的输出电压由多通道数据采集系统测量和采集。不与芯片接触的像素，其输出电压范围与其他像素输出电压范围不同，因此重构的所有像素的电压强度图上都出现了明显变化，并且芯片上的相应的图案被阵列正确记录和识别，如图 15.21（h）所示，阵列上的写入过程也可以进行模拟。

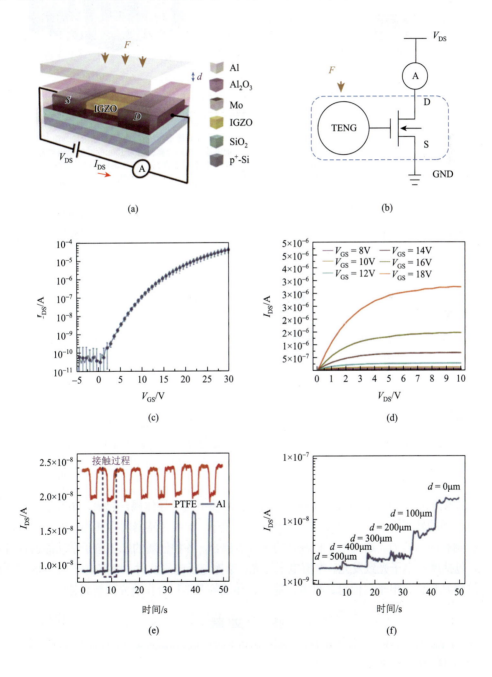

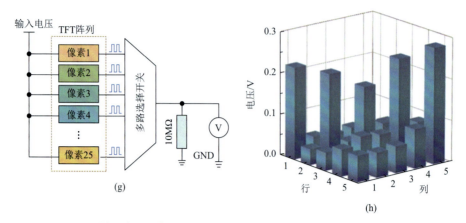

图 15.21　用于触觉传感的高分辨率单片集成摩擦电子 InGaZnO 薄膜晶体管阵列
（本图已获得 Wiley 许可）[21]

摩擦电子 TET 单元结构图；（b）等效电路图；（c）V_{DS} 为 10V 时阵列中 25 个像素的转移曲线，显示出均匀稳定的电气性能；（d）IGZO TFT 的输出特性；（e）不同摩擦材料（Al 和 PTFE）的电池在相同分离距离为 100μm 时的输出电流 I_{DS} 响应；（f）以 Al 为摩擦材料时，在 0~500μm 范围内不同分离距离的摩擦 TFT 电池的 I_{DS}；（g）测试系统示意图；（h）阵列上放置镀铝三维模具时输出电压信号直方图，检测阵列的触觉传感能力

在本工作中，单片集成阵列实际实现了 12 像素/in（1in = 2.54cm）的相对高分辨率，实现了毫米级的触觉传感和运动跟踪，为微/纳米摩擦电子学实现高分辨率大规模触觉监测提供了一种简单可行的策略，在电子皮肤、可穿戴电子设备和人机交互方面具有巨大的应用潜力。

15.6　总　　结

本章系统总结了近年来摩擦电子学的建立和发展。通过耦合摩擦电与半导体，综述了利用摩擦电控制和调谐半导体输运的新研究领域——摩擦电子学。分析了接触起电场效应晶体管作为基本单元，其中摩擦电势可以用来控制半导体的电输运。此外，基于半导体物理学和微/纳米摩擦学，对摩擦电子学的基本理论进行了详细的分析。研究微/纳米尺度的摩擦起电效应，有助于深入理解摩擦电与半导体之间的耦合机理，为摩擦电子学的应用和发展提供了理论基础。在此基础上，综述了几种典型的用于主动控制和信息传感的摩擦电子学功能器件，建立了用于外部环境的主动机械感知机制，在 MEMS、柔性电子、人机交互等领域具有潜在的应用前景。

摩擦电子学作为一个创新研究领域，通过将摩擦电与半导体耦合起来，拓宽了纳米能源和微电子学的新兴内容，在 MEMS/NEMS、柔性电子、无线传感器网络和物联网等领域具有重大影响和应用潜力。通过多学科融合的进一步耦合，各种创新的摩擦电子学功能器件备受欢迎，包括摩擦电子光致发光、摩擦电子发光、摩擦电子电磁发射、摩擦电子 MEMS/NEMS 等。这将是材料、电子、信息、机电、能源、环境等多学科合作研究的新兴领域。

参 考 文 献

[1]　Zhu G，Pan C F，Guo W X，et al. Triboelectric-generator-driven pulse electrodeposition for micropatterning[J]. Nano Letters，2012，12（9）：4960-4965.

[2]　Peng W B，Yu R M，He Y N，et al. Theoretical study of triboelectric-potential gated/driven metal-oxide-semiconductor field-effect transistor[J]. ACS Nano，2016，10（4）：4395-4402.

[3]　Jiang T，Zhang L M，Zhang X，et al. Theoretical study of sliding-electrification-gated tribotronic transistors and logic device[J]. Advanced Electronic Materials，2018，4（1）：1700337.

[4]　Zhang C，Tang W，Zhang L M，et al. Contact electrification field-effect transistor[J]. ACS Nano，2014，8（8）：8702-8709.

[5]　Zhao J Q，Guo H，Pang Y K，et al. Flexible organic tribotronic transistor for pressure and magnetic sensing[J]. ACS Nano，2017，11（11）：11566-11573.

[6]　Bu T Z，Xu L，Yang Z W，et al. Nanoscale triboelectrification gated transistor[J]. Nature Communications，2020，11（1）：1054.

[7]　Zhang C，Zhang L M，Tang W，et al. Tribotronic logic circuits and basic operations[J]. Advanced Materials，2015，27（23）：3533-3540.

[8]　Zhang L M，Yang Z W，Pang Y K，et al. Tribotronic triggers and sequential logic circuits[J]. Nano Research，2017，10（10）：3534-3542.

[9]　Li J，Zhang C，Duan L，et al. Flexible organic tribotronic transistor memory for a visible and wearable touch monitoring system[J]. Advanced Materials，2016，28（1）：106-110.

[10]　Pang Y K，Li J，Zhou T，et al. Flexible transparent tribotronic transistor for active modulation of conventional electronics[J]. Nano Energy，2017，31：533-540.

[11]　Zhang C，Li J，Han C B，et al. Organic tribotronic transistor for contact-electrification-gated light-emitting diode[J]. Advanced Functional Materials，2015，25（35）：5625-5632.

[12]　Pang Y K，Xue F，Wang L F，et al. Tribotronic enhanced photoresponsivity of a MoS$_2$ phototransistor[J]. Advanced Science，2016，3（6）：1500419.

[13]　Zhou T，Yang Z W，Pang Y K，et al. Tribotronic tuning diode for active analog signal modulation[J]. ACS Nano，2017，11（1）：882-888.

[14]　Xue F，Chen L B，Wang L F，et al. MoS$_2$ tribotronic transistor for smart tactile switch[J]. Advanced Functional Materials，2016，26（13）：2104-2109.

[15]　Xi F B，Pang Y K，Li W J，et al. Tribotronic bipolar junction transistor for mechanical frequency monitoring and use as touch switch[J]. Microsystems & Nanoengineering，2018，4：25.

[16]　Pang Y K，Chen L B，Hu G F，et al. Tribotronic transistor sensor for enhanced hydrogen detection[J]. Nano Research，2017，10（11）：3857-3864.

[17]　Bu T Z，Jiang D D，Yang X，et al. Liquid metal gated tribotronic transistors as an electronic gradienter for angle measurement[J]. Advanced Electronic Materials，2018，4（9）：1800269.

[18]　Zhao J Q，Bu T Z，Zhang X H，et al. Intrinsically stretchable organic-tribotronic-transistor for tactile sensing[J]. Research，2020，2020：1398903.

[19]　Yang Z W，Pang Y K，Zhang L M，et al. Tribotronic transistor array as an active tactile sensing system[J]. ACS Nano，2016，10（12）：10912-10920.

[20]　Meng Y F，Zhao J Q，Yang X X，et al. Mechanosensation-active matrix based on direct-contact tribotronic planar graphene transistor array[J]. ACS Nano，2018，12（9）：9381-9389.

[21]　Cao Y Z，Bu T Z，Fang C L，et al. High-resolution monolithic integrated tribotronic InGaZnO thin-film transistor array for tactile detection[J]. Advanced Functional Materials，2020，30（35）：2002613.

本章作者：张弛

中国科学院北京纳米能源与系统研究所（中国北京）

第 *16* 章

接触电致催化

摘　　要

　　催化已在化工领域中广泛应用,是影响人类文明进步的重要学科之一,迄今为止,已有数十项催化领域相关的研究荣获了诺贝尔奖。本章旨在介绍接触起电效应在催化领域的最新研究成果——接触电致催化,主要包含接触电致催化的基本原理、应用展示与展望拓展。首先简要比较接触电致催化和现有催化机制的异同,随后详细介绍接触电致催化的基础理论,进一步阐述接触电致催化的重要性和独特性,同时本章还介绍在提高接触电致催化效率方面的进展。得益于接触起电现象的广泛性,接触电致催化最显著的优点之一在于其使用的催化剂可以扩展到日常生活中常见的各类材料,并有望与其他催化方式结合,形成一种绿色、低碳的催化性能提升策略。这为新型催化体系的设计提供了新思路,同时也为各领域的科学家加入这一前沿研究领域提供了重要机遇。希望本章能阐明接触电致催化的机制与应用前景,吸引更多研究人员参与到这一交叉学科的探索中。

16.1　引　　言

　　化石燃料、石油、天然气等不可再生能源的消耗及其燃烧造成的环境污染是 21 世纪人类社会面临的两大严峻挑战。因此,包括储能和可逆能源利用在内的清洁能源转换受到了广泛关注[1, 2]。催化是自然界普遍存在的重要现象,在各个工业生产中也是不可或缺的[3],在化工制造、环境治理及可再生能源转化和储存等方面发挥着重要作用[4],有利于减少或替代传统不可再生能源的使用,是解决当前能源和环境问题的关键。因此,人们广泛地开发不同的催化技术,以满足生活和工业生产的需要。

　　众多化学反应只有在催化剂的催化作用下才可以顺利且快速地进行[5]。化学反应的发生伴随着反应物化学键的改变,这一过程需要一定的能量,改变化学键所需的最小能量称为活化能，催化剂通过降低化学反应物的活化能，使反应速率大大提高。电催化和光催化被普遍认为是解决能源危机最有前途的方法。压电催化和接触电致催化利用机械能催化化学反应也受到广泛的关注和研究，成为新型的催化方式及研究热点。

16.1.1　电催化

电催化是将可再生电能转化为化学物质，其目的是加速电极表面的化学反应，是能源转化技术中最有效的方法之一。它通常应用于还原反应：析氢反应（hydrogen evdution reaction，HER）、二氧化碳还原反应（carbon dioxide reduction reaction，CRR）、氮还原反应（nitrogen reduction reaction，NRR）、氧还原反应（oxygen reduction reaction，ORR）；还用于氧化反应[6]：析氧反应（oxygen evolution reaction，OER）。典型的电催化基本上由三个关键步骤组成：①将反应物从电解质输送到活性位点。②电催化反应，包括反应物在活性位点的吸附、电子转移和产物的解吸；原则上，吸附过程可以与电子转移过程同时发生。③产物从催化剂表面转移[7]。

通常，不同的电催化反应在设计电催化剂时根据不同的催化条件及需求会有不同的考虑，但一般应满足以下条件：①催化活性高，可以在过电位低的情况下发生反应，提高能效。②导电性好，电催化反应涉及多电子的转移。因此，电子的迁移率将严重影响电催化反应的速率。只有导电性好才能有效地传递电子，从而有效地进行催化反应，提高反应速率。③高选择性，一般催化体系比较复杂，电催化过程中常产生多种化工产品。因此，有必要设计一种合适的催化剂来获得单一产物，从而避免回收的复杂过程；④优异的稳定性，催化剂的耐久性和可回收性是表明催化剂可长期运行的关键指标[6]。在设计电催化材料时，贵金属催化剂（如 Pt、Pd、Au、Ir）能克服电化学过程中的高能垒，因此贵金属元素、氧化物（如氧化铱）、贵金属-有机材料（如 Au/有机材料）通常具有较高的催化活性，但贵金属丰度低，原材料成本高，无法满足大规模实际生产的需要。因此，开始广泛研究非金属催化剂的电催化性能，非贵金属材料来源非常广泛，可以是廉价的过渡金属（如 Fe、Mn、Co、Ni、Cu、Zn 等）或化合物（氧化物/氢氧化物、氮化物、磷化物、硫化物等）、合金（Ni-Mo、Co-Ni、Co-Cu 和 Ni-Co-Fe），或碳基材料（如石墨烯、碳量子点、有机框架结构和杂原子掺杂碳材料（如氧掺杂石墨烯）等）。其具有原料易得、制备简单、导电性好等优点，研究前景十分广阔。

然而，非贵金属类的催化材料的电化学活性和稳定性通常明显低于贵金属催化材料，因此非贵金属材料的组成和结构等需要进一步地设计和调控。此外，除催化剂的固有性质外，反应物气体的纯度及电解质的类型和浓度对电催化性能也同样至关重要。

16.1.2　光催化

光催化由于具有将太阳能转换为化学能的能力，在解决环境污染和能源储存等方面受到全世界的广泛关注，在空气净化、水净化、自清洁、析氢反应、二氧化碳还原反应、氮还原反应、氧还原反应、析氧反应等反应均具有高的催化性能。光催化是半导体吸收光子生成载流子的过程。图 16.1 为光催化机理[8]。光催化过程主要分为光的吸收和电子-空穴对的产生、电子-空穴对的分离和迁移、表面反应三个步骤。催化剂吸收等于或大于半导体带隙的能量，激发电子进入导带，留下空位，称为空穴。催化剂电子-空穴对的产生引起氧化还原反应，产生活性氧，如羟基自由基、超氧自由基、空穴、过氧化氢等催化所需的反应。

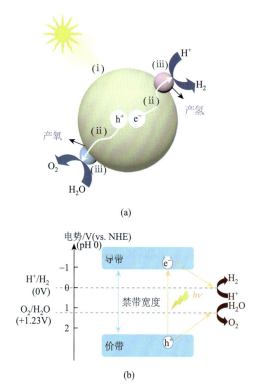

图 16.1 光催化典型反应及基本原理[9]

（a）光催化水分解反应示意图：（ⅰ）光的吸收和电子-空穴对的产生，（ⅱ）电子-空穴对的分离和迁移，（ⅲ）表面反应；
（b）水分解能带图

1972 年，Fujishima 和 Honda[10]在 TiO_2 电极上发现了光催化分解水，这是光催化领域的开端和里程碑。此后，人们对光催化进行了大量的研究，主要集中在了解光催化的基本原理、提高光催化效率以及扩大光催化的应用范围。其中，由于 TiO_2 的禁带宽度较宽（3.2eV），其对太阳能的利用率不超过到达地球表面的太阳能总量的 5%，因此较低的光能利用率限制了 TiO_2 的利用，因此众多学者对 TiO_2 进行了大量的修饰，包括能带调谐、元素掺杂（如 N、C 和 S）以及异质结的构建（TiO_2 与 Pt、Pd 等金属或其他半导体如 RuO_2）来提高 TiO_2 的光催化效率。此外，除针对 TiO_2 的改性外，还对新型的光催化剂进行了开发与探索，如其他金属氧化物（ZnO、Bi_2O_3 和 WO_3）、混合氧化物（ABO_3：钙钛矿）、金属硫化物（MoS_2）、银基光催化剂（Ag_3PO_4）、碳基材料（g-C_3N_4）、铋基光催化剂（BiO_x、Bi_2WO_6）、金属有机框架材料（ZIF、COF）和新型 2D MXene 材料。另外，许多碳材料（石墨烯，碳纳米管）用来提高材料的导电性，从而提高了载体的迁移率。

光催化的量子效率低主要是由于光能利用率低，光生载流子容易重组。因此，光催化研究的重点仍然是对材料的不断改进，以提高光催化效率，促进光催化技术的发展和应用。此外，除效率之外，选择性、成本、安全性等也是制约光催化实际应用的因素。

16.1.3 压电催化

压电催化是一种新型的催化方法，它通过收集振动、摩擦、自然风、潮汐能等机械能将其转换为化学能，在能量转换和环境治理方面表现出卓越的性能。压电催化是基于压电效应，外部刺激引起材料内部偶极子的变化产生电荷从而参与到化学反应中。目前，人们提出了两种不同的压电催化机理。一种是能带理论：压电效应催化化学反应的能力主要取决于材料的能带结构、压电势调节能带结构和电荷转移。另一种机理是屏蔽电荷效应，参与氧化还原反应的电荷是来自外部表面吸附的屏蔽电荷。目前，仅基于压电效应的压电催化在生物应用、有机合成、污水处理、氧还原反应、水裂解、重金属去除、CO_2 还原等方面均展示出高效率。2010 年，Hong 等首次提出将机械能直接转换为化学能的压电效应机理。利用超声波在合成的压电 ZnO 微纤维和 $BaTiO_3$ 微晶上形成应变感应电荷，并将电荷转移到水分子上生成 H_2 和 O_2（图 16.2）[11]。

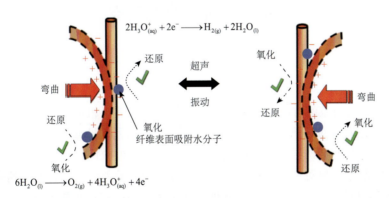

图 16.2 通过 ZnO 纤维或者 $BaTiO_3$ 枝晶的变形触发水的氧化还原反应从而生成 H_2 和 O_2[11]

用于压电催化的材料包括传统的压电材料，如钙钛矿和 ZnO，以及近年来发现的具有压电效应的材料，如 $BiOIO_3$[12]、MoS_2 和 $MoSe_2$ 等[13]。这些具有不同形貌的材料，如粉末或二维薄膜，通过外部机械刺激以触发化学反应。可用于激发压电催化的外部机械能包括超声波、机械搅拌和自然运动，如风能和水流等[14]，从而展示了很多有趣的应用。另外，压电催化与其他催化方式的协同效应也受到广泛关注，如光-压电协同催化[15]和压电锂电池结合[16]。

虽然目前压电催化技术得到了快速发展，但其机理研究仍处于起步阶段，许多有趣且有意义的实验结果还有待合理的解释，迫切需要深入了解其内在机制[14]。此外，目前压电催化的机械-化学能转换效率较低，需要设计更有效的压电材料和催化器件。

16.1.4 接触电致催化

接触电致催化由王中林院士团队在 2022 年首次提出[17]。光催化是利用光能激发半导体材料产生电子-空穴对，而接触电致催化是利用接触起电效应驱动电子在不同界面间转移，从而提高化学反应速率。例如，Wang 等发现借助超声作用时的空化效应在介电粉末表面引入频繁的接触分离循环后，即便所用粉末具有高度的化学惰性且无任何已知催化活性，仍可催化产生自由基团从而实现有机污染废水（如甲基橙溶液）的高效降解，展示了接触电致催化在水资源、环境保护等领域的广阔应用前景[17]。

此外，电催化、光催化和压电催化等常规催化方法一般依赖使用价格昂贵的贵金属或金属化合物作为催化剂，且往往结合原子级精准的合成方法来最大化催化效果。这些苛刻的合成条件与制备工艺通常需要使用环境负担较大的化学试剂，不仅需要耗费极大的能量，而且会产生一定的碳排放，对生态环境造成不利的影响。而接触电致催化可直接使用未经任何修饰的原始介电粉末催化化学反应，不仅有效地简化了催化剂的研制过程，降低了催化剂制备过程中的碳排放，还极大地拓宽了催化剂的遴选范围，提供了更为丰富的催化体系设计可能。

16.2 基本原理与研究

16.2.1 基本原理

关于接触起电现象的首次记载可以追溯到 2600 多年前，机械化学最早的考古记录是公元前 315 年左右通过研磨法将朱砂还原为汞[18]。实际上在机械化学反应过程中，外界机械刺激不可避免地会诱导产生接触起电效应，然而在机械化学漫长的发展过程中，普遍存在的接触起电现象对化学反应的贡献并没有受到太多关注。已有的系列研究工作表明，固-液界面处的接触起电过程中存在明显的电子转移，并且在某些情况下电子转移起主导作用，联系到化学反应的进行，往往同样伴随着电子转移的发生，因此设想应该能够使用接触起电过程中的电子转移直接催化化学反应[19, 20]。

为了无歧义地探究接触起电效应对化学反应的具体贡献，研究对象优选为从未被报道过催化活性但具有较强接触起电能力的 FEP，并设计借助超声空化效应在其表面引入频繁的接触起电现象。实验发现，即便所用的 FEP 粉末从未被报道过任何催化活性，在超声辐照的作用下仍可高效催化甲基橙污水降解净化，并且将 FEP 替换为其他具备良好接触起电性能但同样具有化学惰性的介电粉末（如 PTFE、尼龙和橡胶等），也可观察到类似的降解现象。此外，在仅施加超声的对照组中并未观察到明显的褪色过程，这意味着介电粉末是实现降解的先决条件。

将接触起电效应与机械化学过程耦合起来，总结并提出了接触电致催化作为上述过程的基本原理：首先借助超声波传递过程中空化气泡的形成和破裂在介电材料表面引入频繁的接触—分离循环；在上述循环中，接触起电效应驱动电子在介电材料与周围底物之间转移，从而促进活性氧物种的生成，实现以甲基橙溶液为代表的有机废水的催化降解过程。因此，接触电致催化也被定义为一类利用接触起电效应驱动的电子交换过程来提高化学反应速率的催化机制。

16.2.2　实验设计

首先，将 20mg FEP 粉末分散于 50mL 浓度为 5mg/L 的甲基橙水溶液中，并磁力搅拌 48h。随后将所得悬浮液在 40kHz 频率和 120W 功率下超声处理 180min，对照组中除未加入 FEP 粉末外，其余条件均与实验组相同。在超声过程中，每隔特定时间间隔采集 2mL 实验样品，并通过紫外-可见光谱仪（ultraviolet visible spectroscopy，UV-Vis）与液相色谱-质谱联用技术（liquid chromatography-mass spectrometry，LC-MS）来研究反应过程中甲基橙溶液的吸光度及溶液组分的演变过程。此外，还设计了捕获剂实验以进一步了解甲基橙降解的潜在机理。具体而言，将一系列捕获剂分别加入原始溶液并保持相同的最终浓度，随后观测在这些捕获剂存在的情况下甲基橙溶液吸光度的变化，例如，分别使用叔丁醇、对苯醌、AgNO$_3$ 和 EDTA-2Na 作为超氧自由基、羟基自由基、电子和质子的淬灭剂，最后使用电子顺磁共振波谱（electron paramagnetic resonance，EPR）技术直接表征上述自由基的产生与否。

16.2.3　自由基生成

为了通过电子顺磁共振谱仪探测可能产生的自由基团，共准备了两种不同的自由基捕获策略，如图 16.3（a）所示：①100mmol/L 的纯 DMPO 溶液；②同时含有 100mmol/L DMPO 和 1mmol/L 叔丁醇的混合溶液。叔丁醇的引入是为了淬灭掉部分羟基自由基，从而为超氧自由基提供更多的捕获机会。在图 16.3（b）中，当同时存在超声辐照和 FEP 粉末时，通过 EPR 可以观测到明显的 DMPO-˙OH 特征四重峰，并且在没有 FEP 粉末的对照组中，无明显自由基的峰出现。同时，只有在引入 1mmol/L 叔丁醇后，才出现 DMPO-˙OOH 的特征六重峰，且最终的谱图呈现为 DMPO-˙OH 四重峰和 DMPO-˙OOH 六重峰的叠加。图 16.3（c）展示了 Easyspin 软件模拟的羟基和超氧自由基的独立 EPR 谱图，以及它们分别以 70%和 30%比例的叠加。除去由于测量过程中的非平衡状态所致仿真与实验结果之间的微小差异，仿真得到的 EPR 曲线与图 16.3（b）中的实验结果非常吻合，进一步佐证了超声辐照作用下 FEP 粉末可催化产生羟基自由基与超氧自由基的猜想。

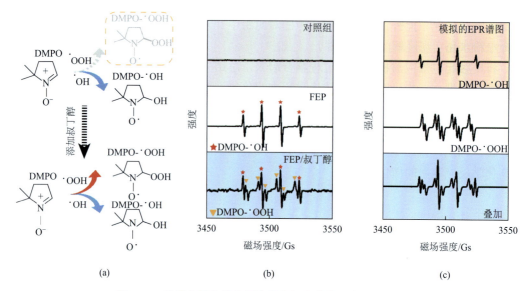

(a) (b) (c)

图 16.3 使用电子自旋共振波谱表征溶液中可能的自由基团

（a）设计的两种捕获方案及对应机理示意图；（b）在不同实验条件下测量得到的波形图；（c）使用 Easyspin 软件仿真得到的羟基自由基、超氧自由基及它们分别按照 70% 与 30% 的比例叠加时的谱图结果

16.2.4 甲基橙降解

如图 16.4（a）所示，当体系中同时存在超声辐照与 FEP 粉末时，甲基橙溶液的吸光度随着超声处理时间的延长而下降，在 120min 后趋近于零。然而，如图 16.4（b）所示，在没有 FEP 粉末的对照组中，经过 180min 超声处理后，吸光度仅下降了约 1.3%，这意味着 FEP 粉末对于促进甲基橙水溶液的降解至关重要。为了进一步研究降解过程，采用 LC-MS 表征不同超声处理时间间隔下溶液组分的变化情况，结果如图 16.4（c）所示。不同停留时间处的峰代表溶液中不同的化学物质，相应的质荷比（m/z）标注在对应的峰旁。停留时间为 8.61min，质荷比为 304 的主峰为甲基橙，其强度随着超声处理时间的延长逐渐降低并同时伴随其他峰的形成。在超声处理 180min 后的样品中无肉眼可见的峰，表明此时甲基橙已被完全矿化。图 16.4（d）中的捕获实验结果表明，羟基自由基（$\cdot$OH）和超氧自由基（$\cdot O_2^-$）是甲基橙降解的主要原因，这与 EPR 谱图中的测量结果一致。并且羟基自由基是甲基橙溶液降解的关键因素，因为在羟基自由基被淬灭后，甲基橙的降解受到阻碍最为明显。

接触电致催化被提出作为上述自由基生成及甲基橙降解的可能机制。超声辐照过程会诱导空化气泡的形成和内爆，空化气泡的这些变化会在 FEP 材料表面引发频繁的接触起电现象，从而引发相应的电子交换。详细的接触电致催化机理如图 16.5 所示。根据摩擦起电序列，当水与 FEP 接触时，电子将从 H_2O 转移到 FEP 上，形成水离子。这些水离子经过与水的快速质子转移过程转变为氢氧根离子和羟基自由基[21]。与此同时，所转移的电子在 FEP 表面累积，使用 FEP* 来描述 FEP 的这种表面荷电状态。当空化气泡塌缩时，其内部封闭的 O_2 气体会以微射流的形式冲击至 FEP 表面，造成 O_2 与 FEP* 的接触，并在接触起电效应的作用下驱动电子从 FEP* 表面转移至 O_2 分子。此时，FEP 粉末恢复至其初始的无荷电状态，而 O_2 在得到电子后转化为超氧自由基，并进一步质子化成为超氧酸根阴离子（$HO_2^•$）[9]，随后通过链式反应形成羟基自由基。在这两个步骤中产生的羟基自由基可催化水溶液中有机污染物的高效降解，并且只要持续发射超声波，这个催化循环过程就会不断重复。

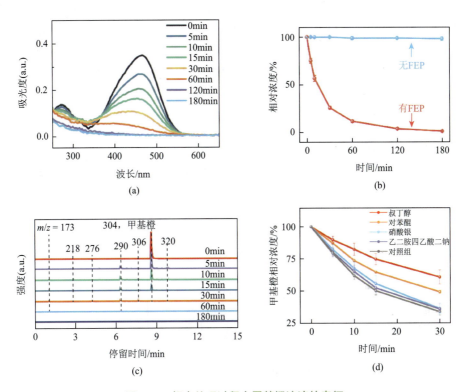

(a)　　　　　　　　　　　　　(b)

(c)　　　　　　　　　　　　　(d)

图 16.4　超声处理过程中甲基橙溶液的表征

（a）使用 UV-Vis 研究甲基橙溶液吸光度的演变；（b）体系中存在/不存在 FEP 粉末时甲基橙溶液吸光度的变化对比；（c）液相色质谱联用仪测试结果；（d）不同捕获剂对甲基橙溶液相对浓度影响的测量结果（相对浓度通过测得的吸光度计算得出）

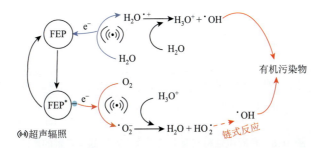

图 16.5　通过接触电致催化实现自由基生成与甲基橙降解的可能机理

16.3 接触电致催化剂

16.3.1 负起电性催化剂

提出的接触电致催化原理大大拓宽了催化剂材料的选择范围，在此基础上，研究具有不同电子吸收能力的电介质粉末对甲基橙的降解。CEC 的性能主要由催化剂的电子吸收能力决定。负电性材料如 FEP、PVDF 和 PVC 与水接触后，表面会积累负电荷，由于三者所含的氟官能团含量不同，表面的电荷密度会依次降低[1, 2]。在甲基橙的降解方面，三种负电化催化剂的降解活性也依次降低（图 16.6（a））。实验结果表明，三种负电化催化剂在 240min 内通过接触电致催化降解达到 98.31%、94.28%和 34.64%的甲基橙去除率。对于负电性的电介质材料，其比表面积对 CEC 的影响同样至关重要。这里，以 FEP 为例，展示接触电致催化性能随催化剂颗粒比表面积的变化趋势。随着 FEP 颗粒粒径从 23μm减小到 3μm，甲基橙的最终降解率从 28.9%到 98.31%有了明显的变化（图 16.6（b））。FEP对甲基橙的降解实验符合一阶动力学反应过程，以超声处理前 60min 内甲基橙浓度的变化[17]为研究对象。从图 16.6（c）的实验结果可以看出，粒径较小的催化剂提供了较大的

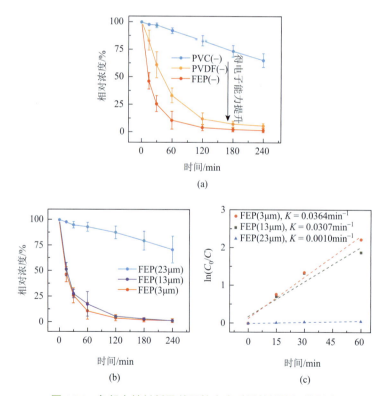

(a)

(b)　　　　　　　　　　　(c)

图 16.6 负起电性材料及其颗粒大小对甲基橙降解的影响

（a）在负起电性催化剂（PVC、PVDF 和 FEP）的存在下，甲基橙溶液的相对浓度变化；（b）在不同粒径的 FEP 颗粒（3μm、13μm 和 23μm）存在下，甲基橙溶液的相对浓度变化；（c）FEP 粒径对甲基橙降解动力学的影响，斜率表示速率常数 K

比表面积，这对激活 CEC 过程更为有利。当 FEP 颗粒粒径从 23μm 减少到 3μm 时，动力学速率常数从 $K = 0.0010min^{-1}$ 增大到 $K = 0.0364min^{-1}$。催化剂的临界尺寸存在，可以有效激活 CEC 过程[22]。

对于其他正电性的染料（如罗丹明 B 和亚甲基蓝），物理吸附在接触电致催化过程中优先发生，阻碍了化学降解。如图 16.7（a）所示，在有 FEP 存在的降解系统中，根据 UV-Vis 的变化，带正电的染料的脱色反应要比带负电的染料的脱色反应快。此外，负电荷的催化剂比正电荷的催化剂显示出更好的染料脱色活性。图 16.7（a）中的插图显示了 FEP 粉末在降解罗丹明 B 溶液中 CEC 过程前后的光学照片，FEP 粉末显示了明显的颜色反应。在图 16.7（b）中罗丹明 B 的 LC-MS 谱图中，在 15min 内没有观察到新的峰产生，罗丹明 B 的主峰的减弱与 UV-Vis 的演变一致。FEP 粉末的表观颜色变化，以及 LC-MS 谱图中未见新峰生成，表明罗丹明 B 未发生分解，罗丹明 B 的褪色源于物理吸附。物理吸附会抑制催化剂活性，选用与目标基底相反极性的催化剂在未来的 CEC 研究中应该避免。

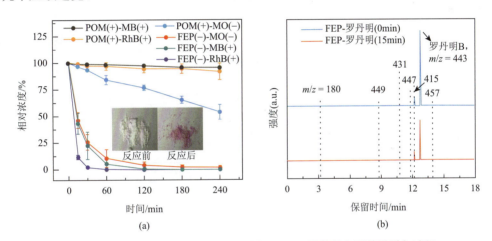

图 16.7　在正负不同电性催化剂下罗丹明 B、亚甲基蓝和甲基橙脱色过程

（a）在不同的催化剂（FEP，负性；POM，正性）存在时，罗丹明 B 溶液（正性）和甲基橙溶液（负性）的 UV-Vis 谱图。插图：CEC 过程前后的 FEP 粉末的光学照片（反应前：0min；反应后：240min）。（b）在有 FEP 的情况下对罗丹明 B 溶液进行 LC-MS 分析（0min，15min）

16.3.2　正起电性催化剂

与负起电性催化剂相比，正起电性催化剂的 CEC 降解活性相对较低。这是由于正起电性催化剂（如丁腈橡胶（nitrile butadiene rubber，NBR）、乙基纤维素（ethyl cellulose ether，EC）和聚甲醛（polyoxymethylene，POM））在与水的接触起电过程中通常作为电子受体。正起电性催化剂所表现出的接触电致催化降解的整体性能与负起电性催化剂明显不同（图 16.8（a））。正起电性催化剂降解极性相反的目标有机物的情况下，也出现了同样的物理吸附。NBR 粉末在反应前后的颜色反应证明了这一点（图 16.8（b））。XPS 证明了 NBR 粉末在接触电致催化过程中的稳定性，并排除了其直接参与催化反应（图 16.9）。

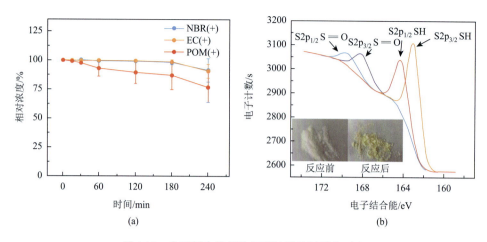

图 16.8　在正起电性催化剂下的甲基橙脱色过程

（a）在不同的正电粒子（NBR、EC 和 POM）存在下，甲基橙溶液的 UV-Vis 吸光度的变化；（b）反应后 NBR 的 S2p XPS 数据，插图为 NBR 粉末在 CEC 过程前后的光学照片

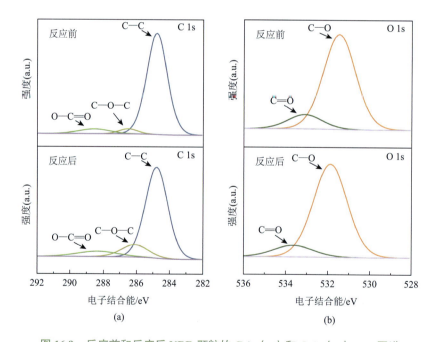

图 16.9　反应前和反应后 NBR 颗粒的 C 1s（a）和 O 1s（b）XPS 图谱

其次，以 POM 颗粒对甲基橙的降解为例，量化了物理吸附和化学降解在甲基橙脱色反应过程中的贡献（图 16.10）。这里采用 LC-MS 来限定和量化甲基橙溶液中的物质组成以及各物质之间的相对含量。LC-MS 光谱中主峰的减少是由物理吸附和化学降解造成的，通过计算各离子峰的面积，推断出在超声处理的 240min 内，化学降解、物理吸附和未分解的甲基橙的比例分别为 26.8%、49.6% 和 23.6%。化学降解和物理吸附的归一化比率分别为 35.1% 和 64.9%。

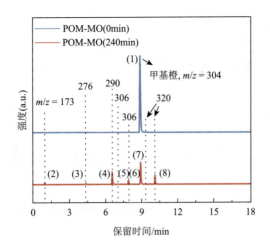

图 16.10 POM 作为催化剂时对甲基橙溶液进行 LC-MS 测试（0min，240min）

各离子峰的面积为（任意单位）：（1）69409332，（2）607633，（3）654922，（4）8309483，（5）380599，（6）2645204，（7）16346592，（8）6009725

　　总之，正电性材料相较于负电性材料产生的接触电致催化效率较低，这是因为它们与水的接触起电能力低，而物理吸附发生在催化剂和目标基质具有相反极性的系统中。

16.3.3　接触电致催化剂的循环使用特性

　　在长达五个周期的循环回收过程中，FEP 粉末展现出了极为稳定的甲基橙催化降解性能（图 16.11（a））。在规模化测试过程中，当甲基橙溶液体积增大时，降解过程的动力学速率常数呈下降趋势，并趋于稳定。这可能主要是溶液体积增大时超声功率密度下降的结果（图 16.11（b））。此外，由于接触起电现象的普遍存在，只要材料能够接触起电，就有可能作为催化剂来处理有机污染物，并且这些材料通常都是低成本的商品化聚合物，廉价易得。

　　基于接触电致催化，设计了一个紧凑的架构来展望其在水资源等领域的应用前景，如图 16.11（c）所示。此外，通过接触电致催化促进活性氧产生的策略能够为与活性氧密切相关的化学工程、生物技术、环境保护等领域提供新技术与新方法。

循环次数	褪色表现 (180min)	动力学速率 常数/min^{-1}
第一次	98.10	0.03956
第二次	97.88	0.03359
第三次	97.62	0.03848
第四次	98.88	0.04470
第五次	98.42	0.03582

(a)

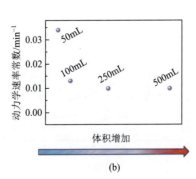

(b)

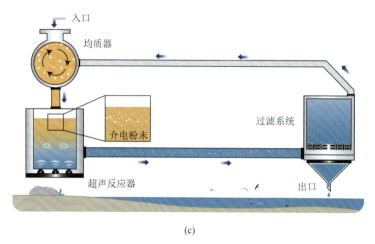

(c)

图 16.11　接触电致催化剂的可循环性

（a）从一个到五个反应周期的降解变化；（b）研究了不同体积的 MO 溶液的动力学速率常数；（c）接触电致催化在有机废
水处理中的理想应用前景

16.4　其他影响因素

16.4.1　温度

　　介质温度对接触电致催化效率的影响研究是在 40kHz 和 600W 的超声波下进行的，研究了 FEP 在 10℃、20℃、30℃、40℃ 和 50℃时对甲基橙的降解情况。如图 16.12（a）所示，在 20℃ 和 30℃ 的中等温度下，甲基橙的降解明显加快。同时，在 10～50℃ 范围内有一个最佳的降解温度点，在 22℃ 左右达到最大动力学速率常数 0.0364min^{-1}（图 16.12（b））。其次，甲基橙的最终去除率同样遵循降解动力学的趋势，与 50℃ 左右相比，甲基橙的降解率在 20℃ 左右增加了 31.2%。

　　根据目前的实验结果，推测在接触电致催化实验中，当温度超过一定值时，FEP 粉末将经历一个玻璃化过程[23, 24]。而图 16.12（c）中呈现的差示扫描量热法结果表明，玻

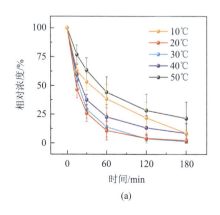

(a)

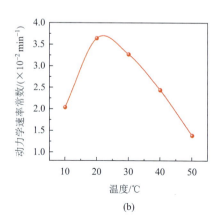

(b)

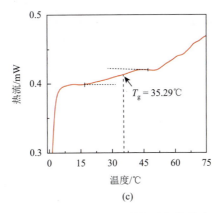

(c)

图 16.12 温度对甲基橙降解的影响

（a）分别在 10℃、20℃、30℃、40℃ 和 50℃ 时甲基橙浓度的变化；（b）降解动力学；（c）FEP 粉末的差示扫描量热法结果（T_g 表示玻璃化转变温度）

璃化转变温度在 35℃ 左右，这意味着玻璃化转变温度的聚合物粉末的黏性和软化会改变 FEP 的物理性质，从而影响 FEP 表面的电子转移。值得注意的是，温度的影响可能是多方面的，如固-液界面的电子转移和催化剂表面改性，需要进一步的实验来深入了解。

16.4.2 超声功率

超声功率和超声频率的接触电致催化实验是在超声浴中进行的。接触电致催化伴随着超声过程中空化泡的形成、生长和塌陷，空化泡的数量和大小由超声波的功率和频率决定。超声处理降低了 FEP-水和 FEP-O_2 界面上电子转移的能量障碍，同时促进了催化剂表面的频繁接触分离循环。比较超声频率（20kHz、28kHz、40kHz 和 89kHz）和功率（60W、120W、240W、360W、480W 和 600W）这两个参数对使用 FEP 作为催化剂降解甲基橙的影响。

以 40kHz 为例，比较不同超声功率下甲基橙的降解情况（图 16.13）。与 60W 相比，600W 下的甲基橙降解率明显增加了 97.27%。随着超声波功率的增加，更多的空化泡和能量将被引入。超声功率决定了在一定体积的介质中实际耗散的能量，这里测量超声功率密度作为一个体效应来描述不同功率下接触电致催化降解情况。功率密度（W/L）可由以下公式给出：

$$功率密度 = \frac{功率}{溶液体积} \qquad (16.1)$$

根据量热法[25]，当介质的质量和比热容一定时，介质（一般是液体）内的实际输入能量仅由单位时间内的介质温升决定。也就是说，较大的实际输入能量往往会导致较高的超声功率密度。但是，超声功率并不是越高越好，达到一定数值后，会产生大量无用的气泡，造成声学散射的衰减，导致空化效应减弱。

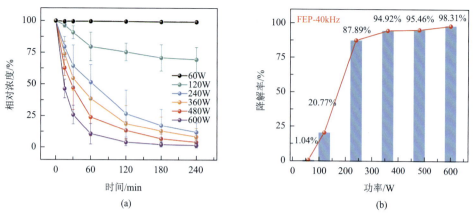

(a) (b)

图 16.13 超声功率对甲基橙降解的影响

（a）不同功率（60W，120W，240W，360W，480W 和 600W）对 FEP 在 40kHz 下降解甲基橙的影响；（b）每种功率对应的最大甲基橙去除效率

16.4.3 超声频率

超声频率是超声波的另一个重要参数，它决定了超声空化泡的大小和在催化剂表面发生的接触分离循环。在 600W 的功率下，考察不同频率（20kHz、28kHz、40kHz 和 89kHz）下甲基橙的最终去除率和反应动力学（图 16.14（a））。在本实验中提出的一阶动力学模型被引入催化反应系统，以研究其反应动力学[26]：

$$\ln = Kt \tag{16.2}$$

式中，C_0 是甲基橙的初始浓度；C 是时刻 t 的甲基橙浓度；t 是反应时间；K 是动力学速率常数。由于在 240min 的超声处理过程中，甲基橙的分子链逐渐打开，变成了较小的有机分子，这里主要研究前 60min 内甲基橙浓度的变化。根据甲基橙的 UV-Vis 和上述公式，甲基橙在 600W 下的反应动力学速率常数随着频率的增加（20kHz、28kHz、40kHz 和 89kHz）依次为 0.0231min^{-1}、0.0278min^{-1}、0.0364min^{-1} 和 0.0343min^{-1}（图 16.14（b））。此外，四个频率下相应的 MO 的最大去除效率分别为 97.30%、98.14%、98.31% 和 95.51%

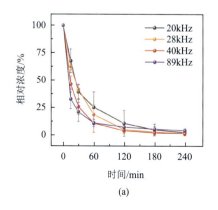

(a)

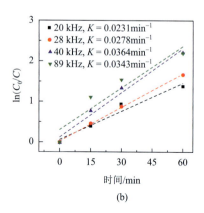

(b)

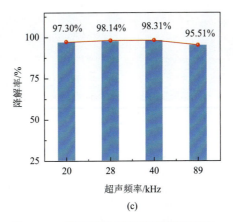

图 **16.14**　超声频率对甲基橙降解的影响

（a）不同频率（20kHz、28kHz、40kHz 和 89kHz）下 MO 浓度的变化；（b）MO 降解的动力学常数；（c）不同频率（20kHz、28kHz、40kHz 和 89kHz）下的降解率

（图 16.14（c））。在相同的功率输入下，超声频率也会影响超声功率密度。在上述四个频率中，功率密度存在最佳值（28kHz，25.4W/L）。

16.4.4　薄膜基接触电致催化

在之前的讨论中，考察了温度、超声频率以及超声功率的影响，但是在接触电致催化过程中，催化剂的反应特性还需要进一步研究。采用薄膜而不是粉末作为研究对象，可以采用多种表面修饰的方法，并且研究表面结构如何影响接触电致催化反应。氩气作为一种化学惰性气体，使用氩气的离子耦合等离子体刻蚀技术对 FEP 薄膜改性，以期实现其潜在的可扩展性以及易循环利用过程。借助金掩模，不同的刻蚀时间会使 FEP 薄膜具有不同的物理特性，这仅仅是表面形貌改变所引起的。

如图 16.15（a）所示，SEM 显示了等离子体刻蚀（ICP）在薄膜表面构造的纳米锥状结构。静态接触角如图 16.15（b）所示，在刻蚀 60s 时达到最大值，表明 FEP 薄膜的疏水性并不随着刻蚀时间的延长而单调增加。使用 ImageJ 在 SEM 图像中计算单个纳米锥底部所占的平均面积，如图 16.15（c）所示。经过 20s 修饰的薄膜没有显示出纳米森林结构。最大纳米锥面积、接触角和 SEM 观察结果之间存在相关性。尝试使用氮气吸附的 Brunner-Emmet-Teller（BET）测试方法来检测表面积，但发现表面积太小无法测量。原子力显微镜测得的表面积（图 16.15（d））显示了前述趋势的不同样式，这说明表面积和表面结构在水和 FEP 界面的物理化学作用中扮演着不同的角色。

图 16.16（a）显示了单电极 TENG 的输出，与图 16.16（c）中甲基橙的降解效果一致，这表明降解主要来自 FEP 与水的接触起电。一块附着在线性马达上的 FEP 薄膜在去离子水中来回浸泡以增加接触电荷，这可以通过电荷计进行测量。结果表明，表面结构和表面积在该反应中都起着重要作用。一般认为增加表面积可以提高性能，但表面结构与 CEC 效率之间的关系仍不清楚。降解效率在刻蚀 60s 时达到最大值。图 16.16（b）显示了接触电催化的原理图。

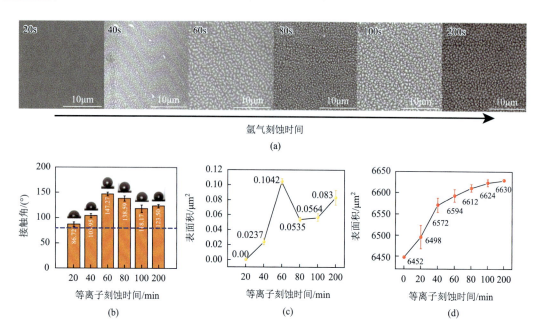

图 16.15　修饰的 FEP 表面结构表征

（a）不同刻蚀时间 FEP 薄膜的 SEM 图像；（b）不同刻蚀时间 FEP 薄膜的接触角，蓝色虚线表示未刻蚀薄膜的接触角；（c）FEP 薄膜表面单个纳米锥底部所占的平均表面积；（d）FEP 薄膜在不同刻蚀时间下的表面积（误差条代表基于三次重复数据的标准差）

为了进一步研究 FEP 表面结构对接触起电效率的影响，使用 KPFM 来测量图 16.17（a）所描述结构上不同点的电势。这里的电势分布可以被视为电荷密度分布和接触充电能力，如图 16.17（b）所示。表面形貌与图 16.15（a）中 SEM 结果观察一致，显示出由锥形结构组成的纳米森林。表面结构与电势分布之间存在关系，如图 16.17（c）所示。事实上，电势分布遵循表面结构的变化。在峰顶处观察到最高的电荷密度，而在峰谷之间观察到最低值。图 16.17（c）中几乎所有检测到的峰都对应于图 16.17（b）中凸起的结构，表明平坦和修饰表面之间接触充电存在差异。认为碳链在结构峰值处断裂，导致更多氟基团的暴露，从而增加了电子云的重叠概率并提高了电荷传输能力。

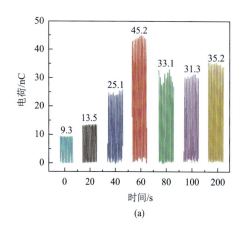

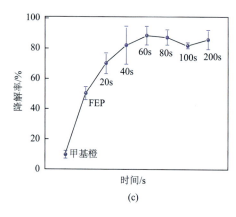

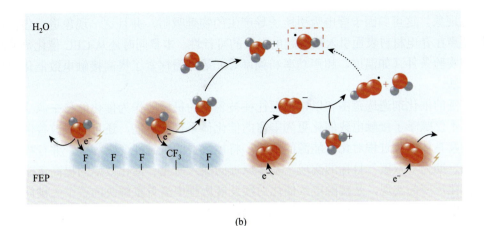

(b)

图 16.16　刻蚀的 FEP 薄膜的 CEC 性能

（a）单电极 TENG 在去离子水中来回浸泡时的电荷输出测量；（b）接触电催化机制，红色球和灰色球分别代表氧原子和氢原子；（c）ICP 等离子体刻蚀 20s、40s、60s、80s、100s 和 200s 的 FEP 薄膜对甲基橙的降解效果

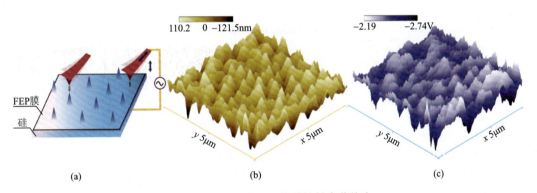

图 16.17　不同表面结构的接触电荷能力

（a）使用 KPFM 测量 60s 刻蚀时间的 FEP 薄膜的电势的示意图，红色图案和蓝色锥体分别代表 KPFM 探针和表面结构，虚线位于 KPFM 探针与表面锥体之间，用于引导视线；（b）刻蚀的 FEP 薄膜的表面结构；（c）刻蚀的 FEP 薄膜的相同测试区域的电势

16.5　结　　论

　　本章阐述了 CEC 的基本原理和研究进展。接触电致催化具体是指在外界机械激励作用下，通过界面处接触起电效应驱动电子转移来提高化学反应速率的一类催化机制，与传统催化方式相比在电子来源和催化能量来源上均有着本质区别。此外，接触起电现象的普遍性使得 CEC 相较于其他催化机制有着更为广泛的材料选择。例如，尽管 FEP 具有高度的化学惰性且从未被报道过任何催化活性，但借助在 FEP 表面发生的接触起电过程，可在 3h 内完全降解 50mL 浓度为 5mg/L 的甲基橙水溶液。并且使用其他具有同样化学惰性的原始聚合物粉末代替 FEP 时，也可观察到类似的降解现象。此外，实验中还发现，当这些粉末的表面荷电极性与目标基底极性相反时，粉末表面会在反应后出现明显

的着色现象。这可归因于静电吸引所诱导产生的物理吸附，并且这一现象进一步佐证了通过超声在介电材料表面引入接触起电现象的可行性。本章同时还从 CEC 催化剂的荷电极性和实验条件（如温度、超声功率和频率等）等方面探索了提高接触电致催化效率的可能方法。

广泛的催化剂遴选范围和以常见但往往被忽视的机械能作为催化能量来源这两大突出特点不仅赋予了接触电致催化更为丰富的催化体系设计可能，还可有效改善催化剂研制阶段及具体催化过程对化石能源的依赖，将被浪费的机械能变废为宝，并行提高资源利用率，助力"双碳"目标的实现。基本原理的深入研究、催化效率的提高策略，以及更多催化反应的实现，是接触电致催化后续发展历程中需着重解决的三个关键问题。预计接触电致催化将引领一系列前沿催化研究，为新能源、水资源、医药化工等一系列国家战略和国计民生问题的解决提供新原理和新思路。

参 考 文 献

[1] Li Q，Ouyang Y X，Lu S H，et al. Perspective on theoretical methods and modeling relating to electro-catalysis processes[J]. Chemical Communications，2020，56（69）：9937-9949.

[2] Li S Y，Nie J H，Shi Y X，et al. Contributions of different functional groups to contact electrification of polymers[J]. Advanced Materials，2020，32（25）：e2001307.

[3] Houk K N，Cheong P H Y. Computational prediction of small-molecule catalysts[J]. Nature，2008，455（7211）：309-313.

[4] Xia J X，Wang B，Di J，et al. Construction of single-atom catalysts for electro-，photo-and photoelectro-catalytic applications：State-of-the-art，opportunities，and challenges[J]. Materials Today，2022，53：217-237.

[5] Zaera F. Chemistry：The long and winding road to catalysis[J]. Nature，2017，541（7635）：37-38.

[6] Fang W S，Huang L，Zaman S，et al. Recent progress on two-dimensional electrocatalysis[J]. Chemical Research in Chinese Universities，2020，36（4）：611-621.

[7] Masa J，Schuhmann W. Electrocatalysis and bioelectrocatalysis-distinction without a difference[J]. Nano Energy，2016，29：466-475.

[8] Long Z，Li Q，Wei T，et al. Historical development and prospects of photocatalysts for pollutant removal in water[J]. iScience，2020，395：122599.

[9] Hayyan M，Hashim M A，AlNashef I M. Superoxide ion：Generation and chemical implications[J]. Chemical Reviews，2016，116（5）：3029-3085.

[10] Fujishima A，Honda K. Electrochemical photolysis of water at a semiconductor electrode[J]. Nature，1972，238（5358）：3738.

[11] Hong K S，Xu H F，Konishi H，et al. Direct water splitting through vibrating piezoelectric microfibers in water[J]. The Journal of Physical Chemistry Letters，2010，1（6）：997-1002.

[12] Huang H W，Tu S C，Zeng C，et al. Macroscopic polarization enhancement promoting photo-and piezoelectric-induced charge separation and molecular oxygen activation[J]. Angewandte Chemie International Edition，2017，56（39）：11860-11864.

[13] Wu M H，Lee J T，Chung Y J，et al. Ultrahigh efficient degradation activity of single-and few-layered $MoSe_2$ nanoflowers in dark by piezo-catalyst effect[J]. Nano Energy，2017，40：369-375.

[14] Wang K，Han C，Li J Q，et al. The mechanism of piezocatalysis：Energy band theory or screening charge effect？ [J]. Angewandte Chemie（International Ed），2022，61（6）：e202110429.

[15] Li H D，Sang Y H，Chang S J，et al. Enhanced ferroelectric-nanocrystal-based hybrid photocatalysis by ultrasonic-wave-generated piezophototronic effect[J]. Nano Letters，2015，15（4）：2372-2379.

[16] Xue X Y，Wang S H，Guo W X，et al. Hybridizing energy conversion and storage in a mechanical-to-electrochemical process

for self-charging power cell[J]. Nano Letters，2012，12（9）：5048-5054.

[17] Wang Z M，Berbille A，Feng Y W，et al. Contact-electro-catalysis for the degradation of organic pollutants using pristine dielectric powders[J]. Nature Communications，2022，13（1）：130.

[18] Takacs L. The historical development of mechanochemistry[J]. Chemical Society Reviews，2013，42（18）：7649-7659.

[19] Lin S Q，Xu L，Wang A C，et al. Quantifying electron-transfer in liquid-solid contact electrification and the formation of electric double-layer[J]. Nature Communications，2020，11（1）：399.

[20] Nie J H，Ren Z W，Xu L，et al. Probing contact-electrification-induced electron and ion transfers at a liquid-solid interface[J]. Advanced Materials，2020，32（2）：e1905696.

[21] Ma J，Wang F R，Mostafavi M. Ultrafast chemistry of water radical cation，$H_2O^{\bullet+}$，in aqueous solutions[J]. Molecules，2018，23（2）：244.

[22] Dong X L，Wang Z M，Berbille A，et al. Investigations on the contact-electro-catalysis under various ultrasonic conditions and using different electrification particles[J]. Nano Energy，2022，99：107346.

[23] Moynihan C T，Easteal A J，Wilder J，et al. Dependence of the glass transition temperature on heating and cooling rate[J]. The Journal of Physical Chemistry，1974，78（26）：2673-2677.

[24] Peng Y J，Liu Y L，Wu Q，et al. Study on the glass transition process of polymer system using differential scanning calorimetry and Fourier transform infrared spectroscopy[J]. Analytical Sciences，2017，33（9）：1071-1076.

[25] Kikuchi T，Uchida T. Calorimetric method for measuring high ultrasonic power using water as a heating material[J]. Journal of Physics：Conference Series，2011，279（1）：012012.

[26] Lu P J，Chien C W，Chen T S，et al. Azo dye degradation kinetics in TiO_2 film-coated photoreactor[J]. Chemical Engineering Journal，2010，163（1-2）：28-34.

本章作者：唐伟，王子铭，李蕙帆，董轩立，刘占奇，赵鑫

中国科学院北京纳米能源与系统研究所（中国北京）